Technikrecht

Jürgen Ensthaler · Dagmar Gesmann-Nuissl · Stefan Müller
Hrsg.

Technikrecht

Rechtliche Grundlagen für traditionelle
und neue Technologien

2., aktualisierte Auflage

Hrsg.
Jürgen Ensthaler
Fachgebiet Wirtschafts-
Unternehmens- und Technikrecht TU Berlin
Berlin, Deutschland

Dagmar Gesmann-Nuissl
Recht des Geistigen Eigentums
TU Chemnitz LS Privatrecht
Chemnitz, Deutschland

Stefan Müller
insbesondere Innovations- und
Technologierecht
Universität Paderborn, Wirtschaftsrecht
Paderborn, Deutschland

ISBN 978-3-662-60347-5   ISBN 978-3-662-60348-2 (eBook)
https://doi.org/10.1007/978-3-662-60348-2

Die Deutsche Nationalbibliothek verzeichnet diese Publikation in der Deutschen Nationalbibliografie; detaillierte bibliografische Daten sind im Internet über https://portal.dnb.de abrufbar.

© Der/die Herausgeber bzw. der/die Autor(en), exklusiv lizenziert an Springer-Verlag GmbH, DE, ein Teil von Springer Nature 2012, 2025

Das Werk einschließlich aller seiner Teile ist urheberrechtlich geschützt. Jede Verwertung, die nicht ausdrücklich vom Urheberrechtsgesetz zugelassen ist, bedarf der vorherigen Zustimmung des Verlags. Das gilt insbesondere für Vervielfältigungen, Bearbeitungen, Übersetzungen, Mikroverfilmungen und die Einspeicherung und Verarbeitung in elektronischen Systemen.
Die Wiedergabe von allgemein beschreibenden Bezeichnungen, Marken, Unternehmensnamen etc. in diesem Werk bedeutet nicht, dass diese frei durch jede Person benutzt werden dürfen. Die Berechtigung zur Benutzung unterliegt, auch ohne gesonderten Hinweis hierzu, den Regeln des Markenrechts. Die Rechte des/der jeweiligen Zeicheninhaber*in sind zu beachten.
Der Verlag, die Autor*innen und die Herausgeber*innen gehen davon aus, dass die Angaben und Informationen in diesem Werk zum Zeitpunkt der Veröffentlichung vollständig und korrekt sind. Weder der Verlag noch die Autor*innen oder die Herausgeber*innen übernehmen, ausdrücklich oder implizit, Gewähr für den Inhalt des Werkes, etwaige Fehler oder Äußerungen. Der Verlag bleibt im Hinblick auf geografische Zuordnungen und Gebietsbezeichnungen in veröffentlichten Karten und Institutionsadressen neutral.

Springer ist ein Imprint der eingetragenen Gesellschaft Springer-Verlag GmbH, DE und ist ein Teil von Springer Nature.
Die Anschrift der Gesellschaft ist: Heidelberger Platz 3, 14197 Berlin, Germany

Wenn Sie dieses Produkt entsorgen, geben Sie das Papier bitte zum Recycling.

Geleitwort (1. Auflage)

Das vorliegende Buch ist ein willkommener Kompass, den richtigen Weg durch die schnell wachsenden Gebiete von Technologie und Management und deren Zusammenwirken in den Unternehmen zu finden. Die Technologien müssen in ihrer Komplexität nicht nur technisch beherrschbar sein. Unter den Bedingungen immer kürzerer Lebenszyklen der Produkte, der vielfach weltweit verteilten Standorte von Produktionsstätten, Lieferanten und Kunden stellen sich permanent neue Herausforderungen für die Verantwortlichen und deren Mitarbeiter in Industrie, Handel und Dienstleistung. Nicht nur unterschiedliche Kulturen, sondern auch Rechtssysteme sowie andersartige Rechtsverständnisse und -auslegungen verändern die Basis für zielgerichtete Handlungsweisen. Zudem verändert sich für das Management in einer bisher nie dagewesenen Geschwindigkeit die Ausdehnung und damit Umfang und Inhalt der Verantwortungsfelder. Vor allem durch flachere Hierarchien in den Unternehmensorganisationen, aber auch durch die wachsende Zahl an Schnittstellen infolge der Ausweitung der Handelsbeziehungen und Kooperationen steigen die Herausforderungen. Dafür braucht es Regeln des Rechts, die mit dieser Entwicklung konform gehen und zum Gedeihen und Absichern des Unternehmenserfolges beitragen.

Das Wissen um die rechtliche Relevanz unternehmerischen Handelns – beispielsweise für zentrale Unternehmensbereiche wie Einkauf, Produktion und Vertrieb – reicht längst nicht mehr aus. Schon die Produktentwicklung legt durch Konstruktion, Werkstoffe, Größe, Gewicht usw. die Grundlagen für Standards, Normen, Patente, Nachhaltigkeit und vieles mehr. Gleiches gilt für die Beschaffung, die heute global erfolgt und nicht nur durch die Preisgestaltung bestimmt wird, sondern gleichermaßen durch Aspekte der Qualität, der Sicherheit, des Rechtsschutzes oder auch durch die Logistik. Letztere ist beschreibbar durch weltweite Lieferantenstrukturen und eine Vielzahl beteiligter Dienstleister und Verkehrsunternehmen. Ähnliches gilt für die Produktion und Distribution.

Vor dem Hintergrund der notwendigen Ressourcenschonung geht es für eine zunehmende Zahl von Gütern des täglichen Bedarfs, besonders im Bereich der industriell gefertigten Gebrauchsgüter, um die Wiederverwendung von Werkstoffen. Verbunden damit sind Fragen der Produkthaftung, neben den ohnehin vorliegenden Fragestellungen zur Wirtschaftlichkeit und zur realen Einschätzung der nachhaltigen Wirkung bei der Rückführung von Wertstoffen und Produktteilen in die Kreislaufwirtschaft.

Die seit Jahren zunehmenden engen Verbindungen von Technologie und Management einerseits und andererseits die längs der Wertschöpfungskette erfolgende Verknüpfung traditioneller, vielfach isoliert betrachteter Unternehmensbereiche zu Unternehmensprozessen führen zu einer neuen Dimension ökonomischer, technischer und rechtlicher Konsequenzen. Eine derartige Betrachtung ganzheitlicher Prozesse in den Unternehmen ist die Steigerung der losen Zusammenführung von Management und Technologien. Gleichzeitig ist es die Verknüpfung von Produktions-, Qualitäts-, Risikomanagement und gipfelt in Projekt- und Wissensmanagement. Erst die Präsenz moderner Informations- und Kommunikationssysteme macht dies möglich und ist nur noch steigerbar durch innovative Handlungsweisen, die das Internet bereithält.

Diese Entwicklung hält das Management in den Unternehmen in Atem und fordert schnelle Entscheidungen, die rechtlich abgesichert und dem Erfolg des Unternehmens verpflichtet sind.

Naheliegend ist, dass die Ausbildung in den Kernkompetenzen des Managements an den Universitäten, Fachhochschulen und Berufsakademien mit dieser Entwicklung mithalten muss. Technikrecht gehört heute zu den Kernkompetenzen und ist in den Curricula für die Aus- und Weiterbildung sowohl für Ingenieure, Wirtschaftler und Wirtschaftsingenieure Pflicht.

Prof. Dr.-Ing. Dr. h.c. Helmut Baumgarten
Langjähriger Geschäftsführender Direktor des Instituts für Technologie und Management an der Technischen Universität Berlin

Prof. Dr.-Ing. Dr. h.c. Helmut Baumgarten

Vorwort zur 2. Auflage

Wenn man auf das Erscheinungsdatum der 1. Auflage schaut, wurde es Zeit für eine neue Auflage. Zur Rechtfertigung für den doch recht langen Zeitraum zwischen den Auflagen kann aber angeführt werden, dass die Entwicklung des Technikrechts gerade in der letzten Zeit eine derart dynamische Entwicklung genommen hat, dass der jetzige Zeitpunkt für die Neuauflage genau richtig ist. Die verbleibende Kritik, man hätte schon zwischenzeitlich neu erscheinen können, darf mit dem Argument begegnet werden, dass es wenig Gründe dafür gegeben hat.

Die Autoren waren insbesondere bemüht, in die neue Auflage die sehr zahlreichen Regelungen für die neuen Technikbereiche zu bearbeiten; Industrie 4.0 war richtungsweisend. In der Einleitung wird aufgezählt.

Traditionelle und nach wie vor bedeutsame Gebiete wurden in überarbeiteter Form beibehalten; so das Haftungsrecht, die Regeln für Akkreditierung und Zertifizierung, das Vertriebsrecht, die Qualitätssicherungsvereinbarungen und das Umweltrecht

Nicht mehr aufgegriffen wurden die Bearbeitungen der Qualitätsmanagementsysteme und des Projektmanagements. Die Autoren sind der Ansicht, dass die Anforderungen oder Notwendigkeiten sich aus den behandelten Rechtsgebieten ergeben. Wer hier tiefer eindringen will sei auf die 1. Auflage verwiesen.

Die Herausgeber	Jürgen Ensthaler
Juni 2025	Dagmar Gesmann-Nuissl
	Stefan Müller

Inhaltsverzeichnis

1 Einleitung........ 1
Jürgen Ensthaler
1.1 Standort Technikrecht 1
1.2 Rechtliche Anforderungen und Qualitätsmanagementsysteme 2
1.3 Stoffbegrenzung........ 3
    1.3.1 Das Recht als Dienstleister 4
    1.3.2 Haftungsrisiken, eine Einführung in das Haftungsrecht 5
    1.3.3 Kausalitätsprobleme........ 6
    1.3.4 Anmerkungen zur künstlichen Intelligenz (KI)........ 7

2 Produktionsmanagement und Recht........ 9
Stefan Müller
2.1 Ein Blick ins Produktionsmanagement 9
2.2 Juristische Ausführungen zum Produktionsmanagement 10
    2.2.1 Ein juristisches Konzept der Produktverantwortung 11
    2.2.2 Der spezifische Technikbezug der Produktverantwortung........ 18
    2.2.3 Privatrechtliche Produktverantwortung: Das System 28
    2.2.4 Verkehrspflichtverletzung bzw. Produktfehler als zentrale Haftungsvoraussetzungen 35
    2.2.5 Weitere Voraussetzungen der Produzenten- und Produkthaftung 53
    2.2.6 Grenzen der Produkthaftung 59
    2.2.7 Die Rechtsfolgen der Produkthaftung 63
    2.2.8 Das Verhältnis zwischen Endproduktshersteller und Zulieferer 65
    2.2.9 Abwälzung des Haftungsrisikos auf Versicherer 67
2.3 Zur Zukunft der Produkthaftung in der EU 67
    2.3.1 Produkt- und Fehlerbegriffe nach der neuen Richtlinie........ 68
    2.3.2 Produkthaftungsrechtlich Verantwortliche sowie haftungsrechtlich relevante Aktivitäten 69
    2.3.3 Beweisfragen........ 70
    2.3.4 Rechtsfolgen der Produkthaftung 71
Literatur........ 72

3 Produktsicherheitsgesetz – Das System von Akkreditierung, Zertifizierung und Normung 75
Jürgen Ensthaler
- 3.1 Das dem Produktsicherheitsrecht zugrunde liegende System 76
- 3.2 Die neue EU Produkt Sicherheitsverordnung (GPSR) 77
- 3.3 Arten der Konformitätsbewertung 78
- 3.4 Die Darstellung der neuen europäischen Gesamtkonzeption 79
- 3.5 Alternative Konformitätsvermutung 80
- 3.6 Die Auswahl der Überprüfungsart 81
- 3.7 Erläuterungen des Modularen Konzepts 82
- 3.8 Module 82
  - 3.8.1 Modul A: Interne Fertigungskontrolle 83
  - 3.8.2 Modul B: EG-Baumusterprüfung 83
  - 3.8.3 Modul C: Konformität mit der zugelassenen Bauart 83
  - 3.8.4 Modul D: Qualitätssicherung Produktion 84
  - 3.8.5 Modul E: Qualitätssicherung Produkt 84
  - 3.8.6 Modul F: Prüfung der Produkte 84
  - 3.8.7 Modul G: Einzelprüfung 85
  - 3.8.8 Modul H: Umfassende Qualitätssicherung 85
- 3.9 Neue MASCHINENVERORDNUNG 85
  - 3.9.1 Einleitung 85
  - 3.9.2 Änderungen 86
- 3.10 Haftung der Zertifizierer 88

4 Technische Normen und Standards 95
Felix Will
- 4.1 Begriffsbestimmung technische Normen und Standards 95
- 4.2 Technischer Normungs- und Standardisierungsorganisationen 97
  - 4.2.1 Staatlich anerkannte Normungsorganisationen 97
  - 4.2.2 Standardisierung außerhalb von Normungsorganisationen 100
  - 4.2.3 Faktische Standardisierung durch den Markt 101
- 4.3 Einordnung technischer Normen und Standards 102
  - 4.3.1 Rechtliche Einordnung 102
  - 4.3.2 Ökonomische Einordnung 104
  - 4.3.3 Entstehung und Folgen der faktischen Bindungswirkung technischer Normen und Standards 106
- 4.4 Exkurs: Standardessenzielle Patente 107
  - 4.4.1 Begriffsbestimmung 108
  - 4.4.2 Umgang mit Patenten in Standardisierungsorganisationen 109
  - 4.4.3 Einordnung 112
- Literatur 114

5	**Software**		119
	Sebastian Dworschak und Niclas Düstersiek		
	5.1	Software als besonderer Schutzgegenstand	120
	5.2	Immaterialgüterrechtlicher Schutz von Software	120
		5.2.1 Urheberrechtlicher Schutz als Computerprogramm	121
		5.2.2 Patentrechtlicher Schutz	124
		5.2.3 Weitere Immaterialgüterrechte und Rechtsgebiete: Know-how-Schutz, Wettbewerbsrecht und Markenrecht	125
		5.2.4 Sonderproblem und Anwendungsbeispiel: Reverse Engineering	127
	5.3	Verwertung	129
		5.3.1 Kommerzielle Verwertung in proprietären Lizenzverträgen	129
		5.3.2 Open Source Lizenzen als Gegenmodell zu proprietären Lizenzen	130
		5.3.3 Sonderproblem und Anwendungsbeispiel: Software und KI	133
	5.4	Sonderproblem: Additive Fertigungsverfahren und rechtliche Rahmenbedingungen	136
		5.4.1 Begriff des Herstellers	137
		5.4.2 Immaterialgüterrechtlicher Schutz	138
		5.4.3 Kartellrecht	140
	5.5	Anhang zu Kap. 5	141
		Patent- und urheberrechtlicher Schutz der CAM-Software, Haftungsfragen (3D- Druck)	141
	Literatur		144
6	**Künstliche Intelligenz**		147
	Dieter Krimphove		
	6.1	Einführung: Die Bedeutung der Künstlichen Intelligenz im Technikrecht	147
		6.1.1 Aktuelle Einsatzgebiete der KI	148
		6.1.2 Die hohe Akzeptanz der Künstlichen Intelligenz als Stimulanz ihrer wirtschaftlichen Expansion	149
	6.2	Der Begriff der Künstlichen Intelligenz	149
		6.2.1 Die erste Definition der Künstlichen Intelligenz	150
		6.2.2 Keine Definition der „Künstlichen Intelligenz" in der KI-Verordnung	150
		6.2.3 Die Definition der Künstlichen Intelligenz in der Rechtspraxis	151
	6.3	Gefahren des Einsatzes der Künstlichen Intelligenz	152
	6.4	Die Grundlagen der KI-VO	153
		6.4.1 Der Anwendungsbereich der KI-VO	154
		6.4.2 Das Forschungsprivileg der KI-Verordnung	155

		6.4.3	Der Wettbewerbsschutz kleiner und mittelgroßer Unternehmen und „Start-Ups".	156
		6.4.4	Der risikobasierte Ansatz der KI-VO.	157
		6.4.5	Die allgemeine Informationspflicht über das Eingreifen von Künstlicher Intelligenz.	157
		6.4.6	Das generelle Verbot einzelner Anwendungen der Künstlichen Intelligenz	158
	6.5	Drei Gefahrenpotenzial-Kategorien.	158
		6.5.1	Hochrisiko-KI-Systeme	159
		6.5.2	Nicht-Hochrisiko-KI-Systeme.	162
		6.5.3	KI-Modelle mit allgemeinem Verwendungszweck	163
		6.5.4	Arbeitsrechtliche Aspekte des KI-Einsatzes	165
	6.6	Die gesetzgeberische Einordnung der KI-VO	165
	6.7	Offene Fragen	167
		6.7.1	Das Grundproblem der Willenserklärung im Recht der Künstlichen Intelligenz	168
		6.7.2	Das Vertragsrecht der Künstlichen Intelligenz.	169
		6.7.3	Die Grundproblematik zivilrechtlicher Zurechnungs-, Verantwortungs- und Haftungsfragen	171
		6.7.4	Zivilrechtliche Haftungs- und Zurechnungsmodelle.	172
		6.7.5	Künstliche Intelligenz als rechtsfähige „*ePerson*".	176
		6.7.6	Aufgriffsmöglichkeiten der Künstlichen Intelligenz im Strafrecht	177
	6.8	Résumée.	181
	6.9	Fazit	182
	Literatur.	183
7	**Blockchain – Technische Grundlage und rechtliche Problemfelder**	187
	Benedikt Flöter			
	7.1	Einleitung.	187
	7.2	Technische Grundlagen der Blockchain	188
		7.2.1	Einordnung und funktionale Merkmale.	188
		7.2.2	Arbeitsweise der Blockchain	189
	7.3	Rechtliche Problemfelder der Blockchain	192
		7.3.1	Handel mit digitalen Assets am Beispiel von NFT	193
		7.3.2	IT-Vertragsrecht und Blockchain	198
		7.3.3	Datenschutzrecht und Blockchain	201
		7.3.4	Gesellschaftsrechtliche Aspekte.	204
		7.3.5	Regulierung von Krypto-Werten	206
	Literatur.	207

8	**Vertriebsrecht, Vertriebsorganisation**		209
	Jürgen Ensthaler		
	8.1	Eigen- und Fremdvertrieb	209
	8.2	Echter/Unechter Handelsvertreter	210
	8.3	Fremdvertrieb	212
	8.4	Die rechtliche Einbindung der Vertriebsverträge	214
		8.4.1 Der Vertriebshändler als Absatzmittler	215
		8.4.2 er Handelsvertretervertrag	222
		8.4.3 Der Kommissionär als Absatzmittler	225
		8.4.4 Franchisesysteme	226
		8.4.5 Moderne Vertriebsmethoden	233
	8.5	Digitale Vertragsgestaltung	244
	8.6	Veräußerung technischer Produkte und produktbegleitende Dienstleistungen –	246
		8.6.1 Die Informationspflicht	247
		8.6.2 Informationspflichten im Bereich Schutzrechte/Betriebsgeheimnisse	248
		8.6.3 Obliegenheitsverletzungen bei Gewährleistungspflichten	249
		8.6.4 Anwendbarkeit des UN-Kaufrechtsübereinkommens	252
		8.6.5 Gewährleistungsausschluss	253
9	**Qualitätssicherungsvereinbarungen**		255
	Jürgen Ensthaler		
	9.1	Regelungsinhalte und rechtliche Einordnung der QS-Vereinbarungen	255
		9.1.1 Qualitätssicherungsvereinbarungen und Wareneingangskontrolle	257
		9.1.2 Fixgeschäftsklauseln und Verzugsschadensersatzklauseln	261
		9.1.3 Veränderung der Gewährleistungssituation	263
		9.1.4 Verteilung des Produkthaftungsrisikos	265
		9.1.5 Lieferantenbeurteilung	268
	Literatur		270
10	**DATA ACT**		273
	Duygu Üge		
	10.1	Regelungsgegenstand und Anwendungsbereich	275
	10.2	Sachlicher Anwendungsbereich	275
	10.3	Pflichten des Dateninhabers	277
	10.4	Zugangs- und Nutzungsanspruch des Nutzers (Art. 4 DA)	278
	10.5	Recht auf Weitergabe der Daten (Art. 5 DA)	279
	10.6	Vertragsrechtliche Vorgaben, Art. 8 ff. DA	279

	10.7 FRAND-Bedingungen (Art. 8 Abs. 1 DA)	280
	10.8 Verbot missbräuchlicher Klauseln (Art. 8 Abs. 2 DA)	280
	10.9 Recht auf angemessene Gegenleistung (Art. 9 Abs. 1 DA)	280
	10.10 Zusammenfassung	281
	Literatur	282

11 Lieferkettensorgfaltspflichtengesetzgesetz 285
Jürgen Ensthaler
    11.1 „Unmittelbare" und „mittelbare" Zulieferbetriebe 286
    11.2 Die Anforderungen an die Unternehmen 287
    11.3 Kontrolle und Sanktionsmechanismen 287
    11.4 Kritik am Gesetz und Initiativen zu abschaffung 287
    11.5 Weitere Unterschiede zwischen EU-Lieferketten-RL und LkSG: 289
        11.5.1 Rechtsformen der verpflichteten Unternehmen 289
        11.5.2 Unternehmensgröße 290
    11.6 Sorgfaltspflichten der EU-Lieferketten-RL 291
    11.7 Beschwerdeverfahren: 291
    11.8 Wirksamkeitskontrollen, Überwachung 291
    11.9 Kommunikation, Berichtspflicht 292
    11.10 Alternative Regelungen 292
    11.11 Regelungen durch Normen und vergleichbare Regelwerke 294

12 Umweltmanagement und Recht 297
Dagmar Gesmann-Nuissl
    12.1 Betriebliches Umweltmanagement 300
        12.1.1 Begriff 300
        12.1.2 Entstehung 300
        12.1.3 Systematik der freiwilligen Umweltmanagementsysteme am Beispiel von DIN EN ISO 14001 und EMAS III 304
        12.1.4 Systematik der gesetzlich abverlangten Betriebsorganisation – der Betriebsbeauftragte für den Umweltschutz 320
        12.1.5 Exkurs: Produktbezogene Umweltzeichen 323
    12.2 Juristische Betrachtung des Umweltmanagements 326
        12.2.1 Umweltmanagement und nationales Umweltrecht 328
        12.2.2 Umweltmanagement und europäisches Umweltrecht 343
    12.3 Beispiel „umweltorientierte Organisation" 348
    Literatur 351

Stichwortverzeichnis 355

Abkürzungsverzeichnis

a.A.	abweichende Ansicht
a.a.O.	am angeführten Ort
a.E.	am Ende
a.F.	alte Fassung
a.M.	abweichende Meinung
Abl.	Amtsblatt
ABlEG	Amtsblatt der Europäischen Gemeinschaft(en)
AEUV	Vertrag über die Arbeitsweise der Europäischen Union
AG (Rechtsform & Zeitschrift)	Aktiengesellschaft
AGB	Allgemeine Geschäftsbedingungen
AktG	Aktiengesetz
AMG	Arzneimittelgesetz
AS	Australian Standards
BaFin	Bundesanstalt für Finanzdienstleistungsaufsicht
BAuA	Bundesanstalt für Arbeitsschutz und Arbeitsmedizin
BauR (Zeitschrift)	Baurecht
BB (Zeitschrift)	Betriebs-Berater
BCM	Business Continuity Management
BDSG	Bundesdatenschutzgesetz
BeckRS (Zeitschrift)	Beck Rechtsprechungsreport
BetrVG	Betriebsverfassungsgesetz
BGB	Bürgerliches Gesetzbuch
BGH	Bundesgerichtshof
BGHZ	Bundesgerichtshof, Amtliche Entscheidungssammlung in Zivilsachen
BImschG	Bundes-Immissionsschutzgesetz
BImSchVO	Bundes-Immisionsschutzverordnung
BNatSchG	Bundesnaturschutzgesetz
BS	British Standard
BSCI	Business Social Compliance Initiative

BSI	British Standard Institution
BT-Drs.	Bundestag-Drucksachen
BVerfG	Bundesverfassungsgericht
BVerfGE	Amtliche Sammlung der Entscheidungen des Bundesverfassungsgerichts
CCO	Chief Compliance Officer
CCZ	Corporate Compliance Zeitschrift
CE	Communauté(s) Européenne(s)
CEN	Comité Européen de Normalisation
CENELEC	Comité Européen de Normalisation Electrotechnique
ChemG	Chemikaliengesetz
ChemVerbotsV	Chemikalien-Verbotsverordnung
CI-CD	Corporate Identity-Corporate Design
CISG	Convention on Contracts for the International Sale of Goods
CoC	Code of Conduct
CO_2	Kohlenstoffdioxid
COSO	Committee of Sponsoring Organizations of the Treadway Commission
CR (Zeitschrift)	Computer und Recht
CSR	Corporate Social Responsibility
CSS	Customer Satisfaction Study
CWA	CEN Workshop Agreement
DAkkS	Deutsche Akkreditierungsstelle GmbH
DAU	Deutsche Akkreditierungs- und Zulassungsgesellschaft
DAV	Deutscher Anwaltverein
DB (Zeitschrift)	Der Betrieb
DFV	Deutscher Franchise Verband
DIN	Deutsches Institut für Normung e. V.
DPMA	Deutsches Patent- und Markenamt
DQS	Deutsche Gesellschaft zur Zertifizierung von Managementsystemen
DS	Dansk Standard
DStR (Zeitschrift)	Deutsches Steuerrecht
e.V.	eingetragener Verein
EchA	European Chemicals Agency
EFQM	European Foundation for Quality Management
EG	Europäische Gemeinschaft
EGBGB	Einführungsgesetz zum Bürgerlichen Gesetzbuch
Einf.	Einführung
Einl.	Einleitung
EMAS	Eco-Management and Audit-Scheme

EMS	Ecological Management System
EN	Europäische Norm
endg. V.	Endgültige Version
EnVKG	Energieverbrauchskennzeichnungsgesetz
EnVKV	Energieverbrauchskennzeichnungsverordnung
EPD	Environmental Product Declarations
EQA	European Quality Award
ESchG	Embryonenschutzgesetz
et al.	und andere
ETSI	European Telecommunications Standards Institute
EU	Europäische Union
EUEB	European Union Ecolabeling Board
EuGH	Europäischer Gerichtshof
EuGVVO	Verordnung über die gerichtliche Zuständigkeit und die Anerkennung und Vollstreckung von Entscheidungen in Zivil- und Handelssachen
EuZW	Europäische Zeitschrift für Wirtschaftsrecht
EWG	Europäische Wirtschaftsgemeinschaft
EWR	Europäischer Wirtschaftsraum
ExBa	Benchmarkstudie zur Excellence in der deutschen Wirtschaft
FAZ (Tageszeitung)	Frankfurter Allgemeine Zeitung
FDA	Food and Drug Administration
FMEA	Fehlermöglichkeits- und einflussanalyse
FN	Fußnote
Fn.	Fußnote
FrR	Fachkunderichtlinie
FuE	Forschung und Entwicklung
G	Gesetz
GefStoffV	Gefahrstoffverordnung
gem.	gemäß
GEMA	Gesellschaft für musikalische Aufführungs- und mechanische Vervielfältigungsrechte
GenTG	Gentechnikgesetz
GenTSV	Gentechnik-Sicherheitsverordnung
GewArch (Zeitschrift)	GewerbeArchiv
GewO	Gewerbeordnung
GF	Geschäftsführer
GG	Grundgesetz
ggfs.	gegebenenfalls
ggü.	gegenüber
GmbH	Gesellschaft mit beschränkter Haftung

GPSG	Geräte- und Produktsicherheitsgesetz
grds.	grundsätzlich
GRI	Global Reporting Initiative
GRUR (Zeitschrift)	Gewerblicher Rechtsschutz und Urheberrecht
GRUR Int. (Zeitschrift)	Gewerblicher Rechtsschutz und Urheberrecht – internationaler Teil
GRUR-RR (Zeitschrift)	Gewerblicher Rechtsschutz und Urheberrecht – Rechtsprechungs-Report
GS	geprüfte Sicherheit
GVO	Gruppenfreistellungsverordnung
GWB	Gesetz gegen Wettbewerbsbeschränkungen
GWR (Zeitschrift)	Gesellschafts- und Wirtschaftsrecht
h.M.	herrschende Meinung
HGB	Handelsgesetzbuch
HOAI	Honorarordnung für Architekten und Ingenieure
i.d.R.	in der Regel
i.e.S.	im eigentlichen Sinne
i.S.	im Sinne
i.S.d.	im Sinne des/der
i.S.v.	im Sinne von
i.V.m.	in Verbindung mit
i.w.S.	im weiteren Sinne
IBU	Institut Bauen und Umwelt
IEC	International Eletrotechnical Commission
IFG	Informationsfreiheitsgesetz
IMS	Integriertes Management System
InsO	Insolvenzordnung
ISO	International Organization for Standardization
IT	Informationstechnik/Informationstechnologie
ITRB (Zeitschrift)	IT-Rechtsberater
IUCLID	International Uniform Chemical Information Database
JURA (Zeitschrift)	Juristische Ausbildung
JuS (Zeitschrift)	Juristische Schulung
JZ (Zeitschrift)	Juristenzeitung
Kfz	Kraftfahrzeug
KG	Kammergericht (im Range eines Oberlandesgerichts für das Land Berlin)
KG	Kommanditgesellschaft
KMU	kleine und mittlere Unternehmen
KOM	Europäische Kommission
KonTraG	Gesetz zur Kontrolle und Transparenz im Unternehmensbereich

KrW-/AbfG	Kreislaufwirtschafts- und Abfallgesetz
KWG	Kreditwesengesetz
LAG	Landesarbeitsgericht
LEP	Ludwig-Erhard-Preis
LFGB	Lebensmittel-, Bedarfsgegenstände- und Futtermittelgesetzbuch
LuftVG	Luftverkehrsgesetz
m.w.N.	mit weiteren Nachweisen
MaRisk	Mindestanforderungen an das Risikomanagement
MBA	Malcom Baldrige Award
MDR (Zeitschrift)	Monatsschrift für Deutsches Recht
Mitt. (Zeitschrift)	Mitteilungen der deutschen Patentanwälte
MüKo	Münchner Kommentar
NACE	Nomenclature Statistique des Activités Economiques dans la Communauté Européenne
NDA	Non-Disclosure-Agreement
Nds. GVB	Niedersächsisches Gesetz- und Verordnungsblatt
NJW	Neue Juristische Wochenschrift
NJW-RR	Neue Juristische Wochenschrift – Rechtsprechungsreport
NP	New Portuguese Standard on Social Responsibility
NStZ	Neue Zeitschrift für Strafrecht
NuR (Zeitschrift)	Natur und Recht
NVwZ	Neue Zeitschrift für Verwaltungsrecht
NZG	Neue Zeitschrift für Gesellschaftsrecht
NZS	New Zealand Standards
NZV	Neue Zeitschrift für Verkehrsrecht
o.g.	oben genannt
OEM	Original Equipment Manufacturer
OGH	Oberster Gerichtshof (Österreich)
oHG	offene Handelsgesellschaft
OHSAS	Occupational Health and Safety Assessment Series
OLG	Oberlandesgericht
OLGZ	Entscheidungen der Oberlandesgerichte in Zivilsachen
ÖNORM	österreichische Norm
ONR	österreichisches Normungsinstitut – Regelwerke
ON-V	österreichisches Normungsinstitut sonstige Veröffentlichungen
OWiG	Ordnungswidrigkeitengesetz
PAS	Public Available Specification
PatG	Patentgesetz
PCF	Product Carbon Footprint

PDCA	Plan-Do-Check-Act
PEP	Produktentstehungsprozess
PHB	Produkthaftpflichtversicherung von Industrie- und Handelsbetrieben
PHi (Zeitschrift)	Haftpflicht international
PKW	Personenkraftwagen
ProdHaftG	Produkthaftungsgesetz
PRODIS	Produktinformationssystem
PRTR	Pollutant Release and Transfer Register
PSK	Produktsicherheitskomitee
QFD	Quality Function Deployment
QM	Qualitätsmanagement
QS	Qualitätssicherung
QSV	Qualitätssicherungsvereinbarung(en)
QZ (Zeitschrift)	Qualität und Zuverlässigkeit
R	Recht
r+s (Zeitschrift)	Recht und Schaden
RAL	Reichsausschuss für Lieferbedingungen
REACH	Registration, Evaluation, Authorisation and Restriction of Chemicals
RegE	Regierungsentwurf
RGZ	Reichsgericht, Amtliche Entscheidungssammlung in Zivilsachen
RL	Richtlinie
RMS	Risikomanagementsystem
Rn.	Randnummer
RPZ	Risikoprioritätszahl
s.a.	siehe auch
s.o.	siehe oben
s.u.	siehe unter
SAGE	Strategic Advisory Group on Environment
SIEF	Substance Information Exchange Forums
SOA	Sarbanes-Oxley-Act
SRU	Sachverständigenrat für Umweltfragen
StAnz.	Staatsanzeiger
StGB	Strafgesetzbuch
str.	streitig
st. Rspr.	ständige Rechtsprechung
StrlSchV	Strahlenschutzverordnung
SWOT	Strength Weaknesses Opportunities Threads
TA	Technische Anweisung
TC	Technical Committee

TMG	Telemediengesetz
TQM	Total-Quality-Management
TR	Technical Report
TRIPS	Agreement on Trade-related Aspects of Intellectual Property Rights
u.a.	und andere
u.U.	unter Umständen
UGA	Umweltgutachterausschuss
UHV	Umwelthaftpflichtversicherung
UIG	Umweltinformationsgesetz
UM	Umweltmanagement
UMS	Umweltmanagementsystem
umstr.	Umstritten
UmweltHG	Umwelthaftungsgesetz
UN	United Nations
UNCED	United Nations Conference on Environment and Development
UPR	Zeitschrift für Umwelt- und Planungsrecht
UrhG	Urheberrechtsgesetz
Urt.	Urteil
UWG	Gesetz gegen den unlauteren Wettbewerb
V	Verordnung
v.	vom/von
VAG	Versicherungsaufsichtsgesetz
Var.	Variante
VDE	Verband der Elektrotechnik Elektronik Informationstechnik e. V.
VDI	Verein Deutscher Ingenieure
VersR (Zeitschrift)	Versicherungsrecht
VG	Verwaltungsgericht
vgl.	vergleiche
VgV	Vergabeverordnung
VIG	Verbraucherinformationsgesetz
VKU (Zeitschrift)	Verkehrsunfall und Fahrzeugtechnik
VO	Verordnung
VOB	Vergabe- und Vertragsordnung für Bauleistungen
VOF	Vergabeordnung für freiberufliche Leistungen
VOL	Vergabe- und Vertragsordnung für Leistungen
Vorbem.	Vorbemerkung
VVG	Versicherungsvertragsgesetz
WD	Working Draft
WHG	Wasserhaushaltsgesetz

WM (Zeitschrift)	Wertpapiermitteilungen
WpDVVerOV	Verordnung zur Konkretisierung der Verhaltensregeln und Organisationsanforderungen von Wertpapierdienstleistungsunternehmen
WpHG	Wertpapierhandelsgesetz
WPR	Wirtschafts- und Privatrecht
WRP (Zeitschrift)	Wettbewerb in Recht und Praxis
z.B.	zum Beispiel
ZfBR	Zeitschrift für deutsches und internationales Bau- und Vergaberecht
ZfS	Zeitschrift für Schadensrecht
ZIP	Zeitschrift für Wirtschaftsrecht
ZPO	Zivilprozessordnung
ZRFC (Zeitschrift)	Risk, Fraud and Compliance
ZRFG (Zeitschrift)	Risk, Fraud and Governance
ZRP (Zeitschrift)	Zeitschrift für Rechtspolitik
z.T.	zum Teil
ZUM	Zeitschrift für Urheber- und Medienrecht
ZUR	Zeitschrift für Umweltrecht

Einleitung

Jürgen Ensthaler

Inhaltsverzeichnis

1.1 Standort Technikrecht 1
1.2 Rechtliche Anforderungen und Qualitätsmanagementsysteme 2
1.3 Stoffbegrenzung 3

1.1 Standort Technikrecht

Bedingt durch die schon revolutionäre Entwicklung der Technik, gemeint ist Industrie 4.0 und die Entwicklungsarbeiten bei der künstlichen Intelligenz, hat auch das Technikrecht innerhalb der Rechtswissenschaft noch mehr an Bedeutung gewonnen. Jahrzehnte und auch über schon ein Jahrhundert lang bedeutsame Technik wurde vielfach abgelöst. Hochautomatisierte, vernetzte und auch lernende Maschinen bestimmen die Produktion. Software dominiert nicht selten die Wertschöpfung, sei es als Produkt oder als bedeutsamer Teil eines Prozesses.

Aufgabe einer auch an der Technik orientierten Rechtswissenschaft ist es, die neue Technik für die juristische Verarbeitung aufzubereiten, verständlich darzustellen. Wenn der zu beurteilende bzw. zu bewertende Sachverhalt nicht durchdrungen ist, ist die rechtliche Bewertung unbrauchbar.

Aus solch einem Unverständnis gegenüber der neuen Technik folgt dann auch, dass seitens Jurisprudenz wegen der technischen Revolution vielfach auf ebensolche Veränderungen im Recht gedrängt wird, damit man wieder zusammenkommt. Dies ist nicht richtig. Sehr viele Risikobereiche von Industrie 4.0 werden schon durch das gegenwärtige

J. Ensthaler (✉)
Fachgebiet Wirtschafts-, Unternehmens- und Technikrecht, TU Berlin, Berlin, Deutschland

© Der/die Herausgeber bzw. der/die Autor(en), exklusiv lizenziert an
Springer-Verlag GmbH, DE, ein Teil von Springer Nature 2025
J. Ensthaler et al. (Hrsg.), *Technikrecht*, https://doi.org/10.1007/978-3-662-60348-2_1

Recht erfasst, nur ist dieses Recht durch eine langjährige heute zum Teil überkommene Technik geprägt. Das Recht leidet nicht unter fehlenden Innovationen, sondern unter noch fehlendem Verständnis für die neuen Techniken.

Die Bearbeitungen in diesem Buch sind an den bedeutsamen juristischen Anforderungen an ein Qualitäts- bzw. Risikomanagement orientiert. Die Auswahl der einzelnen Gebiete beruht zum einen auf dem Erfahrungswissen der Autoren; sie ist aber auch das Ergebnis einer Befragung mittelständischer Unternehmen verschiedener Branchen über die Anforderungen an ein juristisch orientiertes Qualitätsmanagement- oder eben Risikomanagementsystem. Ausgewählt wurden die Gebiete Produkt-/Produzentenhaftung, Qualitätssicherungsvereinbarungen (Vereinbarungen zwischen Zulieferer und Hersteller), Produktsicherheitsrecht, namentlich die rechtlichen Anforderungen an Akkreditierung und Zertifizierung, sowie die Bedeutung der Normen und das Umweltrecht. Die Im Zusammenhang mit Industrie 4.0 entstandenen neuen technischen Sachverhalte werden in die rechtliche Bewertung einbezogen oder gesondert beurteilt, wie z.B, die neue additiv-generative Fertigungsmethode (3 D-Druck). Ein weiteres Thema ist die Datenhoheit, also die Klärung der Frage, wem die maschinengenerierten Daten gehören. Dazu ist jüngst eine neue Verordnung der Union ergangen, der Data Act, er wird vorgestellt. Eigenständig bearbeitet werden die rechtlichen Fragen um die künstliche Intelligenz (KI).

Die Bearbeitung zielt darauf ab, die für das Unternehmen jeweils verbindlichen Rechtsnormen so aufzubereiten, dass sie als Bestandteile von Prozessen so verarbeitet werden können, dass Haftung vermieden, Verträge vereinbarungsgemäß erfüllt und die rechtlichen Anforderungen z. B. für die Warenverkehrsfreiheit oder für die Einrichtung von Umweltmanagementsystemen von vornherein beachtet werden können. Der Beitrag soll konkrete Hilfe sein, um entweder Sanktionen zu vermeiden oder aber die Vorteile rechtlicher Vorgaben ausnutzen zu können.

1.2 Rechtliche Anforderungen und Qualitätsmanagementsysteme

In einem juristischen Buch zum Umgang mit Technik geht es in erster Linie darum, dass Technik gemeinschaftsverträglich eingesetzt wird. Auf das hier bestehende Anliegen fokussiert, dass die Nutzung von Technik nicht zu Haftungsfällen führt. Aus juristischer Sicht ist Technik nur in dem Maße förderlich wie von ihr ausgehende Gefahren nach Kräften ausgeschlossen werden. Aus technischer wie auch betriebswirtschaftlicher Sicht handelt es sich dabei um die Einrichtung eines Qualitätsmanagementsystems oder auch Risikomanagementsystem das Gefährdungsmomente umfangreich verhindert, demnach um ein wesentliches Element des Qualitäts- bzw. des Risikomanagement. Beide Bereiche werden selten nebeneinanderstehend behandelt; regelmäßig verhält es sich in der betriebswirtschaftlichen und auch technischen Literatur so, dass in Qualitätsmanagementsystemen

Elemente des Risikomanagements enthalten sind. Beispiel dafür ist DIN ISO 9001, die in der Fassung von 2015 zum bedeutsamen Teil Risikomanagementnorm geworden ist.

Der Begriff „Qualitätsmanagement" und auch „Risikomanagement" kommt in der Rechtslehre nicht oder wohl eher zufällig vor. Das liegt keinesfalls daran, dass es keine juristische Begleitung des Qualitätsmanagements gibt, sondern dies ist damit zu erklären, dass das Qualitätsmanagement und deren Element, das Risikomanagement, in der Rechtswissenschaft unter anderen Regelungsinhalten eingeordnet ist. Das Recht regelt dabei entweder verbindlich oder gibt Hilfen zu den in diesen Fällen privatautonomen Entscheidungen.

Das große Problem ist dabei, dass der den Regelungen zugrunde liegende Sachverhalt nicht oder vielfach nicht mit den Sachverhaltsangaben übereinstimmt, die in den Managementsystemen beschrieben sind. Eine weitere Schwierigkeit liegt darin, dass die Systematik im Recht anderen Regeln folgt, als der Technik und auch Betriebswirtschaftslehre verständlich sind.

Das lässt sich gut an einem Beispiel aus der Produzentenhaftung verständlich machen: Die Produzentenhaftung, der auch noch die Produkthaftung nach dem Produkthaftungsgesetz zur Seite steht, ist für den Juristen nur ein Teilgebiet aus dem großen Bereich des Haftungsrechts. Das Haftungsrecht ist auch in anderen Bereichen des Schuldrechts eingebunden. Vieles ist durch den zu beurteilenden technischen Sachverhalt dann auch derart ineinander verwoben, dass z. B. für eine Falllösung alle berührten Gebiete berücksichtigt werden müssen, um zu einem sachgerechten Ergebnis kommen zu können.

Der mit Haftungsfragen befasste Ingenieur wird darum bemüht sein, ein Haftungssystem aufzufinden, das ihm als geschlossene, nicht erst durch viele Rechtsgebiete erfahrbare Materie verständlich wird. Beide Anliegen zusammenzubringen ist sehr schwer.

Ebenso wie das durch die Ingenieurwissenschaften definierte Qualitätsmanagement seine Wurzeln in vielen technischen Teilgebieten haben wird, so ist schließlich auch das Haftungsrecht in viele juristischen Disziplinen eingebunden.

Damit ist ein Problem angesprochen, nämlich das Problem einer sinnvollen und vor allen Dingen verständlichen Aufbereitung des juristischen Stoffes im Bereich eines interdisziplinären Gebietes. Die Autoren waren deshalb bemüht, die einzelnen Arbeitsbereiche, soweit sie eine überwiegend technische Grundlage haben, in verständlicher Art rechtlich umfassend zu bearbeiten.

1.3 Stoffbegrenzung

Die Stoffbegrenzung erfolgt aufgrund zweier Faktoren. Zum einen wurde vor einigen Jahren und in jüngster Zeit wieder, eine Unternehmensbefragung durchgeführt. Es wurden insbesondere mittelständische Unternehmen des produzierenden Gewerbes gefragt, auf welchen Gebieten sie rechtliche Probleme haben. Das Ergebnis der Befragung war ein Grund für die hier behandelten Gebiete.

Eine weitere Eingrenzung des Themas folgt aus der unterschiedlichen Bedeutung des Rechts für die Unternehmen: Für die Unternehmen und damit für ein Qualitätsmanagement bzw. Risikomanagement müssen die Haftungssysteme des Rechts von großer Bedeutung sein. Haftung ist in marktwirtschaftlicher Ordnung eine Korrektur für unnötigerweise gefährliche Produkte. Haftung dient demnach nicht nur dem Ausgleich für erlittene Schäden, sondern hat über die Androhung von Sanktionen hinaus die Aufgabe, Unternehmen anzuhalten, möglichst gefahrlose Produkte zu schaffen; die Haftungssysteme haben somit für das Management eine besondere Bedeutung. Insofern, ist die gemeinschaftsverträgliche Komponente angesprochen, die soziale Verantwortung allgemein.

Die Regelungen zum Haftungsrecht – angesprochen sind die „primärrechtlichen" Regelungen, die deliktische Haftung nach dem BGB und die Produkthaftung nach dem ProdHG – sind für die Unternehmen farblos; die unbestimmten Rechtsbegriffe, der die Haftung begründende Fehlerbegriff im ProdHG, die Verkehrssicherungspflichten des Deliktsrechts des BGB geben erste Hinweise, nicht mehr. Farbe bekommen die sehr abstrakt formulierten Haftungstatbestände durch das Produktsicherheitsrecht und die zahlreichen dazugehörigen Rechtsverordnungen, allen voran die Verordnung zum Maschinenbau, wie sie jüngst durch europäische Vorgaben novelliert wurde, weiterhin durch einschlägige Normen und durch die Rechtsprechung. Mit den zahlreichen Verordnungen zum Produktsicherheitsgesetz werden die den Unternehmen obliegenden Verkehrssicherungspflichten konkretisiert. Es soll verständlich gemacht werden, dass die Beachtung der Regelungen des Produktsicherheitsgesetzes nicht nur dazu dienen, das Produkt auf den Markt bringen zu dürfen, sondern dass die Normen auch für das Haftungsrecht von Bedeutung sind.

1.3.1 Das Recht als Dienstleister

Das Recht ist auf vielen Gebieten ein Dienstleister, den man zum Vorteil des eigenen Unternehmens in Anspruch nehmen sollte. Zivilrechtliche Normen, wie insbesondere das Schuldrecht, dienen in erster Linie dazu, den Vertragspartnern ihren Interessen entsprechende und durchsetzbare vertragliche Regeln zur Seite zu stellen. Aufgrund der bestehenden Vertragsfreiheit dienen diese Regeln nicht der Disziplinierung, sondern ermöglichen interessengerechte Rechtssicherheit. Die neue Vertragsform der Qualitätssicherungsvereinbarungen ist hier zu nennen. Es handelt sich um einen Vertrag sui generis, der nur zum Teil in den im BGB ausgeführten Vertragstypen angelegt ist. Qualitätssicherungsvereinbarungen koordinieren das Zusammenwirken vieler Unternehmen im Hinblick auf die Schaffung eines Produkts. Sie sind für die arbeitsteilige Wirtschaft unerlässlich.

Als weiteres Beispiel kann das ursprünglich zur Verwirklichung der Warenverkehrsfreiheit für den Binnenmarkt entwickelte System von Akkreditierung, Zertifizierung und Normung genannt werden, wie es heute von den Mitgliedstaaten der Union in deren Gesetze übernommen wurde, in Deutschland in das Produktsicherheitsgesetz. Das Gesetz wurde bereits oben im Zusammenhang mit Haftungsfragen genannt, es hat weitere Bedeutung. Jedes Unternehmen, das europaweit Waren vermarktet, wird mit diesem System konfrontiert werden. Das System hat insoweit zur Aufgabe, Handelshemmnisse, vor allen Dingen solche, die durch Bürokratie entstanden sind, abzubauen.

1.3.2 Haftungsrisiken, eine Einführung in das Haftungsrecht

Nach den vorhergehenden Ausführungen zum Qualitäts- und Risikomanagement wird, entsprechend seiner Bedeutung für die Unternehmen, das Haftungsrecht ausführlich behandelt werden. Zur Vorbereitung sollen die folgenden Ausführungen dienen.

Den Unternehmen bereitet es regelmäßig Schwierigkeiten, die Sachverhalte zu erfassen, die im Hinblick auf die Produzentenhaftung/Produkthaftung gefährlich sind.

Zentraler Begriff für das Verständnis der Produzentenhaftung ist der Rechtsbegriff „Verkehrssicherungspflichten". Nach dem traditionellen deliktischen Haftungsrecht wohl der meisten Mitgliedstaaten der Europäischen Union, auch nach deutschem Recht, haftet das Unternehmen nur für den Fall der Verletzung einer Sorgfaltspflicht. Im deliktischen Haftungsrecht werden die maßgeblichen Sorgfaltspflichten unter dem Begriff Verkehrssicherungspflichten erfasst. Es wird nicht schon bei Eintritt eines verursachten Fehlers für den eingetretenen Schaden gehaftet, sondern nur dann, wenn im Unternehmen eine Sorgfalts-, eine Verkehrssicherungspflicht verletzt wurde. Diese – von der Rechtsprechung in Deutschland entwickelten – Pflichtenbereiche gilt es zu erkennen.

Es gibt innerhalb der Mitgliedstaaten der Union aber zwei Haftungssysteme. Zum einen die gerade beschriebene verhaltensbezogene Produzentenhaftung, zum Anderen die im Hinblick auf das Schadensereignis „erfolgsbezogene" Produkthaftung. Die Produkthaftung, in Deutschland im Produkthaftungsgesetz geregelt, ist mehr als Verbraucherschutzgesetz gedacht. Zumindest für den Bereich der Sachschäden findet es nur für Sachen Anwendung die „gewöhnlich" für die private Nutzung verwendet werden. Soweit es allerdings um die Regulierung von Körperschäden geht, ist diese Haftung auch im gewerblichen Bereich einschlägig. Die Haftung nach dem Produkthaftungsgesetz unterscheidet sich in der Praxis dadurch von der Produzentenhaftung, dass es nicht darauf ankommt, Mitarbeitern des Betriebes ein fehlerhaftes Verhalten vorwerfen zu können, entscheidend ist allein, ob ein Fehler vorliegt – der kausal im Unternehmen entstanden ist – oder eben nicht. Die Fehlerhaftigkeit begründet die Haftung.

Trotzdem unterscheiden sich die beiden Systeme in der praktischen Anwendung kaum. Das liegt daran, dass bei einem technischen Fehler – es wurde falsches Material verwandt oder unzureichende Verbindungen aufgebaut – ganz regelmäßig nicht nur ein Fehler vorliegt, sondern auch die Verletzung einer Verhaltenspflicht, die zum Fehler führte, wie dies bei der Produzentenhaftung verlangt ist.

Soweit der Fehler mehr im sozialen Bereich liegt – falsche, unzureichende Warnhinweise, evtl. zu wenig an Sicherheitstechnik verwandt – müssen die zur Fehlerbegründung erforderlichen Anforderungen definiert, erst einmal gefunden werden und dieser Prozess unterscheidet sich nicht von der Frage, welches unternehmerische Verhalten wäre zu verlangen gewesen, bzw. welche Sorgfaltspflicht (Verkehrssicherungspflicht) wurde verletzt.. Gemeint ist damit, dass die Sicherheitsvorkehrungen, die ein Unternehmen zu treffen hat, nicht per se vorgegeben sind, sondern sich in den allermeisten Fällen aufgrund gesellschaftlicher Anforderungen ergeben, die sich durch die Zeit hindurch verändern.

Die beiden Haftungssysteme unterscheiden sich im Grunde nur im Zusammenhang mit der sog. Ausreißersituation. Damit ist gemeint, dass auch bei größter Sorgfalt etwas falsch laufen kann, also ein Fehler am Produkt entstanden ist ohne die Verletzung einer Verhaltenspflicht feststellen zu können; dies ist eine sehr selten eintretende Situation.

Allerdings gab in jüngerer Zeit eine Gerichtsentscheidung in der im Zusammenhang mit dem Produkthaftungsgesetz allein darauf abgestellt wurde, dass der Konsument eines Produkts nicht genau das bekam was geleistet werden sollte und es deshalb zum Schaden kam In der „Strom"-Entscheidung des BGH kam es aus einem Umspannwerk heraus für wenige Sekunden zu einer Überspannung des Stromnetzes und damit verbunden, zur Beschädigung zahlreicher Elektrogeräte bei den Stromabnehmern. Für das Umspannwerk konnte nachgewiesen werden, dass alle Abläufe ordnungsgemäß waren; man hatte getan was überhaupt getan werden konnte, um die Spannung konstant zu halten.

Insofern ist es nicht nachvollziehbar, wenn der BGH hier von einem die Ersatzpflicht begründenden Fehler spricht. Niemand kann etwas Unmögliches leisten. Daraus stellt auch das Produkthaftungsgesetz nicht ab; ein Fehler im haftungsrechtlichen Sinne liegt erst dann vor, wenn von der Fehlfreiheit berechtigterweise ausgegangen werden kann (§ 3 ProdHG). Der BGH hätte nicht auf die Spannungsabweichung abstellen dürfen, die konnte niemand verhindern und von deren Ausbleiben kann dann berechtigterweise auch niemand ausgehen; der BGH hätte für die Haftungsbegründung allenfalls darauf abstellen dürfen, dass die Stromkunden auf diesen sehr seltenen aber doch einmal eintreten Fall hätten hingewiesen werden müssen.

Die Auslegung, die Interpretation des Fehlerbegriffs des § 3 des Produkthaftungsgesetztes hat sehr große Bedeutung im Bereich von Industrie 4.0. Erzeugnissen. Im Bereich von 4.0 wird vielfach, meistens, auf der Grundlage neuer Technologien entwickelt. Die rasche Marktzulassung dieser Produkte ist aus Wettbewerbsgründen nötig, die Sicherheitsbedürfnisse der Konsumenten sind trotzdem ein wichtiger Bereich. Es besteht hier ein Konflikt zwischen den Sicherheitsbedürfnissen der Konsumenten und der Förderung des technischen Fortschritts. Die Rechtsprechung sollte künftig auch darauf abstellen, welche Risikobereiche im Zusammenhang mit der Nutzung neuer Techniken dem Konsumenten zumutbar sind, wobei der Frage nach hinreichender Aufklärung bzw. transparenter Information große Bedeutung zukommen muss.

1.3.3 Kausalitätsprobleme

Für die Produkt- und Produzentenhaftung gibt es aufgrund neuer Technologien ein weiteres Problem. Regelmäßig werden heute Maschinen durch Software gesteuert, nicht selten werden mehrere Softwareprodukte verschiedener Hersteller eingesetzt, die dann auf ebenso von verschiedenen Herstellern hergestellten Hardwarekomponenten arbeiten.

Für den Fall fehlerhafter Maschineneinrichtungen wird es dann schwierig, den Verantwortlichen festzustellen. Zur Haftungsbegründung gehört aber auch der Nachweis der Kausalität zwischen Fehler und Schadenseintritt bzw. der Verletzung der Verkehrssicherungspflicht und dem Schadenseintritt. Diese haftungsbegründende Kausalität wird schwer nachzuweisen sein, wenn verschiedene Programme in die Prozesse eingebunden sind, die Hardwarekompatibilität der Software nicht sicher ist und wenn der Zulieferer nicht alle Steuerungsmechanismen kennt, bzw. kennen. kann. Naheliegend ist es, die Zulieferer, deren Lieferungen mit verantwortlich sein könnten, in eine Risikogemeinschaft einzubinden. Bislang steht die Rechtsprechung des BGH dagegen. Nach der Rechtsprechung gilt ein strenger Kausalitätsnachweis.

Die Rechtsprechung wird sich ändern müssen. Bislang hilft allerdings die sog. sekundäre Darlegungslast. Damit ist nach der Rechtsprechung des BGH gemeint, dass der Entlastungsbeweis vom Hersteller der mutmaßlich fehlerhaften (z. B.) Software zu führen ist, wenn der Geschädigte Hinweise zur möglichen Fehlerhaftigkeit gegeben hat und der Hersteller aufgrund seiner Nähe zum Produkt Argumente zu seiner Entlastung geben kann ; macht er das nicht, führt dies zur Haftung.

1.3.4 Anmerkungen zur künstlichen Intelligenz (KI)

KI ein Zauberwort, KI ein bezauberndes Wort.

Es vergeht kein Tag in dem in der überregionalen Presse KI nicht auftaucht KI als Dämon, als Jobkiller, KI als Hilfe, gerade für den Mittelstand, KI als Angriff auf die Lernbereitschaft unserer Schüler und Studenten – was eigentlich KI ist bleibt unbeantwortet. Dabei wäre doch eine erkenntnisgebende Definition von KI von großem Vorteil. In dem „Moloch" KI Verordnung der EU gibt es auch keine Definition; stattdessen gibt es Sachverhaltsbeschreibungen.

Wenn man sich dem neuen Phänomen nähern will, ist es gut die Parallelwelt zu beschreiben, also die menschliche Intelligenz, die soll ja gerade nachgeahmt beziehungsweise sogar übertroffen werden. Die menschliche Intelligenz umfasst vier fundamentale Fertigkeiten, wobei die Verarbeitung der Informationen, die Strukturierung des Wissens, die höchste menschliche Fähigkeit ist. So betrachtet muss man wohl auf dem Weg zur Definition von KI zahlreiche sicher sehr anspruchsvolle Programme ausschließen, obgleich solche Programme zunehmend, der Mode folgend, als KI-Programme vorgestellt werden. Programme, deren Befehlsfolgen zu vorher bestimmten Ergebnissen führen, sind keine KI- Programme. Solche Programme leisten wertvolle Hilfen; z. B. bei der Bilderkennung. Es werden sehr viele Merkmale für die Wiederkennung eingegeben und das Programm vergleicht und kommt auf der Grundlage vorgegebener Informationen zu richtigen Ergebnissen.

KI- Programme in heutiger Zeit sind ganz regelmäßig noch Programme, die auf der Grundlage von bereits erfolgten Strukturierungen durch weitere und zwar enorme Datenzuführung ausgebaut werden und, günstigstenfalls, auch zu Ableitungen von bekannter Strukturen führen können. Ein Beispiel dafür ist das US- amerikanische KI-Projekt „Modernizing Medicine". Das Programm startete mit Beschreibungen der Krankheiten auf dem Gebiet der Dermatologie und darauf bezogene Therapien, Behandlungsmethoden und Erfolge oder Misserfolge. Dem Programm wurden dann Millionen von sachbezogenen medizinischen Daten zugefügt. Diese Daten fügten sich in die vorgegebenen Strukturen aufgrund von Datenähnlichkeiten ein; mitgeteilte Behandlungsergebnisse wurden durch neue Daten bereichert und auch verändert. damit lässt sich aber nur mit Mühe folgern, dass hier eine völlig neue eigenständige Struktur durch KI aufgebaut wurde. Die grundlegende Struktur stammt von den am Programm beteiligten Ärzten. Es ist deren Behandlungsmethode, so wie sie zum Erfolg oder eben zum Misserfolg führte. Im Grunde wenig Neues. Ursprünglich führte jeder Eingabefehler zu keinem oder abwegigen Ergebnissen; heute können Suchmaschinen mit „ungefähren" Eingaben arbeiten.

Im Grunde ist das Problem, die Suche nach Maschinen die menschliche Intelligenz ersetzen altbekannt. Zeitgenössische Philosophen des späten 18. Jahrhunderts rücken den menschlichen Körper in die Nähe einer Maschine; diese Gleichstellung setzte sich fort, bei zum Beispiel E. T. A. Hoffmann, auch bei Jean Paul, die der Ansicht waren, dass das menschliche soziale Miteinander, die menschliche Kommunikation, nicht nur von dem Menschen selbst, sondern auch von Automaten erledigt werden kann. Es ist allerdings anzumerken, dass diese Aussage durch die Annahme eingeschränkt ist, dass die meisten sozialen Strukturen von den Autoren als sehr transparent unterstellt worden, dass es sich regelmäßig um Banalitäten des Alltagslebens handelt. Insofern stimmt der Vergleich; Suchmaschinen kommunizieren seit langer Zeit auf dieser Ebene.

Wie anfangs gesagt, handelt sich bei den vielfach unter KI firmierenden Programmen eher um Programme, die auf ein äußerst umfangreiches Datenmaterial zugreifen können. Ist dann noch Platz für die Abgrenzung zur KI?

KI könnte dort beginnen wo durch den Menschen vorgegebene Strukturen durch zahlreiche Daten, man muss wohl schon von riesigen Datenmengen sprechen, ausgebaut, angereichert werden. Eigentlich beginnt KI aber erst dort, wo auf der Grundlage von Fragen und der Verwendung aufgefundener tauglicher Daten eigenständige Strukturen entstehen. Ob dies der Fall ist, ist wohl noch eine Frage der Definition, denn die Ausgangsfragen sind ja schon Hinweise auf eine bestimmte Struktur.

Der menschliche Verstand hinkt dabei der KI nicht hinterher, sondern ist für die Entwicklung und Weiterentwicklung von KI zur Zeit noch unerlässlich.

Die vielfach geäußerte Bedrohung durch KI kann nicht mit der Erfindung einer neuen Denkmaschine begründet werden. KI ist ein Hilfsmittel das durch die Verknüpfung von Datenmengen und geschickt programmierten Suchanfragen vordefinierte Strukturen aufwertet oder Daten aufgrund ihrer gekennzeichneten Merkmale zusammenfasst und dadurch Strukturveränderungen erkennbar macht.

Produktionsmanagement und Recht

Stefan Müller

Inhaltsverzeichnis

2.1	Ein Blick ins Produktionsmanagement	9
2.2	Juristische Ausführungen zum Produktionsmanagement	10
2.3	Zur Zukunft der Produkthaftung in der EU	67
Literatur		72

2.1 Ein Blick ins Produktionsmanagement

Der im Ausgangspunkt dieses Kapitels stehende Begriff der *Produktion* wird im wirtschafts- und ingenieurwissenschaftlichen Kontext unterschiedlich interpretiert. So stellen etwa Sydow/Möllering vier unterschiedliche Annäherungen vor:[1]

Bezogen auf das mit der Produktion verbundene *Ergebnis* kann er als Prozess der innerbetrieblichen Leistungserstellung durch Kombination produktiver Faktoren umschrieben werden.

Bei *unternehmensfunktionaler* Betrachtung stellt sich die Produktion als diejenige Phase des Realgüterprozesses dar, die zwischen Beschaffung und Absatz zu verorten ist.

---

[1] Vgl. (auch zum Folgenden) ausführlich Sydow/Möllering, S. 6 ff.

S. Müller (✉)
Professur für Wirtschaftsrecht, insbesondere Innovations- und Technologierecht,
Universität Paderborn, Fak. für Wirtschaftswissenschaften, Paderborn, Deutschland
E-Mail: s.mueller@uni-paderborn.de

In einem *gesamtwirtschaftlichen* Verständnis wird die Produktion als Prozess der Wertschöpfung im Gegensatz zur Konsumtion (als Wertverwendung) gesetzt.

Aus einer *Managementperspektive* lässt sich Produktion schließlich als soziales System begreifen, das unternehmensintern oder -übergreifend organisiert und zur Schaffung wirtschaftlicher Werte bestimmt ist.

An dieser Stelle können und müssen die aufgeworfenen Fragen, der Zwecksetzung dieses Werks entsprechend, nicht abschließend geklärt werden. Um die juristische Relevanz des Produktionsmanagements einschätzen zu können, bedarf es jedoch einer Betrachtung derjenigen Ebenen, die bei der Produktion von Gütern (Waren und Dienstleistungen) von Bedeutung sind. Entsprechend der von Dyckhoff vorgestellten Theorie betrieblicher Wertschöpfung lassen sich die beteiligten Systeme wie folgt darstellen: Ausgehend vom *realen Produktionsprozess* ist die erste der darüber liegenden Betrachtungsebenen die Objektebene der *Technologie* (Lehre von der Produktionstechnik), die mit den Begriffen des Inputs und des Outputs beschrieben wird. Darüber liegt als Ergebnisebene die *Produktionstheorie*, die mit den Kategorien von Aufwand und Ertrag operiert. Die dritte und oberste Ebene stellt die *strategische Ebene* der *Erfolgstheorie* dar, bei der über einen umfassenden Vergleich von Schaden und Nutzen, mithin einer Saldierung von Leistungen und Kosten, zugleich die dauerhafte Erzielung und Erhaltung von Wettbewerbsvorteilen durch Produktion erklärt werden kann.

Wie die Theoriebildung zeigt, sind für das Produktionsmanagement somit technologiebezogene, produktionstheoretische und produktionsbezogene Fragen von Belang. Als Komponenten des Produktionsmanagements lassen sich daher ausmachen:

- das *strategische* Produktionsmanagement,
- das *taktische* Produktionsmanagement (Produktionsorganisation) sowie
- das *operative* Produktionsmanagement (Produktionsplanung und -steuerung).

2.2 Juristische Ausführungen zum Produktionsmanagement

Dreh- und Angelpunkt des Konzepts juristischer Betrachtungen von Produktion und Produktionsmanagement ist die Gewährleistung von *Produktsicherheit*. Der rechtliche Blickwinkel richtet sich deshalb nur auf einen untergeordneten Teil der Ziele des Produktionsmanagements: Insbesondere die Erschließung neuer Märkte und Kunden, der Erhalt der Wettbewerbsfähigkeit, die Einsparung von Kosten durch bessere Ausgestaltung von Prozessabläufen, Maschinen und Methoden oder durch den effizienteren Einsatz von Human- und Sachressourcen – und damit letztlich die Steigerung des Unternehmensertrags – sind für die juristische Produktverantwortung jedenfalls nicht unmittelbar von Belang.

Die Produktsicherheit betrifft die bei der Produktentstehung angesprochenen *organisatorischen* Abläufe, auch diejenigen zwischen einzelnen Akteuren der Wertschöpfungskette, in einem umfassenden Sinn. Sie unterscheidet nicht danach, welche Ebene des Produktionsmanagements – strategisch, taktisch, operativ – betroffen ist.[2]

> „Anmerkung: Wegen der Ausrichtung an der Produktsicherheit des letzten Endes gefertigten und vertriebenen Produktexemplars bleiben vorliegend Aspekte der Arbeitsbedingungen (Arbeitszeit, Arbeitssicherheit) weitgehend außer Betracht: Zwar unterliegen sowohl die Sicherheit der am Produktionsprozess beteiligten Arbeitnehmer wie auch die Regulierung der Arbeitszeit umfangreichen rechtlichen Vorgaben, doch wird das hier vorgestellte Konzept der Produktverantwortung über das Produktionsergebnis und nicht die Bedingungen des Produktionsvorgangs entwickelt."

Aus juristischer Sicht kommt der *Organisation* eines Produktentstehungsprozesses zentrale Bedeutung zu; die zivilrechtliche Verantwortung für fehlerhafte Produkte, die Produkthaftung, lässt sich im Kern auf wegen organisatorischer Mängel hervorgerufene Produktfehler zurückführen. Die Rechtsordnung macht (abgesehen von gewissen arbeitsrechtlichen Regelungen) zwar keine Vorgaben für die gewählten Typen der Produktionsorganisation, verlangt jedoch in grundsätzlicher Hinsicht, dass für alle sicherheitsrelevanten Abschnitte des Produktionsprozesses Verantwortungsbereiche abgegrenzt, leitenden Mitarbeitern zugewiesen sowie geeignetes Personal und geeignete Verfahren eingesetzt werden. Die Einhaltung dieser Vorgaben muss durch regelmäßige Kontrollen sichergestellt werden. Aus den hierzu im Einzelnen erforderlichen Vorgaben lässt sich ein juristisches Konzept der Produktverantwortung konstruieren, das im Folgenden zunächst knapp umrissen (Abschn. 2.2.1), sodann nach seinen wesentlichen Bestandteilen gegliedert dargestellt wird (Abschn. 2.2.2, 2.2.3, 2.2.4, 2.2.5, 2.2.6, 2.2.7, 2.2.8 und 2.2.9). Ein Blick auf die absehbaren wesentlichen Neuerungen des künftigen EU-Produkthaftungsrechts (Abschn. 2.3), welches das Recht der Produktverantwortung neu justieren wird, rundet die Darstellung der juristischen Dimension ab.

2.2.1 Ein juristisches Konzept der Produktverantwortung

Zur Illustration des Konzepts Produktverantwortung werden in der nachfolgenden Abb. 2.1 die Akteure einer prototypischen Haftungssituation skizziert.

Der skizzierten Situation liegt folgender (fiktiver)[3] Sachverhalt zugrunde: Produzent P lässt Tablet-PCs, deren Bedienung vollständig auf einem berührungsempfindlichen Touch-Bildschirm beruht, herstellen und unter seinem Logo vertreiben. Der Tablet-PC wird von Z1 zusammengebaut, der die notwendigen Komponenten von einer Vielzahl weiterer Lie-

---

[2] In der Praxis dürften Ursachen für unzureichende Produktsicherheit zumeist auf der Ebene des operativen Managements zu verorten sein.
[3] Der Sachverhalt knüpft vage an einen Aprilscherz aus der Ausgabe der F.A.Z. vom 01.04.2010 („Verkaufsstart des IPad verschoben") an, die damit die bevorstehende Markteinführung des IPads durch Apple humoristisch aufgegriffen hat.

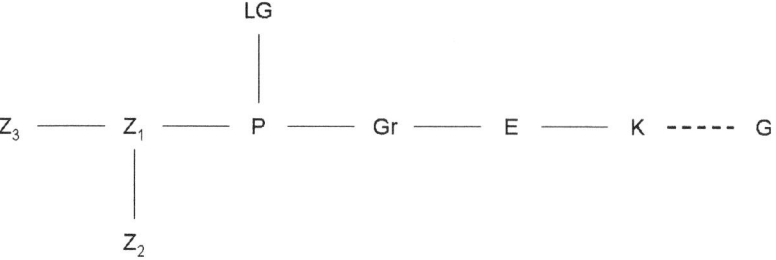

Abb. 2.1 Produktherstellung und -vertrieb in der Wertschöpfungskette

feranten, darunter der das Display fertigende Z2 und der das Touchscreen fertigende Z3, bezieht. Die erforderlichen Lizenzen für die Produktion von Display und Touchscreen haben Z2 und Z3 vom Lizenzgeber LG erworben. P setzt die Endgeräte über Großhändler (Gr) ab, die wiederum Einzelhändler (E) beliefern. Bei E erwirbt Kunde K noch am Tag der Markteinführung ein Exemplar. Der mit K befreundete G möchte das neue Gerät des K einmal ausprobieren. Leider kommt es hierbei zu einer Überhitzung der Display-Oberfläche, sodass G Brandverletzungen an zwei Fingern seiner rechten Hand davonträgt. G möchte nun wissen, welchen der zuvor dargestellten Akteure er wegen eines angemessenen Schmerzensgeldes in Anspruch nehmen kann; die Beurteilung des oder der Haftungsadressaten wird später unter Abschn. 2.2.5.3 aufgelöst.

Versteht man Produktverantwortung in einem umfassenden Sinn, greift der Blick vom eingetretenen Schaden ausgehend zu kurz. Denn die Eindämmung produktspezifischer Gefahren wird am besten dadurch gewährleistet, dass bereits der *Eintritt von Schäden verhindert* wird, sich mithin die Gefahr gar nicht erst realisiert. Zwar bewirkt schon die bloße Existenz von Schadensersatzpflichten als „Nebeneffekt" die Verhinderung von Schäden, wenn alle an der Wertschöpfungskette beteiligten Akteure produktbezogene Pflichten gewissenhaft erfüllen und der Nutzer das Produkt zwecksentsprechend anwendet. Doch das Schadensverhinderungspotenzial erschöpft sich nicht in dieser Reflexwirkung des privaten Haftungsrechts. Vorschriften des (primär zum *öffentlichen Recht* gehörenden) *Gefahrenabwehrrechts* steuern bereits den Zugang der Produkte zum Markt sowie die Überwachung des Handels und der sonstigen Weitergabe von Produkten. Das in erster Linie präventiv wirkende Sicherheitskonzept speist sich aus miteinander verwobenen Rechtsquellen des europäischen Rechts, des nationalen Verwaltungsrechts sowie aus überbetrieblichen technischen Normen. Es wird durch ein Zusammenspiel von Trägern öffentlicher Gewalt (Marktüberwachungsbehörden auf verschiedenen Ebenen), privatrechtlich organisierten Kontrolleuren und Verbänden sowie namentlich durch die produktsicherheitsrechtlich Verantwortlichen, allen voran die Produkthersteller, gewährleistet.

Zentrale Rechtsquelle des Produktsicherheitsrechts ist seit 2023 die Verordnung (EU) 2023/988 des Europäischen Parlaments und des Rates vom 10.5.2023 über die allgemeine Produktsicherheit, zur Änderung der Verordnung (EU) Nr. 1025/2012 des Europäischen Parlaments und des Rates und der Richtlinie (EU) 2020/1828 des Europäischen Parlaments und des Rates und zur Aufhebung der Richtlinie 2001/95/EG des Europäischen Parlaments und des Rates und der Richtlinie 87/357/EWG des Rates (ABl. L135 v. 23.5.2023, S. 1 ff.; im Folgenden kurz: EU-ProdSiVO). Die Verordnung, die gem. ihrem Art. 52 ab 13.12.2024 unionsweit Geltung beanspruchen wird, setzt – innerhalb des definierten Anwendungsbereichs und in Ermangelung spezifischer Vorschriften und als Ausdruck des Vorsorgeprinzips (vgl. Art. 2) – den allgemeinen rechtlichen Rahmen für die Gewährleistung von Sicherheitsanforderungen an Produkte, die in der EU in Verkehr gebracht oder auf dem Markt bereitgestellt werden. Nach der weiten Definition des Produkts in Art. 3 Nr. 1 EU-ProdSiVO ist darunter jeder Gegenstand zu verstehen, der von einem Verbraucher (dies meint nach Art. 3 Nr. 17 jede natürliche Person, die zu Zwecken handelt, die außerhalb ihrer gewerblichen, geschäftlichen, handwerklichen oder beruflichen Tätigkeit liegen) benutzt werden könnte. Als sicher ist das Produkt anzusehen, wenn es bei normaler oder voraussehbarer Verwendung unter Beachtung eines hohen Schutzniveaus für Sicherheit und Gesundheit der Verbraucher nur als annehmbar erachtete Risiken birgt, vgl. dazu Art. 3 Nr. 2 EU-ProdSiVO. Die neue EU-Verordnung, der im Wesentlichen an die Stelle der bisher geltenden EG-Produktsicherheitsrichtlinie 2001/95/EG tritt, möchte u. a. auf Entwicklungen mit neuen Technologien und Online-Verkäufen reagieren, indem künftig auch Fernabsatzsituationen erfasst werden und durch die Aufnahme weiterer Wirtschaftsakteure als Adressaten der Regelungen der Anwendungsbereich des Rechtsakts erweitert wird.

Art. 5–8 EU-ProdSiVO (Kap. 2) treffen Festlegungen zu Sicherheitsanforderungen an vom Rechtsakt erfasste Produkte: Nach der zentralen Aussage des Art. 5 dürfen nur sichere Produkte in Verkehr gebracht oder auf dem Markt bereitgestellt werden. Art. 6 und 8 konkretisieren bzw. ergänzen dieses allgemeine Sicherheitsgebot, Art. 7 enthält die Bedingungen, unter denen die Vermutung gilt, dass ein Produkt konform mit dem allgemeinen Sicherheitsgebot ist.

Im Kap. 3 des Rechtsakts (Art. 9 ff. EU-ProdSiVO) werden sodann die produktsicherheitsbezogenen Pflichten der insoweit maßgeblichen Wirtschaftsakteure aufgeführt. Allen voran dem Produkthersteller werden in Art. 9 eine Vielzahl an Pflichten auferlegt, die für die Konzeption, Herstellung und Vermarktung der Produkte gelten und Risikomanagement-, Dokumentations-, Informations- und Instruktionspflichten gelten sowie Pflichten zur Rückverfolgbarkeit, zum Rückruf und zur Rücknahme von nicht hinreichend sicheren

Produkten umfassen. Die darauffolgenden Art. 10 ff. enthalten, nach einem abgestuften Konzept, entsprechende Pflichten des vom Hersteller Bevollmächtigten, des Importeurs (als Einführer bezeichnet) sowie des Händlers.[4] Als weitere Wirtschaftsakteure werden in Art. 3 Nr. 13 EU-ProdSiVO noch der Fulfilment-Dienstleister (gem. Art. 3 Nr. 12 EU-ProdSiVO sind damit näher definierte produktnahe Logistikdienstleister gemeint) sowie andere Personen bezeichnet, die in der Verordnung mit herstellungs- bzw. marktbezogenen Pflichten belegt werden. Für alle Wirtschaftsakteure gilt die Pflicht, die eigene interne Organisation auf die Gewährleistung von Produktsicherheit auszurichten (Art. 14 EU-ProdSiVO), ferner sind sie nach Art. 15 EU-ProdSiVO zur Kooperation mit zuständigen Marktüberwachungsbehörden hinsichtlich Maßnahmen angehalten, mittels derer sich produktbezogene Sicherheitsrisiken beseitigen oder mindern lassen. Bedient sich ein Wirtschaftsakteur des Online-Verkehrs für den Produktvertrieb, hat er überdies die in Art. 19 ff. EU-ProdSiVO bezeichneten Pflichten zu beachten; Anbieter eines Online-Marktplatzes, vgl. zum Begriff die Definition in Art. 3 Nr. 14 EU-ProdSiVO unterliegen nach Art. 22 ProdSiVO einer Reihe besonderer produktsicherheitsbezogener Pflichten. Neue, teils erst durch die Verordnung geschaffene Pflichten hinsichtlich Produktrückrufen betreffen die Unterrichtung von Verbrauchern, die Gestaltung von Rückrufanzeigen sowie sog. Abhilfemaßnahmen, die ein öffentlich-rechtliches, dem vertraglichen Mängelgewährleistungsrecht ähnelndes Rechtsregime auf Reparatur- oder Ersatzleistung begründen (vgl. dazu Art. 35 bis 37 EU-ProdSiVO).

Im Hinblick auf die vorrangig durch mitgliedsstaatliche Behörden zu gewährleistende Marktüberwachung verweist Art. 23 EU-ProdSiVO auf ausgewählte Vorschriften der Verordnung (EU) 2019/1020 des Europäischen Parlaments und des Rates vom 20.6.2019 über die Marktüberwachung und Konformität von Produkten sowie zur Änderung der Richtlinie 2004/42/EG und der Verordnungen (EG) Nr. 765/2008 und (EU) Nr. 305/2011. Nach dem auch für die EU-ProdSiVO zur Anwendung berufenen Art. 14 Abs. 4 der Verordnung (EU) 2019/1020 sind die zuständigen Behörden im Rahmen der ihnen übertragenen produktsicherheitsbezogener Aufgaben insb. befugt, die Vorlage relevanter Dokumente und Mitteilung relevanter Informationen zu verlangen, Produkte zu inspizieren, Räume und Grundstücke von Wirtschaftsakteuren zu betreten, bei Nichteinhaltung sicherheitsbezogener Vorgaben von Wirtschaftsakteuren das Ergreifen geeigneter Korrekturmaßnahmen zu verlangen oder diese selbst anzuordnen (inkl. des Verbots der Bereitstellung von Produkten bzw. die Anordnung, das Produkt vom Markt zu nehmen) sowie bei Pflichtverstößen durch Wirtschaftsakteure Sanktionen zu verhängen. Die Eingriffsbefugnisse zugunsten von Überwachungsbehörden bei Nichterfüllung von Sicherheitsanforderungen sollten die Wirtschaftsakteure, namentlich die Hersteller von Produkten, daher kennen und einschätzen können. Über die Handlungsbefugnisse nationaler Behörden hinaus sieht Art. 28 EU-ProdSiVO auch Möglichkeiten zugunsten der EU-Kommission vor, um gegen ernste Produktrisiken im Wege von Durchführungsrechtsakten mit geeigneten Maßnahmen vorzugehen. Freiwillige Vereinbarungen zwischen Wirtschaftsakteuren bzw.

---

[4] Vgl. zu Einzelheiten des Pflichtenkonzepts umfassend Schucht, CCZ 2024, 66 ff.

Wirtschafts- und Verbraucherverbänden sowie nationalen Überwachungsbehörden und der Kommission zur Verbesserung der Produktsicherheit werden in Art. 38 EU-ProdSiVO behandelt, die Möglichkeit von Verbandsklagen auf Grundlage der EU-ProdSiVO gem. Richtlinie (EU) 2020/1828 in Art. 39 EU-ProdSiVO.

Weitere Regelungen der EU-ProdSiVO betreffen das Informationsportal und Schnellwarnsystem Safe Gateway (Art. 25 ff.), über welches gefährliche Produkte gemeldet werden sowie unterschiedliche Anknüpfungspunkte für eine Verwaltungszusammenarbeit zwischen mitgliedstaatlichen Behörden bzw. zwischen nationalen Behörden und der Kommission zu Zwecken der Produktsicherheit sowie zur internationalen Zusammenarbeit (Art. 30 ff., Art. 40 ff. EU-ProdSiVO).

Als letztes Mittel der staatlichen Steuerung zur Vermeidung von Schäden dient schließlich das in verschiedenen Gesetzen niedergelegte *Straf- bzw. Ordnungswidrigkeitenrecht*, das mit seinen Straf- und Bußgelddrohungen die Verantwortlichen zur Rechtstreue anhalten und diese dadurch zumindest mittelbar von Verstößen gegen produktsicherheitsrechtliche Vorgaben, die mit Schadensfolgen einhergehen können, abhalten will (Gedanke der Abschreckung).

Das strategische Ziel des Unternehmens besteht in der Vermeidung zivil- und strafrechtlicher Haftung und überdies – den Gedanken der *Haftungsvermeidung* noch weiter fassend – im Unterbleiben behördlicher Maßnahmen, die auf die Gewährleistung von Produktsicherheit gestützt werden. Dabei hat der Endprodukthersteller das Maß an Sicherheit derjenigen Komponenten oder Grundstoffe zu berücksichtigen, die ihm zugeliefert werden.

Zusammenfassend lässt sich sagen, dass die Idee der Haftungsvermeidung in erster Linie in der Gewährleistung und Sicherstellung von Produktsicherheit besteht, damit Produkthaftungsfälle erst gar nicht eintreten. Dies erfordert geeignete Maßnahmen, die zum einen innerhalb des Unternehmens greifen und zum anderen die Rechtsbeziehungen zu anderen Akteuren innerhalb der Wertschöpfungskette beeinflussen. In zweiter Linie erfolgt Haftungsvermeidung in der Produktverteidigung, d. h. im qualifizierten Bestreiten der von einem Geschädigten behaupteten Pflicht des Herstellers zur Leistung von Schadensersatz aus produkthaftungsrechtlichen Gründen, sei es nun außergerichtlich oder im gerichtlichen Haftungsprozess.

Als *mittelbare Folge* können unternehmerische Maßnahmen der Haftungsvermeidung auch die Außendarstellung eines Unternehmens beeinflussen. So wird durch die Vermeidung von Haftungsfällen zugleich einer kritischen (fach)öffentlichen Diskussion über den Stellenwert, dem das betreffende Unternehmen der Produktsicherheit zumisst, und damit auch einem drohenden Imageverlust vorgebeugt.

In der Zusammenschau ergeben die beleuchteten Aspekte ein in Abb. 2.2 visualisiertes *rechtliches Konzept der Produktverantwortung*, das man – gleichbedeutend – auch als „Gesamtsystem der Produktsicherheitsgewährleistung"[5] oder allgemeines Produktsicher-

---

[5] Weiß, S. 40.

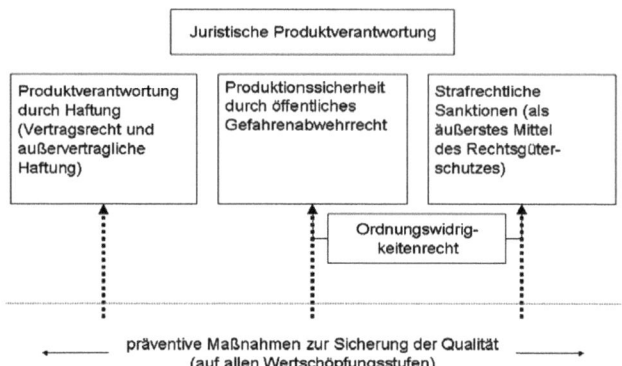

Abb. 2.2 Die Ebenen juristischer Produktverantwortung

heitsrecht[6] in einem weit verstandenen Sinne bezeichnen kann. Für die Unternehmen bietet das Konzept Anlass zur Einführung und Ausgestaltung eines umfassenden „product integrity management",[7] in dessen Mittelpunkt wiederum die Produktsicherheit steht.

Der Begriff „Produktverantwortung" wird in der Rechtsordnung nicht einheitlich verwendet: So umschreibt der mit „Produktverantwortung" betitelte, dem Umweltrecht zuzurechnende Vorschriftenkomplex der §§ 23 ff. des Kreislaufwirtschaftsgesetzes (KrWG) die Gesamtheit herstellerbezogener Pflichten zur Verhinderung von Abfällen sowie zur Rückführung der bei der Produktion verwendeten Stoffe in den Wertstoffkreislauf am Ende des Produktlebenszyklus.

2.2.1.1 Die Gewährleistung der Produktsicherheit als Fixpunkt des Konzepts

Die Bedeutung der Produktsicherheit innerhalb des Konzepts der Produktverantwortung bedarf in verschiedener Hinsicht der *Präzisierung*.

[1] Die Produktsicherheit knüpft traditionell an der *physischen Beschaffenheit des Produkts* i. S. von hergestellten Gütern an. Weder das Produkthaftungsrecht noch das Produktsicherheitsrecht bilden daher im Ansatz Rechtsquellen zur Regulierung fehlender Sicherheitsaspekte reiner Dienstleistungen.

> „So hat der EuGH NJW 2021, 2015 – Krone-Verlag, bei einer lediglich verkörperten Dienstleistung (unrichtiger Gesundheitstipp in Printmedium) das Vorliegen eines fehlerhaften Produkts i.S. des Produkthaftungsrichtlinie verneint. – Die Herausnahme reiner Dienstleistungen aus dem Gegenstand der nachfolgenden Überlegungen bedeutet nicht, dass eine Schlechterfüllung von auf Erbringung einer Dienstleistung gerichteten Verträgen keine rechtlichen (insb. haftungsrechtlichen, u. U. auch berufsrechtlichen) Konsequenzen nach sich ziehen kann. Doch betreffen die rechtlichen Folgen nicht das Feld der hier verstandenen Produktver-

---

[6] Bloy, S. 59.
[7] So der Begriff von Klindt/Popp/Rösler, S. 10, die ihn allerdings auf das produktsicherheitsrechtlich begründete Rückrufmanagement reduzieren.

antwortung. Im Übrigen wird die Abgrenzung zwischen Produkt und Dienstleistung durch das künftige EU-Produkthaftungsrecht nuancierter vorgenommen, vgl. dazu später unter Abschn. 2.3.1."

[2] Angesichts der Ausrichtung an der Produktsicherheit bilden die berechtigten Erwartungen an diese den Beurteilungsmaßstab. Davon sind zunächst die Anforderungen an die *Funktionsfähigkeit* eines Produktexemplars abzugrenzen, die ein Vertragspartner unter Berufung auf die vertraglichen Festlegungen vom jeweils anderen Vertragspartner verlangen kann.

„Bsp.: Wenn sich mit der (käuflich erworbenen) elektrischen Heckenschere Gartenhecken bei sachgerechter Handhabung nicht ordentlich schneiden lassen, kann der Käufer eventuell wegen eines sog. Sachmangels der Heckenschere gegen den Verkäufer zivilrechtlich auf Grundlage des (Kauf-)Vertragsrechts, genauer des Gewährleistungsrechts, §§ 433 ff. BGB, vorgehen. Die Produktsicherheit ist mit dem zugrunde liegenden Fehler der Schere nicht zwangsläufig berührt. – Anders liegt der Fall, falls der Kunde beim Berühren des Geräts Brandverletzungen aufgrund von Überhitzung davonträgt, die auf eine fehlerhafte Materialwahl oder Isolierung zurückzuführen sind und vor denen nicht in geeigneter Weise gewarnt wird: Selbst wenn sich mit der Heckenschere „an sich" einwandfrei Hecken schneiden lassen, liegt eine Beeinträchtigung der Produktsicherheit vor, aus der der geschädigte Kunde – möglicherweise aus unterschiedlichen Rechtsgründen – ggfs. Rechte gegen den Verkäufer und/oder den Hersteller des Produktexemplars herleiten kann."

Die höchstrichterliche Rechtsprechung zum Produkthaftungsrecht erschließt die Produktsicherheit letztlich weniger über begriffliche Finessen zum Begriff des Produktrisikos, sondern darüber, was ein System juristischer Produktverantwortung sinnvollerweise leisten kann. Sie fordert vom Hersteller und den weiteren verantwortlichen Wirtschaftsakteuren nirgends die Gewährleistung „absoluter" Sicherheit.

Die Zivilgerichte bestimmen das erforderliche Sicherheitsniveau also durchaus „lebensnah". Sie fordern keine vorbeugende Begegnung *jeder* erdenklichen abstrakten Gefahr, da ein allgemeines Verbot, andere nicht zu gefährden, utopisch wäre und eine Verkehrssicherung, die jede Schädigung ausschließt, im praktischen Leben unerreichbar bliebe.

Das geschuldete Maß an Sicherheit und Gefahrenschutz, das dem Verkehrssicherungspflichtigen abverlangt wird, hängt von verschiedenen Parametern ab:[8]

- den modernsten Erkenntnissen,
- dem neuesten Stand der Technik[9] sowie

---

[8] Vgl. dazu zuletzt BGH NJW 2010, 1967, 1968 – halb automatische Glastür (der Sachverhalt betrifft allerdings nicht die Produkthaftung).

[9] Insoweit ist für die Produkthaftung allerdings ein anderer Maßstab zu heranzuziehen („Stand von Wissenschaft und Technik"), vgl. dazu unten die Ausführungen unter Abschn. 2.2.2.1.

- der Art und Wirkungsweise der Gefahrenquelle, nämlich der Größe der Gefahr und der drohenden Folgen im Falle der Gefahrverwirklichung, womit der Wert der gefährdeten Rechtsgüter aufgegriffen wird.

Diese richterrechtlichen Vorgaben lassen sich auch behutsam auf den in den Technikwissenschaften gängigen Risikobegriff übertragen. Die aus dem Risikomanagement geläufige Risikobetrachtung als Produkt aus (1) der (Schadens-)Eintrittswahrscheinlichkeit und (2) dem Schadensausmaß wird im Falle der Realisierung des Risikos um ein normatives Element, nämlich (3) dem Wert der bedrohten Rechtsgüter, ergänzt. Im Wesentlichen anhand dieser Parameter wird einzelfallabhängig die Schwelle bestimmt, jenseits derer der Hersteller keine Vorkehrungen gegen die Realisierung bestimmter produktbezogener Risiken treffen muss. Sollten sich solche (technischen) Restrisiken in einem Schaden realisieren, geht es um Lebensrisiken, die der Geschädigte, nicht der Hersteller zu tragen hat. Die Rechtsprechung wendet auf solche Fälle gerne die griffige Kurzformel an, der Geschädigte habe „ein ‚Unglück' erlitten und kann dem [vermeintlichen] Schädiger kein ‚Unrecht' vorhalten".[10]

2.2.1.2 Höherrangige rechtliche Vorgaben der Produktverantwortung

Die Gewährleistung der Produktsicherheit ist bereits durch die Verfassung vorgeprägt. Das Grundgesetz (GG) enthält in Art. 2 Abs. 1 bzw. Art. 14 Abs. 1 hinsichtlich des Rechtsguts der körperlichen Integrität sowie des (Sach-)Eigentums Schutzpflichten, die in erster Linie den Gesetzgeber binden (vgl. Art. 1 Abs. 3 GG).

Ausführliche Regelungen zur Produktsicherheit i. w. S. hält das Recht der Europäischen Union bereit, das die übergeordneten Ziele des Verbraucher- und Gesundheitsschutzes bereits in den europäischen Grundlagenverträgen (sog. Primärrecht) vorsieht.[11]

2.2.2 Der spezifische Technikbezug der Produktverantwortung

Produkthaftung und Produktsicherheit machen sich nicht am Vorhandensein komplizierter Technik oder gar an bestimmten zum Einsatz gelangenden Technologien, sondern am Risikopotenzial des in Verkehr gebrachten Produkts für Leben, Körper, Gesundheit und andere Gegenstände fest.

> „Bsp.: Von der deutschen Rechtsprechung entschiedene „Produkthaftungsfälle" betreffen u. a. die von einem Bäcker hergestellten Backwaren mit Obstanteil („Kirschtaler"), das von einem Gastwirt zubereitete Festmahl für eine Hochzeitsgesellschaft („Hochzeitsessen"), usw."

---

[10] BGH NJW 2006, 2326 – Zimmertür.

[11] Vgl. Art. 4 des Vertrags über die Arbeitsweise der Europäischen Union (kurz: AEUV), dort unter lit. f) bzw. k) zur Zuständigkeit der Europäischen Union in den Bereichen Verbraucherschutz bzw. Sicherheitsanliegen der öffentlichen Gesundheit.

Dennoch stellen sich Fragen der Produktverantwortung beim Einsatz von Technik und Technologie mit besonderer Schärfe. Der Grund liegt in der Bedeutung des technischen Sicherheitsrechts, dessen Vorgaben für die Beurteilung maßgeblich sind, ob ein Schaden, der auf ein Produkt zurückzuführen ist, juristische Folgen auslöst.

Der Technikbezug der Produktverantwortung schlägt sich in der Rechtspraxis[12] vor allem auf drei Ebenen nieder:

- Bei der Festlegung der juristischen Anforderungen an sichere Produkte (vgl. dazu Abschn. 2.2.2.1),
- bei der Umsetzung dieser Anforderungen innerhalb der unternehmerischen Tätigkeit bezogen auf die technische Organisation und Dokumentation (vgl. dazu Abschn. 2.2.2.2) und schließlich
- bei der gerichtlichen Beurteilung produktsicherheitsrechtlich relevanter Sachverhalte unter Zuhilfenahme technischen Sachverstands (vgl. dazu Abschn. 2.2.2.3).

2.2.2.1 Standards und Regeln im Recht der Produktverantwortung

Im technischen Sicherheitsrecht werden technische Maßstäbe in zweierlei Hinsicht bedeutsam:

[1] Unbestimmte Rechtsbegriffe mit Bezug zur Technik in Gesetzesvorschriften

In zahlreichen Gesetzen finden sich Vorschriften, in denen der jeweils geltende Standard des technischen Sicherheitsrechts durch Verwendung *unbestimmter Rechtsbegriffe* umschrieben wird.

„Bsp.: § 1 Abs. 2 Nr. 5 ProdHaftG stellt für die Fehlerfreiheit eines Produkts maßgeblich auf die Einhaltung des Stands von Wissenschaft und Technik ab. Der Betreiber einer nach Immissionsschutzrecht genehmigungsbedürftigen Anlage muss gem. §§ 5 Abs. 1 Nr. 2 und 3 BImSchG anhand von Maßnahmen, die am Stand der Technik auszurichten sind, Vorsorge gegen schädliche Umwelteinwirkungen und sonstige Gefahren, erhebliche Nachteile und erhebliche Belästigungen treffen. Auch außerhalb des technischen Sicherheitsrechts finden sich Vorschriften mit Technikbezug: Nach § 4 Abs. 1 S. 2 i. V. m. § 2 Nr. 12 HOAI sind Architekten und Ingenieure gehalten, anrechenbare Kosten nach fachlich allgemein anerkannten Regeln der Technik […] zu ermitteln."

Vorschriften, die unbestimmte Rechtsbegriffe enthalten, können nicht strikt logischschematisch interpretiert und vollzogen werden. Vielmehr sind sie darauf angelegt, unter Berücksichtigung der Umstände des zu beurteilenden Einzelfalls anhand von *Wertungen* „ausgefüllt" zu werden. Die gewählte Regelungstechnik ermöglicht dem Rechtsanwender jedoch eine flexible Handhabung der Vorschriften: Wegen ihres allgemein gehaltenen, offenen Wortlauts sind die Begriffe in besonderer Weise geeignet, auch zukünftige Entwicklungen der technischen Sicherheit in sich aufnehmen zu können.

---

[12] Die Möglichkeiten *rechtstheoretischer und -politischer* Steuerung technikbezogener Sachverhalte bleiben deshalb vorliegend außer Betracht; vgl. dazu etwa Schulte, S. 23 ff.

Im Recht der Produktverantwortung sind der „Stand der Technik" und der „Stand von Wissenschaft und Technik" häufig herangezogene bzw. gesetzlich fixierte Maßstäbe. Für die Produkthaftung nach dem ProdHaftG ergibt sich etwa aus einer Gesamtschau seiner Vorschriften, dass nur die Einhaltung des „Stands von Wissenschaft und Technik" bei der Herstellung des Produkts von der Haftung befreit (vgl. § 1 Abs. 2 Nr. 5), da dann – unter Berücksichtigung der berechtigten Sicherheitserwartungen des Rechtsverkehrs – die Haftung des Herstellers ausscheidet. Für die Produkthaftung nach dem BGB, insbesondere nach § 823 Abs. 1 BGB, gilt im Ergebnis ein vergleichbarer Maßstab.

Der „Stand von Wissenschaft und Technik" umfasst im Produkthaftungsrecht nach Auffassung des Gesetzgebers den „Inbegriff der Sachkunde […], die im wissenschaftlichen und technischen Bereich vorhanden ist, also die Summe an Wissen und Technik, die allgemein anerkannt ist und allgemein zur Verfügung steht",[13] wobei Wissenschaft und Technik zueinander in einem Theorie-Praxis-Verhältnis stehen. Die (verfügbaren) „neusten wissenschaftlichen Erkenntnisse", die sich nicht auf die für die Produktentwicklung vordergründig einschlägigen Wissenschaftsdisziplinen beschränken,[14] setzen den fachlichen Standard für die Sicherheitserwartung. Ob einschlägiges Wissen für den Hersteller verfügbar ist, bemisst sich aus objektiver Perspektive und nicht anhand der konkreten Situation des Herstellers. Es kommt darauf an, ob die maßgeblichen Informationen in wissenschaftlichen Kreisen zirkulieren und ob es ernsthafte empirische Anhaltspunkte für deren Richtigkeit gibt.[15]

Als gesichert dürfen folgende, insbesondere von der Rechtsprechung geschaffenen *Leitlinien für den Maßstab der Produktfehlerfreiheit* und damit die Begrenzung der Produkthaftung gelten:

- Der Stand von Wissenschaft und Technik ist nicht mit Branchenüblichkeit gleichzusetzen.[16] Deshalb reicht es nicht (mehr) aus, wenn sich der Hersteller am Standard der „allgemein anerkannten Regeln der Technik" orientiert.
- Die Einhaltung des „Stands der Technik" stellt das Mindestmaß[17] für die Produktfehlerfreiheit dar. Der Standard kann unzureichend sein, soweit er – produkthaftungsbezogen – als die „Gesamtheit der neuesten Erkenntnisse der (produktspezifischen) Sicherheits-

---

[13] BT-Drs. 11/2247, S. 15.

[14] Bsp.: Der Hersteller eines modernen Fahrerassistenzsystems muss deshalb neben natur- und ingenieurwissenschaftlichen Erkenntnissen auch solche der Lebenswissenschaften, v. a. der Verkehrs- und Wahrnehmungspsychologie, berücksichtigen.

[15] So überzeugend Oechsler, in: Staudinger, ProdHaftG, § 3 Rn. 126 und 128.

[16] BGH NJW 2009, 2952, 2953 – Airbag.

[17] Die ältere Rechtsprechung hat z. T. noch die „anerkannten Regeln der Technik" als unverzichtbaren Mindeststandard angesehen, vgl. etwa OLG Karlsruhe, VersR 2003, 1584 ff. – Buschholzhackmaschine.

technik" verstanden wird,[18] jedoch nicht die im Einzelfall erforderliche Berücksichtigung anderer Fachdisziplinen gewährleistet.
- Je höher der Stellenwert der vom produktspezifischen Risiko betroffenen Rechtsgüter ist (v. a. bei Gefährdung von Leib und Leben), desto höher sind die Anforderungen an die Produktsicherheit und -fehlerfreiheit.
- Angesichts der Relevanz des Stands von Wissenschaft und Technik ist die Produkthaftung (dem Buchstaben des Gesetzes nach) eröffnet, sobald das allgemeine Fehlerrisiko, welches sich in einem fehlerhaften Produkt manifestieren könnte, vom Hersteller hätte erkannt werden können (vgl. dazu noch später bei den Grenzen der Produkthaftung unter 2.2.5.1).

[2] (Überbetriebliche) Technische Normen

Das technische Sicherheitsrecht wird ferner durch überbetriebliche technische Normen geprägt.[19] Unter einer Norm versteht man auf freiwillige Anwendung ausgerichtete Empfehlungen privatrechtlich organisierter Normungsinstitute wie etwa des Deutschen Instituts für Normung e. V. (kurz: DIN). Der Begriff der Norm ist nach Art. 2 Nr. 1 der Verordnung (EU) Nr. 1025/2012[20] definiert als

„eine von einer anerkannten Normungsorganisation anerkannte technische Spezifikation, die von einem anerkannten Normungsgremium zur wiederholten oder ständigen Anwendung, deren Einhaltung nicht zwingend ist und die unter einer der nachstehenden Kategorien [Anm.: internationale Norm, europäische Norm, harmonisierte Norm, nationale Norm; jeweils mit näherer Beschreibung] fällt."

Der Begriff „technische Spezifikation" beschreibt ein Schriftstück, in dem technischen Anforderungen, die u. a. ein Produkt zu erfüllen hat, dargelegt sind (vgl. dazu Art. 2 Abs. 4 der Verordnung (EU) Nr. 1025/2012), sodass sich die *technische Norm* letztlich als

- Sammlung technischer Vorgaben hinsichtlich der Merkmale eines Erzeugnisses (oder eines Verfahren oder Systems),
- die zur wiederholten oder dauerhaften Anwendung bestimmt und
- von einer anerkannten Normungsinstitution angenommen worden ist, jedoch
- keinen rechtlich zwingenden, sondern regelmäßig nur empfehlenden Charakter aufweist,

umschreiben lässt.

Namentlich im Regelungsgefüge des *öffentlichen Produktsicherheitsrechts* spielen technische Normen eine zentrale Rolle. Dieser in besonderem Maße durch das Recht der

---

[18] In diese Richtung Marburger, S. 162, 165.
[19] Betriebs*interne* technische Normen bleiben vorliegend außer Betracht.
[20] Verordnung (EU) Nr. 1025/2012 des Europäischen Parlaments und des Rates vom 25.10.2012 zur europäischen Normung [sowie zur Änderung und Aufhebung diverser Rechtsakte der Union] (ABl. (EU) L 316 vom 14.11.2012 S. 12 ff.).

Europäischen Union vorgeprägte Rechtsbereich zeichnet sich durch eine enge Verzahnung zwischen einem von den europäischen Rechtssetzungsorganen gestalteten Rechtsrahmen (vor allem in Gestalt sektorbezogener Harmonisierungsrichtlinien) und privater, von der Kommission beauftragten europäischen Normungsorganisationen gewährleisteter Regelsetzung zur Ausfüllung des Rahmens aus.

> „Die bedeutendsten europäischen Normungsorganisationen sind das Comité Européen de Normalisation (CEN), das Comité Européen de Normalisation Electrotechnique (CENELEC) sowie das European Telecommunication Standards Institute (ETSI). Vgl. zu Einzelheiten des Aufbaus und der Bedeutung der europäischen Normungsorganisationen die ausführliche Darstellung bei Wiesendahl, S. 109 ff."

Das Zusammenwirken zwischen öffentlicher und privater Regelsetzung basiert auf einem Kooperationsmodell, wonach in den EG-Richtlinien zur Produktsicherheit grundlegende Sicherheitsanforderungen formuliert werden, die in den technischen Normen, auf die in den Harmonisierungsrechtsakten der Bezug genommen wird (sog. mandatierte bzw. harmonisierte Normen, vgl. dazu Art. 2 Nr. 1 c) VO(EU) Nr. 1025/2012), näher konkretisiert werden.

Unmittelbare rechtliche Bedeutung kommt den technischen Normen daher nicht bereits aufgrund ihrer Annahme durch die zuständige Normungsorganisation, sondern erst dadurch zu, dass ein europäischer Rechtsakt, nämlich die Harmonisierungsrichtlinie, auf sie verweist. Im Übrigen sind sowohl eine Richtlinie i. S. des Rechts der Europäischen Union (vgl. zum Begriff der Richtlinie Art. 288 Abs. 3 des Vertrags über die Arbeitsweise der Europäischen Union, kurz: AEUV) als auch die europäische technische Norm auf Umsetzung in den EG-Mitgliedstaaten angelegt: Die Richtlinie wird durch nationale Gesetze oder Rechtsverordnungen in nationales Recht umgesetzt, die europäische Norm in eine nationale Norm, die ihre europäische Herkunft erkennen lässt, überführt (in Deutschland als Normen mit Kennzeichnung „DIN EN").

Auch das *private Haftungsrecht*, hier das Produkthaftungsrecht, wird von technischen Normen beeinflusst. Wie beim öffentlichen Produktsicherheitsrecht kommt ihnen im Regelfall keine unmittelbare Verbindlichkeit zu.

> „Im Vertragsrecht können technische Normen hingegen ohne weiteres rechtliche Verbindlichkeit erlangen: Wenn die Parteien eines Kauf- oder Werkvertrags die vertraglich geschuldete Leistung unter Rückgriff auf technische Normen und Standards bestimmen, entscheidet deren Einhaltung darüber, ob der Vertrag ordnungsgemäß erfüllt wurde oder nicht. Die unmittelbare Geltung der einschlägigen technischen Norm beruht dann auf der privatautonomen Einigung zwischen den Vertragspartnern."

Im außervertraglichen Haftungsrecht dienen technische Normen vor allem zur Ausfüllung der positiven und negativen Haftungsvoraussetzungen. Mit den Worten des BGH sind etwa DIN-Normen „zur Bestimmung des nach der Verkehrsauffassung sicherheitsrechtlich Gebotenen in besonderer Weise geeignet".[21] Dies gilt auch und gerade im Bereich des Produkthaftungsrechts:

> „Bsp. (Sachverhalt nach OLG Celle VersR 2007, 253): Ein Arbeiter hatte beim Bedienen einer Lederschleifmaschine einen Arbeitsunfall (Abschleifen von Hand und Unterarm durch die Maschine) erlitten. Im Produkthaftungsprozess gegen den Hersteller der Maschine hat das Gericht bei der Prüfung eines Anspruchs aus § 823 Abs. 1 BGB zur Beurteilung der Anforderungen an die Konstruktion der Sicherungseinrichtungen der Maschine vor allem Nr. 5.3.1 (Reib- und Schabgefährdungen) der DIN EN 972 betreffend die Sicherheitsanforderungen für Gerberei-Walzenmaschinen herangezogen – und zugleich klargestellt, dass als Anspruchsgrundlage nur die gesetzliche Vorschrift zur Produkthaftung und nicht (der Verstoß gegen) die DIN-Norm in Betracht kommt!"

Somit werden im Produkthaftungsrecht gesetzlich fixierte Sicherheitsstandards anhand technischer Normen konkretisiert. Dabei dürfen die Aussagen der technischen Normen jedoch nicht schematisch oder gar sklavisch für die Rechtsauslegung übernommen werden, da die rechtliche Würdigung entsprechend den hinter den Voraussetzungen der anwendbaren Vorschriften stehenden Wertungen unter Berücksichtigung der Umstände des Einzelfalls vorgenommen wird. Technische Normen können zur Konkretisierung außerdem nur dann herangezogen werden, wenn sie ihrem Inhalt und ihrem Zweck nach auf den zu beurteilenden Sachverhalt anwendbar sind. Der Konkretisierung durch technische Normen zugänglich sind insbesondere, wie im obigen Beispiel, die Beurteilung des Entstehens und der Verletzung herstellerspezifischer Verkehrssicherungspflichten, daneben auch der nach §§ 1, 3 ProdHaftG einschlägige Maßstab des Stands von Wissenschaft von Technik zur Beurteilung des Vorliegens eines Produktfehlers sowie die aus der Sphäre des Herstellers herrührenden Haftungsausschlussgründe des § 1 Abs. 2 Nr. 4 und 5 ProdHaftG.

Doch letztlich ist die Geltungskraft technischer Normen, selbst wenn sie inhaltlich auf die vom Produkt ausgehenden Gefahren Bezug nehmen, aus dreierlei Gründen begrenzt.

- Die auch bei sorgfältigster Recherche korrekt ermittelten und konkret berücksichtigten Normenreihen können möglicherweise nicht sämtliche produktspezifischen Gefahren erfassen, wenn der vorhandene Bestand an Normen insoweit lückenhaft ist. Haftungsvermeidung hängt nicht von möglichst lückenloser Ermittlung technischer Normen ab, sondern von der Gewährleistung des sicherheitstechnisch Gebotenen.
- Die herangezogenen Normen könnten zum Zeitpunkt des Inverkehrbringens des Produkts nicht mehr den aktuellen Stand der Sicherheitstechnik widerspiegeln und mit anderen Worten „überholt", also nicht länger aussagekräftig sein. Diese Gefahr ist, wenn man die Praxis der Normensetzung mit bedenkt, vergleichsweise groß: Das Verfahren dauert oft Jahre, das dabei erzielte Normungsergebnis trägt oft kompromisshafte Züge.

---

[21] BGH WM 2005, 1485; BGH VersR 2004, 657 ff. (Betrieb einer Wasserrutsche); BGHZ 103, 338, 342 (Betrieb eines öffentlichen Kinderspielplatzes).

- Zudem werden grundlegende Bedenken gegen die formelle Legitimation technischer Normen als Gegenstand der Rechtsanwendung vorgebracht. Diese werden nicht von demokratisch legitimierten Verfassungsorganen als staatliche Rechtsakte erlassen, sondern beschreiben im Wesentlichen das Ergebnis von Expertenausschüssen privatrechtlich verfasster (Normungs-)Verbände. Die Rechtsprechung begegnet solchen Einwänden, indem sie die technische Norm nicht zum eigentlichen Gegenstand der Rechtsanwendung macht, sondern deren Aussagen bei der Auslegung staatlichen Rechts nur mitberücksichtigt, wenn die technische Norm als Ausdruck technischen Sachverstands gelten darf.

Zur Vermeidung der Produkthaftung hat der Hersteller daher für den strategischen *Umgang mit technischen Normen* Folgendes zu beachten:

Die Orientierung an technischen Normen als *einer* von vielen Quellen zur Ermittlung des maßgeblichen Sicherheitsstandards ist für jeden Hersteller empfehlenswert; sie sind nicht allgemeinverbindlich.

Der Hersteller hat den vorhandenen Normenbestand deshalb eigenverantwortlich zu sichten und auf die Bedeutung der einzelnen Normen für das von ihm in Verkehr verantworteten Produkts zu überprüfen. Zudem sollte er weitere Informations- und Erkenntnisquellen zu Produktrisiken (Fachliteratur; Auskünfte und Mitteilungen von Behörden; eigene Testreihen und Untersuchungen; Reklamationen von Händlern und Kunden) im Blick haben. Die Ermittlung der von „seinem" Produkt ausgehenden Risiken ist ureigenste Aufgab des Herstellers.

Soweit sich t, dass die vom Hersteller berücksichtigte technische Norm lediglich einen Mindeststandard gewährleistet, bleibt der danach verfügbare Sicherheitsstandard möglicherweise hinter dem rechtlich Gebotenen zurück, was den Anwendungsbereich der Produkthaftung eröffnen kann.

Die Einhaltung der im Einzelfall nach Gegenstand und Zweck anwendbaren technischen Regeln bei der Produktherstellung wertet die Rechtsprechung jedoch *grundsätzlich* als Indiz[22] dafür, dass die konkret erforderliche Sorgfalt beachtet wurde. Dies gilt ausnahmsweise dann nicht, wenn die Norm selbst fehlerhaft oder veraltet ist. Da die Umstände des Einzelfalls maßgeblich sind, kommt es allerdings primär nicht auf die Einhaltung inhaltlich einschlägiger technischer Normen, sondern auf das sicherheitsrechtlich Gebotene an. Wenn der Hersteller dies mittels *anderer Lösungswege* als durch Einhaltung der Vorgaben der Norm bewerkstelligt, vermeidet er drohende Haftungsrisiken ebenso wirksam. Allerdings obliegt es im Produkthaftungsprozess dann dem Hersteller, darzulegen und gegebenenfalls zu beweisen, dass die von ihm gewählte Alternativlösung dem über die technischen Normen gewährleisteten Sicherheitsstandard gleichwertig ist.

---

[22] So auch Vieweg, S. 371 ff., 374 (hinsichtlich Sorgfaltspflichten auf Konstruktions- und Fabrikationsebene), der die Bedeutung des (Nicht-)Einhaltens technischer Normen auf den verschiedenen Ebenen des Haftungstatbestands würdigt.

„Beispiel (nach Reiff, S. 171 f.): Ein Löschwasserteich wird zwar entgegen DIN-Norm 14210 nicht mit einer 1,25m hohen Einfriedung versehen, doch die Gefahr des Einsinkens und Ertrinkens (insbesondere von Kindern) wird durch knapp unterhalb der Wasseroberfläche angebrachte engmaschige Stahlgitterrostmatten mindestens ebenso wirksam gebannt."

Soweit der Hersteller weder die gegenständlich einschlägige technische Norm berücksichtigt noch ein mindestens ebenso wirksames Alternativkonzept verwirklicht, liegt ein starkes Indiz für die Nichteinhaltung des sicherheitsrechtlich Gebotenen und damit eine Verkehrssicherungspflichtverletzung des Herstellers vor. Die Rechtsprechung geht zum Teil sogar einen Schritt weiter und leitet aus dem Verstoß gegen die technische Regel einen Beweis des ersten Anscheins für das Bestehen eines Ursachenzusammenhangs zwischen der Pflichtverletzung und dem Schaden des Verletzten ab.

Eine allgemeine Pflicht zur sofortigen Nachrüstung technischer Anlagen bei der Verschärfung technischer Normen durch den Verkehrssicherungspflichtigen hat der BGH abgelehnt und vielmehr vom Gefahrenpotenzial und vom Wert der gefährdeten Rechtsgüter im Einzelfall abhängig gemacht.[23]

2.2.2.2 Gewährleistung der Beachtung produkt(ions)bezogener Pflichten des Herstellers anhand technischer Organisation und Dokumentation

Da die Produktsicherheit von technischen Regeln und Standards in dem soeben zu Abschn. 2.2.2.1 dargestellten Rahmen jedenfalls mitbestimmt wird, liegt die Überlegung nahe, ob mit Mitteln der Technik nicht auch der Nachweis über die Einhaltung der entsprechenden Herstellerpflichten geführt werden kann. Die Pflichtenerfüllung steht, wie die bisherigen Ausführungen gezeigt haben, auch und vor allem im wohlverstandenen Eigeninteresse des Herstellers, sodass ein wirksames unternehmensinternes Haftungsvermeidungsregime an der Verknüpfung zwischen den Sicherheitsanforderungen des materiellen Rechts mit der vorausschauenden Planung etwaiger Haftpflichtprozesse, namentlich unter dem Gesichtspunkt der Auseinandersetzung mit Stellungnahmen von Sachverständigen in der Beweisaufnahme (vgl. dazu Abschn. 2.2.2.3), ansetzt. Dieser Bereich des unternehmenseigenen „product integrity management" wird im Wesentlichen durch geeignete Maßnahmen der Organisation und Dokumentation geprägt. Die Vornahme derartiger Maßnahmen stellt zwar für sich genommen keinen Haftungsausschlussgrund dar, doch können sie Anhaltspunkte für die Einhaltung der erforderlichen Sorgfalt im Einzelfall bieten und im Zivilprozess zumindest Argumente liefern, um das Gericht von der Pflichterfüllung und Produktfehlerfreiheit zu überzeugen.

Aus Sicht der Technik sind namentlich die Vorgaben zur *technischen Dokumentation*[24] von Bedeutung.

---

[23] BGH NJW 2010, 1967, 1968 – halb automatische Glastüre einer Bank.
[24] Vgl. zum Dokumentenmanagement ausführlich Zeunert, S. 269 ff.

Diese Vorgaben sind zum Teil gesetzlicher Natur: Die sog. Maschinenrichtlinie[25] 2006/42/EG beschreibt in ihrem Anhang VII das Verfahren für die Erstellung der technischen Unterlagen, die der Hersteller gem. Art. 5 Abs. 1 lit. b) bzw. Art. 13 Abs. lit. a) der Richtlinie verfügbar halten muss. Damit ist die interne betriebliche Dokumentation gemeint, die u. a. Angaben bzw. Unterlagen

- über die allgemeine Beschreibung der Maschine,
- in Gestalt diverser Zeichnungen und Darstellungen der Schaltpläne, die zum Verständnis der Maschine erforderlich sind,
- über die vorgenommenen Risikobeurteilungen und
- hinsichtlich technischer Prüfungen (Prüfberichte)

enthalten muss sowie ein Exemplar der Betriebsanleitung der Maschine, die gem. Art. 5 Abs. 1 lit. c) den Produktverwendern zur Verfügung zu stellen ist (insoweit ist die externe Dokumentation angesprochen).[26]

Die Ausgestaltung der internen und der externen Dokumentation muss die immense Reichweite der juristischen Produktverantwortung im Blick haben und daher nicht nur unternehmensinterne Vorgänge abbilden, sondern beispielsweise auch das Verhalten von Zuliefern.

Darüber hinaus ist die technische Dokumentation Gegenstand der technischen Normung. So beschreibt etwa VDI-Richtlinie 4500 (Stand 2006 bis 2021) in sechs Arbeitsblättern, was bei der Erstellung Technischer Dokumentationen zu Zwecken der *Benutzerinformation* zu beachten ist.[27] Neben Begriffserläuterungen, organisatorischen und administrativen Maßnahmen sowie Hilfestellungen beim wissenschaftlichen und elektronischen Publizieren sieht die Richtlinie (in Arbeitsblatt 4) wichtige Hilfestellungen für den Inhalt und die Ausführung einer solchen Dokumentation vor. Darüber hinaus betrifft die Richtlinie die für Fragen der Haftungsvermeidung noch bedeutsamere *interne* technische Dokumentation, indem sie z. B. Konstruktions- und Fertigungsunterlagen, Pflichtenhefte, Berechnungsunterlagen, Versuchsberichte, Risikobeurteilungen und insbesondere die Qualitätssicherungsdokumentation enthält. Die Ausgestaltung der betriebsinternen Dokumentation ist ferner Gegenstand weiterer DIN-Normreihen.

Standards für die technische Dokumentation können sich außerhalb der Regeln und Richtlinien der technischen Normung auch unternehmens- oder branchenweit etablieren, etwa als Codes of Practices etc.

---

[25] Richtlinie 2006/42/EG des Europäischen Parlaments und des Rates vom 17. Mai 2006 über Maschinen und zur Änderung der Richtlinie 95/16/EG (Neufassung) (ABl. EG L 157 S. 24 ff.).

[26] Vgl. zur technischen Dokumentation nach der Maschinenrichtlinie ausführlich Neudörfer, S. 32 ff. (dort auch mit grafischer Darstellung über die Bestandteil der internen und der externen Dokumentation und ausführlichen Informationen über Ziele, Inhalt und Aufbau von Betriebsanleitungen) sowie Friederici, S. 134 ff.

[27] Vgl. für eine ausführliche Würdigung der VDI-Richtlinie Hess/Holtermann, S. 118 ff.

Unabhängig von den einzelnen Quellen für die Vorgaben an eine technische Dokumentation können folgende *Leitlinien* für ihre Handhabung herausgefiltert werden[28]:

- Vollständigkeit der Dokumentation,
- Einfachheit und Klarheit der Dokumentation sowie
- schriftliche Abgeschlossenheit der Dokumentation.

2.2.2.3 Der Einsatz technischer Experten im Produkthaftungsprozess

Technischer Sachverstand kann zudem im Zivilprozess vor Gericht eine wichtige Rolle spielen. Denn häufig besitzt das angerufene (staatliche) Gericht nicht selbst die erforderliche Sach- und Fachkunde, um den zwischen den Parteien streitigen Sachverhalt angemessen beurteilen und rechtlich würdigen zu können. Vor allem die erforderlichen fundierten Kenntnisse der Natur- und Ingenieurwissenschaften muss sich das Gericht zumeist von Experten beschaffen.

Zur Klärung einzelner umstrittener Tatsachen kann sich das Gericht im Rahmen der Beweisaufnahme eines Sachverständigen bedienen, einem anerkannten Beweismittel nach der Zivilprozessordnung (ZPO). Die Auswahl des Sachverständigen erfolgt durch das Gericht, wobei es die Parteien auch zur Benennung von Sachverständigen auffordern kann (§ 404 ZPO). Der ausgewählte Gutachter wird durch förmlichen Beweisbeschluss bestellt und vom Gericht hinsichtlich der Begutachtung angeleitet (§ 404a ZPO), insb. wird ihm der Gegenstand seines Gutachtens mitgeteilt. Die möglichen Aufgabenbereiche eines Sachverständigen lassen sich in drei Kategorien gliedern:[29]

[1] Der Sachverständige kann aufgefordert werden, dem Gericht bestimmte, zur Beurteilung des Sachverhalts *erhebliche Erfahrungssätze aus dem Wissensgebiet des Sachverständigen mitzuteilen*. Hierunter fallen beispielsweise die bereits oben angesprochenen allgemein anerkannten Regeln der Technik.

> „Beispiel (in Anlehnung an den Sachverhalt der Entscheidung OLG Düsseldorf, r+s 1996, 54 f.): Im Produkthaftungsprozess eines anlässlich des Einschlagens eines Stahlnagels in einen Kalksandmauerstein am Auge Verletzten gegen den Nagelhersteller zieht der gerichtlich bestellte Sachverständige die Norm DIN 1151 „Drahtstifte rund" heran. Er führt aus, dass die Beschaffenheit des Materials von Stahlnägeln nicht durch die Norm vorgegeben ist, sondern ausdrücklich der Eigenverantwortung des Herstellers überlassen bleibt."

[2] In vielen Sachverhalten, bei denen das Vorliegen einzelner Voraussetzungen des gesetzlichen Tatbestands oder des Ursachenzusammenhangs zwischen ihnen unklar bzw. zwischen den Prozessparteien streitig ist, wirkt der Sachverständige bereits bei der *Aufklärung und Feststellung des Sachverhalts* mit. Dazu teilt ihm das Gericht die maßgeblichen, dem Gericht vorliegenden Anknüpfungstatsachen mit, anhand derer der Sachverständige

---

[28] Eisenberg et al., S. 177 f., ähnlich die Leitlinien von Neudörfer, S. 32 („sachlich wahr […] vollständig […] verständlich").

[29] Jessnitzer/Frieling/Ulrich, Rn. 4 ff., auch zum Folgenden.

aufgrund eigener Fachkunde diejenigen Tatsachen ermittelt, die für die gerichtliche Beurteilung des Sachverhalts unerlässlich sind, die sog. Befundtatsachen.

> „Beispiel (anknüpfend an das obige Beispiel): Das Gericht überlässt dem Sachverständigen Reste des unstreitig schadensursächlichen Stahlnagels zur Untersuchung, um so die Beschaffenheit des Nagels und damit zugleich dessen mögliche Fehlerhaftigkeit sowie den Ursachenzusammenhang zwischen Verletzung und Fehler bzw. zwischen Verletzung und Pflichtverletzung zu klären. Ausweislich des Analyseergebnisses des Sachverständigen finden sich in dem analysierten Stahlsplitter außer Eisen (Fe), Kohlenstoff (C) und Silizium (Si) keine weiteren chemischen Elemente."

[3] Der wohl bedeutsamste Beitrag der Sachverständigen liegt in der *Beurteilung von Tatsachen, die ihm vom Gericht mitgeteilt werden und die er aufgrund einer Sachkunde würdigen muss, um daraus Schlüsse zu ziehen*. Die Würdigung darf sich nicht im Präsentieren von Ergebnissen erschöpfen, sondern muss zugleich dokumentieren, weshalb und auf welche Weise der Sachverständige zu den Ergebnissen gelangt ist.

> „Beispiel (anknüpfend an das obige Beispiel): Der Sachverständige schließt aus den ihm vom Gericht mitgeteilten Tatsachen, den von ihm ermittelten technischen Regelwerken und dem Ergebnis seiner Materialanalyse, dass zur Herstellung des Stahlnagels ausschließlich Stahl verwendet wurde und die Vorgaben der o. g. DIN-Norm (Werkstoff: Stahl („Sorte des Herstellers")) somit eingehalten wurden. Aus seiner Sicht ist der schadensursächliche Nagel frei von Produktfehlern."

Freilich entscheiden die Ausführungen des Sachverständigen nicht letztverbindlich über den Ausgang des Rechtsstreits. Vielmehr hat das Gericht die (schriftliche und/oder mündliche) gutachterliche Stellungnahme – wie jedes andere Beweisergebnis – nach § 286 ZPO selbstständig und frei zu würdigen. Die Rolle des (technischen) Sachverständigen im Zivilprozess lässt sich wohl am besten als Helfer des Gerichts bei der Ermittlung und Beurteilung des zu entscheidenden Sachverhalts beschreiben.

2.2.3 Privatrechtliche Produktverantwortung: Das System

Das System privatrechtlicher Produktverantwortung beruht letztlich auf Schadensersatzpflichten nach Vertragsrecht bzw. aufgrund außervertraglichen Haftungsrechts. Denkbar ist auch, für ein und denselben Schadensposten Ersatz auf vertraglicher *und* daneben außervertraglicher Grundlage zu begründen, soweit die jeweils einschlägigen, unterschiedlichen Anspruchsvoraussetzungen im Einzelfall erfüllt sind.

Da Produkte üblicherweise aufgrund von Kaufverträgen erworben werden, folgt die Darstellung der vertraglichen Haftung nachfolgend den Regelungen des Kaufrechts. Für die Systeme außervertraglicher Haftung sind hinsichtlich produktspezifischer Risiken einerseits die allgemeine Vorschrift des § 823 Abs. 1 BGB (insoweit stellvertretend für die

Abb. 2.3 Die drei Säulen der privatrechtlichen Produktverantwortung

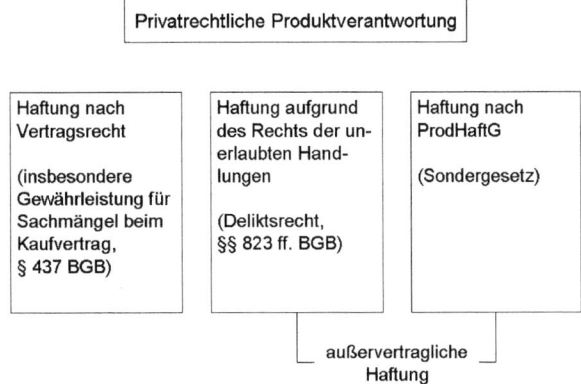

einzelnen Tatbestände des Deliktsrechts der §§ 823 ff. BGB) sowie andererseits § 1 Abs. 1 ProdHaftG als Anspruchsgrundlage des Produkthaftungsgesetzes maßgeblich, vgl. dazu Abb. 2.3.

2.2.3.1 Vertragsrecht (am Beispiel des Kaufvertrags)

Das Mängelgewährleistungsrecht des Kaufvertrags, §§ 434 ff. BGB, geht von der Pflicht des Verkäufers aus, eine Sache „frei von Mängeln" zu liefern (§ 433 Abs. 1 S. 2 BGB). Verletzt der Verkäufer die Pflicht, stehen dem Käufer – vorbehaltlich des Vorliegens der jeweils geltenden Voraussetzungen – die in § 437 BGB bezeichneten Rechte auf Nacherfüllung (Nr. 1), Rücktritt vom Vertrag bzw. Minderung des Kaufpreises (Nr. 2) sowie Schadensersatz (Nr. 3) zu.[30] Alle Rechte hängen davon ab, dass ein Sachmangel (§ 434 BGB) und damit eine für den Käufer negative Abweichung der Soll- gegenüber der Ist-Beschaffenheit gegeben ist.

> „Beispiel: Sowohl das Ruckeln eines Automatikgetriebes beim Herunterschalten als auch Probleme beim Öffnen des Schiebedachs stellen nach Auffassung des OLG Köln (NJW-RR 2011, 61 ff.), jedenfalls bei Neufahrzeugen der oberen Mittelklasse im sog. Premium-Segment, Sachmängel i. S. des § 434 Abs. 1 BGB dar."

Die Käuferrechte dienen in erster Linie dazu, das angesichts des Sachmangels zunächst enttäuschte Interesse im Hinblick auf die Qualität der Ware zu erfüllen, sog. Äquivalenzinteresse. Das kaufvertragliche Sachmängelgewährleistungsrecht kann jedoch auch dann eingreifen, wenn aufgrund des Sachmangels *Folgeschäden an anderen Rechtsgütern* entstehen. Der Ersatz dieser Mangelfolgeschäden bemisst sich – als sog. Schadensersatz neben der Leistung – entsprechend den Vorschriften der §§ 437 Nr. 3, 280 Abs. 1 BGB. Soweit der Mangelfolgeschaden andere, zuvor intakte Rechtsgüter des Geschädigten betrifft, ist

---

[30] Eine grafische Darstellung möglicher Ansprüche bei Pflichtverletzungen aus Verträgen findet sich bei Ensthaler, S. 98 f. (Bilder 2 und 3).

juristisch das sog. Integritätsinteresse des Geschädigten berührt. Allein dann ist ein Bezug zum Grundgedanken der Produkthaftung eröffnet: Aufgrund einer verkauften fehler- bzw. mangelhaften Sache kommen Personen oder andere Sachen zu Schaden.

Die praktische Bedeutung der §§ 437 Nr. 1, 280 Abs. 1 BGB im Kontext der Produktverantwortung ist aus verschiedenen Gründen sehr begrenzt:

- Da die vertraglichen Ansprüche grundsätzlich nur zwischen den Vertragspartnern bestehen (sog. Grundsatz der „Relativität vertraglicher Schuldverhältnisse"), kann ein nicht von der vertraglichen Regelung umfasster Drittgeschädigter den Verkäufer der mangelhaften Sache schon deshalb nicht nach §§ 437 Nr. 3, 280 Abs. 1 BGB belangen, weil es *zwischen ihnen* am verbindenden vertraglichen Schuldverhältnis fehlt.
- Selbst wenn der Geschädigte Rechte aus einem Kaufvertrag herleiten kann, reichen diese Rechte immer nur bis zu seinem Vertragspartner.
- Der Verkäufer darf, soweit er nicht zugleich Hersteller ist, grundsätzlich nicht an den produktsicherheitsrechtlichen Anforderungen gemessen werden, die gerade für den Hersteller eines Produkts gelten.

Doch auch wenn der Verkäufer regelmäßig nicht die Pflichten des Herstellers zu erfüllen hat, kann er dem Käufer gegenüber im Einzelfall schadensersatzpflichtig sein. Die dafür erforderliche Pflichtverletzung des Verkäufers kann etwa im Verkauf eines erkennbar mangelhaften Produkts oder bzw. und in der rechtswidrigen Weigerung, einem berechtigten Nacherfüllungsverlangen des Käufers zur Beseitigung des Sachmangels nachzukommen, beruhen. Der Verkäufer schuldet jedoch nur dann Schadensersatz nach § 280 Abs. 1 BGB, wenn er die vorhandene(n) Pflichtverletzung(en) zu vertreten hat, wobei dies zunächst zu seinen Lasten vermutet wird. Es kommt deshalb – vorbehaltlich des Vorliegens der weiteren Anspruchsvoraussetzungen – darauf an, ob der Verkäufer darlegen und notfalls beweisen kann, dass ihn an der bestehenden Pflichtverletzung kein Verschulden (regelmäßig in den Formen Vorsatz und Fahrlässigkeit, vgl. dazu § 276 BGB) trifft und er auch nicht aus anderen Gründen wie etwa der Übernahme einer Garantie für die Beschaffenheit der Kaufsache haftungsrechtlich einstehen muss. Als Entlastungsmomente zugunsten des Verkäufers kommen beispielsweise in Betracht:

- der Umstand, dass der nicht in den Herstellungsprozess einbezogene Verkäufer industriell gefertigte Neuware lediglich abverkauft und das verkaufte Produktexemplar zum Zeitpunkt des Verkaufs an Kunden nicht erkennbar beschädigt war oder
- der Umstand, dass hinsichtlich des Produkts in der Fachöffentlichkeit keine sicherheitsrelevanten (Kunden-)Beschwerden bekannt waren.

Im Zusammenhang mit fehlerhaften Produkten kommt die vertragliche Schadensersatzhaftung des Verkäufers daher vergleichsweise selten zum Tragen.

2.2.3.2 Die deliktsrechtliche Verantwortung nach §§ 823 ff. BGB

Die Anspruchsgrundlagen aus dem Recht der unerlaubten Handlungen, sog. Deliktsrecht, der §§ 823 ff. BGB zählen zu den sog. gesetzlichen Schuldverhältnissen. Wie der Begriff andeutet, liegt der Geltungsgrund für die jeweiligen Ansprüche in einem unmittelbar im Gesetz angelegten Haftungstatbestand. Ob zwischen den Anspruchsbeteiligten zugleich eine Sonderbeziehung besteht, insbesondere ein vertragliches Schuldverhältnis, ist daher unmaßgeblich; man spricht insoweit auch von außervertraglicher Haftung oder „Jedermann"-Haftung, da es auf ein zwischen den Anspruchsbeteiligten *zuvor* bestehendes Verhältnis nicht ankommt.

Die deliktsrechtlichen Anspruchsgrundlagen lassen sich in drei zentrale, offen gestaltete Haftungstatbestände einerseits (nämlich §§ 823 Abs. 1, 823 Abs. 2, 826 BGB) und eine Reihe weiterer, speziell zugeschnittener Grundlagen (z. B. §§ 824, 833, 836 ff. BGB) trennen. Im Zusammenhang mit der Produkthaftung sind v. a. die beiden Anspruchsgrundlagen des § 823 Abs. 1 bzw. 2 BGB von Bedeutung.

Nach *§ 823 Abs. 1 BGB* ist zum Schadensersatz verpflichtet, „wer vorsätzlich oder fahrlässig das Leben, den Körper, die Gesundheit, das Eigentum […] oder ein sonstiges Recht eines anderen widerrechtlich verletzt". Mit diesen Worten wird der eigentliche Haftungstatbestand sehr weit und zugleich sehr allgemein umschrieben. Der Anwendungsbereich des § 823 Abs. 1 BGB geht mit anderen Worten deutlich über Fälle der Produkthaftung hinaus.

> „Bsp.: Ein Anspruch auf Schadensersatz nach § 823 Abs. 1 BGB kann auch dem Fußgänger zustehen, der von einem Fahrradfahrer angefahren und dabei am Körper verletzt wird."

Kennzeichnend für alle Haftungssituationen, die unter die Vorschrift fallen, ist der Umstand, dass durch das rechtswidrige und schuldhafte Verhalten einer Person eine andere in einem der im Gesetz angesprochenen Rechtsgütern oder „sonstigen" Rechten verletzt wird. Als *Schema* für die Beurteilung und Prüfung der Haftungsvoraussetzungen des § 823 Abs. 1 BGB bietet sich folgende Reihung an:

(1) Haftungsbegründender Tatbestand: Ein auf aktivem Tun oder Unterlassen beruhendes Verhalten des zum Ersatz Verpflichteten, also des Schädigers, führt zur Verletzung eines Rechtsguts oder eines sonstigen absolut geschützten Rechts des geschädigten Anspruchsinhabers, wobei zwischen dem Verletzungsverhalten und dem Verletzungserfolg ein Ursachenzusammenhang, sog. haftungsbegründende Kausalität, bestehen muss.

(2) Die Erfüllung des haftungsbegründenden Tatbestands erfolgte rechtswidrig („Widerrechtlichkeit"), d. h. der Schädiger ist nicht durch besondere Rechtfertigungsgründe ausnahmsweise gerechtfertigt.

(3) Die Verletzung resultiert aus einem vorsätzlichen oder fahrlässigen Verhalten des Schädigers („Verschuldenselement").

(4) Haftungsausfüllender Tatbestand: Der beim Verletzten eingetretene Schaden ist ursächlich auf die erlittene Rechts(guts)verletzung zurückzuführen und die Zurechnung des Schadens zum Verhalten des Schädigers scheitert auch nicht ausnahmsweise an besonderen, anhand von Wertungen hergeleiteten Erwägungen, die gegen eine Haftung sprechen.
(5) Rechtsfolge: Schadensersatz (Anhaltspunkte für Umfang und Inhalt desselben finden sich in den allgemeinen Vorschriften der §§ 249 ff. BGB).

Betrachtet man diese Reihung der Anspruchsvoraussetzungen unter dem Gesichtspunkt der Haftung für fehlerhafte Produkte, so fällt auf, dass sich Sachverhalte, die zu einer solchen Haftung führen können, regelmäßig durch einige *Besonderheiten* von anderen Anwendungsfällen des § 823 Abs. 1 BGB abheben. Das hat die deutsche Rechtsprechung dazu veranlasst, der auf § 823 Abs. 1 BGB basierenden Haftung des Herstellers fehlerhafter Produkte besondere Konturen zu verleihen, die seither unter dem Begriff *deliktische Produzentenhaftung (nach § 823 Abs. 1 BGB)* behandelt werden:

Das zur Verletzung führende Verhalten des Schädigers, hier: des Herstellers, besteht praktisch nie in einem aktiven Tun, sondern allenfalls in einem Nicht-Tun i. S. eines Unterlassens der Abwendung der Rechts(guts)verletzung. Anerkanntermaßen steht eine Verletzung durch Unterlassen in ihrem Unrechtsgehalt nur dann einem Verhalten durch aktives Tun gleich, wenn den Schädiger eine Rechtspflicht zum Handeln, hier zur Abwendung der Verletzung, traf und er diese verletzt hat. Da keine allgemeingültige Pflicht besteht, andere vor Schaden zu bewahren, muss die Pflicht zum Handeln jeweils anhand konkreter Anhaltspunkte begründet werden.

Deliktsrechtliche Pflichten zum Handeln können sich unter dem Gesichtspunkt der Verkehrssicherungspflichten aus der Schaffung von Gefahrenquellen für Dritte ergeben.

In Umsetzung des bereits angesprochenen Konzepts der Verkehrs(sicherungs)pflichten drückt sich die Verantwortlichkeit des Herstellers fehlerhafter Produkte in der *Schaffung von Organisationspflichten* aus, die sämtliche Ebenen der Produktentwicklung, -herstellung und -vermarktung gesondert erfassen und zugleich in einer allgemeinen, überwölbenden Organisationspflicht zusammenfallen, vgl. dazu unter Abschn. 2.2.4. Da die Gefährdungslage erst durch die Möglichkeit des Kontakts zwischen dem konkreten Produktexemplar und der Bevölkerung aktiviert werden, stellt das Inverkehrbringen des jeweiligen Produktexemplars den inneren Grund für die deliktische Produzentenhaftung dar.

Aus den umfassenden Organisationspflichten des Herstellers hat die Rechtsprechung weitere Rechtserleichterungen für den durch ein fehlerhaftes Produkt Geschädigten hergeleitet, die vor allem die Beweisführung betreffen und die zu Abweichungen gegenüber der üblichen Handhabung des § 823 Abs. 1 BGB führen. Die Abweichungen gründen auf der Überlegung, dass der Geschädigte die Betriebsabläufe beim Hersteller, in deren Rahmen die produktspezifischen Risiken geschaffen werden, regelmäßig nicht beurteilen kann und er damit zusammenhängende Haftungsvoraussetzungen häufig nicht darlegen oder wenigstens nicht beweisen kann: Insoweit ist der Hersteller „näher dran, den Sachverhalt aufzuklären und die Folgen der Beweislosigkeit zur tragen".[31] Um dem Geschädigten aus seiner (unter Zugrundelegung der allgemeinen Regeln zur Darlegungs- und Beweislast entstehenden) Beweisnot zu helfen, vermuten die Gerichte bezüglich derjenigen Haftungsvoraussetzungen, die praktisch der Einflusssphäre des Geschädigten entzogen sind, zu Lasten des Herstellers, dass diese Voraussetzungen erfüllt sind. Dem Hersteller obliegt dann die Führung des Entlastungsbeweises.

Für die deliktische Produzentenhaftung nach § 823 Abs. 1 BGB folgt aus alledem, dass der Geschädigte zunächst hinsichtlich

(1) der Verletzung, die er erlitten hat, und des ihm daraus entstandenen Schadens sowie
(2) hinsichtlich des Umstands, dass der Schaden auf eine im Organisationsbereich des Herstellers entstandene Fehlerhaftigkeit des Produkts, aus dem die Verkehrssicherungspflichtverletzung des Herstellers abgeleitet wird, herrührt, entsprechend den allgemeinen Regeln darlegungs- und beweispflichtig ist.

Gelingt dem Geschädigten der Beweis dieser Tatsachen, greifen zu seinen Gunsten die Grundsätze der deliktischen Produzentenhaftung: Es wird dann nicht nur der Ursachenzusammenhang zwischen der herstellerseitigen Pflichtverletzung und der beim Geschädigten eingetretenen Verletzung, sondern auch das Verschulden bezüglich der Pflichtverletzung zu Lasten des Herstellers vermutet. Die Entlastungsbeweise, den der Hersteller nun führen muss, um der Haftung aus § 823 Abs. 1 BGB zu entgehen, gelingen in der Gerichtspraxis selten. Rechtsdogmatisch stellt sich die Anspruchsgrundlage des § 823 Abs. 1 BGB auch in Ausprägung der deliktischen Produzentenhaftung als Verschuldenshaftung dar – freilich mit der Besonderheit, dass u. a. das Verschulden zu Lasten des Herstellers unter bestimmten Voraussetzungen vermutet wird.

Die Vorschrift des *§ 823 Abs. 2 BGB* sieht eine Ersatzpflicht desjenigen vor, der gegen ein den Schutz eines anderen bezweckendes Gesetzes verstößt und dadurch einem anderen einen Schaden zufügt. Im Mittelpunkt der Anspruchsgrundlage stehen die Existenz und der Verstoß gegen ein sog. Schutzgesetz. Als Schutzgesetz kommt jede förmliche Rechtsvorschrift in Betracht, die in personeller Hinsicht gerade den Schutz bestimmter Personen (und nicht nur der Allgemeinheit) erkennen lässt und die vor bestimmten Arten von Rechtsverletzungen schützen soll. Ob eine Rechtsvorschrift als Schutzgesetz in Betracht kommt, muss im Einzelfall ermittelt werden und hängt von der nach Sinn und Zweck der Vorschrift fragenden Auslegung derselben ab (sog. teleologische Auslegungsmethode). Anerkanntermaßen sind etwa Strafgesetze als Schutzgesetze anzusehen.

„Bsp.: Als Schutzgesetz kommt etwa der Straftatbestand der fahrlässigen Körperverletzung (§ 229 StGB), aber auch die grundlegende Sicherheitsanforderung aus § 4 GPSG in Betracht (so BGH NJW 2006, 1589 ff. – Tapetenkleistermaschine). Nicht als Schutzgesetz gelten demgegenüber DIN-Normen, da sie keine Rechtsnormen darstellen."

---

[31] BGHZ 51, 91, 105 – Hühnerpest.

Der Wortlaut des § 823 Abs. 2 BGB stellt überdies klar, dass nur schuldhafte (vorsätzliche oder fahrlässige) Verletzungen des Schutzgesetzes zum Schadensersatz verpflichten. § 823 Abs. 2 BGB beschreibt daher ebenfalls einen Fall der Verschuldenshaftung.

In zahlreichen Fällen der Produzentenhaftung kommen sowohl § 823 Abs. 1 BGB als auch § 823 Abs. 2 BGB als Anspruchsgrundlage in Betracht: Hat der Geschädigte durch das fehlerhafte Produkt Körperschäden davongetragen, sind Ansprüche nach § 823 Abs. 1 unter dem Gesichtspunkt der Verletzung des Rechtsguts Körper sowie nach § 823 Abs. 2 wegen Verletzung des Straftatbestands der fahrlässigen Körperverletzung, § 229 StGB, als Schutzgesetz zu prüfen.

2.2.3.3 Das ProdHaftG als Sondergesetz

Das auf die Richtlinie 85/374/EWG zur Angleichung der Rechts- und Verwaltungsvorschriften der Mitgliedstaaten über die Haftung für fehlerhafte Produkte zurückzuführende ProdHaftG stellt eine weitere Säule der Produkthaftung dar. Es ist zum 1.1.1990 in Kraft getreten und seither mehrfach geändert worden. Für das Verhältnis zum Anspruch auf Schadensersatz wegen eines fehlerhaften Produkts auf Grundlage der allgemeinen Vorschriften des BGB, insbesondere der §§ 823 ff. BGB, stellt § 15 Abs. 2 ProdHaftG klar, dass das Sondergesetz keine Sperrwirkung entfaltet, mithin Anspruchskonkurrenz zwischen § 1 ProdHaftG einerseits und den Anspruchsgrundlagen nach dem BGB andererseits besteht. Für Arzneimittel gilt jedoch nicht das ProdHaftG, sondern die besonderen Vorschriften des Arzneimittelrechts (§§ 84 ff. AMG), vgl. dazu § 15 Abs. 1 ProdHaftG.

> „Anmerkung: Die absehbare **Novellierung des europäischen Produkthaftungsrechts** durch die im Oktober 2024 verabschiedete und bis Dezember 2026 in nationales Recht umzusetzende Richtlinie (EU) 2024/2853 wird in diesem Kapitel unter Abschn. 2.3 hinsichtlich der wesentlichen Neuerungen behandelt."

Im Unterschied zur Haftung aus § 823 Abs. 1 BGB hängt die Begründung der Haftung nach dem ProdHaftG nicht von einem Verschuldenselement ab: Die Haftung des Herstellers gem. § 1 Abs. 1 ProdHaftG greift ohne Rücksicht darauf ein, ob ihn an der Entstehung des Produktfehlers ein Verschulden trifft oder nicht. Deshalb wird die Haftung aus ProdHaftG zumeist als *Gefährdungshaftung* (in Abgrenzung zum Haftungstyp der Verschuldenshaftung) bezeichnet. Die Bezeichnung ist zwar etwas unscharf, da § 1 ProdHaftG auch Sachverhalte erfasst, in denen die Haftung weniger auf der Verwirklichung einer produktspezifischen Gefahr als solcher, sondern in erster Linie auf einem fehlerhaften Umgang des Verantwortlichen mit der Gefahr gründet.[32] Der Begriff hat sich jedoch als schlagwortartige Umschreibung des Haftungstyps eingebürgert und wird daher auch im Folgenden verwendet.

---

[32] So etwa bei fehlender oder ungenügender Aufklärung des Herstellers gegenüber dem Produktverwender, sog. Instruktionsfehler; vgl. dazu Oechsler, in Staudinger, ProdHaftG, Einleitung, Rn. 27 ff., 39.

Die wesentlichen Voraussetzungen werden nachfolgend unter Abschn. 2.2.4 bis 2.2.9 in Gegenüberstellung zu § 823 Abs. 1 BGB näher erörtert. In einem *Prüfungsschema* zusammengefasst stellen sich die Haftungsvoraussetzungen der Produkthaftung nach § 1 Abs. 1 ProdHaftG folgendermaßen dar:

(1) Tod eines Menschen, Verletzung des Körpers bzw. der Gesundheit oder Beschädigung (bzw. Zerstörung) einer anderen Sache[33] (§ 1 Abs. 1 ProdHaftG)
(2) durch ein fehlerhaftes Produkt (§§ 2 und 3 ProdHaftG),
(3) das von einem Hersteller in Verkehr gebracht wurde (§ 4 ProdHaftG).
(4) Ursachenzusammenhang zwischen den Punkten (1) bis (3).
(5) Existenz eines Personen- oder Sachschadens aufgrund der eingetretenen
(1) Verletzung bzw. Beschädigung.
(6) Kein Haftungsausschluss nach § 1 Abs. 2 oder 3 oder § 13 ProdHaftG.
(7) Rechtsfolge: Schadensersatz (spezielle Regelungen zum Inhalt bzw. Umfang des Ersatzanspruchs sind den §§ 7–11 ProdHaftG zu entnehmen).

Die Beweislastverteilung für Ansprüche nach § 1 Abs. 1 ProdHaftG ist in § 1 Abs. 4 explizit geregelt. Danach trägt der Geschädigte die Beweislast für den Produktfehler, den Schaden und den ursächlichen Zusammenhang zwischen Fehler und Schaden. Die Beweispflicht für das Vorliegen eines der in § 1 Abs. 2 und 3 ProdHaftG genannten Haftungsausschlussgründe liegt dagegen beim Hersteller.

2.2.4 Verkehrspflichtverletzung bzw. Produktfehler als zentrale Haftungsvoraussetzungen

2.2.4.1 Gemeinsamer Ausgangspunkt: Umgang mit produktspezifischen Risiken

Beide außervertraglichen Haftungssysteme verfolgen jedenfalls im Ergebnis das Ziel, den Hersteller für Schäden, die sich aus fehlerhaften Produkten ergeben, privatrechtlich zur Verantwortung zu ziehen. Im Folgenden werden zunächst die deliktische Produzentenhaftung nach § 823 Abs. 1 BGB (Abschn. 2.2.4.2, 2.2.4.3, 2.2.4.4, 2.2.4.5, 2.2.4.6, 2.2.4.7 und 2.2.4.8) und sodann die Haftung nach ProdHaftG (Abschn. 2.2.4.9) betrachtet. Die zentralen Haftungsvoraussetzungen – der Begriff der Verletzung herstellerspezifischer Verkehrssicherungspflichten bei § 823 Abs.1 BGB einerseits, der Produktfehler i. S. des § 3 ProdHaftG andererseits – werden in der Rechtspraxis inzwischen weitgehend gleich-

---

[33] Gem. § 1 Abs. 1 Satz 2 ProdHaftG werden Sachschäden allerdings nur ersetzt, wenn es sich um andere Sachen als die fehlerhafte Sache selbst handelt und nur soweit diese anderen Sachen (schwerpunktmäßig) für den privaten Ge- bzw. Verbrauch bestimmt sind.

bedeutend verwendet.³⁴ Dies überrascht nicht, da der Fehlerbegriff des § 3 ProdHaftG bei genauer Betrachtung durch negative Verkehrspflichten umschrieben wird: Sobald die Rechtsordnung einen gefahrträchtigen *Fehler* ausmacht, müssen *Pflichten* zu seiner Kontrolle und Behebung entstehen und diese Pflichten treffen primär den Hersteller des Endprodukts.³⁵

2.2.4.2 Das Allphasenmodell nach § 823 Abs. 1 BGB

Die herstellerspezifischen Verkehrssicherungspflichten umfassen sämtliche Phasen des Produktentstehungszyklus: von der Konzeption des Produkts über die Fertigungsebene bis in die Zeit nach dem Vertrieb des Produktexemplars. In Abstimmung mit den Phasen des Zyklus werden die Verkehrssicherungspflichten in Konstruktions-, Fabrikations-, Instruktions- sowie Produktbeobachtungspflichten gegliedert (Abschn. 2.2.4.3, 2.2.4.4, 2.2.4.5, 2.2.4.6 und 2.2.4.7), die durch eine phasenübergreifende Pflicht zur sachgerechten Organisation der Betriebsabläufe (Abschn. 2.2.4.8) überwölbt werden. An dieser pflichtenbezogenen Gliederung sind die folgenden Ausführungen angelehnt.

Die dabei vorgestellten Handlungsempfehlungen basieren weitgehend auf den bei Ensthaler/Füßler/Gesmann, S. 30 ff., abgegebenen Empfehlungen und sind vorliegend in Teilen weiterentwickelt worden.

2.2.4.3 Die Konstruktionsebene

In erster Linie sind produktspezifische Risiken bereits auf Konstruktionsebene durch geeignete Maßnahmen zu eliminieren oder zumindest auf ein verträgliches Maß zu reduzieren. Da 100%ige Sicherheit weder von Rechts wegen erwartet wird noch praktisch möglich ist, muss stets der *im Einzelfall gebotene* Sicherheitsstandard gewährleistet werden, was unter Berücksichtigung insbesondere

- der Natur des Produkts sowie der Art und Weise seines Angebots am Markt (einschließlich des Marktpreises),
- der von ihm ausgehenden Gefahren sowie der Wahrscheinlichkeit ihrer Realisierung,
- der Bedeutung und Wertigkeit der gefährdeten Rechtsgüter,
- der mit dem Produkt angesprochenen Zielgruppe an Verwendern und
- dem zu erwartenden Produktgebrauch einschließlich des nahe liegenden Fehlgebrauchs

zu beurteilen ist.

---

³⁴Vgl. etwa die Entscheidung des OLG Schleswig NJW-RR 2008, 691 ff. – Geschirrspülmaschine, in der das Gericht den auf § 823 Abs.1 BGB gestützten Schadensersatzanspruch im Wesentlichen anhand der zu § 3 ProdHaftG etablierten Produktfehlerkategorien hergeleitet hat.
³⁵Vgl. dazu Oechsler, in Staudinger, ProdHaftG, § 3 Rn. 5; die aus § 823 Abs. 1 BGB hergeleitete Produktbeobachtungspflicht (vgl. dazu unter Abschn. 2.2.4.7) findet nach herkömmlicher Sicht allerdings keine Entsprechung in den Fehlerkategorien des § 3 ProdHaftG.

Die herstellerspezifische Pflicht zur fehlerfreien Konstruktion ist verletzt, wenn das Produkt bereits nach seiner Konzeption hinter dem gebotenen Sicherheitsstandard zurückbleibt.[36] Daher haften Konstruktionsfehler regelmäßig der gesamten Produktionsserie bzw. bestimmten Chargen an und nicht nur einzelnen Produktexemplaren. Zur Vermeidung von Pflichtverletzungen auf Konstruktionsebene sind folgende *Leitlinien* zu beachten:

(1) bezüglich der Art und Weise der Konstruktion:
- Ausrichtung der Konstruktionsentscheidung anhand der Eigenschaften, die das Produkt aufweisen soll und mit denen das Produkt vertrieben wird;
- Ermittlung des mit der geplanten Konstruktionslösung einhergehenden Risikopotenzials: Bei unvertretbaren Risiken muss die vorgesehene Konstruktionsmaßnahme unterbleiben und eine weniger risikoreiche Konstruktionsalternative gesucht werden;
- Vermeidung einer unnötig gefährlichen Bauweise;
- Beachtung der geeigneten Dimensionierung des Produkts im Hinblick auf die Belastung und Nutzung, der das Produkt ausgesetzt sein wird;
- Einplanung notwendiger Sicherungsmechanismen und
- Berücksichtigung der mit dem Produkt angesprochenen Zielgruppe (Kinder? Ältere oder behinderte Menschen?).

Als Verletzung der Konstruktionspflicht sind daher anzusehen:

- die unzureichende Auslegung eines Sicherheitsschalters im Verhältnis zum Gesamtsystem, in welches er eingesetzt wurde (BGHZ 67, 359 ff.);
- die überdimensionierte Breite des Öffnungsschlitzes eines Aktenvernichters (Gefahr für Kinderhände; BGH NJW 1999, 2815 ff.);
- die übergroße Spalte des Handlaufs einer Wasserrutsche, wenn sie zum Abriss von Fingern führen kann (OLG Schleswig ZfS 1999, 369 ff.);
- die Verwendung scharfkantiger Elemente am oberen Abschluss der Trennwände von Pferdeboxen (BGH NJW 1990, 906 f.);
- bei einem Kondensator die fehlende Schutzvorrichtung gegen Brandentwicklung infolge von Erwärmung, wenn die Entflammbarkeit des Gehäuses des Bauteils bekannt ist (OLG Karlsruhe NJW-RR 1995, 594 ff.) und
- das Fehlens eines Fehlerstromschalters (Fi-Schalters) bei einer Geschirrspülmaschine (auch wenn die im Zeitpunkt des Inverkehrbringens einschlägigen technischen Normen darüber keine Aussage getroffen haben; OLG Schleswig NJW-RR 2008, 691 ff.).

---

[36] BGH NJW 2009, 2952, 2953 – Airbag; Weiß, S. 429, bemüht hierfür das Bild vom „fehlerhaften Produktmuster", das sich später in einzelnen fehlerhaften Produkten niederschlägt.

(2) bezüglich der zur Verwendung vorgesehenen Werkstoffe:
- Ausrichtung der Entscheidung über die nach der Konstruktion zu verwendenden Werkstoffe anhand der Eigenschaften, die das Produkt aufweisen soll und mit denen das Produkt vertrieben (beworben) wird;
- bei Alternativen in der Materialwahl: im Zweifel Auswahl des weniger gefährlichen Materials;

Als Verletzung der Konstruktionspflicht ist daher beispielsweise das Einreißen einer Dachfolie aufgrund des Verlusts an Weichmachern (BGH NJW 1985, 194 f.) anzusehen.

(3) bezüglich der Prüfung der zur Verwendung vorgesehenen Werkstoffe:
- Berücksichtigung der Belastung, denen die verwendeten Werkstoffe ausgesetzt sind (auch bei einem nahe liegendem Fehlgebrauch des Produkts);
- Berücksichtigung des zu erwartenden Verschleißes;
- Berücksichtigung von Sondersituationen bei der Produktnutzung (übermäßige Benutzung; erstmalige Nutzung nach längerer Zeit der Nichtbenutzung; Nutzung unter extremen Bedingungen [Temperatur; Witterung; Naturgewalten]);
- Sicherstellung der Eignung des zur Prüfung herangezogenen Personals;
- Sicherstellung der Eignung der für die Prüfung herangezogenen Prüfverfahren;
- Sicherstellung der Eignung der für die Prüfung herangezogenen Gerätschaften und
- bei Alternativen in der Materialwahl: Im Zweifel muss das weniger gefährliche Material ausgewählt werden.

Als Verletzung der Konstruktionspflicht ist daher beispielsweise die (generell) fehlende Bruchfestigkeit des Plastikgriffes eines Expanders (BGH NJW-RR 1990, 406) anzusehen.

(4) bezüglich der vorgesehenen Bearbeitung der Werkstoffe:

Hierbei sind namentlich Risiken, die gerade durch die Verbindung unterschiedlicher Werkstoffe eintreten können, zu ermitteln und einzudämmen.

(5) Abschließende Beurteilung auf Grundlage der Konstruktionsentscheidung

Die abschließende Beurteilung muss sich v. a. mit den verbleibenden Risiken unter dem Gesichtspunkt der Vertretbarkeit der Risiken auseinandersetzen. Sind nach Durchführung geeigneter Produkttests[37] produktspezifische Risiken noch immer unvertretbar hoch, darf ein auf Grundlage der Konstruktionsentscheidung gefertigtes Produkt nicht in Verkehr gebracht werden. Vertretbare Risiken müssen durch geeignete Instruktionsmaßnahmen (Abschn. 2.2.4.6) weiter minimiert werden.

---

[37] Vgl. zur komplexen Haftungssituation im Zusammenhang mit Produkttests als Teil der Produktentwicklung Leichsenring, PHi 2011, 130 ff.

2.2.4.4 Die Fabrikationsebene

Ausgehend von der unter Produktsicherheitsaspekten fehlerfrei getroffenen Konstruktionsentscheidung muss die Fertigung der einzelnen Produktexemplare ihrerseits fehlerfrei erfolgen. Der Hersteller muss nicht nur eine hinreichend sichere Produktkonzeption „der Planung nach" bzw. anhand gefertigter Prototypen gewährleisten, sondern seine Produktverantwortung erstreckt sich auf jedes einzelne Produkt(exemplar), das von ihm angefertigt und anschließend in Verkehr gebracht wird. Der gesamte Fertigungsprozess muss den Vorgaben an die Produktsicherheit genügen.[38] Im Einzelnen sind damit folgende *Arbeitsbereiche* angesprochen:

- Auswahl der für die Fertigung benötigten Rohstoffe;
- Auswahl der Zulieferer, die Teilprodukte oder Rohstoffe liefern sollen;
- Überprüfung der von Zulieferern gelieferten Waren;
- Planung und Kontrolle des Fabrikationsverfahrens (inkl. der hierzu benötigten Anlagen und Gerätschaften);
- Auswahl, Schulung und Überwachung der eingesetzten Mitarbeiter;
- Überprüfung der Qualität des Produktionsergebnisses und
- Gewährleistung einer entsprechend den ermittelten Produktrisiken geeigneten Verpackung und Kennzeichnung des Produkts.

Als Verletzung der Pflicht zur fehlerfreien Fabrikation sind daher anzusehen:

- die bakterielle Verunreinigung des Impfstoffes, der zum Tod der damit behandelten Hühner führt (BGHZ 51, 91 ff.);
- die Zubereitung von Speisen aus Eiern, die mit Salmonellen verseucht sind (BGHZ 116, 104 ff.);
- der Umstand, dass während des Backprozesses eine 6 mm große Schraubenmutter in ein Toastsandwich gerät (OLG Köln NJW 2004, 521);
- die ungenügende Verpackung von Batterien vor dem Versand (BGHZ 66, 208 ff.);
- der Bruch des Operationsinstruments während einer sieben Monate nach Lieferung stattfindenden Operation (OLG Düsseldorf NJW 1978, 1693 f.);
- der Bruch der Gabelbrücke eines Montainbikes wegen Ermüdungsrissen (zurückzuführen auf falsche Wärmebehandlung der eingesetzten Aluminiumlegierung; OLG Köln NJW-RR 2003, 387 f.) sowie
- der Bruch des Keramikkopfes eines künstlichen Hüftgelenks bei normaler Beanspruchung (was zur Annahme eines Materialfehlers führt; LG Köln, Urt. v. 26.11.2008 – 25 O 312/06, recherchiert nach juris.de).

---

[38] Fehler auf Fabrikationsebene haften regelmäßig nur einzelnen Produktexemplaren und nicht größeren Einheiten an.

Der Hersteller hat es selbst in der Hand, die Einhaltung der Fabrikationspflichten (und damit die Vermeidung von Fabrikationsfehlern) durch geeignete *Qualitätsmaßnahmen* zu sichern. Die hierzu erforderlichen Maßnahmen orientieren sich an den Erkenntnissen des Produktions- und Qualitätsmanagements und betreffen folgende Bereiche:

(1) die betriebliche Organisation als Ganzes;
(2) die Fehlervermeidung;
(3) die Fehlererkennung durch geeignete Qualitätskontrollverfahren und – technik:

Für die Kontrollverfahren sind die Auswahl der Messgrößen, vom Produkt, seinen Komponenten und deren Eigenschaften sowie die eingesetzten Messbzw. Prüfmittel wesentlich.

- Gegenstand der Prüfung: Gegenstand der Prüfung können das Endprodukt, einzelne Komponenten, aus denen es gefertigt ist, oder der Fabrikationsprozess selbst sein.
- Art der Prüfung: Je komplexer das zu prüfende Produkt ist, desto weniger genügt eine bloße Prüfung „auf Sicht" (mit dem Auge). Vielmehr sind zuverlässigere Prüfverfahren zu wählen, die freilich vom Produkt und den von ihm ausgehenden Gefahren abhängen. In Betracht kommen eingehende manuelle Prüfungen, mechanische Prüfungen sowie Prüfungen anhand moderner Mess- und Labortechnik;
- Umfang der Prüfung: Eine Vollprüfung jedes Produktexemplars ist erforderlich, wenn das Produkt erkennbar Gefahren für Leib und Leben bietet. Stichprobenprüfungen reichen aus, soweit sie ausreichende Grundlagen für die zuverlässige Risikobeurteilung des Produkts gewährleisten;
- Wareneingangskontrolle/Kontrolle von Zulieferprodukten: Trotz entsprechender Qualitätssicherungsvereinbarungen, die den Zulieferer zur Überprüfung der von ihm an den Hersteller ausgelieferten Ware, muss der Hersteller eine Wareneingangskontrolle „in groben Zügen" durchführen, deren Umfang sich nach den Umständen des Einzelfalls richtet: Zu überprüfen hat er jedenfalls, ob die bestellte Ware (Identität und Menge) ohne erkennbare Transportschäden eingetroffen ist und ob sich bei grobsichtiger Prüfung mögliche Qualitätsmängel zeigen; haben sich in der Vergangenheit bei der Ware des Zulieferers Qualitätsmängel gezeigt, sind intensivere Prüfungen erforderlich sowie
- Dokumentation des jeweiligen Prüfungsverfahrens und -ergebnisses.

(4) Weitere Maßnahmen:
  - Berücksichtigung bestehender Zulieferbeziehungen: Einhaltung von Vorgaben; Maßnahmen zur Kontrolle des Zulieferers (auch hinsichtlich seiner räumlich-gegenständlichen Möglichkeiten zur Produktion); Regelung des Kommunikationsaustauschs;
  - Berücksichtigung des anschließenden Warentransports, insbesondere der Art und Weise der Verpackung der Ware: Auswahl, Zuschnitt und Eignungsprüfung des Verpackungsmaterials, auch und gerade im Verhältnis zur Ware selbst;

- Berücksichtigung des Wirtschaftsraums, in dem die Produktionsergebnisse in Verkehr gebracht wurden (eventuell existieren unterschiedliche [sicherheitsrechtliche] Anforderungen in unterschiedlichen Zielländern).

Für *Ausreißer*, also Produktexemplare, deren fehlerhafte Fertigung sich trotz aller gebotenen Sorgfalt nicht vermeiden lässt, muss der Hersteller jedoch nicht nach der Verschuldenshaftung aus § 823 Abs. 1 BGB einstehen. Zwar lässt sich argumentieren, dass auch insoweit *objektiv* die Verletzung einer herstellerspezifischen Verkehrssicherungspflicht gegeben ist, doch gelingt dem Hersteller unter den genannten Voraussetzungen der Entlastungsbeweis hinsichtlich des Verschuldens. Die Rechtsprechung legt an den vom Hersteller vorgebrachten Einwand, beim fehlerhaften Produkt handele es sich um einen Ausreißer, jedoch strenge Maßstäbe an.

Im Nahrungsmittelbereich muss der gesamte Fabrikationsprozess zwingend darauf ausgelegt sein, dass keine Fremdkörper in industriell gefertigte Nahrungsmittel gelangen können, da ansonsten erhebliche Körper- und Gesundheitsverletzungen (Verletzungen in Mund und Rachen; Vergiftungen; Erstickungsgefahr) beim Verzehr drohen. Soweit dennoch einzelne Produkte Fremdkörper enthalten (vgl. z. B. die Schraubenmutter im verpackten Toastbrotsandwich aus der Entscheidung OLG Köln NJW 2004, 521), wird dem Hersteller der Ausreißereinwand regelmäßig versagt.

2.2.4.5 Sonderfall: Befundsicherungspflichten

Für den Fabrikationsbereich kann eine weitere Pflicht bedeutsam werden. Am Beispiel der Wiederbefüllung von Mineralwasserflaschen aus Mehrwegglas hat die Rechtsprechung sog. *Befundsicherungspflichten* des Herstellers begründet.

Der grundlegenden höchstrichterlichen Entscheidung lagen Körperverletzungen eines Kunden zugrunde, die durch die Explosion einer solchen Flasche, die mikroskopisch kleine Haarrisse aufwies, hervorgerufen wurden. Der BGH hat dem beklagten Unternehmen angesichts der bekannten Explosionsrisiken die Pflicht auferlegt, den Zustand jeder Flasche vor der erneuten Inverkehrgabe entsprechend dem Stand der Technik zuverlässig zu ermitteln (Befundsicherung durch Kontrollverfahren) und alle gefahrträchtigen Flaschen von der Wiederverwertung auszuschließen.[39] In der Sache hat die Rechtsprechung für den entschiedenen Sachverhalt damit eine weitere Beweislastumkehr geschaffen: Soweit der Hersteller von mit kohlesäurehaltigen Getränken wiederbefüllten Glasflaschen die Einhaltung der Befundsicherungspflicht nicht darlegen und beweisen kann, wird zugunsten des Geschädigten vermutet, dass die schadensursächlichen Haarrisse bereits im Zeitpunkt des erneuten Inverkehrbringens der Flasche vorhanden waren. Der Geschädigte braucht also noch nicht einmal (wie ansonsten selbst unter Zugrundelegung der Grundsätze der deliktischen Produzentenhaftung erforderlich) zu beweisen, dass der Produktfehler bereits im Zeitpunkt des Inverkehrbringens vorlag.

---

[39] BGHZ 129, 353, 361 f. – Mineralwasserflasche.

Ob sich die Befundsicherungspflicht auch auf andere Branchen und Produkte übertragen lässt, ist bisher noch nicht abschließend geklärt, wohl aber eher zu verneinen. Die Instanzgerichte haben zu verschiedenen Anlässen eine Übertragung abgelehnt.[40] Auch der BGH hat in der o. g. Grundsatzentscheidung maßgeblich auf das der wiederverwendeten Glasflasche eigentümliche Berstrisiko unter Druck abgestellt. Folgerichtig treffen den Hersteller bei der Verwendung von Einwegflaschen keine Befundsicherungspflichten.[41]

„Im Zusammenhang mit der Gefahr explodierender Glasflaschen sind auch Verkehrssicherungspflichten des Händlers, hier insbesondere die Pflicht zur sachgemäßen Lagerung, diskutiert worden. Nach Auffassung des BGH ist der Händler nicht zur Kühlung der Flasche verpflichtet, wenn und soweit diese Maßnahme die (nicht primär von der Umgebungstemperatur, sondern von anderen Faktoren abhängige) Explosionswahrscheinlichkeit lediglich geringfügig reduziert und zugleich neue Explosionsgefahren schafft (BGH NJW 2007, 762 ff. – Limonadenflasche)."

2.2.4.6 Die Instruktionsebene

Die ebenfalls aus der deliktsrechtlichen Produzentenhaftung nach § 823 Abs. 1 BGB abgeleitete Instruktionspflicht verlangt vom Hersteller, über die mit der Produktverwendung verbundenen Gefahren zu informieren, wobei er auch über deren Ursachen und die Möglichkeiten ihrer Vermeidung aufklären muss. Die Pflicht des Herstellers zur Aufklärung über Produktgefahren und -eigenschaften beschränkt sich indes nicht auf das Privatrecht, sondern hat auch im öffentlich-rechtlichen Produktsicherheitsrecht gesetzlichen Niederschlag erfahren.

Freilich sollte der Hersteller die Notwendigkeit zur Instruktion nicht nur als Last, sondern zugleich als *Chance* begreifen. Denn über die Instruktion kann er – wie über andere Formen der Außendarstellung des Produkts (Werbung etc.) – Einfluss auf die Verbrauchererwartung an das Produkt nehmen. Zugleich darf der Hersteller die Stellung der Instruktion im Gefüge der Herstellerpflichten nicht überbewerten und gleichsam als falsch verstandenes Allheilmittel zur Haftungsvermeidung einsetzen: Bei der Gewährleistung der Produktsicherheit kommt der Instruktion im Verhältnis insbesondere zur Konstruktionsebene eine nachgelagerte Bedeutung zu.[42] Vorrangig sind Gefahren durch konstruktive Maßnahmen einzudämmen, nur soweit dies (technisch) nicht möglich bzw. dem Hersteller (wirtschaftlich) nicht zumutbar ist, wird ihm die Gefahrabwendung mit den Mitteln der Instruktion gestattet, falls das verbliebene Risiko nicht unvertretbar hoch ist.

Die Instruktion muss sich an einer durchschnittlich verständigen Person der mit dem Produkt angesprochenen Zielgruppe orientieren, bei verschiedenen Zielgruppen ist der Kenntnisstand der am wenigsten informierten Gruppe zugrunde zulegen.

---

[40] So etwa OLG Düsseldorf NJW-RR 2000, 833, 835 für den Hersteller von Feuerlöschanlagen; OLG Dresden NJW-RR 1999, 34 für den Hersteller eines Hydraulikzylinders, der in ein Karussell eingebaut wurde.
[41] OLG Braunschweig VersR 2005, 417.
[42] Grundlegend BGH NJW 2009, 2952, 2953 – Airbag.

Die Bestimmung der *Reichweite* der Instruktionspflicht erschließt sich über die anerkannten Grenzen der Instruktion. Was Gegenstand des allgemeinen Erfahrungswissens der Abnehmerkreise ist, braucht nicht in einer Instruktion adressiert zu werden.[43] Vor offensichtlichen, allgemein bekannten Gefahren muss nicht gewarnt werden; hierzu zählen auch Gesundheitsgefahren, die (möglicherweise) durch übermäßigen Verzehr bestimmter Genussmittel ausgelöst werden.[44]

Gewarnt werden muss insbesondere nicht vor gefährlichen Eigenschaften, die geradezu kennzeichnend für das Produkt sind. Ein Hinweis, dass ein Messer scharf ist und Schnittverletzungen hervorrufen kann, ist ebenso entbehrlich wie eine Darstellung, dass Feuerwerkskörper explodieren können. Erforderlich können allerdings Hinweise über den richtigen *Umgang* mit solchen Produkten sein, etwa Hinweise an Eltern und Verkäufer über die Gefahren, die von Feuerwerkskörpern in Kinderhänden ausgehen können (BGHZ 139, 79, 85 f. – „Feuer-Wirbel"). Ergänzend sei angemerkt, dass eben jene Risiken ferner zu deliktsrechtlichen Pflichten des *Händlers* führen können, gefährliche Produkte auch dann nicht an (bestimmte) Minderjährige abzugeben, wenn der Verkauf an Minderjährige nicht ausdrücklich untersagt ist (vgl. dazu BGHZ 139, 43, 48 – „Tolle Biene"/Verkauf von Feuerwerkskörpern an Grundschüler; BGH NJW 1979, 2309, 2310 – Überlassung von Kaliumchlorat an 15-jährigen; BGH VersR 1973, 30 ff. – Verkauf eines Wurfpfeils mit Metallspitze an 10-jährigen).

Entsprechendes gilt bei der Berücksichtigung von Sonderwissen: Bei einem Produkt, mit dem ausschließlich Fachleute angesprochen werden, bedeutet eine fehlerhafte Beschreibung keinen Instruktionsfehler, wenn die korrekte Umsetzung der Beschreibung ohnehin zum Fachwissen des Adressatenkreises zählt.[45]

Inhaltlich hat der Hersteller die Instruktion an dem voraussehbaren *Umgang mit dem Produkt* durch die adressierten Nutzer auszurichten. Der Hersteller muss gedanklich vorwegnehmen, *wie* sein Produkt am Markt aufgenommen und eingesetzt werden könnte. Deshalb muss er einen vorhersehbaren Fehlgebrauch nicht nur auf Ebene der Konstruktion bzw. Fabrikation, sondern auch für die Instruktion berücksichtigen. Die Grenze der Produkthaftung bildet insoweit nur der klare und offensichtliche Missbrauch des Produkts, für den der Hersteller nicht mehr einstehen muss. Der Hersteller muss sein Aufklärungsverhalten anpassen, wenn er Hinweise auf neue Abnehmerkreise erhält, die mit den Instruktionen in ihrer bisherigen Form nicht erreicht werden.

„Beispiele: Der Hersteller von Fertigbeton muss berücksichtigen, dass ein nicht gewerblich tätiger Heimwerker bei der Verarbeitung von Frischbeton ungeschickt vorgeht und sich beim Glattstrich auch ohne entsprechende Schutzkleidung regelrecht in die Betonmasse „hinein-

---

[43] BGH NJW 1986, 1863f. – Überrollbügel.

[44] Vgl. dazu OLG Düsseldorf NJW 2003, 912 – Coca-Cola und Schokoriegel; OLG Hamm NJW 2001, 1654 – Bierkonsum.

[45] OLG Schleswig BauR 2007, 1939 (nur Leitsatz) – Fehlerhafte Beispielzeichnung in Montageanleitung gegenüber einem Monteur; vgl. zur Instruktionspflicht bei Montageanleitungen auch BGH NJW 1986, 1863 – Überrollbügel.

kniet" (voraussehbarer Fehlgebrauch), weshalb ein Warnhinweis auf die ätzende Wirkung von Zementstoffen und damit einhergehenden Gesundheitsgefahren erforderlich ist (OLG Bamberg VersR 2010, 403 ff. – Frischbeton). Auf die Gefahr von Nerven- und Organerkrankungen wegen übermäßigen Schnüffelns an Klebstoffen („Sniffing"- Problematik) durch Jugendliche muss dagegen nicht hingewiesen werden, da eine solche Verwendung eindeutig missbräuchlich ist (BGH NJW 1981, 2514 – Sniffing). Ebenso darf der Hersteller eines an landwirtschaftliche Berufsträger veräußerten Düngestreuers auch ohne weiteren Warnhinweis davon ausgehen, dass ein Landwirt bei Reinigungsarbeiten nicht mit bloßer Hand bei laufendem Motor (und daher betriebener Zapfwelle) in den Rührfinger des Geräts greift – dadurch realisiere sich ein Risikopotenzial, welches laut Gericht schon Schulkinder im Zusammenhang mit funktionsgleich laufenden Handrührgeräten ohne Weiteres erfassten (LG Regensburg, Urt. v. 10.10.2013 – 6 O 700/13, hier zitiert nach Gesmann-Nuissl, Rechtsprechungsreport, InTeR 2014, 43, 57). – Muss der Hersteller hingegen damit rechnen, sein Produkt werde auch von Arbeitnehmern mit Migrationshintergrund verwendet, die die deutsche Sprache nicht genügend beherrschen, darf er die erforderlichen Gefahrenhinweise nicht ausschließlich in deutscher Sprache anbringen, sondern muss allgemeinverständliche Gefahrensymbole verwenden (BGH NJW 1987, 372, 373 – Verzinkungsspray)."

Als *Leitlinien* für den *Inhalt und den Umfang* der Instruktion können daher folgende Anmerkungen gelten:

- Generell nimmt die Intensität der Pflicht mit der Größe der Gefahr und dem Wert der betroffenen Rechtsgüter zu.[46]
- Die lediglich abstrakte Aufzählung möglicher Produktgefahren genügt nicht, um der Instruktionspflicht wirksam nachzukommen, vielmehr muss der Nutzer durch den (Warn-)Hinweis in die Lage versetzt werden, die Gefahr konkret einzuschätzen (wozu er u. a. die Gefahrursachen und die Voraussetzungen, unter denen sich die Gefahr realisieren kann, kennen muss) und die Gefahr zu vermeiden bzw. zu beherrschen (was die Mitteilung von Verhaltensalternativen bedingt).
- Die Aufklärung muss daher auch die Leistungsfähigkeit und die Leistungsgrenzen eines Produkts berücksichtigen und deshalb kenntlich machen, unter welchen Bedingungen ein Produkt oder ein System (gefahrlos) eingesetzt werden kann.[47]
- Aufzuklären ist nicht nur über Gefahren, sondern gegebenenfalls auch über die Wirkungslosigkeit des Produkts, wenn der Nutzer im Vertrauen auf die Wirksamkeit des Produkts andere Gefahrabwehrmaßnahmen unterlässt.[48]
- Ergibt sich durch die gestalterische Änderung eines am Markt etablierten Produktes ein neues Gefahrenpotenzial, muss vor diesen neuen Gefahren angesichts der beim Nutzer regelmäßig eingetretenen Produktgewöhnung besonders gewarnt werden.

---

[46] BGHZ 106, 273, 281 ff. (Hinweis auf lebensbedrohliche Risiken bei Überdosierung eines Asthmasprays).
[47] BGH NJW 1996, 2224 (Fehlende Schmiereigenschaften des Schmierfetts unterhalb einer Betriebstemperatur der Leitradlager von 35° C).
[48] BGHZ 80, 186, 189 – Schädlingsbekämpfungsmittel gegen Apfelschorf.

Hinsichtlich der *Ausgestaltung* der Instruktion bietet sich gerade bei technisch komplexeren Produkten, deren korrekte Handhabung sich nicht unmittelbar erschließt, die Integration der erforderlichen Aufklärung in die mitgelieferten Gebrauchsanweisungen, Bedienungsanleitungen o. ä. an. Deren Inhalt wird idealerweise zugleich im Internet zum Abruf bereitgehalten. Eine generelle Pflicht des Herstellers, ein technisch anspruchsvolles Produkt so zu gestalten, dass es von jedermann auch ohne Berücksichtigung der Bedienungsanleitung verwendet werden kann, lässt sich wohl nicht begründen.[49] Je nach Gefahrenpotenzial und Nutzerverhalten können darüber hinaus einfach gestaltete Warnhinweise am Produkt selbst erforderlich sein. Für die *Art und Weise* der Instruktion sollte der Hersteller folgende *Leitlinien* beachten:

- Adressatenorientierte Kommunikationsform (deutsche Sprache; evtl. Zusätzlich (welche?) Fremdsprachen? Je nach Zielgruppe Verwendung von Symbolen und Piktogrammen besser geeignet als Angaben in Wortform);
- Einfache Angaben (Wortwahl, Satzbau, Systematik);
- Deutliche Angaben (kein Verstecken der Instruktionen in anderen Informationen wie etwa „Zubereitung" von Lebensmitteln; hinreichende Lesbarkeit durch geeignete Schrift- bzw. Bildgröße);
- Richtige und vollständige Angaben (keine Beschönigungen und Verharmlosungen) Sowie
- Schlüssige Darstellung (insbesondere bei umfangreichen Hinweisen).

Letzten Endes ist der Hersteller für die von ihm gewählte und umgesetzte Instruktion *selbst verantwortlich*; offizielle muster- bzw. leitlinienartige Vorgaben für die Gestaltung von Gebrauchsanweisungen etc. bestehen nicht.[50] Der Hersteller sollte den Instruktionsinhalt mit anderen Maßnahmen zur Außendarstellung des Produkts abstimmen, damit seine in der Sache zutreffenden Warnhinweise nicht im Ergebnis ohne rechtliche Wirkung bleiben: Wenn etwa in Werbeanzeigen eine Produktbeschreibung erfolgt, die die Sicherheitserwartung des Rechtsverkehrs erhöht, kann sich ein lapidarer Warnhinweis als unzureichend oder widersprüchlich herausstellen. Je aussagekräftiger die Produktdarstellung insbesondere unter Gesichtspunkten der Produktsicherheit wird, desto eher wird sich die maßgebliche Sicherheitserwartung betroffener Verkehrskreise daran orientieren können.[51]

„Beispiel (in Anknüpfung an Anders, PHi 2009, 230, 232): Durch ein modernes Fahrerassistenzsystem, das die Namensbestandteile „assist" oder „auto" enthält und bei dessen Bewerbung gerade die Steuerungsverantwortung des Systems betont wird, werden besonders

---

[49] So zumindest für moderne Fahrerassistenzsysteme Bewersdorf, S. 175.
[50] Vgl. dazu allerdings die Vorschläge von Kloepfer/Grunewald, DB 2007, 1342 ff.
[51] Vgl. zum Zusammenhang zwischen Werbung, Produktsicherheit und Produkthaftung Gildeggen, PHi 2008, 224 ff.

hohe Sicherheitserwartungen begründet, die über relativierende, die Letztverantwortung des Fahrers hervorhebende Instruktionen in der Bedienungsanleitung nicht mehr reduziert bzw. neutralisiert werden können (so im Ergebnis auch Anders, PHi 2009, 230, 237)."

Liegt eine Instruktionspflichtsverletzung des Herstellers objektiv vor, kann dieser im Produkthaftungsprozess noch versuchen, seine Schadensersatzpflicht mit dem Einwand abzuwenden, der Geschädigte hätte – bei unterstelltem zutreffenden Warnhinweis – diesen unberücksichtigt gelassen, weshalb der Schaden daher mit an Sicherheit grenzender Wahrscheinlichkeit ebenso entstanden wäre. Juristisch gesprochen bestreitet der Hersteller damit die Ursächlichkeit der fehlenden Instruktion (also der Pflichtverletzung) für den eingetretenen Schaden. Die Rechtsprechung handhabt diesen Einwand recht restriktiv und erkennt ihn nur an, wenn der Hersteller belegen kann, dass der Geschädigte bereits in der Vergangenheit entsprechende Warnhinweise, evtl. auch solche von Herstellern vergleichbarer Produkte, nicht beachtet hat.[52]

2.2.4.7 Die Produktbeobachtungsebene

Die deliktsrechtliche Herstellerverantwortung endet nicht mit dem Inverkehrbringen des fehlerfrei konstruierten, gefertigten und mit geeigneten Instruktionen versehenen Produktexemplars. Vielmehr hat der Hersteller auch danach die Auswirkungen seines Produkts unter Berücksichtigung des Nutzungsverhaltens zu überwachen und sich über die Verwendungsfolgen zu informieren. Auch die Beobachtungspflichten bestehen nicht nur aufgrund allgemeiner zivilrechtlicher (haftungsrechtlicher) Vorgaben, sondern haben daneben im öffentlich-rechtlichen Produktsicherheitsrecht detaillierte gesetzliche Ausprägungen erfahren. Ihr Sinn und Zweck liegt darin, auch solchen produktspezifischen Gefahren begegnen zu können, die bisher unentdeckt geblieben sind.

Gegenstand der Produktbeobachtungspflicht ist in erster Linie das in Verkehr gebrachte Produkt selbst, unabhängig vom Zeitpunkt des Inverkehrbringens. Eine zeitliche Schranke, nach deren Ablauf die Pflicht wegfiele, besteht nicht.[53] Die Beobachtungspflicht erstreckt sich jedoch auf die Kombination des eigenen Produkts mit möglichen *Zubehörteilen* anderer Hersteller, wenn das Zubehörteil zur Herstellung der Funktionsfähigkeit des (Haupt-)Produktes erforderlich ist oder wenn das (Haupt-)Produkt konstruktiv so beschaffen ist, dass die Verwendung von Zubehör bewusst ermöglicht wird.[54] Dabei kommt es nicht darauf an, ob der Hersteller des (Haupt-)Produktes das Zubehör empfohlen hat; die Produktbeobachtungspflicht greift auch dann ein, wenn er mit der Produktkombination rechnen muss und diese Verbindung ein neues Gefahrenpotenzial birgt.

---

[52] OLG Frankfurt NJW-RR 1999, 27 ff. – Saugflaschen.

[53] Allerdings unterliegen auch Schadensersatzansprüche der Verjährung, sodass nach der Geschädigte nach einer gewissen Zeit den Anspruch gegen den Willen des Verpflichteten nicht mehr durchsetzen kann. Vgl. zur Verjährung von Schadensersatzansprüchen in Zusammenhang mit den außervertraglichen Systemen der Produkthaftung später unter 2.2.6.1.

[54] Grundlegend BGHZ 99, 167, 179 ff. – Lenkerverkleidung für Honda-Motorrad.

Der *Inhalt* der Pflicht besteht nicht nur in der noch näher darzustellenden Beobachtung des Produkts nebst Produktzubehör am Markt, sondern auch in der Auswahl und Vornahme der einzelnen Gefahrabwendungsmaßnahmen, soweit sich nach Auswertung der gewonnenen Beobachtungsergebnisse bisher unbekannte produktspezifische Risiken zeigen.

Letztlich variiert das Ausmaß der Pflichten – personenbezogen – nach der Stellung des Verantwortlichen innerhalb der Wertschöpfungskette und – sachbezogen – nach der Größe der Gefahr und dem Wert der bedrohten Rechtsgüter.

Den bloßen *Händler* seriell gefertigter Ware treffen im Regelfall nur passive oder reaktive Beobachtungspflichten, d. h. er muss auf Reklamationen von Kunden und sonstigen Abnehmern hin tätig werden und dem Hersteller die entsprechenden Informationen weiterleiten. Bei hohem Gefahrenpotenzial muss er gegebenenfalls auch vor bestimmten Produkten warnen.

Solche passiven Beobachtungspflichten treffen selbstverständlich auch den *Hersteller*. Damit er diesen Pflichten wirksam nachkommen kann, sollte er zunächst die notwendigen organisatorischen Maßnahmen vornehmen, um

- Gefahr- und Schadensmeldungen aufnehmen und sich inhaltlich mit ihnen auseinandersetzen zu können,[55]
- in diesem Zusammenhang – mögliche Schadensursachen selbst zu erforschen oder über wissenschaftliche Institute und Prüflabore untersuchen zu lassen,
- die dabei ermittelten Ergebnisse durch eine zentrale Stelle im Unternehmen zusammenzuführen und schriftlich zu dokumentieren und schließlich
- durch eine geeignete Unternehmenskommunikation dafür Sorge zu tragen, dass die Ergebnisse alle betroffenen Abteilungen (Konstruktion, Produktion, aber auch Vertrieb und Presse- bzw. Öffentlichkeitsarbeit) erreichen.

Über die passiven Beobachtungspflichten hinaus muss der *Hersteller* die Entwicklung seines Produkts am Markt auch aktiv begleiten. Durch entsprechende organisatorische Maßnahmen sollte er dafür Sorge tragen, dass die einschlägige Fachliteratur (auch fremd-, zumindest jedoch englischsprachige) regelmäßig gesichtet und ausgewertet wird, veröffentlichte Ergebnisse von Tests und Prüfungen der eigenen Produkte sowie derjenigen der bedeutendsten Mitbewerber gesammelt, ausgewertet, verglichen und mit eigenen Analysen abgeglichen werden, etablierte Internetforen, in denen ein Austausch über die Erfahrungen mit Produkten stattfindet, regelmäßig gesichtet und ausgewertet werden, die jeweils gewonnenen Erkenntnisse an einer zentralen Stelle im Unternehmen gesammelt und dokumentiert werden und die ermittelten Ergebnisse alle betroffenen Abteilungen (Konstruktion, Produktion, aber auch Vertrieb und Presse- bzw. Öffentlichkeitsarbeit) erreichen.

---

[55] Vgl. zu Fragen der Compliance im Reklamationsmanagement ausführlich Hauschka/Klindt, NJW 2007, 2726, 2728 f., dort auch zur Norm ISO 10002 („Qualitätsmanagement – Kundenzufriedenheit – Leitfaden für die Behandlung von Reklamationen in Organisationen").

Soweit sich nach den Erkenntnissen des Herstellers ernstzunehmende Hinweise für das Vorliegen neuer produktspezifischer Risiken ergeben, muss er jedenfalls bei Gefahren für Leib und Leben selbsttätig geeignete Gefahrabwendungsmaßnahmen initiieren, ansonsten (d. h. falls nur Sachgüter betroffen sein können) zumindest weitere Untersuchungen einleiten.

Zwar können in solchen Fällen auch die zuständigen Marktüberwachungsbehörden von Amts wegen Gefahrabwendungsmaßnahmen auf Grundlage des öffentlich-rechtlichen Produktsicherheitsrechts einleiten; davon bleiben die zivilrechtlichen Maßnahmen jedoch unberührt.

Welche Maßnahme zur Gefahrabwendung geeignet und erforderlich ist, hängt im Wesentlichen vom ermittelten Gefahrenpotenzial, d. h. von der Wahrscheinlichkeit eines Schadenseintritts, und von der Bedeutung der gefährdeten Rechtsgüter ab. Der Hersteller sollte auch berücksichtigen, dass die Gefahren nicht nur von den in Verkehr gebrachten Produktexemplaren ausgehen, sondern auch in den Exemplaren angelegt sein könnten, die zwar produziert, aber noch nicht ausgeliefert sind oder erst zukünftig gefertigt werden. Die *Folgen der Produktbeobachtungspflicht* können mit anderen Worten sämtliche Ebenen des Produktentstehungsprozesses beeinflussen.

Hinsichtlich der noch nicht in Verkehr gebrachten Produkte ist daher zu überprüfen,

- ob die Auslieferung zu unterbinden ist und auf welche Weise die an den schon gefertigten Produkten bestehenden Sicherheitsmängel behoben warden können (Überarbeitung der Produkte erforderlich oder gezielte Beifügung von Warnhinweisen ausreichend?),
- ob der Produktionsprozess angehalten werden sollte und
- welche Maßnahmen auf Konstruktionsebene eingeleitet werden können, um zukünftig sicherere Produkte fertigen zu können.

Hinsichtlich der bereits in Verkehr gebrachten Exemplare muss sich der Hersteller mit folgenden Fragen auseinandersetzen:

- Ist eine produktbezogene Sachinformation bzw. – weiter gehend – eine Warnung vor dem Produkt 1.) erforderlich und 2.) ausreichend?
- (ad 1.) Wenn ja, wie sollte namentlich die Warnung gestaltet werden und auf welchen Kommunikationskanälen sollte sie kommuniziert werden?
- (ad 2.) Unter welchen Voraussetzungen ist eine Warnung (allein) nicht mehr ausreichend, sondern vielmehr weitergehend eine Aufforderung zur Nichtbenutzung bzw. Stilllegung des gefährlichen Produkts oder gar ein Rückruf und die Rücknahme bestimmter Produktexemplare erforderlich?

Eine im Zusammenhang mit dem Produktrückruf kontrovers diskutierte, zivilrechtliche Frage betrifft die Verpflichtung zur Tragung der mit der Rücknahme verbundenen Kosten. Konkret gesprochen geht es darum, ob der Kunde vom Hersteller auf Grundlage des

Deliktsrechts eine *kostenlose Reparatur oder Ausbesserung* des gefährlichen Produkts verlangen kann. Die neueste Rechtsprechung schlägt dabei einen vermittelnden Kurs ein. Sie betont, der Hersteller dürfe mit den notwendigen Gefahrabwehrmaßnahmen nicht warten, bis erhebliche Schadensfälle eingetreten sind, sondern müsse die vom Produkt ausgehenden Sicherheitsrisiken möglichst effektiv beseitigen. Die geschuldeten Maßnahmen zur Beseitigung der Gefahr (und zur Wahrung des Integritätsinteresses des Kunden) deckten sich jedoch nicht mit dem Begehren nach Ersatz für enttäuschte Qualitätserwartungen, das grundsätzlich nur nach den Grundsätzen des Vertragsrechts geschützt werde, vgl. dazu die Entscheidung BGH NJW 2009, 1080 ff. – Pflegebetten.

Da die Produktbeobachtungspflicht auch aus Herstellersicht inzwischen kein rein zivilrechtliches Phänomen mehr ist, ist ein produzierendes Unternehmen gehalten, ein umfassendes *juristisches Rückrufmanagement* vorzuhalten, das einen vorausschauenden strategischen Umgang mit Produktrisiken ermöglicht. Herstellern von Verbraucherprodukten wird ein solches System ohnehin durch das öffentlich-rechtliche Produktsicherheitsrecht abverlangt.

2.2.4.8 Die überwölbende Organisationsverantwortung

Die zuvor behandelten Herstellerpflichten knüpfen an einzelnen Phasen des Produktentstehungs- und -vermarktungsprozesses an. Dabei wurde deutlich, dass die fehlerfreie Umsetzung der Pflichten u. a. eine Vielzahl *organisatorischer* Einzelmaßnahmen mit sich bringt. Da die Produzentenhaftung zumeist „eine Frage des organisatorischen Versagens" ist und bleibt,[56] dürfen diese Einzelmaßnahmen nicht beziehungslos nebeneinander stehen, sondern müssen sich einer überwölbenden, allgemeinen Organisationspflicht des Produzenten unterordnen. Hierzu muss das herstellende Unternehmen ein Konzept der Organisationsverantwortung entwickeln, das sowohl das organisatorische Gefüge des Unternehmensträgers als Rechtsperson (Körperschaft) als auch den betrieblichen Bereich umfasst, innerhalb dessen der Produktentstehungsprozess gewährleistet wird.

Die *körperschaftliche* Organisationspflicht betrifft die Schaffung, Unterhaltung und Überwachung aufeinander abgestimmter Organisationseinheiten sowie der Sicherstellung von geeigneten Möglichkeiten der Kommunikation zwischen ihnen. Treten hier Organisationsmängel auf – weil etwa die Unternehmensleitung einen zentralen Verantwortungsbereich weder selbst überwacht noch Maßnahmen getroffen hat, damit ein Mitarbeiter dies tun kann –, greift die Rechtsprechung auf die Lehre vom *Organisationsmangel* bzw. Organisationsverschulden zurück. Danach muss der Unternehmensträger zur Vermeidung von Zuständen „kollektiver Verantwortungslosigkeit" im Unternehmen sicherstellen, dass für alle entscheidenden Aufgabenbereiche, die nicht unmittelbar von der Unternehmensleitung überblickt werden können, ein zuständiger, geeigneter und mit entsprechender Entscheidungsbefugnis ausgestatteter Mitarbeiter zur Verfügung steht. Fehlt es daran und beruht der Schaden des außen stehenden Dritten auf einem solchen organisatorischen Versagen, wird der Unternehmensträger so behandelt, als sei derjenige, in

---

[56] Simitis, C 53.

dessen Einflussbereich die fehlerhafte Entscheidung faktisch gefallen ist, ein verfassungsmäßig berufener Vertreter, dessen Fehlverhalten dem Unternehmensträger deliktsrechtlich nach § 823 Abs. 1 BGB, dann durch eine Anwendung der Zurechnungsvorschrift des § 31 BGB und ohne Möglichkeit des Führens eines Entlastungsbeweises, angelastet werden kann.

Die *betriebliche* Organisationspflicht knüpft konkret am Produktentstehungsprozess an und umfasst die hierzu erforderliche Personalorganisation sowie die Organisation des gegenständlich-technischen Bereichs (Sachorganisation).

(1) Maßnahmen der *Personal*organisation:
- Einsatz qualifizierten Personals in ausreichendem Umfang: Dazu zählt die Auswahl geeigneter Mitarbeiter, deren sachgerechte Anleitung für ihre Tätigkeitsbereiche und die turnusmäßige Überwachung der Aufgabenerledigung;
- Klare Arbeitsplatzbeschreibungen inkl. der Ermittlung etwaiger Risiken, der Zuweisung konkreter Aufgaben und Zuständigkeiten sowie der Festlegung von Vertretungsregelungen für die einzelnen Arbeitsplätze (Krankheit, Urlaub, Schwangerschaft);
- Abstimmung der einzelnen Arbeitsplatzbeschreibungen aufeinander zur Feststellung und Vermeidung etwaiger Verantwortungslücken;
- Aufklärung über das mit dem jeweiligen Arbeitsplatz verbundene Risikopotenzial sowie Kommunikation geeigneter Schadensverhütungsmaßnahmen;
- Anleitung und Anweisung zur Verwendung der im Unternehmen gebräuchlichen Dokumentationssysteme (Prüflisten, Checklisten, Arbeitsberichte);
- Sicherung und Ausbau der Qualifikation des Personals durch Aus- und Weiterbildung, insbesondere unter Qualitätsgesichtspunkten;
- Sicherung der Einhaltung der einschlägigen Arbeitsschutzvorschriften (Arbeitszeit inkl. Schichteinteilung und Pausenregelung, evtl. branchenspezifische Besonderheiten);
- Gewährleistung der vorbezeichneten Vorgaben durch allgemeine Anweisungen und klare organisatorische Vorgaben, etwa hinsichtlich der Urlaubsplanung oder beim Umgang mit Sondersituationen (z. B. Erfordernis zusätzlicher Schichten in der Produktion bei entsprechender Auftragslage);
- Einrichtung eines innerbetrieblichen Berichtswesens innerhalb der einzelnen Organisationseinheiten und gegenüber höherrangigen Unternehmensebenen (Feststellung und gegebenenfalls Zuordnung von Fehlleistungen; Aus- bzw. Überlastung einzelner Funktions- und Aufgabenbereiche sowie daraus Folgerungen wie etwa die Notwendigkeit zusätzlichen Personals) sowie
- u. U. Folgerungen auf Ebene der körperschaftlichen Organisation wie z. B. die Einrichtung spezieller Betriebsabteilungen für bestimmte Bereiche (z. B. Prüfwesen, Qualitätsmanagement etc.).
- Maßnahmen der *Sach*organisation:

- Technische Ausstattung einzelner Arbeitsplätze bzw. Arbeitnehmer aufgrund besonderer Vorgaben des *Arbeitsschutzrechts* (z. B. Gerätschaften; Beleuchtung, Arbeitskleidung und vergleichbare Schutzgegenstände);
- Vorhalten geeigneter Kommunikationsmittel, die den Informationsaustausch zwischen Arbeitnehmern bzw. Unternehmensabteilungen ermöglichen (Intranet, Internet, betriebsinterne Wikis; zentrale Mitteilungsorgane wie gedruckte Hausmitteilungen oder „schwarze Bretter" zwecks Aushang);
- Gewährleistung des Zugangs für Mitarbeiter zu einschlägiger Fachliteratur (Handapparate, Fachbibliotheken, Zugang zu Internet und elektronischen Medien) sowie
- Beachtung der bereits zu den einzelnen Produktentstehungsphasen (vgl. oben Abschn. 2.2.4.3–2.2.4.7) angesprochenen sachorganisatorischen Vorgaben.

2.2.4.9 Der Produktfehler nach § 3 ProdHaftG

Die Produkthaftung nach ProdHaftG knüpft begrifflich nicht, wie die Herstellerhaftung nach § 823 Abs. 1 BGB, an einer Pflichtverletzung des Herstellers, sondern am Vorliegen eines Produktfehlers (§ 3 ProdHaftG) an, was sich anhand der berechtigten Sicherheitserwartung der Verbraucher am Maßstab des Stands von Wissenschaft und Technik nach den Einzelfallumständen beurteilt. Der Gesetzgeber hat in § 3 Abs. 1 ProdHaftG allerdings drei grundsätzlich bedeutsame, nicht abschließend aufgeführte Kriterien hervorgehoben, die bei der Rechtsanwendung als Wegweiser dienen können:

- ein hersteller- bzw. vertriebsbezogenes: der Art und Weise der Darbietung des Produkts;
- ein nutzungsbezogenes: der Gebrauch, mit dem der Hersteller rechnen musste und
- ein Zeitmoment: der Zeitpunkt des Inverkehrbringens des Produkts.

§ 3 Abs. 2 ProdHaftG bringt die Selbstverständlichkeit zum Ausdruck, dass ein Produkt nicht allein deswegen fehlerhaft i. S. des ProdHaftG ist, weil der Hersteller später ein verbessertes Produkt in Verkehr gebracht hat. Mit dem Zeitpunkt des Inverkehrbringens endet die Herstellerverantwortung nach dem ProdHaftG – deshalb können aus dem ProdHaftG, zumindest nach bisher vorherrschender Meinung, keine Produktbeobachtungspflichten (Abschn. 2.2.4.7) abgeleitet werden.

Diese Erkenntnis allein hilft dem Hersteller freilich nicht weiter: Denn für seine Strategie der Produkthaftungsvermeidung muss er berücksichtigen, dass – wie aufgezeigt – aus § 823 Abs. 1 BGB eine Pflicht zur Produktbeobachtung folgt.

Unter Produktdarbietung (§ 3 Abs. 1 lit. a ProdHaftG) ist jede Form der Präsentation des Produkts gegenüber der Öffentlichkeit zu verstehen, soweit sie unmittelbar oder mittelbar einen Bezug zur Produktsicherheit aufweist. Der Begriff umfasst somit Werbeaktionen, sonstige Beschreibungen zu Absatzzwecken (z. B. auf Schulungs- oder Messeveranstaltungen) sowie individuelle oder generelle Informationen zu Gebrauch und Gefährlichkeit des Produkts (Bedienungsanleitungen, Kundenanschreiben etc.). Inhaltlich weist das Kriterium eine besondere Nähe zur Verletzung der Instruktionspflicht bei § 823 Abs. 1 BGB (Abschn. 2.2.4.6) auf.

Daher gilt auch für das den Produktfehler konturierende Kriterium der Produktdarbietung: Der Hersteller hat es innerhalb noch darzustellender Grenzen (vgl. unten Abschn. 2.2.6.3) in der Hand, das Nutzerverhalten durch produktbezogene Vorgaben (Beschreibungen, Empfehlungen) zu beeinflussen, um so letztlich die „berechtigten Sicherheitserwartungen" zu steuern.

Der Produktgebrauch (§ 3 Abs. 1 lit. b ProdHaftG) umfasst nicht nur den vom Hersteller beabsichtigten Umgang mit dem Produkt, sondern auch den Fehlgebrauch, mit dem zu rechnen ist, der sog. nahe liegender Fehlgebrauch. Dieser ist abzugrenzen vom Produktmissbrauch, der von der Herstellerverantwortung auch nach dem ProdHaftG nicht mehr umfasst wird. Die Abgrenzung zwischen (vom Hersteller zu berücksichtigendem) Fehlgebrauch und Missbrauch ist keine „leuchtende Linie", sondern das Ergebnis von Wertungen. Als erster Anhaltspunkt für die Beurteilung dürfte die Überlegung dienen, ob die konkrete Gebrauchsform für den Hersteller irgendwie vorhersehbar war. Dazu müssen auch das Vorwissen des Herstellers über den Umgang mit seinem Produkt und der Erfahrungshorizont der Kreise der Produktnutzer herangezogen werden. Zur gedanklichen Vorwegnahme eines möglichen Fehlgebrauchs muss der Hersteller

- die Lebensdauer des von ihm in Verkehr gebrachten Produkts,
- diesbezüglich möglichen Verschleiß der eingesetzten Werkstoffe und Bauteile,
- Bequemlichkeit, Leichtsinn und sonstige leichte Sorgfaltswidrigkeit der Nutzer im Umgang mit dem Produkt und
- das Gewöhnungsverhalten der Verwender hinsichtlich der ihnen bekannte(n) Beschaffenheit und Eigenarten des Produkts

auf den Ebenen der Produktkonzeption, -konstruktion und –fabrikation sowie im Hinblick auf Instruktionsmaßnahmen gegenüber den Nutzern mitberücksichtigen. Die Rechtsprechung neigt dazu, den Begriff des vorhersehbaren, nahe liegenden Fehlgebrauchs recht weit zu fassen.

Das *Inverkehrbringen* des Produkts (§ 3 Abs. 1 lit. c ProdHaftG) bezeichnet den Zeitpunkt, zu dem das Produkt den Einfluss- und Machtbereich des jeweiligen Herstellers mit dessen Einverständnis verlässt („Werktorprinzip").

Zu beachten ist, dass das Inverkehrbringen für das Produkt eines jeden Herstellers gesondert bestimmt wird. Dies gilt insbesondere innerhalb aufeinander folgender Wertschöpfungsstufen: Das vom Zulieferer gefertigte Teilprodukt wird jedenfalls mit Auslieferung an den Endprodukthersteller/Assembler in Verkehr gebracht – davon zu trennen ist der Akt des Inverkehrbringens des (erst später hergestellten) Endprodukts.

Anhand Gerichtsentscheidungen zu lebensnotwendigen, im menschlichen Körper wirkenden Medizinprodukten (Herzschrittmacher bzw. implantierter cardioverter Defibrillator) hat der EuGH auf Vorlagebeschlüsse des BGH entschieden, dass bereits bei einem potenziellen Fehler eines Medizinprodukts dieser Art alle Produkte desselben Modells bzw. derselben Charge als fehlerhaft i.S. des Art. 6 Abs. 1 der ProdHaft-RL einzustufen sind, ohne dass es eines konkreten Fehlernachweises des in Rede stehenden Produktexemplars bedarf.

In der maßgeblichen Entscheidung gibt der EuGH (NJW 2015, 1163 ff. – Boston Scientific Medizintechnik) zu erkennen, dass er den potenziellen Fehler („Fehlerverdacht") als Fehler i. S. der ProdHaft-RL nur bei Produkten qualifiziert, durch welche eine „anormale Potenzialität" eines Personenschadens verursacht werden kann. Damit scheint der Anwendungsbereich der „Fehlerverdachts"-Rspr. auf Medizinprodukte beschränkt, deren 100 %ige Verfügbarkeit lebensnotwendig ist. – Die chirurgische Operation zum Austausch des als fehlerbehaftet angesehenen Geräts stellt einen durch das Produkt verursachten Körper- bzw. Gesundheitsschaden dar, der unter den Voraussetzungen der ProdHaft-RL erstattungsfähig ist.

2.2.5 Weitere Voraussetzungen der Produzenten- und Produkthaftung

Die weiteren Voraussetzungen der außervertraglichen Systeme der Produkthaftung seien im Folgenden noch in vergleichender Gegenüberstellung zwischen § 823 Abs. 1 BGB und dem ProdHaftG kurz behandelt.

2.2.5.1 Anknüpfung am konkreten schadensursächlichen Produkt

Während das BGB keine Produktdefinition kennt, umschreibt § 2 ProdHaftG das Produkt als „jede bewegliche Sache". Neben den unbeweglichen Sachen (Grundstücke nebst Zubehör) sind damit v. a. Dienstleistungen von dem gegenständlichen Bereich des Gesetzes ausgenommen.[57]

Produkt(e) i. S. der Produkthaftung ist/sind hingegen

- Software (zweifelsohne bei auf Datenträger festgehaltener Software; eine Einschätzung des BGH zum IT-Vertragsrecht deutet an, dass das Gericht Software auch dann als Produkt ansieht, wenn sie trägerlos per Datenfernübertragung übermittelt wird),[58]
- Elektrizität (ausdrückliche Erwähnung in § 2 ProdHaftG a.E.),
- lebendige Tiere sowie
- gebrauchte Waren.

---

[57] Vgl. insoweit zur Entstehungsgeschichte der Produkthaftungsrichtlinie Oetker: in Staudinger, ProdHaftG, § 2 Rn. 41 ff.
[58] BGH CR 2007, 75 ff. (die *Sach*qualität eines im Rahmen eines Application Service Providing (ASP)-Vertrags geschuldeten Computerprogramms bejahend, was angesichts der Definition in § 2 ProdHaftG die Qualifikation als Produkt i. S. der Produkthaftung nahe liegt).

Bei Druckwerken und anderen Verlagserzeugnissen ist hinsichtlich der Produkteigenschaft zu differenzieren: Fraglos ist ein Buch o. ä. mit Blick auf seine physische Beschaffenheit (z. B. scharfe Goldkanten; anhaftende Druckerschwärze) als Produkt anzusehen. Der Produkthaftung unterliegen Verlagserzeugnisse jedoch nicht im Hinblick auf inhaltliche Fehler bzw. Druckfehler[59]:

„Zur Illustration der Problematik sei der Sachverhalt der Entscheidung BGH NJW 1970, 1963 – Carter-Robbins-Test, umrissen: Eine vom Arzt auf Grundlage einer im diagnostischen Handbuch fehlerhaft abgedruckten Handlungsempfehlung (25%ige Kochsalzösung – richtige Dosis: 2,5 %(!)) selbst hergestellte und verabreichte Infusion führt beinahe den Tod des Patienten herbei, bei dem sie angewendet wird. Vgl. zur Thematik nunmehr auch EuGH NJW 2021, 2015 – Krone-Verlag (unrichtiger Gesundheitstipp in Printmedium)."

2.2.5.2 Rechts(guts)verletzung des Geschädigten

Die *Produzentenhaftung nach § 823 Abs. 1 BGB* setzt voraus, dass eines der in der Vorschrift genannten Rechtsgüter (Leben, Körper, Gesundheit, Eigentum, Freiheit) oder ein sog. absolut, d. h. gegenüber jedermann geschütztes Rechtsgut, verletzt wird. Es kommen insbesondere Verletzungen der körperlichen Integrität (also des Körpers bzw. der Gesundheit; eine trennscharfe Abgrenzung zwischen diesen personenbezogenen Rechtsgütern ist überflüssig) sowie Eigentumsverletzungen in Betracht.

„Ersatzansprüche, mit denen „reine" Vermögensschäden ohne gleichzeitige Verletzung absolut geschützter Rechtspositionen geltend gemacht werden, können jedoch nicht auf die deliktische Produzentenhaftung gestützt werden. Deshalb spielt beim Sachschadensersatz nach BGB die Frage, ob zugleich eine Eigentumsverletzung i. S. des § 823 Abs. 1 BGB vorliegt, häufig die entscheidende Rolle."

Hinsichtlich der Geltendmachung von Schäden wegen Eigentumsverletzungen sind Besonderheiten zu beachten.

(1) Allein der Umstand, dass die erworbene Sache einen Defekt aufweist, bedeutet für sich genommen noch keine Eigentumsverletzung der Sache, denn der Erwerber hatte ja nie mangel- und fehlerfreies Eigentum daran erhalten. Vielmehr ist er in seiner Eigenschaft z. B. als Käufer in seinem Äquivalenzinteresse betroffen, dessen Verletzung er mit den Rechtsbehelfen des Vertragsrechts gegenüber seinem Vertragspartner verfolgen muss.

„Bsp.: Wer eine Espressokanne (aus Aluminium, zum Aufkochen des Getränks auf der Herdplatte) erwirbt und die Kanne aufgrund eines unerkannten Defekts des Druckventils stundenlang ohne Zubereitungserfolg einsetzt, kann vom Hersteller nicht unter Berufung auf die de-

---

[59] Die Rechtslage ist im Einzelnen umstritten; vgl. dazu ausführlich Oetker in: Staudinger, ProdHaftG, § 2 Rn. 73 ff, der die Problematik des inhaltlichen Fehlers zu Recht als Sonderfall einer allgemeinen *Auskunftshaftung* begreift, die nicht von der Produkthaftung umfasst werde.

liktische Produzentenhaftung Schadensersatz für nutzlos aufgewendete Freizeit oder den währenddessen erlittenen Verdienstausfall verlangen. Denn in diesem Fall wird der Vermögensschaden nicht – wie in § 823 Abs. 1 BGB vorausgesetzt – über die Verletzung eines absolut geschützten Rechtsguts, hier Eigentum, oder eines absolut geschützten Rechts vermittelt."

(2) Ebenso unstreitig ist das Integritätsinteresse verletzt, wenn durch das fehlerhafte Produkt eine *andere*, im Eigentum des Geschädigten stehende und zuvor intakte Sache beschädigt oder zerstört wird. Hier greift die deliktische Produzentenhaftung.

„Bsp.: Wenn die Espressokanne aufgrund des unerkannt defekten Druckventils explodiert, der Kannenaufsatz deshalb nach oben schießt und dadurch Teile der Kücheneinrichtung beschädigt werden, liegt mit Blick auf die Einrichtungsgegenstände eine deliktsrechtlich berücksichtigungsfähige Eigentumsverletzung der Kücheneinrichtung vor."

(3) Kontrovers beurteilt wird die Ersatzfähigkeit von Schäden einerseits in Fällen, in denen komplexe Maschinen und Gerätschaften aufgrund eines untergeordneten fehlerhaften Bauteils beschädigt bzw. zerstört werden sowie andererseits bei produktfehlerbedingten Produktionsschäden. Die erstgenannte Fallgruppe zeichnet sich dadurch aus, dass im Grunde keine andere Sache vorliegt, da das fehlerhafte Bauteil ja einen Teil des Gesamtsystems bildet [ad 1], dass aber dennoch die Schadensentstehung auf andere Teile übergegriffen hat und daher die Idee vom Integritätsinteresse bezogen auf die zuvor intakten Hauptbestandteile der Maschine passt [ad 2]. Die Rechtsprechung behilft sich hier argumentativ mit der Rechtsfigur des sog. *Weiterfresserschadens* und fragt, ob sich im letztlich geltend gemachten Schaden bei natürlich-wirtschaftlicher Betrachtung nur der eigentliche Mangelunwert realisiert hat oder ob dieser sich – vergleichbar einer Kettenreaktion – fortsetzt, ja weitergefressen hat. Es geht um den Vergleich zweier Zustände:

„Beispiel: Im paradigmatischen Fall eines in einer Maschine verbauten Schwimmerschalters (Wert damals: ca. 1 DM), der wegen eines Defekts den notwendigen Kühlmechanismus nicht ausgelöst hat als sich die Maschine übermäßig erhitzte und so den Brand der Maschine verursacht hat, hat die Rechtsprechung im Ergebnis eine deliktsrechtlich relevante Eigentumsverletzung der Maschine angenommen (BGHZ 67, 359 ff. – Schwimmerschalter). Mit der nunmehr vertretenen Argumentationsstruktur würde der BGH wohl annehmen, der durch den defekten Schalter umschriebene Mangelunwert und der hieraus entstandene Schaden an der Gesamtsache seien nicht „stoffgleich" (besser: nicht identisch) und deshalb liege im Verhältnis Schwimmerschalter zur Maschine gedanklich eine andere Sache sowie eine Verletzung des Integritätsinteresses vor, die mit einem Schadensersatzanspruch nach § 823 Abs. 1 BGB geltend gemacht werden kann."

Die Erstattungsfähigkeit von Produktionsschäden kreist um die Frage, ob Produktionsausschuss, der aufgrund fehlerhaft eingesetzter Grundstoffe oder Teilprodukte entsteht, zur Produzentenhaftung des Herstellers dieser Grundstoffe oder Teilprodukte führt.

Bsp.: Die vom Zulieferer bezogenen, aufgrund einer übermäßigen Verwendung von Klebstoffen (zunächst unerkannt) fehlerhaften Transistoren werden vom Assembler zusammen mit anderen Komponenten in Steuergeräte für von ihm gefertigte Zentralverriegelungen eingebaut. Der BGH (BGHZ 138, 230 ff. – Transistoren) hat entschieden, eine deliktische Eigentumsverletzung des Assemblers sei bereits dann anzunehmen, wenn bei der Anfertigung der Steuergeräte durch die unauflösliche Verbindung mit fehlerhaften Transistoren zuvor einwandfreie Einzelteile unbrauchbar und somit wertlos werden. Unter diesen Bedingungen sollen Produktionsschäden über § 823 Abs. 1 BGB unter dem Gesichtspunkt der Eigentumsverletzung erstattungsfähig sein. Die Entscheidung hat in der Rechtswissenschaft beträchtliche Kritik erfahren.

Bei der Auslegung des ProdHaftG sind nach § 1 ProdHaftG die Vorgaben der Produkthaftungsrichtlinie 85/374/EWG zu berücksichtigen. Wenn nach § 1 Abs. 1 Satz 2 ProdHaftG – in Übereinstimmung mit der RL – nur Schäden an anderen Sachen als dem fehlerhaften Produkt ersetzt werden und dies weitergehend nur, soweit das andere Produkt für den privaten Ge- oder Verbrauch bestimmt ist, müssen die Begriffe („andere Sache") wortwörtlich genommen und im Gesamtkontext des ProdHaftG, insbesondere im Lichte der Produktdefinition des § 2, interpretiert werden. Die Figur des Weiterfresserschadens aus der Dogmatik zu § 823 Abs. 1 BGB kann deshalb nicht auf das ProdHaftG übertragen werden.

2.2.5.3 Verantwortlichkeit: Haftungsadressaten

Das ProdHaftG benennt die Adressaten der Produkthaftung im Einzelnen anhand eines kaskadenhaften Systems in § 4. Nach dessen Abs. 1 Satz 1 ist zunächst der tatsächliche Hersteller des Endprodukts bzw. des Teilprodukts oder des verwendeten Grundstoffs (Rohstoffs) verantwortlich. Die weiteren, in Abs. 1 Satz 2, Abs. 2 sowie Abs. 3 genannten Personen sind nicht unmittelbar am Herstellungsprozess beteiligt, ihre Verantwortlichkeit folgt aus gesetzlich vorgegebenen Fiktionen der Herstellereigenschaft (Abs. 1 Satz 2, Abs. 2) bzw. aus dem Umstand, dass zur Vermeidung von Rechtsschutzlücken dem Geschädigten stets irgendein Haftungsadressat im Geltungsbereich des Gesetzes zur Verfügung stehen soll (Abs. 3).

Nach § 4 Abs. 1 Satz 2 ProdHaftG gilt derjenige als Hersteller, der sich durch das Anbringen seines Namens, seiner Marke oder eines anderen unterscheidungskräftigen Kennzeichens als Hersteller ausgibt; eine Beteiligung am tatsächlichen Herstellungsprozess ist dabei nicht erforderlich.[60] Auf diese Weise werden Unternehmen dem ProdHaftG unterworfen, die die Produktion von Waren auf andere, häufig im Ausland belegene Unternehmen ausgelagert haben und an den Produkten lediglich ihr „Label" anbringen lassen (sog. Quasi-Hersteller). Abs. 2 fingiert die Herstellereigenschaft des Importeurs, der Ware von außerhalb in den Europäischen Wirtschaftsraum einführt; auch diese Regelung dient der Vermeidung von Rechtsnachteilen, denen der Verbraucher in Deutschland andernfalls dadurch ausgesetzt wäre, dass er gegen Hersteller außerhalb Europas nach für ihn fremden

---

[60] EuGH, BeckRS 2022, 15747 – Keskinäinen Vakuutusyhtiö Fennia, Rn. 27.

Rechts- und Prozessordnungen und unter Hinnahme niedrigerer Sorgfaltsstandards vorgehen müsste. Für den Fall, dass ein Hersteller des Produkts nicht festgestellt werden kann, gilt gem. § 4 Abs. 3 ProdHaftG jeder Lieferant als Hersteller, es sei denn, der in Anspruch genommene Lieferant kommt der Aufforderung zur Benennung des Herstellers oder seiner eigenen Lieferanten binnen Monatsfrist nach.

Wie eine Gesamtschau der §§ 2–4 ProdHaftG zeigt, macht die „primäre" Herstellereigenschaft nach § 4 Abs. 1 Satz 1 daran fest, dass im Rahmen einer selbstständigen Tätigkeit für eigene Rechnung eine bewegliche Sache hervorgebracht wird, wofür ein gewisses Maß an Einwirkung auf den Entstehungsprozess erforderlich ist.[61] Somit unterliegen nicht alle am Produktionsprozess i.w.S. Beteiligten der Haftungsverantwortung des ProdHaftG. Von der Haftung ausgenommen sind

- die an der Produktion beteiligten Arbeitnehmer, egal auf welcher Stufe des Produktentstehungsprozesses diese eingesetzt sind;
- diejenigen, die zum Zwecke der Entstehung des Produkts nur selbstständige, immaterielle Leistungen erbringen (sei es der Produktion vorgelagert als Lizenz- oder Franchisegeber; sei es der Produktion nachgelagert als Prüflabore oder Testinstitute),
- diejenigen, die keine neue Sache herstellen, sondern nur eine bestehende Sache lediglich wieder funktions- und einsatzbereit machen und
- - vorbehaltlich der Regelungen des § 4 Abs. 2 und 3 – alle Beteiligten, die nur in den Vermarktungsprozess einbezogen sind.

Die Zuweisung der Verantwortung im Rahmen der *deliktischen Produzentenhaftung* nach § 823 Abs. 1 BGB hat demgegenüber keine explizite gesetzliche Regelung erfahren. Deshalb kommt der Beurteilung durch die Rechtsprechung insoweit entscheidende Bedeutung zu. Anerkanntermaßen unterliegen diesem Haftungssystem alle diejenigen, die unabhängig von den äußeren Rahmenbedingungen den Produktentstehungsprozess organisatorisch steuern (lassen) und auf eigene Rechnung betreiben. Neben Großunternehmen, die industriell in Serie fertigen, werden deshalb auch mittelständische Betriebe und selbst Kleinunternehmen[62] vom Herstellerbegriff erfasst, Endproduktsteller ebenso wie Zulieferer (bezogen auf die jeweils gefertigten Produkte). In die deliktische Herstellerverantwortung sind jedoch auch – mit unterschiedlichem Pflichtenumfang – in Einzelfällen Akteure auf der Vermarktungsebene einbezogen worden:

(Vertriebs-)Händler und Importeure unterliegen im Grundsatz jedoch keinen Konstruktions- und Fabrikationspflichten; insbesondere Importeure werden nicht bereits durch ihre Tätigkeit als Wareneinführer zum „Quasi-Hersteller".[63] In die deliktische Verantwortung werden Händler und Importeure ausnahmsweise dann einbezogen, wenn aufgrund bereits bekannter Schadensfälle oder sonstiger besonderer Umstände Anhaltspunkte für eine

---

[61] Vgl. dazu ausführlich Oechsler in Staudinger, ProdHaftG, § 4 Rn. 8 ff.
[62] BGHZ 116, 104 ff.– Hochzeitsessen (Gastronom als Hersteller).
[63] Grundlegend BGH VersR 1977, 839 f.; st. Rspr.

Untersuchung der Ware auf ihre gefahrfreie Beschaffenheit vorliegen. Als besonderer Umstand gilt beispielsweise der Import von Waren aus dem außereuropäischen Raum.[64] Vertriebshändler und Importeure unterliegen daher der deliktischen Haftung im Hinblick

- auf die ohnehin bestehenden passiven Produktbeobachtungspflichten (Abschn. 2.2.4.7),
- auf Informations- und Warnpflichten gegenüber Kaufinteressenten, wenn ihnen bekannt ist, dass sich bei einem Produkt ein tatsächlich bestehendes Gefahrenpotenzial bereits in der Vergangenheit realisiert hat[65] oder wenn sie in den Herstellungsprozess einbezogen wurden oder
- auf originäre Produktsicherheitspflichten, wenn das vom vertriebenen Produkt ausgehende Gefahrenpotenzial – auch im Hinblick auf die gefährdeten Rechtsgüter – außerordentlich hoch ist[66] oder wenn sich der Händler bzw. der Importeur derart mit dem Produkt identifiziert, dass er es faktisch als sein eigenes ausgibt.[67]

Nunmehr kann auch die Frage nach der Verantwortlichkeit im eingangs, vgl. unter Abschn. 2.2.1, zum PC-Tablet geschilderten Sachverhalt – hier am Maßstab des ProdHaftG – beantwortet werden:

P wäre demnach als Quasi-Hersteller gem. § 4 Abs. 1 Satz 2 ProdHaftG produkthaftungsrechtlich verantwortlich, da er zwar nicht selbst produziert, aber durch entsprechende Kennzeichnung das Produkt als sein eigenes darstellt. Z1 hat die u. a. von Z2 und Z3 gefertigten und gelieferten Komponenten zusammengefügt, weshalb Z1 als Endprodukthersteller und Z2 und Z3 als Teilprodukthersteller, jeweils nach § 4 Abs. 1 Satz 1 ProdHaftG anzusehen sind. Der Sachverhalt legt nahe, dass der Produktfehler ausschließlich beim verbauten, von Z2 gefertigten Display liegt, sodass sich der die Touchscreen fertigende Z3 auf einen Haftungsausschluss nach § 1 Abs. 3 ProdHaftG berufen könnte (vgl. dazu später noch unter Abschn. 2.2.6.1), wonach ein Teilprodukthersteller nicht haftet, soweit er darlegen und beweisen kann, dass sein Teilprodukt fehlerfrei war und ihm keine Verantwortlichkeit für die Konstruktionsentscheidung hinsichtlich des Endprodukts trifft. Mögliche Haftungsadressaten nach § 4 ProdHaftG sind daher P, Z1 und Z2, nicht aber Z3.

Eine Verantwortlichkeit der Verkäufer Gr und E, die allenfalls aus der Lieferantenhaftung gem. § 4 Abs. 3 ProdHaftG folgen könnte, kann vorliegend nicht angenommen

---

[64] Vgl. dazu BGH VersR 2006, 710 f. – Import einer Tapetenkleistermaschine aus China (im Rahmen des § 823 Abs. 2 BGB i. V. m. Vorschriften des Gerätesicherheitsrechts): Pflicht des Importeurs zur stichprobenartigen Untersuchung auf elementare Sicherheitsmängel.

[65] OLG Düsseldorf OLG-Report 2009, 349 ff.: Eigene Instruktions- und Warnpflichten des Vertragshändlers auch bei Gebraucht-Kfz der Marke, für die eine Vertragshändlerbindung besteht, soweit es um unvorhersehbare Gefahren geht, die den Hersteller zuvor zu einer Rückrufaktion nebst Änderung des Wartungsplans für den Fahrzeugtyp veranlasst haben.

[66] BGH NJW 2004, 1032, 1033 (Fehlende Überprüfung der Bereifung eines verkauften Gebraucht-Ferraris anhand der DOT-Nummer).

[67] BGH NJW 1980, 1219 ff.

werden, da zumindest P als Hersteller nach § 4 Abs. 1 ProdHaftG feststellbar ist und vorrangig haftet. Auch Lizenzgeber LG kommt nicht als Hersteller nach § 4 Abs. 1 Satz 1 ProdHaftG in Betracht, da er keinen Beitrag zur Schaffung des Produkts als körperlichem Gegenstand erbracht und somit nichts hergestellt hat – sein Beitrag erschöpft sich in der Einräumung von Rechten (Lizenzen). Als Verbraucher und Letztkäufer des Produkts unterliegt K im Verhältnis zum Geschädigten G selbstverständlich nicht der Produkthaftung nach ProdHaftG.

2.2.6 Grenzen der Produkthaftung

Zur Entwicklung einer Haftungsvermeidungsstrategie potenzieller Haftungsadressaten ist insbesondere das Wissen um diejenigen Gründe bedeutsam, die zum Ausschluss oder wenigstens zu einer summenmäßigen Begrenzung der Haftung führen können. Die Frage nach den *Grenzen* der Produkthaftung kennt keine einheitliche Antwort, sondern präsentiert sich als Mosaik verschiedener Erwägungen.

2.2.6.1 Gesetzliche Regelungen

Bei den gesetzlichen Regelungen ist für die Haftung nach *ProdHaftG* zunächst § 1 Abs. 2 und 3 zu beachten. Diese Vorschriften umschreiben Situationen, in denen die Ersatzpflicht des Herstellers ausgeschlossen ist, mithin negative Haftungsvoraussetzungen. Während § 1 Abs. 2 ProdHaftG für sämtliche Hersteller gilt, richtet sich § 1 Abs. 3 ProdHaftG gezielt an Hersteller von Teilprodukten und Grundstoffen.

§ 1 Abs. 2 Nr. 1 und 2 ProdHaftG schreiben den Ausschluss der Ersatzpflicht gem. § 1 Abs. 1 ProdHaftG vor, wenn der Hersteller das Produkt nicht (Nr. 1) oder fehlerfrei (Nr. 2 i. V. m. § 3 ProdHaftG) in Verkehr gebracht hat. Nicht in Verkehr gebracht sind Produkte, die gegen den Willen des Herstellers dessen Einflussbereich verlassen, also z. B. aufgrund eines Diebstahls. Aus § 1 Abs. 2 Nr. 2 ProdHaftG ergibt sich, dass Fehler, die nach dem Inverkehrbringen entstehen, keine Ansprüche nach ProdHaftG begründen.

(Noch) Nicht in Verkehr gebracht ist das Produkt, wenn der Produktionsprozess noch andauert. Arbeitnehmern, die sich dabei verletzen, stehen deshalb keine Produkthaftungsansprüche gegen ihren Arbeitgeber zu; denkbar sind freilich Ansprüche aufgrund anderer Anspruchsgrundlagen.

Während § 1 Abs. 2 Nr. 3 ProdHaftG, der einen Haftungsausschluss in Bezug auf Produkte vorsieht, die nicht zu wirtschaftlichen Zwecken und zugleich außerhalb einer beruflichen Tätigkeit hergestellt bzw. vertrieben werden, kaum Bedeutung im Wirtschaftsleben zukommt,[68] sind die am Produktfehler ausgerichteten Entlastungsmöglichkeiten aus § 1

---

[68] Illustratives Beispiel für § 1 Abs. 2 Nr. 3 ProdHaftG bei Taschner, NJW 1986, 611, 613: Einladung des Nachbarn zu selbstgebackenem Kuchen (als Produkt i. S. des Gesetzes!). Der Zweck der Norm beschränkt sich angesichts der Ausschlusskriterien „fehlender kommerzieller Herstellungs- bzw. Vertriebszweck" sowie „fehlende Berufsbezogenheit des Vertriebs- bzw. Herstellungsprozesses" al-

Abs. 2 Nr. 4 und 5 ProdHaftG gerade für die Produktkonzeption und -fertigung von größerer Relevanz: Nr. 4 schließt die Produkthaftung nach ProdHaftG aus, wenn der Produktfehler auf einer Beachtung von im Zeitpunkt des Inverkehrbringens zwingenden Rechtsvorschriften beruht. Der Verweis auf den (selten gegebenen) zwingenden Charakter der betreffenden, bei der Herstellung angewendeten Vorschrift nimmt § 1 Abs. 2 Nr. 4 ProdHaftG indes die praktische Bedeutung, da technischen Normen ebenso wenig zwingender Charakter zukommt wie solchen Gesetzesvorschriften, die von den Vertragspartnern abgeändert werden können (sog. dispositives Recht). Über § 1 Abs. 2 Nr. 5 erschließt sich der für das ProdHaftG zugrunde zu legende Maßstab der Fehlerfreiheit, der Stand von Wissenschaft und Technik. Folgerichtig ist die Haftung nach ProdHaftG für solche Fehler ausgeschlossen, die nach diesem Stand zum Zeitpunkt des Inverkehrbringens des Produkts schlicht nicht erkannt werden konnten (sog. *Entwicklungsfehler* im juristischen Sprachgebrauch, der sich nicht mit dem der Ingenieurwissenschaften deckt!). Entscheidend ist dabei, ob das allgemeine Fehlerrisiko – und nicht: nur der Fehler in seiner konkreten Gestalt – für irgendeinen Hersteller – und nicht: gerade für den betreffenden Hersteller selbst – tatsächlich nicht erkennbar – und nicht: zwar erkennbar, aber aufgrund technisch-ökonomischen Rahmenbedingungen unvermeidbar – war. Im Ergebnis spielt deshalb auch der in § 1 Abs. 2 Nr. 5 ProdHaftG statuierte Haftungsausschluss nur eine geringe Rolle.

§ 1 Abs. 3 ProdHaftG enthält Tatbestände, die bei Fehlerhaftigkeit des Teilprodukts (bzw. Grundstoffs) zu einer Entlastung des *Teilproduktherstellers* (bzw. Grundstoffherstellers) im Verhältnis zum Geschädigten führen. Sie haben ihre Grundlage jeweils in einem schadensursächlichen Verhalten des Endproduktherstellers. Falls der Fehler erst und gerade durch die Konstruktion des Endprodukts entstanden ist oder falls er auf einer (fehlerhaften) Anleitung des Endproduktherstellers an den Teilprodukthersteller beruht, entfällt die Verantwortlichkeit des Teilproduktherstellers. Der Geschädigte kann sich mithin nur an den Endprodukthersteller halten. Das Verhältnis zwischen End- und Teilprodukthersteller wird in § 5 ProdHaftG geregelt (vgl. dazu unten Abschn. 2.2.8).

Ferner sieht das ProdHaftG einen *Haftungsausschluss durch Zeitablauf* (§ 13 ProdHaftG) vor: 10 Jahre nach Inverkehrbringen des schadensursächlichen Produktexemplars endet die Verantwortlichkeit nach diesem Gesetz, da mit Ablauf der Frist Ersatzansprüche erlöschen. Soweit mehrere Personen als Hersteller in Betracht kommen (z. B. Hersteller des Endprodukts „Kfz" und Hersteller des darin verbauten Teilprodukts „Steuerungssoftware"), wird der Fristbeginn unterschiedlich, nämlich nach dem Zeitpunkt des Inverkehrbringens des jeweiligen Produkts, bestimmt.

Sowohl das BGB als auch des ProdHaftG kennen den zur Reduzierung oder ausnahmsweise gar zum Ausschluss der Haftung führenden Einwand des *Mitverschuldens des Geschädigten* (§ 254 BGB; unmittelbar bzw. über die Verweisung in § 6 ProdHaftG).

---

lein auf den privaten Lebensbereich abzielt. Die Vorschrift erfasst hingegen keine Werbegeschenke, die ein Unternehmen an Kunden verteilt, da die Berufsbezogenheit der Handlung durch ihre Unentgeltlichkeit nicht aufgehoben wird.

Schließlich können Ersatzansprüche nach BGB bzw. ProdHaftG ab dem Eintritt der *Verjährung* nicht mehr durchgesetzt werden, wenn der in Anspruch genommene Hersteller die entsprechende Einrede der Verjährung (§ 214 BGB) erhebt. Länge und Beginn der Verjährungsfrist richten sich nach den geltend gemachten materiellen Ansprüchen: Für die deliktische Produzentenhaftung gelten insoweit die allgemeinen Regeln v. a. der §§ 195, 199 BGB, die Verjährung des Anspruchs gem. § 1 Abs. 1 ProdHaftG bemisst sich nach dessen § 12, der z. T. wieder auf das BGB zurückverweist.

Für den Anspruch nach § 823 Abs. 1 BGB gilt: Er verjährt innerhalb von drei Jahren beginnend mit dem Schluss des Jahres, in dem der Anspruch entstanden ist und der Geschädigte Kenntnis von den anspruchsbegründenden Umständen sowie der Person des Schädigers erlangt hat oder ohne grobe Fahrlässigkeit erlangen müsste. Als absolute Höchstgrenze gilt eine Frist von 30 Jahren nach Inverkehrbringen (§ 199 Abs. 2 bzw. 3 BGB).

Für den Anspruch gem. § 1 Abs. 1 ProdHaftG gilt: Er verjährt innerhalb von drei Jahren beginnend mit dem Schluss des Jahres, in dem der Anspruch entstanden ist und der Ersatzberechtigte Kenntnis vom Schaden, vom Produktfehler sowie der Person des Ersatzpflichtigen erlangt hat oder ohne (leichte oder grobe) Fahrlässigkeit hätte erlangen müssen. Die absolute Höchstgrenze der Verjährung von 30 Jahren nach Inverkehrbringen ist wegen der Regelung des § 13 ProdHaftG (s.o.) bedeutungslos.

2.2.6.2 (System-)Immanente Grenzen der Produkthaftung

Da die Beurteilung der (Verletzung von) Verkehrssicherungspflichten i.S. des § 823 Abs. 1 BGB bzw. die Konturierung des Produktfehlers nach § 3 ProdHaftG einzelfallabhängig anhand wertungsoffener Kriterien erfolgt, können die damit angesprochenen systemimmanenten Grenzen nur leitlinienartig skizziert werden. Die wichtigsten Kriterien seien hier nach *übergeordneten Leitideen* gegliedert angeführt:

Maßstab der Produktsicherheit: Stand von Wissenschaft und Technik (bzw. im Duktus der Rechtsprechung des BGH „Berücksichtigung modernster Erkenntnisse" sowie „neuester Stand der Technik"), wobei „absolute Sicherheit" nicht erreicht und demzufolge auch nicht gefordert werden kann.

Kriterien aus der Einflusssphäre des *Herstellers*: Realisierung des sicherheitsrechtlich im Einzelfall anhand des ermittelten Risikopotenzials Gebotenen, unter Umsetzung des technisch Möglichen und wirtschaftlich Zumutbaren, soweit die zur Gefahrvermeidung denkbaren Lösungsmodelle praktisch einsatzfähig und bisher nicht nur „auf dem Reißbrett" vorhanden sind.[69] Die wirtschaftliche Zumutbarkeit wird auch von der Natur und Eigenart des Produkts dem Marktsegment dem es zugehört und dem Preis, zu dem es unter Berücksichtigung seiner Beschaffenheit und Ausstattung im Verhältnis zu anderen Produkten desselben Segments angeboten wird (Luxusausführung vs. Basisversion), beeinflusst. Zur Wahrung eines Minimalstandards muss das Produkt in jedem Fall elementaren Anforderungen an die Produktsicherheit (die sog. Basissicherheit) genügen, andererseits

---

[69] BGH, NJW 2009, 2952, 2953 – Airbag.

folgt aus der Existenz bestimmter sicherheitstechnisch relevanter Produktfunktionen nicht automatisch, dass ihre Berücksichtigung bei der Produktkonzeption sicherheitsrechtlich geboten ist (vgl. dazu auch § 3 Abs. 2 ProdHaftG, wonach allein das Inverkehrbringen eines verbesserten Produkts das bisherige noch nicht fehlerhaft macht).

Kriterien aus dem Einflussbereich des *Geschädigten* bzw. *solche außerhalb des Einflussbereichs aller Beteiligten*: Gedanken der Eigenverantwortung bzw. Selbstgefährdung des Produktverwenders sowie dessen Handeln auf eigene Gefahr; Produktmissbrauch durch den Verwender; Realisierung des allgemeinen Lebensrisikos, das sich einer haftungsrechtlichen Zuordnung zum Hersteller entzieht, im eingetretenen Schaden.

2.2.6.3 Steuerungsmöglichkeiten für den Hersteller

Der Hersteller kann die Haftungsrisiken pauschal weder ausschließen noch beschränken. Damit sind zunächst (mehr theoretische) einseitige Maßnahmen des Herstellers in Gestalt von Hinweisen auf Produktverpackungen, Mitteilungen in Werbemaßnahmen, etc. angesprochen: Das ProdHaftG erklärt in § 14 die Ersatzpflicht des Herstellers nach diesem Gesetz für unabdingbar, auch dem BGB ist der Gedanke einseitiger Haftungsfreizeichnungen fremd. Entsprechende vertragliche Vereinbarungen, die vor Schadensentstehung getroffen werden, sind im Anwendungsbereich des ProdHaftG durch § 14 ausgeschlossen. Im BGB wären sie prinzipiell denkbar, scheitern im Regelfall jedoch bereits am fehlenden vertraglichen Schuldverhältnis zwischen Hersteller und Geschädigtem, vgl. oben unter Abschn. 2.2.3.1. Folglich kann der Hersteller das ihn betreffende Haftungspotenzial allenfalls durch Einflussnahme auf das Verhalten der Nutzer im Umgang mit dem Produkt steuern, insbesondere durch Anleitungen, Empfehlungen und andere (Warn-)Hinweise, dies wegen § 14 ProdHaftG freilich nicht mit haftungsausschließender Wirkung.

> „(Fiktives) Bsp.: Ein Hersteller von Paraglidingschirmen erhält Rückmeldungen, wonach sich vermehrt ältere Produktverwender Knochenverletzungen während des Landemanövers zugezogen haben. Erste medizinische Fachgutachten führen die Verletzungen auf die typischerweise eingeschränkte Beweglichkeit der Angehörigen dieser Altersgruppe zurück. Der Hersteller überlegt, zur Vermeidung eventueller Produkthaftungsansprüche seine Gleitschirme fortan mit der markanten Aufschrift „Produkt nicht geeignet für Personen über 50 Jahre Lebensalter – deshalb nicht verwenden!" zu kennzeichnen. Eine wirksame Haftungsvermeidung geht mit einer solchen Kennzeichnung nicht einher."

Hinreichende und geeignete Instruktionen zum Umgang mit dem Produkt können jedoch im Ergebnis zur Haftungsvermeidung beitragen, indem sie

- die Nutzer zu sachgemäßer Verwendung veranlassen und dadurch bereits Schadensfälle als Auslöser einer Produkthaftung ausbleiben,
- vorbehaltlich der übrigen Herstellerpflichten – die Erfüllung des vom Hersteller sicherheitstechnisch Gebotenen dokumentieren und dadurch die Grundlage für die Produkthaftung entfällt sowie

- (hilfsweise) zumindest Anhaltspunkte für ein haftungsreduzierendes Mitverschulden bieten anhand derer der Hersteller das mitwirkende Fehlverhalten des Geschädigten dokumentieren und beweisen kann.

2.2.7 Die Rechtsfolgen der Produkthaftung

Verstöße gegen § 823 Abs. 1 BGB unter dem Gesichtspunkt der Produzentenhaftung sowie gegen § 1 ProdHaftG wirken haftungsbegründend und können zu Ansprüchen des Geschädigten gegen den Hersteller auf Schadensersatz führen. Ersatz kann für Vermögensschäden (materieller Schadensersatz) oder für bestimmte Nicht-Vermögensschäden (immaterielle Schäden) verlangt werden. Im Einzelnen unterscheiden sich die Regeln über den Schadensersatz.

2.2.7.1 Rechtsfolgen nach BGB

Für Schadensersatzansprüche nach §§ 823 ff. BGB gelten im Hinblick auf Art und Umfang des Schadensersatzes neben den deliktsspezifischen Sonderregelungen der §§ 842 ff. BGB die allgemeinen Vorschriften der §§ 249 ff. BGB.

Nach § 842 BGB erfasst die Ersatzpflicht wegen Verletzung einer Person auch die Nachteile des Verletzten, die mit der verletzungsbedingten Minderung seiner Arbeitskraft zusammenhängen. § 843 BGB umschreibt Modi des Ausgleichs beim Vorliegen dauerhafter Nachteile wegen Körper- oder Gesundheits-verletzungen, indem dort die Möglichkeit wiederkehrender Geldleistungen („Geldrente") anstelle eines Einmalbetrags („Kapitalabfindung") geschaffen werden. Ersatzansprüche Dritter, d. h. anderer Personen als dem durch die unerlaubte Handlung Verletzten, werden in §§ 844, 845 BGB behandelt: Geregelt sind dort die Ersatzansprüche Dritter bei Tötung eines Unterhaltspflichtigen (Beerdigungskosten, Unterhaltsleistungen), u. U. ein Angehörigenschmerzensgeld (vgl. nunmehr § 844 Abs. 3 BGB) sowie bei Verletzung einer Person, die dem Ersatzberechtigten kraft Gesetzes zu Diensten in „Hauswesen oder Gewerbe" verpflichtet war.

Materielle Schäden (im Bereich der Produkthaftung insbesondere Heilbehandlungskosten wegen Körper- und Gesundheitsverletzungen sowie Ersatz für Sachen, die durch das Produkt beschädigt oder zerstört wurden) werden im Wesentlichen durch Gewährung des Geldbetrags, der zur Wiederherstellung des Zustandes erforderlich ist, der ohne das schädigende Ereignis bestünde (sog. restitutorischer Schadensersatz nach dem Herstellungsinteresse des Geschädigten, vgl. § 249 Abs. 2 BGB) ersetzt. Bei Beschädigung einer Sache schließt der restitutorische Schadensersatz die Umsatzsteuer nur mit ein, wenn und soweit sie tatsächlich angefallen ist (§ 249 Abs. 2 Satz 2 BGB). Ist eine Naturalrestitution i. S. des § 249 BGB nicht möglich oder nicht genügend, schuldet der Gläubiger Geldersatz gem. § 251 Abs. 1 BGB nach dem Wert- oder Summeninteresse. Soweit die Herstellung nur mit (für den Schuldner) unverhältnismäßigen Aufwendungen möglich ist, gestattet das Gesetz in § 251 Abs. 2 BGB dem Schuldner, den Gläubiger nach dem Wert-

oder Summeninteresse in Geld zu entschädigen. § 252 BGB stellt klar, dass auch der entgangene Gewinn als Teil des zu ersetzenden Schadens anzusehen ist.

Immaterielle Schäden haben in § 253 BGB eine gesonderte Behandlung erfahren. Ersatz kann insoweit gem. § 253 Abs. 1 BGB nur verlangt werden, wenn ein Gesetz dies anordnet. § 253 Abs. 2 BGB trifft die in der Praxis bedeutsame Festlegung, dass wegen Verletzung des Körpers, der Gesundheit, der Freiheit oder der sexuellen Selbstbestimmung eine billige Entschädigung in Geld, landläufig als Schmerzensgeld[70] bezeichnet, gefordert werden kann. Die Höhe des Schmerzensgeldes wird vom Richter festgesetzt, die Spruchpraxis der Gerichte orientiert sich an leitlinienartigen Schmerzensgeldtabellen.

2.2.7.2 Rechtsfolgen nach ProdHaftG

Das Rechtsfolgenregime im ProdHaftG richtet sich nach den §§ 7–11, die nach der Art des verletzten Rechtsguts (vgl. § 1 Abs. 1 ProdHaftG) gegliedert sind.

Der Umfang der Ersatzpflicht bei Tötung bemisst sich nach § 7 ProdHaftG, der im Wesentlichen § 844 BGB nachgebildet ist. Neben der Verpflichtung zur Tragung der Beerdigungskosten regelt die Vorschrift also die Ersatzpflichten gegenüber Dritten, denen der Getötete kraft Gesetzes unterhaltspflichtig war sowie nunmehr u. U. ein Angehörigenschmerzensgeld.

Der praktisch bedeutsame § 8 ProdHaftG regelt den Umfang der Ersatzpflicht bei Verletzung der körperlichen Integrität, indem in Satz 1 materielle Schäden (Heilbehandlungskosten, Ausgleich für Erwerbungsausfall oder -minderung, verletzungsbedingte Mehrung der Bedürfnisse) aufgeführt sind und Satz 2 eine an § 253 Abs. 2 BGB angelehnte Verpflichtung zum Ersatz immaterieller Schäden („Schmerzensgeld") vorsieht. § 9 ProdHaftG trifft eine § 843 BGB vergleichbare Regelung zur Leistung des Schadensersatzes wegen dauerhafter Folgeschäden an Körper und Gesundheit sowie wegen Tötung des Unterhaltspflichtigen (§ 7 Abs. 2 ProdHaftG) in Form einer Geldrente.

Eine Besonderheit gegenüber dem BGB ist die Haftungshöchstbetragsklausel bei Personenschäden (i. S. der §§ 7–9 ProdHaftG) in § 10 ProdHaftG, die v. a. bei sog. Massenschäden eingreift: Sind Personenschäden durch ein Produkt oder gleiche Produkte mit demselben Fehler verursacht, kann jeder dadurch betroffene Hersteller insgesamt nur bis zu einer Haftungshöchstsumme von 85 Mio. € in Anspruch genommen werden. Folgerichtig ordnet Abs. 2 eine anteilige Kürzung der individuellen Ersatzansprüche an, soweit die summierten Einzelansprüche den angegebenen Höchstbetrag übersteigen.

Schließlich sieht § 11 ProdHaftG eine auf Sachschäden beschränkte Sonderregelung in Gestalt einer Selbstbehaltklausel vor. Danach hat der Geschädigte einen Schaden bis zu einer Höhe von 500 € selbst zu tragen.

Ersatzansprüche von 500 € oder weniger muss der Geschädigte selbst tragen, bei höheren Beträgen wird ein Abzug von 500 € als Sockelbetrag vorgenommen. Wird wegen des

---

[70] Vgl. zur dogmatischen Fundierung des Schmerzensgeldes nach § 253 Abs. 2 BGB, insbesondere zu seinen Zwecken, ausführlich S. Müller, Überkompensatorische Schmerzensgeldbemessung, passim.

fehlerhaften Produkts hinsichtlich mehrerer beschädigter Sachen Ersatz geschuldet, greift die Selbstbehaltklausel nur einmal bezüglich des gesamten Schadensfalles. Durch die Regelung möchte der Gesetzgeber die Haftung nach ProdHaftG bei Sachschäden auf „gravierende Fälle" beschränken (BT-Drs. 11/2447, S. 24).

2.2.8 Das Verhältnis zwischen Endproduktehersteller und Zulieferer

Bei einer durch geringe Fertigungstiefe bedingten arbeitsteiligen Wirtschaftsweise ist auch das Verhältnis einzelner Haftungsverantwortlicher zueinander von Interesse. Eine besonders enge Beziehung liegt regelmäßig zwischen dem Endprodukthersteller, insb. als OEM[71] bzw. Assembler, und seinen Zulieferunternehmen in deren Eigenschaft als Teilprodukt- oder Grundstoffhersteller vor. Hier geht es sowohl um die Einzelheiten der Haftung nach außen, d. h. gegenüber dem Geschädigten, als auch um die Möglichkeiten der Ausgestaltung der Rechtsbeziehungen im Innenverhältnis zueinander.

2.2.8.1 Das Außenverhältnis zum Geschädigten
Die zwingende Vorschrift des § 5 S. 1 ProdHaftG statuiert eine gesamtschuldnerische Haftung von End- und Teilprodukthersteller im Außenverhältnis zum Geschädigten, vgl. dazu auch §§ 421 ff. BGB) haften. Der Geschädigte kann sich also nach seiner Wahl wegen des gesamten Schadens an einen der Hersteller wenden. Diese Wahlmöglichkeit wird bedeutsam, wenn einer der Haftungsadressaten nicht zahlungsfähig oder -willig ist. Für eine Haftung nach BGB-Deliktsrecht gilt nach § 840 Abs. 1 BGB ebenfalls die Anordnung einer Gesamtschuld, dies mit den Folgen der §§ 421 ff. BGB.

2.2.8.2 Die Übertragbarkeit von Pflichten an den Zulieferer
Wegen der beachtlichen Haftungsrisiken, denen ein Endprodukthersteller ausgesetzt sein kann, liegt die Überlegung nahe, ob namentlich der OEM/Assembler, der das Endprodukt lediglich aus von dritter Seite hergestellten Komponenten zusammensetzt, die Verantwortlichkeit nach Produkthaftungsrecht nicht möglichst umfassend auf diejenigen abwälzen kann, die die Qualität und Sicherheit der Komponenten letztlich zu verantworten haben. Umfassend wäre die Verlagerung der Verantwortlichkeit, falls ein durch das Endprodukt Geschädigter den Endprodukthersteller wegen vertraglicher Verlagerung von Herstellerpflichten an Zulieferer überhaupt nicht mehr in Anspruch nehmen könnte.

Das ProdHaftG hat die Möglichkeit einer haftungsbefreienden Pflichtendelegation mit Außenwirkung in § 14 ausdrücklich verworfen. Danach kann die aus dem ProdHaftG folgende Haftungsverantwortung im Voraus nicht zu Lasten eines potenziell Geschädigten ausgeschlossen werden, Formen der Umgehung dieses Verbots werden ebenfalls für unwirksam erklärt.

---

[71] Original Equipment Manufacturer.

Für das BGB-Deliktsrecht fehlt es an einer gesetzlichen Regelung. Die Übertragung der allgemeinen Organisationspflicht wird für ausgeschlossen gehalten, da die Koordination der einzelnen bei der Produktion anfallenden Arbeitsschritte die wesentliche Aufgabe eines Endproduktherstellers und Assemblers ausmacht. Die Wirksamkeit einer Delegation der weiteren Verkehrssicherungspflichten wird an enge Voraussetzungen geknüpft: Der Endprodukthersteller muss

- den Zulieferer mit Blick auf die zu erfüllenden Aufgaben sorgfältig auswählen,
- gegenüber dem Zulieferer die zu übertragenden Pflichten genau bezeichnen und
- sich von der sachgerechten Pflichtenerfüllung durch den Zulieferer regelmäßig zumindest anhand von Stichproben überzeugen.

Als Folge einer nach den o. g. Kriterien vorgenommenen wirksamen Pflichtenübertragung reduziert sich der Umfang der Verkehrssicherungspflichten des Endproduktherstellers auf eine Überwachung desjenigen, an den die Pflichten übertragen wurden. Die Reichweite dieser Überwachungspflicht hängt von den Umständen des Einzelfalles ab. Im Ergebnis lässt sich auch nach BGB eine gegenüber dem Geschädigten wirksame vollumfängliche Haftungsfreistellung des Endproduktherstellers durch Pflichtenübertragung nicht erreichen.

2.2.8.3 Das Innenverhältnis zwischen Endprodukthersteller und Zulieferer

Während das Außenverhältnis zum (potenziell) Geschädigten privatautonomer Disposition vor Schadenseintritt weitgehend entzogen ist, lassen § 5 Satz 2 ProdHaftG und § 426 Abs. 1 Satz 1 BGB (i. V. m. § 840 Abs. 1 BGB) vertragliche Abreden der Haftungsadressaten End- und Teilprodukthersteller *untereinander* ausdrücklich zu. Die primäre Aussage des auf gerechte Schadensverteilung im Innenverhältnis angelegten § 5 Satz 2 ProdHaftG geht freilich dahin, dass in Ermangelung besonderer vertraglicher Abreden im Innenverhältnis derjenige Verantwortliche die Ersatzpflicht zu tragen hat, der den Schaden vorwiegend verursacht hat, wobei u. U. ein Mitverschulden des Regress begehrenden Produzenten, § 6 ProdHaftG, zu beachten ist.

> „Bsp.: Ein vom Geschädigten in Anspruch genommener Quasi-Hersteller (§ 4 Abs. 1 Satz 2 ProdHaftG) bzw. ausnahmsweise haftungspflichtiger Lieferant (§ 4 Abs. 3 ProdHaftG) wird daher vom „tatsächlichen Hersteller" i. S. des § 4 Abs. 1 Satz 1 ProdHaftG regelmäßig vollumfänglich Erstattung verlangen können, wenn und soweit nur der tatsächlich Produzierende Fehlerursachen gesetzt und zu verantworten hat."

Vom gesetzlichen Grundgedanken (namentlich aus § 5 Satz 2 ProdHaftG) zugunsten des Endproduktherstellers abweichende vertragliche Regelungen finden sich für den Bereich des Produktionsmanagements insb. in Qualitätssicherungsvereinbarungen eingebettet.

2.2.9 Abwälzung des Haftungsrisikos auf Versicherer

Angesichts der immensen Summen, die der Ersatz von Schäden, die aus fehlerhaften Produkten resultieren, annehmen kann, ist die Abwälzung dieser Risiken für produzierende Unternehmen von existenzieller Bedeutung. In Deutschland werden daher Produkthaftpflichtversicherungen zumeist als Teil der Betriebshaftpflichtversicherung angeboten. Der Gesamtverband der Deutschen Versicherungswirtschaft e. V. hat ein Produkthaftpflicht-Modell in Gestalt von Musterbedingungen (Stand: Januar 2015; als Teil der Betriebshaftpflichtversicherung) erarbeitet, das er seinen Mitgliedern unverbindlich zur Verwendung empfiehlt.

In Ziffer 4 werden die Bausteine des Modells erläutert. Danach werden durch die Versicherung abgedeckt:

- Ziff. 4.1 PHB: Personen- oder Sachschäden aufgrund von Sachmängeln infolge Fehlens von vereinbarten Eigenschaften,
- Ziff. 4.2 PHB: Verbindungs-, Vermischungs- und Verarbeitungsschäden,
- Ziff. 4.3 PHB: Weiterver- oder Weiterbearbeitungsschäden,
- Ziff. 4.4 PHB: Aus- und Einbaukosten,
- Ziff. 4.5 PHB: Schäden durch mangelhafte Maschinen (fakultativ) und
- Ziff. 4.6 PHB: Prüf- und Sortierkosten (fakultativ).

Zu beachten sind jedoch auch die in Ziff. 6 PHB aufgeführten Risikoabgrenzungen.

2.3 Zur Zukunft der Produkthaftung in der EU

Am 28.9.2022 hat die EU-Kommission einen Vorschlag für eine *novellierte* Richtlinie des Parlaments und des Rates über die Haftung für fehlerhafte Produkte und zur Aufhebung der Richtlinie 85/374/EWG vorgelegt, vgl. dazu Dokument COM(2022) 495 final. Die damit beabsichtigte Modernisierung betrifft vor allem die Anpassung des Produkthaftungsrechts an die Bedingungen des digitalen Zeitalters und an die Anforderungen der Nachhaltigkeitswirtschaft, im Dokument als Kreislaufwirtschaft bezeichnet. Die novellierte Richtlinie wurde als Richtlinie (EU) 2024/2853 des Europäischen Parlaments und des Rates vom 23.10.2024 über die Haftung für fehlerhafte Produkte und zur Aufhebung der Richtlinie 85/374/EWG des Rates erlassen (im Folgenden: die Richtlinie) und im ABl. der EU vom 18.11.2024 (Reihe L, S. 1 ff.) verkündet. In Gemäßheit mit ihrem Art. 23 trat die Richtlinie daher am 8.12.2024 in Kraft, nach ihrem Art. 22 Abs. 1 ist sie durch die Mitgliedstaaten bis spätestens 9.12.2026 umzusetzen. Am 11.9.2025 wurde der vom Bundesministerium der Justiz und für Verbraucherschutz (BMJV) erarbeitete Referentenentwurf eines Gesetzes zur Modernisierung des Produkthaftungsrechts mit dem zentralen Art. 1 über ein Gesetz über die Haftung für fehlerhafte Produkte veröffentlicht (vgl. für eine erste Einschätzung des Entwurfs nunmehr Schucht, InTeR 2025, Beitrag in Heft 4).

2.3.1 Produkt- und Fehlerbegriffe nach der neuen Richtlinie

Art. 4 Nr. 1 der Richtlinie erfasst als „Produkt" weiterhin bewegliche Sachen, auch soweit diese in andere bewegliche oder unbewegliche Sachen integriert oder mit diesen verbunden sind; neben Elektrizität zählen auch Rohstoffe, Software sowie digitale Bauunterlagen, die in Art. 4 Nr. 2 weiter definiert werden, zu den Produkten. Mit digitalen Bauunterlagen sind nach ErwGr 16 der Richtlinie namentlich funktionale Informationen für 3D-Druckvorgänge, mithin Druckdateien angesprochen. Die Aufnahme von Software in den gegenständlichen Anwendungsbereich der Richtlinie wird allerdings näher ausgestaltet. So fällt freie Open-Source Software, die außerhalb geschäftlicher Tätigkeit entwickelt und vertrieben wird, nach Art. 2 Nr. 2 schon nicht in den Anwendungsbereich der Richtlinie. Im Übrigen sucht ErwGr 13 eine Steuerungsentscheidung zum softwarebezogenen Produktbegriff zu liefern: Während Informationen und der Programmcode als solche(r) nicht als Produkt anzusehen sind, soll die Qualifikation von Software als Produkt nicht von der Art der Bereitstellung derselben abhängen, sodass auch unverkörperte Erscheinungen von Software wie cloudbasierte Bereitstellung oder Software-as-a-Servicelösungen als Produkt zu qualifizieren sind. Zugleich sollen, für den persönlichen Anwendungsbereich, Entwickler und Produzenten von Software unter Einschluss von KI-System-Anbietern als Hersteller im Sinne der novellierten Produkthaftungsrichtlinie anzusehen sein. Schließlich sollen nach ErwGr 17 digitale Dienstleistungen zwar grundsätzlich nicht von der Richtlinie erfasst werden, jedoch dann als Produktkomponente i. S. des Art. 4 Abs. 4 anzusehen sein, wenn sie – wie etwa Dienstleistungen zu Navigations- oder Gesundheitsüberwachungsdaten – die Sicherheit eines mit ihnen verbundenen Produkts beeinflussen. Damit werden die den Herstellerbegriff konturierenden Tätigkeiten um bestimmte produktbezogene digitale Dienstleistungen erweitert, vgl. dazu Art. 8 Nr. 1 b) der Richtlinie zum Hersteller einer fehlerhaften, in ein Produkt integrierte oder mit ihr verbundenen Komponente, ohne dass die Abgrenzung der Produktverantwortung der einzelnen Wirtschaftsakteure in der Richtlinie eindeutig bestimmt wird.

Weitreichende Änderungen erfährt zudem der Fehlerbegriff in Art. 7 der Richtlinie. Hier zeigt sich die Ausrichtung des künftigen europäischen Produkthaftungsrechts auf Belange der Digital- sowie Kreislaufwirtschaft in besonderem Maße. Der Fehlermaßstab der berechtigterweise zu erwartenden Produktsicherheit bleibt unverändert, vgl. Art. 7 Abs. 1, jedoch wird der Kreis der hierzu vorrangig heranzuziehenden Kriterien in Art. 7 Abs. 2 lit. a) bis i) deutlich erweitert. Die Bezugnahme auf Produktdarbietung und -gebrauch (lit. a) und b)) bleibt ebenso wie die Referenz des Zeitpunkts des Inverkehrbringens des Produktexemplars (lit. e); nunmehr mit weiterer Ausdifferenzierung zur maßgeblichen Tätigkeit des Verantwortlichen) erhalten. Jedoch wird bei lit. c) und d) mit dem Abstellen auf eigenständige Weiterentwicklung des Produkts und die Wechselwirkungen im Zusammenwirken mit anderen Produkten die (Eigen-)Dynamik vieler digitaler Produkte für das Produkthaftungsrecht nutzbar gemacht. Während die Produktsicherheit generell Maßstab und Referenzpunkt für die Bestimmung des Fehlerbegriffs ist, bringt Art. 7 Abs. 2 lit. f) und g) zwei neue Perspektiven zu deren inhaltlicher Ausfüllung ein, dies in engem Zusammenhang mit dem öffentlichen Produktsicherheitsrecht: lit. f) benennt Cybersecurity-Anforderungen als möglichen Teil der haftungsrechtlich gebotenen Anforderungen an die Produktsicherheit, nach Art. 7 Abs. 2 lit. g) können produktsicherheitsrechtlich motivierte Maßnahmen, die entweder Marktüberwachungsbehörden oder zuständige Wirtschaftsakteure selbst veranlasst haben, bei der Beurteilung, ob ein Fehler vorliegt, berücksichtigt werden. Dass besondere Bedürfnisse der mit dem Produkt adressierten Nutzergruppen die Fehlerbeurteilung beeinflussen können, ist schon zum geltenden Recht anerkannt und wird künftig in Art. 7 Abs. 2 lit. h) erstmals explizit gesetzlich verortet. Gleiches gilt – im Hinblick auf Produkte, deren alleiniger Zweck in der Verhinderung von Schäden liegt, wie etwa Rauchmelder – im Fall der Wirkungslosigkeit derselben: Nach Art. 7 Abs. lit. i) ist dies als Kriterium anzusehen, welches für das Vorliegen eines Produktfehlers spricht.

2.3.2 Produkthaftungsrechtlich Verantwortliche sowie haftungsrechtlich relevante Aktivitäten

Während nach geltendem Produkthaftungsrecht allein das Inverkehrbringen, welches nunmehr in Art. 4 Nr. 8 der Richtlinie definiert wird, des fehlerhaften Produkts den Weg in das Produkthaftungsgesetz eröffnet, wird künftig das Bereitstellen des Produkts auf dem Markt zum Oberbegriff („jede Abgabe eines Produkts zum Vertrieb, Verbrauch oder zur Verwendung auf dem Unionsmarkt im Rahmen einer Geschäftstätigkeit", vgl. dazu Art. 4 Nr. 7) gewählt, das auch das Inverkehrbringen – verstanden als erstmalige Bereitstellung – umfasst. Neu ist die Inbetriebnahme des Produkts als möglicher produkthaftungsrechtlich maßgeblicher Handlung, Art. 4 Nr. 9, mit der die erstmalige Verwendung eines Produkts in der EU im Rahmen einer gewerblichen Tätigkeit gemeint ist; ErwGr 27 zählt hierzu beispielhaft Aufzüge oder Medizinprodukte auf. In der Sache wird damit die Verwendung des Produkts zum Eigenbrauch produkthaftungsrechtlich erfasst.

Gewisse Neuerungen gibt es auch hinsichtlich des Kreises der Haftungsadressaten im Produkthaftungsrecht. Während wie bisher vorrangig Hersteller in die Verantwortung genommen werden (End- und Teilprodukthersteller, Grundstoffhersteller und Quasi-Hersteller, nunmehr ergänzt um Komponentenhersteller, vgl. dazu Art. 8 Abs. 1 lit. a) und b) der Richtlinie), werden bei Produktherstellung außerhalb der EU ergänzend, ebenfalls wie bisher, der Einführer und der vom Hersteller Bevollmächtigte, als weitere Verantwortliche bezeichnet (Art. 8 Abs. 1 lit. c) (i) und (ii)). Auch die subsidiäre Haftung von Händlern wird beibehalten, vgl. Art. 8 Abs. 3. Neu in den Kreis der Haftpflichtigen aufgenommen wurden der im Logistikkonzept zu betrachtende Fulfilment-Dienstleister (Art. 8 Abs. 1 lit. c) (iii)), der Veränderer eines bereits in Verkehr gebrachten oder in Betrieb genommenen Produkts (Art. 8 Abs. 2) sowie – an die Händlerhaftung angelehnt – bestimmte Betreiber von Online-Plattformen, über welche produktbezogene Fernabsatzverträge zustande gekommen sind (Art. 8 Abs. 4). Auch an der Zusammensetzung der Haftungsadressaten lässt sich daher die Anpassung des EU-Produkthaftungsrechts an die Bedingungen der Digital- sowie der Kreislaufwirtschaft ablesen. Schließlich gestattet

Art. 8 Abs. 5 als Neuerung die Weitergeltung bzw. Neuschöpfung mitgliedstaatlicher Entschädigungsmechanismen für die Einzelfälle, in denen eine Haftpflicht nicht nach der EU-Produkthaftungsrichtlinie etabliert werden kann.

2.3.3 Beweisfragen

In Ansehung der Beweislast bewendet es im Grundsatz bei der geltenden Beweislastverteilung, wonach der Anspruchssteller den Produktfehler, den erlittenen Schaden sowie den Ursachenzusammenhang zwischen Fehler und Schadenseintritt darzulegen und zu beweisen hat, vgl. nunmehr Art. 10 Abs. 1 der Richtlinie. Demgegenüber bleibt der in Anspruch genommene Haftungsadressat wie bisher beweisbelastet, wenn und soweit er sich auf einen der in Art. 11 der Richtlinie geregelten Haftungsausschlussgründe beruft, die im Wesentlichen dem geltenden Recht entsprechen. Die Beweissituation des klagenden Geschädigten wird im neuen Produkthaftungsrecht jedoch auf zwei Ebenen verbessert.

[1] Art. 9 der Richtlinie verpflichtet die Mitgliedstaaten, dem Kläger, der die Erfüllung der Haftungsvoraussetzungen im Zivilprozess hinreichend plausibel vorträgt, gerichtlich den Zugang zu Beweismitteln zu erleichtern, die sich in der Verfügungsgewalt des beklagten Haftungsadressaten befinden. Diese zur Überwindung von Informationsasymmetrien geschaffene, durch die Grundsätze der Erforderlichkeit und Verhältnismäßigkeit begrenzte Offenlegung von Beweismitteln ist verfahrensmäßig überaus komplex ausgestaltet worden, wie die sieben Absätze der Vorschrift belegen. Nach ErwGr 42 der Richtlinie soll für die Offenlegung von Beweismitteln vor allem bei Sachverhalten Raum sein, in denen schwirige technische oder wissenschaftliche Fragen zu klären sind.

[2] Art. 10 Abs. 2 bis 4 der Richtlinie enthalten unter definierten Bedingungen Beweiserleichterungen zugunsten des Klägers im Hinblick auf den Fehler- bzw. Kausalitätsnachweis vor. Art. 10 Abs. 2 lit. a) sieht eine Vermutung für das Vorliegen eines Produktfehlers etwa bei der Weigerung des Beklagten, einer gerichtlichen Offenlegungsanordnung gem. Art. 9 der Richtlinie nachzukommen, vor, ferner bei Nichterfüllung verbindlicher Sicherheitsanforderungen nach EU-Recht bzw. nationalem Recht (lit. b) und soweit der Schaden durch offensichtliche Funktionsstörung des Produkts bei normaler Verwendung verursacht wurde. Art. 10 Abs. 3 und 4 der Richtlinie behandeln unterschiedliche Kausalitätsvermutungen: Während in Abs. 3 im Kern ein Anscheinsbeweis umschrieben ist, falls der entstandene Schaden typischerweise vom Fehler herrührt, greifen die Vermutungen aus Abs. 4 in Sachverhalten, die durch hohe technische oder wissenschaftliche Komplexität geprägt sind. Über Art. 9 und 10 der Richtlinie wird die Beweisposition des Klägers gegenüber dem geltenden Recht deutlich verbessert – was die Frage aufwirft, ob damit die vom Richtliniengeber beschworene „faire Risikoverteilung" (ErwGr 42 und 48) aus Sicht der beklagten Hersteller etc. noch gewahrt ist. Immerhin gestattet Art. 10 Abs. 5 der Richtlinie dem beklagten Verantwortlichen die Widerlegung der Vermutungen und Annahmen aus den Abs. 2 bis 4.

2.3.4 Rechtsfolgen der Produkthaftung

Auf der Rechtsfolgenseite der EU-Produkthaftung sind künftig ebenfalls manche Neuerungen zu verzeichnen.

Nach Art. 5 Abs. 1 der Richtlinie sind, wie bisher, nur natürliche Personen anspruchsberechtigt, die Haftung ist einzig auf Schadenersatz gerichtet.

Art. 6 Abs. 1 der Richtlinie stellt hinsichtlich Gesundheitsschäden (lit. a) klar, dass künftig auch psychische Gesundheitsbeeinträchtigten erstattungsfähige Schäden bilden können. Beim Sachschadensersatz (lit. b) werden auch künftig nur Schäden an anderen Gegenständen als dem fehlerhaften Produkt selbst ersetzt. Ausgeschlossen ist der Ersatz für Schäden an Sachen, die ausschließlich berufliche Zwecke genutzt werden, womit die bislang gegebene dual-use-Problematik (die Sache wird sowohl privat wie beruflich bzw. geschäftlich genutzt) obsolet wird. Neu ist die Aufnahme des Verlusts oder der Verfälschung von Daten, die nicht ausschließlich für berufliche Zwecke verwendet werden, vgl. Art. 6 Abs. 1 lit. c). Im Umkehrschluss werden gewerblich bzw. beruflich genutzte Daten aus dem Sachschadensersatz herausgenommen – damit wird zwar der den Rechtsakt beherrschende Verbraucherschutzgedanke konsequent umgesetzt, zugleich werden die praxisrelevanten Fälle der Verletzung der Datenintegrität „im beruflichen bzw. geschäftlichen Kontext" aus dem Anwendungsbereich herausgenommen. Nach Art. 6 Abs. 2 der Richtlinie werden bei Betroffenheit der zu Abs. 1 bezeichneten Schäden materielle und immaterielle Schäden ersetzt, nach Art. 6 Abs. 3 der Richtlinie ist ggfs. konkurrierendes nationales Schadensersatzrecht zu beachten.

Im Gegensatz zum geltenden Produkthaftungsrecht (vgl. dazu Art. 9 lit. b) sowie Art. 16 Abs. 1 Richtlinie 85/374/EWG) sieht die neue Richtlinie die den Mitgliedstaaten bisher eröffnete Möglichkeit, den Ersatz von Sachschäden an eine Selbstbeteiligung zu knüpfen bzw. den Ersatz von Körper- und Gesundheitsschäden summenmäßig zu deckeln, nicht mehr explizit vor.

Die in Art. 11 der Richtlinie aufgenommen Haftungsausschlüsse knüpfen am geltenden Recht (Art. 7 der Richtlinie 85/374/EWG sowie im Wesentlichen § 1 Abs. 2 des geltenden ProdHaftG) an, sieht jedoch für das in Art. 11 Abs. 1 lit. c) i. V. m. Abs. 2 der Richtlinie aufgegriffene Zeitpunktkriterium eine beachtliche Modifikation vor: Die zum Haftungsausschluss führende Annahme, das schadensursächliche Produkt sei zum haftungsrechtlich maßgeblichen Zeitpunkt (Inverkehrbringen, Inbetriebnahme, Bereitstellen) wahrscheinlich fehlerfrei gewesen, greift nicht, wenn die Fehlerhaftigkeit auf eine Ursache zurückzuführen ist, die – wie verbundene Dienste, Softwaregestaltung, -upgrades und -updates sowie später eingetretene Produktveränderungen – der Kontroll- und Einflussmöglichkeit des Herstellers unterliegt. Derartige Einflussmöglichkeiten verschieben den für die Fehlerbestimmung maßgeblichen Zeitpunkt „nach hinten".

Literatur

Anders, Sönke: Die berechtigte Sicherheitserwartung – zum produkthaftungsrechtlichen Fehlerbegriff am Beispiel von Fahrerassistenzsystemen in Kraftfahrzeugen, in: PHi 2009, 230–237.

Bewersdorf, Cornelia: Zulassung und Haftung bei Fahrerassistenzsystemen im Straßenverkehr, 2005, Duncker&Humblot.

Bloy, René: Die strafrechtliche Produkthaftung auf dem Prüfstand der Dogmatik, in: Bloy, R. et al. (Hrsg.): Gerechte Strafe und legitimes Strafrecht, Festschrift für Manfred Maiwald zum 75. Geburtstag, 2010, Duncker&Humblot, S. 35–59.

Dyckhoff, Harald: Grundzüge der Produktionswirtschaft, 4. Aufl. 2002, Springer.

Eisenberg, Claudius/Gildeggen, Rainer/Reuter, Andreas/Willburger, Andreas: Produkthaftung, 2008, Oldenbourg (zitiert als: Eisenberg et al.).

Enthaler, Jürgen: Produkt- und Produzentenhaftung (mit Qualitätssicherungsvereinbarungen), 2006, Hanser.

Friederici, Ingolf: Produktkonformität, 2010, Hanser.

Gesmann-Nuissl, Dagmar: Rechtsprechungsreport Heft 1/2014, InTeR 2014, 43–59.

Gildeggen, Rainer: Werbung, Produktsicherheit und Produkthaftung, in: PHi 2008, 224–230.

Hauschka, Christoph E./Klindt, Thomas: Eine Rechtspflicht zur Compliance im Reklamationsmanagement?, in: NJW 2007, 2726–2729.

Hess, Hans- Joachim/Holtermann, Christian: Produkthaftung in Deutschland und Europa, 2008, Expert.

Jessnitzer, Kurt/Frieling, Günter/Ulrich, Jürgen: Der gerichtliche Sachverständige, 12. Aufl. 2007, Heymanns.

Jones, Trevor O./Hunziker, Janet R.: Overview and Perspectives, in: Hunziker, Janet R./Jones, T. (Hrsg.): Product Liability and Innovation, 1994, National Academy Press, S. 1–19.

Klindt, Thomas: Produktrückrufe: Was tun, wenn was zu tun ist? – Praxishinweise, in: BB 2010, 583–585 (zitiert als: Klindt, BB 2010).

Klindt, Thomas: Auf dem Weg zum neuen deutschen Produktsicherheitsgesetz (ProdSG), in: PHi 2011, 42–48 (zitiert als: Klindt, PHi 2011).

Klindt, Thomas/Handorn, Boris: Haftung eines Herstellers für Konstruktions- und Instruktionsfehler, in: NJW 2010, 1105–1108.

Klindt, Thomas/Popp, Michael/Rösler, Matthias: Rückrufmanagement, 2. Aufl. 2008, Beuth.

Kloepfer, Michael/Grunwald, Anne: Zur rechtlichen Bedeutung von Herstellerinstruktionen, in: DB 2007, 1342–1347.

Leichsenring, Heike: Produkttests – Notwendigkeit und Haftung des Herstellers, in: PHi 2011, 130–137.

Marburger, Peter: Die Regeln der Technik im Recht, 1979, Heymanns. Matusche-Beckmann, Annegret: Das Organisationsverschulden, 2001, Mohr.

Müller, Stefan: Überkompensatorische Schmerzensgeldbemessung?, 2007, Verlag Versicherungswirtschaft.

Neudörfer, Alfred: Konstruieren sicherheitsgerechter Produkte, 4. Aufl. 2011, Springer.

Oechsler, Jürgen: Produkthaftungsgesetz, in: Staudinger, Julius v., Kommentar zum BGB, Bearbeitung 2009, Sellier-de Gruyter.

Reiff, Peter: Die haftungs- und versicherungsrechtliche Bedeutung technischer Regeln, in: Marburger, P. (Hrsg.): Technische Regeln im Umwelt- und Technikrecht, 2006, E. Schmidt, S. 155–197.

Schäppi, Bernd: Produktplanung – von der Produktidee bis zum ProjektBusinessplan, in: Schäppi, B. et al. (Hrsg.): Handbuch Produktentwicklung, 2005, Hanser, S. 265–291.

Schucht, Carsten: Die neuen Pflichten der Wirtschaftsakteure bei Verbraucherprodukten, CCZ 2024, 66–73.

Schucht, Carsten: Das Gesetz zur Modernisierung des Produkthaftungsrechts – ein Überblick zum Referentenentwurf eines neuen ProdHaftG, in: InTeR 2025, Heft 4 (im Erscheinen).

Schulte, Martin: Techniksteuerung durch Technikrecht – rechtsrealistisch betrachtet, in: Vieweg, K. (Hrsg.): Techniksteuerung und Recht, 2000, Heymanns, S. 23–34.

Seliger, Günter/Kernbaum, Sebastian: Entwicklung von Produktspro

Simitis, Spiros: Soll die Haftung des Produzenten gegenüber dem Verbraucher durch Gesetz, kann sie durch richterliche Fortbildung des Rechts geordnet werden? In welchem Sinne?, Gutachten für den 47. Deutschen Juristentag, Verhandlungen des 47. Deutschen Juristentags (dort als Gutachten C), 1968.

Staudinger, Julius v.: Kommentar zum Bürgerlichen Gesetzbuch mit Einführungsgesetz und Nebengesetzen, 13. Bearbeitung (zitiert: Bearbeiter, in: Staudinger).

Sydow, Jörg/Möllering, Guido: Produktion in Netzwerken – make, buy & cooperate, 2. Aufl. 2009, Vahlen.

Taschner, Hans C.: Die künftige Produzentenhaftung in Deutschland, in: NJW 1986, 611–616.

Vieweg, Klaus: Produkthaftungsrecht, in: Schulte, M./Schröder, R. (Hrsg.): Handbuch des Technikrechts, 2. Aufl. 2011, Springer, S. 337–383.

Wagner, Gerhard: Haftung und Versicherung als Instrumente der Techniksteuerung, in: Vieweg, K. (Hrsg.): Techniksteuerung und Recht, 2000, Heymanns S. 87–120 (zitiert: G. Wagner, Haftung und Versicherung).

Wagner, Gerhard: Anmerkung zu BGH, Urt. vom 16.12.2008 – VI ZR 170/07 – Pflegebetten, in: JZ 2009, 908–911. (zitiert: G. Wagner, JZ 2009).

Weiß, Holger T.: Die rechtliche Gewährleistung der Produktsicherheit, 2008, Nomos.

Wiesendahl, Stefan: Technische Normung in der Europäischen Union, 2007, E. Schmidt.

Zeunert, C., Dokumentenmanagement, in: Görling, H./Inderst, C./Bannenberg, B. (Hrsg.): Compliance, 2010, C. F. Müller, S. 269–284.

Produktsicherheitsgesetz – Das System von Akkreditierung, Zertifizierung und Normung

Jürgen Ensthaler

Inhaltsverzeichnis

3.1	Das dem Produktsicherheitsrecht zugrunde liegende System	76
3.2	Die neue EU Produkt Sicherheitsverordnung (GPSR)	77
3.3	Arten der Konformitätsbewertung	78
3.4	Die Darstellung der neuen europäischen Gesamtkonzeption	79
3.5	Alternative Konformitätsvermutung	80
3.6	Die Auswahl der Überprüfungsart	81
3.7	Erläuterungen des Modularen Konzepts	82
3.8	Module	82
3.9	Neue MASCHINENVERORDNUNG	85
3.10	Haftung der Zertifizierer	88

Die Verkehrssicherungspflichten werden vielfach inhaltlich ausgefüllt durch die Regelungsbereiche des Produktsicherheitsrechts (ProdSG), dort vor allem durch die durch europäische Richtlinien und Verordnungen eingeführten deutschen Rechtsverordnungen.

Auch wenn das System das dem Produktsicherheitsgesetz zugrunde liegt auf Marktzulassung technischer Produkte gerichtet ist, so enthält es doch Anforderungen die auch für Haftungsfragen von Bedeutung sind. Insbesondere die zahlreichen technischen zu diesem Gesetz gehörenden Rechtsverordnungen bestimmen die Voraussetzungen unter denen die jeweiligen Produkte auf den Markt kommen dürfen und sind damit zugleich auch Normen, die haftungsrechtlich den Inhalt der Verkehrssicherungspflichten bestimmen.

J. Ensthaler (✉)
Fachgebiet Wirtschafts-, Unternehmens- und Technikrecht, TU Berlin, Berlin, Deutschland

3.1 Das dem Produktsicherheitsrecht zugrunde liegende System

Das dem Produktsicherheitsgesetz (ProdSG) zugrunde liegende System hat seinen Ursprung im Binnenmarktprojekt der Europäischen Union Die in das Produktsicherheitsgesetz übernommenen Rechtsverordnungen und übernommene europäische Richtlinien deren Beachtung hat die Warenverkehrsfreiheit innerhalb des Binnenmarkts ermöglicht. Drei Begriffe sind für das System von Bedeutung: Zertifizierung, Akkreditierung und Normung.

Mit den Begriffen „Zertifizierung" und „Akkreditierung" werden dabei unterschiedliche Sachverhalte geregelt.

Zu unterscheiden ist dabei zunächst zwischen dem sogenannten gesetzlich geregelten und dem freien Bereich. Die Unterscheidung geht dahin, dass für zahlreiche Produkte die Zertifizierung für eine Marktzulassung erforderlich ist, für andere nicht.

Angesprochen ist zum einen der Sachverhalt, dass in Zeiten „schlanker Unternehmen" immer mehr Aufgabebereiche aus größeren Unternehmen ausgelagert und von Zulieferbetrieben durchgeführt werden, wobei diese Unternehmen dann den technischen, ökonomischen und auch juristischen Standards des Assemblers genügen müssen. Von den zumeist mittelständischen Zulieferbetrieben wird zur Überprüfung der Qualitätsanforderungen heute vielfach eine Zertifizierung nach DIN EN ISO 9001 verlangt.

Die Normenreihe DIN EN ISO 9000 ff. enthält Regelungen zum Aufbau eines Qualitätsmanagementsystems. Maßnahmen für die Fehlererkennung und Fehlervermeidung werden erstmalig in größerem Umfange systematisiert, standardisiert, normiert und internationalisiert. Die DIN ISO 9001 wurde durch die Neufassung in 2015 auch mehr zur Risikomanagementnorm und hat damit auch für die Haftungsvermeidung große Bedeutung. Die organisatorischen Anforderungen, die an das Unternehmen nach der ISO-Norm gestellt werden, sind geeignet, das Produkthaftungsrisiko zu mindern.

Häufig wird eine Zertifizierung, eine Überprüfung anhand vorbestimmter Standards auch bei Ausschreibungen vom Auftraggeber verlangt. Die Anforderungen sind dann auch nicht von den einzelnen Rechtsverordnungen des ProdSG erfasst, sondern Sache der Vertragspartner.

Der Ursprung der Begriffe „Zertifizierung" und „Akkreditierung" steht aber im Zusammenhang mit der Ordnung im Europäischen Binnenmarkt und hat damit für die Unternehmen, die europaweit vertreiben große Bedeutung.. Für Waren, die dem gesetzlich geregelten Bereich unterfallen, war und ist die erfolgreiche Zertifizierung die Voraussetzung für die Warenverkehrsfreiheit.

Durch die später erfolgte Übernahme der europäischen Regelungsbereiche von Akkreditierung und Zertifizierung in Mitgliedstaatliches Recht sind die meisten technischen Produkte auch im jeweiligen Inland nur über eine Konformitätsbewertung (Zertifizierung) auf den Markt zu bringen. Das für Deutschland geltende ProdSG ist ein Spiegel des europäischen Rechts welches die Warenverkehrsfreiheit ermöglichen soll.

3.2 Die neue EU Produkt Sicherheitsverordnung (GPSR)

Das Produktsicherheitsrecht hat, wie bereits ausgeführt, seine Grundlage in der Herstellung oder Verwirklichung der Warenverkehrsfreiheit. Die Europäischen Richtlinien zur Produktsicherheit, wie sie dann in mitgliedschaftliche Vorschriften übernommen worden sind, zielen darauf ab, einheitliche Sicherheitsstandard zu bestimmen, wo es Unterschiede bei den Regelungen innerhalb der einzelnen Mitgliedstaaten gab. Soweit keine oder ungefährliche Abweichungen vorhanden waren, galt nach dem Weißbuch der Kommission die gegenseitige Anerkennung für diese Produkte.

Eine Regelung hinsichtlich der nicht durch Richtlinien aufgegriffen Produkte in der allgemeinen Produktsicherheitsrichtlinie gibt es nicht.

Deutschland und andere Mitgliedstaaten haben dann die allgemeine Sicherheitsrichtlinie und die einzelnen Richtlinien in ein neu geschaffenes Produktsicherheitsgesetz aufgenommen und (jedenfalls) in Deutschland wurde aber auch geregelt, dass für Produkte, die nicht unter die Regelungsbereiche der Richtlinien beziehungsweise europäischen Verordnungen fallen, Sicherheitsanforderungen auch außerhalb das jeweilige Produkt betreffende Regelungen bestehen.

Die nun geschaffene neue europäische Produktsicherheitsverordnung, die im Dez. 2024 in Kraft getreten ist, könnte damit gegen das dem europäischen Recht auferlegte Subsidiaritätsprinzip verstoßen, soweit das deutsche Recht bereits regelt.

Es ist deshalb angezeigt, zunächst einmal die Regelungsbereiche der neuen europäischen Verordnung zu betrachten und mit den deutschen Vorschriften im deutschen Produktsicherheitsrecht abzugleichen.

Aus § 9 Abs. 2 folgt, dass zwischen zwei Risikotypen unterschieden werden soll. Bei den komplexen Risiken, welche Produkte auch immer gemeint sind, hat eine qualitativ anspruchsvolle Risikobewertung zu erfolgen. Es sollen wohl die Risiken ohne und auch mit den risikomindernden Maßnahmen konkret ausgewiesen werden. Bei einfachen Risiken kann es dann ausreichen, eine Checkliste zu erstellen, die sich mit möglichen Risiken auseinandersetzt. Bei diesen im einfachen Bereich angesiedelten Produkte braucht dann auch eine Auflistung der Lösungen zur Risikominderung oder Beseitigung nicht Teil einer vorzuhaltenden Risikoanalyse sein. Ungeklärt bleibt die Frage dann aber doch, was denn mit Produkten geschehen soll, von denen überhaupt kein oder ein zu vernachlässigendes Risiko ausgeht.

Dieselben Anforderungen finden sich in § 3 des Produktsicherheitsgesetz Deutschland. § 3 Abs. 2 ProdSG verbietet den Marktzugang, wenn die Sicherheit oder Gesundheit von Personen gefährdet wird. In den Ziffern 1–3 von § 3 Abs. 2ProdSG sind ganz konkrete Vorgaben enthalten, was unter Sicherheit zu verstehen ist und damit verbunden ist bestimmt, dass diese Risiken zu mindern beziehungsweise einer grundlegenden Analyse zu unterziehen ist.

Richtig wäre eine Europäische Richtlinie gewesen, die von den Mitgliedstaaten unter Beachtung der bereits vorhandenen Regelungen zu übernehmen gewesen wäre.[1]

3.3 Arten der Konformitätsbewertung

Die System der Konformitätsbewertung, bzw. des Global Approach,beruht auf zwei Stufen, d. h. zwei Arten der Konformitätsbewertung: Die erste Stufe ist die Überprüfung, ob Produkte, Dienstleistungen, Prozesse etc. den Anforderungen der Richtlinien oder auch den mandatierten Normen entsprechen.

Da die Nachweise der Qualität dieser Produkte etc. aber direkt von der Qualität und Kompetenz, der die Produkte prüfenden Stellen abhängt, wurde durch das „Globale Konzept" eine zweite Stufe der Überprüfung eingeführt: Die Konformitätsbewertung der prüfenden Stellen, im Folgenden Akkreditierung genannt. Das Akkreditierungssystem, also die Bestimmung der Voraussetzungen, unter denen die Konformitätsbewertungsstellen für ihre Prüftätigkeit legitimiert werden, war in den zurückliegenden Jahren vielfacher Kritik ausgesetzt. Diese Kritik war geeignet, das gesamte System in Frage zu stellen, weil über die Qualität der Konformitätsbewertungsstellen letztlich auch die der zu prüfenden Waren beeinflusst wird.

Der Europäische Gesetzgeber im Jahr 2008 mit dem sog. *New Legislative Framework* den Rechtsrahmen des Systems modernisiert. An den Grundlagen des Systems hat sich allerdings nichts geändert. Der New Legislative Framework, der insoweit die Überleitung des New Approach in die „Neuzeit" realisieren soll, umfasst im Wesentlichen zwei europäische Rechtsakte:

- Die Verordnung (EG) Nr. 765/2008 des Europäischen Parlaments und des Rates vom 9. Juli 2008 durch die zwei Sachverhalte geregelt werden: Die Durchführung der Akkreditierung von Konformitätsbewertungsstellen und die Anforderungen an eine Marktüberwachung von Produkten.
- Der Beschluss Nr. 768/2008/EG des Europäischen Parlaments und des Rates vom 9. Juli 2008 durch den höhere Anforderungen an die Qualität der Zertifizierer gestellt werden und die Module (geringfügig) abgeändert werden.

---

[1] Ausführlich zur neuen Richtlinie Schucht, InTeR 2024, S. 138 ff: Die Risikoanalyse bei Verbraucherprodukten in der neuen EU-Produktsicherheitsverordnung (GPSR); Schucht/Wiebe, General Product Safety Regulation. Die neue Produktsicherheitsverordnung, 2024; Hartmann/Klindt, ZfPC 2022, 73 ff.

3.4 Die Darstellung der neuen europäischen Gesamtkonzeption

Die neue europäische Gesamtkonzeption – die unter dem Dach einer Verordnung steht und damit ohne weiteren Umsetzungsakt für alle Mitgliedstaaten seit dem 1. Januar 2010 unmittelbar gilt (Art. 44 EG-VO 765/2008) – hält zunächst einmal an einigen bewährten Strukturen fest. So werden auch weiter die „grundlegenden Anforderungen" an technische Produkte abstrakt in Richtlinien festgelegt und die Konkretisierung der Inhalte – die sog. technisch-organisatorischen Spezifikationen – bleibt weitestgehend den „sachnäheren" Normgebern vorbehalten.

Eine entscheidende Neuerung stellte die Konzeption des Beschlusses Nr. 768/2008/EG dar.

Mit dem Beschluss wurde ein Wechsel vollzogen. Die Richtlinientreue bei Erfüllung der Voraussetzungen der mandatierten Normen wird nicht mehr unterstellt, sondern der Beschluss lässt die Vermutungswirkung nur eingreifen, wenn die Normen den Mindestvoraussetzungen des Art. R 17 genügen.[2] Anders formuliert: Art. R 17 begründet durch die positive Umschreibung dieser Mindestvoraussetzungen zugleich die Widerlegung der Vermutungswirkung. Unabhängig davon, ob eine Konformitätsbewertungsstelle die sie betreffenden Regelungen erfüllt, gilt die Vermutungswirkung nicht, soweit die Voraussetzungen des Art. R 17 nicht erfüllt werden.

> „R 18 Konformitätsvermutung:
> Weist eine Konformitätsbewertungsstelle nach, dass sie die Kriterien der einschlägigen harmonisierten Normen oder Teile davon erfüllt, deren Fundstellen im Amtsblatt der Europäischen Union veröffentlicht worden sind [die also mandatiert wurden], wird vermutet, dass sie die Anforderungen nach Artikel R 17 erfüllt, aber nur insoweit als die anwendbaren harmonisierten Normen diese Anforderungen abdecken."

Art. R 17 des Anhang I Beschluss 768/2008/EG enthält einen Katalog von Voraussetzungen für den Eintritt der Vermutungswirkung. Bei derart umfangreich genannten Voraussetzungen stellt sich für gewöhnlich die Frage, ob solch ein Katalog eine abschließende Regelung enthält oder ob er einer Auslegung zugänglich ist, nach der unter bestimmten Umständen weitere Voraussetzungen für den Eintritt der Vermutungswirkung aufgestellt werden können.

Der Katalog des Art. R 17 ist im Hinblick auf die Nennung der einzelnen Anforderungen an die notifizierte Stelle (Konformitätsbewertungsstelle) derart umfassend, dass davon auszugehen ist, dass der Beschlussgeber diese vollständig regeln, d. h. keine weiteren Ergänzungen zum Kriterien-/Anforderungskatalog zulassen wollte.

Hinsichtlich der begrifflichen Umschreibung der einzelnen Anforderungen an die notifizierte Stelle sind die Angaben in Art. R 17 allerdings nicht abschließend. D.h. begrifflich können durchaus Abweichungen oder (fachlich bzw. technische) Konkretisierungen stattfinden, sofern dabei inhaltlich auch weiter eine Übereinstimmung zum Anforderungskatalog

---
[2] Anhang I zum Beschluss 768/2008/EG, Art. R 18 i. V. m. Art. R 17.

des Art. R 17 besteht. Dies folgt schon aus Ziff. (8) des Art. R 17. Das sehr bedeutsame Kriterium der „Unabhängigkeit" wird dort nur begrifflich aufgenommen. Dies spricht eindeutig für eine Auslegung von Art. R 17 dahin, dass die jeweiligen Inhalte einer Norm zu diesem Begriff einer Auslegung zugänglich sind – also geschaut werden kann, wo in der Norm die Unabhängigkeit, ggf. unter welcher anderen Begrifflichkeit angesprochen oder weiter konkretisiert wird. Soweit es allerdings bei der Begriffsveränderung oder Konkretisierung in der Norm dann auch zu einer inhaltlichen Abweichung zu den jeweiligen (abschließend festgelegten) Kriterien/Anforderungen des Art. R 17 kommt, nehmen diese Erweiterungen/Konkretisierungen dann nicht mehr an der Vermutungswirkung teil. Es kann sich demnach so verhalten, dass eine Norm die Unparteilichkeit (= Unabhängigkeit) verlangt, dass aber die darin angesprochenen Kriterien nicht für die Vermutungswirkung ausreichen, da die darunter benannten Normanforderungen inhaltlich den Umfang des Anforderungskatalogs aus Art. R 17 nicht erfüllen.

3.5   Alternative Konformitätsvermutung

In den Richtlinien des „New Approach" wird nur darauf verwiesen, dass von der Einhaltung der zwingend vorgeschriebenen grundlegenden Sicherheitsanforderungen auszugehen ist, wenn die Produkte einschlägigen Normen entsprechen.

Dennoch wird kein Hersteller gezwungen, seine Produkte nach europäischen Normen oder europäisch anerkannten nationalen Normen herzustellen. Es bleibt den Produzenten selbst überlassen, wie sie die Anforderungen der Richtlinien erfüllen. Produzieren die Hersteller allerdings nicht nach den Normen, so wird ihnen vorgeschrieben, für den Nachweis der grundlegenden Anforderungen unabhängige Stellen einzuschalten, die die Einhaltung der Rechtsvorschriften überprüfen und bescheinigen. Zur Ausstellung der Zertifikate sind nur solche Stellen berechtigt, die von den Mitgliedstaaten für die Prüfung und Zertifizierung der entsprechenden Produkte benannt und allen anderen Mitgliedstaaten sowie der Kommission mitgeteilt wurden.

Richten sich die Hersteller nach den Normen, so wird in den Richtlinien nach „Neuer Konzeption" im Allgemeinen nur die Herstellererklärung als Nachweis für die Einhaltung der grundlegenden Anforderungen verlangt. Diese Wahlmöglichkeit besteht jedoch nicht für alle Produktarten oder -typen, nach denen in den sektoralen Richtlinien[3] unterschieden wird. Je nach Produktart und den zu berücksichtigenden Sicherheitsaspekten kann – unabhängig von der Übereinstimmung mit einschlägigen Normen – auch die Zertifizierung durch eine benannte Stelle vorgeschrieben werden.

---

[3] Die einzelnen Produktsektoren sind: 1. einfache Druckbehälter, 2. Spielzeug, 3. Bauprodukte, 4. elektromagnetische Verträglichkeit von IT-Produkten, 5. Maschinen, 6. persönliche Schutzausrüstungen, 7. nicht selbsttätige Waagen, aktive implantierbare medizinische Geräte, Gasverbrauchseinrichtungen, Telekommunikationsendeinrichtungen.

Die Behörden der Mitgliedstaaten haben aber dann von der Übereinstimmung des Erzeugnisses mit den grundlegenden Anforderungen der jeweiligen Richtlinie auszugehen, wenn eine der den Herstellern in der entsprechenden Richtlinie zur Wahl stehenden Bescheinigungen vorgelegt werden kann. Sie haben also die Zertifikate grundsätzlich zu akzeptieren und dürfen die Wahlmöglichkeit weder für inländische, noch für Hersteller oder Importeure eingeführter Erzeugnisse einschränken.

Bei berechtigten Zweifeln können die Behörden der Mitgliedstaaten allerdings Angaben über die durchgeführte Sicherheitsprüfung von den Herstellern verlangen, wenn lediglich eine Herstellererklärung ausgestellt wurde.

3.6 Die Auswahl der Überprüfungsart

Für jede Produktart sollen den Herstellern in den sektoralen Richtlinien verschiedene standardisierte Verfahren zur Auswahl gestellt werden. Es muss aber gewährleistet sein, dass bei Anwendung der zur Auswahl stehenden Verfahren die Übereinstimmung der Produkte mit den grundlegenden Anforderungen der Richtlinie festgestellt werden kann. Die Verfahren sollen nur dann durch einzelne Richtlinien verändert werden, bzw. durch zusätzliche Bestimmungen innerhalb der Richtlinien ergänzt werden, wenn es die besondere Sachlage einer Produktart erfordert.

Die zur Auswahl stehenden standardisierten Bewertungsverfahren werden in den Anhängen der sektoralen Richtlinien unter den folgenden Titeln aufgeführt:

- Interne Fertigungskontrolle mit und ohne Einschaltung einer benannten Stelle,
- Baumusterprüfung,
- Konformität mit der Bauart,
- Qualitätssicherung Produktion,
- Qualitätssicherung Produkt,
- Prüfung der Produkte,
- Einzelprüfung,
- umfassende Qualitätssicherung.

Für das Inverkehrbringen der unter eine Richtlinie nach „Neuer Konzeption" fallenden Produkte sind die Ausstellung der Herstellererklärung und die Kennzeichnung des Erzeugnisses durch den Hersteller mit dem CE-Zeichen zwingend vorgeschriebene Voraussetzung. Wird außerdem die Zertifizierung durch eine benannte Stelle verlangt, muss für den Vertrieb des Produkts auch die Bescheinigung der durchführenden Stelle vorliegen.

Falls eine oder mehrere Stellen zur Überwachung eingeschaltet wurden, steht hinter dem CE-Zeichen die Kennnummer der eingeschalteten Stelle. Die Anbringung anderer Zeichen ist erlaubt (bspw. des deutschen GS-Zeichens für „Geprüfte Sicherheit"), sofern sie die Lesbarkeit des CE-Zeichens nicht beeinträchtigen und sich auch eindeutig davon unterscheiden. Bestimmungen bezüglich des Schriftbildes des CE-Zeichens, der Mindestgröße und der Anbringungsweise sind in der Verordnung geregelt.

3.7 Erläuterungen des Modularen Konzepts

Die Anwendung der einzelnen Module ist von der Intensität der Gefahr, die von einem Produkt ausgehen kann, abhängig. In jeder EU-Richtlinie, die nach der Verabschiedung des „Globalen Konzepts" geschaffen wurde, ist für ihren Geltungsbereich festgelegt, welche nach dem „Globalen Konzept" möglichen Verfahren vom Hersteller benutzt, ausgewählt werden dürfen.

Bei der Entwicklung der einzelnen Module wurde davon ausgegangen, dass sich bei einem Herstellungsverfahren die Konformitätsbewertung immer auf zwei Stufen bezieht, und zwar auf die Entwicklungsstufe und die Produktionsstufe. Für jede dieser zwei Stufen gibt es dann modulare Verfahren.

Der Vorstellung der einzelnen Module oder Bausteine ist demnach der Hinweis voranzustellen, dass die Wahlmöglichkeit für den Hersteller nur in dem Umfang besteht, wie die jeweilige Richtlinie sie zulässt. Die einzelnen Maßnahmen oder Module können zu einem kompletten Verfahren zusammengestellt werden. Für die gleiche Funktion können in einer Richtlinie mehrere Module vorgesehen sein, wobei die Ergebnisse einen bestimmten Äquivalenzgrad aufweisen sollen. Die Module beziehen sich auf:

- Herstellererklärung[4]
- Drittprüfung und Zertifizierung,
- Baumusterprüfung mit anschließender Herstellererklärung und Produktionsüberwachung,
- Baumusterprüfung mit anschließender Herstellererklärung und bestehendem zertifiziertem Qualitätssicherungssystem beim Hersteller.

3.8 Module

Die Module im Einzelnen:

- Interne Fertigungskontrolle (Modul A)
- EG-Baumusterprüfung (Modul B)
- Konformität mit der zugelassenen Bauart (Modul C)
- Qualitätssicherung Produktion (Modul D)

---

[4] Der Begriff „Herstellererklärung" (Manufactories declaration) wird international nicht verwandt. Das vorgestellte System wurde in den Mitgliedstaaten der Union durch gesetzliche Vorschriften übernommen. In Deutschland ist dies durch das Produktsicherheitsgesetz und durch das Akkreditierungsstellengesetz geschehen. In den Anlagen sind die in deutsche Rechtsverordnungen umgesetzten europäischen Richtlinien aufgeführt. Im Akkreditierungsstellegesetz ist das Verfahren zur Überprüfung der Zertifizierungsstellen geregelt. Anders als die Zertifizierungsstellen müssen die Mitgliedstaatlichen Akkreditierungsstellen staatliche Stellen oder – wie in Deutschland die DAkkS –staatlich beliehene Stellen sein.

- Qualitätssicherung Produkt (Modul E)
- Prüfung der Produkte (Modul F)
- Einzelprüfung (Modul G)
- Umfassende Qualitätssicherung (Modul H)

3.8.1 Modul A: Interne Fertigungskontrolle

Dieses Modul betrifft sowohl die Entwurfs- als auch die Produktionsstufe. Der Hersteller erklärt hier, ohne Einschaltung dritter Stellen, dass die Produkte den Anforderungen der betreffenden Richtlinie entsprechen, und hält technische Unterlagen zur Verfügung, aus denen Konstruktion, Herstellung und Betrieb des Erzeugnisses ersichtlich sind. Die technischen Unterlagen müssen nationalen Behörden für mindestens zehn Jahre nach Herstellung des letzten Produktes zu Kontrollzwecken zur Verfügung gehalten werden. Der Hersteller bringt an den Erzeugnissen die CE-Kennzeichnung an und stellt die Konformitätserklärung aus.

3.8.2 Modul B: EG-Baumusterprüfung

Dieses Modul bezieht sich lediglich auf die Entwurfsstufe und muss von einem der Module C bis F begleitet sein. Eine benannte Stelle bestätigt und bescheinigt, dass ein für die geplante Produktion repräsentatives Muster den Vorschriften der anzuwendenden Richtlinie entspricht. Sie prüft die technischen Unterlagen, die zum Nachweis der Konformität mit den Bestimmungen der Richtlinie erforderlich sind. Die benannte Stelle muss sich dabei auf das für den Konformitätsnachweis erforderliche Minimum beschränken und stellt abschließend eine EG-Baumusterprüfbescheinigung aus. Die CE-Kennzeichnung wird in dieser Phase nicht angebracht.

3.8.3 Modul C: Konformität mit der zugelassenen Bauart

Dieses Modul bezieht sich nur auf die Produktionsstufe, deren Entwurfsphase durch die gerade beschriebene EG-Baumusterprüfbescheinigung abgesichert wurde. Der Hersteller versichert und erklärt, dass das betreffende Produkt mit der Bauart übereinstimmt, die in der EG-Baumusterprüfbescheinigung beschrieben wurde, und dass es den Anforderungen der betreffenden Richtlinie entspricht. Der Hersteller bringt dann die CE-Kennzeichnung an die Produkte an und stellt die Konformitätserklärung aus. Ferner kann die Richtlinie Stichproben bei den Produkten vorschreiben.

3.8.4 Modul D: Qualitätssicherung Produktion

Das Modul bezieht sich nur auf die Produktionsstufe. Bei Verwendung ohne die EG-Baumusterprüfung müssen die Teile des Moduls A eingefügt werden, damit die technischen Unterlagen in dieses Modul aufgenommen werden können. Der Hersteller versichert und erklärt, dass die betreffenden Produkte mit der Bauart übereinstimmen, welche in der EG-Baumusterbescheinigung beschrieben wurde bzw. dass die grundlegenden Anforderungen erfüllt sind und Übereinstimmung mit der geltenden Richtlinie besteht. Er unterhält ein QS-System für Fertigung, Endabnahme und Prüfung. Der Hersteller bringt die CE-Kennzeichnung an den Erzeugnissen an und stellt eine Konformitätserklärung aus.

3.8.5 Modul E: Qualitätssicherung Produkt

Dieses Modul bezieht sich ebenfalls nur auf die Produktionsstufe. Üblicherweise wird es in Verbindung mit einer EG-Baumusterprüfung angewandt, es kann jedoch auch unter denselben Bedingungen wie bei Modul D allein bzw. in Verbindung mit Teilen des Moduls A zur Anwendung kommen. Der Hersteller versichert und erklärt, dass die betreffenden Produkte mit der Bauart übereinstimmen, welche in der EG-Baumusterbescheinigung beschrieben wurde, bzw. dass die grundlegenden Anforderungen erfüllt sind und die Produkte den Anforderungen der geltenden Richtlinie entsprechen. Der Hersteller unterhält ein zugelassenes QS-System für Endabnahme und Prüfung, nach dem alle Erzeugnisse einzeln untersucht und geprüft werden. Er bringt die CE-Kennzeichnung an den Erzeugnissen an und stellt eine Konformitätserklärung aus.

3.8.6 Modul F: Prüfung der Produkte

Das Modul bezieht sich nur auf die Produktionsstufe. Normalerweise wird es in Verbindung mit einer EG-Baumusterprüfung durchgeführt, es kann jedoch auch unter denselben Bedingungen wie bei Modul D allein zur Anwendung kommen. Die benannte Stelle prüft und bescheinigt, dass die betreffenden Produkte mit der Bauart übereinstimmen, welche in der EG-Baumusterbescheinigung beschrieben wurde, bzw. dass die grundlegenden Anforderungen erfüllt sind und den Anforderungen der geltenden Richtlinie entsprochen wird.

Der Hersteller kann sich hier entweder für eine Prüfung jedes Produktes (Einzelprüfung) oder für eine statistische Prüfung entscheiden. Für letztere Option muss er alle erforderlichen Maßnahmen treffen, um einen einheitlichen Herstellungsprozess zu erreichen; der Herstellungsprozess muss in Übereinstimmung mit der durch die Baumusterprüfung beschriebenen Bauart stehen bzw. die Übereinstimmung der Produktion mit den technischen Unterlagen garantieren. Die CE-Kennzeichnung wird durch das Zeichen der benannten Stelle ergänzt. Die CE-Kennzeichnung wird entweder durch die benannte Stelle oder durch den Hersteller selbst entsprechend den Bestimmungen der Richtlinie an die Produkte angebracht. Die benannte Stelle stellt die Konformitätsbescheinigung aus.

3.8.7 Modul G: Einzelprüfung

Dieses Modul betrifft sowohl die Entwurfs- als auch die Produktionsstufe. Es findet normalerweise in der Einzelfertigung oder bei Kleinserienproduktionen Anwendung. Die benannte Stelle prüft und bescheinigt, dass das betreffende Produkt die Anforderungen der geltenden Richtlinie(n) erfüllt. Die benannte Stelle bringt die CE-Kennzeichnung an und stellt eine Konformitätserklärung aus. Die CE-Kennzeichnung wird durch das Zeichen der benannten Stelle ergänzt.

3.8.8 Modul H: Umfassende Qualitätssicherung

Dieses Modul der umfassenden bzw. vollständigen Qualitätssicherung betrifft sowohl die Entwurfs- als auch die Produktionsstufe. Der Hersteller gewährleistet und erklärt, dass die betreffenden Produkte den Anforderungen der geltenden Richtlinie entsprechen. Er unterhält ein zugelassenes QS-System für Entwurf, Fertigung, Endabnahme und Prüfung. Die Richtlinie kann den Hersteller in bestimmten Fällen verpflichten, eine benannte Stelle damit zu beauftragen, die Konformität des Entwurfs mit den Anforderungen der Richtlinie zu prüfen und zu bestätigen. Er bringt die CE-Kennzeichnung an den Erzeugnissen an und stellt eine Konformitätserklärung aus. Die CE-Kennzeichnung wird durch das Zeichen der benannten Stelle, die die EG-Kontrolle durchführt, ergänzt.

Für das deutsche Produktsicherheitsgesetz gelten genau dieselben Anforderungen und Prozesse. Es gibt keine Abweichung im Produktsicherheitsgesetz von europäischen Regeln. Die bedeutsamen Richtlinien sind bislang vollinhaltlich in deutsche RechtsVO umgesetzt wurden und schon jetzt und künftig umfassend werden diese Regelungen als europäische Verordnungen erlassen, die ohnehin unmittelbar den Mitgliedstaat binden.

3.9 Neue MASCHINENVERORDNUNG

3.9.1 Einleitung

Die nach wie vor bedeutsamste Produktsicherheitsrichtlinie ist die Maschinenrichtlinie; sie ist erheblich überarbeitet und als VO erlassen worden, die aber hinsichtlich ihrer inhaltlichen Regelungen erst ab Anfang 2027 in Kraft.

Die Maschinenrichtlinie, die im Jahr 2006 veröffentlicht wurde, im Jahr 2009 in Kraft trat, bildet das Kernstück des geregelten Rahmens, für das in Verkehr bringen von Maschinen innerhalb des Binnenmarktes.

Schon im Jahr 2016 wurde diese Richtlinie überprüft. Es wurde unter Einbeziehung der Stakeholder festgestellt, dass die Richtlinie sachdienlich und wirksam ist, dass sie effizient ist und auch jeweils mit dem europäischen und nationalen Recht kohärent ist.

Gleichzeitig wurde jedoch festgestellt, dass ein nicht unerhebliche Anpassungsbedarf besteht.

Spezifische Ziele der Überarbeitung waren dann auch die Berücksichtigung von Risiken, die sich aus der Anwendung neuer Technologien, insbesondere KI, ergeben. Mehr rechtliche Klarheit sollte auch in Bezug auf den Anwendungsbereich der Verordnung, auf die Definitionen und Begriffsbestimmungen geschaffen werden.

3.9.2 Änderungen

Hinsichtlich der Änderungen sind insbesondere zu erwähnen:

Die Ergänzung des Anwendungsbereiches der Maschinenverordnung durch den Art. 2 Abs. 1 auf auch zu den Maschinen „dazugehörige Produkte";

die Struktur der Verordnung wurde im Vergleich zur Maschinenrichtlinie vielfachen Änderungen unterzogen, insbesondere:

die grundlegenden Sicherheits- und Gesundheitsschutzanforderungen werden in der Verordnung nunmehr im Anhang III geregelt.

Der Anhang I enthält dann eine Liste von Maschinen und dazugehörigen Produkten der Kategorien A und B (Hochrisikomaschinen) für die der Art. 25 der Verordnung mögliche Konformitätsbewertungsmodule vorschreibt.

Für diese Maschinen genügt eine Selbstüberprüfung durch den Hersteller und eine entsprechende Dokumentation nicht, sie müssen von dritter Seite zertifiziert werden, um nach dem Produktsicherheitsrecht auf den Markt gelangen zu können. Die genauen Untersuchungsanforderungen werden dann in Art. 25 benannt bzw. es werden die Konformitätsbewertungsmodule dort angegeben.

Erinnert sei in diesem Zusammenhang an die entsprechende „Modulverordnung", die insgesamt 9 Module enthält und entsprechend der Gefahr, der durch eine Maschine geschaffenen Risiken dann von Modul zu Modul immer weitere Anforderungen stellt.

Ausführlich geregelt ist nun auch, dass die Verordnung nicht auf 2, 3 und 4-rädrige Fahrzeuge anwendbar ist. Hier bleibt es bei der Anwendung der Verordnung (EU) 2018/858 bzw. der Verordnungen (EU) 167/2013 und 168/2013.

Die Überprüfung bzw. Zulassung von Kraftfahrzeugen ist also aus der Maschinenverordnung nun klar umschrieben ausgeschieden. Dies wurde regelmäßig bislang auch im Hinblick auf die Richtlinie so ausgelegt, die Richtlinie war aber unklar.

Geregelt ist auch nach Art. 3 Abs. 16 der Verordnung, dass im Falle einer „wesentlichen Modifikation" erneut eine Zertifizierung stattzufinden hat. Diese wesentliche Modifikation liegt immer dann vor, wenn eine vom Hersteller nicht vorhersehbare oder geplante physisch oder digitale Änderung einer Maschine oder auch nur eines dazugehörigen Produkts nach in Verkehr bringen oder Inbetriebnahme vorgenommen wird und dadurch die Sicherheit durch Schaffung einer neuen Gefahr beeinträchtigt oder die Erhöhung des Risikos herbeigeführt wird.

Diese Vorgaben sollen aber nicht für die von den Verbrauchern selbst herbeigeführten wesentlichen Veränderungen an für den Eigengebrauch genutzten Maschinen gelten. Diese Formulierung ist allerdings sehr missverständlich.

Neu formuliert wurden auch die Anforderungen der zuvor schon genannten Klassen A und B, also die Einordnung der Maschinen als sehr gefährliche Gerätschaften:

Unter der Klasse A erfasst Anhang 1 nunmehr im Wesentlichen tragbare, mit Kartuschen betriebene Befestigungs- und andere Schlagmaschinen sowie Sicherheitsbauteile und eingebettete Systeme, die Sicherheitsfunktionen wahrnehmen und mit vollständig oder teilweise selbstentwickelten Verhalten unter Verwendung von Ansätzen des Maschinenlernens ausgestattet sind.

Von Bedeutung ist, dass zu diesen Sicherheitsbauteilen auch (Anhang 2 Nr. 18) die Software gehört, soweit sie Sicherheitsfunktionen beinhaltet, sowie auch bestimmte KI-Anwendungen.

Von großer Bedeutung, auch über die Regelungen der Maschinenverordnung hinaus ist, dass der europäische Gesetzgeber hier auch Software als Produkt qualifiziert und den produktsicherheitsrechtlichen Regeln unterwirft.

Die Klasse B der Maschinen erfasst dann recht abstrakt formuliert Hochrisikomaschinen. Dabei bleibt es nach wie vor der europäischen Kommission nach Art. 5 Abs. 2 der Verordnung überlassen, die nicht abschließende Liste zu ergänzen, um sie stets auf dem Stand der Technik und Wissenschaft zu halten.

In Art. 25 Abs. 2 der Verordnung ist auch noch einmal umschrieben, dass Maschinen der Klasse A nur unter der Einbindung einer benannten Stelle (Zertifizierungsstelle) auf den Markt gelangen darf; benannt werden Modul B, Modul H, Modul G; Modul B bedeutet Baumusterprüfverfahren, Modul H bedeutet Konformität auf Grund einer umfassenden Qualitätssicherung und Modul G bedeutet Konformitätsbewertung auf der Grundlage einer Einzelprüfung.

Für die unter die Klasse B fallenden Produkte kann der Hersteller unter bestimmten Voraussetzungen auch nach dem Modul A verfahren (interne Fertigungskontrolle). Dies gilt aber nur unter der Voraussetzung, dass er die Maschine oder das dazugehörige Produkt nach den harmonisierten Normen konstruiert und baut und dabei alle einschlägigen grundlegenden Sicherheits- und Gesundheitsschutzanforderungen abgedeckt werden. andernfalls ist er gehalten eines für die Klasse A Maschinen vorgeschriebenen Verfahrens anzuwenden.

Die Verordnung geht auch insofern mit der „modernen Zeit", in dem die Dokumentation nicht mehr körperlich in Papierform festgehalten werden muss, sondern auch digital.

Für den Softwareeinsatz gibt es auch spezifische Regelungen:

Geregelt ist, dass die Maschinenverordnung auch auf Maschinen anwendbar ist, bei der noch das Aufspielen einer für die spezifische Anwendung der Maschine bestimmten Software fehlt. Es soll verhindert werden, dass der Hersteller derartige Maschinen als unvollständige Maschinen in den Verkehr bringt und wesentliche Sicherheitsanforderungen, die sich mit dem Aufspielen der Software ergeben, nicht berücksichtigt werden.

Sicherheitsanforderungen bzw. entsprechende Überprüfungen gibt es auch für den Bereich, wo Mensch und Roboter zusammenarbeiten und dadurch spezifische Gefahren für den Menschen entstehen. Sicherheits- und Gesundheitsanforderungen in Bezug auf den Kontakt von Mensch und Maschine wurden grundlegend angepasst.

Weiterhin behandelt die Verordnung den Bereich möglicher Risiken, die von den Maschinen ausgehen, die mit dem Internet verbunden sind. Hier muss cybersicher konstruiert sein, sodass der vernetzte Einsatz nicht zu gefährlichen Situationen führen kann. Geregelt ist, dass die Maschine selbst Nachweise für ein rechtmäßiges oder auch unrechtmäßiges Eingreifen in die steuernde Software oder auch eine Änderung der installierten Software sammelt

Weiterhin hat der Hersteller eine vollständige Risikobewertung für Anwendungen des maschinellen Lernens durchzuführen. Die zu erwartenden

Ergebnisse sind einer Risikoanalyse zu unterziehen.

3.10 Haftung der Zertifizierer

Die Konformitätsbewertungsstellen sind für die Marktfreigabe des Produkt verantwortlich und zwar europaweit. Sie tragen somit Verantwortung für die Versorgung des Marktes mit sicheren Gütern. Damit stellt sich die Frage, in welchem Umfang sie auch haftungsrechtlich verantwortung tragen.

Der Europäische Gerichtshof hat als Voraussetzung für eine Haftung der Zertifizierer die Beachtung des Äquivalenzprinzips verlangt. Damit ist nach den Entscheidungen verlangt, dass die Haftung im Zusammenhang mit einer Pflichtverletzung aus dem Prüfungsauftrag stehen muss. Der Zertifizierer ist danach nicht für umfassend sichere Produkte bzw. regelkonforme Produktionsprozesse verantwortlich, sondern seine Verantwortung muss im Zusammenhang mit dem ihm gesetzlich oder vertraglich abverlangten Prüfpflichten stehen.[5] Diese Forderung ist nur eine Bestätigung dafür, dass Haftung eine Pflichtverletzung zur Voraussetzung hat. Der europäische Gerichtshof und dies bestätigend der deutsche Bundesgerichtshof begründen eine Haftung der Zertifizierungsstelle deshalb ausdrücklich nur im Rahmen[6] einer „äquivalenten" Inanspruchnahme; die Zertifizierungsstelle trägt Verantwortung im Rahmen ihres Prüfauftrages; die Stelle ist nicht generell für fehlerhaft Produkte bzw. Produktionsprozesse verantwortlich.

Der Pflichtenbereich, also der Verantwortungsbereich, kann sich dabei aus dem mit dem Hersteller geschlossenen Vertrag oder aus Rechtsvorschriften ergeben. Diese Bestim-

---

[5] so auch der Schlussantrag des Generalanwalts zur Entscheidung des EuGH in Sachen fehlerhafter Brustimplantate; EuGH , Schlussantrag v. 15.09.2016 – C-219/15.
[6] „vorbehaltlich"; siehe EuGH Rechtssache C-219/15 vom 16.02.2017, Elisabeth Schmitt./.TÜV Rheinland LGA Products GmbH, Rdnr. 59.

mung des Verantwortungsbereiches hat nicht nur Bedeutung für die Haftungssituation der Zertifizierungsstellen, sondern ist Voraussetzung für alle deliktisch oder vertraglich begründeten Haftungsfälle.

Der europäische Verordnungsgeber hat diese Voraussetzung im Zusammenhang mit der Zertifizierung im sog. geregelten Bereich (z. B. bei Medizinprodukten, Maschinen, Kinderspielzeug etc.) auch berücksichtigt.

Im Beschluss 768/2008/EG[7] sind sog. Prüfmodule enthalten, die als Vorlage für den Umfang einer Prüfung auf dem Anwendungsgebiet der Sicherheitsrichtlinien (durch die Ermächtigungsgrundlage im Produktsicherheitsgesetz in deutsche Rechtsverordnungen umgesetzt) dienen. Diese dann in die einzelnen Richtlinien/Verordnungen übernommenen Anforderungen an die Prüfung sind dann auch der Pflichtenbereich deren vorwerfbare Nichtbeachtung zur Haftung für Folgeschäden führt.

Um es anhand einer jüngeren Entscheidung des Europäischen Gerichtshofs zu verdeutlichen: In der Entscheidung Yonemoto[8] hat der Gerichtshof festgestellt, dass nationale Rechtsvorschriften, die einem anderen Beteiligten als dem Hersteller eine Art von pauschaler Haftung auferlegen, nicht akzeptabel sind, dass solche Rechtsvorschriften dagegen aber eine Haftung auferlegen können, die sich auf in den Rechtsvorschriften präzise geregelte Verpflichtungen beschränkt.

Die Rechtsprechung des Gerichtshofs bezieht sich unmittelbar nur auf europäische Harmonisierungsrechtsvorschriften (namentlich z. B. die Medizinprodukteverordnung, die Maschinenrichtlinie, die Spielzeugrichtlinie und viele mehr), insofern ist sie zwingend. Die Rechtsprechung hat aber sicher auch Bedeutung für die Beurteilung eines Haftungssystems generell. Es gibt keine Unterschiede, soweit nur erkennbar ist, dass die Rechtsvorschrift aus der sich eine entsprechende Prüfpflicht des Zertifizierers ergibt, auch zum Schutz der das jeweilige Produkt nutzenden Dritten besteht.

- Von Bedeutung ist insofern, dass die Haftung eine vom Verschulden abhängige Haftung bleiben muss, andernfalls kollidiert sie mit europäischem Recht. Eine Verschärfung der Haftung für Zertifizierer ist auf der Ebene der Mitgliedstaaten nicht möglich.
- Weiterhin ist von Bedeutung, dass die Haftung des Zertifizierers auf die Verletzung seiner Prüfpflicht begrenzt bleiben muss (sie muss äquivalent zu seinem Auftrag sein).[9]

Der weitere Haftungstatbestand, Vertrag mit Schutzwirkung zugunsten Dritter, hat ähnliche Voraussetzungen. Soweit die Vertragsauslegung ergibt, dass die Überprüfung auch im Interesse Dritter geschieht, führt die Verletzung auch zu einer verschuldensabhängigen Haftung gegenüber dem Dritten.

Wie weit der Schutzzweck geht, ist im Vertragsrecht durch Auslegung des Vertrages zu ermitteln. Entscheidend soll sein, „ob die Pflicht zur mangelfreien Zertifizierung den An-

---

[7] Beschluss zur VO 765/2008/EG.
[8] vom 08.09.2005;C-40/04, EU: C: 2005/519.
[9] So der EuGH, in ständiger Rechtsprechung.

tragsteller auch davor schützen soll, wegen Mängeln des Zertifizierungsgegenstandes … von Dritten in Anspruch genommen zu werden, wenn die Zertifizierung den mangelhaften Teil betrifft".[10]

Das OLG München hat geurteilt, dass die Prüfpflicht der Zertifizierungsstelle den Hersteller auch davor schützen soll, mangelhafte Produkte in den Verkehr zu bringen.[11] Die Verantwortung der Prüfstelle ist aber auf den Umfang der vertraglich oder gesetzlich begründeten Prüfverpflichtung begrenzt.

Der Bundesgerichtshof hat auch weitere Anspruchsvoraussetzungen im Interesse der Geschädigten gelockert. So ist es nicht mehr erforderlich, dass der vertragswidrig Handelnde

Die Dritten nach Zahl und weiteren individuellen Merkmalen kennt; Erkennbarkeit von Gefährdungssituationen bei abstrakter Eingrenzung des betroffenen Personenkreises reicht aus.

Es genügt, dass der Zertifizierer weiß oder hätte wissen können, dass bei fehlerhafter Prüfung und entsprechender Freigabe des Produkts ein bestimmter Personenkreis verletzt werden kann.[12]

„In seiner jüngsten Entscheidung zur Haftung der „Benannten Stelle" gegenüber Patientinnen im Zusammenhang mit dem Austausch von Silikonbrustimplantaten hat der BGH die Haftung auf der Grundlage des Vertrages mit Schutzwirkung zugunsten Dritter verneint. Auf der Grundlage des für den Fall gegenständlichen Sachverhalts stellte der BGH darauf ab, dass es dem Hersteller nur darum gegangen sei, ihm durch die Zertifizierung den Marktzugang zu eröffnen, außerdem sei nicht vorgetragen, dass die Patientinnen überhaupt von der Zertifizierung des Herstellers Kenntnis hatten."

Bei Berücksichtigung des Verhaltens des Herstellers, der bewusst über die Beschaffenheit seines Produkt getäuscht hat, ist die Entscheidung verständlich. Dem Hersteller konnte es bei seinem Vertragsschluss mit der Prüfstelle nicht darum gehen, im Falle seiner Inanspruchnahme durch geschädigte Kundinnen die Benannte Stelle in Regress zu nehmen; dies wäre sicher durch sein betrügerisches Handeln ausgeschlossen gewesen.

Zu Recht unterstellt der BGH bei solch einem Verhalten, dass kein Interesse des Herstellers nach Einbeziehung seiner Kunden oder deren Krankenversicherungen in den Schutzbereich des mit der Stelle geschlossenen Vertrages bestand.

In derselben Entscheidung bekräftigt der BGH die Anwendung von § 823 II BGB bei fehlerhafter, pflichtwidriger Prüfung: „Die Ablehnung einer deliktischen Haftung der Benannten Stelle bei schuldhaften Pflichtverletzungen würde dem Sinn und Zweck des Konformitätsbewertungsverfahrens … infrage stellen und seine Bedeutung entwerten"

---

[10] Hoffmeyer, Die zivilrechtliche Haftung von Zertifizierungsstellen, Hamburg 2015, S. 147.
[11] OLG München, BeckRS, 25283.
[12] vgl. BGH 133,75, 868; 85, 2411 f.; weitere Nachweise zur Rechtsprechung bei Stadler, in: Jauernig, BGB 16. Aufl.,2015, § 328, Rdnr. 24 u. 26

(BGH a. a. O.); es bestehe die Notwendigkeit, dass die Benannte Stelle im Falle einer nachlässigen Prüfung im Falle der Schädigung Dritter auch haften müsse.

Damit ist gemeint- der Rechtsprechung des EuGH folgend -, dass der Zertifizierer nur für die Verletzung der ihm gegenüber bestehenden (Prüf-) Pflichten haftet. Eine pauschale Haftung der Stellen für fehlerhafte Produkte darf es nach der Rechtsprechung von EuGH und BGH nicht geben. Gesetzlich auferlegte Pflichtenbereiche für die Zertifizierung müssen auch präzise den Verantwortungsbereich festlegen.[13]

Der europäische Verordnungsgeber hat diese Voraussetzung im Zusammenhang mit der Zertifizierung im sog. geregelten Bereich (z. B. bei Medizinprodukten, Maschinen, Kinderspielzeug etc.) auch berücksichtigt. Im Beschluss 768/2008/EG[14] sind sog. Prüfmodule enthalten, die als Vorlage für den Umfang einer Prüfung auf dem Anwendungsgebiet der Sicherheitsrichtlinien (durch die Ermächtigungsgrundlage im Produktsicherheitsgesetz in deutsche Rechtsverordnungen umgesetzt) dienen. Diese in die einzelnen Richtlinien/Verordnungen übernommenen Anforderungen an die Prüfung sind dann auch der Pflichtenbereich, deren vorwerfbare Nichtbeachtung zur Haftung für Folgeschäden führt.

Die Haftung der Zertifizierer (Konformitätsbewertungsstellen) ist durch gesetzliche und vertragliche Haftungstatbestände sichergestellt. Eine Verschärfung der Haftung durch neue Gefährdungshaftungstatbestände (Haftung ohne Verschulden) ist auf nationaler Ebene nicht möglich. Die Einführung weiterer Gefährdungshaftungstatbestände ist der europäischen Union vorbehalten.

Eine Verschärfung der Haftung im Hinblick auf eine generelle Verantwortung für die Konformität des jeweiligen Produkts ist nach der Rechtsprechung des europäischen Gerichtshofs, der auch der Bundesgerichtshof folgt, rechtswidrig.

Der Europäische Gerichtshof hat als Voraussetzung für eine Haftung der Zertifizierer in den beiden zitierten Entscheidungen die Beachtung des Äquivalenzprinzips verlangt.

Damit ist nach den Entscheidungen verlangt, dass die Haftung im Zusammenhang mit einer Pflichtverletzung aus dem Prüfungsauftrag stehen muss. Der Zertifizierer ist danach nicht für umfassend sichere Produkte bzw. regelkonforme Produktionsprozesse verantwortlich, sondern seine Verantwortung muss im Zusammenhang mit dem ihm gesetzlich oder vertraglich abverlangten Prüfpflichten stehen.

Der Pflichtenbereich, also der Verantwortungsbereich, kann sich dabei aus dem mit dem Hersteller geschlossenen Vertrag oder aus Rechtsvorschriften ergeben. Diese Bestimmung des Verantwortungsbereiches hat nicht nur Bedeutung für die Haftungssituation der Zertifizierungsstellen, sondern ist eine allgemeingültige/anerkannte Voraussetzung für alle Haftungsfälle deren vorwerfbare Nichtbeachtung zur Haftung für Folgeschäden führt.

Soweit kritisiert wird, dass viele Produkte und Produktionsverfahren durch nicht akkreditierte Zertifizierer überprüft werden, ist diese Kritik darauf gerichtet, dass für mehr Pro-

---

[13] siehe nur EuGH Yonemoto, C-40/04, EU: C: 2005.519, Rdnr. 56 – 59 und den Schlussantrag des Generalanwalts im Fall Prüfung der Konformität von Medizinprodukten, vom 15.09.2016; C-219/15, Rdnr. 37.

[14] Beschluss zur VO 765/2008/EG.

dukte und eventuell auch Produktionsverfahren die Zertifizierung nur durch akkreditierte, also durch eine staatliche Stelle überprüfte Zertifizierer durchgeführt werden sollte.

Das durch europarechtliche Vorschriften eingeführte System für den sog. sensiblen Bereich (oder gesetzlich geregelten Bereich, wie Maschinenrichtlinie etc.), die Überprüfung nur durch akkreditierte Zertifizierer zuzulassen, müsste erweitert werden. Mit Blick auf eine globale Wertschöpfung müsste man sich dieses System auch in anderen Wirtschaftsräumen verstärkt zu Nutze machen. Stattdessen drängt die europäische Union ihre Handelspartner üblicherweise in Handelsabkommen dazu, eine bloße Erklärung europäischer Hersteller (Selbsterklärung) als Äquivalent zu einer unabhängigen Prüfung vor Ort (falls vorgeschrieben) zu akzeptieren.

Aus politischer Sicht ist hier ein Handlungsbedarf nachvollziehbar.

Es ist fraglich, ob Anforderungen an Handelswaren durch weitere Gesetze bestimmt werden müssen.

Soweit es um Produktionsbedingungen in Drittländern geht, fehlte es bislang an einer gesetzlichen Regelung, die den Marktzutritt verbieten könnte. Durch das verabschiedete Lieferkettengesetz kann zumindest ein mittelbarer Druck aufgebaut werden.

Die Anforderungen sind auch nicht neu, sie beruhen auf internationalen Konventionen, denen auch Deutschland beigetreten ist:

- Verbot von Kinderarbeit (Art. 10 UN-Sozialpakt, ILO-Kernarbeitsnormen 138 und 182),
- Verbot von Zwangsarbeit und Sklaverei (Art. 4 Menschenrechtsdeklaration, Art. 8 UN-Zivilpakt ILO-Kernarbeitsnormen 29 und 105),
- Recht auf einen existenzsichernden Lohn (Art. 23 Menschenrechtsdeklaration, Art. 7 UN-Sozialpakt, ILO-Kernarbeitsnormen 26 und 131),
- Recht auf menschenwürdige und sichere Arbeitsbedingungen (Art. 3 und 23 Menschenrechtsdeklaration, Art. 7 UN-Sozialpakt, ILO-Kernarbeitsnorm 155),
- Recht auf geregelte, nicht exzessive Arbeitszeit (Art. 24 Menschenrechtsdeklaration, Art. 7 UN-Sozialpakt, ILO-Kernarbeitsnorm 1)

Die Einschränkung der unternehmerischen Betätigung wäre ein Eingriff in das Grundrecht aus Art. 14 GG, die Berufsausübungstätigkeit wäre eingeschränkt: Eine gesetzliche Regelung wäre erforderlich Ob die Zugehörigkeit eines Staates zu einer internationalen Konvention ausreichen wird ist sehr zweifelhaft, weil diese Konventionen im Interesse der Allgemeinheit bestehen und demnach zumindest nicht unmittelbar einen bestimmten, identifizierbaren Personenkreis schützen wollen.[15]

Nun gibt es Abhilfe durch das (umstrittene) Lieferkettengesetz.

Was wird verlangt; zunächst Kritik:

Kenntnis des Herstellers von Produktionsbedingungen/Prozessabläufen in Drittländern ist schwer vorstellbar. Eine Zertifizierungstätigkeit für in Deutschland akkreditierte Stel-

---

[15] Palandt-Sprau, a. a. O. Rdnr. 58.

len ist auszuschließen. Das Risiko Prozessabläufe bzw. schlechte Arbeitsbedingungen sicher zu erkennen ist groß. Die Kosten für die entsprechende Akkreditierung und die Kosten für Auslandszertifizierungen, der zu erwartende Anstieg von Kosten für die Kontrolle, für die die Betriebshaftpflichtversicherung, dürfte den Preis der Waren ganz erheblich ansteigen lassen bzw. wäre von den ausländischen Unternehmen wohl nur sehr schwer zu tragen

Soweit ein gesichertes Akkreditierungsverfahren in Drittländern besteht, gibt es keine Probleme. Dies ist aber ganz regelmäßig nicht der Fall. Die Hürden dafür sind groß.

Die internationale Organisationen ILAC/IAF, unterhält selbst Regeln für eine fachlich qualifizierte und vertrauensvolle Akkreditierung. Weltweit gelten diese Organisationen bzw. die Orientierung an ihren Regelungen als hinreichende Gewährt für eine ordnungsgemäße Akkreditierung.

- IAF (International Accreditation Forum) im Bereich der Akkreditierung von Zertifizierungsstellen (Produkte, Systeme, Personal) und
- ILAC (International Laboratory Accreditation Cooperation) im Bereich der Akkreditierung von Prüf- und Kalibrierlaboratorien.

Aufgabe beider internationaler Vereinigungen ist es in erster Linie sicherzustellen, dass Akkreditierungsstellen nur diejenigen Konformitätsbewertungsstellen akkreditieren, welche die erforderliche Kompetenz aufweisen.

Technische Normen und Standards

Felix Will

Inhaltsverzeichnis

4.1 Begriffsbestimmung technische Normen und Standards 95
4.2 Technischer Normungs- und Standardisierungsorganisationen 97
4.3 Einordnung technischer Normen und Standards 102
4.4 Exkurs: Standardessenzielle Patente 107
Literatur 114

4.1 Begriffsbestimmung technische Normen und Standards

Technische Normen und Standards sind von privatrechtlichen Instituten, Verbänden oder Organisationen erstellte technische Regeln zur allgemeinen und wiederkehrenden Anwendung.[1] Ihre Tätigkeiten sind nicht durch Gesetze oder Verträge vorgegeben, sondern beruhen auf eigenen, selbst gegeben Satzungen oder Geschäftsordnungen.[2] Technische Normen und Standards fallen als private Aufgabe unter die Selbstverwaltung der Wirtschaft. Sie werden in Fachgremien bzw. Sachverständigenausschüssen durch Experten der jeweiligen Fachgebiete erarbeitet und sind das Ergebnis eines „formellen meinungsbildenden

---

[1] Vgl. DIN EN 45020:2007-03, Nr. 3.2; KOM 2011/C 11/55.
[2] Masuhr, S. 342.

F. Will (✉)
Dezernent, Regierungspräsidium Darmstadt, Darmstadt, Deutschland
E-Mail: felix.will@rpda.hessen.de

Prozesses".³ Technische Normen und Standards legen „Verhaltenspflichten oder Produkteigenschaften"⁴ in Form von Regeln, Leitlinien oder Merkmalen fest und beschreiben in detaillierten Anforderungen an einen Prozess oder Gegenstand, wie eine technische Frage oder ein Problem gelöst werden kann.⁵ Dies kann u. a. die Beschreibung von Prüf- und Messverfahren, z. B. in Prüfnormen/-standards sein, die Definition und Erläuterung von Begriffen, z. B. in Terminologienormen/-standards sowie Anforderungen an Produkte wie Beschaffenheit und Konstruktionsweise, z. B. in Qulitätsnormen/-standards.⁶ Darüber hinaus dienen technische Normen und Standards der Definition von Schnittstellen und technischen Sprachen, z. B. in Kompatibilitätsnormen/-standards. Im Bereich der Informations- und Kommunikationstechnik (IKT) ermöglichen sie damit die Interoperabilität zwischen Produkten verschiedener Hersteller und sind für die „Entwicklung neuer Produkte auf nachgelagerten Märkten"⁷ unerlässlich. Dabei haben technische Normen und Standards keinen Anspruch auf Ausschließlichkeit, d. h., andere, alternative technische Lösungen sind möglich.⁸ Sie erfüllen unterschiedliche Aufgaben wie Rationalisierungs-, Ordnungs-, Transparenz- und Konkretisierungsfunktionen oder aber auch Austausch- und Kompatibilitätsfunktionen.⁹

Die Begriffe technische Norm und Standard werden in der Literatur nicht kohärent verwendet. Es existiert keine „gesetzliche oder höchstrichterliche Definition".¹⁰ Darüber hinaus wird die Begriffsbestimmung durch divergente Meinungen in der Literatur erschwert.¹¹ Auch eine hohe Anzahl verschiedener Arten technischer Normen und Standards mit unterschiedlichen Zielsetzungen und Entstehungsprozessen sowie herausgebenden Organisationen erschweren eine Bestimmung.¹² Schon bei der Frage, ob eine Differenzierung angebracht ist, folgt die Literatur keiner einheitlichen Linie.¹³ Mitunter wird die Unterscheidung auf sprachliche Gepflogenheiten zurückgeführt, aber keine inhaltlichen Unterschiede anerkannt.¹⁴ Im deutschen Sprachraum wird traditionell der Begriff Norm dem Begriff Standard vorgezogen.¹⁵ Dies kann jedoch insb. im rechtswissenschaftlichen Kontext die Unterscheidung zur juristischen Norm bzw. Rechtsnorm erschweren. Daher soll

---

[3] Korp, S. 8; s. auch Appl, S. 123; Masuhr, S. 68.
[4] Masuhr, S. 36.
[5] Vgl. DIN EN 45020:2007-03, Nr. 1.1.
[6] González, S. 7 ff.; DIN 820-3:2021-02, Nr. 3.5; Scheel (2002), S. 128; KOM 2011/C 11/55.
[7] Hilty/Slowinski, GRUR Int. 2015, 781 (782).
[8] So auch in Verordnung (EU) Nr. 1025/2012, L 316/19.
[9] Korp, S. 5; Masuhr, S. 45 f..
[10] Burghartz, S. 33; auch in Pregartbauer, S. 3 f..
[11] So z. B. Appl, S. 17 ff.; Balitzki, S. 25 ff.; Burghartz, S. 32 ff.; Feller, S. 7 ff.; Hartmann, S. 7 ff.; Korp, S. 2 ff.; Kübel, S. 7 ff.; Maaßen, S. 9 ff.; Masuhr, S. 35 ff.; Pregartbauer, S. 3 ff.
[12] So auch Burghartz, S. 32 f.; Pregartbauer S. 3 f..
[13] Vgl. insb. Appl, S. 17; Burghartz, S. 32 f.; Masuhr, S. 35 f.; Maaßen, S. 9 f.; Pregartbauer, S. 5.
[14] Burghartz, S. 33 f..
[15] Burghartz, S. 32.; Pregartbauer, S. 5.

4 Technische Normen und Standards

im Folgenden, wenn von einer Norm im technischen Sinne die Rede ist, der Begriff technische Norm, verwendet werden. Wobei technisch in technische Norm nicht mit dem Begriff der Technizität z. B. des Patentgesetzes (PatG) als Anforderung an den technischen Charakter einer Patentanmeldung verstanden werden darf, sondern lediglich als Abgrenzung dienen soll.

Die Auffassung technische Norm und Standard seien als Synonyme anzusehen vertreten u. a. Burghartz, Feller, Korp und Balitzki.[16] Eine andere Meinung vertreten u. a. Maaßen, Pregartbauer und Kübel, die eine inhaltliche Differenzierung zwischen beiden Bezeichnungen als geboten sehen.[17] Dieser Auffassung ist zu folgen, denn eine Betrachtung als Synonym greift aufgrund der Vielzahl an Dokument- und Organisationsformen, Herausgebern und beteiligten Akteuren auf nationaler, europäischer und internationaler Ebene zu kurz. Die Verwendung beider Begriffe ermöglicht an gegebener Stelle differenzierte Betrachtungen.

4.2 Technischer Normungs- und Standardisierungsorganisationen

4.2.1 Staatlich anerkannte Normungsorganisationen

Eine technische Norm kann nach dem Selbstverständnis der herausgebenden Institutionen, darlegt z. B. in der DIN EN 45020:2007-03, definiert werden als ein „Dokument, das mit Konsens erstellt und von einer [staatlich] anerkannten Institution angenommen wurde und das für die allgemeine und wiederkehrende Anwendung Regeln, Leitlinien oder Merkmale für Tätigkeiten oder deren Ergebnisse festlegt".[18] Konsens ist dabei als „allgemeine Zustimmung [zu verstehen], die durch das Fehlen aufrechterhaltenen Widerspruches [der an der Erarbeitung beteiligten Experten der interessierten Kreise] gegen wesentliche Inhalte seitens irgendeines wichtigen Anteiles […] gekennzeichnet ist".[19] Die staatliche Anerkennung der Institutionen ist für die Länder der Europäischen Union (EU) in den Verordnungen (EU) Nr. 1025/2012 sowie Verordnung (EU) 2022/2480 zur Europäischen Normung geregelt. Eine weitere Besonderheit im Erarbeitungsprozess technischer Normung ist die Einbindung von Experten aller interessierten Kreise, die Möglichkeit der Öffentlichkeit zu Einspruch und Stellungnahme sowie das Vorgehen nach einem definierten Normungsprozess.[20] Technische Normung dient ausdrücklich dem „Nutzen der Allge-

---

[16] So Burghartz, S. 33 f.; Balitzki, S. 10; Feller, S. 7 f.; Korp, S. 4.
[17] So auch Kübel, S. 7 f.; Maaßen, S. 10 ff.; Pregartbauer, S. 3 f.
[18] DIN EN 45020:2007-03, Nr. 3.2.
[19] DIN EN 45020:2007-03, Nr. 1.7.
[20] Maaßen, S. 10; DIN (2020b), S. 39; DIN 820-3:2021-02, Nr. 3.1.3.

meinheit"[21] und „darf nicht zu einem wirtschaftlichen Sondervorteil Einzelner führen".[22] Alleinstellungsmerkmal und Abgrenzungskriterium technischer Normen ist damit die staatliche Anerkennung der erarbeitenden Organisationen und die damit einhergehenden verpflichtenden Anforderungen an den Erarbeitungsprozess wie den Vollkonsens aller interessierten Kreise.[23] Deshalb werden technische Normen staatlich anerkannter Normungsorganisationen auch als Vollkonsensstandards oder formelle Standards bezeichnet.[24]

4.2.1.1 Überblick relevanter Akteure technischer Normung

Nach Anhang 1 der Verordnung (EU) Nr. 1025/2012 sind die staatlich anerkannten Normungsorganisation das Europäische Komitee für Normung (CEN), das Europäische Komitee für elektrotechnische Normung (CENELEC) und das Europäische Institut für Telekommunikationsnormen (ETSI). Die Nationalstaaten wiederum unterhalten nach Nr. 2 Verordnung (EU) Nr. 1025/2012 nationale Normungsorganisationen, die nach dem Prinzip der nationalen Repräsentation bzw. Vertretung in den jeweiligen europäischen Normungsorganisationen eingebunden sind. Dies ist für die Bundesrepublik Deutschland das DIN Deutsches Institut für Normung e. V. (DIN) sowie die Deutsche Kommission Elektrotechnik Elektronik Informationstechnik in DIN und VDE (DKE). Darüber hinaus sind auf internationaler Ebene die Internationale Organisation für Normung (ISO), Pendant zu CEN, die Internationale Elektrotechnische Kommission (IEC), das internationale Pendant zu CENELEC, und die Internationale Fernmeldeunion (ITU), Pendant zu ETSI, zu nennen.[25]

4.2.1.2 Europäische Normungsorganisationen

Die drei anerkannten europäischen Normungsorganisationen sind gemeinnützige Vereine nach französischem (ETSI) bzw. belgischem (CEN und CENELEC) Recht. Die Arbeit erfolgt nach den Satzungen und internen Geschäftsordnungen sowie auf Basis einer 2003 mit der Europäischen Kommission geschlossenen Vereinbarung.[26] Die europäischen Normungsorganisationen werden finanziell weitgehend von ihren Mitgliedern getragen.[27] Bei CEN und CENELEC stammen im Jahr 2022 77 % sowie bei ETSI 73 % der Ein-

---

[21] DIN 820-1:2022-12, Nr. 4.
[22] Ebd.
[23] So auch Pregartbauer, S. 5 f.; Picht, S. 167 f..
[24] So z. B. Hartlieb et al., S. 75; DIN (2020b), S. 39.
[25] Verordnung (EU) Nr. 1025/2012, L 316/12, Nr. 3.
[26] Allgemeine Leitlinien für die Zusammenarbeit zwischen CEN, CENELEC und ETSI sowie der Europäischen Kommission und der Europäischen Freihandelsgemeinschaft vom 28. März 2003, s. KOM 2003/C 91/04.
[27] Masuhr, S. 76 f..

nahmen aus Mitgliederbeiträgen.²⁸ Die übrigen Zuwendungen stammen aus Mitteln der öffentlichen Hand.²⁹

ETSI wurde 1988 auf Betreiben der Europäischen Kommission gegründet und ist für Normung im IKT-Bereich zuständig. Die Mitgliedschaft bzw. Mitarbeit in den technischen Gremien steht unmittelbar einer Vielzahl von Akteuren offen, wie z. B. nationalen Normungsorganisationen, staatlichen Institutionen, aber auch Netzbetreibern, Herstellern, Forschungsinstituten und Anwendern. Im System der funktionalen Repräsentation bilden Vertreter der Wirtschaft mit knapp 60 % den größten Anteil, insb. mit 41 % Produzenten von Telekommunikationsanwendungen und mit 7 % Netzwerkbetreiber (2022).³⁰ Im Zeitraum 1992–2015 wurden 70 % aller weltweit als standardessenziell deklarierter Patente bei ETSI angemeldet.³¹ Bekannte standardisierte Technologiekomponenten von ETSI sind z. B. die Kommunikationsstandards 2G-GSM, 3G-UMTS, 4G und 5G.³²

CENELEC wurde 1973 gegründet und ist für elektrotechnische Normung zuständig. Das 1961 gegründete CEN ist „für diejenige europäische technische Normung zuständig, die nicht ETSI oder CENELEC"³³ obliegt. Anders als bei ETSI erfolgt die Mitgliedschaft nach dem Prinzip der nationalen Repräsentation. CEN und CENELEC fungieren als Dachorganisationen für die jeweiligen nationalen, staatlich anerkannten Normungsorganisationen der Länder des Europäischen Wirtschaftsraums (EWR). Diese bilden Spiegelgremien und erarbeiten nationale Stellungnahmen. Nach dem Delegationsprinzip entsenden sie Experten in die Gremien von CEN und CENELEC, welche dort die nationale Meinung vertreten. Unternehmen sind also hierbei, anders als bei ETSI, nicht direkt Mitglied bei CEN oder CENELEC, sondern in den jeweiligen nationalen Normungsorganisationen organisiert, in Deutschland ist dies DIN.³⁴

4.2.1.3 Nationale Normungsorganisation

DIN wurde 1917 gegründet und ist ein privatrechtlicher Verein, dessen Mitglieder Unternehmen und juristische Personen sind.³⁵ Nach dem 1975 zwischen DIN und der Bundesregierung geschlossenen Normenvertrag ist DIN „die zuständige Normungsorganisation für die Bundesrepublik Deutschland und wird von der Bundesregierung als die nationale Normungsorganisation in nichtstaatlichen, internationalen Normungsorganisationen"³⁶

---

[28] ETSI, S. 41; CEN, S. 10.
[29] Masuhr, S. 77.
[30] ETSI, S. 46.
[31] Pohlmann (2019), S. 86.
[32] European Commission (2014), S. 65.
[33] Korp, S. 9; s. auch Masuhr, S. 71.
[34] Pregartbauer, S. 6 f.; Masuhr, S. 71 f.; Korp, S. 9.
[35] Denl, S. 48 f.; Bahke (2006), S. 14.
[36] Bahke (2006), S. 22; auch in DIN (2020a), S. 28; Kleinemeyer, S. 164.

wie CEN, CENELEC und ETSI anerkannt. DIN finanziert sich zur 70 % aus eigenen Erträgen insb. den Verkauf von technischen Normen und Dienstleistungen, zu 13 % aus Projektmitteln der Wirtschaft, zu 11 % aus Projektmittel der öffentlichen Hand und zu 6 % aus Mitgliedsbeiträgen.[37]

4.2.2 Standardisierung außerhalb von Normungsorganisationen

Auch außerhalb der staatlich anerkannten Normungsorganisationen haben sich diverse oft sektorielle Zusammenschlüsse unterschiedlichen Zwecks und Dauer zur Erarbeitung technischer Festlegungen gebildet. Ihre Ergebnisse ähneln denen der technischen Normung, wobei die Zusammenschlüsse aber nicht, wie Normungsorganisationen zur Einbeziehung aller interessierten Kreise und Beteiligung der Öffentlichkeit, zur Erarbeitung im Vollkonsens, an formelle Ablauf- und Entscheidungsstrukturen und dem Nutzen der Allgemeinheit verpflichtet sind.[38] Deshalb werden sie als informelle Standards, z. T. auch nur Standards oder Teilkonsensstandards bezeichnet.[39] Trotz dessen sind diese Zusammenschlüsse oft auf Dauer angelegt und weisen freiwillig formelle Entscheidungsprozesse auf.[40] Die Mitgliederstrukturen sind auf ein Interessensgebiet begrenzt, dort jedoch breit, und der Expertenkreis geschlossen, sodass i. d. R. keine Einflussnahme durch die Öffentlichkeit stattfindet.[41] Dies ermöglicht insb. flexiblere Strukturen, deutlich kürzere Entscheidungsprozesse und Erarbeitungszeiten wie in Normungsorganisationen.[42] Gerade im IKT-Bereich mit einer hohen Innovationsgeschwindigkeit finden sich deshalb eine hohe Anzahl dieser Zusammenschlüsse.[43] Bekannte Beispiele sind der Verein Deutscher Ingenieure e.V. (VDI), der Verband der chemischen Industrie e.V. (VCI), die Internet Engineering Task Force (IETF), die Organization for the Advancement of Structured Information Standards (OASIS) oder das World Wide Web Consortium (W3C).[44] Darunter fallen bekannte Kommunikationsstandards wie die von IETF erarbeiteten Internetprotokolle IPv4 und IPv6.[45] Bilden sich diese Zusammenschlüsse ad-hoc nur für einen oder wenige Standards, so spricht man mitunter auch von Konsortien oder strategischen Allianzen. Beispielhaft sei das Konsortium für DVD-Normen oder das Konsortium „Rainbow Books" für CD-Standards zu nennen.[46] Inner-

---

[37] DIN (Hrsg.), S. 3.
[38] Korp, S. 6 ff..
[39] So z. B. Feller, S. 7 ff.; Hartlieb et al., S. 75; Pregartbauer, S. 5 f.
[40] Pregartbauer, S. 9.
[41] DIN (2020b), S. 39.
[42] Masuhr, S. 44; DIN (2020b), S. 39.
[43] Masuhr, S. 44.
[44] DIN (2020b), S. 39.
[45] European Commission (2014), S. 65.
[46] Korp, S. 7 f.; Pregartbauer, S. 10.

betriebliche Standards, z. T. auch als Werknormen bezeichnet, sind „innerbetriebliche bzw. unternehmenseigene Normen"[47] und legen beispielsweise betriebsinterne Qualitätsstandards fest. Sie sind in ihrer jeweiligen Bedeutung und Reichweite auf das eigene Unternehmen und ggf. seine Zulieferer begrenzt.[48]

4.2.3 Faktische Standardisierung durch den Markt

Hat sich eine technische Lösung im freien Wettbewerb so weit durchgesetzt, dass sie durch alle Marktteilnehmer berücksichtigt werden muss, dann spricht man von einem faktischen Standard, welcher mitunter auch als Quasi-Standard bezeichnet.[49] Ein solcher Standard entsteht nicht durch planmäßige Vereinheitlichung,[50] sondern entspringt aus einem Unternehmen, z. T. aus einem innerbetrieblichen Standard, und seine Entstehung wurde „allein dem Markt überlassen".[51] Alternative technische Lösungen wurden verdrängt oder bieten „keine gleichwertige Funktionalität".[52] Marktakteure, die kompatible Produkte anbieten wollen, müssen sich bei „der Entwicklung dieser Produkte faktisch an dem betreffenden Standard […] orientieren",[53] sodass diese überbetriebliche Wirkung haben.

Diese einseitige Durchsetzung der technischen Lösung kann auf einer Überlegenheit der Technologie, einem zeitlichen Vorsprung bei der Markteinführung, einer dominierenden Stellung des Herstellers oder auf einer strategischen Ausnutzung von Marktstrukturen beruhen.[54] Darüber hinaus spielen Netzwerkeffekte eine herausragende Rolle bei der Entstehung faktischer Standards. Dabei handelt es sich um eine Marktsituation, in der „unabhängig von dem Bestehen eines physischen Netzes oder einer technischen Verbindung"[55] der „wirtschaftliche Nutzen eines Gutes vom Grad der Verbreitung gleichartiger Güter abhängt".[56] Der Wert einer technischen Lösung bzw. eines Produktes ergibt sich dann neben klassischen Faktoren wie der Qualität aus „der Anzahl (1) derjenigen Nutzer, die ebenfalls dieses Produkt verwenden (sog. direkter Netzwerkeffekt), sowie (2) der anderen Produkte, die mit diesem Produkt kompatibel sind (sog. indirekter Netzwerkeffekt)".[57] Bekannte

---

[47] Burghartz, S. 36.
[48] Burghartz, S. 36; Maaßen, S. 11.
[49] Burghartz, S. 36; Picht, S. 168; Pregartbauer, S. 11 f.; sehr selten findet sich für diese Art von Standards auch die Bezeichnung Industrienorm, so z. B. bei Korp, S. 7.
[50] So auch Burghartz, S. 37.
[51] Korp, S. 7; vgl. auch Picht, S. 168 f..
[52] Pregartbauer, S. 11 f.; vgl. auch Burghartz, S. 36; Korp, S. 7; Picht, S. 168 f.
[53] Burghartz, S. 36; s. auch Balitzki, S. 26; Masuhr, S. 123 f.
[54] So auch Burghartz, S. 36; Korp, S. 7; Pregartbauer, S. 11.
[55] Pregartbauer, S. 11.
[56] Maaßen, S. 39.
[57] Burghartz, S. 37; s. auch Balitzki, S. 26; Masuhr, S. 123 f.

Beispiele wo Netzwerkeffekte prägnant in Erscheinung treten sind DVD-Player, das Betriebssystem Windows der Firma Microsoft oder das Dokumentenformat PDF der Firma Adobe.[58]

4.3 Einordnung technischer Normen und Standards

4.3.1 Rechtliche Einordnung

4.3.1.1 Rechtliche Verbindlichkeit

Technische Standards haben den Charakter von Empfehlungen.[59] Sie werden angewendet, da sie „die Bedürfnisse und Erwartungen der interessierten Kreise erfüllen und deren Tätigkeit erleichtern".[60] Sie sind „kein hoheitlich zwingendes Recht"[61] und „nicht per se für jedermann rechtlich verbindlich",[62] was auch für technische Normen staatlich anerkannter Normungsorganisationen gilt. Eine rechtliche Verbindlichkeit erlangen Standards durch Verwendung in privatrechtlichen Verträgen. Darüber hinaus entfalten sie eine unmittelbare rechtliche Wirkung, wenn Standards beispielsweise in Gesetzen, Verordnungen oder der Rechtsprechung in Bezug genommen werden. Dabei kann es sich um statische oder gleitende Verweise handeln. Durch eine Inkorporation in die Rechtsordnung kommt es ebenfalls zu einer unmittelbaren rechtlichen Wirkung. Des Weiteren dienen technische Normen, mitunter auch informelle Standards,[63] zur Konkretisierung unbestimmter Rechtsbegriffe,[64] Generalklauseln wie Anerkannte Regel der Technik, behördlicher und richterlicher Vorgaben sowie von Anforderungen technischer Natur,[65] wobei sie eine mittelbare rechtliche Wirkung entfalten.[66]

4.3.1.2 Haftungsrechtliche Bedeutung

Neben der rechtlichen Verbindlichkeit kraft Gesetzes oder privatrechtlichem Handeln, sind technische Normen abhängig vom Einzelfall auch für die Eruierung des Beurteilungs-

---

[58] Burghartz, S. 37; Korp, S. 7; Pregartbauer, S. 11.
[59] So z. B. auch Gsell, WuM 2011, 492; Maaßen, S. 11; DIN (2020a), S. 27; Reiff (2006), S. 159; s. auch BGH NJW 2007, 2983, Rn. 37; vgl. auch Burghartz, S. 41.
[60] Bahke (2006), S. 14.
[61] Masuhr, S. 80.
[62] Burghartz, S. 35; auch in Masuhr, S. 80.
[63] Insb. technische Normen, die aufgrund ihrer staatlichen Anerkennung eine höhere Anerkennung und größeres Vertrauen genießen.
[64] Z. B. das Atomgesetz, das in § 7d Atomgesetz die fortschreitende Berücksichtigung des Stands von Wissenschaft und Technik vorschreibt.
[65] Beispielhaft sei auf Unionsebene die Konkretisierung sekundarrechtlicher Vorgaben zugunsten bekannter technischer Normen zu nennen, sog. Konformitätsvermutung.
[66] DIN (2020a), S. 32; Masuhr, S. 80 ff., 96 f., 342; vgl. Maaßen, S. 11 ff.; Burghartz, S. 44.

maßstabes bei haftungsrechtlichen Fragen von Bedeutung. Sie können zur Konkretisierung von Verkehrssicherungspflichten wie denen des § 823 Abs. 1 BGB herangezogen werden.[67] Technische Normen bilden einen objektiven Maßstab für verkehrsrichtiges Verhalten, einen Beurteilungsmaßstab für einwandfreies technisches Verhalten für ein kennzeichnendes technisches Problem und werden als das Fachwissen der einschlägigen Verkehrskreise angesehen. Dabei bedeutet eine Konkretisierung durch technische Normen auch eine Abstrahierung von konkreten Situationen und so eine Objektivierung. Dadurch bilden und begründen technische Normen eine berechtigte Verkehrserwartung und einen nicht zwingenden, eventuell ergänzungsbedürftigen Mindeststandard. Hierbei ist zu beachten, dass technische Normen veraltet sein können oder einen anderen Schutzbereich haben, als von der Verkehrssicherungspflicht gefordert wird. Der BGH betont hierzu, der Verkehrssicherungspflichtige hat „grundsätzlich selbstständig zu prüfen, ob und welche Sicherungsmaßnahmen zur Vermeidung von Schädigungen notwendig sind; er hat die erforderlichen Maßnahmen eigenverantwortlich zu treffen."[68] Diesen Grundsatz der Eigenverantwortlichkeit des Verkehrssicherungspflichtigen bei der Umsetzung der Verkehrssicherungspflicht sieht auch das DIN in DIN 820-1: „Durch das Anwenden von [technischen] Normen entzieht sich niemand der Verantwortung für eigenes Handeln. Jeder handelt insoweit auf eigene Gefahr."[69] Technische Normen sind also „nicht schematisch anzuwenden",[70] sondern unter Berücksichtigung der tatsächlichen Verhältnisse des Einzelfalls und „bedürfen der Einbettung in die konkrete Handlungs- und Gefährdungssituation".[71] Die Verkehrssicherungspflichten werden „deliktsrechtsautonom bestimmt",[72] d. h., sie „werden weder durch den Inhalt noch durch den Schutzzweck von DIN-Normen […] determiniert, sondern sie sind eigenständig zu beurteilen".[73] Die Verkehrssicherungspflichten sind also nicht „abschließend vorgeprägt durch Festlegungen in anderen Gesetzen"[74] oder durch technische Normen.[75] Das heißt, dass mit der Anwendung technischer Normen sich niemand der Verantwortung entzieht, denn z. B. Verkehrssicherungspflichten

---

[67] § 823 Abs. 1 BGB ist der zentrale Haftungstatbestand im Deliktsrecht mit dem primären Anspruchsziel des Schadensersatzes, welches sich durch eine widerrechtliche Rechtsgutsverletzung realisiert.
[68] BGH NJW 2008, 3778 (3779); siehe auch Schmid, VersR 2013, 293 (295); OLG Koblenz Juris 2013, Az. U 790/13 (Rn. 22).
[69] DIN 820-1:2022-12, Nr. 8.6; siehe auch Förster (2018), in: BeckOK BGB, § 823 Rn. 341; Schmid, VersR 2013, 293 (295).
[70] LG Göttingen Juris 2014, Az. 4 O 172 11 (Rn. 30).
[71] Wagner, in: MüKo BGB, § 823 Rn. 452.
[72] Wilrich (2017), S. 160.
[73] Wagner, in: MüKo BGB, § 823 Rn. 448.
[74] Wilrich (2017), S. 160.
[75] Der BGH betont, dass die Frage „welche Maßnahmen zur Wahrung der Verkehrssicherungspflicht erforderlich sind, […] stets von den tatsächlichen Umständen des Einzelfalls" (BGH NJW 2004, 1449 (1450)) abhängt. Entscheidungen über den Umfang der Verkehrssicherungspflicht werden vor Gerichten immer für einen Einzelfall entschieden; so auch Wilrich (2017), S. 161.

sind durch den Inhalt technischer Normen nicht abschließend vorbestimmt. Entscheidungen über die geforderten Maßnahmen, Umfang und Intensität haftungsrechtlicher Beurteilungen sind immer Einzelfallentscheidungen unter Berücksichtigung der tatsächlichen Umstände des jeweiligen Einzelfalls.

4.3.1.3 Kartellrechtliche Einordnung

Die an der Standardisierung teilnehmenden Unternehmen bilden ein Kartell i. S. v. Art. 101 Abs. 1 AEUV bzw. § 1 GWB. Dieses ist jedoch nach Art. 101 Abs. 3 AEUV bzw. § 2 GWB sowie der Horizontalleitlinie der Europäischen Kommission[76] unter bestimmten Voraussetzungen erlaubt und stellt keine Wettbewerbsbeschränkungen dar.[77] Diese Voraussetzungen sind die Möglichkeit der uneingeschränkten Mitwirkung am Standardisierungsprozess, ein transparentes Verfahren über die Annahme des betreffenden Standards, keine Verpflichtung zur Einhaltung sowie Zugang Dritter zum Standard zu fairen, zumutbaren und diskriminierungsfreien Bedingungen (FRAND).[78]

4.3.2 Ökonomische Einordnung

4.3.2.1 Volkswirtschaftliche Perspektive

Aus volkswirtschaftlicher Perspektive dienen Standards, insb. technische Normen, der Förderung des technischen Fortschritts, der Sicherheit und Qualität, der Wissensdiffusion, Steigerung der ökonomischen Produktivität und Innovationsbündelung.[79] Wissen wird in Standards in einer für den Gebrauch konzipierten Form allgemein zugänglich.[80] Der Wettbewerb um eine Technologie wird durch die „koordinierte Auswahl von Technologien"[81] z. T. vom Markt in die Standardisierungsorganisationen verschoben, zu Lasten des Substitutionswettbewerbs.[82] Der Wettbewerb um eine Technologie auf dem fraglichen Markt geht verloren und verschiebt sich auf den, durch die standardisierte Technologie eröffneten, nachgelagerten Markt.[83] Die frühzeitige harmonisierte Festlegung auf einen Standard erleichtert die Diffusion von Innovationen, was insb. auch aufgrund der zunehmenden Komplexität technischer Systeme und ihrer sektorenübergreifenden An-

---

[76] Leitlinien zur Anwendbarkeit von Artikel 101 des Vertrags über die Arbeitsweise der Europäischen Union auf Vereinbarungen über horizontale Zusammenarbeit, s. KOM 2011/C 11/01.

[77] S. KOM 2011/C 11/59, Nr. 280; Korp, S. 19; Kurtz/Straub, GRUR 2018, 136 (137); Schroeder, in: Grabitz/Hilf/Nettesheim, AEUV Art. 101 Rn. 638 f..

[78] KOM 2011/C 11/59, Nr. 280; vgl. auch Verordnung (EU) Nr. 1025/2012, L 316/12.

[79] Abdelkafi/Blind (2019), S. 72 ff.; Blind et al., S. 5; Pregartbauer, S. 39.

[80] KOM (2016) 176, S. 3; Abdelkafi/Blind (2019), S. 73; Feller, S. 16; Korp, S. 12 f..

[81] Feller, S. 17.

[82] Sattler, DIN-Mitteilungen 11/2010, 12 (14).

[83] Hilty/Slowinski, GRUR Int. 2015, 781 (782).

wendungen wie bei 5G und Industrie 4.0 immer bedeutender wird.[84] Des Weiteren zählt aus volkswirtschaftlicher Perspektive der Abbau von Handelshemmnissen und Marktbarrieren durch einheitliche Standards sowie die Festlegung von Mindeststandards dazu.[85] Zur Erreichung der Ziele sind Standards aufgrund ihrer rechtlichen Unverbindlichkeit auf eine möglichst freie, große Verbreitung und eine hohe Marktdurchdringung angewiesen.[86] Deshalb ist ein diskriminierungsfreier Zugang, kollektive Benutzung und Allgemeinzugänglichkeit der Standardisierung wesensimmanent. Standardisierung wird dabei als grundsätzlich positiv für den Wettbewerb angesehen.[87]

4.3.2.2 Anwendungsnutzen aus Unternehmenssicht

Unternehmen wenden Standards primär aufgrund diverser ökonomischer Effekte sowie einer wie dargestellt erhöhten Rechtssicherheit normkonformer Produkte an.[88] Die Vereinheitlichung technischer Lösungen ermöglicht Skaleneffekte, verringert den Produktionsaufwand und senkt Produktionskosten z. B. durch vereinheitlichte Produkte und -teile oder Herstellungs- und Prüfverfahren.[89] Die Verwendung von Standards senkt Abstimmungs-, Informations- sowie Transaktionskosten[90] und verringert durch eine Auswahl an standardkonformen Produkten die Abhängigkeit von einem Anbieter.[91] Darüber hinaus ist eine generelle Präferenz bei Verbrauchern für normkonforme Produkte zu beobachten.[92] Standardkonformität kann in bestimmten Märkten außerdem durch den Wettbewerb als Kompatibilitätserfordernis zwingend sein, wenn einzelne Komponenten zu einem System zusammengebaut werden sollen[93] oder nach Nr. 1 Verordnung (EU) Nr. 1025/2012 Kompatibilität und Interoperabilität mit anderen Produkten oder Systemen unerlässlich ist. Mit der Gewährleistung von Interoperabilität zwischen Produkten dient Standardisierung auch aus Unternehmenssicht der Akzeptanz und Diffusion innovativer Technologien im Markt.[94]

---

[84] KOM (2016) 176, S. 3; Blind et al., S. 5; Hilty/Slowinski, GRUR Int. 2015, 781 (782).

[85] Abdelkafi/Blind (2019), S. 73; Feller, S. 17; Korp, S. 12 f.; Sattler, DIN-Mitteilungen 11/2010, 12; vgl. auch KOM (2016) 176, S. 2 f.

[86] Brock/Blind, S. 4, 32; Balitzki, S. 34; vgl. Palzer, InTeR 4/2015, 197 (199).

[87] Balitzki, S. 33 f..

[88] Abdelkafi/Blind (2019), S. 73; Jakobs, PIK 3/2014, 173; Balitzki, S. 33 f.; Maaßen, S. 48; Masuhr, S. 122; Sattler, DIN-Mitteilungen 11/2010, 12; s. auch KOM (2016) 176, S. 2.

[89] Ebd.

[90] Unter Transaktionskosten versteht man „alle Kosten, die im Zusammenhang mit wirtschaftlichen Austauschprozessen entstehen […]. Transaktionskosten entstehen in allen Phasen einer Markttransaktion (Vorbereitung einschließlich Planung und Konzeption des Austauschprozesses, Vertragsschluss, Vertragsdurchführung und -durchsetzung)", s. Masuhr, S. 122 f..

[91] Hartlieb et al., S. 66; Hilty/Slowinski, GRUR Int. 2015, 781 (782); Maaßen, S. 48; Masuhr, S. 22 f., 343; KOM (2016) 176, S. 2.

[92] Burghartz, S. 47; Maaßen, S. 48.

[93] Abdelkafi/Blind (2019), S. 73; Brock/Blind, S. 32 f.; Masuhr, S. 123.

[94] So auch die Kommission im Bericht „Patents and Standards: A modern framework for IPR-based standardization", s. European Commission (2014), S. 4; vgl. auch Abdelkafi/Blind (2019), S. 73; Balitzki, S. 34; Sattler, DIN-Mitteilungen 11/2010, 12.

4.3.3 Entstehung und Folgen der faktischen Bindungswirkung technischer Normen und Standards

Technische Normen und informelle Standards müssen sich wegen ihrer rechtlichen Unverbindlichkeit ebenso wie faktische Standards am Markt durchsetzen, wobei Netzwerkeffekte[95] wie bei der Entstehung faktischer Standards von hoher Relevanz sind.[96] Der positiv verstärkende Zusammenhang[97] der Anzahl von Nutzern eines Standards und dem daraus generierten individuellen Nutzen, wie z. B. durch eine höhere Anzahl kompatibler Produkte, kann zu einer faktischen Bindungswirkung dieses Standards führen.[98] Eine zunehmende Marktdurchdringung eines Standards hemmt dann die Etablierung einer alternativen technischen Lösung und erschwert den Absatz nicht standardkonformer Produkte,[99] sodass der Substitutionswettbewerb behindert wird.[100] Ist ein Technologiewechsel aus technischen Gründen wie den beschriebenen Netzwerkeffekten oder ökonomischen Gründen wie entstehende Wechselkosten nicht mehr möglich, so spricht man von innovationshemmenden Lock-In-Effekten.[101] Besonders stark ist dieser Effekt in positiver wie negativer Weise in den IKT-Märkten wie bei Smartphones zu beobachten, wo Produkte unterschiedlicher Hersteller nahezu durchgängig miteinander interagieren sollen und so unabdingbar untereinander technisch abhängig sein müssen.[102] Ihre gemeinsame Funktionsfähigkeit basiert i. d. R. auf einer in Standards festgelegten gemeinsamen technischen Sprache und definierten Schnittstellen wie dem von ETSI[103] standardisierten Kommunikationsstandard 4G oder das von IEEE[104] standardisierte Wi-Fi-Protokoll.[105] Darüber hinaus zeigen auf Netzwerkmärkten Verbraucher eine eindeutige Präferenz „zu der Technologie mit den größten Netzwerkeffekten",[106] denn auch für Verbraucher hängt dort der Produktnutzen direkt davon ab, wie viele weitere Produkte den gleichen Standard verwen-

---

[95] S. o. unter Kapitel 1.2.3: Faktische Standardisierung durch den Markt.
[96] So auch Burghartz, S. 47; Pregartbauer, S. 13.
[97] Ein anschauliches Beispiel stellt der USB-Standard zum Anschluss von Peripheriegeräten wie Tastatur, Maus oder Drucker an Computer dar. Ein mit einer alternativen Technologie zum Anschluss von Peripheriegeräten ausgestatteter Computer wäre nicht mit handelsüblichen Druckern verwendbar und damit für Konsumenten von begrenztem Nutzen; vgl. Burghartz, S. 47; Jakobs, PIK 3/2014, 173.
[98] Burghartz, S. 47; Jakobs, PIK 3/2014, 173.
[99] Balitzki, S. 26; Burghartz, S. 47; vgl. auch Hilty/Slowinski, GRUR Int. 2015, 781 (782); Masuhr, S. 124.
[100] Feller, S. 33; Sattler, DIN-Mitteilungen 11/2010, 12 (14).
[101] Masuhr, S. 127 f.; Palzer, InTeR 4/2015, 197 (199).
[102] Vgl. Pohlmann (2019), S. 82; European Commission (2014), S. 65.
[103] S. o. unter Kapitel 1.2.1.2: Europäische Normungsorganisationen.
[104] S. o. unter Kapitel 1.2.2.: Standardisierung außerhalb von Normungsorganisationen.
[105] Pohlmann (2019), S. 82; European Commission (2014), S. 65.
[106] Balitzki, S. 26; so auch Masuhr, S. 131.

den und so beispielhaft für den Kommunikationstechnologie-Netzwerkmarkt Smartphones mit wie vielen anderen Smartphones der Verbraucher mit seinem Produkt kommunizieren kann.[107] Kompatibilitätsstandards stellen hierfür die Interoperabilität sicher und entfalten so gerade auf Netzwerkmärkten des IKT-Bereichs und in Hochtechnologiemärkten eine faktische Bindungswirkung[108] bzw. einen ökonomischen Zwang, Produkte standardkonform zu bauen,[109] sodass für „nichtkompatible Systeme oder Systemteile [oft] keine Nachfrage"[110] mehr besteht und der Substitutionswettbewerb weiter behindert wird.[111]

Zusammenfassend lässt sich festhalten, dass Standards positive Wirkungen auf den Wettbewerb haben wie durch Innovations- und Wissensdiffusion sowie den Abbau von Handels- und Marktbarrieren für nachgelagerte Märkte durch Sicherstellen der Interoperabilität. Auf der einen Seite ermöglichen und intensivieren Standards dort den Wettbewerb durch harmonisierte Zugangsmöglichkeiten. Auf der anderen Seite behindern am Markt durchgesetzte Standards dann den Substitutionswettbewerb. Standards können darüber hinaus durch Lock-In-Effekte Investitionen und Innovationen ausbremsen und alternative technischen Lösungen behindern. Ihnen wird deshalb mitunter eine ambivalente Wirkung, jedoch insg. eine grundlegend positive Wirkung auf den Wettbewerb zugeschrieben.[112]

4.4 Exkurs: Standardessenzielle Patenten

Patentschutz und Standardisierung stehen in einem Spannungsverhältnis, denn ihre wesensimmanenten Eigenschaften gehen diametral auseinander.[113] So zielt Standardisierung auf eine möglichst breite Benutzung und Anwendung der kollektiven Festlegung und so auf eine möglichst umfassende Verbreitung der standardisierten Technologie ab.[114] Das Ausschließlichkeitsrecht des Patentschutzes dagegen gewährt einem Einzigen das alleinige Nutzungsrecht an einer technischen Erfindung und gibt ihm die Möglichkeit, anderen die Benutzung zu untersagen. In der Förderung von technischen Entwicklungen, ökonomischem Wachstum und Innovationen lassen sich trotz dieses Spannungsverhältnisses übergeordnete, gemeinsame Zielsetzungen identifizieren,

---

[107] Masuhr, S. 131.
[108] Balitzki, S. 26; Brock/Blind, S. 32 f.; Masuhr, S. 124 f.
[109] Burghartz, S. 47; Maaßen, S. 48.
[110] Maaßen, S. 48; auch in Balitzki, S. 26; Burghartz, S. 47; vgl. auch Masuhr, S. 124.
[111] Sattler, DIN-Mitteilungen 11/2010, 12; vgl. auch Abdelkafi/Blind (2019), S. 73 ff..
[112] So auch Blind et al., S. 18; Hartlieb et al., S. 1 f.; Hartmann, S. 48.
[113] So auch Balitzki, S. 34; Burghartz, S. 88 f.; Korp, S. 16; vgl. auch Pohlmann (2019), S. 83 ff..
[114] S. o. unter Kapitel 1.3.2.1: Volkswirtschaftliche Perspektive.

wobei die positive Wirkung beider Gebiete hinsichtlich dieser Ziele unbestritten ist.[115] Es lassen sich auch deutliche Parallelen in einzelnen Funktionen beider Gebiete finden wie im Technologietransfer oder der Wissensdiffusion.[116] So ist es nicht verwunderlich, dass Patente und Standards mitunter zusammenwirken und patentabhängige Standards bzw. standardessenzielle Patente bilden.

4.4.1 Begriffsbestimmung

Bei der Erarbeitung technischer Normen wie auch informeller Standards werden keine technischen Erfindungen i. S. d. Patentrechts gemacht, sondern es wird auf bereits entwickelte Technologiekomponenten der am Standardisierungsprozess beteiligten interessierten Kreise und auf den Stand der Wissenschaft und Technik zurückgegriffen. Diese können in den Schutzbereich von Patenten fallen. Dass für technische Festlegungen ein Rückgriff auf patentierte Erfindung stattfindet, ist mit wachsender Nähe der Standardisierung zu innovativen Themenfeldern und gleichzeitig zunehmender Patentdichte wie insb. im IKT-Bereich vermehrt der Fall.[117] Gerade bei technisch-innovativen Entwicklungen kommt es vor, dass für eine, einem Standard zugrunde liegende Technologie, keine alternativen technischen Lösungen zu der Proprietäre vorliegen.[118] Als standardessenziell wird ein Patent dann genannt, wenn die im Standard implementierte Erfindung durch ein Patent geschützt ist und „technisch nicht so durch eine andere Technologie ersetzt werden kann, dass eine Nutzung des Standards auch mit der ersetzenden Technologie möglich bleibt".[119] Der Standard kann nicht mehr ohne Nutzung des Patents angewendet werden, d. h., in standardkonformen Produkten ist dann i. d. R. das Patent verwirklicht und die Nutzung des Standards stellt eine Benutzungshandlung des Patents dar.[120] Dabei findet z. T. eine Unterscheidung zwischen technisch essenziell und wirtschaftlich essenziell statt,[121] z.T. wird dies von den Standardisierungs-

---

[115] Abdelkafi/Blind (2019), S. 70 ff.; Feller, S. 16 f.; Jakobs, PIK 3/2014, 173 (174); Korp, S. 12 f.; McKinsey (Hrsg.), S. 4; Pohlmann (2019), S. 84; Pregartbauer, S. 64; Sattle, DIN-Mitteilungen 11/2010, 12; vgl. auch Blind et al., S. 5, 18; KOM (2016) 176, S. 2 f.

[116] Ebd.

[117] European Commission (2015), S. 1; Appl, S. 3; DIN (2019); Brock/Blind, S. 33; Bohnsack/Löhrs, DIN-Mitteilungen 11/2010, 5; Pregartbauer, S. 42; vgl. auch: Korp, S. 17; Pohlmann (2019), S. 82 f.; Sattler, DIN-Mitteilungen 11/2010, 12 (13).

[118] Bohnsack/Löhrs, DIN-Mitteilungen 11/2010, 5; Eckel, NZKart 2017, 408; DIN 820-1:2022-12, Nr. 7.9; Pregartbauer, S. 43 f.; vgl. auch KOM (2017) 712, S. 1 f.

[119] Bohnsack/Löhrs, DIN-Mitteilungen 11/2010, 5; Brock/Blind, S. 4; Eckel, NZKart 2017, 408; Picht, S. 7; s. auch DIN (2019); CWA 95000:2019 (E), S. 6 f.; Pregartbauer, S. 43; ETSI Directive Annex 6 IPR-Policy Art. 15 Nr. 6; Blind, DIN-Mitteilungen 12/2019, 22 (27).

[120] Ebd.

[121] Pregartbauer, S. 44; Picht, S. 7 f..

organisationen, wie z. B. von ETSI,[122] jedoch auch in ihrer Definition von standard-essenziell explizit ausgeschlossen und essenziell nur im technischen Sinne verstanden.[123] Letztendlich entbindet die Deklaration oder Nichtdeklaration eines Patents als essenziell für einen Standard natürlich nicht von einer Prüfung des Vorliegens einer Verletzungshandlung i. S. v. §§ 9 f. PatG im Rahmen eines Patentverletzungsverfahrens.[124]

4.4.2 Umgang mit Patenten in Standardisierungsorganisationen

Es liegt im Eigeninteresse der Standardisierungsorganisationen, den beschriebenen Spannungen zwischen Standards und Patenten im Standardisierungsprozess aktiv entgegenzutreten, um so die Funktionsfähigkeit des auf breiter Anwendung basierenden Systems auch bei patentabhängigen Standards zu sichern.[125] Dafür stellen Standardisierungsorganisationen Verhaltensanforderungen für den Umgang mit technischen Schutzrechten für sich und ihre Mitglieder in sog. Intellectual-Property-Right-Policies (IPR-Policies) auf. Dieses Vorgehen wird von der Europäischen Kommission explizit gefordert, wie in dem Aktionsplan für geistiges Eigentum, der Verordnung zur Europäischen Normung oder der Horizontalleitlinie,[126] wo ein „klares, ausgewogenes und auf Rechte des geistigen Eigentums ausgelegtes Konzept"[127] verlanget wird. Damit soll ein Ausgleich zwischen den Interessen des Schutzrechteinhabers, dessen patentierte Technologie in essenzieller Weise in den Standard integriert werden soll und denen des zukünftigen Standardanwenders und damit Lizenznehmers erzielt werden.[128]

Bei der Umsetzungen verfolgen die Standardisierungsorganisationen unterschiedliche Ansätze. Organisationen im IKT-Bereich wie ETSI, die in ihren Standards technisch-innovative Entwicklungen abbilden wollen, müssen aufgrund der hohen Schutzrechtedichte in diesem Industriebereich überwiegend auf patentierte Technologien zurückgreifen.[129] Dafür ist nach der ETSI IPR-Policy ein Zusammenspiel von Offenlegung und einer

---

[122] S. auch ETSI-Regelung für den Umgang mit Rechten des geisteigen Eigentums im Originalwortlaut: „Essential as applied to IPR means that it is not possible on technical (but not commercial) grounds, taking into account normal technical practice and the state of the art generally available at the time of standardization, to make, sell, lease, otherwise dispose of, repair, use or operate EQUIPMENT or METHODS which comply with a STANDARD without infringing that IPR"; ETSI Directive Annex 6 IPR-Policy Art. 15 Nr. 6.
[123] ETSI Directive Annex 6 IPR-Policy, Art. 15 Nr. 6; s. auch Pregartbauer, S. 44; Picht, S. 7 f..
[124] So auch Pregartbauer, S. 45.
[125] So auch Bohnsack/Löhrs, DIN-Mitteilungen 11/2010, 5; vgl. Palzer, InTeR 4/2015, 197 (199).
[126] Vgl. KOM (2020) 760; Verordnung (EU) Nr. 1025/2012, L 316/12; KOM 2011/C 11/01.
[127] KOM 2011/C 11/60, Nr. 284; vgl. auch Verordnung (EU) Nr. 1025/2012, L 316/29, Anhang II, Nr. 4c.
[128] KOM 2011/C 11/60, Nr. 284 ff.; Bohnsack/Löhrs, DIN-Mitteilungen 11/2010, 5; Pregartbauer, S. 42; Feller, S. 41; European Commission (2015), S. 1.
[129] ETSI Directive Annex 6 IPR-Policy, Art. 3.1.

Selbstverpflichtungserklärung, sog. FRAND-Erklärung, vorgesehen,[130] wie es auch von der Kommission empfohlen wird.[131] Ähnliche Regelungen verfolgen ITU, ISO und IEC.[132] Einen alternativen Ansatz verfolgt das World Wide Web Consortium (W3C), das u. a. Internet-Protokolle standardisiert.[133] Alle Teilnehmer einer Arbeitsgruppe stimmen „automatisch den W3C RF-Lizenzbedingungen für alle […] in dieser Gruppe relevanten Patentansprüche"[134] zu, sodass eine Offenlegung nicht notwendig ist, mit Ausnahme der Inhaber nimmt eine Nichtbeteiligungsklausel wahr. Dieses als Royalty-Free-Policy bezeichnete Vorgehen stellt eine Ausnahme in der Normungs- und Standardisierungswelt dar und wird auch nicht von der Kommission gefordert. Bei DIN sollen sich Normen „nicht auf Gegenstände erstrecken, auf denen Schutzrechte ruhen".[135] Damit gibt die Normungsorganisation der Konfliktvermeidung durch Schutzrechtsneutralität eine höhere Gewichtung.[136] Dennoch ist auch bei DIN die Einbindung von patentierten Technologien in „Ausnahmefällen"[137] möglich. Im Zuge von Entwicklungen wie Internet of Things und Industrie 4.0 greifen insb. Kompatibilitätsnormen immer stärker in den IKT-Bereich hinein,[138] sodass sich die Normungsorganisationen diesen proprietären Technologien nicht entziehen können.[139] Auch deshalb haben DIN und CEN in Zusammenarbeit mit einer Vielzahl von Wirtschaftsakteuren, die nicht dem IKT-Bereich angehören, wie Unternehmen der Automobilindustrie, einen Leitfaden zur Lizensierung standardessenzieller Patente erarbeitet.[140] Das CEN Workshop Agreement CWA 95000 beruht ebenfalls auf dem Konzept von Offenlegung und FRAND-Erklärung. Der von der Kommission als „vitally important"[141] beschriebene FRAND-Mechanismus aus Offenlegung und FRAND-Erklärung ist von hoher Bedeutung bei der Diskussion um standardessenzielle Patente und wird im Folgenden erläutert.

---

[130] ETSI Directive Annex 6 IPR-Policy, Art. 4; vgl. auch Verordnung (EU) Nr. 1025/2012, L 316/29, Anhang II, Nr. 4c.
[131] KOM 2011/C 11/60, Nr. 285 ff..
[132] Feller, S. 43.
[133] Hartmann, S. 101; Feller, S. 43; European Commission (2014), S. 160; zu informellen Standards s. o. unter Kapitel 1.2.2: Standardisierung außerhalb von Normungsorganisationen.
[134] Feller, S. 43
[135] DIN 820-1:2022-12, Nr. 7.9; vgl. zur Schutzrechtsneutralität Palzer, InTeR 4/2015, 197 (199).
[136] So auch Pregartbauer, S. 42.
[137] DIN 820-1:2022-12, Nr. 7.9.
[138] Palzer, InTeR 4/2015, 197 (199).
[139] DIN (2019); Brock/Blind, S. 33; Pohlmann (2019), S. 82 f.; s. auch European Commission (2015), S. 1; KOM (2017) 712, S. 1; Podszun (2018), S. 10.
[140] „Core Principles and Approaches for Licensing of Standard Essential Patents", s. CWA 95000:2019 (E); DIN (2019).
[141] European Commission (2015), S. 1.

4.4.2.1 Offenlegung

Im Rahmen der Mitarbeit in einem Standardisierungsgremium sind die Mitglieder „zur gutgläubigen Offenlegung derjenigen Rechte des geistigen Eigentums verpflichtet, die für die Anwendung einer in Ausarbeitung befindlichen [technischen] Norm erforderlich sein könnten".[142] Dies erfolgt i. d. R. durch Anzeige und Vermerk der Patentnummern im Sitzungsbericht bei einen sog. „Call for patents"[143] zu Beginn jeder Arbeitssitzung, spätestens jedoch bei Verabschiedung des Standards.[144] So sollen die Gremien „fundierte Entscheidungen hinsichtlich der Wahl der Technologie treffen"[145] können. Bei DIN-Normen „muss die Einleitung [der technischen Norm] einen entsprechenden Hinweis enthalten".[146] ETSI veröffentlicht die angezeigten Patentnummern in einer öffentlich einsehbaren Datenbank. Bei CEN, CENELEC sowie ISO und IEC findet ein ähnliches Vorgehen statt. Eine Patentrecherche ist von keiner Seite notwendig.[147] Die Beteiligten erklären die Essentialität in Eigenverantwortung.[148] Die Standardisierungsorganisation prüft nicht die technische Relevanz und auch eine Pflicht zur fortlaufenden Überprüfung besteht expliziert nicht.[149] Deshalb kann es sein, dass eine im Gremium als essenziell angezeigte proprietäre Technologie für die veröffentlichte Fassung des Standards doch nicht essenziell ist. Dies ist vermutlich in bis zu 70 % der angezeigten Patente der Fall und auch von der Kommission als besondere Herausforderung beim Umgang mit standardessenziellen Patenten erkannt worden.[150]

4.4.2.2 FRAND-Erklärung

Neben der Offenlegung wird die Abgabe einer FRAND-Erklärung gefordert.[151] Dies ist eine „unwiderrufliche schriftliche Verpflichtung",[152] mit der sich der Patentinhaber bereit erklärt, die für die Verwendung des Standards wesentlichen Lizenzen an Rechten des

---

[142] Bohnsack/Löhrs, DIN-Mitteilungen 11/2010, 5 (6); KOM 2011/C 11/60, Nr. 286; so für die staatlich anerkannten Normungsorganisationen wie DIN und ETSI; s. auch Hartmann, S. 105 f.; Pregartbauer, S. 45 f.; Pohlmann, S. 86 f.; Schroeder, in: Grabitz/Hilf/Nettesheim, AEUV Art. 101 Rn. 643.
[143] Hartmann, S. 105.
[144] Bohnsack/Löhrs, DIN-Mitteilungen 11/2010, 5 (6); Pohlmann, S. 86 f.; Schroeder, in: Grabitz/Hilf/Nettesheim, AEUV Art. 101 Rn. 643.
[145] KOM 2011/C 11/60, Nr. 286.
[146] DIN 820-2:2022-12, Nr. 30.
[147] Bohnsack/Löhrs, DIN-Mitteilungen 11/2010, 5 (6); Pregartbauer, S. 47.
[148] KOM 2011/C 11/60, Nr. 288.
[149] Bohnsack/Löhrs, DIN-Mitteilungen 11/2010, 5 (6); vgl. auch KOM (2017) 712, S. 3 f..
[150] Blind/Pohlmann, GRUR 2014, 713 (715); KOM (2020) 760, S. 16 f..
[151] Pregartbauer, S. 48; s. auch ETSI Directive Annex 6 IPR-Policy, Art. 4.1; DIN 820-1:2022-12, Nr. 7.9; für Normungsorganisationen daneben Verordnung (EU) Nr. 1025/2012, L 316/29, Anhang II, Nr. 4c; vgl. auch Palzer, InTeR 4/2015, 197 (199); Schroeder, in: Grabitz/Hilf/Nettesheim, AEUV Art. 101 Rn. 643.
[152] KOM 2011/C 11/60, Nr. 285.

geistigen Eigentums, nach dem FRAND-Grundsatz zu vergeben.[153] FRAND steht dabei für fair, reasonable und non-discriminatory, also fair, angemessenen bzw. zumutbar und nicht-diskriminierend. Die konkrete Ausgestaltung dieses Grundsatzes wird den Verhandlungen der Parteien überlassen, d. h. es werden keine Vertragsinhalte oder Lizenzbedingungen vorgegeben,[154] wobei eine ex ante Offenlegung der Lizenzbedingen bei ETSI erlaubt ist.[155] Die Erklärung des Patentinhabers über die Lizenzwilligkeit erfolgt i. d. R. durch ein Formblatt, so bei IEC, ISO und ITU sowie bei ETSI.[156] Jedoch kann die Standardisierungsorganisation den Patentinhaber nicht zur Abgabe einer FRAND-Erklärung verpflichten, sodass eine Weigerung meist ein Ende der Standardentwicklung bedeutet.[157] Durch die zwingende Abgabe einer FRAND-Erklärung durch den Patentinhaber befreit sich die Standardisierungsorganisation von dem Vorwurf der Kartellbildung i. S. eines Verstoßes gegen Art. 101 Abs. 1 AEUV bzw. § 1 GWB.[158] Eine Standardisierung trotz Weigerung von beteiligten Unternehmen zur Abgabe kann daher unter bestimmten Umständen, insb. wenn der Standard „wettbewerbsbeschränkende Wirkung hat und die Freistellungsvoraussetzungen nicht erfüllt",[159] einen Kartellrechtsverstoß darstellen.[160] Überwiegend tritt der Patentinhaber dem Standard jedoch bereitwillig bei, denn die an der Standardisierung beteiligten Unternehmen stehen dem Prozess meist offen gegenüber. Sie nutzen bewusst die Möglichkeit zur Verbreitung des Patents ohne Vermarktungsanstrengungen durch Aufnahme des Patents in den Standard als essenziell und so die Aussicht auf „praktisch garantierten Lizenzzahlungen".[161]

4.4.3 Einordnung

Mit dem FRAND-Mechanismus wird die Erfüllung kartellrechtlicher Vorgaben, die Schaffung von Transparenz und Bewahrung der wesensimmanenten Allgemeinzugänglichkeit der Standards beabsichtigt. Hierbei machen die Standardisierungsorganisationen jedoch keine konkretisierenden Lizenzvorgaben und lassen sich nicht in die Lizenzverhandlungen zwischen SEP-Inhaber und Standardanwender bzw. Lizenzsucher hineinziehen.[162]

---

[153] Verordnung (EU) Nr. 1025/2012, Anhang II, Nr. 4c; DIN 820-1:2022-12, Nr. 7.9; s. auch Schroeder, in: Grabitz/Hilf/Nettesheim, AEUV Art. 101 Rn. 643.
[154] Bohnsack/Löhrs, DIN-Mitteilungen 11/2010, 5 (6); Pregartbauer, S. 47, 49.
[155] ETSI Directive Annex 6 IPR-Policy, Art. 4.1.
[156] Feller, S. 49.
[157] Hilty/Slowinski, GRUR Int. 2015, 781 (783).
[158] Dornis, WRP 2020, 540 (542); vgl. Kurtz/Straub, GRUR 2018, 136.
[159] Schroeder, in: Grabitz/Hilf/Nettesheim, AEUV Art. 101 Rn. 645.
[160] S. o. unter Kapitel 1.3.1.3: Kartellrechtliche Einordnung.
[161] Hilty/Slowinski, GRUR Int. 2015, 781 (783).
[162] Feller, S. 65; Pregartbauer, S. 49.

4 Technische Normen und Standards

So bleiben, trotz abgegebener Selbstverpflichtung des SEP-Inhabers, Lizenzen zu FRAND-Bedingungen zu vergeben, viele Fragen offen, wie z. B., was im Einzelfall genau als FRAND anzusehen ist.[163] Dabei ist auch die Rechtsnatur und Bindungswirkung der FRAND-Erklärung in der Literatur umstritten.[164] Außerdem stellt sich die Frage, was als Berechnungsgrundlage für die Lizenzbestimmung herangezogen wird[165] und inwieweit die Gesamtlizenzbelastung bei Standardanwendung durch die Stapelung von Lizenzgebühren eines Standards berücksichtigt werden muss.[166] Eine besondere Herausforderung in diesem Kontext stellt auch die Situation dar, wenn ein Patentinhaber seine Schutzrechte absichtlich erst nach Veröffentlichung eines Standards offenlegt und so keine FRAND-Erklärung abgegeben hat, ein sog. Patenthinterhalt.[167] Weitere Herausforderungen liegen in einer hohen Patentdichte und dem als Over-Declaration bezeichneten Phänomen einer stark wachsenden Anzahl an als essenziell angemeldeten Patenten von immer mehr unterschiedlichen Inhabern.[168] So sind beispielsweise für den Mobilfunkstandard LTE über 4 700 Patente und für den Mobilfunkstandard 5G mehr als 95 000 Patente und Patentanmeldungen bei der herausgebenden Normungsorganisation ETSI als essenziell angemeldet.[169]

Zusammenfassend ist festzuhalten, dass der SEP-Inhaber durch sein Ausschlussrecht die Nutzung des Standards blockieren kann. Ein standardessenzielles Patent kann so zusätzlich zu dem beschriebenen rechtlichen Monopol zu einer marktbeherrschenden Stellung mit wirtschaftlichem Monopol und möglichem wettbewerbsbeschränkenden Verhalten führen. Des Weiteren ist zusammenfassend festzuhalten, dass der etablierte Mechanismus aus Offenlegung und FRAND-Erklärung die Spannungen zwischen der Erwartung des Standardanwenders, begründet in dem, dem Standard immanenten Anspruch auf Allgemeinzugänglichkeit der standardisierten Technologie, und dem vom Patentrecht dem Patentinhaber gewährten Ausschließlichkeitsrechtes an eben dieser Technologie nicht überbrücken kann.[170]

---

[163] European Commission (2014), S. 7; Pohlmann (2019), S. 84 f.; KOM (2017) 712, S. 7 ff..

[164] KOM 2011/C 11/61, Nr. 289 f.; Dornis, GRUR 2020, 690; McGuire, GRUR 2018, 128.

[165] Dornis, WRP 2020, 540 (542); Pohlmann (2019), S. 84; European Commission (2014), S. 7.

[166] Dornis, WRP 2020, 540 (541); Feller, S. 22; KOM (2017) 712, S. 8; Kurtz/Straub, GRUR 2018, 136; Pohlmann (2019), S. 84; Wilhelmi, in: BeckOK PatR, PatG § 24 Rn. 100.

[167] Burghartz, S. 89; Podszun (2018), S. 16.

[168] Palzer, InTeR 4/2015, 197 (198).

[169] KOM (2020) 760, S. 4, 16; European Commission (2014), S. 5; Korp, S. 17; KOM (2017) 712, S. 3 f.; EuGH BeckRS 2015, 80933 – Huawei/ZTE, Rn. 40.

[170] So auch Burghartz, S. 90; Feller, S. 20; Sattler, DIN-Mitteilungen 11/2010, 12; vgl. auch Dornis, WRP 2020, 540 (541 ff.); Fitzner, in: BeckOK PatR, PatG § 1 Vor §§ 1–25 Rn. 10; Keukenschrijver, in: Busse/Keukenschrijver, PatG Einl. Rn. 70; Pregartbauer, S. 78.

Literatur

Abdelkafi, Nizar/Blind, Knut: Standardisierung und Patentierung: Gleichwertige Instrumente in der Wissensökonomie?, in: Mangelsdorf/Weiler (Hrsg.): Normen und Standards für die digitale Transformation: Werkzeuge, Praxisbeispiele und Entscheidungshilfen für innovative Unternehmen, Normungsorganisationen und politische Entscheidungsträger, 2019, Walter de Gruyter GmbH, S. 69–81 (zitiert als: Abdelkafi/Blind (2019)).

Appl, Clemens: Technische Standardisierung und Geistiges Eigentum, 2012, Springer-Verlag.

Bahke, Torsten: Technische Regelsetzung auf nationaler, europäischer und internationaler Ebene – Organisation, Aufgaben, Entwicklungsperspektiven, in: Hendler/Marburger/Reinhardt/Schröder (Hrsg.): Technische Regeln im Umwelt- und Technikrecht – 21. Trierer Kolloquium zum Umwelt- und Technikrecht vom 4. bis 6. September 2005, 2006, Erich Schmidt Verlag, S. 13–30 (zitiert als: Bahke (2006)).

Balitzki, Anja: Patente und technische Normen – Zugangsmöglichkeiten für Normnutzer, 2013, Tectum Verlag.

Beck'scher Online-Kommentar BGB: Bamberger, Heinz Georg/Roth, Herbert/Hau, Wolfgang/Poseck, Roman, 46. Edition 2018, C. H. Beck, (zitiert als: Förster (2018), in: BeckOK BGB).

Beck'scher Online-Kommentar Patentrecht: Fitzner, Uwe/Lutz, Raimund/Bodewig, Theo, 16. Edition, 2020, C. H. Beck (zitiert als: Fitzner, in: BeckOK PatR).

Beck'scher Online-Kommentar Patentrecht: Fitzner, Uwe/Lutz, Raimund/Bodewig, Theo, 18. Edition, 2020, C. H. Beck (zitiert als: Wilhelmi, in: BeckOK PatR).

Blind, Knut: Publizieren, Patentieren und Standardisieren als Innovationsstrategien: Vergleich und Interaktionen, DIN-Mitteilungen 12/2019, 22–29.

Blind, Knut/Jungmittag, Andre/Mangelsdorf, Axel: Der gesamtwirtschaftliche Nutzen der Normung: Eine Aktualisierung der DIN-Studie aus dem Jahr 2000, 2011, DIN Deutsches Institut für Normung e. V..

Blind, Knut/Pohlmann, Tim: Patente in Technologiestandards – Innovation oder Blockade für die IKT-Industrie?, GRUR 2014, 713–719.

Bohnsack, Ulricke/Löhrs, Christian: Aktuelle Regularien des DIN zum Umgang mit Patenten, DIN-Mitteilungen 11/2010, 5–6.

Brock, Markus/Blind, Knut: Patentierung und Standardisierung: Leitfaden für modernes Innovationsmanagement, 2018, Beuth Verlag GmbH.

Burghartz, Heribert: Technische Standards, Patente und Wettbewerb, in: Klöpfer (Hrsg.): Schriften zum Technikrecht, Band 10, 2011, Duncker & Humblot.

CEN – European Committee for Standardization (Hrsg.): CEN Workshop Agreement 95000 – Core Principles and Approaches for Licensing of Standard Essential Patents, 2019, CEN-CENELEC Management Centre (zitiert als: CWA 95000:2019 (E)).

CEN – Europäisches Komitee für Normung: Jahresbericht 2022, https://ar2022.cencenelec.eu/media/Annual%20report/IndividualReport/cen-ra2022_de_access.pdf, letzter Zugriff am 17.11.2023.

Communication from the Commission the European Parlament, the Council and the European Economic and Social Committee from 29.11.2017: Setting out the EU approach to Standard Essential Patents, COM(2017) 712 final, 2017 (zitiert als KOM (2017) 712).

DIN Deutsches Institut für Normung e. V. (Hrsg.): DIN – Finanzierung der Normung, 2013, Beuth Verlag GmbH.

DIN Deutsches Institut für Normung e. V. (Hrsg.)/Maresch, Saskia (Referentin): Strategische Normung: Normung als strategisches Element – Vertragssicherheit und Staatsentlastung, 2020, https://www.din.de/resource/blob/244802/3c97d8345caf66eb9710711acc86f9c5/v107-normung-strategisches-instrument-data.pdf, letzter Zugriff am 30.11.2023 (zitiert als: DIN (2020a)).

DIN Deutsches Institut für Normung e. V. (Hrsg.)/Zeitz, Eva (Referentin): Strategische Normung: Nationaler Normungsprozess und die Möglichkeiten zur Mitwirkung, 2020, https://www.din.de/

resource/blob/76294/f80950c48bfe851a67079744d7df3190/vl02-der-normprozess-data.pdf, letzter Zugriff am 30.11.2023 (zitiert als: DIN (2020b)).

DIN Deutsches Institut für Normung e. V., DIN-Normenausschuss Grundlagen der Normungsarbeit (NAGLN): Normungsarbeit – Teil 2: Gestaltung von Dokumenten (ISO/IEC Directives – Part 2:2021, modifiziert); Deutsche und Englische Fassung CEN-CENELEC-Geschäftsordnung – Teil 3:2022, 2022, Beuth Verlag GmbH (zitiert als: DIN 820-2:2022-12).

DIN Deutsches Institut für Normung e. V., DIN-Normenausschuss Grundlagen der Normungsarbeit (NAGLN): Normungsarbeit – Teil 3: Begriffe, 2014, Beuth Verlag GmbH (zitiert als: DIN 820-3:2021-02).

DIN Deutsches Institut für Normung e. V., Normenausschuss Grundlagen der Normungsarbeit (NAGLN): Normungsarbeit – Teil 1: Grundsätze, 2014, Beuth Verlag GmbH (zitiert als: DIN 820-1:2022-12).

DIN Deutsches Institut für Normung e. V., Präsidium: Normung und damit zusammenhängende Tätigkeiten – Allgemeine Begriffe (ISO/IEC Guide 2:2004); Dreisprachige Fassung EN 45020:2006, 2007, Beuth Verlag GmbH (zitiert als: DIN EN 45020:2007-03).

DIN (Hrsg.)/Lonien, Joachim: Leitfaden für standardessentielle Patente, 26.06.2019, https://www.din.de/de/din-und-seine-partner/presse/mitteilungen/leitfaden-fuer-standardessentielle-patente-334174, letzter Zugriff am 25.11.2023 (zitiert als: DIN (2019)).

Dornis, Tim W.: Das standardessentielle Patent und die FRAND-Lizenz (Teil 1), WPR 2020, 540–548.

Dornis, Tim W.: Standardessenzielles Patent, FRAND-Bindung und Rechtsübergang, GRUR 2020, 690–699.

Eckel, Philipp: Anspruch auf Lizenzeinräumung aus FRAND-Erklärungen bei standardessentiellen Patenten – Teil 1, Eckel, NZKart 2017, 408–414.

ETSI: Annual Report 2021, https://www.etsi.org/images/files/AnnualReports/etsi-annual-report-april-2022.pdf, letzter Zugriff am 10.11.2023.

European Commission – Directorate-General for Enterprise and Industry: Patents and standards: A modern framework for IPR-based standardization – Executive Summary, 2014, European Competitiveness and Sustainable Industrial Policy Consortium, https://ec.europa.eu/docsroom/documents/4844/attachments/1/translations/en/renditions/pdf, letzter Zugriff am 25.11.2023 (zitiert als: European Commission (2014)).

European Commission – Directorate-General for Internal Market, Industry, Entrepreneurship and SMEs: Public consultation on patents and standards: A modern framework for standardisation involving intellectual property rights – Summary report, 27.10.2015, https://ec.europa.eu/docsroom/documents/14482/attachments/1/translations/en/renditions/native, letzter Zugriff am 01.12.2023 (zitiert als: European Commission (2015)).

Feller, Claudia: Die FRAND-Verpflichtungserklärung gegenüber Standardisierungsorganisationen, in: Steinbeck/Ann (Hrsg.): Geistiges Eigentum und Wettbewerb (GEW), Band 57, 2019, Carl Heymanns Verlag.

González, Leticia de Anda: Normen richtig lesen und anwenden, 1. Auflage, 2012, Beuth Verlag GmbH.

Grabitz, Eberhard/Hilf, Meinhard/Nettesheim, Martin: Das Recht der Europäischen Union, 70. Ergänzungslieferung, 2020, C. H. Beck (zitiert als: Schroeder, in: Grabitz/Hilf/Nettesheim).

Gsell, Beate: Die Bedeutung technischer Normen, des Stands der Technik und des verkehrsüblichen Zustands bei der Vermietung von Wohn- und Geschäftsräumen, WuM 2011, 491–499.

Hartlieb, Bernd/Hövel, Albert/Müller, Norbert: Normung und Standardisierung – Grundlagen, 2. Auflage, 2016, Beuth Verlag GmbH.

s, Eva: Patenthinterhalte in Normungsprozessen – Möglichkeiten und Grenzen wettbewerbsrechtlicher Instrumente in vergleichender Untersuchung des US-amerikanischen, europäischen und deutschen Rechts, 2016, Mohr Siebeck.

Hilty, Reto M./Slowinski, Peter R.: Standardessentielle Patente – Perspektiven außerhalb des Kartellrecht, GRUR Int. 2015, 781–792.

Jakobs, Kai: IuK-Standardisierungsforschung, PIK 3/2014, 173–176.

Kleinemeyer, Jens: Standardisierung zwischen Kooperation und Wettbewerb, 1998, Europäischer Verlag der Wissenschaften.

Korp, Katharina Dorothea: Der Patenthinterhalt – Missbrauch essentieller Patente im Rahmen der Standardisierung, 2015, Rechts- und Staatswissenschaftliche Fakultät der Rheinischen Friedrich-Wilhelms-Universität Bonn.

Kübel, Constanze: Zwangslizenzen im Immaterialgüter- und Wettbewerbsrecht – eine Untersuchung zu Patenten und Urheberrechten bei technischen Normen, in: Lukes (Hrsg.): Schriftenreihe Recht-Technik-Wirtschaft, Band 93, 2004, Carl Heymanns Verlag.

Kurtz, Constantin/Straub, Wolfgang: Die Bestimmung des FRAND-Lizenzsatzes für SEP, GRUR 2018, 136–144.

Maaßen, Stefan: Normung, Standardisierung und Immaterialgüterrechte, 2006, Carl Heymanns Verlag.

Masuhr, Maya Sofie: Europarechtliche Grenzen der Tätigkeit von Normungsorganisationen: Eine Untersuchung am Maßstab des EU-Wettbewerbsrechts und der Grundfreiheiten, in: Bien/Schwalbe/Schweitzer (Hrsg.): Wirtschaftsrecht und Wirtschaftspolitik, Band 300, 1. Auflage, 2019, Nomos Verlagsgesellschaft.

McGuire, Mary-Rose: Die FRAND-Erklärung – Anwendbares Recht, Rechtsnatur und Bindungswirkung am Beispiel eines ETSIStandards, GRUR 2018, 128–135.

McKinsey & Company (Hrsg.): The Internet of things – Mapping the value beyond the hype, 2015, McKinsey Global Institute, https://www.mckinsey.com/~/media/McKinsey/Industries/Technology%20Media%20and%20Telecommunications/High%20Tech/Our%20Insights/The%20Internet%20of%20Things%20The%20value%20of%20digitizing%20the%20physical%20world/Unlocking_the_potential_of_the_Internet_of_Things_Executive_summary.ashx, letzter Zugriff am 01.12.2023 (zitiert als: McKinsey (Hrsg.)).

Mitteilung der Kommission an das europäische Parlament, den Rat, den europäischen Wirtschafts- und Sozialausschuss und den Ausschuss der Regionen vom 19.04.2016: Schwerpunkte der IKT-Normung für den digitalen Binnenmarkt, COM(2016) 176 final, 2016 (zitiert als KOM (2016) 176).

Mitteilung der Kommission an das europäische Parlament, den Rat, den europäischen Wirtschafts- und Sozialausschuss und den Ausschuss der Regionen vom 25.11.2020: Das Innovationspotenzial der EU optimal nutzen – Aktionsplan für geistiges Eigentum zur Förderung von Erholung und Resilienz der EU, COM(2020) 760 final, 2020 (zitiert als KOM (2020) 760).

Münchener Kommentar zum Bürgerlichen Gesetzbuch: Säcker, Franz Jürgen/Rixecker, Roland/Oetker, Hartmut/Limperg, Bettina, Band 6, 7. Aufl. 2017, C. H. Beck, (zitiert als: Wagner, in: MüKo BGB).

Palzer, Christoph: Patentrechtsdurchsetzung als Machtmissbrauch, InTeR 4/2015, 197–205.

Picht, Peter: Strategisches Verhalten bei der Nutzung von Patenten in Standardisierungsverfahren aus der Sicht des europäischen Kartellrechts, 2013, Springer-Verlag.

Podszun, Rupprecht: Standardessentielle Patente und Kartellrecht im Zeitalter von Industrie 4.0, in: Busche/Meier-Beck (Hrsg.): Düsseldorfer Patentrechtstage 2018 – 15. und 16. März, 2018, Zentrum für Gewerblichen Rechtsschutz – Juristische Fakultät der Heinrich-Heine-Universität Düsseldorf, S. 5–21 (zitiert als: Podszun (2018)).

Pohlmann, Tim: Das Zusammenspiel zwischen Patenten und Standards, in: Mangelsdorf/Weiler (Hrsg.): Normen und Standards für die digitale Transformation: Werkzeuge, Praxisbeispiele und Entscheidungshilfen für innovative Unternehmen, Normungsorganisationen und politische Entscheidungsträger, 2019, Walter de Gruyter GmbH, S. 82–98 (zitiert als: Pohlmann (2019)).

Pregartbauer, Maria: Der Anspruch auf Unterlassung aus standardessentiellen Patenten im Telekommunikationssektor, 2017, Juristische Fakultät der Humboldt-Universität zu Berlin.

Reiff, Peter: Die haftungs- und versicherungsrechtliche Bedeutung technischer Regeln, in: Hendler/Marburger/Reinhardt/Schröder (Hrsg.): Technische Regeln im Umwelt- und Technikrecht – 21. Trierer Kolloquium zum Umwelt- und Technikrecht vom 4. bis 6. September 2005, 2006, Erich Schmidt Verlag, S. 155–197 (zitiert als: Reiff (2006)).

Sattler, Sven: Standardisierung und Patente aus Sicht des Wettbewerbsrechts, DIN-Mitteilungen 11/2010, 12–16.

Scheel, Kurt-Christian: Normung und Recht, in: Bahke/Blum/Eickhoff (Hrsg.): Normen und Wettbewerb, 1. Auflage, 2002, Beuth Verlag GmbH, S. 127–145 (zitiert als: Scheel (2002)).

Schmid, Michael J.: Technische Regeln, Verkehrssicherungspflicht und Kostentragung, VersR 2013, 293–295.

Wilrich, Thomas: Die rechtliche Bedeutung technischer Normen als Sicherheitsmaßstab, 1. Aufl. 2017, Beuth Verlag.

Software

Sebastian Dworschak und Niclas Düstersiek

Inhaltsverzeichnis

5.1	Software als besonderer Schutzgegenstand	120
5.2	Immaterialgüterrechtlicher Schutz von Software	120
5.3	Verwertung	129
5.4	Sonderproblem: Additive Fertigungsverfahren und rechtliche Rahmenbedingungen	136
5.5	Anhang zu Kap. 5	141
Literatur		144

Software kommt im heutigen Zeitalter der Informationstechnologie eine herausragende wirtschaftliche Bedeutung zu. Bei Technologieunternehmen besteht der innovative Kern des Unternehmens mittlerweile und zunehmend häufig in Form von Software. Aber auch außerhalb von klassischen Technologieunternehmen kommt dem Einsatz der richtigen Software für den Geschäftserfolg zentrale Bedeutung zu. Vor diesem Hintergrund betrifft der Schutz des geistigen Eigentums an Software eine bedeutende Frage des Technikrechts. Die aktuell rasanten Entwicklungen im Bereich der künstlichen Intelligenz (KI) rücken Fragen des Softwarerechts weiter in den Fokus.

Im Folgenden stellen wir das Softwarerecht unter dem Blickwickel der Schutz- und Verwertungsmöglichkeiten durch Immaterialgüterrechte dar. Dabei führen wir zunächst die Grundsätze und Besonderheiten der Schutzmöglichkeiten ein, erläutern proprietäre

---

S. Dworschak (✉) · N. Düstersiek
Nordemann Czychowski & Partner Rechtsanwältinnen und Rechtsanwälte mbB,
Berlin, Deutschland
E-Mail: sebastian.dworschak@nordemann.de; niclas.duestersiek@nordemann.de

wie offene (Open Source) Verwertungsmöglichkeiten und stellen schließlich einen Ausschnitt der aktuellen Fragen im Zusammenhang mit KI-Systemen dar.

5.1 Software als besonderer Schutzgegenstand

Software bildet in vielerlei Hinsicht im Bereich des geistigen Eigentums einen besonderen Schutzgegenstand. Geistige Eigentums- bzw. Immaterialgüterrechte zeichnen sich dadurch aus, dass sie absolute subjektive Rechte gewähren, anhand derer dem Rechtsinhaber die ausschließliche Nutzung eines unkörperlichen Gegenstands – eines Immaterialguts – zugeordnet wird.[1] Das geistige Eigentum (engl. Intellectual Property) erfasst den Bereich des gewerblichen Rechtsschutzes zuzüglich des Urheberrechts.[2] Unter dem Begriff gewerblicher Rechtsschutz werden sodann im Kern geistige Eigentumsrechte (die technischen Schutzrechte (Patente, Gebrauchsmuster, Sorten- und Halbleiterschutz), die ästhetischen Schutzrechte (insbes. Designrechte) und das Kennzeichnungsrecht (insbes. Markenrecht) zusammengefasst.[3]

Die gesetzlichen Regelungen zu Software sind – jedenfalls verglichen mit dem allgemeinen Urheberrecht – vergleichsweise jung, einige Fragen offen und müssen sich in besonderem Maß ständig neuen Entwicklungen stellen. Ein aktuelles Beispiel bilden KI-Systeme wie Large Language Models auf Basis generativer Künstlicher Intelligenz,[4] zu denen sich zahlreiche praktisch hochrelevante Rechtsfragen stellen. Nicht zuletzt aufgrund der technischen Bezüge und der wirtschaftlichen Bedeutung von Software nehmen auch das Patentrecht, das Wettbewerbsrecht und der Know-how-Schutz Software in den Blick.

5.2 Immaterialgüterrechtlicher Schutz von Software

Software ist dem Schutz durch mehrere Immaterialgüterrechte zugänglich. Zunächst kommt urheberrechtlicher Schutz als Computerprogramm in Frage (1.). Sofern die Software hinreichenden technischen Bezug im patentrechtlichen Sinne aufweist, kann sie auch patentrechtlich geschützt werden (2.). Schließlich kommt auch (3.) ein weiterer gewerblicher Rechtsschutz durch Markenrechte, Know-how-Schutz und ein ergänzender wett-

---

[1] BeckOK UWG/*Haun/Reck*, 23. Ed. 1.1.2024, UWG Einführung Rn. 353 ff.; auch als „geistiges Eigentum" und das Rechtsgebiet als Recht des geistigen Eigentums bezeichnet, Ann PatR, 8. Aufl. 2022, § 2 Rn. 2.

[2] Vgl. Loewenheim UrhR-HdB, 3. Aufl. 2021, § 1 Rn. 3.

[3] StichwortKommentar Legal Tech/*Dworschak/J.B. Nordemann*, 1. Aufl. 2023, Gewerblicher Rechtsschutz Rn. 1.

[4] Bspw. gegenwärtig ChatGT, GPT-4 und DALL-E2 von OpenAI, Bing Chatbot von Microsoft, Midjourney, Bard von Google.

bewerbsrechtlicher Leistungsschutz auf Basis des Wettbewerbsrechts in Betracht. Als Sonder-Anwendungsfall im Rahmen des Softwareschutzes gehen wir auf das Reverse Engineering ein (4.).

5.2.1 Urheberrechtlicher Schutz als Computerprogramm

Im Ausgangspunkt urheberrechtlichen Schutzes von Software hat der Gesetzgeber in §§ 69a bis 69g UrhG (Gesetz über Urheberrecht und verwandte Schutzrechte) spezielle Regelungen für Computerprogramme geschaffen. Grund hierfür ist, dass Computerprogramme viel stärker als andere urheberrechtliche Werke einen Charakter als **Industrieprodukt** aufweisen.[5] Software ist auch nicht ohne weiteres wie klassische urheberrechtliche Werke – z. B. Gemälde – sinnlich wahrnehmbar. Die §§ 69a ff. UrhG setzen die europäische Gesetzgebung in der Computerprogramm-Richtlinie[6] um.

Computerprogramme sind gem. §§ 2 Abs. 1 Nr. 1, 69a Abs. 3 S. 1 UrhG ausdrücklich urheberrechtlich geschützt und den Sprachwerken zuzuordnen. § 69a Abs. 3 S. 1 UrhG spezifiziert, dass Computerprogramme geschützt sind, wenn sie **individuelle** Werke in dem Sinne darstellen, dass sie das Ergebnis der eigenen geistigen Schöpfung ihres Urhebers sind. Zur Bestimmung ihrer Schutzfähigkeit sind gem. § 69a Abs. 3 S. 2 UrhG keine anderen Kriterien, insbesondere nicht qualitative oder ästhetische, anzuwenden. Im Einklang mit dem Schutz der „kleinen Münze"[7] im Urheberrecht sind die Schutzanforderungen nicht hoch angesetzt. Computerprogramme genießen regelmäßig Schutz, sofern es sich nicht nur um einfache, routinemäßige Programmierleistungen handelt, die jeder Programmierer auf dieselbe oder ähnliche Weise erbringen würde[8] (die Gesetzesbegründung spricht sogar von „nicht völlig banal").[9] Allerdings ist die menschliche Leistung geschützt und daher auch notwendig, sodass ein Schutz für rein computergenerierte Programme ausgeschlossen ist.[10]

Geschützt sind alle Ausdrucksformen von Computerprogrammen, die es erlauben, das Computerprogramm in verschiedenen Datenverarbeitungssprachen, wie Quellcode und

---

[5] BT-Drucks. 12/4022 v. 18.12.1992, S. 7.
[6] Richtlinie 2009/24/EG vom 23. April 2009 über den Rechtsschutz von Computerprogrammen, vorher bereits Richtlinie 91/250/EWG; s. zur Gesetzgebungshistorie Fromm/Nordemann/*Czychowski*, 12. Aufl. 2018, UrhG vor § 69a Rn. 2.
[7] Wandtke/Bullinger/*Grützmacher*, 6. Aufl. 2022, UrhG § 69a Rn. 37; krit. dazu BeckOK IT-Recht/*Paul*, 12. Ed. 1.10.2023, UrhG § 69a Rn. 26.
[8] BGH GRUR 2005, 860, 861 – Fash 2000 m. w. N. aus der Lit.; BGH GRUR 2013, 509 Rn. 24 – UniBasic-IDOS.
[9] Vgl. BT-Drucks. 2/4022 v. 18.12.1992, S. 10.
[10] S. nur StichwortKommentar Legal Tech/*Dworschak/J.B. Nordemann*, 1. Aufl. 2023, Gewerblicher Rechtsschutz Rn. 6; Fromm/Nordemann/Czychowski, 12. Aufl. 2018, UrhG § 69a Rn. 16; s.a. Maamar ZUM 2023, 481, 490, zu generativen KI; Siglmüller/Gassner RDi 2023, 124 Rn. 29, zu GitHub Copilot.

Objectcode[11] oder Binärcode, zu vervielfältigen. Quellcode ist der für den Menschen lesbare, in einer der diversen Programmiersprachen verfasste Text eines Computerprogramms. Er enthält sowohl die Funktionen der Software als auch legt er die Darstellung bei ihrer Ausführung fest.[12] Zur Ausführung des Programms wird der Quellcode in Objekt- und Binärcode umgewandelt, die von Maschinen verstanden werden können.[13] Der Binärcode ist letztlich die Code-Form, die vom Computer als Programm ausgeführt wird.

Wie im Urheberrecht allgemein geltend, sind auch im Computerprogrammbereich **keine Ideen und Grundsätze**, die Elementen eines Computerprogramms zu Grunde liegen, geschützt. Dieser Gedanke wird auch insofern übertragen, dass grundsätzlich auch Schnittstellen zwischen Computerprogrammen nicht im Sinne der Computerprogramm-Richtlinie urheberrechtlich geschützt sind.[14] Ebenso wenig sind regelmäßig Funktionalitäten, Programmiersprachen, Dateiformate oder Benutzeroberflächen als Computerprogramme geschützt.[15] Der urheberrechtliche Schutz als Computerprogramm orientiert sich mithin stark am Code. Daneben ist Entwurfsmaterial urheberrechtlichem Schutz zugänglich.

Das Urheberrecht ist – im Gegensatz zum Patent – kein Registerrecht. Das heißt, der Schutz entsteht automatisch bei Überschreiten der Schwelle zur Schutzfähigkeit. Urheberrechtlicher Schutz entsteht daher niederschwelliger als patentrechtlicher Schutz. Dies bedeutet allerdings auch, dass in einem Gerichtsprozess der Schutzgenstand und die Schutzfähigkeit von Software dargelegt und ggf. bewiesen werden müssen. Dies ist beispielsweise anders im Patentrecht, in dem in einem dedizierten Erteilungsverfahren die Schutzfähigkeit festgestellt wurde und diese grundsätzlich nur in einem gesonderten Verfahren angegriffen werden kann.

Inhaber des Urheberrechts ist typischerweise der Programmierer, der die geistige Schöpfung erbracht hat.[16] In Arbeitsverhältnissen weist allerdings § 69b UrhG die vermögenswerten Rechte weitgehend dem Arbeitgeber zu.[17] Dagegen muss sich der Arbeitgeber bei Einsatz freier Programmierer die Rechte vertraglich einräumen lassen.

Die (Nicht-)Einstufung als Computerprogramm schließt urheberrechtlichen Schutz im Übrigen nicht generell aus. Neben dem Schutz als Computerprogramm ist insbesondere

---

[11] EuGH GRUR 2011, 220 Rn. 35 – BSA/Kulturministerium.
[12] Vgl. Galetzka/*Jun*/Roßmann, Praxishandbuch Open Source, Rn. 81.
[13] Galetzka/*Jun*/Roßmann, Praxishandbuch Open Source, Rn. 81 ff.
[14] EuGH GRUR 2012, 814 Rn. 31 – SAS Institute, Schutz kann sich auch auf Entwurfsmaterial erstrecken, Rn. 37.
[15] EuGH GRUR 2012, 814 Rn. 38 f. – SAS Institute.
[16] S. nur StichwortKommentar Legal Tech/*Dworschak/Nordemann*, 1. Aufl. 2023, Gewerblicher Rechtsschutz Rn. 7; Dreier/Schulze/*Dreier*, 7. Aufl. 2022, UrhG § 69b Rn. 2.
[17] Fromm/Nordemann/*Czychowski*, 12. Aufl. 2018, UrhG § 69b Rn. 1; StichwortKommentar Legal Tech/*Dworschak/J.B. Nordemann*, 1. Aufl. 2023, Gewerblicher Rechtsschutz Rn. 7; Dreier/Schulze/*Dreier*, 7. Aufl. 2022, UrhG § 69b Rn. 2; Schricker/Loewenheim/*Spindler*, 6. Aufl. 2020, UrhG § 69b Rn. 1.

noch ein urheberrechtlicher Schutz als Datenbankwerk gem. § 4 Abs. 2 UrhG und – mit typischerweise geringerer Schwelle zur Schutzfähigkeit als Datenbankwerke – leistungsschutzrechtlicher Schutz der wirtschaftlichen Investition in die Datenbank gem. §§ 87a ff. UrhG denkbar.[18]

5.2.1.1 Ausschließlichkeitsrechte

Der Umfang des Schutzbereiches von Computerprogrammen ergibt sich zentral aus den zustimmungsbedürftigen Handlungen in § 69c UrhG, der Ausschließlichkeitsrechte bestimmt. § 69c UrhG regelt diese für Computerprogramme speziell[19] und enthält das Vervielfältigungs- (Nr. 1), Umarbeitungs- (Nr. 2), Verbreitungs-/Vermietungsrecht (Nr. 3) und das Recht der öffentlichen Wiedergabe (Nr. 4).

Wenn eine Nutzungshandlung eines Dritten in den Schutzbereich des geistigen Eigentumsrechts an dem Computerprogramm fällt, ist die Folge, dass der Rechtsinhaber die entsprechende (unberechtigte) Nutzung Dritten grundsätzlich untersagen kann. Ihm stehen im Urheberrecht unter anderem Ansprüche auf Unterlassung, Schadenersatz und Auskunft aus § 97 Abs. 1, 2, § 101 UrhG und § 242 BGB zu. Weitgehend parallele Ansprüche bestehen bspw. auch im Patentrecht bei Verletzung des Patents.

5.2.1.2 Nutzungsberechtigung und gesetzliche Schrankenbestimmungen

Dritte können zur Nutzung allerdings berechtigt sein. Den grundsätzlichen Fall der Rechteeinräumung bildet die vertragliche Einräumung der Nutzungsrechte,[20] vgl. § 29 Abs. 2 UrhG. Daneben kann sich die Berechtigung zur Nutzung auch aus gesetzlichen „Schrankenbestimmungen" ergeben.

„Schranken" bilden Ausnahmevorschriften, in denen die eigentlich unberechtigte Nutzung bereits gesetzlich erlaubt wird. Diese Erlaubnis schreibt der Gesetzgeber regelmäßig vor, ohne dass der Rechtsinhaber dazu beiträgt oder dies verhindern könnte. Beispiele im Rahmen von Computerprogrammen sind die Schranken für vorübergehende Vervielfältigungshandlungen (§ 44a UrhG), Data Mining (§ 44b UrhG, gegenwärtig prägend im Rahmen von KI), eine Sammlung von Ausnahmetatbeständen in § 69d UrhG sowie die Schranke zum Dekompilieren (§ 69e UrhG), auf die wir in der Folge zum Teil gesondert eingehen. An dieser Stelle sei nur erwähnt, dass das Eingreifen der Schranke jeweils Anforderungen unterliegt und die Reichweite auszutarieren ist.

---

[18] S. dazu StichwortKommentar Legal Tech/*Dworschak/J.B. Nordemann*, 1. Aufl. 2023, Gewerblicher Rechtsschutz Rn. 32 f.

[19] S. nur Dreier/Schulze/*Dreier*, 7. Aufl. 2022, UrhG § 69c Rn. 1; Fromm/Nordemann/*Czychowski*, 12. Aufl. 2018, UrhG § 69c Rn. 4; Schricker/Loewenheim/*Spindler*, 6. Aufl. 2020, UrhG § 69c Rn. 1; StichwortKommentar Legal Tech/*Dworschak/J.B. Nordemann*, 1. Aufl. 2023, Gewerblicher Rechtsschutz Rn. 8.

[20] S. bspw. Schricker/Loewenheim/*Ohly*, 6. Aufl. 2020, UrhG § 29 Rn. 19 ff., auch zum Begriff der Lizenz und zu Ausnahmen in Form von Zwangslizenzen und gesetzlichen Lizenzen; bspw. auch einseitiges Einverständnis möglich, s. Fromm/Nordemann/*Nordemann*, 12. Aufl. 2018, UrhG § 29 Rn. 25.

5.2.2 Patentrechtlicher Schutz

Der patentrechtliche Schutz steht neben dem urheberrechtlichen Schutz. Es gibt kein Rangverhältnis, sondern patentrechtlicher Schutz kann neben urheberrechtlichem Schutz bestehen.

Das Patent verleiht dem Patentinhaber für die Schutzdauer von grundsätzlich 20 Jahren (§ 16 Patentgesetz (PatG), Art. 63 Europäisches Patentübereinkommen (EPÜ)) ein Ausschließlichkeitsrecht bezüglich der gewerblichen Ausübung der technischen Lehre – im Gegenzug muss er die technische Lehre aber offenlegen, sodass diese nach Ablauf der Schutzfrist der Allgemeinheit zugutekommen kann. Ein Patentinhaber kann jedermann die gewerbliche Herstellung der geschützten Erzeugnisse oder die gewerbliche Nutzung des geschützten Verfahrens untersagen (§ 9 PatG).[21]

Das Patentrecht hat einen grundsätzlich anderen Schutzgegenstand als das Urheberrecht: Voraussetzung für die Patenterteilung ist, dass eine Erfindung auf einem Gebiet der Technik vorliegt, die neu ist, auf einer erfinderischen Tätigkeit beruht und gewerblich anwendbar ist (§ 1 Abs. 1 PatG, Art. 52 Abs. 1 EPÜ). Während der Urheberrechtsschutz dem Schutz des in eine (Quellcode-)Form gegossenen Computerprogramm gilt, schützen computerimplementierte Erfindungen **technische Erfindungen, die mit Computerprogrammen implementiert werden**.[22] Entscheidend ist, ob über die Umsetzung als Software hinaus ein technischer Bezug, die sogenannte **Technizität**, vorliegt.[23] Bereits aus dem Wortlaut von § 1 Abs. 3 Nr. 3 PatG ergibt sich, dass reine Programme für Datenverarbeitungsanlagen nicht dem Patentschutz zugänglich sind.

So ist nach der BGH-Rechtsprechung bei Erfindungen mit Bezug zu Geräten und Verfahren (Programmen) der elektronischen Datenverarbeitung zunächst zu klären, ob der Gegenstand der Erfindung zumindest mit einem Teilaspekt auf technischem Gebiet liegt (§ 1 Abs. 1 PatG). Danach ist zu prüfen, ob dieser Gegenstand lediglich ein Programm für Datenverarbeitungsanlagen als solches darstellt und deshalb vom Patentschutz ausgeschlossen ist. Der diesbezügliche Ausschlusstatbestand (§ 1 Abs. 3 Nr. 3 PatG) greift nicht ein, wenn diese weitere Prüfung ergibt, dass die Lehre Anweisungen enthält, die der **Lösung eines konkreten technischen Problems mit technischen Mitteln** dienen.[24] Der Ausschluss gilt, also dann nicht, wenn die Erfindung neben der technischen Lösung auch ein Programm enthält.[25] Das Europäische Patentamt formuliert dies so, dass das Patentierungsverbot der parallelen Art. 52 Abs. 2, 3 EPÜ nicht eingreift, wenn das

---

[21] Redeker IT-Recht/*Redeker*, 8. Aufl. 2023, Rn. 137.
[22] Fromm/Nordemann/*Czychowski*, 12. Aufl. 2018, UrhG vor § 69a Rn. 22 m. w. N.; s. ausführlich zur Schutzfähigkeit Redeker IT-R, Rn. 137 ff.
[23] StichwortKommentar Legal Tech/*Dworschak/J.B. Nordemann*, 1. Aufl. 2023, Gewerblicher Rechtsschutz Rn. 21; Mes/*Mes*, PatG, 5. Aufl. 2020, § 1 Rn. 20; s.a. bspw. BGH GRUR 2011, 610 Rn. 16 – Webseitenanzeige.
[24] BGH GRUR 2011, 610 – Webseitenanzeige.
[25] Vgl. Redeker IT-Recht/*Redeker*, 8. Aufl. 2023, Rn. 137.

Computerprogramm bei Ablauf auf einem Computer einen technischen Effekt bewirkt, der über die „normale" physikalische Wechselwirkung zwischen dem Programm (Software) und dem Computer (Hardware) hinausgeht.[26]

Die Frage der Patentierbarkeit von Software ist im Einzelnen komplex und wird in der Spruchpraxis der Erteilungsämter (Deutsches Patent- und Markenamt für deutsche Patente bzw. Europäisches Patentamt für europäische Patente) unterschiedlich gehandhabt.[27] Im Gegensatz zu reinen Anwendungsprogrammen sind Ansprüche, die zur Lösung eines Problems, das auf den herkömmlichen Gebieten der Technik (den Ingenieurwissenschaften, der Physik, der Chemie oder der Biologie) besteht, die Abarbeitung bestimmter Verfahrensschritte durch einen Computer vorschlagen, grundsätzlich patentierbar.[28] Auch reicht es beispielsweise aus, wenn der Ablauf eines Datenverarbeitungsprogramms, das zur Lösung des Problems eingesetzt wird, (a) durch technische Gegebenheiten außerhalb der Datenverarbeitungsanlage bestimmt wird oder (b) wenn die Lösung gerade darin besteht, ein Datenverarbeitungsprogramm so auszugestalten, dass es auf die technischen Gegebenheiten der Datenverarbeitungsanlage Rücksicht nimmt.[29]

Die Kriterien bilden ab, dass die Patentierbarkeit von Software keineswegs ein reflexartiger Automatismus ist, sondern besonderes Augenmerk auf die Technizität zu legen ist. Gleichermaßen stellen sich nachfolgende Fragen, welche technisch sinnvollen und zulässig beanspruchbaren Ansprüche[30] der potenzielle Patentinhaber in seiner Anmeldung formulieren kann, um eine Erteilung des Patents und – bei Erteilung – möglichst breiten Schutz zu erlangen.

5.2.3 Weitere Immaterialgüterrechte und Rechtsgebiete: Know-how-Schutz, Wettbewerbsrecht und Markenrecht

Neben Urheber- und Patentrecht ergänzen der Know-how-Schutz, das Wettbewerbs- und das Markenrecht den Schutz von Software. Software (einschließlich der darin enthaltenen Daten und Informationen) sind dem **Geschäftsgeheimnis-/Know-how-Schutz** zugänglich. Ein Geschäftsgeheimnis ist gem. § 2 Nr. 1 Gesetz zum Schutz von Geschäftsgeheimnissen (GeschGehG) gesetzlich definiert als Information,

---

[26] EPA GRUR Int 1999, 1053.
[27] Die Entwicklung von Rechtsprechung und Literatur darstellend Ensthaler GRUR 2013, 666; detaillierte Übersichten zur deutschen und europäischen Kasuistik in Schwarz/Kruspig, Computerimplementierte Erfindungen – Patente im Bereich Digitaltechnologie, 3. Aufl. 2023, Kap. 5 und Haedicke/Timmann/*Nack*, PatRHdB, 2. Aufl. 2020, § 2 Rn. 86 ff.
[28] Mes/*Mes*, PatG, 5. Aufl. 2020, § 1 Rn. 128.
[29] BGH GRUR 2010, 613 Rn. 27 – Dynamische Dokumentengenerierung.
[30] Auflistung von Anspruchsformen in Schwarz/Kruspig, Computerimplementierte Erfindungen – Patente im Bereich Digitaltechnologie, 3. Aufl. 2023, Kap. 4 Rn. 22.

a) die **weder** insgesamt noch in der genauen Anordnung und Zusammensetzung ihrer Bestandteile den Personen in den Kreisen, die üblicherweise mit dieser Art von Informationen umgehen, **allgemein bekannt oder ohne Weiteres zugänglich** ist und daher von **wirtschaftlichem Wert** ist und
b) die Gegenstand von den Umständen nach angemessenen **Geheimhaltungsmaßnahmen** durch ihren rechtmäßigen Inhaber ist und
c) bei der ein berechtigtes Interesse an der Geheimhaltung besteht.

Verboten ist dann insbesondere die unbefugte Offenlegung oder Nutzung, aber unter weiteren Voraussetzungen auch das unbefugte Erlangen des Geschäftsgeheimnisses gem. § 4 Abs. 1 und Abs. 2 GeschGehG. Anders als das Patentrecht verschafft der Geheimnisschutz dem Inhaber des Geschäftsgeheimnisses jedoch kein Ausschließlichkeitsrecht an der Information.[31] Entsprechend gibt es Ausnahmen von den Handlungsverboten, bspw. in § 3 GeschGehG bei eigenständigen Entdeckungen oder § 5 GeschGehG für journalistische Tätigkeiten.[32] Insgesamt zeigt sich durch die Regelung in einem eigenen Gesetz auf Basis der Trade Secret Directive,[33] dass Unternehmen einen bewussten Umgang mit Informationen pflegen sollten und insbesondere auf eigene Non-Disclosure Agreements (NDAs, Vertraulichkeitsvereinbarungen) jedenfalls bezüglich wirtschaftlich wertvollen, nicht vorbekannten Informationen achten sollten.

Darüber hinaus kann für Software-Leistungsergebnisse im Wettbewerb gegenüber Mitbewerbern ein **ergänzender wettbewerbsrechtlicher Leistungsschutz** gem. § 4 Nr. 3 Gesetz gegen den Unlauteren Wettbewerb (UWG) bestehen. Dieser schützt insbesondere Leistungsergebnisse mit wettbewerblicher Eigenart vor Nachahmungen, wenn das nachgeahmte Produkt über wettbewerbliche Eigenart verfügt und besondere Umstände hinzutreten, aus denen die Unlauterkeit folgt.[34] Er steht rechtlich auf demselben Rang wie der Schutz aus dem Urheber-, Patent- oder Markenrecht,[35] spielt aber für den Schutz von Software praktisch eine nur untergeordnete Rolle.

Aus markenrechtlicher Sicht ist die Bezeichnung eines Softwareprodukts weiterhin regelmäßig als Werktitel gem. § 5 Abs. 1, 3 MarkenG geschützt. Weiterer markenrechtlicher Schutz kommt in mehreren Anwendungsfällen in Betracht: z. B. **Eintragung einer**

---

[31] Harte-Bavendamm/Ohly/Kalbfus/*Ohly*, 2. Aufl. 2024, GeschGehG § 3 Rn. 1.
[32] S. insgesamt StichwortKommentar Legal Tech/*Dworschak/Nordemann*, 1. Aufl. 2023, Gewerblicher Rechtsschutz Rn. 38 ff.
[33] Richtlinie (EU) 2016/943 vom 8. Juni 2016 über den Schutz vertraulichen Know-hows und vertraulicher Geschäftsinformationen (Geschäftsgeheimnisse) vor rechtswidrigem Erwerb sowie rechtswidriger Nutzung und Offenlegung.
[34] S. nur BGH GRUR 2018, 832 Rn. 47 – Ballerinaschuh; Ohly/Sosnitza/*Ohly*, 8. Aufl. 2023, UWG § 4 Rn. 3/17/1; kritisch bezüglich des Schutzes von KI-Ergebnissen i.R.v. § 4 Nr. 3 UWG: Dornis GRUR 2019, 1252, 1256 f.
[35] Köhler/Bornkamm/Feddersen/*Köhler*, 41. Aufl. 2023, UWG § 4 Rn. 3.6 f., zum unabhängig möglichen Bestehen des wettbewerbsrechtlichen Anspruchs BGH GRUR 2015, 909 Rn. 23 – Exzenterzähne.

Marke für das (Software-)Unternehmen, Logos von Produkten und/oder Dienstleistungen oder eines Domainnamens; dazu ein Schutz vor allem der Firma des Unternehmens als Unternehmenskennzeichen.[36]

5.2.4 Sonderproblem und Anwendungsbeispiel: Reverse Engineering

Reverse Engineering bezeichnet nach einem weiten Begriffsverständnis die **planmäßige Analyse** von beliebig beschaffenen körperlichen oder unkörperlichen Produkten oder Gegenständen[37] mit dem Ziel, Wissen darüber zu erlangen.[38] In Bezug auf Software meint dies allgemein die **Ermittlung des Quellcodes** aus nur maschinenlesbarem Objektcode oder Binärcode. Diesen technischen Vorgang fassen juristische Betrachtungen oft etwas technisch unpräzise und verknappt als „Dekompilieren" zusammen.[39] Der Rekonstruktion des Quellcodes kommt in der Praxis besondere Bedeutung zu, weil der Quellcode Aufschluss darüber gibt, wie die Software konkret aufgebaut und „geschrieben" ist. Der Quellcode ist also essenziell für den Wert der funktionsfähigen Software. Softwarelizenzgeber und Entwickler versuchen diesen daher technisch,[40] vertraglich und organisatorisch zu schützen, während Käufer ein starkes Interesse daran haben, Zugang zum Quellcode zu erhalten.

Reverse Engineering bewegt sich im Spannungsfeld der Förderung von Innovation und Wettbewerb[41] gegenüber Schutz geistigen Eigentums einschließlich Schutz vor Missbrauch in Form von bspw. Produktpiraterie oder unzulässigen Nachahmungen.[42]

Im Urheberrecht stellt die Vervielfältigung, Übersetzung, Bearbeitung oder Änderung der Codeform einer Kopie eines Computerprogramms grundsätzlich einen Eingriff in die Ausschließlichkeitsrechte des Urhebers gem. § 69 c Nr. 1, 2 UrhG dar. Nach § 69e UrhG ist die Dekompilierung des Objektcodes in eingeschränkten Fällen aber gesetzlich erlaubt, um die **Interoperabilität** mit anderen Computerprogrammen herzustellen.[43] Dabei handelt es sich wie bei Ausnahmebestimmungen grundsätzlich um eine eng auszulegende

---

[36] Überblickshalber StichwortKommentar Legal Tech/*Dworschak/Nordemann*, 1. Aufl. 2023, Gewerblicher Rechtsschutz Rn. 44 ff. für Legal Tech-Unternehmen.

[37] Vgl. MüKoUWG/*Kamlah*, 3. Aufl. 2022, GeschGehG § 3 Rn. 8;

[38] Vgl. BeckOK UWG/*Reiling*, Stand: 01.07.2023, § 3 GeschGehG Rn. 13 m. w. N.

[39] Taeger/Pohle, ComputerR-HdB, 37. EL Mai 2022, 50.1 Rn. 232k ff.

[40] Sog. „Obfuskation", Schricker/Loewenheim/*Spindler*, 6. Aufl. 2020, UrhG § 69e Rn. 1.

[41] BeckOK UWG/*Reiling*, 21. Ed. Stand 01. 07.2023, § 3 GeschGehG Rn. 14; Maierhöfer/Hosseini GRUR-Prax 2019, 542.

[42] MüKo UWG/*Namysłowska*, 3. Aufl. 2020, Geheimnisschutz-RL, Art. 3 Rn. 8.

[43] Erwägungsgrund 15 der RL 2009/24/EG des Europäischen Parlaments und des Rates vom 23. April 2009 über den Rechtsschutz von Computerprogrammen; s. daneben nur Schricker/Loewenheim/*Spindler*, 6. Aufl. 2020, UrhG § 69e Rn. 3.

Schranke.⁴⁴ Diese ist zwingend und kann vertraglich nicht abbedungen werden, § 69g Abs. 2 i. V. m. § 69e UrhG. Daneben gestatten § 69d Abs. 1 und Abs. 3 UrhG in Grenzen eine Nutzung zu Fehlerberichtigung und Testen für Berechtigte.

Das **Geschäftsgeheimnisgesetz** erlaubt das Reverse Engineering unter bestimmten Voraussetzungen. Dabei ist zunächst hervorzuheben, dass nach dem ausdrücklichen gesetzgeberischen Willen die immaterialgüterrechtlichen und lauterkeitsrechtlichen Grenzen weiterhin beachtet werden, die der Zulässigkeit des Reverse Engineering entgegenstehen können.⁴⁵ Die Grenze des § 3 Abs. 1 Nr. 2 GeschGehG ist damit beispielsweise dann erreicht, wenn in ein urheberrechtliches Ausschließlichkeitsrecht eingegriffen wird. Für derartige Eingriffe ist auf die spezielleren und insoweit abschließenden Regelungen der §§ 69d ff. UrhG zurückzugreifen.⁴⁶

Ein Geschäftsgeheimnis darf gem. § 3 Abs. 1 Nr. 2 GeschGehG erlangt werden durch ein Beobachten, Untersuchen, Rückbauen oder Testen eines Produkts oder Gegenstands, das oder der a) öffentlich verfügbar gemacht wurde oder b) sich im rechtmäßigen Besitz des Beobachtenden, Untersuchenden, Rückbauenden oder Testenden befindet und dieser keiner Pflicht zur Beschränkung der Erlangung des Geschäftsgeheimnisses unterliegt. Während die Erlangung von Geschäftsgeheimnissen bei öffentlich auf dem Markt verfügbaren Produkten in a) als ohne vertragliche Abbedingungsmöglichkeit im Wortlaut geregelt ist, ist diese im Rahmen von b) bereits angelegt.⁴⁷ Diese Abbedingungsmöglichkeit betrifft hier konkret Reverse Engineering bezüglich des Geschäftsgeheimnisses. Oftmals relevant wird das Thema im Kontext von Non-Disclosure Agreements.⁴⁸

Das Patentrecht lässt Reverse Engineering in engen Grenzen zu. § 11 Nr. 2 PatG erlaubt Handlungen zu Versuchszwecken, die sich auf den Gegenstand der patentierten Erfindung beziehen, im Umkehrschluss aber keine geschäftliche Verwendung.

Der bereits erwähnte § 4 Nr. 3 UWG regelt, dass das Angebot von Nachahmungen wettbewerbsrechtlich unzulässig sein kann. Insofern auf Basis von Reverse Engineering Produktnachahmungen auf dem Markt angeboten werden sollen, kann dies also wettbewerbsrechtlich unzulässig sein. Dafür muss jedoch zusätzlich einer der Tatbestände in lit. a) bis c) vorliegen, u. a. in lit. a) das Herbeiführen einer vermeidbaren Täuschung der Abnehmer über die betriebliche Herkunft.⁴⁹

---

⁴⁴ Schricker/Loewenheim/*Spindler*, 6. Aufl. 2020, UrhG § 69e Rn. 3.

⁴⁵ BT-Drucks. 19/4724, S. 25; s. allgemeiner Harte/Bavendamm/*Ohly*/Kalbfus, GeschGehG, § 3 Rn. 31.

⁴⁶ BeckOK UrhR/Rauer/Bibi, 40. Ed. 1.8.2023, UrhG § 2 Rn. 272.

⁴⁷ BT-Drucks. 19/4724, S. 26; ausführlich etwa Maierhöfer/Hosseini GRUR-Prax 2019, 542 f., mit Formulierungsvorschlag; zur Diskussion um die vertragliche Beschränkung von Reverse Engineering im Rahmen von § 3 Abs. 1 Nr. 2 a) und im Lichte von AGB: GeschGehG Harte-Bavendamm/Ohly/Kalbfus/*Ohly*, 2. Aufl. 2024, GeschGehG § 3 Rn. 25 m. w. N.

⁴⁸ Hoeren MMR 2021, 523, 525.

⁴⁹ S. dazu Harte-Bavendamm/Ohly/Kalbfus/Ohly, 2. Aufl. 2024, GeschGehG § 3 Rn. 33 ff., zu § 4 Nr. 3 c) UWG im Verhältnis zu § 3 Abs. 1 Nr. 2 GeschGehG dort Rn. 35 und OLG Köln GRUR-RS 2021, 43948 Rn. 35.

Gleichzeitig kommt unter bestimmten Umständen bei Verschaffen von unbefugtem Zugang zu Daten durch Überwindung von Sicherheitsmaßnahmen zum Schutz von Software auch eine Strafbarkeit nach § 202a StGB in Betracht.[50]

5.3 Verwertung

Neben der Schutzfähigkeit ist für den Rechtsinhaber weiter relevant, wie er seine Rechte wirtschaftlich verwerten kann. Umgekehrt bedeutet dies für Unternehmen oder Personen, die Software nutzen möchten, dass sie eine Berechtigung benötigen. Abgesehen von gesetzlichen Schranken bleibt regelmäßig nur die Möglichkeit, eine solche Berechtigung vertraglich zu erhalten. Wir stellen dies primär anhand urheberrechtlicher Verwertung vor.

5.3.1 Kommerzielle Verwertung in proprietären Lizenzverträgen

Bei der kommerziellen Verwertung über proprietäre Lizenzverträge gestattet der Lizenzgeber dem Lizenznehmer typischerweise die Nutzung der Software gegen eine (Lizenz-)gebühr. Klassischerweise werden in den Lizenzen urheberrechtliche Nutzungsrechte eingeräumt. Dies beschreibt die klassische Situation einer kommerziellen Verwertung.

Die Reichweite der Nutzung bestimmt im Wesentlichen der (Lizenz-)vertrag. Die vertragliche Einräumung der Nutzungsrechte ist ein im Urheberrecht essenzieller Mechanismus, denn der Auslegungsgrundsatz der Zweckübertragungslehre in § 31 Abs. 5 UrhG ist aus Nutzersicht streng. Zwar führt nach dem Gesetzestext in § 31 Abs. 5 S. 1 UrhG eine nicht ausdrückliche Bezeichnung der Nutzungsarten dazu, dass diese sich nach dem von beiden Partnern zugrunde gelegten Vertragszweck bestimmen. In der Praxis wird dies jedoch so verstanden, dass nur diejenigen Rechte eingeräumt sind, die ausdrücklich benannt sind. Jedenfalls besteht auch nur insofern eine Sicherheit für den Nutzer. Dies gilt insbesondere, wenn die Nutzungsrechtseinräumung im Übrigen detailliert geregelt ist.

In der Reichweite der Nutzungsrechte ist die erste Weichenstellung, ob eine einfache oder eine ausschließliche (auch: exklusive) Lizenz eingeräumt wird (§ 31 Abs. 1, 2 und 3). Bei einer ausschließlichen Lizenz darf nur der Lizenznehmer die geschützte Software verwenden, je nach gewählter Ausformung unter Ausschluss des Lizenzgebers. Dieser Weg ist bspw. im Rahmen von Auftrags-Entwicklungen gängig. Im Softwarelizenzierungsumfeld häufig und insbesondere wenn der Vertrieb skalieren soll, wird jedoch nur eine einfache Lizenz vergeben. Das ist im Rahmen von Standardsoftware wie bspw. Microsoft Office 365 der Fall.

Außerdem bestimmen Lizenzverträge typischerweise die räumliche und zeitliche Reichweite der Nutzungsrechte. Daneben kann und sollte der Inhalt festgelegt werden,

---

[50] Böken in Kipker, Cybersecurity, 2. Aufl. 2023, Kap. 19 Rn. 81; s.a. LG Aachen MMR 2023, 866 Rn. 14, 26.

unter anderem welche Nutzungen erlaubt sind, und die Frage, ob die Software an Dritte unterlizenziert oder weitergegeben werden darf (s. zu alledem § 31 Abs. 1 UrhG).

Eine Besonderheit im Gegensatz zu typischen urheberrechtlichen Lizenzverträgen bilden Software as a Service (SaaS)-Verträge. Diese gewähren dem Nutzer eine Zugriffsmöglichkeit, ohne dass er physische Datenträger o. ä. erhält.[51] Weil der Nutzer auf die beim Lizenzgeber gehostete Software zugreift und diese dort online nutzt, ist im Rahmen von SaaS je nach Ausgestaltung kein urheberrechtliches Ausschließlichkeitsrecht auf Nutzerseite betroffen. In einem solchen SaaS-Vertrag müssen daher streng genommen keine urheberrechtlichen Nutzungsrechte übertragen werden, sondern der „Service" vertraglich geregelt werden – der BGH ordnet eine solche Bereitstellung der Software grundsätzlich als Miete[52] ein. Trotz der anderen technischen und rechtlichen Ausgestaltung handelt es sich letztlich um ein Verwertungsmodell von Software. Vorteile für die Rechtsinhaber liegen darin, dass die Software nicht außerhalb ihrer Sphäre bereitgestellt werden muss und eine SaaS-Nutzung leicht mit Abo-Modellen verträglich ist.

Daneben sei nur erwähnt, dass auch Daten, die bspw. urheberrechtlichen Schutz als Software oder Datenbank nicht erreichen, wirtschaftlich verwertet werden können. Hier können Vertragspartner u. a. Datennutzungsverträge schließen. Rechte an Daten, die nicht ausreichend bearbeitet wurden, um den Schutzbereich von Immaterialgüterrechten wie insbesondere Urheber- oder Patentrecht zu erreichen, bilden in der heutigen Industrie einen bedeutenden Wirtschaftsfaktor.[53] Jüngst ist der europäische Gesetzgeber diesen Regelungsbereich im Data Act[54] angegangen.

5.3.2 Open Source Lizenzen als Gegenmodell zu proprietären Lizenzen

In Abgrenzung zu der vorbehandelten proprietären Lizenzierung hat sich die sogenannte Open Source Software (auch als „OSS" abgekürzt) mittlerweile als wichtige Grundlage der Software-Programmierung etabliert. Open Source Software zeichnet sich allein aufgrund des Namens dadurch aus, dass der Quellcode offengelegt ist. Open Source Lizenzen sind dadurch kennzeichnet, dass eine umfangreiche Rechteeinräumung ohne Verpflichtung zur Zahlung von Lizenzgebühren an jedermann erfolgt – im Gegenzug ist die Rechteeinräumung jedoch in der Regel an bestimmte andere Pflichten geknüpft.[55]

---

[51] Fromm/Nordemann/*Czychowski*, 12. Aufl. 2018, UrhG vor § 69a Rn. 10.
[52] BGH MMR 2007, 243, 244 f.; s.a. Jaeger/Metzger, Open Source Software, 5. Aufl. 2020, Rn. 355; nun ebenfalls § 548a BGB.
[53] Ensthaler NJW 2016, 3473 f.
[54] Verordnung (EU) 2023/2854 vom 13. Dezember 2023 über harmonisierte Vorschriften für einen fairen Datenzugang und eine faire Datennutzung sowie zur Änderung der Verordnung (EU) 2017/2394 und der Richtlinie (EU) 2020/1828 (Datenverordnung).
[55] StichwortKommentar Legal Tech/*Dworschak/Nordemann*, 1. Aufl. 2023, Gewerblicher Rechtsschutz Rn. 25.

Die Open Source Initiative (OSI) hat folgende Leitkriterien für Open Source Software aufgestellt, die zusammengefasst lauten: (1.) Die Lizenz muss freien Weitervertrieb gestatten, (2.) die Software muss den Quellcode beinhalten oder dieser bereitgestellt werden (präferiert kostenfrei oder mit nur geringen Reproduktions-Kosten), (3.) die Lizenz muss Bearbeitungen erlauben einschließlich des Weitervertriebs dieser unter derselben Lizenz, (4.) die Lizenz muss den Vertrieb modifizierten Quellcodes gestatten [klarstellend], wobei die Integrität des Quellcodes des Urhebers gewährleistet werden darf durch bspw. Versionsangabe oder Benennung (5.) die Lizenz darf nicht gegen Personen oder Personengruppen diskriminieren, (6.) die Lizenz darf nicht gegen bestimmte Anwendungsfelder diskriminieren, (7.) die Lizenz muss auch für weitere Nutzer gelten können und diesen Nutzungsrechte einräumen können, ohne dass sie eine zusätzliche andere Lizenz erhalten müssen, (8.) die Lizenz darf nicht nur Rechte für ein spezifisches Produkt einräumen, (9.) die Lizenz darf keine Beschränkungen bezüglich weiterer Software aufstellen, die mit der lizenzierten Software vertrieben wird, (10.) die Lizenz muss technologieneutral sein.[56]

Die kostenlose Nutzung durch Dritte ist nur im ersten Moment kontraintuitiv, denn diese hat den entscheidenden Vorteil, dass die Software durch die mitunter weltweite Community weiterentwickelt und verbessert werden kann. Dies kann die Entwicklung zusätzlicher Funktionen erleichtern, ebenso wie das Schließen von Sicherheitslücken und das Schaffen einer gemeinsamen Grundlage der verwendeten Software (s. bspw. die Betriebssysteme Linux und Android).

Auf Unternehmensebene hat dies zur Folge, dass Open Source Compliance ein immer wichtigeres Thema wird. Die Open Source Software ist dabei grundsätzlich kostenlos und für Unternehmen zunächst ein Mehrwert, führt jedoch zu Compliance-Aufwand. Mittlerweile geben 69 % der Unternehmen an, Open Source Software zu benutzen.[57]

Es gibt im Rahmen von Open Source Software eine große Bandbreite von Lizenzen. Diese sind in hohem Maße standardisiert und lassen sich danach differenzieren, wie großzügig oder streng die Pflichten des Lizenznehmers bei einem Weitervertrieb der Open Source Software sind.

Eine wesentliche Kategorisierung betrifft die Frage, ob Bearbeitungen bei Weitergabe unter der Ursprungslizenz zu lizenzieren sind.

Es gibt einerseits sog. **permissive Lizenzen**[58] ohne Copyleft-Effekt, die geringe Anforderungen an den Vertrieb der entsprechenden Komponenten stellen (MIT, auch BSD-Lizenzen und Apache-2.0).[59] Diese beinhalten hauptsächlich Vertriebsverpflichtungen in Hinsicht auf die Weitergabe unter Nennung der Urheber und das Beifügen des Lizenztextes.

---

[56] S. https://opensource.org/osd, zuletzt abgerufen am 01.03.2024.

[57] Bitkom e.V., Open-Source-Monitor, Studienbericht 2023, S. 22, herunterladbar unter https://www.bitkom.org/sites/main/files/2023-09/bitkom-studie-open-source-monitor-2023.pdf, zuletzt abgerufen am 01.03.2024.

[58] Vgl. Galetzka/*Jun*/Roßmann, Praxishandbuch Open Source, Rn. 12, 23.

[59] S. unter https://spdx.org/licenses/, zuletzt abgerufen am 01.03.2024, sowohl eine umfassende Auflistung der Open Source Lizenzen als auch jeweils einen Link auf den Lizenztext.

Andererseits gibt es aber auch Lizenzen, die einen sogenannten Copyleft-Effekt aufweisen. Lizenzen mit einem **„strengen" Copyleft-Effekt** (GPL-2.0, GPL-3.0, AGPL-3.0) zeichnet aus, dass Bearbeitungen bei Weitergabe der Ursprungslizenz zu unterstellen sind.[60] Dies wird auch als „viraler Effekt" bezeichnet. Die Reichweite des strengen Copyleft-Effekts ist im Einzelnen äußerst umstritten,[61] nicht zuletzt weil dies für Lizenznehmer eine kritische Pflicht darstellen kann und hier Wortlaut und Systematik der Lizenzen in Einklang mit deutschem (Urheber-)Recht zu bringen sind. (Strenge) Copyleft-Lizenzen ziehen weitreichendere Pflichten nach sich, verwirklichen aber auch einen Grundgedanken von Open Source Software in reiner Form, nämlich die Offenlegung des Quellcodes einschließlich eigener Weiterentwicklungen, also das „Zurückgeben" an die Community. Sofern allerdings übrige verwendete Software kommerziell lizenziert ist und deshalb gar nicht rechtlich unter der GPL-2.0 weitergegeben werden darf oder kann (Stichwort: Weiter-Lizenzierung insgesamt unter GPL-2.0), kann dies dazu führen, dass die Vertriebsverpflichtungen der Open Source Lizenz mit strengem Copyleft-Effekt nicht eingehalten werden können. Viele Unternehmen arbeiten daher mittlerweile unter der internen Richtlinie, keine Open Source Software unter strengem Copyleft-Effekt in der eigenen Entwicklung zu verwenden.

Lizenzen mit einem **„beschränkten" Copyleft-Effekt** erfordern grundsätzlich ebenfalls eine Weitergabe der bearbeiteten Software unter derselben Lizenz, enthalten aber Ausnahmen.[62] Einen beschränkten Copyleft-Effekt beinhalten bspw. die Lizenzen LGPL-2.1, EPL-2.0 oder MPL-2.0.

Nachfolgend stellen wir eine Übersicht bekannter Open Source Lizenzen unter Kategorisierung anhand ihres Copyleft-Effekts dar:

Übersicht bekannter Open Source Lizenzen und ihre Einordnung nach Copyleft-Effekt		
Kein Copyleft-Effekt	Beschränkter Copyleft-Effekt	Strenger Copyleft-Effekt
Apache-2.0	CDDL-1.0	AGPL-3.0
BSD-3-Clause	EPL-2.0	EUPL-1.2
CC0-1.0	LGPL-2.1	GPL-2.0
ISC	LGPL-3.0	GPL-3.0
MIT	MPL-2.0	SSPL-1.0

Auch ist zu berücksichtigen, dass Open Source Lizenzen teilweise Patentklauseln beinhalten. Diese können einerseits direkte Patentlizenzen beinhalten, andererseits Patentabwehrklauseln, die bei rechtlichem Vorgehen gegen den Lizenzgeber eine grundsätzliche Beendigung der eigenen Lizenz vorsehen. Selbst vermeintlich „harmlose" permissive Li-

---

[60] Jaeger/Metzger, Open Source Software, 5. Aufl. 2020, Rn. 30, im Folgenden auch ausführlich zu den verschiedenen Lizenztypen und Einzelbeispielen.

[61] S. bspw. zum Copyleft-Effekt der GPL-2.0 Jaeger/Metzger Open Source Software, 5. Aufl. 2020, Rn. 54 ff.

[62] Jaeger/Metzger Open Source Software, 5. Aufl. 2020, Rn. 30.

zenzen wie die Apache-2.0 können dadurch wertvolle Patente mitlizenzieren,[63] teilweise ohne dass dies Unternehmen bewusst ist.

Übersicht über gängige Open Source Lizenzen mit Patentlizenz oder Patentabwehrklauseln	
Patentlizenz	Patentabwehrklausel
AGPL-3.0	Apache-2.0
Apache-2.0	MPL-2.0/MPL-1.1
EPL-1.0/CPL-1.0	EPL-1.0/CPL-1.0
EUPL-1.2	
GPL-3.0	

Das zeigt auf, wie essenziell es ist, dass Unternehmen einen informierten Umgang mit Open Source pflegen und die unternehmensinterne Abstimmung zwischen Open Source Program Office (OSPO), Software-Entwicklung und Patentabteilung funktionieren muss.

5.3.3 Sonderproblem und Anwendungsbeispiel: Software und KI

Künstliche Intelligenz wandelt als Innovation den Arbeitsalltag und Geschäftsmodelle fundamental.[64] Dieser Einfluss hat auch in der Softwareentwicklung Einzug gehalten, in der der Arbeitsprozess zunehmend durch Nutzung (generativer) KI-Modelle verschiedener Anbieter oder andere Software-Unterstützung automatisiert wird. Das Anwendungsbeispiel GitHub Copilot wirft aktuelle urheberrechtlich und wirtschaftlich relevante Fragen auf und verbindet diese mit einem besonderen Open Source Schwerpunkt.

GitHub Copilot ist ein von GitHub (von Microsoft für 7,5 Mrd. Dollar erworben)[65] und OpenAI (Microsoft erheblicher Anteilsinhaber) entwickeltes Tool zur automatisierten Code-Vervollständigung.[66] Gegenwärtig ist eine Sammelklage gegen u. a. GitHub, Microsoft und OpenAI anhängig, in der die Kläger u. a. Urheberrechtsverletzungen wegen Verletzung von Open Source Lizenzen geltend machen und der Schaden von den Klägern auf 9 Mrd. Dollar geschätzt wird.[67] Ein weiteres öffentlichkeitswirksames

---

[63] Zur Patentlizenz in der Apache-2.0: Jaeger/Metzger, Open Source Software, 5. Aufl. 2020, Rn. 133.
[64] Paal/Kumkar ZfDR 2021, 97, 98 f.
[65] Heise, Microsoft kauft GitHub für 7,5 Mrd. US-Dollar, 04.06.2018, abrufbar unter: https://www.spiegel.de/netzwelt/web/microsoft-kauft-github-fuer-7-5-milliarden-dollar-a-1211118.html, zuletzt abgerufen am 01.03.2024.
[66] Microsoft extends OpenAI partnership in a 'multibillion dollar investment', 23.01.2023, abrufbar unter: https://www.theverge.com/2023/1/23/23567448/microsoft-openai-partnership-extension-ai, zuletzt abgerufen am 01.03.2024.
[67] Sammelklage aus 2022, abrufbar unter https://storage.courtlistener.com/recap/gov.uscourts.cand.403220/gov.uscourts.cand.403220.1.0.pdf, zuletzt abgerufen am 01.03.2024, zur Schadenshöhe in Fn. 41; zu weiteren Entwicklungen s. bspw. der Artikel Thomas Claburn, „GitHub, Microsoft, OpenAI fail to wriggle out of Copilot copyright lawsuit", 12. Mai 2023, abrufbar unter https://www.theregister.com/2023/05/12/github_microsoft_openai_copilot/, zuletzt abgerufen am 01.03.2024.

Urheberrechtsverletzungs-Verfahren im Zusammenhang mit KI führt die New York Times beispielsweise gerade gegen OpenAI und Microsoft.[68]

GitHub Copilot wurde, davon ist beim Training mit öffentlichen Repositories[69] auszugehen, mit unzähliger Software trainiert, die ganz typisch unter Open Source Lizenzen stand. Wir gehen in der weiteren Besprechung zusätzlich von den Annahmen aus, dass der Output regelmäßig keine (zutreffenden) Open Source Hinweise enthält und die zugrunde liegende Software sich teilweise im Output nachvollziehen lassen kann. Letzteres gibt GitHub auf der eigenen Website so an und sieht einen optionalen Modus vor, der dem entgegenwirken soll: *„What about copyright risk in suggestions? In rare instances (less than 1 % based on GitHub's research), suggestions from GitHub may match examples of code used to train GitHub's AI model. […] In Copilot, you can opt whether to allow Copilot to suggest code completions that match publicly available code on GitHub.com.*"[70]

Bei der urheberrechtlichen Bewertung ist es sinnvoll und gängig, einerseits die Input- bzw. Trainings-Ebene der KI rechtlich zu bewerten und andererseits die Output-Ebene. Die Besonderheit ist hier, dass sowohl auf der Trainings-Ebene als auch auf der Output-Ebene der KI Software eine wesentliche Rolle spielt. Wir konzentrieren uns daher konkret auf urheberrechtliche Fragen im Zusammenhang mit Training und Output der KI, nicht den Schutz des KI Basismodells.

Auf der Input- oder Trainings-Ebene der KI bestehen gute Argumente für eine weitreichende Zulässigkeit: Es ist davon auszugehen, dass jedenfalls die Aufbereitung des Datenkorpus zum Training der KI grundsätzlich zustimmungsbedürftig ist und § 69c Nr. 1 UrhG unterfällt. Aus den GitHub-AGB ergibt sich wohl keine Zustimmung der Nutzer zu einer solchen Verarbeitung des dort gespeicherten Codes,[71] jedenfalls ist das KI-Training momentan nicht ausdrücklich genannt. Aufgrund des wiederholten Trainings und der wirtschaftlichen Bedeutung dessen scheitert ein Eingreifen der Schranke zur vorübergehenden Vervielfältigung gem. § 44a UrhG wohl bereits daran, dass die Nutzung nicht nur begleitend[72] als Zwischenschritt auf dem Weg zur eigentlichen Benutzung des Werks erfolgt. Auch eine gesetzlich erlaubte Programmbeobachtung gem. § 69d Abs. 3 UrhG deckt wohl kein Training des KI-Modells ab, weil dieses regelmäßig einen Eingriff in den Programmcode erfordern wird und nicht lediglich eine Ermittlung der nicht urheberrechtlich geschützten Funktionalität des Computerprogramms.[73] Allerdings bestehen Aus-

---

[68] S. dazu Michael M. Grynbaum and Ryan Mac, The Times Sues OpenAI and Microsoft Over A.I. Use of Copyrighted Work, 27.12.2023, https://www.nytimes.com/2023/12/27/business/media/new-york-times-open-ai-microsoft-lawsuit.html, zuletzt abgerufen am 01.03.2024.
[69] S. https://github.com/features/copilot/, zuletzt abgerufen am 01.03.2024.
[70] S. https://github.com/features/copilot/#faq, zuletzt abgerufen am 01.03.2024.
[71] So Siglmüller/Gassner RDi 2023, 124 Rn. 8 unter Analyse der GitHub-Nutzungsbedingungen.
[72] Vgl. zur Auslegung des Begriffs Spindler/Schuster/*Wiebe*, Recht der elektronischen Medien, 4. Aufl. 2019, UrhG § 44a Rn. 3.
[73] Maßstab nach BGH GRUR 2017, 266 Rn. 57, 63 – World of Warcraft I.

sichten und wird vielfach vertreten, dass die Trainings-Nutzung weitreichend durch die Text- und Data-Mining-Schranke des § 44b UrhG gestattet sein könnte.[74] Wesentliche Voraussetzungen dafür sind die rechtmäßige Zugänglichkeit des Codes, die Löschung nicht mehr erforderlicher Vervielfältigungen und ein mangelnder Opt-out des Urhebers (§ 44b Abs. 2, 3 UrhG).

Bei den riesigen Datenmengen, um die es geht, verbleiben Grundzüge an der Oberfläche, ohne den darunter liegenden jeweiligen Einzelfall beurteilen zu können. Faktisch ist auf der Input-Seite das Nachvollziehen der größtenteils internen Abläufe schwierig, was ebenso eine etwaige Rechtsdurchsetzung erschwert – Stichwort KI-Modell als „Black Box". Um nur einen Punkt herauszugreifen, ist die Frage einer dauerhaften Vervielfältigung geschützten Codes in der **trainierten** KI technisch komplex und eine kurzfristige höchstrichterliche Klärung nicht zu erwarten. Das liegt daran, dass die KI grundsätzlich keine Speicherung der Trainingsdaten als solche enthält, sondern die Trainingsdaten sich in der Beeinflussung der Entscheidungsmechanismen niederschlagen. Dennoch besteht das Potenzial, dass im Output ein sehr ähnliches Ergebnis zutage tritt.

Auf der Output-Seite ist zunächst klar, dass das durch GitHub Coplitot erzeugte Software-Ergebnis im Grundsatz nicht urheberrechtlich schutzfähig ist. Dies ergibt sich daraus, dass die generative KI das Ergebnis schafft und kein Mensch. Stattdessen könnte aber der Output unter Umständen Urheberrechte der Rechteinhaber verletzen. Bei der Einordnung der Erzeugung und Nutzung des Outputs als zustimmungsbedürftige Handlung spielt die Nähe zum geschützten Code eine maßgebliche Rolle. Urheberrechtlicher Maßstab ist, ob der Output einen hinreichenden Abstand wahrt, § 23 Abs. 1 S. 2 UrhG.[75] Nach Rechtsprechung des EuGH liegt eine zustimmungsbedürftige Vervielfältigung vor, wenn das alte Werk im neuen wiedererkennbar ist.[76] Dies Wiedererkennbarkeit von Code ist im Einzelnen eine Wertungsfrage. Es kann davon ausgegangen werden, dass eine Wiedererkennbarkeit und damit unberechtigte Nutzungen im Rahmen des Outputs[77] eine gewisse Wahrscheinlichkeit haben. Andere aktuelle KIs generieren bspw. ebenfalls Inhalte, in denen deutlich zugrunde liegende Filmausschnitte o.Ä. ersichtlich sind.[78] Weitreichende

---

[74] So auch Siglmüller/Gassner RDi 2023, 124 Rn. 11 ff.; für das Eingreifen von § 44b UrhG auch Siems/Repka DSRITB 2021, 517, 525; krit. von Welser GRUR-Prax 2023, 516 Rn. 16 ff.; insgesamt nicht abschließend geklärt.

[75] Hinsichtlich Anwendbarkeit von § 23 Abs. 2 S. 2 UrhG in Lit. einerseits streitig, ob Anwendung entsprechend Wortlaut nur für „neu geschaffenes Werk" oder auch, wenn kein Werkcharakter (z. B. bei KI-Output wahrscheinlich), überzeugend insofern die Anwendbarkeit bejahend und m. w. N. Maamar ZUM 2023, 481, 489 f., i.E. ebenso Siglmüller/Gassner RDi 2023, 124 Rn. 15; außerdem Anwendung auf Computerprogramme.

[76] EuGH GRUR 2019, 929 Rn. 39 – Pelham/Hütter ua.

[77] Vgl. ausführlicher Baumann NJW 2023, 3673 Rn. 30 ff.

[78] S. bspw. Gary Marcus/Reid Southen, Generative AI has a visual Plagiarism Problem, 6. Januar 2024, https://spectrum.ieee.org/midjourney-copyright.

Haftungsfreistellungen durch Anbieter des KI-Modells, zumal bezüglich teilweise kostenloser Angebote, sind momentan nicht absehbar.[79]

Angenommen, es besteht eine urheberrechtlich relevante Nutzung der zugrunde liegenden Software, besteht bei einem Vertrieb oder Zugänglichmachung der KI-erzeugten Software nach außen eine hohe Wahrscheinlichkeit, dass die Open Source Vertriebsverpflichtungen nicht eingehalten werden können. Gleiches gilt für etwaige Lizenz-Inkompatibilitäten zu weiterer enthaltener Software und ggf. kann auch Code unter einer oder mehreren (strengen) Copyleft-Lizenzen verwendet werden, der insgesamt eine Lizenzierung unter Copyleft-Lizenz erfordern könnte, ebenso wie die Offenlegung des Quellcodes. Wie bereits genannt, versucht GitHub bereits, diesem Problem mit bestimmten Funktionalitäten entgegenzuwirken.[80] Dass das Risiko von Urheberrechtsverletzungen dadurch ausgeschlossen wäre, ist momentan aber nicht absehbar.

Zusammenfassend bestehen also durchaus relevante urheberrechtliche (Haftungs-)Risiken bzgl. des Code-Outputs. Im Zuge dessen zeigt sich im fortlaufenden Angebot großer KI-Anbieter einmal mehr, dass der technische Fortschritt hier der gesicherten rechtlichen Klärung einige Schritte[81] voraus ist. Weil dieser Fortschritt längst zur Realität geworden ist, ist es Aufgabe des Rechts, damit umzugehen. Schutz, Nutzung, Lizenzierung und Verwertung von Software als essenziellem Bestandteil der heutigen Wirtschaft bilden hierfür eine grundlegende Stütze.

5.4 Sonderproblem: Additive Fertigungsverfahren und rechtliche Rahmenbedingungen

Durch das additive Fertigungsverfahren werden in vielerlei Hinsicht neue Rechtsfragen aufgeworfen. Damit ist aber regelmäßig nicht verbunden, dass zur interessengerechten Verteilung der mit der Produktion verbundenen Risiken bzw. der Gewährleistung des Immaterialgüterrechtsschutzes neue Gesetze erforderlich sind. Es geht vielmehr darum, den jeweils zu Grunde liegenden Sachverhalt zu durchdringen, um vorhandenes Recht richtig anwenden zu können.

---

[79] Das „Copilot Copyright Commitment" von Microsoft vom 7. September 2023, abrufbar unter https://blogs.microsoft.com/on-the-issues/2023/09/07/copilot-copyright-commitment-ai-legal-concerns/, zuletzt abgerufen am 01.03.2024, stellt bspw. keine bindende vertragliche Regelung dar; die GitHub Copilot Product Specific Terms, Ziff. 4, scheinen die Möglichkeit der Vereinbarung von Haftungsfreistellungen durch GitHub zu berücksichtigen, enthalten diese aber nicht direkt, s. https://github.com/customer-terms/github-copilot-product-specific-terms, zuletzt abgerufen am 01.02.2024.
[80] S. https://github.com/features/copilot/#faq, zuletzt abgerufen am 01.03.2024.
[81] Zur Steigerung der Risikobereiche bei (technischen) Systemen hoher Komplexität Ensthaler ZRP 2022, 55, 57 f.

5.4.1 Begriff des Herstellers

Beim additiv generativen Verfahren ist zu klären, wer bei arbeitsteiliger Fertigung hinsichtlich Gewährleistung, Garantie und Produkthaftung Hersteller bzw. Verantwortlicher ist.

Hersteller ist wohl derjenige, der eine, bezogen auf das Produkt „eigenverantwortliche Tätigkeit" wahrnimmt. Davon ist der Lieferant einer Sache abzugrenzen, der nur „notfalls" als Haftungsadressat in Anspruch genommen werden kann, wenn der Hersteller nicht erkennbar ist (vgl. § 4 Abs. 3 ProdHG).

Wenn ein Unternehmen im Hinblick auf das fertige Produkt nur die Dienstleistung des „Ausdruckens" übernimmt, wenn dieses Unternehmen nicht die CAD-Datei entwickelt hat, wenn es für die Druckmaterialien nicht verantwortlich ist, so kann die Produzenteneigenschaft nicht begründet werden. Es steht außerhalb traditioneller Fertigungsverfahren auch außer Frage das jemand, der eine Anlage nur aufstellt, mehrere Teile durch gegebene Anweisung und vorgegebene Materialien für eine Anlage zusammenfügt, nicht Hersteller ist.

Eine mit dieser Wertung verbundene Frage ist dann aber, an wen soll sich der Verbraucher eines derart hergestellten Produktes wenden, wenn dieses Produkt fehlerhaft ist und diese Fehlerhaftigkeit zu seiner Verletzung führte?

Schadensersatzpflichtig ist der, der ein Erzeugnis geliefert hat, das zu dem eingetretenen Schaden führte. Der Kreis der Schädiger kann dabei groß sein; schon die CAD-Datei kann falsch sein, die Treibersoftware kann mit der CAD-Datei nicht kompatibel sein, die Materialien können untauglich sein. Der Konsument wird nicht in der Lage sein, den Kreis der möglichen Schadensverursacher auszumachen. Für diesen Fall hilft das Rechtsinstitut, das die Verantwortung des sogenannten „Quasi-Herstellers" begründet.

Quasi-Hersteller ist der Lieferant nach § 4 Abs. 3 ProdHG, der der eigenen Haftung nur entgehen kann, wenn er die Identität der Erzeugnislieferanten dem Kunden offenbart. Soweit, wie hier begründet, das Druckunternehmen nicht Produzent ist, so ist es zumindest Lieferant. Das Liefern der Ware ist in der gegebenen Situation das interessengerechte Minus gegenüber der Produzententätigkeit. Wenn das schlichte Ausdrucken für die Herstellereigenschaft nicht reicht, so bleibt aber immer noch das Liefern der Ware und diese Lieferantenstellung kann durch eine geminderte bzw. nicht ausreichende Produzenteneigenschaft nicht aufgehoben werden. Dies bedeutet, dass der Konsument nicht rechtlos gestellt ist, sondern dass er vom Fertigungsunternehmen (Lieferanten) verlangen kann, dass dieser ihm seine Zulieferer und die jeweils zugelieferte Ware nennt. Der Geschädigte wird dann diese bzw. einen aus dem Kreis – regelmäßig auf der Grundlage in Auftrag gegebener Gutachten – in Anspruch nehmen können.

Es ist dabei nicht auszuschließen, dass es dem Nutzer nicht in jedem Fall möglich sein wird, den Kausalitätsnachweis zu führen, d. h. nachzuweisen welcher Zulieferer den Schaden durch sein fehlerhaftes Verhalten verursacht hat. Dieses Problem betrifft den gesamten Bereich von Industrie 4.0. Durch die Vernetzung der Anlagen bzw. Systeme wird es nicht in jedem Fall möglich sein den Verursacher eines Schadens festzustellen. In den Vereinigten

Staaten von Amerika haben die Gerichte für diese Situation bereits mit der Begründung einer Risikogemeinschaft geantwortet. Soweit die Möglichkeit der Schadensverursachung besteht, soll dann zwischen den Beteiligten noch eine Haftungsgemeinschaft entstanden sein, aus der heraus diese gesamtschuldnerisch dem Geschädigten haften.

Ob die Etablierung einer Risikogemeinschaft sich auch im deutschen Haftungsrecht durchsetzt, etwa durch eine derart weitgehende Interpretation von § 830 Abs. 1 Satz 2 BGB, lässt sich zurzeit noch nicht sagen.

Eine weitergehende Frage ist die, ob das Unternehmen, das lediglich aufgrund zugelieferter Materialien bzw. Dateien und Software das Produkt ausdruckt, nicht auch deliktisch haftet. Auf der Grundlage von § 823 Abs. 1 BGB lassen sich auch für den Lieferanten Verkehrssicherungspflichten bzw. Sorgfaltspflichten begründen. Zu diesen Sorgfaltspflichten gehört, dass das fertigende Unternehmen sich im Rahmen seiner technischen und organisatorischen Möglichkeiten davon überzeugt, ob die zugelieferten Waren ein fehlerfreies Produkt ermöglichen; im Einzelfall kann dem Lieferanten auch auferlegt sein, Probedrucke zu fertigen, die dann zu untersuchen sind. Insofern gibt es auch eine eigenständige – deliktische – Verpflichtung des Lieferanten. Das ist vergleichbar der typischen Lieferantenhaftung z. B. beim Automobilverkauf. Der Automobilhändler haftet auch außerhalb des Vertragsrechts für Schäden, die durch fehlerhafte Fahrzeuge beim Nutzer eintreten, soweit er die ihm obliegende Untersuchungspflicht verletzt hat bzw. der Fehler des Produkts bei einer auch dem Händler zuzumutenden Untersuchung ihm hätte auffallen müssen.

Bei den Fragen zur Gewährleistung oder eventuell abgegebener Garantieerklärungen durch das ausliefernde Unternehmen gibt es keine Abweichungen zum bislang praktizierten Kaufrecht. Gewährleistung und Garantie entstehen durch Verträge (regelmäßig Kaufverträge), die die Vertragsparteien verpflichten bzw. den Verkäufer gewährleistungs- und ggf. garantiepflichtig machen. Dieser mag dann bei seinen Zulieferern Regress nehmen.

5.4.2 Immaterialgüterrechtlicher Schutz

Eine weitere bedeutsame Frage ist die nach dem immaterialgüterrechtlichen Schutz.

Soweit es um den Druck technischer Produkte geht, ist das Patentrecht angesprochen. Soweit patentrechtlicher Schutz besteht, ist die wohl bedeutsamste Frage die nach dem Schutzbeginn. Auf einem Datenträger kann bereits die digitalisierte und mit der Treibersoftware verbundene CAD-Datei enthalten sein; deren Kopie ist gleichbedeutend mit der Übernahme der Konstruktions- und der Fabrikationsphase eines Produkts. Nach dem Schutzbereich des Patengesetzes sind aber nicht die Herstellungsphasen, sondern das Erzeugnis geschützt. Auch die mittelbare Patenverletzung bezieht sich auf körperliche Gegenstände. Etwas anderes gilt, wenn die Verbindung von Konstruktionsdaten mit der den Drucker antreibenden Software schon selbst ein schützbares Produkt wäre. Es steht heute außer Frage, dass Computersoftware auf vielen Rechtsgebieten als Produkt beurteilt wird, so auch im Patentrecht. Diese Bewertung bezieht sich aber nur auf Computersoftware, die im Hinblick auf ihre Verwendung Produkteigenschaften hat, also selbst ein fertiges Erzeugnis ist – wie z. B. ein Programm zur Steuerung von Maschinen – und nicht der Fertigung eines Erzeugnisses dient.

Eine auch nur mittelbare Verletzung einer geschützten Erfindung wird hier nicht zu konstruieren sein. Selbstverständlich wäre der Einsatz der benannten Software zur Herstellung des Produkts nach den Patentrechten aller Länder verboten; das Kopieren der entsprechenden Daten bzw. Algorithmen wäre noch keine Patentverletzung.

Für diesen Bereich ist zu überlegen, ob nicht die Vorschriften der mittelbaren Patentverletzung auf den Schutz der beschriebenen Dateien erweitert werden sollten.

5.4.2.1 Urheberrechtlicher Schutzbereich

Für den wohl ganz überwiegend in Betracht kommenden urheberrechtlichen Schutzbereich steht zunächst die Frage nach der Einordnung in die verschiedenen Schutzbereiche an.

Auch das Urheberrecht schützt Computerprogramme, wenn auch unter anderen Voraussetzungen als das Patentrecht. Aus urheberrechtlicher Sicht lässt sich nicht sagen, dass Programme, die der Herstellung eines Produkts dienen, nicht schutzfähig sein können. Das Urheberrecht schützt geistig persönliche Schöpfungen; dieser Rechtsbegriff wird häufig und durchaus zutreffend mit origineller Schöpfung übersetzt. Nicht vom Schutzbereich erfasst werden technische Entwicklungen und auch nicht erfasst werden Entwicklungen, die wissenschaftliches oder auch nur gesellschaftlich bedeutsames Know-how umfassen, wie z. B. Buchhaltungsregeln. Zu berücksichtigen ist aber, dass auch solche Arbeiten Elemente enthalten können, die dem urheberrechtlichen Schutz zugänglich sind. So werden heute Computerprogramme auch und schon deshalb geschützt, weil der informationstechnische Teil regelmäßig Programmierungsschritte enthält, die Ausdruck originellen Schaffens sind, die nicht durch softwaretechnische/informationstechnische Vorgaben vorgegeben oder deren Weiterentwicklung sind.

Umfangreicher kann der anwendungsbezogene Teil geschützt sein, soweit er typisch urheberrechtlich geschützte Werke in digitaler Aufbereitung enthält; gemeint sind in erster Linie künstlerisch ästhetische Werkleistungen.

Insofern wäre es auch gleichgültig, diesen anwendungsbezogenen Teil des Programms bzw. die darauf bezogenen Algorithmen als Teile eines Programms zu schützen oder aber als digitalisiertes 3-D-Modell. Sicher unterfallen Modelle, die geistig ästhetische künstlerische Vorlagen enthalten, dem urheberrechtlichen Schutz. Anders als im Patentrecht wird nicht nur das Erzeugnis geschützt, sondern auch die Darstellung des Erzeugnisses.

Durch die jüngere Rechtsprechung des BGH sind die Anforderungen an den urheberrechtlichen Schutz gerade für die Werke der angewandten bzw. bildenden Kunst auch erheblich herabgesetzt worden.

Der Programmeschutz, auf ihn soll noch einmal eingegangen werden, hat im urheberrechtlichen Schutzbereich Bedeutung, weil ein Schutzbereich auch dann möglich ist, wenn der anwendungsbezogene Teil des Programms urheberrechtlichen Anforderungen nicht genügt. Wie bereits ausgeführt kann auch der programmtechnische Teil bereits originelle Teile enthalten und deshalb vom urheberrechtlich Schutz umfasst sein.

Problematisch wird der Schutz als Programm dann, wenn CAD-Daten und die diese Daten ausführende „Treibersoftware" nicht als Einheit aufgefasst werden dürfen. Dies wird dann der Fall sein, wenn die CAD-Daten sukzessive dem CAM-Programm hinzugefügt werden; die digitalisierte CAD-Datei ist kein Programm und die Möglichkeit der Verbindung mit einem CAM-Programm schafft auch noch kein Computerprogramm.

Soweit die Verbindung besteht und das Programm plagiiert wird, liegt aber sicher eine Urheberrechtsverletzung vor; auf die Möglichkeit der Trennung kommt es nicht an.

Die neue technische Entwicklung auf dem Gebiet der additiven Fertigung kommt dem Programmschutz entgegen. Bei der neuen Technik geht es darum, die CAD-Dateien durch Vernetzung mit dem CAM-Programm noch für den Druck zu optimieren; insofern sind von vornherein Elemente des Programms in der Datei enthalten und können – soweit es wie beschrieben originelle Elemente sind – den Schutz begründen.

Die Frage nach dem patentrechtlichen- und urheberechtlichen Schutz der CAM–Software wird kontrovers diskutiert. Eine andere als hier beschriebene Ansicht wird von Ensthaler vertreten; sie wird im Anhang von Kapitel 5 vorgestellt. Dabei wird auch zu Haftungsfragen ausgeführt.

5.4.2.2 Schutz nach Designgesetz

Schließlich kann die äußere Erscheinungsform eines Produkts auch nach dem Designgesetz (früher Geschmacksmustergesetz) geschützt werden. Die Schutzanforderungen sind eher gering; verlangt ist neben der Neuheit eine Eigenart, die es von anderen unterscheidet.

Für den gesamten Bereich des Immaterialgüterrechts gilt zudem, dass auch derjenige, der ohne Wissen von der fehlenden Berechtigung – evtl. des Auftraggebers – vervielfältigt oder nachbaut, haftet; in Betracht kommt die sog. Störerhaftung. Diese Haftung geht auf Abgabe einer sog. strafbewehrten Unterlassungserklärung und bedeutet regelmäßig, dass im Falle der Wiederholung die versprochene Strafzahlung fällig wird. Der Auftragnehmer ist gut beraten, wenn er sich über die Druckberechtigung seines Auftraggebers gut informieren lässt. Um der Störerhaftung zu entgehen, wird es vielfach unumgänglich sein, dass der fertigende Unternehmer über Branchenkenntnisse im Bereich der Druckvorlagen verfügt. Auf das Wort seines Auftraggebers allein darf er sich nicht verlassen.

5.4.3 Kartellrecht

Kartellrechtliche Anforderungen sind zu beachten, wenn Unternehmen Forschungs-und Entwicklungskooperationen eingehen, wie sie insbesondere zwischen Fertigungsunternehmen und den Pulverherstellern vereinbart werden. Die Vereinbarung gemeinsamer Forschung und Entwicklung, ohne dass eine gemeinsame Verwertung vereinbart wird, stellt regelmäßig keine Wettbewerbsbeschränkung im Sinne des Kartellrechts dar. Nach der europäischen Gruppenfreistellungsverordnung (GVO) für Forschung und Entwicklung werden auch alle Vereinbarungen vom Kartellverbot ausgenommen, die die Nutzungsrechte zwischen den Kooperationspartnern regeln. Allerdings sind – von Ausnahmen abgesehen – Beschränkungen des aktiven oder passiven Vertriebs in Gebiete oder an Kunden unzulässig. Dies trifft die Situation, dass die Parteien der Kooperationsvereinbarung hinsichtlich der Entwicklungsergebnisse, untereinander oder zumindest die eine Partei gegenüber der anderen, Ausschließlichkeit vereinbaren.

5.5 Anhang zu Kap. 5

Patent- und urheberrechtlicher Schutz der CAM-Software, Haftungsfragen (3D- Druck)

Jürgen Ensthaler

Anhang 1: Schutzbereiche für die CAM-Software
Im Zusammenhang mit der additiv generativen Fertigung geht es beim patent- und urheberrechtlichen Schutz um die Frage, ob bereits das druckfertige 3D-Modell, welches in einen G-Code konvertiert wird, schutzfähig ist, wenn die Inhalte die erfinderische Leistung (Patentrecht) oder eine geistig persönliche Schöpfung (Urheberrecht) wiedergeben. Andernfalls wäre es um den Schutz durch Additive Fertigung herzustellender Produkte schlecht bestellt. Die Kopie des druckfertigen G-Codes ist gleichbedeutend mit der Übernahme der Konstruktions- und der Fabrikationsphase eines Produkts. Sollte der Schutz tatsächlich erst mit dem produzierten Erzeugnis beginnen, wäre für den Plagiator eine schutzfreie Zone eröffnet, die bei wirtschaftlicher Betrachtung die gesamten Entwicklungs- und den größten Teil der Herstellungskosten umfasst. Gegenwärtig spricht viel dafür, dass dieser Freiraum in der Tat besteht. Das Patentrecht schützt den erfinderischen Gedanken erst, wenn er im Erzeugnis zum Ausdruck gekommen ist. Geschützt wird die erfinderische Leistung durch den Schutz des der Erfindung entsprechenden Produkts. Im Urheberrecht verhält es sich ebenso. Nicht die Idee für eine schöpferische Leistung wird geschützt, sondern das Ergebnis des schöpferischen Gedankens, das dadurch entstandene Werk. Nach dem Patentrecht wird die Lehre zum Gemeingut, nur ihre Verwendung für die Fertigung des in der Anmeldung benannten Erzeugnisses wird für 20 Jahre geschützt. Der Erfinder geht ein Tauschverhältnis ein, Erfindung gegen den Schutz eines durch die Erfindung ermöglichten Erzeugnisses.

Ähnliches gilt auch im Urheberrecht; geschützt ist die konkrete Gestaltung, geschützt ist das Werk. Keinen Schutz erhalten die Gedanken, die Anweisungen zur Werkausführung, diese können von jedem aufgegriffen und verwandt werden; es sei denn, sie werden derart verwandt, dass das gleiche oder ein nur geringfügig abweichendes Werk entsteht (sogenannte unfreie Benutzung).

Die Normzwecke der Schutzgesetze sind zur Verhinderung zu großer Monopolbildungen auf das durch die Erfindung, den schöpferischen Gedanken entstehende bzw. entstandene Erzeugnis (Patentrecht) oder Werk (Urheberrecht) beschränkt.

Wie wird dieser auch oder gerade aus wirtschaftlicher Sicht anzuerkennende Normzweck dem additiven Fertigungsverfahren gerecht?

Aus technischer Sicht bzw. vom Sachverhalt ausgehend verhält es sich so, dass die der Werkschaffung bzw. der Herstellung des Erzeugnisses zugrunde liegende Idee, der zugrunde liegende schöpferische Gedanke, bereits in einem Erzeugnis verwirklicht werden muss, um einen derart begrenzten Ideenschutz zu erhalten. Einschränkungslos im Patentrecht, aber auch auf das Urheberrecht übertragbar kann festgestellt werden, dass es der erfinderische oder der schöpferische Gedanke ist, der Schutz erfahren soll, aber eben begrenzt durch ein bestimmtes Erzeugnis oder Werk.

Für das additive Fertigungsverfahren ist dann festzustellen, dass die den Schutz begründende neue technische Lehre bzw. der neue schöpferische Gedanke bereits zu dem Zeitpunkt mit allen Merkmalen vorhanden ist, in dem die digitale Darstellung in einem „Computer-aided Design" (CAD) erstellt, in ein STL-Format exportiert und durch ein Slicer-Programm (Teil des CAM-Systems) in einen G-Code konvertiert wird. Weiterhin sind alle den patentrechtlichen oder urheberrechtlichen Schutz begründenden Merkmale in digitalisierter Form in der zum Ausdruck vorbereiteten Datei enthalten. Der Schutzbereich ist dadurch konkretisiert, begrenzt, und die Schutzvoraussetzungen – geistig persönliche Schöpfung und erfinderische Leistung – sind überprüfbar vorhanden.

Die CAD-Datei, welche in einen G-Code konvertiert wurde, ist aus rechtlicher Sicht gerade nicht nur Anweisung/Anleitung zur Fertigung, sondern kennzeichnet alle Merkmale der Erfindung bzw. der schöpferischen Idee. Die Beschreibung der Datei als Anleitung zur Fertigung passt auf die Additive Fertigung gerade nicht, weil das Erzeugnis bzw. das Werk bereits bis ins kleinste Detail im druckfertigen, erzeugten G-Code enthalten ist. Es wird nicht mitgeteilt, wie zu produzieren ist, sondern die Eigenarten des Produkts bestimmen den Fertigungsprozess und sind insofern im G-Code enthalten.

Wesensmerkmal des Immaterialgüterrechtsschutzes ist immer die Idee, benannt als Erfindung, als schöpferischer Gedanke; der Schutz wird dann begrenzt durch die konkrete Ausführung der neuen Idee. Diese Eingrenzung ist nötig, um den Ideenschutz einzugrenzen, damit das Monopol nicht zu groß wird. Diese Voraussetzung wird aber durch die für den Druck aufbereitete CAD-Datei erfüllt, weil in ihr alle schöpferisch/erfinderischen Merkmale ganz konkret enthalten sind.

Es ist auch mittlerweile in der Rechtsprechung zum Urheberrecht anerkannt, dass eine Bauausführung auf der Grundlage eines Bauplans bereits als unzulässige Vervielfältigung des Bauplans bewertet werden kann. Voraussetzung ist, dass im Plan alle den Schutz begründenden Eigenarten enthalten sind (OLG Karlsruhe vom 3. Juni 2013, 6 U72/12). Das bedeutet, dass der Plan auch im Hinblick auf das fertige Produkt/Werk geschützt ist, andernfalls wäre die Bauausführung nicht unzulässige Vervielfältigung des Plans. Plan und Bauwerk unterscheiden sich von der Art der Wahrnehmung erheblich; urheberrechtlich ist dies nach der Rechtsprechung ohne Belang, soweit nur die schutzbegründenden Merkmale jeweils, also auch im Plan, vorhanden sind. Es kommt demnach nicht darauf an, in welcher Form die individuellen Merkmale verkörpert sind.

Anhang 2: mittelbare Patenverletzung

Im Zusammenhang mit dem patentrechtlichen Schutz ist es auch denkbar, die Vorschriften über die mittelbare Patentverletzung heranzuziehen. Zwischen der Fertigstellung des Erzeugnisses und der zum Drucken durch die Slicer-Software (Teil des CAM-Systems) aufbereiteten CAD-Datei liegt nur noch der mechanisch durchgeführte Fertigungsvorgang durch die CNC-Maschine; es ist naheliegend, diese Prozesssituation mit der Fertigung eines Teils des geschützten Erzeugnisses zu vergleichen, wie es bislang für die mittelbare Patentverletzung verlangt wird.

Anhang 3: Haftungsfragen

Beim additiv generativen Verfahren ist zu klären, wer bei arbeitsteiliger Fertigung hinsichtlich Gewährleistung, Garantie und Produkthaftung Hersteller bzw. Verantwortlicher ist.

Hersteller ist derjenige, der eine bezogen auf das Produkt „eigenverantwortliche Tätigkeit" wahrnimmt. Davon ist der Lieferant einer Sache abzugrenzen, der nur „notfalls" als Haftungsadressat in Anspruch genommen werden kann, wenn der Hersteller nicht erkennbar ist (vgl. § 4 Abs. 3 ProdHG).

Wenn ein Unternehmen im Hinblick auf das fertige Produkt nur die Dienstleistung des „Ausdruckens" übernimmt, wenn dieses Unternehmen nicht die CAD-Datei entwickelt hat, wenn es für die Druckmaterialien nicht verantwortlich ist, so kann die Produzenteneigenschaft nicht begründet werden. Es steht auch außerhalb traditioneller Fertigungsverfahren außer Frage, dass jemand, der eine Anlage nur aufstellt, mehrere Teile durch gegebene Anweisung und vorgegebene Materialien für eine Anlage zusammenfügt, nicht Hersteller ist.

Eine mit dieser Wertung verbundene Frage ist dann aber, an wen soll sich der Verbraucher eines derart hergestellten Produktes wenden, wenn dieses Produkt fehlerhaft ist und diese Fehlerhaftigkeit zu seiner Verletzung führte?

Schadensersatzpflichtig ist der, der ein Erzeugnis geliefert hat, das zu dem eingetretenen Schaden führte. Der Kreis der Schädiger kann dabei groß sein; schon die CAD-Datei kann falsch sein, die Treibersoftware kann mit der CAD-Datei nicht kompatibel sein, die Materialien können untauglich sein. Der Konsument wird nicht in der Lage sein, den Kreis der möglichen Schadensverursacher auszumachen. Für diesen Fall hilft das Rechtsinstitut, das die Verantwortung des sogenannten Quasi-Herstellers begründet.

Quasi-Hersteller ist der Lieferant nach § 4 Abs. 3 ProdHG, derenige der der eigenen Haftung nur entgehen kann, wenn er die Identität der Erzeugnislieferanten dem Kunden offenbart. Soweit, wie hier begründet, das Druckunternehmen nicht Produzent ist, so ist es zumindest Lieferant. Das Liefern der Ware ist in der gegebenen Situation das interessengerechte Minus gegenüber der Produzententätigkeit. Wenn das schlichte Ausdrucken für die Herstellereigenschaft nicht reicht, so bleibt aber immer noch das Liefern der Ware, und diese Lieferantenstellung kann durch eine geminderte bzw. nicht ausreichende Produzenteneigenschaft nicht aufgehoben werden. Dies bedeutet, dass der Konsument nicht rechtlos gestellt ist, sondern dass er vom Fertigungsunternehmen (Lieferanten) verlangen kann, dass dieser ihm seine Zulieferer und die jeweils zugelieferte Ware nennt. Der Geschädigte wird dann diese bzw. einen aus dem Kreis in Anspruch nehmen können.

Es ist dabei nicht auszuschließen, dass es dem Nutzer nicht in jedem Fall möglich sein wird, den Kausalitätsnachweis zu führen, d. h. nachzuweisen, welcher Zulieferer den Schaden durch sein fehlerhaftes Verhalten verursacht hat. Dieses Problem betrifft den gesamten Bereich von Industrie 4.0. Durch die Vernetzung der Anlagen bzw. Systeme wird es nicht in jedem Fall möglich sein, den Verursacher eines Schadens festzustellen. In den Vereinigten Staaten von Amerika haben die Gerichte für diese Situation bereits mit der Begründung einer Risikogemeinschaft geantwortet. Soweit die Möglichkeit der Schadensverursachung besteht, soll dann zwischen den Beteiligten noch eine Haftungsgemeinschaft entstanden sein, aus der heraus diese gesamtschuldnerisch dem Geschädigten haften.

Ob die Etablierung einer Risikogemeinschaft sich auch im deutschen Haftungsrecht durchsetzt, etwa durch eine derart weitgehende Interpretation von § 830 Abs. 1 S. 2 BGB, lässt sich zurzeit noch nicht sagen.

Eine weitergehende Frage ist die, ob das Unternehmen, das lediglich aufgrund zugelieferter Materialien bzw. Dateien und Software das Produkt ausdruckt, nicht auch deliktisch haftet. Auf der Grundlage von § 823 Abs. 1 BGB lassen sich auch für den Lieferanten Verkehrssicherungspflichten bzw. Sorgfaltspflichten begründen. Zu diesen Sorgfaltspflichten gehört, dass das fertigende Unternehmen sich im Rahmen seiner technischen und organisatorischen Möglichkeiten davon überzeugt, ob die zugelieferten Waren ein fehlerfreies Produkt ermöglichen; im Einzelfall kann dem Lieferanten auch auferlegt sein, Probedrucke zu fertigen, die dann zu untersuchen sind. Insofern gibt es auch eine eigenständige – deliktische – Verpflichtung des Lieferanten.

Bei den Fragen zur Gewährleistung oder zu eventuell abgegebenen Garantieerklärungen durch das ausliefernde Unternehmen gibt es keine Abweichungen zum bislang praktizierten Kaufrecht. Gewährleistung und Garantie entstehen durch Verträge (regelgemäß Kaufverträge), die die Vertragsparteien verpflichten bzw. den Verkäufer gewährleistungs- und ggf. garantiepflichtig machen. Dieser mag dann bei seinen Zulieferern Regress nehmen.

Literatur

Ann, Patentrecht, Lehrbuch zum deutschen und europäischen Patentrecht und Gebrauchsmusterrecht, 8. Auflage 2022

Baumann, Generative KI und Urheberrecht – Urheber und Anwender im Spannungsfeld, NJW 2023, 3673

BeckOK IT-Recht, hrsg. von Hilber, Marc/Borges, Georg, 17. Edition, Stand 01.01.2025

BeckOK UWG, hrsg. von Fritzsche, Jörg/Münker, Reiner/Stollwerck, Christoph, 28. Edition, Stand: 01.04.2025

Bitkom e.V., Open-Source-Monitor, Studienbericht 2023, herunterladbar unter https://www.bitkom.org/sites/main/files/2023-09/bitkom-studie-open-source-monitor-2023.pdf, zuletzt abgerufen am 01.03.2024.

Dornis, Der Schutz künstlicher Kreativität im Immaterialgüterrecht, GRUR 2019, 1252

Dreier/Schulze, Urheberrechtsgesetz, 8. Auflage 2025
Ensthaler, Begrenzung der Patentierung von Computerprogrammen? Zum interfraktionellen Antrag im Bundestag, GRUR 2013, 666
Ensthaler, Industrie 4.0 und die Berechtigung an Daten, NJW 2016, 3473
Ensthaler, Zum neuen Verhältnis zwischen Rechtswissenschaft und Technik, ZRP 2022, 55
Fromm/Nordemann, Urheberrecht, 13. Auflage 2024
Galetzka/Jun/Roßmann, Praxishandbuch Open Source, 1. Auflage 2021
Haedicke/Timmann, Handbuch des Patentrechts, 2. Aufl. 2020
Harte-Bavendamm/Ohly/Kalbfus, Gesetz zum Schutz von Geschäftsgeheimnissen: GeschGehG, 2. Aufl. 2024
Hoeren, Geheimhaltungsvereinbarung: Rechtsnatur und Vertragsprobleme im IT-Sektor, MMR 2021, 523
Jaeger/Metzger, Open Source Software, 5. Auflage 2020
Kipker, Cybersecurity, 2. Auflage 2023
Köhler/Feddersen, Gesetz gegen den unlauteren Wettbewerb, 43. Auflage 2025
Loewenheim, Handbuch des Urheberrechts, 3. Auflage 2021
Maamar, Urheberrechtliche Fragen beim Einsatz von generativen KI-Systemen, ZUM 2023, 481
Maierhöfer/Hosseini, Vertraglicher Ausschluss von Reverse Engineering nach dem neuen GeschGehG: Ein Praxistipp, GRUR-Prax 2019, 542
Mes, Patentgesetz Gebrauchsmustergesetz, 6. Auflage 2024
Münchener Kommentar zum Lauterkeitsrecht, hrsg. von Heermann, Peter W./Schlingloff, Jochen, 3. Auflage 2022
Ohly/Sosnitza, Gesetz gegen den unlauteren Wettbewerb, 8. Auflage 2023, UWG
Paal/Kumkar, Die digitale Zukunft Europas: Europäische Strategien für den digitalen Binnenmarkt, ZfDR 2021, 97
Redeker, IT-Recht, 8. Auflage 2023
Schricker/Loewenheim, Urheberrecht, 6. Auflage 2020
Schwarz/Kruspig, Computerimplementierte Erfindungen – Patente im Bereich Digitaltechnologie, 3. Auflage 2023
Siems/Repka, Unrechtmäßige Nutzung von KI-Trainingsdaten als Gefahr für neue Geschäftsmodelle? – Compliance-Anforderungen bei der Entwicklung von KI-Systemen, DSRITB 2021, 517
Siglmüller/Gassner, Softwareentwicklung durch Open-Source-trainierte KI – Schutz und Haftung, RDi 2023, 124
Spindler/Schuster, Recht der elektronischen Medien, 4. Auflage 2019
StichwortKommentar Legal Tech, hrsg. von Ebers, Martin, 1. Auflage 2023
Taeger/Pohle, ComputerR-HdB, 39. EL Mai 2024
Wandtke/Bullinger, Praxiskommentar Urheberrecht, 6. Aufl. 2022
Welser, Generative KI und Urheberrechtsschranken, GRUR-Prax 2023, 516

Künstliche Intelligenz

Dieter Krimphove

Inhaltsverzeichnis

6.1	Einführung: Die Bedeutung der Künstlichen Intelligenz im Technikrecht	147
6.2	Der Begriff der Künstlichen Intelligenz	149
6.3	Gefahren des Einsatzes der Künstlichen Intelligenz	152
6.4	Die Grundlagen der KI-VO	153
6.5	Drei Gefahrenpotenzial-Kategorien	158
6.6	Die gesetzgeberische Einordnung der KI-VO	165
6.7	Offene Fragen	167
6.8	Résumée	181
6.9	Fazit	182
Literatur		183

6.1 Einführung: Die Bedeutung der Künstlichen Intelligenz im Technikrecht

Grundsätzlich nimmt die sog. *Künstliche Intelligenz* (im Folgenden KI) im Technikrecht gegenüber anderen Rechtsgebieten, wie etwa dem Medizin-, dem Handwerksrecht oder dem Familien-, Arbeits- oder Wettbewerbsrecht, keine Sonderstellung ein. KI ist hier wie dort anwendbar und erfährt überall ihre gleichmäßige juristische Kontrolle. Allerdings erfordert die KI im Technikrecht eine eigenständige, besondere Betrachtung, sei es, dass die KI selbst eine spezifische unter den Begriff der Technik, namentlich der *Daten-* bzw.

D. Krimphove (✉)
Münster, Deutschland
E-Mail: dieter.krimphove@uni-paderborn.de

Informationsbearbeitungstechnik, zu subsumierende Größe ist,[1] sei es, dass die KI speziell in der Technik ihren eigenständigen und wohl größten Einsatz findet.

6.1.1 Aktuelle Einsatzgebiete der KI

Die Einsatzgebiete der KI in der Technik sind heute mehr denn je unerschöpflich und mit zunehmender technischer Entwicklung permanent steigerungsfähig. Sie reichen von sog. *Autonomen Fahren*, der *Stauvermeidung* über KI-gestützte *Navigation*, *Einparkhilfen*, *Logistik* und *Lagersystemen*, zur beständigen Anpassung von *Suchmaschinen* an Nachfragebedürfnissen der Suchenden, dem Erfassen natürlicher *Sprache*, der *Analyse* von *Käufergewohnheiten* und damit der Abgabe *personalisierter Empfehlungen* und *kundenorientierter Werbung*, der *Identifizierung von Personen* und deren *Stimmungen* durch Bild- und Tonaufzeichnungen, dem *Erkennen* etwa von Spam-Mails oder unerwünschten Mailinhalten bis hin zur *Texterkennung*, *Übersetzungen*, *schreibstilistische Anpassungen*, *Zusammenfassungen* von Texten und deren *Vereinfachung* bzw. *Folgenanalyse* und schließlich zur sog. *generativer KI*, also der *Erstellung* neuer Kunstwerke längst verstorbener Künstler.

Neben diesen unspezifischen Einsatzmöglichkeiten von KI findet heute KI in *speziellen Produktionsbereichen* oder im *Qualitätsmanagement* ihre Verwendung, etwa bei der Kontrolle von *Produktverfallsdaten*, dem Erkennen unterschiedlicher *Gehrungsstufen* bei der *Brot-*, *Käse-* oder *Bierproduktion* oder der *Störungs-* und *Unterbrechungsprognose* von *Produktionsketten*, etwa bei *Joghurtprodukten*, oder im technischen *Vertriebsmanagement* zur Eruierung des *Wertpapieranlageverhaltens* von Kunden, um die *Risikosteuerung* von Anlagestrategien zu optimieren und *Anlageverhalten* bzw. *Kursverläufe* zu prognostizieren. Mit Hilfe KI-gestützter Analysen von *Kundenfeedback* und *Markttrends* lassen sich neue Produkte „designen" oder i.S. eines ausgewogenen *Produktionsmanagements* die *Produktentwicklung* vereinfachen. *Produktbelastbarkeit* und *-qualität* können beim Einsatz *KI-gestützter Simulation* Produktnutzung und Produktionskosten senken. Neben diesem Kosteneffekt vermeidet der Einsatz von KI kostenträchtige und risikoreiche *Experimente*. Letzteres nutzt beispielsweise der Produktion effektiver Medikamente. Denn KI analysiert im *Produktions-* und *Gesundheitsmanagement* eine Unzahl genetischer Daten und klinische Studien, um die Eignung eines Medikaments und/oder neuer Therapieansätze selbst für seltene Krankheitsbilder zu ermitteln und vorzuschlagen. Selbst KI-basierte *Gesichtserkennung* ist einsetzbar, um im Rahmen des Warenvertriebs ein Interesse oder die Zufriedenheit des Kunden aufzuspüren. Ferner bieten KI-gestützte *Persönlichkeits-* bzw. *Eignungstests* eine hochpräzise Entscheidungsgrundlage, die durch einen in Echtzeit ermöglichten Vergleich mit anderen Kandidaten die *Personalauswahl* derart erleichtert, dass eine Auswahlentscheidung durch einen oder mehrere Menschen überflüssig wird.[2]

---

[1] Dazu die Ausführungen der KI-VO Kapitel IV (m.w.H.).
[2] Siehe: *Krimphove*, Aktuelle Grenzen der Einstellungsbewertung bei Einstellungstests, NZA-Rechtsprechungsreport 2024, S. 57 ff. (m.w.H.).

Im *produktionstechnischen* Bereich erfreut sich der Einsatz von KI großer Nachfrage, insbesondere zur Erkennung verschiedener Ausgangsprodukte, unterschiedlicher Produktteile oder der Grundstoffbeschaffenheit (z. B.: Holzart) sowie zur Wahl bestimmter, zur Bearbeitung des Werkstückes effizienter Werkzeuge u.v.a.m.

Obige Ausführungen können nur die derzeit aktuellen Einsatzmöglichkeiten der KI wiedergeben. Der künftigen Entwicklung des Einsatzes von KI sind, mit Fortschreiten der technischen Entwicklungen, keine technischen Grenzen gesetzt.

6.1.2 Die hohe Akzeptanz der Künstlichen Intelligenz als Stimulanz ihrer wirtschaftlichen Expansion

Die stetig zunehmende Einsatzmöglichkeit von KI erscheint historisch allenfalls vergleichbar mit der des *Buchdruckes*, der maschinellen *Nutzung der Dampfkraft* oder dem Aufkommen des *WorldWideWeb* (WWW). Im Gegensatz zu den eben gennannten Technologien zeichnet sich KI dadurch aus, dass ihr Einsatz erschwinglich ist. Es bedarf zu ihrer Nutzung weder des Erwerbs besonderer Fähigkeiten, etwa des Lesens wie im Fall des Buchdruckes, noch aufwendiger Investitionen in Maschinen, wie bei der Nutzung von Dampfenergie. Vielmehr genügt ein einfaches „Herunterladen" entsprechender KI-Software, um KI beliebig oft und lange zu einer verhältnismäßig geringen Einzelgebühr nutzen zu können. Gerade letzterer ökonomischer Umstand fördert die Verwendung sowie die Weiterentwicklung von KI. In diesem Zusammenhang ist auch der aktuelle Fortschritt der chinesischen KI *DeepSeek* zu erwähnen. Ihr ist es insbesondere gelungen, in der Trainingsphase der KI deren Lernprozess nicht mehr mit einzelnen vorgegebenen Zwischenschritten zu belasten, sondern diese durch die KI selbst ermitteln und bearbeiten zu lassen. So kommt diese KI kostengünstig zu vertrauenswürdigeren Ergebnissen bei vermindertem Wissensdateneinsatz.

6.2 Der Begriff der Künstlichen Intelligenz

Der Begriff „KI" ist heute in aller Munde und ebenso ungenau ist sein Verständnis. Beispiele, wie etwa die Wiedererkennung von Gesichtern, das Abrufen von Telefonnummern, Begriffen oder eine Literatur-Recherche werden ebenso mit dem Begriff der KI benannt wie automatische An- und Abschaltvorgänge von Geräten etwa durch Zeitablauf oder das Erreichen einer bestimmten Füllmenge oder Temperatur. Der Hauptgrund einer inflationären Verwendung des Begriffs „KI" liegt in seinem Werbeeffekt. Offensichtlich erhöht die Verwendung des Begriffs „KI" oder im englischen „*Artificial Intelligence* (AI)" das Verbrauchervertrauen, indem sie eine neue, den bisherigen technischen Produkten weit überlegene oder sogar geistige Entwicklungsstufe suggeriert.

Dabei sind obige Beispiele nur Anwendungsfälle für eine maschinelle *Wiedererkennung* oder eine *numerische Suchfunktion*. Diese funktioniert nach dem einfachen Modus, der

Vor- bzw. Eingabe eines spezifischen Symbols oder Wertes, um dann verschiedene Suchergebnisse oder Serviceleistungen ablaufen zu lassen. Diese Erkennungssysteme existierten etwa in Form von Dateikästen, Archiven oder Aktenordner bereits Jahrhunderte vor der Erfindung der Computer. Die Qualifizierung als KI verdienen jene „Wiedererkennungssysteme" nicht.

6.2.1 Die erste Definition der Künstlichen Intelligenz

Die Begriffsbestimmung der KI war lange Zeit umstritten. Grund hierfür war das Aufkommen der Bearbeitung umfassenderer Datensätze um die Jahrtausendwende. Die erste offizielle Definition der KI enthält erstmalig das *Weißbuch zur KI* vom 19. Februar 2020.[3] Gestützt auf eine frühe Mitteilung der Europäischen Kommission[4] definierte die *Europäische Expertengruppe* KI als:

> „… vom Menschen entwickelte Software-[5] Systeme, die in Bezug auf ein komplexes Ziel auf physischer oder digitaler Ebene agieren, indem sie ihre Umgebung durch Datenerfassung wahrnehmen, die gesammelten strukturierten oder unstrukturierten Daten interpretieren, Schlussfolgerungen daraus ziehen oder die aus diesen Daten abgeleiteten Informationen verarbeiten und über die geeignete(n) Maßnahme(n) zur Erreichung des vorgegebenen Ziels entscheiden."[6]

Diese Definition spricht bereits die Möglichkeit der automatisierten „*Entscheidung*" und somit den juristisch überaus heiklen Problemkreis der „*automatisierten, algorithmischen Willenserklärung*"[7] an.

6.2.2 Keine Definition der „Künstlichen Intelligenz" in der KI-Verordnung

Bezeichnenderweise definiert die sog. KI-Verordnung[8] (im Folgenden: KI-VO) den Begriff der KI selbst nicht. In ihrem Art 3 Nr. 1 legt sie vielmehr den Begriff des „*KI-Systems*"

---

[3] *Europäische Kommission*, WEISSBUCH Zur Künstlichen Intelligenz – ein europäisches Konzept für Exzellenz und Vertrauen, Brüssel, den 19.2.2020, COM(2020) 65 final.
[4] *Kommission*, Mitteilung, Künstliche Intelligenz (KI) vom 25.4.2018, COM(2018) 237 final, S. 1 ff.
[5] *und möglicherweise auch Hardware-Systeme*.
[6] *Hochrangige Expertengruppe*, Eine Definition der KI: Wichtigste Fähigkeiten und Wissenschaftsgebiete, https://elektro.at/wp-content/uploads/2019/10/EU_Definition-KI.pdf (Abruf 18.05.2021), S. 8 ff.
[7] Dazu siehe unten Kapitel VII., Kapitel VII.2 (m.w.H.).
[8] Verordnung (EU) 2024/1689 des Europäischen Parlaments und des Rates vom 13. Juni 2024 zur Festlegung harmonisierter Vorschriften für künstliche Intelligenz und zur Änderung der Verordnungen (EG) Nr. 300/2008, (EU) Nr. 167/2013, (EU) Nr. 168/2013, (EU) 2018/858, (EU) 2018/1139 und (EU) 2019/2144 sowie der Richtlinien 2014/90/EU, (EU) 2016/797 und (EU) 2020/1828 (Verordnung über künstliche Intelligenz), ABl. L, 2024/1689, v. 12.7.2024.

fest und vermittelt so lediglich mittelbar eine Vorstellung von der „KI" im Europäischen Recht[9] und – da die Europäische Verordnung unmittelbar und direkt auch in den Mitgliedstaaten anwendbar ist – auch in den Europäischen Mitgliedsländern:

> „„KI-System" (ist) ein maschinengestütztes System, das für einen in unterschiedlichem Grade autonomen Betrieb ausgelegt ist und das nach seiner Betriebsaufnahme anpassungsfähig sein kann und das aus den erhaltenen Eingaben für explizite oder implizite Ziele ableitet, wie Ausgaben wie etwa Vorhersagen, Inhalte, Empfehlungen oder Entscheidungen erstellt werden, die physische oder virtuelle Umgebungen beeinflussen können."

6.2.3 Die Definition der Künstlichen Intelligenz in der Rechtspraxis

Besonders aussagekräftig erscheint keine der hier vorgestellten Definitionen. Die Literatur hat letztere, sich stark an den OECD orientierende Begriffsbestimmung[10] entsprechend ihrer Entstehungsgeschichte heute mit *Unterscheidungskriterien* versehen. Diese ermöglichen eine Abgrenzung der *KI* von den oben genannten reinen *Wiedererkennungssystemen*.[11] Danach unterscheidet sich KI von einfacher Such- oder Erkennungssoftware durch die

- **Lernfähigkeit**: KI generiert selbst Erkennungsmuster, die kontinuierlich ihre Leistung optimieren und beschleunigen.
- **Adaptivität**: KI-Systeme passen sich – im Gegensatz zu starren Suchsoftwaresystemen – unterschiedlichen Daten und Bedingungen an.
- **Komplexität der Aufgaben**: KI kann komplexe Aufgaben wie Sprachverarbeitung, Bilderkennung und Entscheidungsfindung durchführen. Einfache Suchsoftware ist auf spezifische, klar definierte Aufgaben beschränkt.
- **Bearbeitung großer Datenmengen**: Während einfache Suchsoftware auf vordefinierten Algorithmen basiert, verarbeitet KI entsprechend ihrer autonomen Lern- und Anpassungsfähigkeit sowie der Komplexität der ihr gestellten Aufgaben i. d. R. große Datenmengen (*Big Data*).
- **Interaktivität**: KI-Systeme verstehen nicht nur natürliche Sprache. Sie können diese auch schriftlich oder auditiv imitieren und so mit ihrem Nutzer wechselseitig (etwa in einem *Chat Bot*) in Kontakt treten.

---

[9] Siehe zu dieser Vorstellung auch Erwägungsbegründung Nr. 12 der Verordnung.
[10] OECD, Explanatory memorandum on the updated OECD definition of an AI system, 2024; https://www.oecd.org/en/publications/explanatory-memorandum-on-the-updated-oecd-definition-of-an-ai-system_623da898-en.html#:~:text=This%20document%20contains%20proposed%20clarifications%20to%20the%20definition,to%20support%20their%20continued%20relevance%20and%20technical%20soundness.
[11] Siehe u. a.: *Wendehorst/Nessler/Aufreiter/Aichinger*, Der Begriff des „KI-Systems" unter der neuen KI-VO, in: MMR 2024, 605 ff. (m.w.H.); siehe auch: *Universität Augsburg*: https://www.uni-augsburg.de/de/organisation/bibliothek/kurse-beratung/ki-in-der-literaturrecherche/ (m.w.H.).

6.3 Gefahren des Einsatzes der Künstlichen Intelligenz

Allein oben aufgeführter Funktions- und Einsatzbereich der KI lässt deren Gefährlichkeit, gerade im *Technikrecht*, erahnen: Beispielsweise kann KI zu vollkommen falschen Ergebnissen dann führen, wenn sie auf einen Bestand an Daten zurückgreift, die unterschiedliche oder auch fehlerhafte Aussagen enthalten. Die Produktionsfähigkeit, die Erkennung von Werkstoffen und/oder die Prognose des Kundenverhaltens können dadurch erheblich beeinträchtigt und sogar aufgehoben sein.

Daneben erscheint es als rechtlich relevanter Vertrauensbruch, wenn KI mit Kunden, respektive mit Papieranlegern, interaktiv „chattet" und den Nutzer in der falschen Erwartung lässt, dieser würde mit einem Menschen kommunizieren.[12]

Die Überwachung eines Menschen, seiner Gesundheit, seines Sozialverhaltens und/oder seiner Arbeitsleistung durch den Einsatz von KI kann dessen Persönlichkeitsrecht verletzen.

Um derartigen Gefahren europaweit vorzubeugen und damit auch Standortvorteile jener Mitgliedsländer, die lediglich ein geringfügiges Schutzniveau anwenden, auszugleichen, hat der europäische Gesetzgeber die Verordnung (EU) 2024/1689, also die *europäische KI-Verordnung*[13] erlassen. Diese ist mit ihrer Veröffentlichung im Europäischen Amtsblatt am 12. Juli. 2024 in Kraft getreten.

Mit geringfügigen Ausnahmen gelten deren Regelungen gem. Art. 113[14] zum 2. August 2026.

Übersicht: 1: Unterschiedliches In-Kraft-Treten der Teilregelung der KI-VO

Regelungen der KI-VO	Geltung ab:
Artt. 1 bis 5	2 Februar 2025
Artt. 28 bis 39, 51 bis 56, 64 bis 70, 78, 99, 100 (die Sanktionsregelungen)	2. August 2025
Art. 6 Abs.1 sowie die entspr. Pflichten der KI-VO ab	dem 2. August 2027, 31. Dezember 2030
Art. 111 Sonderregelung für vor dem 2. August 2027 in Verkehr gebrachte oder in Betrieb genommene KI-Systeme bzw. KI-Modelle mit allgemeinem Verwendungszweck. Anpassung bis zum:	
Art 111 Sonderregelung für die vor dem 2. August 2026 in Verkehr gebrachten oder in Betrieb genommenen Hochrisiko-KI-Systeme. Anpassung bis zum:	2. August 2030

---

[12] Siehe unten Kapitel IV.5 (m.w.H.).

[13] Verordnung (EU) 2024/1689 des Europäischen Parlaments und des Rates vom 13. Juni 2024 zur Festlegung harmonisierter Vorschriften für künstliche Intelligenz und zur Änderung der Verordnungen (EG) Nr. 300/2008, (EU) Nr. 167/2013, (EU) Nr. 168/2013, (EU) 2018/858, (EU) 2018/1139 und (EU) 2019/2144 sowie der Richtlinien 2014/90/EU, (EU) 2016/797 und (EU) 2020/1828 (Verordnung über künstliche Intelligenz), ABl. L, 2024/1689, v. 12.7.2024.

[14] Artikel ohne Gesetzesangabe sind solche der KI-VO.

6.4 Die Grundlagen der KI-VO

Als eine Europäischen Verordnung binden die KI-VO, nach Art. 288 Abs. 2 AEUV, unmittelbar und direkt die europäische Union, deren Einrichtungen, alle europäischen Mitgliedstaaten sowie jeden einzelnen europäischen Bürger und jedes Unternehmen mit Sitz in der Europäischen Union.

Die KI-VO verfolgt mit ihren zahlreichen *Verboten, Informations-, Mitteilungs-* und *Dokumentationspflichten* einen sog. „*risikobasierten Ansatz*". Dieser gewichtet die durch den Einsatz der KI entstehenden Gefahrenlage, insbesondere für die Grundrechte europäischer Bürger und Unternehmen, um möglicherweise entstehende Risiken jeweils mit einer *adäquaten Maßnahme* beantworten zu können.

So sinnvoll diese Konzeption auch erscheint, so überaus komplex zeigt sich doch der Anwendungsbereich der KI-VO gerade im Technikrecht. Denn insbesondere etabliert die KI-VO weitreichende Ausnahmetatbestände, oder sie erlaubt zur Beseitigung von KI-Gefahren sogar Maßnahmen, die – wie sonst keine andere Europäische Regelung – unerwartet massiv in Rechtspositionen europäischer Bürger und Unternehmen eingreifen.

Die europäische KI-VO ist als Konglomerat jahrzehntelanger, höchst unterschiedlicher gesetzgeberischer Vorschläge und Entwürfe ein hochgradig komplexer Text. Der Gesetzgeber nahm nicht nur während ihrer gesamten Entstehungsperiode, sondern noch zu der Zeit ihrer parlamentarischen Verabschiedung am 21. Mai 2024 bis zu ihrer Veröffentlichung am 12. Juli 2024 zahlreiche technische Entwicklungen wie auch diverse nationale KI-Konzepte in die Norminhalte und in die Systematik der KI-VO auf.

Die europäische KI-VO ist nicht – wie fälschlicherweise behauptet – das weltweit erste Regelungswerk zur KI.[15] Bereits zum 15. August 2023 hat China die „*Interim Measures for the Management of Generative Artificial Intelligence Services*"[16] erlassen. Diese gilt insbesondere bezüglich der Nutzungszulassung generativer KI (*Gen AI*).[17] *Generative KI* ist eine Erscheinungsform künstlicher Intelligenz, die auf einen speziellen Befehl in der Lage ist, Texte, Bilder, Videos oder andere Daten selbstständig zu erzeugen [18]

---

[15] Die Bundesregierung, AI Act verabschiedet, Einheitliche Regeln für Künstliche Intelligenz in der EU https://www.bundesregierung.de/breg-de/themen/digitalisierung/kuenstliche-intelligenz/ai-act-2285944.

[16] https://www.cac.gov.cn/2023-07/13/c_1690898327029107.htm; zur englischen Fassung siehe: https://en.wikipedia.org/wiki/Interim_Measures_for_the_Management_of_Generative_AI_Services#:~:text=The%20Interim%20Measures%20for%20the%20Management%20of%20Generative,The%20measures%20took%20effect%20on%2015%20August%202023; siehe auch: *Kharpal, Arjun* „China finalizes first-of-its-kind rules governing generative A.I. services like ChatGPT". *CNBC*. Retrieved 24, 7. 2023.

[17] *Kharpal*, „China finalizes first-of-its-kind rules governing generative A.I. services like ChatGPT". CNBC. Retrieved 24, 7. 2023.

[18] *Pinaya, Walter H. L.; Graham, Mark S.; Kerfoot, Eric; u. a.*, "Generative AI for Medical Imaging: extending the MONAI Framework". arXiv:2307.15208 [eess.IV].

Gegenüber der *Interim Measures for the Management of Generative Artificial Intelligence Services* erscheint der Anwendungsbereich der KI-VO um weitere Erscheinungsformen der KI erweitert. Zudem besitzt die KI-VO komplexere regulative Bestimmungen:

6.4.1 Der Anwendungsbereich der KI-VO

Die KI-VO besitzt einen umfassenden Anwendungsbereich. Sie gilt für *Anbieter* von KI und *Betreiber* (Art. 2 Abs. 1 lit. a, b).

Bislang unbeachtet blieb die Tatsache, dass die KI-VO selbst für Unternehmen mit Sitz in einem Drittland (etwa: Türkei, USA, Kanada, China) Geltung beansprucht (Art. 2 Abs. 1 lit. a), sofern die KI in der EU verwendet wird. Damit greift die KI-VO das völkerrechtliche „Wirkungs-Prinzip"[19] auf. Dieses verlangt einen sog. „*genuinen link*", um in die völkerrechtliche *Souveränität* des Drittlandes eingreifen zu dürfen.[20] Ob völkerrechtlich die bloße *Nutzung* der von einer ausländischen KI generieten Ergebnisse in Europa als *genuine link* ausreicht, erscheint dem Verfasser angesichts der weltweiten Verwendungsmöglichkeit von KI-Ergebnissen völkerrechtlich zweifelhaft. Die Anwendung der KI-VO auf staatliche Behörden des Drittlandes oder internationalen Organisationen fallen zumindest aus den eben genannten *völkerrechtlichen Souveränitätsgründen* aus (Art. 2 Abs. 4). Die internationale Strafverfolgung sichert zudem Übereinkünfte der Strafverfolgung und justiziellen Zusammenarbeit.[21]

Die KI-VO nimmt andererseits weite Teile des Technikrechtes aus ihrem Geltungsbereich aus. Sie findet keine Anwendung im militärischen Bereich (Art. 2 Abs. 3).

Ferner schließt Art. 2 Abs. 2 i. V. m. Anhang I B die Geltung der KI-VO für zahlreiche technische Anwendungsgebiete, für die das Europäische Technikrecht Spezialvorschriften hat, wie die

---

[19] *Krimphove*, Soergel, Bd. 27/1, 13. Aufl. 2018, Internationales Handelsrecht, Rn. 107 (m.w.H.).

[20] *Krimphove*, Soergel, Bd. 27/1, 13. Aufl. 2018, Internationales Kapitalmarkt und Bankrecht, Rn. 773 ff. (m.w.H.).

[21] Begründungserwägung Nr. 22, und Nr. 40; für den Bereich europäischer Regelungen etwa:

- Verordnung (EU) 2019/818 des Europäischen Parlaments und des Rates vom 20. Mai 2019 zur Errichtung eines Rahmens für die Interoperabilität zwischen EU-Informationssystemen (polizeiliche und justizielle Zusammenarbeit, Asyl und Migration) und zur Änderung der Verordnungen (EU) 2018/1726, (EU) 2018/1862 und (EU) 2019/816, ABl. L, Nr. 135 vom 22.5.2019, S. 85 ff.
- Verordnung (EU) 2018/1862 des Europäischen Parlaments und des Rates vom 28. November 2018 über die Einrichtung, den Betrieb und die Nutzung des Schengener Informationssystems (SIS) im Bereich der polizeilichen Zusammenarbeit und der justiziellen Zusammenarbeit in Strafsachen, zur Änderung und Aufhebung des Beschlusses 2007/533/JI des Rates und zur Aufhebung der Verordnung (EG) Nr. 1986/2006 des Europäischen Parlaments und des Rates und des Beschlusses 2010/261/EU der Kommission, ABl. L, Nr. 312 vom 7.12.2018, S. 56 ff.
- Vergl. auch: Europäisches Parlament – Berichtsentwurf über künstliche Intelligenz im Strafrecht und ihre Verwendung durch die Polizei und Justizbehörden in Strafsachen, 2020/2016(INI).

- VO 300/2008 (Sicherheit der Zivilluftfahrt) (Art. 102)
- VO 2018/1139 (EU-Zivilluftfahrt, sog. ESA-VO) (Art. 108)
- VO 167/2013 (land- und forstwirtschaftliche Fahrzeuge) (Art.103)
- VO 168/2013 (zwei- bis vierrädrige Fahrzeuge) (Art 104)
- VO 2019/2144 (Sicherheitstechnologien von Fahrzeugen) (Art. 109)
- VO 2018/858 (Kraftfahrzeuge und Kraftfahrzeuganhängern, deren Systeme und Bauteile) (Art. 107)
- Rl 2016/797 (Eisenbahnsysteme) (Art. 106)
- Rl 2014/90/EU (Ausrüstungen von Schiffen) Art 105)

grundsätzlich aus.

Lediglich die Artt. 8 bis 15 der KI-VO greifen, sofern Artt. 102 bis 109 dies zulassen, und dann auch nur, wenn die KI ein *Sicherheitsbauteil* der in den o. g. Normen aufgeführten technischen Gegenstände oder selbst ein *Produkt* darstellt, dessen *Sicherheitsbauteil* ein KI-Systems darstellt (Art. 6 Abs. 1 lit. a). Unter diesen Voraussetzungen gilt die KI-VO für eine Vielzahl von daten- und grundrechtsschutzrelevanten Fällen – wie etwa für autonomes Fahren und autonome Steuerungsvorgänge der in den oben genannten Richtlinie und VO genannten Objekte – nur über den „*Umweg*" ihrer oben wiedergegebenen technischen Spezialregelungen (Art. 6 Abs. 1 lit. a) und grundsätzlich auch nur in der gem. Artt. 8 bis 15 stark eingeschränkten Weise.

Die Ermittlung des Anwendungsbereichs der KI-VO ist eigens im Technikrecht extrem komplex und daher zu aufwendig.[22] Die Erhöhung der Praktikabilität der KI-VO erscheint bereits nach obigen Aussagen zwingend erforderlich. In diesem Zusammenhang bleibt die Verabschiedung der *Richtlinie über KI-Haftung*[23] abzuwarten.

6.4.2 Das Forschungsprivileg der KI-Verordnung

Hinsichtlich des Technikrechts ist darauf hinzuweisen, dass Art. 2 Abs. 6 jene KI *Systeme* oder *Modelle*[24] aus dem Regelungsbereich der KI-VO ausnehmen, die für *Forschungs- und Entwicklungstätigkeiten* eingesetzt werden.[25]

Dies gilt allerdings nicht für die *Tests* der KI unter *Realbedingungen*. Jedoch enthält Art. 57 Abs. 5 eine weitere Privilegierung für das Trainings-, Test- und Validierungsverfahren innovativer KI in „*Reallaboren*". Reallabore sind nach Art. 3 Nr. 55 jene unter Auf-

---

[22] Krimphove, Die europäische KI-Verordnung im Technikrecht, InTeR 2024; S. 154 ff. (m.w.H.).
[23] Vorschlag vom 28/09/2022 für eine RICHTLINIE DES EUROPÄISCHEN PARLAMENTS UND DES RATES zur Anpassung der Vorschriften über außervertragliche zivilrechtliche Haftung an künstliche Intelligenz (Richtlinie über KI-Haftung, Brüssel, den 28.9.2022, COM(2022) 496 final, 2022/0303(COD).
[24] Dazu siehe Kapitel V. 4.a.
[25] Siehe auch: Begründungserwägung Nr 25, 97.

sicht stehende Einrichtungen, die Anbietern für einen begrenzten Zeitraum die Möglichkeit bieten, innovative KI-Systeme zu entwickeln, zu trainieren, zu validieren und unter Realbedingungen zu testen. *Reallabore* gewähren so dem Anbieter einen Rechtsrahmen zur grundsätzlich freien Entwicklung und Erprobung von KI-Systemen und Modellen.

6.4.3 Der Wettbewerbsschutz kleiner und mittelgroßer Unternehmen und „Start-Ups"

Die unterschiedlichen Entwicklungsstufen, welche die KI-VO durchlief, kennzeichnen im Einzelnen auch das umfangreiche Bemühen des Europäischen Gesetzgebers, sowohl die *Wettbewerbsfähigkeit* europäischer KI-Anbieter gegenüber dem nicht-europäischen Ausland zu erhalten[26] als auch die durch den Einsatz der KI entstehenden Beeinträchtigungen der *Grundrechtspositionen* europäischer Bürger bzw. Unternehmen möglichst gering zu halten (Art. 1 Abs. 1).[27]

Eigens dem *Wettbewerbsschutz* ist geschuldet, dass die KI-VO Sonder- und Förderungsregeln für *kleine und mittlere Unternehmen* (*KMU*) bzw. *Start-Up-Unternehmen* vorsieht (Art. 1 Abs. 2 lit. g):[28]

Übersicht: 2: Die wesentlichen Sonderregelungen zur Förderung von KMU und Start-Ups

	Förder-Maßnahmen	Norm
1.	Erleichterte technische Dokumentation der Angaben des Anhang IV	Art 11 Abs. 1 Satz 3 f.
2.	Erleichterter Marktzugang von KUM u. Start-Ups	Art. 57 Abs. 9 lit. e
3.	Rechtsberatung (zur KI-VO) durch nationale Behörden	Art. 70 Abs. 8
4.	Erleichterter und verbilligter Zugang der KUM u. Start-Ups zu Reallaboren	Art 58 Abs. 2 lit. d, f, g bzw. Abs. 3; Art. 62 Abs. 1 lit. a
5.	Verweis von KUM u. Start-Ups an Dienste anderer Anbieter, sofern nationale Reallabore und deren Schulung, bzw. deren Kommunikationsförderung mit anderen Partnern noch nicht bereitstehen	Art 58 Abs. 3; 62 Abs. 1 lit. b, c
6.	Gebührenbemessung der für die Konformitätsbewertung der KI nach Unternehmensgröße	Art.62 Abs. 2
7.	Anpassung der Verhaltenskodizes, Leitlinien und Sanktionen an Bedürfnisse von KUM u. Start-Ups	Art.95 Abs. 4; Art 96 Abs. 1; Art. 99 Abs. 1, Abs. 6
8.	Vertretung der KUM u. Start-Ups im *Beratungsforum (Art. 67)*	Art. 67 Abs. 2

---

[26] Begründungserwägung Nr. 4, 82, 121; auch Artt. 40 Abs. 3; 66 lit. e Nr. v.
[27] Begründungserwägung Nr. 21.
[28] *Krimphove*, Die neue europäische KI-Verordnung und ihre Anforderungen an Unternehmen, ZWH 2024, S. 249 ff.

Nahezu diametral dem Zweck der *Wettbewerbsförderung* entgegengesetzt ist die weitere Zielsetzung der KI-VO, nämlich ein möglichst hohes Niveau des Schutzes von *Gesundheit, Sicherheit* und der *Grundrechte* zu erreichen (Art. 1 Abs. 1).

6.4.4 Der risikobasierte Ansatz der KI-VO

Der Europäische Gesetzgeber löst diesen Gegensatz von Wettbewerbsschutz europäischer Unternehmen und den *Gesundheits-, Sicherheits-* und *Grundrechtsschutz europäischer Bürger* mit Hilfe eines *risikobasierten Ansatzes*. Entscheidend bei diesem Ansatz ist der Umfang des tatsächlichen Risikos, das die KI auf die jeweiligen oben genannten Rechtspositionen von Bürgern und Unternehmen darstellt. Unter Bezugnahme auf diesen Ansatz legt der Gesetzgeber der KI-VO den Umfang der Verpflichtungen für Anbieter und Nutzer der KI-*Systeme* oder *Modelle*[29] fest.

Der risikobasierte Ansatz entspricht damit dem europäischen Grundsatz der „*Proportionalität*". Dieser ordnet der KI entsprechend der Schwere einer möglichen Schutzrechtsbeeinträchtigung eine adäquate Schutzmaßnahme zu. Die KI-VO unterscheidet neben der allgemeinen Informationspflicht über das Tätigwerden einer KI (Art. 50 Abs. 1) und einem *generellen KI-Anwendungsverbot* (Art. 5) drei KI- Gefahrenpotenziale:

1. das der *Hochrisiko-KI-Systeme* (Art 1 Abs. 2 lit. c; 6 Abs. 1) und das
2. der *Nicht-hochriskanten-KI-Systeme* (Art. 6 Abs. 3, 4, 5) und
3. *KI-Modelle mit allgemeinem Verwendungszweck* (Artt. 1 Abs. 2 lit.e; 3 №. 63, 51 ff.)

6.4.5 Die allgemeine Informationspflicht über das Eingreifen von Künstlicher Intelligenz

Grundsätzlich hat gem. Art. 50 Abs. 1 der Anbieter von KI jeden Nutzer darüber zu informieren, dass dieser eine Leistung einer KI, und nicht die eines Menschen erhält. Diese Information dient speziell dazu, jenen *Vertrauensvorschuss* des Nutzers abzubauen, den dieser in eine *menschliche Leistung* investiert. Gerade bei Beratungsleistungen, seien sie produktionstechnischer, betriebswirtschaftlicher oder speziell anlagestrategischer Art, soll der Nutzer wissen, dass die Information und u. U. die Prognose nicht von einem verantwortungsbewussten, empathischen Menschen erteilt, sondern maschinell erstellt wird.

Auch im rein privaten Bereich – etwa beim Chatten – muss der Nutzer nach Art. 50 Abs. 1 die Gewissheit haben, mit einem Menschen oder mit einer Maschine zu kommunizieren.

---

[29] Zum Unterschied von KI-Systeme und KI-Modellen siehe unten Kapitel 4.a. (m.w.H.).

6.4.6 Das generelle Verbot einzelner Anwendungen der Künstlichen Intelligenz

Bestimmte Verwendungszwecke der KI lassen deren Potenzial zur Verletzung von Grundrechtspositionen derart hoch erscheinen, dass diese KI-Anwendungen generell, d. h. für alle oben aufgeführten drei Gefahrengruppen gleichermaßen, verboten sind:
Untersagt ist der Einsatz von KI zur

- unterschwelligen Beeinflussung von Personen (Art. 5 Abs. 1 a), zum
- Ausnutzen körperlicher Gebrechen von Alten und Schutzbedürftigen (Art. 5 Abs. 1 b), zur
- Klassifizierung des persönlichen Verhaltens oder der Vertrauenswürdigkeit von Personen (*Social Scoring*) (Art. 5 Abs. 1 c) sowie zu einer
- KI-gesteuerten Vorhersage der Begehung von Straftaten und von potenziellen Tätern (z. B.: mittels *Gesichtserkennung*) (Art. 5 Abs. 1 d, e), bzw.
- die biometrische Einordnung von Personen (etwa nach Rasse, Weltanschauung, Gewerkschaftszugehörigkeit) (Art. 5 Abs. 1 g), zur
- Erkennung von Emotionen am Arbeitsplatz oder in Bildungseinrichtungen (Art. 5 Abs. 1 f).
- In allen anderen Einrichtungen, oder sofern der Einsatz der KI am Arbeitsplatz oder in Bildungseinrichtungen medizinischen oder Sicherheitsgründen dient, ist eine KI-gesteuerte Emotionserkennung grundsätzlich nicht untersagt. Ihr Einsatz bedarf allerdings der Information der betroffenen Person durch den Verwender (Art. 50 Abs. 3).

Strafverfolgungsbehörden genießen Ausnahmeprivilegien insbesondere für den Einsatz von *biometrischen Echtzeit-Fernidentifizierungssystemen* zur Strafverfolgung (Art. 5 Abs. 1 h und Art. 5 Abs. 2.). Für Strafverfolgungsbehörden gilt ohnehin vorrangig die sog. *JI-Datenschutzrichtlinie* (Rl. 2016/680).[30] Die neue KI-VO ergänzt somit die Rl. 2016/680 bezüglich des Einsatzes von KI zur Strafverfolgung.[31]

6.5 Drei Gefahrenpotenzial-Kategorien

Die Klassifizierung der KI-Systeme als *hochriskant-* bzw. als *nicht-hochriskant* erfolgt gemäß Anhang III der KI-Verordnung.

---

[30] Richtlinie (EU) 2016/680 des Europäischen Parlaments und des Rates vom 27. April 2016 zum Schutz natürlicher Personen bei der Verarbeitung personenbezogener Daten durch die zuständigen Behörden zum Zwecke der Verhütung, Ermittlung, Aufdeckung oder Verfolgung von Straftaten oder der Strafvollstreckung sowie zum freien Datenverkehr und zur Aufhebung des Rahmenbeschlusses 2008/977/JI des Rates.
[31] Siehe dazu den Anhang III, Nr. 6 der KI-VO.

6.5.1 Hochrisiko-KI-Systeme

Als *Hochrisiko-KI-System* bezeichnet Art. 6 Abs. 1 eine KI, die als Sicherheitskomponente oder selbst als Produkt unter den im *Anhang I* der KI-VO aufgeführten Harmonisierungsvorschriften[32] oder, nach Art. 6 Abs. 2, unter folgenden sensiblen Einsatzbereichen des Anhangs III der KI-VO fällt.

Zu dem in Anhang III aufgeführten KI-Systemen mit einem hochsensiblen, brisanten Inhalt zählen:

1. *Biometrische Identifizierungs- oder Kategorisierungssysteme*
   - Beispiel: Gesichts-, Stimm-, Emotionserkennung zur Verhaltensanalyse
2. *KI-Systeme in sicherheitskritischen Bereichen*
   - Beispiel: KI-Einsatz in digitaler Infrastruktur, Energie-, Wasser-, Gas-, Wärmeversorgung, im Verkehrssektor
3. *Bewertende KI-Systeme in bestimmten Bereichen*: KI zur Ermittlung von Leistungsbewertung bzw. deren Kontrolle, Verhaltensbewertung im
   - Bildungsbereich (Zugang zu Berufsbildung, Berufsqualifikationen, Eignungs- bzw. Einstellungstests)
   - zur Bewertung der Kreditwürdigkeit natürlicher Personen[33]
   - Bewertung von natürlichen Personen für den Abschluss von Kranken- und Lebensversicherungen
4. *Beschäftigung, Arbeitnehmermanagement und Zugang zur Selbstständigkeit*
   - Beispiele: automatisierte Einstufung von Bewerbern bei Beschäftigung, Personalmanagement (Eignungstests, Arbeitnehmer-Belastungstest)
5. *Zugang zu privaten und öffentlichen Diensten und Leistungen*
   - Beispiele: (privatrechtliche) Darlehensvergabe, Bestimmung von Versicherungsrisiken bzw. -policen, behördliche Zuverlässigkeitsprüfungen, Anspruchsberechtigungsprüfungen, Prioritätsauswahl von Notrufen
6. *Strafverfolgung* [sofern nationale Strafrechtsordnungen diese Mittel zulassen]
   - Beispiele: Opfer-Prognose, KI Einsatz als Lügendetektor, Beweismittelüberprüfung, Täter-Rückfallprognose (in den Grenzen des Art. 3 Abs. 4 RI 2016/680)
7. *Migration, Grenzüberwachung*
   - Beispiele: Einschätzung von sicherheits- und Gesundheitsrisiken von Migranten, Prüfung von Visums-, Asylanträgen und Aufenthaltstiteln, Identifizierung natürlicher Personen
8. *Rechtspflege, demokratische Prozesse*
   - Beispiele: Sachverhaltsermittlung, Feststellung von Wahlergebnissen

---

[32] Siehe oben Kapitel IV.1 (m.w.H.).
[33] Ausnahme: Inbetriebnahme durch kleine Anbieter für den Eigenbedarf im Betrieb.

Der Kommission steht die jährliche Prüfung nach Art. 112 und die inhaltliche Änderung der entsprechenden Listen nach Art. 5 und dem Anhang III, also die *Begriffsbestimmung der Hochrisiko-KI,* zu.[34]

Um den internationalen Handel so wenig wie möglich zu belasten, sollen nur solche KI-Systeme als hochriskant eingestuft werden, die „*erhebliche schädliche Auswirkungen auf die Gesundheit, die Sicherheit und die Grundrechte von Personen in der Union besitzen*".[35]

6.5.1.1 Sicherheitsmaßnahmen für Hochrisiko-KI-Systeme

Entsprechend dem Gefahrenpotenzial, das Hochrisiko-KI-Systemen innewohnt,[36] hat ein Unternehmen, das *Hochrisiko-KI konzipiert oder diese in den Verkehr bringt oder sie nutzt,* folgende Anforderungen zu erfüllen:

1. Entwicklung einer angemessen robusten, sicheren und genauen Hochrisiko-KI (Art. 15). Zu diesem Punkt zählt auch die Pflicht, KI-Systeme mit einem ausreichenden Schutz vor *Cyberangriffen* und *Manipulationen* zu entwickeln bzw. nur entsprechend gesicherte KI einzusetzen.[37]
2. Bevor eine KI in den Verkehr gelangt, muss der Anbieter von Hochrisiko-KI diese einer gebührenpflichtigen *Konformitätsbewertung* nach Artt. 6 Abs. 1 b; 16 lit. f, 23 ff.; 28 ff; 43 unterziehen und damit
3. vorgegebene Qualitätsstandards erfüllen (Art. 17 ff).
   Kleine und Mittelgroße Unternehmen begünstigt Art. 62 Abs. 2 lediglich bei der Gebührenberechnung der Konformitätsfeststellung.[38]
4. Die Unternehmen müssen *Risikomanagement-Systeme* einrichten, anwenden, dokumentieren und aufrechterhalten (Art. 9 Abs. 1).
   Risikomanagement-Systeme müssen während des gesamten Lebenszyklus des KI-Systems dessen Risiken für die öffentliche Sicherheit und den Grundrechteschutz ermitteln, analysieren und bewerten und Maßnahmen zur Risikobekämpfung sicherstellen. (Art. 9 Abs. 2).
5. KI-Anbieter haben – auch nach dem Inverkehrbringen der KI – ein System zu deren *Beobachtung* einzurichten und dessen Betrieb zu dokumentieren (Artt. 9 Abs.2 c; 72).
6. Daten, die ein KI-System zu Lernprozessen nutzen (*machine-learning*), müssen relevant, repräsentativ, fehlerfrei und vollständig sein (Art. 10). Diese Anforderung gilt speziell zur Vermeidung einer Verzerrung von Daten durch die Verwendung nichtrepräsentativer Datensätze (Art. 10 Abs. 3 ff.). Denn so entstehende Daten-„*Bias*"

---

[34] Siehe auch Art. 7.
[35] Begründungserwägung Nr. 46.
[36] Begründungserwägung Nr. 48.
[37] Zur *Cyberangriffen* und *Manipulationsschutz* siehe unten Kapitel IV. (m.w.H.).
[38] Siehe auch: Begründungserwägung Nr. 143.

können nicht nur zu Aussagefehlern, sondern auch zu einer *unzulässigen Diskriminierung* des Bürgers durch die KI führen.[39]

Den übergroßen Wert, den der Gesetzgeber einer solchen *Daten-Bias-Vermeidung* zuschreibt, lässt sich daran erkennen, dass er den Anbietern von KI-Systemen zur Erkennung derartiger Bias sogar die Nutzung sog. *Persönlichkeitsdaten,* wie die der ethischen Herkunft, politischen, religiösen oder weltanschaulichen Überzeugung und sexuellen Orientierung, gewährt (Art. 10 Abs. 5). Damit durchbricht der europäische Gesetzgeber selbst die Verbote der Artt. 9 ff. der DSGVO.[40]

7. Hochrisiko-KI ist vor ihrem Einsatz zu *testen* und ggf. zu *korrigieren* (Art. 9 Abs. 6).
8. Unternehmen haben eine umfangreiche *technische Dokumentation* als Beleg für die ordnungsgemäße Erfüllung aller rechtlichen Anforderungen an das „*Hochrisiko-KI-System*" zu erstellen und diese regelmäßig zu aktualisieren (Art. 11).
9. Sie haben den „*Lauf* der *Hochrisiko-KI*" automatisch zu dem Zweck zu protokollieren, die Funktionsweise der KI während ihres gesamten Lebenszyklus zurückzuverfolgen (Art. 12).
10. Ferner erfüllen Unternehmen *Transparenz- und Informationspflichten* gegenüber den Betreibern (Art.13).
11. Unternehmen haben KI-Systeme in der Weise zu konzipieren, dass eine *menschliche, wirksame Kontrolle* der KI für die Dauer ihrer Verwendung garantiert ist (Art. 14).

    Die Notwendigkeit der menschlichen Kontrolle entspricht dem Gebot, dass der Mensch in seiner Würde[41] nicht einem automatisch ablaufenden Prozess ausgesetzt sein darf.[42] Dies hat der EuGH bereits am 7.12.2023[43] entschieden.[44]
12. Artt. 16–27 benennen zusätzliche „Neben"-Pflichten der *Anbieter, Anbieter-Bevollmächtigten (*Art. 22.), *Betreiber, KI-Händler (*Art. 24) und *-Einführer (*Art. 25, 23.) oder *Dritter (*Art. 24, 25.).

---

[39] Hierzu siehe auch: *Dornis*, Generatives KI-Training und Text- und Data-Mining, KIR 2024, 156 ff. (m.w.H.).

[40] Siehe dazu: *Gausling*, KI und DS-GVO im Spannungsverhältnis, in: Graf Ballestrem, Gausling u. a., Künstliche Intelligenz, 2020, S. 18 ff. (m.w.H.); grundsätzlich: *Schuh/Weiss*, Die Zweckbestimmung und Zweckbindung als Weichenstellung für die DSGVO-konforme Nutzung von Daten für KI-Systeme, ZfDR 2024, S. 225 ff.; *Steinrötter/Markert*, Datenbezogene Vorgaben der KI-Verordnung, RDi 2024, S. 400 ff.

[41] *Immanuel Kant*, Die Metaphysik der Sitten. Zweiter Teil: Metaphysische Anfangsgründe der Tugendlehre, 1797, § 38; 3.

[42] Siehe auch: BVerfGE 50, 166, S. 386, 391 (m.w.H.); BVerfGE 88, S. 203 ff., Rn 150 f. (m.w.H.); BVerwGE 64, 274 (m.w.H.); BVerfGE 30, S. 1 ff. (m.w.H.); BVerfGE 45, S. 187 ff. (m.w.H.).

[43] EuGH v. 7.12.2023 – C-634/21 ECLI:EU:C:2023:957 sog. *Schufa-Scoring-Urteil*.

[44] Dazu: *Krimphove*, Rechtliche Grenzen KI-automatisierter Entscheidungsvorgänge in der Wirtschaft – ZWH Heft 1-2 2024, S. 8 ff.

6.5.1.2 Besonderheiten im Technikrecht

Für das Technikrecht von unverzichtbarer Bedeutung ist zudem, dass nach Art. 8 Abs. 2 nicht nur obiger Pflichtenkatalog,[45] sondern auch jene Anforderungen, welche die einzelnen europäischen Harmonisierungsrechtsvorschriften des *Anhangs I A* aufstellen, seitens der KI-Anbieter zu erfüllen sind. Diese betreffen technische Einrichtungen und Gerätschaften wie: *Maschinen, Spielzeug, Sportbote, Aufzüge, Sicherheitsgeräte für explosionsgefährdete Bereiche, Funkanlagen, Druckgeräte, Seilbahnen, persönliche Schutzausrüstungen, Gerätschaften zu Gas-Verbrennung, Medizinprodukte* und *In-vitro-Diagnostika*.

6.5.2 Nicht-Hochrisiko-KI-Systeme

Eine *Nicht-Hochrisiko-KI* i. S. d. Art. 6 Abs. 4 liegt vor, wenn die eben genannten Voraussetzungen des Art. 6 Abs. 1 und insbesondere die des Anhangs III nicht zutreffen. Damit sind – einfacher ausgedrückt – *Nicht-Hochrisiko-KI-Systeme* jene, bei denen ein Eingriff *in brisante Datenmengen* und/oder *Grundrechtepositionen* ausgeschlossen ist.

Entsprechend moderater als bei den Hochrisiko-KI-Systemen fallen die Maßnahmen aus, die im Zusammenhang mit nicht-hochriskanter KI einzuhalten sind.

Der Anbieter hat vor dem Inverkehrbringen oder vor der Inbetriebnahme der nicht-hochriskanten KI

1. nach Art. 6 Abs. 4 Satz 1 seine Bewertung der KI als nicht-hochriskant zu *dokumentieren* und
2. sich bzw. sein System nach Art. 49 in der *EU-Datenbank* (Art. 71) zu registrieren.

Über die Abgrenzung der *Hochrisiko-KI*-von *Nicht-Hochrisiko-KI* entscheidet zunächst der Anbieter der KI selbst (Art. 6 Abs. 4).[46] Eine *Fehleinschätzung* der KI als nicht-hochriskant kann eine nationale Marktüberwachungsbehörde i. S. d. Art. 80 korrigieren und sogar eine vorsätzliche Falscheinordnung mit den in Art. 99 aufgeführten *abschreckenden*[47] *Sanktionen*[48] belegen (Art. 80 Abs. 7).

---

[45] Siehe oben Kapitel V.1.a).

[46] Begründungserwägung Nr. 131.

[47] Begründungserwägung Nr. 168.

[48] 35.000.000 € oder bis zu 7 % des weltweiten Jahresumsatzes eines Unternehmens betragen (Art. 99 Abs. 3).

6.5.3 KI-Modelle mit allgemeinem Verwendungszweck

Eine spezifische und daher besonders zu berücksichtigende Gefahrenquelle stellen *KI-Modelle mit allgemeinem Verwendungszweck* (*General Purpose AI*) i. S. d. Art. 2 Abs. 1 lit. e i. V. m. Art. 3 Nr. 63, Nr. 66 (im Folgenden: *KI-Allgem.-Verw.*) dar.[49]

Eine *KI- mit allgemeinem Verwendungszweck* ist eine KI, die – i. d. R. mit großen Datenmengen und unter Einsatz unterschiedlicher Methoden – etwa dem eigenständigen Lernen (*machine-* bzw. *deep-learning*) – in der Lage ist, allgemeine Funktionen, wie *Bild-* und *Spracherkennung*, *Audio-* und *Videogenerierung*, *Mustererkennung*, *Beantwortung von Fragen*, *Übersetzungen* und *Schreibstilanpassungen* etc.,[50] auszuführen und dabei die Ausführung einer Vielzahl von Zwecken sowohl für die direkte Verwendung als auch für die Integration in andere, nachgelagerte KI-Systeme zu gewährleisten (Art. 3 Nr. 63).[51]

6.5.3.1 KI-Systeme oder KI-Modelle

Den Begriff *KI-System* grenzt die KI-VO dadurch von dem des *KI-Modells* ab, dass *KI-Modelle* i. d. R. lediglich Teile eines KI-Systems sind und ihm weitere systemtypische Komponenten, etwa *Nutzerschnittstellen*, fehlen.[52]

Ein KI-System, in das ein oder mehrere KI-Modelle mit allgemeinem Verwendungszweck integriert ist, wird dadurch zu einem *KI-System mit allgemeinem Verwendungszweck* (Art. 3 Nr. 66, Nr. 68).[53]

Typische Gefahren einer *KI-Allgem.-Verw.* bestehen insbesondere in der Übernahme und Verarbeitung *fremder* Datenmengen. Zur Beurteilung von *KI-Allgem.-Verw.* stehen somit auch Fragen des *Urheberrechtes* im Fokus.

Eigens um diese Gefahren zu begrenzen, sieht Art. 53 vor, dass

1. der Anbieter eine *technische Dokumentation* bzw. weitere *Informationen* zu seinem Modell, einschließlich des Trainings- und Testverfahrens erstellt und aktualisiert (Art. 53 Abs. 1 lit. A). Diese muss er, auf Anfrage, dem „*Büro für Künstliche Intelligenz*" (Art. 3 Nr. 47) und den zuständigen nationalen Behörden einreichen (Art. 53 lit. a u. b).
2. Die Anbieter von *KI-Allgem.-Verw.* erstellen und veröffentlichen zudem eine detaillierte Zusammenfassung der für das *Training* des KI-Modells verwandten Inhalte (Art. 53 Abs. 1 lit. d).

---

[49] Auch Begründungserwägung Nr. 48, 101.
[50] Siehe: *Krimphove*, Die Juristischen Narrative der „Künstlichen Intelligenz", in: Brodthage/u.A., 2025 Kapitel 3 (m.w.H.).
[51] Siehe: Begründungserwägungen Nr. 97, 99 ff.; auch Beurskens, Training generativer KI nur auf Lizenzgrundlage? RDi 2025, Heft 1., S. 1 ff., 4 f. (m.w.H.).
[52] Begründungserwägung Nr. 97.
[53] Begründungserwägung Nr. 100.

3. Eine solche Dokumentation und weitere Informationen stehen nach Art. 53 lit. b auch jedem Anbieter von KI-Systemen zu, der das *KI-Modell in sein* System integrieren möchte.

   Die in Art. 53 lit. b, i und ii verlangte Dokumentation ist den o. g. Stellen unbeschadet des *Urheberrechts* oder des Schutzes von *Geschäftsgeheimnissen,* mitzuteilen.

   Bei der Abwägung des Schutzes *geistigen Eigentums* und der *Geschäftsintegrität* einerseits mit der *Risikobegrenzung* der *KI-Allgem.-Verw.* anderseits entscheidet der europäische Gesetzgeber also zugunsten Letzterer. Allerdings gelten die Dokumentations- und Informationspflichten grundsätzlich nicht für KI-Modelle, die mit *freien* bzw. *quelloffenen Lizenzen* bereitgestellt werden (Art. 53 Abs. 2). Zudem sichert Art. 53 Abs. 7 die Einhaltung der *Verschwiegenheitspflichten* nach Art. 78 zu.
4. Zum Schutz des *Urheberrechts,* insbesondere zur Wahrung fremder Nutzungsvorbehalte i. S. d. Art. 4 Abs. 3 der Rl. 2019/790 (Digitale Urheberrechts-Rl.)[54] legen Anbieter eines *KI-Allgem.-Verw.* eine eigene *Schutz-Strategie*[55] fest (Art. 53 Abs. 1 lit. c).

Aufgrund der Gefahren und der raschen Entwicklung des technischen Fortschritts in diesem Bereich gelten die Vorschriften der KI-VO über und die *Konformitätsbewertung von KI-Modellen mit allgemeinem Verwendungszweck* bereits zum 2. August 2025.

6.5.3.2 KI-Modelle mit allgemeinem Verwendungszweck mit systemischem Risiko

Das spezifische Gefahrenpotenzial der *KI-Allgem.-Verw.* vergrößert sich mit der Zunahme der in diesem Modell verarbeiteten bzw. zu Trainingszwecken eingesetzten Datenmenge.[56] Art. 51 stuft derartige KI-Modelle als *KI-Modell mit allgemeinem Verwendungszweck mit systemischem Risiko* ein, wenn sie

- über einen hohen *Wirkungsgrad* verfügen bzw.
- die Kommission – auch auf Warnung des „*wissenschaftlichen* Gremiums" (Art. 68) – diesen anhand der Kriterien des Anhangs XIII feststellt.
- Ein *KI-Allgem.-Verw.* besitzt einen solchen hohen *Wirkungsgrad*, wenn die für sein Training verwendeten Berechnungen mehr als 10^{25} Gleitkommaoperationen betragen (Art. 51 Abs. 2).

---

[54] Richtlinie (EU) 2019/790 des Europäischen Parlaments und des Rates vom 17. April 2019 über das Urheberrecht und die verwandten Schutzrechte im digitalen Binnenmarkt und zur Änderung der Richtlinien 96/9/EG und 2001/29/EG, ABl. L, Nr. 130, v. 17.5.2019, S. 92 ff.
[55] Begründungserwägung Nr. 106, 108.
[56] Siehe Art. 3 Nr. 64, 65.

Art. 55 sieht neben dem Pflichtenkatalog für *Anbieter von KI-Modellen mit allgemeinem Verwendungszweck* [57] zusätzliche *Sonderpflichten* für den Anbieter von KI-Modellen mit allgemeinem Verwendungszweck *mit systemischem Risiko* vor. Diese Pflichten bestehen im Wesentlichen in der

1. Beurteilung der Qualität des Modelles (Art. 55 Abs. 1 lit. a),
2. der Bewertung und Minderung sich ergebender systematischer Risiken des KI-Modells (Art. 55 Abs. 1 lit. b),
3. dem Erfassen und Dokumentieren schwerwiegender Störungen und deren Abhilfe und der unverzüglichen entsprechenden Information an das *Büro für Künstliche Intelligenz (Art. 3 Nr. 47)* und ggf. an die zuständigen nationalen Behörden (Art. 55 Abs. 1 lit. c),
4. der Gewährleistung der physischen Infrastruktur des KI-Modelles und dessen angemessener Cybersicherheit (Art. 55 Abs. 1 lit. d).

6.5.4 Arbeitsrechtliche Aspekte des KI-Einsatzes

Über die Schutzvorschriften der KI-VO hinaus besteht ein besonderer arbeitsrechtlicher Schutz des Arbeitnehmers und seiner Grundrechtspositionen bei dem Einsatz der KI am Arbeitsplatz. Diesen „KI-Arbeitsschutz" soll an dieser Stelle nur kurz Erwähnung finden.

Die Überwachung eines Arbeitnehmers, seiner Gesundheit, seines Sozialverhaltens und/oder seiner Arbeitsleistung durch den Einsatz von KI kann dessen Persönlichkeitsrechte verletzen. Zu dessen Schutz stehen die oben aufgeführten Schutzrechte der KI-VO sowie Arbeitnehmer-Grundrechtspositionen zu Verfügung.

Hierüber hinaus unterliegt nach § 87 Abs. 1 Nr. 6 BetrVG oder § 80 Abs. 2 BetrVG eine Überwachung eines Arbeitsverhaltens der *Mitbestimmung des Betriebsrates*. Der Arbeitnehmer ist – insbesondere nach Art. 50 Abs. 1 KI-VO – über die Verwendung von KI zu informieren. Dies gilt insbesondere, wenn der Arbeitgeber die Arbeitsleistung und den Kontakt des Arbeitnehmers zu Kunden mittels KI gesteuerter Gesichtserkennung abfragt oder den Arbeitnehmer in Pausen beobachtet oder die KI dessen individuelle Zeiten sowie Toilettenbesuche prognostizieren lässt.

6.6 Die gesetzgeberische Einordnung der KI-VO

Die KI-VO existiert nicht isoliert. Sie steht in einem umfassenden Zusammenhang europäischer wie deutscher Normen.[58]

---

[57] Siehe oben Kapitel V.3 (m.w.H.)
[58] *Krimphove/Knoblich*, Die Neue KI-VO im Regelungsdickicht des Aufsichtsrechts, BKR, 2024, S. 843 ff. (m.w.H.).

Übersicht: 3: Das Regelungsumfeld der KI-VO

Regelungswerk	Kurz-Inhalt
Network and Information Security sog. NIS-2-Rl 2022/2555 (2024)	Gewährleistung von Cybersicherheit in risikorelevanten Bereichen (öff. Sicherheit, Gesundheit etc.)
Gesetz über das Bundesamt für Sicherheit in der Informationstechnik (BSIG) (2025)	Pflichten der Unternehmen zu Gewährleistung von Cybersicherheit, Umsetzung der NIS-2-Rl 2022/2555
KRITIS-DachG (2024)	Physischer Schutz von digitalen Kontakten vor Sabotageakten, Terroranschlägen, Naturkatastrophen
Cyber Resilience Act, VO 2024/2847 CRA (2024)	Sicherheitsanforderungen für Hersteller v. Hard- und Software, und Ergänzung der NIS-2-Rl (Rl 2022/2555
Cyber-Security Act VO 2019/881 CSA (2019)	Einrichtung der ENISA (Agentur der Europäischen Union für Cybersicherheit), System-Zertifizierung, Cyber-Sicherheit
Datenschutzgrundverordnung DSGVO (2016)	Daten-Sicherung vor Missbrauch und Korruption
Free-Flow-of-Data-Verordnung (EU) 2018/1807 (FFoD-VO) (2018)	Übertragung nicht personenbezogenen Daten innerhalb EU
Digital Services Act DAS, VO 2022/2065 (2022)	Europa-einheitliche Haftungs- und Sicherheitsvorschriften für digitale Plattformen, Dienste und Produkte
Digital Operational Resilience Act DORA VO 2022/2554 (2022)	Steigerung der digitalen, operationalen IT-Resilienz der Finanzdienstleister
Lieferkettensorgfaltspflichtengesetz (LkSG) (2023)	Menschen- und Grundrechteschutz im Importgeschäft
Richtlinie über digitale Inhalte und digitale Dienstleistungen (EU) 2019/770 (DI-RL) (2019)	Grenzüberschreitender Vertrieb digitaler Inhalte und digitaler Dienstleistungen
Telekommunikations-Gesetz (TKG) (2021)	Gewährleistung sicherer Telekommunikation
Gesetz über die Elektrizitäts- und Gasversorgung (EnWG) (2005)	Sicherung der Energieversorgung durch eben erwähnte Energieträger

Insbesondere berührt die KI-VO – wie schon ihre Artt. 13, Abs. 3 lit. b ii, 15, 31 Abs. 2, 42 Abs.2, 55 Abs. 1 lit. d, 58 Abs. 2 lit. i, 66 lit. h, 70 Abs. 3 und Abs. 4, 78 Abs. 2 belegen – in besonderem Maße den Tatbestand der *Cybersicherheit*.

Die europäische wie die deutsche Rechtsentwicklung sind auf den Gebieten der Digitalisierung noch lange nicht abgeschlossen. Somit fehlt es auch der KI-VO und allen ihren thematischen Teilgebieten an einer einheitlichen, *systematischen Normierung*.

Letztere Erkenntnis spricht dafür, die KI-Regelung durch die KI-VO nicht als endgültigen Bestandteil des deutschen Rechts anzusehen. Vielmehr verlangt die aktuelle Rechtssituation ein einheitliches, systematisch plausibles und vor allem praxis- und anwendungsfreundliches Regelungswerk. Diese Rechtsentwicklung bleibt abzuwarten.

6.7 Offene Fragen

Die am 12. Juli 2024 veröffentlichte Verordnung (EU) 2024/1689 stellt eine regelungstechnisch wie inhaltlich überaus komplexe Regelung dar.[59] Zudem steht die KI-VO in einem engen Regelungsverbund zu weiteren europäischen und deutschen Normen, sei es, dass sie deren Inhalte nach ihrem Art. 2 Abs. 2 i. V. m. Anhang I B i. V. m. Artt. 102 bis 109 eigens im Technikrecht abändert,[60] sei es, dass weitere europäische Normen, speziell zum Recht der *Daten-, Datentransfer-* und *Cybersicherheit*, die Inhalte der KI-VO massiv beeinflussen. Neben dem oben angedeuteten Bedürfnis nach einer gesetzgeberischen, systematischen Gesamtbearbeitung des Regelungszusammenhanges erscheint eine Revision gerade des Rechts der Künstlichen Intelligenz auch deswegen erforderlich, weil die KI-VO bis heute zentrale juristische Fragen offen lässt.[61] Sicherte die KI-VO den Schutz von Bürgern und Unternehmen vor menschen- bzw. grundrechtswidrigen Einsätzen der KI oder deren unzureichender Entwicklung bzw. dem Entstehen einer *Daten-Bias* (Art. 10 Abs. 5),[62] so fokussierte sie sich nicht auf so wichtige juristische Fragestellungen wie die Möglichkeit eines *Vertragsabschlusses durch KI*[63] oder die Fragen der *Haftung* der KI für Schäden, die ihr Einsatz auslöst.[64]

Diese Fragen stellten sich dem bisherigen Recht nicht, weil dieses die juristischen Folgen eines Handels bislang immer einem verantwortlichen, selbstständig, d. h. auch *schuldhaft* handelnden Rechtssubjekt, etwa einem *Menschen* oder einer von *Menschen geführten* juristischen Person, zuordnen konnte.[65] Dieses entfällt bei dem automatisierten Ablauf einer KI.

Auf die Verabschiedung der *Richtlinie über KI-Haftung*[66] oder zumindest auf die Aufnahme entsprechender KI-Haftungsnormen in einer Neufassung der europäischen Dienstleistungsrichtlinie RL 2006/123 aus dem Jahr 2006[67] zur Regelung oben angesprochener offener Fragen wartet der Rechtsuchende bis heute vergeblich.

---

[59] *Krimphove*, Die europäische KI-Verordnung im Technikrecht, InTeR 2024; S. 154 ff. 158 f.

[60] Siehe oben Kapitel IV. 1. (m.w.H.).

[61] *Krimphove*, Die Juristischen Narrative der „Künstlichen Intelligenz", in: Brodthage/u.A., 2025, Kapitel 3, Kapitel 3. 4. (m.w.H.).

[62] Siehe oben Kapitel V. 1. A.

[63] *Krimphove*, Künstliche Intelligenz im Recht – eine Übersicht, JURA, 2021, S. 764 ff., 766 (m.w.H.).

[64] *Krimphove*, Künstliche Intelligenz im Recht – eine Übersicht, JURA, 2021, S. 764 ff., 767 f. (m.w.H.).

[65] Siehe: *Ballestrem*, Wertschöpfung mittels KI, in: Graf Ballestrem, Gausling-, Künstliche Intelligenz, 2020, S. 84 ff. (m.w.H.).

[66] Vorschlag vom 28/09/2022für eine RICHTLINIE DES EUROPÄISCHEN PARLAMENTS UND DES RATES zur Anpassung der Vorschriften über außervertragliche zivilrechtliche Haftung an künstliche Intelligenz (Richtlinie über KI-Haftung, Brüssel, den 28.9.2022, COM(2022) 496 final, 2022/0303(COD).

[67] Richtlinie 2006/123/EG des Europäischen Parlaments und des Rates vom 12. Dezember 2006 über Dienstleistungen im Binnenmarkt, ABl. L 376 vom 27.12.2006, S. 36 ff.

Nachfolgender Text möchte die wesentlichen offenstehenden Problembereiche ansprechen und deren europa- wie nationalrechtliche Lösung prognostizieren.

6.7.1 Das Grundproblem der Willenserklärung im Recht der Künstlichen Intelligenz

KI kann auch „Kauf-" oder „Verkaufsangebote" abgeben. Dies gilt für sämtliche Vertragstypen. Probleme bereiten in der derzeitigen Praxis der KI[68] insbesondere Verträge im Zusammenhang mit dem börslichen Erwerb von Wertpapieren, dem *„Algorithmenhandel"*:[69] Beim *Algorithmenhandel* entscheidet ein computergesteuertes Berechnungsverfahren, ob – bei einem Über- bzw. Unterschreiten eines bestimmten Börsenkursstandes – ein Wertpapier erworben oder abgestoßen werden soll. Im juristischen Verständnis stellt der Erwerb bzw. die Veräußerung eines Wertpapieres ein klassisches schuldrechtliches *Kaufgeschäft* i. S. d. §§ 433 ff. BGB mit nachfolgender *Eigentumsübertragung* (§ 929 BGB bzw. § 18 Abs. 3, § 24 Abs. 2 DepotG)[70] dar. Beide Rechtsgeschäfte setzen eine *Willensbetätigung* des Erwerbers und des Veräußerers voraus. Gerade hieran fehlt es im Algorithmenhandel.

Interessanterweise weist die Organisation *Algorithm Watch*, um KI zu entmythologisieren, darauf hin, dass eine KI, wie immer sie auch strukturiert ist, nicht Entscheidungen selbst trifft,[71] sondern dass immer der Mensch, der die KI letztlich geschaffen bzw. sie eingesetzt hat, hinter dem Maschinenhandel steckt. Dieses Verständnis bezeichnet eine mittelbare Verantwortung des Menschen, also die „*Nutzerverantwortung*". Diese Sicht legt bereits die entscheidenden Grundlagen für juristisch dogmatische Konstruktionen zur juristischen Berücksichtigung von KI.[72]

---

[68] *Krimphove*, Künstliche Intelligenz im Recht – eine Übersicht, JURA, 2021, S. 764 ff., 766 (m.w.H.).

[69] Siehe oben: Kapitel II.4. (m.w.H.).

[70] Siehe: *Einsele*, Depotgeschäft, in: MüKo HGB,2014, Rn. 97 ff.; *Baumbach/Hopt Kumpan,* HGB,2018, DepotG § 24 Rn. 2; *Peter Scherer*, in Carsten Thomas Ebenroth/Karlheinz *Boujong/ Joost/Strohn*, HGB,2020, Bank- und Börsenrecht Rn. VI 594 (m.w.H.).

[71] Den Begriff KI möchte die Organisation *Algorithm Watch* konsequenterweise nicht einsetzen und ihn ersetzen durch den wesentlich neutraler anmutenden *„Automatic Decision macing System"* (ADM); *Algorithm Watch*, Atlas of Automation: Automated decision-making and participation in Germany 2019, https://atlas.algorithmwatch.org/wp-content/uploads/2019/04/Atlas_of_Automation_by_AlgorithmWatch.pdf (Abruf 18.05.2021), S. 3 ff.

[72] Siehe *Krimphove*, Die Juristischen Narrative der „Künstlichen Intelligenz", in: Brodthage/u.A., 2025, Kapitel 4.5.2, Kapitel 4.7.2.3 (m.w.H.).

6.7.2 Das Vertragsrecht der Künstlichen Intelligenz

Im Vertragsrecht beschreibt die deutsche Rechtsdogmatik einen nur geringfügig modifizierten Weg der Nutzerverantwortung, indem sie die maßgebliche Handlung nicht „hinter den Ablauf der KI" setzt, sondern ihn zeitlich „vor" der Ausführungshandlung der KI legt, um die Funktionsweise der KI dann – mit bereits bestehenden Rechtsinstituten – zu lösen:

6.7.2.1 Künstliche Intelligenz als Bestandteil sog. Wiederkehrschuldverhältnisse

Zur Beurteilung und juristischen Einordnung derartiger „Verträge" im Algorithmenhandel sowie bei allen durch KI bewirkten Vertragsschlüssen kommen – aus Sicht des Verfassers – die bereits vom Reichsgericht[73] propagierten *Wiederkehrschuldverhältnisse* in Betracht. Das Reichsgericht[74] hatte für *Versorgungsverträge*, etwa mit Gas, Strom und Wasser, ein Wiederkehrschuldverhältnis angenommen. Bei einem Wiederkehrschuldverhältnis bringt jede fortlaufende einzelne Aktion des Erwerbers – etwa das Öffnen seines Wasser- oder Gashahnes oder dem Anschalten bzw. Umlegen eines elektrischen Schalters – als eine konkludente Willenserklärung i. S. d. §§ 133 und 157 BGB einen einzelnen Bezugsvertrag zu Stande.[75] Übertragen auf den Einsatz von KI bedeutet dies, dass jede „Reaktion" der KI einen eigenen Vertragsschluss darstellt. Allerdings erscheint die Sicht des Reichsgerichtes zu *Wiederkehrschuldverhältnissen* schon deswegen nicht auf die vertragsrechtliche Beurteilung von KI zu passen, da KI-gestützte Aktivitäten, anders als Vertragsangebote, keine menschliche Willenserklärung aufweisen.[76]

6.7.2.2 Die Bedeutung der KI im Dauerschuldverhältnis oder Sukzessivlieferungsvertrag

In ihrer Konstruktion unterscheidet sich das *Wiederkehrschuldverhältnis* inhaltlich und strukturell von den sog. *Dauerschuldverhältnissen*[77] oder *Sukzessivlieferungsverträgen*.[78] [79] Bei Letzteren schließt der Lieferant mit dem potenziellen Abnehmer einen einmaligen Kaufvertrag über die ständige Bezugsmöglichkeit[80] des Kaufgegenstandes

---

[73] Und wohl auch der BGH; nicht eindeutig: BGHZ 83, S. 359 ff., 362.
[74] RGZ 148, S. 326 ff., 332; offengelassen in BGHZ 83, 359 (362).
[75] *Michalski*, Zur Rechtsnatur des Dauerschuldverhältnisses, in: JA 1979, S. 401 ff., 403.
[76] Siehe *Krimphove*, Die Juristischen Narrative der „Künstlichen Intelligenz", in: Brodthage/u.A., 2025, Kapitel 4.2. (m.w.H.).
[77] Siehe auch bei Versicherungsverträgen: BGHZ 10, S. 391 ff.
[78] *Michalski, L.*, Zur Rechtsnatur des Dauerschuldverhältnisses, in: JA (1979), S. 403 ff.
[79] Siehe: *Oetker*, Das Dauerschuldverhältnis und seine Beendigung, Tübingen 1994, S. 127; *Reinhard Gaier*, BGB § 314 Kündigung von Dauerschuldverhältnissen aus wichtigem Grund, in: MüKO BGB, 2019, Rn. 11 (m.w.H.).
[80] Siehe BGH NJW 2006, S. 1667.

(Wasser, Gas, Strom). Die Entnahme des Gegenstandes ist dann kein eigenständiger Vertrag, sondern eine Festsetzung des Lieferumfanges und damit des Endpreises.[81] Dementsprechend würden die Reaktionen der KI auch keinen Vertragsschluss, sondern lediglich die Festsetzung der Bezugsquote eines bereits bestehenden Vertragsverhältnisses darstellen. Aber auch diese Option erscheint fraglich bzw. praxisfern.

6.7.2.3 „KI-geeignete" Dogmatik?
Der Rückgriff auf die Rechtsfigur des *Wiederkehrschuldverhältnisses* scheint – auf den ersten Blick – der Interessenlage der Parteien im Algorithmenhandel zu entsprechen. Denn angesichts des oft erheblichen finanziellen Umfangs der einzelnen Transaktionen ist es kaum denkbar, dass die Parteien durch ein zeitlich vorgelagertes Rechtsgeschäft (*Grundgeschäft*) Einzelaktionen in erheblichem Wertumfang genehmigen und automatisieren wollen. Es entspricht vielmehr den Schutzinteressen der Parteien, dass diese Wertpapierpositionen jeweils einzelvertraglich handeln. Allerdings fehlt es im Algorithmenhandel hierzu an deren Willenserklärungen. Diese müsste das Wiederkehrschuldverhältnis fingieren, was jedoch der Vertragsfreiheit der Parteien widerstrebt.

Der Algorithmenhandel lässt sich, wie jeder *KI-unterstütze „Vertragsschluss"* daher nur als eine *Sonderform* eines *Dauerschuldverhältnisses* fassen. Denn wie bei Dauerschuldverhältnissen erscheint auch bei Handel unter Einbeziehung von KI die Annahme jenes *Grundgeschäftes* zwischen den Parteien vorstellbar, mit denen diese das weitere Eingehen von Erwerbs- oder Verlustgeschäften ermöglichen wollen. Zum Schutz der Parteien können sie – im *Grundgeschäft* – etwa Wertgrenzen für KI-Transaktion im Vorfeld festlegen. Zwar begreift die Literatur[82] und die aktuelle Rechtsprechung[83] generell die Vornahme von Bankgeschäften sehr großzügig als Dauerschuldverhältnis. Dennoch ist die hier vorgeschlagene Einordnung speziell des Algorithmenhandels als Dauerschuldvertragsverhältnis nur dann zu rechtfertigen, wenn man in der zeitlich vorab getroffenen Berechtigung zu weiteren Erwerbs- und Veräußerungsaktionen der KI (sog. *Grundgeschäft*) einen rechtswirksamen Verzicht auf sämtliche vor- und nachvertragliche Beratungshandlungen der §§ 63 ff. WpHG[84] erblickt.

---

[81] Siehe auch: *Derleder*, Ökologische Vertragsgestaltung zwischen Vermieter, Mieter und Versorgungsträger – Das Beispiel Wasserbezug, in: NZM (1999), 729 ff. (m.w.H.).

[82] *Xuxu He*, Kontrolle Allgemeiner Geschäftsbedingungen (AGB) und AGB-Klauselgestaltung im Bankgeschäft (Rechtswissenschaftliche Forschung und Entwicklung),2012, S. 66 (m.w.H.); schon: *Claus-Wilhelm Canaris*, Bankvertragsrecht, 2005, Reprint 2011, Rn. 2497 ff. (m.w.H.); *Baumbach/Hopt*, HGB,2021, BankGesch A/6; Hopt, in: *Schimansky/Bunte/Lwowski*, Bankrechts-Handbuch,2001, § 1 Rn. 18 ff.

[83] BGH NJW 2017, 2675; vormals in der Annahme eines Dauerschuldverhältnisses, trotz langjähriger Kundenbeziehung, zurückhaltender BGH NJW 2002, S. 3695.

[84] Zu den aktuellen Wohlverhaltens-Pflichten der Bank gegenüber dem Kunden siehe: Übersicht: *Dieter Krimphove*, Internationales Bank- und Kapitalmarkt-(kollisions)-recht (IntKaMR), in: Hans-Theodor Soergel (Hrsg.), Bd. 27/1 Rom II-VO,2019, S. 549 ff. Rn. 501 ff. (m.w.H.).

6.7.3 Die Grundproblematik zivilrechtlicher Zurechnungs-, Verantwortungs- und Haftungsfragen

Bei anderen Vertragsarten müssen sich diese Bedenken nicht ergeben. Dennoch erscheinen alle obigen, sich aus der Rechtsprechung des Reichsgerichts ergebenden rechtsdogmatischen Lösungsmöglichkeiten bzw. Vertragstypen (*Dauerschuldverhältnis* oder *Sukzessivlieferungsverträge*) zu einer befriedigenden Anwendung auf die KI ungeeignet, da sie den Schutzinteressen der Parteien in der Praxis nicht dienen oder ihre Verwendung stark konstruiert und praxisfern erscheint.

Ebenso wie im Vertragsrecht stellen sich die Problembereiche der KI im zivilrechtlichen Haftungsrecht dar. Trotz der *Zersplitterung* der Rechtsansichten,[85] je nach den unterschiedlichen Einsatzfeldern der KI,[86] erscheinen im Wesentlichen die nachstehenden zwei Problemfelder,[87] eine juristische Beurteilung von KI inhaltlich und dogmatisch zu erschweren.

6.7.3.1 Entscheidungs- und Willensfreiheit

Ein wesentlicher Zurechnungsgrund des deutschen Rechtssystems besteht in der freien Betätigung des menschlichen Willens.[88] Dies gilt nicht nur für das Vertragsrecht,[89] sondern gleichermaßen für das zivilrechtliche Haftungsrecht. In dem Maße, in der KI eigenständig und damit von jeder menschlichen Handlung ungebunden agiert, verringert sich der Anteil am menschlichen Willen. Betroffen von dieser Problematik sind insbesondere die *Robotik*,[90] die *automatisierte Lenkung von Produktionsprozessen* oder die *autonom fahrenden*

---

[85] Siehe Kapitel I (m.w.H.); z. B: *Wagner, J.,* Legal Tech und Legal Robots, Der Wandel im Rechtswesen durch neue Technologien und Künstliche Intelligenz, 2020; *Söbbing* Fundamentale Rechtsfragen zur künstlichen Intelligenz (AI Law), Frankfurt am Main 2019; für die Industrie: *Adesso,* KI in der Industrie – Planungen und Projekte, https://ki.adesso.de/de/werbeanzeigen/index.html (Abruf: 18.05.2021); *Stephan Breidenbach/Florian Glatz,* Rechtshandbuch Legal Tech, Mainz/2021.

[86] Siehe oben Kapitel II (m.w.H.).

[87] Omlor verweist noch auf einen dritten Aspekt, nämlich dass KI eine „Beweishürde" bilden kann. (*Omlor,* Methodik 4.0 für ein KI-Deliktsrecht, in: InTeR (2020), S. 221 ff., 222). Derlei Schwierigkeiten sind aber nicht typisch für KI. Sie lassen sich durch die einzelne KI-Anwendung selbst technisch beheben.

[88] BVerfGE, 123, S. 267, Rn. 364; vgl. BVerfG, BVerfGE 45, 187, S. 227 (m.w.H.); siehe: *Marlie,* Schuldstrafrecht und Willensfreiheit – Ein Überblick, in: ZJS (2008), S. 41 (m.w.H.).

[89] *Krimphove,* Die Juristischen Narrative der „Künstlichen Intelligenz", in: Brodthage/u.A., 2025, Kapitel 4.4.1) (m.w.H.).

[90] Dazu siehe u. a.: *Wagner, J.,* Legal Tech und Legal Robots: Der Wandel im Rechtswesen durch neue Technologien und Künstliche Intelligenz, 2020; *ders.,* Roboter als Haftungssubjekte? Konturen eines Haftungsrechts für autonome Systeme, in: Faust/Schäfer (Hrsg.), Zivilrechtliche und rechtsökonomische Probleme des Internets und der künstlichen Intelligenz, Tübingen 2019, S. 21 ff.; *ders.,* Robot Liability, in: Lohsse/Schulze/Staudenmayer (Hrsg.), Liability for Artifiial Intelligence

Kraftfahrzeuge.[91] Der auf einem freien Willen des Menschen beruhende Zurechnungsanteil ist bei zunehmender Eigenständigkeit der KI bzw. automatisierter Entscheidungen allenfalls noch darin zu sehen, dass sich Menschen bereit erklären, KI für ihre Zwecke einzusetzen.[92]

6.7.3.2 Vorhersehbarkeit der Schadensereignisse als Zurechnungskriterium Künstlicher Intelligenz

Eine weitere, nicht minder bedeutende Zurechnungsbedingung besteht in der *Voraussehbarkeit* des haftungsbegründenden sowie haftungsausfüllenden Kausalverlaufes.[93] Völlig außerhalb der Wahrscheinlichkeit ablaufende Ereignisfolgen sollen in einem Haftungssystem, das die Fähigkeiten des Menschen seit Jahrhunderten in den Vordergrund seines Rechts stellt, juristisch unbeachtet bleiben.

6.7.4 Zivilrechtliche Haftungs- und Zurechnungsmodelle

Nachstehende Modelle zu Zurechnung der Folgen einer KI-Anwendung bietet das derzeitige Haftungsrecht an. Auch hier stellt sich rechtstheoretisch die Frage, welchen menschlichen Anteil an menschlicher Willensbetätigung das jeweilige Haftungsmodell neben vor oder hinter den automatisierten Aktionen der KI (noch) zulässt.[94]

6.7.4.1 Die Verkehrssicherungspflicht-Haftung

Haftungsfälle bei der Verletzung einer Verkehrssicherungspflicht zählen zur Verschuldenshaftung. Der Grund für die Haftung einer verletzten Verkehrssicherungspflicht besteht darin, dass jeder, *der in seinem Verantwortungsbereich eine Gefahrenlage schafft oder unterhält, jene ihm zumutbaren Vorkehrungen zu treffen hat, die eine Schädigung Dritter*

---

and the Internet of Things, Münster 2019, S. 27 ff.; *Christoph Kehl*, Entgrenzungen zwischen Mensch und Maschine, oder: Können Roboter zu guter Pflege beitragen?, in: Aus Politik und Zeitgeschehen Heft 6–8 (2018), S. 22 ff.

[91] *Oppermann/Stender-Vorwachs*, Autonomes Fahren – Rechtsfolgen, Rechtsprobleme, technische Grundlagen,2020; *Beck, Susanne*, Autonomes Fahren: Herausforderung für das bestehende Rechtssystem, https://www.informatik-aktuell.de/management-und-recht/it-recht/autonomes-fahren-und-strafrecht.html (m.w.H.); *Beck, Susanne*, Selbstfahrende Kraftfahrzeuge – aktuelle Probleme der (strafrechtlichen) Fahrlässigkeitshaftung, in: Oppermann/Stender-Vorwachs (Hrsg.), Autonomes Fahren – Rechtsfolgen, Rechtsprobleme, technische Grundlagen,2020.

[92] Siehe *Krimphove*, Die Juristischen Narrative der „Künstlichen Intelligenz", in: Brodthage/u.A., 2025 Kapitel 4.2. (m.w.H.); zur vornehmlich im Strafrecht gebräuchlichen Rechtsfigur der "actio libera in causa" siehe unten Kapitel IV.7.a).

[93] BGH St., NStZ-RR 2006, S. 372, BGH St. 10, S. 170; *Schönke/Schröder/Sternberg-/Frank Peter Schusterg-Lieben/Schuster*, Strafgesetzbuch: StGB,2019, StGB § 15 Rn. 125 (m.w.H.).

[94] *Krimphove*, Die Juristischen Narrative der „Künstlichen Intelligenz", in: Brodthage/u.A., 2025, Kapitel 4.2.

vermeidet.[95] *Wagner*[96] verweist zu Recht darauf, dass diese Form der Haftung keine Gefahrenquelle verlangt, sondern sich allgemein/abstrakt allein aus dem Gebot ergibt, keine schadensträchtigen Gefahren zu schaffen bzw. zu unterhalten.[97] Diese Feststellung rückt zwar die Verkehrssicherungspflicht-Haftung in die unmittelbare Nähe der *Gefährdungshaftung*,[98] macht aber gerade ihre Anwendung auf die KI so interessant. Andererseits fragt es sich, welche Pflichten die Rechtsordnung vorhält, um mögliche Gefahren oder Schäden Dritter durch KI vorzubeugen. Im Fall eines vereisten Gehweges, einer offenen Baugrube oder eines umsturzgefährdeten Glücksspielautomaten ergeben sich Schutzpflichten evident, nicht aber bei einer eingesetzten bzw. genutzten KI.

Ferner stehen die im Rahmen der Verkehrssicherungspflicht umfangreichen Pflichtdelegations- und Exkulpationsmöglichkeiten[99] als praxisrelevantes Argument gegen die Nutzung der Verkehrssicherungspflichten zur rechtlichen Beurteilung von KI. Hiergegen spricht auch der grundsätzliche Umstand, dass eine Verkehrssicherungspflicht nur insofern besteht, als das der schädigende Einfluss ihrer Verletzung vorhersehbar ist.[100] Vorkehrungen für unvorhersehbare Schadensumstände zu treffen, sind nämlich unzumutbar.[101] Eine Vorhersehbarkeit besteht bei Verläufen der KI grundsätzlich allerdings nicht.[102]

6.7.4.2 Halterhaftungstatbestände

Ein überwiegender Teil der Literatur sieht gerade in der Tierhalter- oder Aufsichtshaftung (§§ 832–834 BGB) eine geeignete Möglichkeit der Festlegung des Verantwortungsbereichs des *Nutzers* von KI.[103] Der Grund der „verschuldensunabhängigen" (§ 833 Satz 1 BGB) bzw. der Haftung für vermutetes Verschulden (§ 833 Satz 2 BGB) liegt darin, die bei einem Tier nicht steuer- oder beherrschbaren Risiken demjenigen zuzuordnen, der aus

---

[95] Siehe Rspr: BGH VersR 2014, S. 78 Rn. 13; VersR 2014, S. 642 Rn. 8 BGHZ 14, 83, 85; BGHZ 54, S. 165, 168; BGHZ 60, S. 54 55; BGHZ 103, S. 338, 340; BGHZ 121, S. 367, 375; BGHZ 136, S. 69, 77; BGHZ 195, S. 30 Rn. 6; BGH NJW-RR 2002, S. 525, 526; BGH NJW 2010, 1967 Rn. 5. (m.w.H.).
[96] *Wagner, Gerhard*, BGB § 823 Schadensersatzpflicht, in: MüKoO BGB,2020, Rn. 456 ff. (m.w.H.).
[97] RGZ 52, 373 (376 f.; BGH NJW 1958, 627, S. 629.
[98] Ähnl. *Wagner, Gerhard*, BGB § 833, in: MüKo BGB,2020, Rn. 45 f. (m.w.H.).
[99] *Geigel/Haag*, Haftpflichtprozess BGB,2020, § 823 I Rn. 203; OLG Karlsruhe VersR 1990, 860.
[100] BGHZ 79, 259, S. 262.
[101] So auch: BGH VersR 2002, S. 247; BGH VersR 2003, S. 1319; BGH VersR 2006, S. 233; BGHZ 195, 30; BGH VersR 2012, S. 1528.
[102] *Krimphove*, Die Juristischen Narrative der „Künstlichen Intelligenz", in: Brodthage/u.A., 2025, Kapitel 4.4.2 (m.w.H.).
[103] Z. B.: *Zech*, Künstliche Intelligenz und Haftungsfragen, ZfPW (2019), S. 198, 214 f. (m.w.H.); *Riehm/Meier*, in: Fischer/Hoppen/Wimmers (Hrsg.), DGRI Jahrbuch 2018: Künstliche Intelligenz im Zivilrecht, Köln 2019, Rn. 25 f. (m.w.H.); *Gunther Teubner*, Digitale Rechtssubjekte?, in: AcP (2018), S. 155, 191 ff. (m.w.H.); auch: *Krimphove*, Die Juristischen Narrative der „Künstlichen Intelligenz", in: Brodthage/u.A., 2025, Kapitel 4.3. (m.w.H.).

dem Tier einen wirtschaftlichen Nutzen zieht.[104] Der Zweck der Halter- bzw. Aufsichtshaftung rechtfertigt ihre Übertragung auf Einsatztatbestände der KI: Der eine KI wirtschaftlich Nutzende soll für deren automatisierte, d. h. nicht mehr durch ihn steuer- oder beherrschbare Risiken haften müssen.[105]

Hingegen verlangt die Halterhaftung, dass sich der Schaden aus einer *typischen* oder *spezifischen Tiergefahr* realisiert.[106] Bereits hier erscheint die Übertragung der Halterhaftungsgrundsätze auf KI zweifelhaft, denn es ist unklar, welche typischen oder spezifischen Gefahren allgemein von KI bzw. deren Einsatz ausgehen.

Prinzipiell gehen die Grundsätze der Halterhaftung an der Problematik der KI-Verantwortung vorbei: Die Halterhaftung[107] greift nämlich nur dann ein, wenn sich die Gefahr durch ein *ablaufwidriges Fehlverhalten* des Tieres realisiert, sie betreffen somit nur einen Teilbereich der sich mit dem Einsatz einer KI stellenden Haftungsfragen, nämlich nur jenen, in der die KI selbst fehlerhaft agiert. Sie schließt damit u. a. Sachverhalte aus, in denen eine KI mit unzutreffenden oder irrelevanten Daten arbeitet (*Daten-Bias*) oder zweckfremd eingesetzt wird.

Der Aspekt, dass die KI selbst fehlerhaft funktioniert, erscheint im Vergleich zu diesen Sachverhalten für die hier angesprochene KI-Problematik kaum relevant. Denn erstens könnte für diese Konstellation bereits die *Produkthaftung* Geltung erlangen.[108] Zweitens sind jene Sachverhalte juristisch interessanter, in denen die KI nicht fehlerhaft funktioniert, sondern systemimmanent, d. h. korrekt abläuft, aber gerade dadurch erhebliche schädigenden Folgen verursacht. Auf diese Fallkonstellation gibt das Rechtsinstitut der Halter- oder Aufsichtshaftung keine Antwort.

Des Weiteren gelten die problematischen Exkulpationsmöglichkeiten und der Nichtbestand der Pflichten für unvorhersehbare Ereignisse und Verläufe, für die die KI kennzeichnend sind, ebenso wie schon bei der Verkehrssicherungspflicht-Haftung auch im Rahmen der Halterhaftung. Sie sprechen daher gegen die Verwendung der Halterhaftung beim Einsatz von KI.[109]

---

[104] OLG Koblenz MDR 2017, 763 Rn. 25 (m.w.H.); BGHZ 67, 129, S. 132; BGH NJW 1992, 907; BGH NJW 1992, S. 2474; BGH NJW 1999, S. 3119; BGH VersR 1978, 515 f.; OLG Braunschweig VersR 1983, 347, S. 348; BGHZ 67, 129, S. 132 (m.w.H.).

[105] Zur „*Nutzerverantwortung*" siehe oben Kapitel IV.2.; Kapitel IV.3. (m.w.H.).

[106] BGH NJW 2014, S. 2434 Rn. 5; BGH VersR 2015, S. 592 Rn. 12; BGH VersR 2018, 1013 Rn. 9; *Wolfgang Lorenz*, Die Gefährdungshaftung des Tierhalters nach § 833 S. 1 BGB, 1992, 170 ff.

[107] Wie im Übrigen auch die Verkehrssicherungs-Haftung: siehe *Krimphove*, Die Juristischen Narrative der „Künstlichen Intelligenz", in: Brodthage/u.A., 2025 Kapitel 4.5.2 (m.w.H.).

[108] Dazu im Einzelnen *Krimphove*, Die Juristischen Narrative der „Künstlichen Intelligenz", in: Brodthage/u.A., 2025, Kapitel 4.5.3 (m.w.H.).

[109] *Krimphove*, Die Juristischen Narrative der „Künstlichen Intelligenz", in: Brodthage/u.A., 2025, Kapitel 4.5.2 (m.w.H.).

6.7.4.3 Die „KI-Gefährdungshaftung"

Als geeignete Haftungszurechnung kommt die *Gefährdungshaftung* in Betracht. Sie besteht bereits für Sachverhalte, in denen KI steuernde Funktionen i. S. d. § 7 StVG; § 33 LuftVG; §§ 25, 26 AtomG übernimmt. Zudem besitzt die Gefährdungshaftung – gegenüber der Halter-, Aufsichts- bzw. Verkehrspflichthaftung – für den Geschädigten den Vorteil, komplett verschuldensunabhängig und weitgehend inhaltlich unbeschränkbar zu sein.[110] Der Grund der Gefährdungshaftung besteht nämlich allein darin, eine „*Einstandspflicht*" für jene Schäden zu schaffen, die aus der Inanspruchnahme eines „*erlaubten Risikos*" – etwa zum Betrieb eines KFZs oder einer strahlenemittierenden Anlage – resultiert.[111] Auf die Widerrechtlichkeit einer Handlung oder einer notwendigen (Funktions-) Störung bei der Realisierung der Gefahr[112] kommt es im Rahmen der Gefährdungshaftung ebenso wenig an wie auf ein Verschulden des Schädigers.

Tatbestände der Gefährdungshaftung finden sich in den §§ 833 S. 1; 7 StVG; 22 WHG; 1, 2 UmweltHG; 1, 2 HPflG; 84 AMG; 33 LuftVG; 25, 26 AtomG; 32 GenTG; 114 BBergG; 29, 33 BJagdG. Umstritten ist, ob die Gefährdungshaftung auch für die *Produkthaftung*[113] gilt: Die Anwendung der Produkthaftung auf unkörperliche Erscheinungen – wie die der KI – ist nach der Europäischen Produkthaftungsrichtlinie (Rl. 85/374/EWG) und dem Wortlaut des § 2 ProdHaftG zweifelhaft.[114] Diese Frage erscheint auch nur dann von Bedeutung, wenn man die abstrakte und körperlose KI

1. als Produkt ansehen will[115] und
2. ihre Schäden vom Hersteller, – der aber nicht identisch mit deren Betreiber sein muss – ersetzt erhalten möchte.

---

[110] Siehe *Krimphove*, Die Juristischen Narrative der „Künstlichen Intelligenz", in: Brodthage/u.A., 2025, Kapitel 4.5.1 (m.w.H.); Kapitel 4.5.2 (m.w.H.).

[111] BHZ 67, S. 129, 130; BGHZ 79, 259, S. 262; *Deutsch,* Das neue System der Gefährdungshaftungen: Gefährdungshaftung, erweiterte Gefährdungshaftung und Kausal-Vermutungshaftung NJW 1992, S. 73, 74 f. (m.w.H.); *Christian v. Bar,* Neues Haftungsrecht durch Europäisches Gemeinschafts-Recht, in: Medicus/Lange (Hrsg.), Festschrift für H.......ermann Lange zum 70. Geburtstag am 24. Januar 1992, 1992, S. 373, 385 f. (m.w.H.); *Michael Adams,* Ökonomische Analyse der Gefährdungs- und Verschuldenshaftung, Heidelberg 1985, S. 105 ff.; *Robert Rebhahn,* Staatshaftung wegen mangelnder Gefahrenabwehr, 1997, S. 33; so schon: *Esser,* Grundlagen und Entwicklung der Gefährdungshaftung, 1969, S. 97.

[112] Siehe *Krimphove*, Die Juristischen Narrative der „Künstlichen Intelligenz", in: Brodthage/u.A., 2025, Kapitel 4.5.2 (m.w.H.).

[113] *Krimphove*, Die Juristischen Narrative der „Künstlichen Intelligenz", in: Brodthage/u.A., 2025, Kapitel 4.5.2.

[114] *Bejahend, Wagner, Gerhard,* in: MüKO BGB, 2020, § 2 ProdHaftG, Rn. 17; *Ablehnend:* Förster, in: BeckOK BGB § 2 ProdHaftG, Rn. 23 (m.w.H.); Oechsler, in: Staudinger, Kommentar BGB, 2018, § 2 ProdHaftG Rn. 65 f. (m.w.H.).

[115] *Hacker*, Europäische und nationale Regulierung von Künstlicher Intelligenz, NJW (2020), S. 2142, 2145 ff. (m.w.H.).

Sinnvoller erscheint es dem Verfasser, den gesamten Anwendungsbereich der KI als einen *eigenständigen Tatbestand der Gefährdungshaftung* anzusehen. Mit dieser Sichtweise wäre es zukünftig rechtstechnisch möglich, den Umfang der Gefährdungshaftung je nach dem Grad ihrer Gefährlichkeit und/oder ihres Einsatzes zu staffeln.

Eine besondere Eignung der Gefährdungshaftung für die rechtliche Beurteilung der KI lassen die Ausführungen des BGH im bekannten „*Hubschrauberfall*"[116] erkennen. Dort urteilt der BGH, dass eine *adäquate* Kausalität von Gefahr und Schaden bzw. deren *Voraussehbarkeit* nur bei *Verschuldenstatbeständen* – wie etwa der Verletzung einer im Verkehr erforderlichen Sorgfalt – erforderlich ist. Da aber einer Gefährdungshaftung keine Verhaltenspflichten zugrunde liegen, kommt es auf die im Rahmen der KI kaum feststellbare[117] Vorhersehbarkeit der Schadensfolgen bzw. des Kausal-Schadensverlaufes, im Fall der Gefährdungshaftung, grundsätzlich nicht an.

6.7.5 Künstliche Intelligenz als rechtsfähige „ePerson"

Einen originellen Gedanken zur rechtlichen Beurteilung der KI schuf das Europäische Parlament bereits im Jahre 2017.[118] Dieser besteht nicht in der Schaffung einer Verantwortungszuweisung. Er geht weit darüber hinaus, indem er die KI selbst als eigenständige rechts- und damit haftungsfähige Person[119] (sog. *ePerson*)[120] anerkennt.[121]

An sich begründet eine solche Sichtweise keine dogmatische Revolution, denn fast alle europäischen Rechtsordnungen kennen bereits die rechtsfähige „*Verselbstständigung*" von Vermögen der „*eingetragenen Stiftung*" in Gestalt einer „juristischen Person".

Ob aber eine „*ePerson*" als juristische Person einzuordnen ist, einer juristischen oder gar natürlichen gleichstehen soll[122] bzw. neben diese tritt, erscheint derzeit völlig offen. Die Grundrechtsfähigkeit einer juristischen Person nach Art. 19 Abs. 3 GG scheitert an der Sichtweise des BVerfG. Denn das BVerfG erkennt diese nur dann an, wenn bei der juristischen Person ein *personaler Bezug* zur Trägerschaft von Grundrechten[123] besteht.[124]

---

[116] BGHZ 79, 259 ff.

[117] *Krimphove*, Die Juristischen Narrative der „Künstlichen Intelligenz", in: Brodthage/u.A., 2025, Kapitel 4.4.2.

[118] Europäisches Parlament, Entschließung v. 16.2.2017 „Zivilrechtliche Regelungen im Bereich Robotik" PB_TA-PROV(2017)0051, Rn. 49 ff.

[119] *Burgstaller/Hermann/Lampesberger*, Künstliche Intelligenz,2019, S. 44.

[120] Siehe: *Mario Martini*, Blackbox Algorithmus, 2019, S. 293 (m.w.H.).

[121] *Ifsits/Minihold/Roubik*, Haftungsfragen beim Einsatz künstlicher Intelligenz,2020, S. 26.

[122] *Thomas Riehm*, Nein zur ePerson!, RDi (2020), S. 42.

[123] Omlor spricht hier vom „*personalen Substrat*": Omlor, Methodik 4.0 für ein KI-Deliktsrecht, in: InTeR (2020), S. 221, 223.

[124] BVerfGE 21, S. 362, 369; Rn. 28 ff. (Sozialversicherungsträger); siehe auch: BVerfGE 147, S. 50 ff. Rn. 239 (m. w. H).

Die komplexe Rechtsprechung des BVerfG zu Art. 19 Abs. 3 GG muss an dieser Stelle nicht auf ihre Kompatibilität zur KI-Problematik untersucht werden. Denn die Schaffung einer rechtsfähigen „ePerson" kann thematisch nicht zielführend zur Bearbeitung und Erfassung von KI im Recht sein. Die tatsächlich interessierenden Fragen nach deren Verantwortung, Haftung und die der Zurechenbarkeit von Rechtshandlungen lässt nämlich die Schaffung einer „ePerson" ungeklärt.[125] Aus diesem Grund verfolgt das *Weißbuch der Europäischen Kommission zur KI* seit dem 19. Februar 2020[126] diesen Ansatz nicht mehr.[127]

6.7.6 Aufgriffsmöglichkeiten der Künstlichen Intelligenz im Strafrecht

Die strafrechtliche Behandlung von KI erscheint gegenüber der zivilrechtlichen weitaus eingeschränkter:[128]

6.7.6.1 Das strafrechtliche Verschuldensprinzip

Die prinzipiellen Aufgriffsschwierigkeiten von KI im Strafrecht beruhen zum einen auf der grundsätzlichen vom Zivilrecht abweichenden Zwecksetzung des Strafrechts. Das Strafrecht rekurriert auf die Schuld des Täters als dem der *persönlichen* sowie *individuellen Vorwerfbarkeit*. Das Schuldprinzip lastet dem Täter an, dass er nicht anders gehandelt hat, obschon er dieses zumutbar hätte tun können.[129] Dieser Vorwurf beruht auf der *Willensfreiheit* des Menschen[130] und seiner *Selbstbestimmung*.[131] Er legt damit fest, dass ein Automatismus, ein Algorithmus bzw. ein allein mittels KI erzeugter Erfolg niemals Gegenstand eines strafrechtlichen Vorwurfs sein kann.

---

[125] Ähnlich auch *Kreutz*, in: Oppermann/Stender-Vorwachs (Hrsg.), Autonomes Fahren – Rechtsfolgen, Rechtsprobleme, technische Grundlagen, 2020, Kap. 3.1.3, Rn. 48 f.; ablehnend auch: *Riehm*, Nein zur ePerson!, RDi (2020), S. 42 ff.; *Zankl*, Künstliche Intelligenz und Immaterialgüterrecht bei Computerkunst, ecolex (2019), S. 244, 245; *Reinisch*, Künstliche Intelligenz – Haftungsfragen 4.0, ÖJZ 37 (2019), S. 301 f.

[126] *Europäische Kommission*, WEISSBUCH Zur Künstlichen Intelligenz – ein europäisches Konzept für Exzellenz und Vertrauen, Brüssel, den 19.2.2020, in: COM(2020) 65 final.

[127] Siehe auch: *Grigorian/Trebess*, Robots on the Road, in: InTeR (2020), S. 214 ff., 217.

[128] Zu den ordnungs- und strafrechtlichen Sanktionen bei Verstößen gegen die KI-VO siehe: *Krimphove*, Die neue europäische KI-Verordnung und ihre Anforderungen an Unternehmen, ZWH 2024, 249 ff., 252 (m.w.H.).

[129] BGHSt 2, S. 194, 200; siehe: *Frank*, in: *ders.* (Hrsg.), Festschrift für die juristische Fakultät in Gießen zum Universitätsjubiläum, 1907, S. 519, 529.

[130] Siehe: *Marlie*, Schuldstrafrecht und Willensfreiheit – Ein Überblick, in: ZJS (2008), S. 41 (m.w.H.).

[131] BVerfGE, 123, S. 267, Rn. 364; vgl. BVerfG, BVerfGE 45, 187, S. 227 (m.w.H.).

6.7.6.2 Das strafrechtliche Auslegungs- und Analogieverbot

Der Anwendung des Strafrechts auf KI stehen zudem die für das Straf- und Ordnungswidrigkeitsrecht existierende Normvorbehalte der § 1 *StGB*, Art. 103 Abs. 2 *GG*, Art. 11 *Allgemeine Erklärung der Menschenrechte*, Art. 7 Abs. 2 Europäische *Menschenrechtskonvention* (EMRK), Art. 15 *Internationaler Pakt über bürgerliche und politische Rechte* (ICCPR) entgegen.[132] Letztere verlangen die Existenz inhaltlich konkreter Straftatbestände vor deren „Begehen". Die Übernahme der oben beschriebenen *Gefährdungshaftung*[133] verschließt sich daher als strafrechtlicher Tatbestand der KI, sofern nicht das jeweilige Strafrecht ausnahmsweise die Gefährdungstat selbst und inhaltlich konkret aufführt. Die aktuell bestehenden Straftatbestände [z. B. §§ 315 Abs. 1, § 315c Abs. 1 Nr. 1, § 319, § 330 Abs. 1 Nr. 2 StGB (*konkrete Gefährdungsdelikte*), z. B. §§ 153 ff., 173, 177 StGB (*abstrakte Gefährdungsdelikte*)] stehen in keinem inhaltlichen Bezug zu KI.[134]

Nach den obigen Grundsätzen scheidet auch die „*Rechtsanalogie*" zur ergänzenden Schließung von planwidrigen Regelungslücken zur strafrechtlichen Erfassung von KI und ihren Folgen aus. Die heutige Strafrechtslehre verfügt allerdings über Grundsätze, die ein Aufgreifen von KI im Strafrecht zumindest denkbar erscheinen lassen.

6.7.6.2.1 Künstliche Intelligenz & die „actio libera in causa"

Vergegenwärtigt man sich den Gedanken, dass hinter einer schuldlos agierenden KI ein *Individuum* steht, das diese KI *eingesetzt* hat und/oder *nutzt*,[135] so liegt der Rückgriff auf die Rechtsfigur der „*actio libera in causa*" nahe. Nach ihr ist ein schuldloses Handeln eines Täters während der Tatbegehung diesem dann zurechenbar, wenn er seine Schuldlosigkeit selbst herbeigeführt hat.[136]

Anwendungseinschränkungen der *actio libera in causa* auf KI ergeben sich in der Praxis aus der Notwendigkeit eines sog. Doppelvorsatzes der *actio libera in causa*. Der Täter muss nämlich Vorsatz

---

[132] *Krimphove*, Überblick über die derzeit bestehende zivil- und aufsichtsrechtliche Normierung von FinTechs; in: *ders.* (Hrsg.), FinTechs– Rechtliche Grundlagen moderner Finanztechnologien,2019, S. 35 ff, 71 (m.w.H.); *ders.*: Fragwürdige Europäisierung – Rechtsstaatliche Probleme des neuen deutschen Insider- und Marktmanipulationsstrafrechts, in: KritV (2018), S. 55 ff. Fn 16.

[133] *Krimphove*, Die Juristischen Narrative der „Künstlichen Intelligenz", in: Brodthage/u.A., 2025, Kapitel 4.5.3 (m.w.H.).

[134] Siehe *Krimphove*, Die Juristischen Narrative der „Künstlichen Intelligenz", in: Brodthage/u.A., 2025, Kapitel 2 (m.w.H.).

[135] *Krimphove*, Die Juristischen Narrative der „Künstlichen Intelligenz", in: Brodthage/u.A., 2025, Kapitel 4.2. (m.w.H.).

[136] *Hettinger*, Die „actio libera in causa": Strafbarkeit wegen Begehungstat, 1988, S. 71 ff. (m.w.H.); *ders.*, Actio libera in causa, in: Schnarr/Hennig/Hettinger (Hrsg.), Alkohol als Strafmilderungsgrund, Bd. 1, Baden-Baden 2001, S. 190, 222 ff. (m.w.H.); *Hruschka*, Strafrecht,1987, S. 343 f. (m.w.H.).

1. hinsichtlich der im schuldlosen Zustand begangenen Tat (sog. *Defekttat*) und
2. hinsichtlich der Herbeiführung seiner Schuldunfähigkeit (sog. *Primärvorsatz*)[137] haben.

Im Rahmen seines *Primärvorsatzes* muss dann der Täter eine bestimmte Tat planen.[138] Hierbei genügt es nicht, dass sich der Täter anlässlich seiner selbsterzeugten Schuldunfähigkeit einer Tat noch nicht festgesetzt hat und/oder irgendeine Straftat möglicherweise begehen will.[139]

Selbst wenn die h. M. zur Erfüllung der *Defekttat* nur einen „*natürlichen*" Vorsatz verlangt, scheitert hieran die Anwendung der *actio libera in causa* auf Sachverhalte der KI. Denn einen Vorsatz – i. S. e. vom Willen eines individuellen Menschen ausgehenden Willensimpulses – besitzt die KI per Definition nicht.

6.7.6.2.2 Künstliche Intelligenz als „undoloses Werkzeug"

Ein ebenfalls ungeeigneter Versuch, KI strafrechtlich zu qualifizieren, ist der Rückgriff auf die Rechtsfigur des „*undolosen Werkzeugs*". Denn diese Rechtsfigur entwickelte die Strafrechtsliteratur gerade, um das Unrecht eines schuldlos handelnden Menschen einem anderen (dem sog. *Hintermann*) zurechnen zu können.[140] In der hier aufgezeigten Problemlage handelt aber kein schuldloser Mensch, vielmehr agiert eine KI.

6.7.6.2.3 Der Einsatz oder die Nutzung Künstlicher Intelligenz als strafrechtliche Tathandlung

Mangels anderer strafrechtsrelevanter Anknüpfungstatbestände[141] verbleibt allenfalls der *Einsatz* oder die *Nutzung* der KI durch den Täter als ein strafrechtsrelevanter Tatbestand bzw. eine Tathandlung. Die Tathandlung des Einsatzes der KI lässt sich einwandfrei ermitteln und seinem Vorsatz zuordnen.

Dies gilt aber nicht für die *Nutzung* der KI. Denn diese kann die KI selbsttätig, und damit ohne menschliches Zutun und menschlichen Willen ändern, ein- und ausschalten. Aus diesen Gründen scheidet das „*Nutzen*" der KI – anders als bei den zivilrechtlichen Gefährdungshaftungstatbeständen[142] – grundsätzlich zur Strafanknüpfung aus. Die gegen-

---

[137] BGHSt 2, S. 14, 17; BGHSt 17, S. 259, 261 f.; BGHSt 17, S. 333, 335; BGHSt 21, S. 381, 383; BGHSt, NStZ 2002, S. 28; OLG Schleswig NStZ 1986, S. 511 f.; *Streng*, Schuld ohne Freiheit? Der funktionale Schuldbegriff auf dem Prüfstand, in: ZStW (1989), S. 273, 314 f. (m.w.H.).

[138] Siehe: BGHSt 21, S. 381, 383; BGH NStZ 1992, S. 536.

[139] *Streng*, in: Münchener Kommentar zum StGB, 2020, § 20 Schuldunfähigkeit wegen seelischer Störungen, Rn. 143 (m.w.H.).

[140] BGH 18, S. 221; BGH NStZ 2008, S. 339, NStZ 1999, 188; *Heine/Weißer*, in: Schönke/Schröder, Strafgesetzbuch, 2019, § 25 StGB, Rn. 19 (m.w.H.).

[141] *Krimphove*, Die Juristischen Narrative der „Künstlichen Intelligenz", in: Brodthage/u.A., 2025, Kapitel 4.6.1) (m.w.H.).

[142] *Krimphove*, Die Juristischen Narrative der „Künstlichen Intelligenz", in: Brodthage/u.A., 2025, Kapitel 4.5.3 (m.w.H.).

teilige Option birgt die Gefahr, im Strafrecht unzulässige Gefährdungsdelikte im Zusammenhang mit KI einführen zu wollen.[143]

6.7.6.2.3.1 Problematik der Vorhersehbarkeit

Voraussetzung einer Strafbarkeit des Täters durch den Einsatz von KI ist, dass er deren Erfolg und/ oder den Kausalverlauf der schädigenden algorithmischen Rechenaktion vorhersehen konnte.[144] Die Vorhersehbarkeit des Erfolges und/oder des Kausalverlaufes von KI ist de facto extrem eingeschränkt; zu komplex sind in der Regel die Operationen und Parameter, mit denen ein Algorithmus „entscheidet". Eine strafrechtliche Berücksichtigung von KI ist i. d. R. schon aus diesem Grund ausgeschlossen.

6.7.6.2.3.2 Der normative Grad der Erfolgsvorhersehbarkeit im Strafrecht

Rechtsprechung und Literatur begnügen sich grundsätzlich nicht mit einer „*allgemeinen*" *Vorhersehbarkeit*. Beispielsweise ist der Betreiber einer Chemiefabrik grundsätzlich nicht für etwaige Schäden strafrechtlich verantwortlich, nur weil deren Eintritt, selbst bei Einhaltung aller Sicherheitsbestimmungen, allgemein vorhersehbar ist. Der Besitzer bzw. Halter eines Kfz ist strafrechtlich nicht deswegen zur Verantwortung zu ziehen, weil Unfälle selbst beim ordnungsgemäßen Betrieb eines Kfz allgemein vorhersehbar sind.[145]

6.7.6.2.3.3 Normative Vorhersehbarkeit des Kausalverlaufes

Andererseits genügt der strafrechtlichen Rechtsprechung und Literatur i. S. e. wertenden Betrachtung, dass der Täter den *Kausalverlauf* nur *in seinen wesentlichen Zügen*[146] erfassen konnte. Damit liegt eine *objektive Vorhersehbarkeit* bereits dann vor, wenn mit dem wesentlichen Kausalverlauf nach aller Lebenserfahrung zu rechnen ist und sich die Ausgangsgefahr im Erfolg realisiert hat.[147] Mit dieser Sichtweise könnte eine Möglichkeit zur strafrechtlichen Berücksichtigung von KI gegeben sein. Allerdings ist gerade bei KI zweifelhaft, inwieweit der Maßstab einer allgemeinen Lebenserfahrung zur Kontrolle der Vorhersehbarkeit von KI-gesteuerten Kausalverläufen geeignet ist. Gerade die Beschreibung der Vorhersehbarkeit mit der Zusatzbedingung, dass sich die „*Ausgangsgefahr im*

---

[143] Siehe *Krimphove*, Die Juristischen Narrative der „Künstlichen Intelligenz", in: Brodthage/u.A., 2025, (Kapitel 4.5.2) (m.w.H.).

[144] BGH St., NStZ-RR 2006, S. 372, BGH St. 10, S. 170, Schönke/Schröder/Sternberg-Lieben/ Schuster, 30. Aufl. 2019, StGB § 15 Rn. 125 (m.w.H.).

[145] *Sternberg-Lieben/Schuster*, in: Schönke/Schröder, Strafgesetzbuch, StGB,2019, § 15 Rn. 126 f. (m.w.H.).

[146] BGH NStZ 2016, 721; *Krey*, Deutsches Strafrecht Allgemeiner Teil AT 1,2008 Rn. 280 ff, 291 ff., auch: BGHSt 7, S. 325; BGHSt 23, S. 133.

[147] Seit RGSt 65, S. 135; *Sternberg-Lieben/Schuster*, in: Schönke/Schröder, Strafgesetzbuch, StGB, 2019, § 15 Rn. 126 f. (m.w.H.); *Rengier*, Strafrecht Allgemeiner Teil: Strafrecht AT, 2020, § 13, Rn. 65 (m.w.H.).

Erfolg realisieren wird", rückt die Strafbarkeit des Einsatzes von KI unzulässig in die Nähe eines *Gefährdungsdeliktes*.[148]

Folglich ist generell die derzeitige Rechtsprechung nicht zur Berücksichtigung von KI im Strafrecht geeignet.

6.8 Résumée

Die Problematik des Einsatzes der KI besteht allgemein in der Frage, inwieweit der fundamentale Grundsatz der menschlichen *Willens-* und *Entscheidungsfreiheit*[149]/[150] künftig noch als *Zurechnungskriterium* von Rechtsfolgen, seien es vertragliche, haftungsrechtliche oder strafrechtliche Fragen, ausreichen wird. Ein weiteres, heute kaum diskutiertes, aber universelles Problem besteht in der grundsätzlichen Fragestellung, ob eine Zurechnung von Rechtsfolgen der KI bereits bei deren *Einsatz* und/oder bei deren *Nutzung* zulässig sein soll.[151] Diese Frage beantwortet das deutsche Zivil-, Haftungs- und Strafrecht unterschiedlich und dogmatisch willkürlich.[152] In der heutigen zivilrechtlichen/vertrags- und haftungsrechtlichen Praxis lassen sich Rechtsinstitute wie die des *Dauerschuldverhältnisses* auf vertragliche Beziehungen[153] und das der *Gefährdungshaftung* auf haftungsrechtliche Fragen anwenden.[154] Anknüpfungspunkt der Zurechnung eines menschlichen Verhaltens zu den Folgen der KI ist, speziell im Fall der *Dauerschuldverhältnisse*, des *Einsatzes* der KI und im Fall der *Gefährdungshaftung*, deren *Nutzung*.

Generell erscheint es sinnvoll, bei haftungsrechtlichen Fragen sowohl für den Einsatz als auch für die Nutzung der KI eine *Gefährdungshaftung eigener Art* anzunehmen, die dann – je nach dem Grad ihrer Gefährlichkeit und/oder dem ihres Einsatzes – die Haftung graduell bewertet.[155]

Besondere Probleme im Umgang mit KI ergeben sich im *Strafrecht*. Hier sind es insbesondere nationale wie internationale Normstandards[156], insbesondere das aus ihnen resultierende[157] *Bestimmtheitsgebot*, das *Analogieverbot* und das *Schuldprinzip*, welche die

---

[148] Siehe *Krimphove*, Die Juristischen Narrative der „Künstlichen Intelligenz", in: Brodthage/u.A., 2025, Kapitel 4.7.2.3 (m.w.H.); Kapitel 4.7.1) (m.w.H.); Kapitel 4.5.3).
[149] Auch: BVerfGE, 123, S. 267, Rn. 364; vgl. BVerfG, BVerfGE 45, 187, S. 227 (m.w.H.).
[150] Siehe oben: Kapitel VII.4.a) (m.w.H.); Kapitel VII.6.a) (m.w.H.).
[151] Siehe oben: Kapitel VII.2. (m.w.H.); Kapitel VII.4.a),b) (m.w.H.); Kapitel VII.6. b) (m.w.H.).
[152] Für die einzelnen nach Rechtsgebieten: siehe oben *zivil-, vertragsrechtlich*: VII.2., VII.3., VII.3.a) (m.w.H.); *haftungsrechtlich*: Kapitel VII.4.b), VII.4.c) (m.w.H.); *strafrechtlich*: Kapitel: IV.6.b) (3); IV.6.b) (3).aa, IV.6.b) (3) bb) (m.w.H.).
[153] Siehe oben: Kapitel VII.2.b) (m.w.H.).
[154] Siehe oben: Kapitel VII.4.c) (m.w.H.).
[155] Siehe oben: Kapitel VII.4.c).
[156] § 1 StGB, Art. 103 Abs. 2 GG, Art. 7 Abs. 2 EMRK, Art. 15 ICCPR.
[157] Siehe oben: Kapitel VII.6.a) (m.w.H.).

Konstruktion von *Gefährdungstatbeständen* zur Erfassung der KI verhindern.[158] Auch strafrechtliche Institute wie die *actio libera in causa*[159] oder die des *undolosen Werkzeuges*[160] reichen zur Erfassung von KI im Strafrecht nicht.[161]

KI kann strafrechtlich regelmäßig nur über die Tathandlung ihres *Einsatzes*, nicht aber über ihre *Nutzung* aufgegriffen werden. Hier bereitet in der Praxis speziell die Feststellung der *Vorhersehbarkeit des strafrechtlichen Erfolges* und die des *Kausalverlaufes* erhebliche Probleme.[162]

Aus obigen Überlegungen ergibt sich die Notwendigkeit einer umfassenden Reform des deutschen Zivil-, Straf- und Verwaltungsrechts.

6.9 Fazit

Obschon die künstliche Intelligenz eigens im Technikrecht einen praxisrelevanten und auch juristisch hohen Stellenwert einnimmt, existiert bedauerlicherweise eine systematische und vollständige Normierung der *KI im Technikrecht* bis heute nicht.

Dies liegt zum einen an der unterschiedlichen rechtstechnischen Bedeutung, die *europäische Verordnungen* oder *europäische Richtlinien* nach Art. 288 AEUV im Verhältnis zum nationalen/deutschen Recht einnehmen. Zum anderen existieren bis heute erhebliche *Regelungslücken* im gesamten Recht der KI aufgrund der europäischen wie deutschen Vielfalt an Einzelnormierungen, mit denen die unterschiedlichen Gesetzgeber Fragen wie etwa die eines *Grundrechtsschutzes* beim Einsatz der KI oder die der *Cyber-Sicherheit* bzw. der *Daten- und Informationssicherheit* isoliert regeln. Hier ist eine notwendige Vereinheitlichung des „*Rechts der künstlichen Intelligenz*" zukünftig zu erwarten.

Eine entsprechende Rechtssetzungsinitiative kann nur europaweit einheitlich ausfallen. Anderenfalls ergeben sich Beeinträchtigungen vor allem der Dienstleistungsfreiheit (Art. 56 AEUV) und der Warenverkehrsfreiheit (Art. 34 ff. AEUV). Ebenfalls droht bei einer rein nationalen Rechtssetzung die Entstehung wettbewerbsverzerrender Standortvorteile jener Mitgliedstaaten mit geringer Regelungsintensität.

Vorangestellter Beitrag konnte in der aktuellen Situation lediglich bestehende Regelungen, insbesondere die Bedeutung der KI-VO, im Technikrecht darlegen und eine Entwicklung eines systematischen und universellen *Rechts der Künstlichen Intelligenz* prognostizieren und anregen.

---

[158] Siehe oben: Kapitel IV.7.b); Kapitel IV.7.b) (3); Kapitel VII.6.b) (3) (a).
[159] Siehe oben: Kapitel VII.6.b) (1) (m.w.H.).
[160] Siehe oben: Kapitel VII.6.b) (2) (m.w.H.).
[161] Siehe oben: Kapitel VII.6.b) (2) (m.w.H.).
[162] Siehe oben: Kapitel VII.6.b) (3) (a) (m.w.H.).

Literatur

Adams, Ökonomische Analyse der Gefährdungs- und Verschuldenshaftung, 1985, S. 105 ff.
Ballestrem, Wertschöpfung mittels KI, in: Graf Ballestrem, Gausling, Künstliche Intelligenz, 2020, S. 84 ff.
Baumbach/ Hopt/ Kumpan, HGB, 2018, DepotG § 24.
Baumbach/Hopt, HGB, 2021, BankGesch A/6; Hopt, in: *Schimansky/ Bunte/ Lwowski*, Bankrechts-Handbuch, 2001.
Beck, Susanne, Autonomes Fahren: Herausforderung für das bestehende Rechtssystem, https://www.informatik-aktuell.de/management-und-recht/it-recht/autonomes-fahren-und-strafrecht.html (Abruf: 21.2.2025).
Beck, Susanne, Selbstfahrende Kraftfahrzeuge – aktuelle Probleme der (strafrechtlichen) Fahrlässigkeitshaftung, in: Oppermann/Stender-Vorwachs (Hrsg.), Autonomes Fahren – Rechtsfolgen, Rechtsprobleme, technische Grundlagen, 2020.
Beurskens: Training generativer KI nur auf Lizenzgrundlage? RDi 2025, Heft 1, S. 1 ff.
Breidenbach/Glatz, Rechtshandbuch Legal Tech, 2021.
Burgstaller/Hermann/Lampesberger, Künstliche Intelligenz, 2019.
Canaris, Bankvertragsrecht, 2005, Reprint 2011.
Derleder, Ökologische Vertragsgestaltung zwischen Vermieter, Mieter und Versorgungsträger – Das Beispiel Wasserbezug, in: NZM 1999, 729 ff.
Deutsch, Das neue System der Gefährdungshaftungen: Gefährdungshaftung, erweiterte Gefährdungshaftung und Kausal-Vermutungshaftung, NJW 1992, S. 73 ff.
Dornis, Generatives KI-Training und Text- und Data-Mining, KIR 2024, 156 ff.
Einsele, Depotgeschäft, in: MüKo HGB, 2014.
Esser, Grundlagen und Entwicklung der Gefährdungshaftung, 1969.
Faust/Schäfer (Hrsg.), Zivilrechtliche und rechtsökonomische Probleme des Internets du der künstlichen Intelligenz, 2019, S. 21 ff.
Förster, in: BeckOK BGB § 2 ProdHaftG.
Frank, in: Frank (Hrsg.), Festschrift für die juristische Fakultät in Gießen zum Universitätsjubiläum, Giessen 1907, S. 519 ff.
Gaier, BGB § 314 Kündigung von Dauerschuldverhältnissen aus wichtigem Grund, in: MüKO BGB, 2019.
Gausling, KI und DS-GVO im Spannungsverhältnis, in: Graf Ballestrem, Gausling u. a., Künstliche Intelligenz, 2020, S. 18 ff.
Geigel/Haag, Haftpflichtprozess BGB, 2020.
Grigorian/ Trebess, Robots on the Road, in: InTeR (2020), S. 214 ff.
Hacker, Europäische und nationale Regulierung von Künstlicher Intelligenz, NJW (2020), S. 2142 ff.
Heine/Weißer, in: Schönke/ Schröder Strafgesetzbuch, 2019, § 25 StGB.
Hettinger, Actio libera in causa, in: Schnarr/Hennig/ Hettinger (Hrsg.), Alkohol als Strafmilderungsgrund, Bd. 1, Baden-Baden 2001, S. 190 ff.
Hettinger, Die „actio libera in causa": Strafbarkeit wegen Begehungstat, 1988, S. 71 ff.
Hruschka, Strafrecht, /New York 1987.
Ifsits/Minihold/Roubik, Haftungsfragen beim Einsatz künstlicher Intelligenz, 2020.
Kant, Immanuel: Die Metaphysik der Sitten. Zweiter Teil: Metaphysische Anfangsgründe der Tugendlehre, 1797.
Kehl, Entgrenzungen zwischen Mensch und Maschine, oder: Können Roboter zu guter Pflege beitragen?, in: Aus Politik und Zeitgeschehen Heft 6 – 8, 2018, S. 22 ff.
Kharpal: „China finalizes first-of-its-kind rules governing generative A.I. services like ChatGPT". CNBC. Retrieved 24, 7. 2023.

Kreutz, in: Bernd H. Oppermann/Jutta Stender-Vorwachs (Hrsg.), Autonomes Fahren – Rechtsfolgen, Rechtsprobleme, technische Grundlagen, 2020.

Krey, Deutsches Strafrecht Allgemeiner Teil AT 1, 2008.

Krimphove, Aktuelle Grenzen der Einstellungsbewertung bei Einstellungstests, NZA-Rechtsprechungsreport, 2024, Heft 2, S. 57 ff.

Krimphove, Die europäische KI-Verordnung im Technikrecht, InTeR 2024; S. 154 ff.

Krimphove, Die Juristischen Narrative der „Künstlichen Intelligenz", in: Brodthage (Diepolder/Hartmann/Sommerfeld (Hrsg.): Narrative Künstlicher Intelligenz. Was erzählen Menschen über KI, was erzählt KI über Menschen? 2025 [zit.: *Krimphove*, Die Juristischen Narrative der „Künstlichen Intelligenz", in: Brodthage/u.A., 2025].

Krimphove, Die neue europäische KI-Verordnung und ihre Anforderungen an Unternehmen, ZWH 2024, 249 ff.

Krimphove, Fragwürdige Europäisierung – Rechtsstaatliche Probleme des neuen deutschen Insider- und Marktmanipulationsstrafrechts, in: KritV 2018, S. 55 ff.

Krimphove, Internationales Bank- und Kapitalmarkt-(kollisions)-recht (IntKaMR), in: Hans-Theodor Soergel (Hrsg.), Bd. 27/1 Rom II-VO, 2019, S. 450 ff.

Krimphove, Künstliche Intelligenz im Recht – eine Übersicht, JURA, 2021, S. 764 ff.

Krimphove, Rechtliche Grenzen KI-automatisierter Entscheidungsvorgänge in der Wirtschaft – ZWH Heft 1–2 2024, S. 8 ff.

Krimphove, Überblick über die derzeit bestehende zivil- und aufsichtsrechtliche Normierung von FinTechs; in: ders. (Hrsg.), FinTechs– Rechtliche Grundlagen moderner Finanztechnologien, 2019, S. 35 ff.

Krimphove/Knoblich, Die Neue KI-VO im Regelungsdickicht des Aufsichtsrechts, BKR, 2024, S. 843 ff.

Krimphove: Soergel, Bd. 27/1, 13. Aufl. 2019, Internationales Handelsrecht, S. 622 ff.

Marlie, Schuldstrafrecht und Willensfreiheit – Ein Überblick, in: ZJS (2008), S. 41 ff.

Martini, Blackbox Algorithmus, 2019.

Michalski, Zur Rechtsnatur des Dauerschuldverhältnisses, in: JA (1979), S. 401 ff.

Oechsler, in: Staudinger, Kommentar BGB, 2018, § 2 ProdHaftG.

Oetker, Das Dauerschuldverhältnis und seine Beendigung, 1994.

Omlor, Methodik 4.0 für ein KI-Deliktsrecht, in: InTeR 2020, S. 221 ff.

Oppermann/Stender-Vorwachs, Autonomes Fahren – Rechtsfolgen, Rechtsprobleme, technische Grundlagen, 2020.

Pinaya/Graham/Kerfoot/u. a.: "Generative AI for Medical Imaging: extending the MONAI Framework". arXiv:2307.15208 [eess.IV].

Rebhahn, Staatshaftung wegen mangelnder Gefahrenabwehr, 1997, S. 33 ff.

Reinisch, Künstliche Intelligenz – Haftungsfragen 4.0, ÖJZ 37, 2019, S. 301 ff.

Rengier, Strafrecht Allgemeiner Teil: Strafrecht AT, 2020, § 13.

Riehm, Nein zur ePerson!, RDi (2020,) S. 42 ff.

Riehm/Meier, in: Fischer/Hoppen/Wimmers (Hrsg.), DGRI Jahrbuch 2018: Künstliche Intelligenz im Zivilrecht, 2019.

Scherer, in Ebenroth/ Boujong/Joost/Strohn, HGB, 2020, Bank- und Börsenrecht.

Schönke/Schröder/Sternberg-/Frank Peter Schusterg-Lieben/Schuster, Strafgesetzbuch: StGB, 2019, StGB § 15.

Schuh/Weiss, Die Zweckbestimmung und Zweckbindung als Weichenstellung für die DSGVO-konforme Nutzung von Daten für KI-Systeme, ZfDR 2024, S. 225 ff.

Söbbing, Fundamentale Rechtsfragen zur künstlichen Intelligenz (AI Law), 2019.

Steinrötter/Markert, Datenbezogene Vorgaben der KI-Verordnung, RDi 2024, S. 400 ff.

Sternberg-Lieben/Schuster, in: Adolf Schönke/Horst Schröder Strafgesetzbuch, StGB, 2019, § 15.

Streng, in: Münchener Kommentar zum StGB, 2020, § 20.
Streng, Schuld ohne Freiheit? Der funktionale Schuldbegriff auf dem Prüfstand, in: ZStW (1989), S. 273 ff.
Teubner, Digitale Rechtssubjekte?, in: AcP 2018, S. 155 ff.
v. Bar, Neues Haftungsrecht durch Europäisches Gemeinschafts-Recht, in: Medicus/ Lange (Hrsg.), Festschrift für Hermann Lange zum 70. Geburtstag am 24. Januar 1992, 1992, S. 373 ff.
Wagner, Gerhard, BGB § 823 Schadensersatzpflicht, in: MüKO BGB, 2020.
Wagner, Gerhard, in: MüKO BGB, 2020, § 2 ProdHaftG, Rn. 17.
Wagner, Gerhard, Robot Liability, in: Lohsse/Schulze/Staudenmayer (Hrsg.), Liability for Artificial Intelligence and the Internet of Things, 2019, S. 27–62.
Wagner, Gerhard, Roboter als Haftungssubjekte? Konturen eines Haftungsrechts für autonome Systeme, in: Faust/Schäfer (Hrsg.), Zivilrechtliche und rechtsökonomische Probleme des Internet und der künstlichen Intelligenz, 2019, S. 1–40.
Wagner, Jens, Legal Tech und Legal Robots: Der Wandel im Rechtswesen durch neue Technologien und Künstliche Intelligenz, 2020.
Wendehorst/Nessler/Aufreiter/Aichinger: Der Begriff des „KI-Systems" unter der neuen KI-VO, in: MMR 2024, 605 ff.
Xuxu He, Kontrolle Allgemeiner Geschäftsbedingungen (AGB) und AGB-Klauselgestaltung im Bankgeschäft, Rechtswissenschaftliche Forschung und Entwicklung, 2012.
Zankl, Künstliche Intelligenz und Immaterialgüterrecht bei Computerkunst, ecolex, 2019.
Zech, Künstliche Intelligenz und Haftungsfragen, ZfPW, 2019, S. 198 ff.

7 Blockchain – Technische Grundlage und rechtliche Problemfelder

Benedikt Flöter

Inhaltsverzeichnis

7.1	Einleitung	187
7.2	Technische Grundlagen der Blockchain	188
7.3	Rechtliche Problemfelder der Blockchain	192
Literatur		207

7.1 Einleitung

Die Blockchain-Technologie hat in den letzten Jahren erheblich an Bedeutung gewonnen und wird zunehmend in verschiedenen Branchen eingesetzt. Neben der Vielzahl von Finanz- und Bankprodukten aus dem Bereich des Decentralized Finance (**DeFi**) einschließlich deren komplexe steuerrechtliche Behandlung[1] hat sich ein lebhafter Kunst- und Sammlermarkt für sogenannte Non Fungible Token (**NFT**) etabliert, der in interessierten Kreisen erhebliche Relevanz besitzt. Spannend sind zudem diverse Anwendungen aus

---

[1] Dieser Bereich soll hier nur soweit für die hiesige Betrachtung relevant berührt werden. Zur weiterführenden Lektüre zum Aufsichtsrecht: *John*, BKR 2025, 162; *John/Patz*, DB 2023, 1906; *Patz*, BKR 2021, 725; *Rathke/John*, BKR 2024, 641. Zum Steuerrecht: *Richter/Anzinger/Haubner* (Hrsg.), Krypto und Steuern, 2025; *Richter/Polivanova-Rosenauer/Schawaller*, RdF 2022, 194; *Richter/Sanning*, ISR 2022, 205; *Schmidt/Bernstein/Richter/Zarlenga* (Hrsg.), Taxation of Crypto Assets, 2021.

B. Flöter (✉)
YPOG, Berlin, Deutschland
E-Mail: benedikt.floeter@ypog.law

dem Bereich des Internet-of-Things und Industrie 4.0, bei denen kryptografische Verschlüsselungsverfahren zur fälschungssicheren Datenspeicherung, -übertragung und -verarbeitung verwendet werden. Der folgende Beitrag soll einen Überblick über die technischen Grundlagen und ausgewählte rechtliche Problemfelder geben mit einem Fokus auf das Zivil-, Urheber-, und Datenschutzrecht.

7.2 Technische Grundlagen der Blockchain

7.2.1 Einordnung und funktionale Merkmale

Die Blockchain ist eine digitale Datenbank, die Informationen in Datenblöcken speichert und diese durch kryptografische Verfahren zu einer Kette (Chain) verbindet. Die Blockchain ist eine Distributed Ledger-Technologie (**DLT**), die dezentral verteilte und geführte Datenbanken beschreibt.[2]

Neben Blockchains wie Bitcoin und Ethereum gibt es weitere DLT-Ansätze, die je nach Anwendungsfall technologisch vorteilhaft sein können. So nutzt z. B. die DAG-Technologie (Directed Acyclic Graph) Graphenstrukturen anstelle linearer Blöcke, was wiederum parallele Transaktionen ermöglicht. Sogenannte Hashgraphen stellen Konsens nicht durch dezentrale Abstimmungsmechanismen wie bei der Blockchain her, sondern durch den schnelleren „Gossip about Gossip"-Mechanismus. Zuletzt verwenden Holochains keine globale Chain, sondern jeder Nutzer hat seine eigene Chain. Während die Blockchain ideal für Kryptowährungen und Smart Contracts (siehe unten Ziffer 7.2.2.3) ist, eignen sich DAG oder Hashgraph für Hochgeschwindigkeits-Transaktionen.

So wie das Internet, handelt es sich bei der Blockchain um eine Netzwerktechnologie.[3] Damit sie jedoch als dezentral betrachtet werden kann, muss sie es jedem Teilnehmer des Netzwerks ermöglichen, ohne die Vermittlung eines Intermediäres Einträge hinzuzufügen.[4] Gleichzeitig muss sichergestellt werden, dass die Datenbank nicht zugunsten eines einzelnen Teilnehmers manipuliert oder fälschlicherweise geändert werden.[5]

Damit ergeben sich die funktionalen Merkmale einer Blockchain:

- **Dezentralität**: Es gibt keine zentrale Instanz, sondern ein verteiltes Netzwerk von Teilnehmern.
- **Transparenz**: Transaktionen sind für alle Teilnehmer sichtbar, was Vertrauen schafft.

---

[2] *Ernst*, in MüKoBGB, BGB, Einl SchuldR, Rn. 68; *Grieger/von Poser/Kremer*, dZfDR 2021, 394 (396); *Schwintowski/Klausmann/Kadgien*, NJOT 2018, 1401 (1401); so auch: *Gerlach/Oser*, DB 2018, 1541 (1541); sowie andeutend auch schon *Böhme/Pesch*, DuD 2017, 473 (473).
[3] *Breidenbach/Glatz*, in: Breidenbach/Glatz (Hrsg.), Rechtshandbuch Legal Tech, 1, 4, Rn. 16.
[4] *Grieger/von Poser/Kremer*, dZfDR 2021, 394 (396).
[5] Vgl. *Gerlach/Oser*, DB 2018, 1541 (1541).

- **Unveränderlichkeit**: Einmal gespeicherte Daten können nicht mehr nachträglich verändert werden.
- **Sicherheit**: Durch Kryptografie und Konsensmechanismen wird die Integrität der Daten gewährleistet.

Blockchain-Netzwerke lassen sich in öffentliche und private Blockchains unterscheiden. Innerhalb dieser Kategorien kann zwischen zulassungsbeschränkten (**permissioned**) und nicht zulassungsbeschränkten (**permissionless**) Blockchains differenziert werden.[6] Bitcoin als wohl bekanntester Anwendungsfall der Blockchain-Technologie wird als öffentlich und zulassungsfrei angesehen.[7] Die privaten Blockchains gleichen technisch der öffentlichen Blockchain,[8] sie werden jedoch nur einem beschränkten Teilnehmerkreis, z. B. den Mitarbeitern eines Unternehmens zugänglich gemacht.

7.2.2 Arbeitsweise der Blockchain

7.2.2.1 Block und Hashfunktion

Wie oben dargestellt, ist die Blockchain ist eine dezentral organisierte Datenbank, in der Informationen in aufeinanderfolgenden Blöcken gespeichert.[9] Ein Block ist eine Speichereinheit, die eine Gruppe von Transaktionsaufzeichnungen enthalten kann und aus einem **Block Header** und einem **Block Body** besteht. Zum „Weben" der Blockchain wird der Header eines Blocks mit einer **Hashfunktion**[10] zu einem Hashwert verschlüsselt, der in den Block Header des nachfolgenden Blocks aufgenommen wird. Sodann wird dieser Block Header wiederum verhasht und in den folgenden Block Header aufgenommen und so weiter. Aus dieser Verknüpfung stammt der Begriff „Blockchain".

---

[6] *Finck*, EDPL 1/2018, 17 (19), *Hoffer/Mirtchev*, NZKart 2019, 239 (240); *Kaulartz*, CR 2017, 474 (475); *Saive*, CR 2018, 186 (187).
[7] *Guggenberger*, in: Leupold/Wiebe/Glossner, IT-Recht, 4. Aufl. 2021, Teil 14.2 Blockchains, Rn. 11.
[8] *Saive*, CR 2018, 186 (187).
[9] Zum Folgenden z. B. *Gollrad*, in: Kipker Cybersecurity-HdB/, Kap. 20.2 Rn. 33; *Krey/Mayer*, EuZW 2024, 862 (862); *Paulus*, JuS 2019, 1049 (1049); *Weiss*, JuS 2019, 1050 (1051); *Weiss*, NJW 2022, 1343; *Welzel/Eckert* et al., Mythos Blockchain: Herausforderung für den öffentlichen Sektor, 2017, 8 ff.
[10] Eine Hashfunktion ist ein kryptografisches Berechnungsverfahren das verschiedene Werte zum Gegenstand haben kann. Die Bitcoin Blockchain verwendet z. B. die Hashfunktion SHA-256 für das Mining von Bitcoin, die Erzeugung von Wallet-Adressen, das Signieren von Transaktionen, sowie dem Verhashen der Blöcke. Das Ergebnis der Berechnung mittels einer Hashfunktion ist der Hashwert auch genannt Hash.

7.2.2.2 Nodes, Mining und Staking

Statt auf einem zentralen Server, ist die Blockchain dezentral auf den Rechnern aller Teilnehmer des Netzwerks, den **Nodes**, vorhanden.[11] Sogenannte **Full Nodes** speichern jeweils den aktuellen Stand der gesamten Blockchain ab. **Light Nodes** speichern nur den Block Header und vertrauen auf die Full Nodes für die vollständige Transaktionshistorie. **Mining Nodes** speichern die Blockchain und führen zusätzlich Mining-Prozesse (s. u.) durch.

Die Nodes kommunizieren direkt miteinander, ohne eine zentrale Autorität, und schaffen so ein Peer-to-Peer-Netzwerk, das durch einen speziellen Konsensmechanismus (s. u.) Einigung über den verbindlichen Datenstand der Blockchain erzielt.[12] Wenn ein neuer Node online geht, kann er über öffentliche Node-Listen mit einem Full Node Kontakt aufnehmen und dort die gesamte Blockchain herunterladen.

Um sicherzustellen, dass alle Full Nodes über dieselbe Version der Blockchain verfügen, ist ein Konsensmechanismus erforderlich, der in zwei Formen auftritt:

Das **Proof of Work**-Verfahren wird von der Bitcoin Blockchain verwendet. Hierbei müssen Mining Nodes (**Miner**) ein kryptografisches Rätsel lösen, um einen Block zu validieren. Der Miner setzt den Block Header des jeweils letzten Blocks in die Hashfunktion ein und berechnet mithilfe einer Variable (**Nonce**) so lange verschiedene Hashwerte, bis ein Hashwert ermittelt wurde, der kleiner oder gleich dem von der Blockchain gegenwärtig vorgegebenen Schwellenwert (**Target**) ist. Da die Miner zur Ermittlung eines gültigen Hashwerts typischerweise zunächst Milliarden von ungültigen Hashwerten berechnen müssen, wird das Proof of Work-Verfahren aus energie- und umweltgesichtspunkten häufig stark kritisiert. Wird ein gültiger Wert berechnet (erraten), dann sendet der Miner diesen Hashwert zusammen mit den weiteren Informationen des Blocks an alle Full Nodes, die überprüfen, ob der Hashwert unterhalb des Target-Werts liegt und der Block sonstige Anforderungen erfüllt. Ist der Block derart validiert, wird er der Blockchain hinzugefügt und bildet die Grundlage des nächsten kryptografischen Rätsels. Als Vergütung für die Erstellung des neuen Blocks erhält der Miner Bitcoin (BTC) aus dem Bitcoin-Protokoll als sogenannte **Blockbelohnung.**[13]

Demgegenüber wird z. B. von Ethereum 2.0[14] das **Proof of Stake**-Verfahren verwendet. Um an diesem Verfahren teilnehmen zu dürfen, müssen **Staker** (es wird nicht von Minern gesprochen) eine bestimmte Anzahl an bestehenden **Coins** (siehe unten Abschn. 7.2.2.3) als Sicherheit hinterlegen. Von den so authentifizierten Stakern wird zufällig einer ausge-

---

[11] Assmann/Schütze/Buck-Heeb, KapAnlR-HdB/*Eckhold/Schäfer* § 17 Erscheinungsformen von Token Rn. 5; *Bechtolf/Vogt*, ZD 2018, 66 (67); Gollrad, in: Kipker Cybersecurity-HdB, Kap. 20.2 Rn. 33; *Janicki/Saive*, ZD 2019, 251 (251); *Martini/Weinzierl*, NVwZ 2017, 1251 (1251).
[12] *Martini/Weinzierl*, NVwZ 2017, 1251 (1251). Bitcoin Nodes verbinden sich z. B. mit 8-125 Peers über ein eigenes Bitcoin-Kommunikationsprotokoll.
[13] Die Blockbelohnung nimmt mit der Gesamtzahl generierter Blöcke ab, das sogenannte Halving.
[14] Zum Ethereum update auf Proof of Stake: https://www.heise.de/news/Ethereum-Update-Staker-koennen-jetzt-ihr-Geld-abheben-8949518.html, zuletzt abgerufen: 28.2.2025.

wählt, wobei die Wahrscheinlichkeit ausgewählt zu werden mit der Menge der hinterlegten Coins (z. B. mindestens 32 ETH) zunimmt. Dieser Staker darf sodann einen neuen Block erstellen, der durch die Mehrheit der anderen Staker, genannt **Validatoren**, verifiziert werden muss. Im Erfolgsfall erhält er Ether (ETH) als Blockbelohnung.[15]

7.2.2.3 Token, Wallets und Smart Contracts

Die oben dargestellten Blöcke der Blockchain können mit Registerseiten eines analogen Verzeichnisses verglichen werden und sind nicht selbst Gegenstand von Transaktionen, sondern dienen als Speicherort für Transaktionen von digitalen Assets wie z. B. den Coins BTC oder ETH.

Um Coins oder andere digitale Assets senden oder empfangen zu können, benötigt der Nutzer ein **Krypto-Wallet** als digitale Geldbörse. Wie ein Bankkonto durch eine Kontonummer wird ein Wallet durch einen **Public Key** auf der Blockchain identifiziert und ermöglicht es dem Nutzer, an Transaktionen von digitalen Assets teilzunehmen.[16] Der Public Key wird durch einen durch einen kryptografisch zugehörigen **Private Key** ergänzt, den der Nutzer ähnlich einem Passwort verwenden muss, um Transaktionen zu autorisieren und zu signieren.[17]

BTC und ETH sind zwar digitale Assets, allerdings keine Token. Token sind digitale Assets, die durch **Smart Contracts** auf bestehenden Blockchains verwaltet werden. Ein Smart Contract ist ein selbstausführender Code, der auf einer Blockchain läuft und Aktionen basierend auf vordefinierten Bedingungen ausführt.[18] Je nach Programmierung des Smart Contract können Token unterschiedliche Funktionalitäten aufweisen und als Handelsgut verwendet werden. Krypto-Wallets ermöglichen somit nicht nur Coins zu senden oder zu empfangen, sondern zusätzlich mit Smart Contracts zu interagieren und damit verschiedene Token zu senden, zu empfangen und zu verwalten. Hervorzuheben sind **Fungible Token** (ERC-20), d. h. identische und austauschbare Token wie z. B. Stablecoins oder DeFi-Token, die einen finanziellen Wert haben und als Zahlungsmittel oder für Investitionen genutzt werden können. Daneben existieren NFTs (ERC-721), die digitale Kunst (dazu sogleich Abschn. 7.3.1), Musik oder Immobilien[19] repräsentieren und einzigartig sind. Zuletzt gibt es **Governance Token**, die Stimmrechte in dezentralen Organisationen (siehe unten Ziffer 7.3.4.1) repräsentieren und für Entscheidungsmechanismen ver-

---

[15] Die Minern oder Stakern als Belohnung für die Erstellung der Blockchain überlassenen Coins werden von diesen in den Verkehr gebracht und dienen als native Währung des jeweiligen Blockchain-Ökosystems.

[16] Assmann/Schütze/Buck-Heeb KapAnlR-HdB/*Eckhold/Schäfer* § 17 Erscheinungsformen von Token Rn. 1; *Martini/Weinzierl*, NVwZ 2017, 1251 (1251); *Rinderle-Ma/Klas*, Blockchain-Technologie, S. 23, 27; *Schrey/Thalhofer*, NJW 2017, 1431 (1432); *Steinrötter*, ZBB 2021, 373 (374).

[17] *Geiling*, BaFin Journal 2/2016, 28 (29); *Hahn/Wilkens*, ZBB 2019, 10 (12); *Martini/Weinzierl*, NVwZ 2017, 1251 (1251); *Schrey/Thalhofer*, NJW 2017, 1431 (1432).

[18] Vgl. *Rathke*, RdF 2023, Heft 02, Umschlagteil, 81.

[19] Kritisch wegen der unzureichenden Funktionalitäten der Blockchain *Hecht*, MittBayNot 2020, 314 (321) *Wilsch*, DNotZ 2017, 761

wendet werden können. Token können auch als Gutscheine oder digitale Wertmarken eingesetzt werden, sodass sie dem Inhaber entweder bestimmte Nutzungsrechte gewähren oder gegen spezifische Dienstleistungen oder Waren eingetauscht werden können (**Utility Token**). Durch Investment-Token können sogar Gesellschaftsrechte oder auch schuldrechtliche Forderungen vermittelt werden.[20] Die vorgenannte Darstellung ist nicht abschließend und sollte anhand einer ökonomisch-funktionalen Betrachtung vorgenommen werden.[21]

Damit zeigt sich, dass Smart Contracts trotz ihrer Bezeichnung keine Verträge im rechtlichen Sinne darstellen, sondern Softwareprogramme, die ggf. einen Vertrag abwickeln soll.[22] In diesem Sinne definiert auch der EU Data Act Smart Contracts als „ein Computerprogramm, das für die automatisierte Ausführung einer Vereinbarung oder eines Teils davon verwendet wird […]".[23] Die (vermeintliche) Regulierung von Smart Contracts i. S. d. Blockchain-Technologie unter dem Data Act hat aufgrund der Anforderung eines sogenannten Kill Switches nach Art. 36(1) lit. (b) EU Data Act zu erheblicher Unruhe in der Blockchain-Industrie geführt, da ein solcher Kill Switch der die einseitige Unterbrechung einer Transaktion erlauben würde der Idee der Dezentralität und Unveränderlichkeit der Blockchain widersprechen würde. Richtigerweise sollten daher im Wege einer teleologischen Reduktion blockchain-basierte Smart Contracts von der weiten Definition von Smart Contracts unter dem EU Data Act ausgenommen werden.[24]

7.3 Rechtliche Problemfelder der Blockchain

Die oben genannten funktionalen Merkmale der Blockchain nämlich Dezentralität, Transparenz, Unveränderlichkeit und Sicherheit führen in der rechtlichen Betrachtung zu teils erheblichen Abweichungen vom klassischen Internetrecht, auf die im Einzelnen punktuell eingegangen werden soll.

---

[20] Zu der vorhergehenden Darstellung *Kälberer*, in: Beck Steuer-Lotse, 1. Aufl. 2024, Blockchain-Technologie: Konzeption, Funktionsweise und Klassifikation.

[21] Vgl. *Hötzel* in Hötzel et al., ifst-Schrift 533, 2020, 26 (30); *Richter/Schlücke*, FR 2019, 407 (407 f.); Sixt, DStR 2020, 1871 (1871 f.).

[22] *Möllenkamp/Shmatenko*, in: Hoeren/Sieber/Holznagel (Hrsg.), Multimedia-Recht, Rn. 72.

[23] VO (EU) 2023/2854 des Europäischen Parlaments und des Rates v. 13.12.2023 über harmonisierte Vorschriften für einen fairen Datenzugang und eine faire Datennutzung sowie zur Änderung der VO (EU) 2017/2394 und RL (EU) 2020/1828 (Datenverordnung) – englische Kurzbezeichnung „Data Act", Art. 2 Nr. 39.

[24] Hierzu *Flöter*, 12 Months to Go: Preparing Blockchain for the Data Act, abrufbar unter: https://medium.com/@blf.io/12-months-to-go-preparing-blockchain-for-the-data-act-5a0217f7d8dc, zuletzt abgerufen: 28.2.2025.

7.3.1 Handel mit digitalen Assets am Beispiel von NFT

Die Blockchain-Technologie wird insbesondere zum Handel mit digitalen Assets verwendet, die in unterschiedlichsten Erscheinungsformen auftreten können. Für die Betrachtung der allgemeinen zivilrechtlichen Fragestellungen sowie angrenzender Fragen des E-Commerce und Urheberrechts, erscheint der Handel mit NFTs beispielhaft und soll daher im Folgenden beleuchtet werden.

7.3.1.1 Rechtsnatur von Token

Token im Allgemeinen werden funktional als digitale Repräsentationen von Werten, Rechten oder Vermögenswerten angesehen, sind jedoch letztlich erstmal nur Datenobjekte, die durch einen Smart Contract erstellt und auf einer Blockchain ausgeführt (deployed) werden.

Für das Zivilrecht sind Token wie andere elektronische Daten keine Sachen i. S. d. § 90 BGB, da sie keine körperlichen Gegenstände sind.[25] Diese Position wurde mittlerweile auch ausdrücklich vom Gesetzgeber bei der Umsetzung der Digitale-Inhalte-RL[26] und des eWpG bestätigt.[27] Damit fehlt es auch an der für eine Analogie erforderlichen, planwidrigen Regelungslücke.

Je nach Ausgestaltung eines einzelnen Tokens oder jedenfalls eines diesen erzeugenden Smart Contracts kann jedoch ein urheberrechtlich geschütztes Computerprogramm i. S. d. §§ 2 Abs. 1 Nr. 1, 69a UrhG vorliegen, dass auch ohne physische Verkörperung urheberrechtlichen Schutz genießt.

Die Rechtsnatur eines Tokens bestimmt sich somit nach seiner Funktion. Regelungen finden sich z. B. für Token als Kryptowerte in § 1 Abs. 11 KWG. Security-Token können als elektronische Wertpapiere nach § 2 Abs. 3 eWpG anzusehen sein. Stablecoins, die als Zahlungsdienste dienen, können unter das ZAG fallen.

7.3.1.2 Smart Contracts und Vertragsschluss

Smart Contracts sind, wie bereits dargestellt, keine Verträge, sondern Computerprogramme, die auf der Blockchain deployed sind und bei entsprechender Programmierung Vertragsinhalte ausführen können. So können z. B. Besucher eines Konzerts ein Proof-of-Attendance-Zertifikat in Form eines NFTs automatisiert generieren lassen oder ein DeFi-Smart Contract nimmt bei Erreichen eines bestimmten Schwellenwerts automatisch eine Buy- oder Sell-Transaktion vor. Der Smart Contract stellt damit einen „digitalen

---

[25] BGH GRUR 2018, 222 Rn. 15; *Boehm/Pesch*, MMR 2014, 75 (77). Mit einem Vorschlag zu einem Privatrecht der Kryptowerte *Omlor*, NJW 2024, 335.
[26] RL (EU) 2019/770 des Europäischen Parlaments und des Rates vom 20.5.2019 über bestimmte vertragsrechtliche Aspekte der Bereitstellung digitaler Inhalte und digitaler Dienstleistungen.
[27] BT-Drs. 19/27653, 84; BT-Drs. 19/26925, 29 (39 f.); *Möllenkamp*, in: Hoeren/Sieber/Holznagel, Handbuch Multimedia-Recht, 61. EL März 2024, Teil 13.6 Blockchain, Kryptowährungen und Token, Rn. 28, 29.

Warenautomaten"[28] dar, während für den Vertragsschluss weiterhin Angebot (§ 145 BGB) und Annahme (§ 147 BGB) erforderlich sind und sich der Inhalt des Vertrags nach den allgemeinen Regeln der Vertragsauslegung nach §§ 133, 157 BGB bestimmt.[29]

Zwar kann Computercode als Ausdrucksform eines Vertragsdokuments fungieren und der Inhalt des Codes könnte Vertragsbestandteil und ggf. sogar eine Allgemeine Geschäftsbedingung i. S. d. §§ 305 ff. BGB werden; es stellen sich jedoch zahlreiche praktische Fragen der wirksamen Einbeziehung derart verfasster AGB gemäß § 305 Abs. 2 BGB und der Wahrung des Transparenzgebots gemäß § 307 Abs. 1 S. 2 BGB.[30] Aus diesem Grund und wegen der Dokumentierbarkeit sollte für Smart Contracts weiterhin ein begleitendes Vertragsdokument genutzt werden, um einen wirksamen Vertragsschluss gewährleisten zu können.[31] Zudem ist die Geschwindigkeit der Datenverarbeitung auf der Blockchain sehr limitiert bzw. kostspielig. Umfangreichere Verträge auf der Blockchain (**on-chain**) abzuwickeln, verbietet sich daher. Vielmehr können nur einzelne Symbole oder Wortkürzel in den Token-Code aufgenommen werden, die dann auf im allgemeinen Internet verfügbare Quellen (**off-chain**) verweisen.

7.3.1.3 NFT im E-Commerce

Ohne Rücksicht auf die Schwierigkeiten bei der Einordnung der Rechtsnatur von Token und Fragen der Anwendbarkeit der kaufrechtlichen Bestimmungen,[32] hat sich in einigen Bereichen zwischenzeitlich ein sehr reger Handel von NFTs, insbesondere als Kunst- und Sammelobjekte, etabliert. Da dieser Handel ausschließlich digital im Wege des Fernabsatzes gemäß § 312c BGB erfolgt sollen die Besonderheiten hinsichtlich des E-Commerce beleuchtet werden.

Besonderheiten ergeben sich insbesondere im Rahmen des gesetzlichen Widerrufsrecht nach § 312g Abs. 1, 355 BGB. Ob überhaupt ein Widerrufsrecht vorliegt, lässt sich im Hinblick § 312g Abs. 2 Nr. 1 BGB diskutieren, wenn ein Nutzer einen individuell gestalteten (customized) NFT durch einen Smart Contract erstellen (**minten**) lässt, da für diesen eine individuelle Auswahl oder Bestimmung durch den Verbraucher maßgeblich geworden ist. Auch könnte eine Analogie zu § 312g Abs. 2 Nr. 8 BGB gezogen werden,

---

[28] Vgl. *Kaulartz/Heckmann,* CR 2016, 618 (621); kritisch insbesondere hinsichtlich beurkundungspflichtiger Verträge mit Blick auf § 17 BeurkG, *Hecht,* MittBayNot 2020, 314.

[29] *Gollrad*, in: Kipker, Cybersecurity, 2. Aufl. 2023, Kapitel 20.2 Blockchain, Smart Contracts und Künstliche Intelligenz, Rn. 60–62; *Kloth,* VuR 2022, 214 (215).

[30] Hierzu z. B. *Fraunhofer FIT,* Chancen und Herausforderungen von DLT (Blockchain) in Mobilität und Logistik, S. 115; *Guggenberger,* in: Leupold/Wiebe/Glossner, IT-Recht, 4. Aufl. 2021, Teil 14.2 Blockchains, Rn. 33; *Heckelmann,* NJW 2018, 504 (505); *Riehm,* in Braegelmann/Kaulartz (Hrsg.), Kapitel 9 Rn. 8, 37 f.; *Schurr,* ZVglRWiss 2019, 257 (266); die Möglichkeit Willenserklärungen in Form von Code auszudrücken ablehnend *Djazayeri,* jurisPR-BKR 12/2016 Anm. 1; *Kaulartz/Heckmann,* CR 2016, 618 (621 f.) lehnen eine Anwendung von § 305 Abs. 2 Nr. 2 BGB im Fall von Smart Contracts ab.

[31] *Siedler,* in: Möslein/Omlor (Hrsg.), FinTech-Handbuch, § 7 S. 147 Rn. 12.

[32] So schon zu Bitcoin, *Boehm/Pesch,* MMR 2014, 75 (78).

wonach ein Widerrufsrecht nicht für Waren oder Dienstleistungen besteht, deren Preis von Schwankungen des Finanzmarktes abhängig ist. Denn NFTs werden oftmals im Rahmen einzelner Verkaufsaktionen vertrieben und den Käufern ist die inhärent unsichere Wertentwicklung bekannt. Auch könnte die Ausnahme des § 312 Abs. 2 Nr. 9 BGB einschlägig sein, nach der ein Widerrufsrecht nicht für Verträge gilt, die durch Warenautomaten oder in automatisierten Geschäftsräumen abgeschlossen werden.[33] Soweit Smart Contracts als digitale Warenautomaten gesehen werden (s.o.), erscheint die Parallel naheliegend. In der Literatur wird diese Ausnahme jedoch abgelehnt, da der europäische Gesetzgeber den Verbraucherschutz nur in den Fällen als unverzichtbar erachtet habe, in denen der Kunde den Vertragsgegenstand bereits bei Vertragsschluss unmittelbar wahrnehmen kann.[34]

Soweit kein gesetzlicher Ausnahmetatbestand besteht, sollten gewerbliche Anbieter von NFTs prüfen, ob ein Verzicht des Käufers auf das Widerrufsrecht nach § 356 Abs. 5 BGB möglich ist. Denn der Vertrieb eines NFTs ist als eine Bereitstellung von nicht auf einem körperlichen Datenträger befindlichen digitalen Inhalten anzusehen, sodass das Widerrufsrecht des Verbrauchers dann mit Beginn der Vertragserfüllung erlischt, wenn u. a. der Verbraucher (i) ausdrücklich zugestimmt hat, dass der Unternehmer mit der Vertragserfüllung vor dem Ablauf der Widerrufsfrist beginnt und (ii) der Verbraucher seine Kenntnis von diesem Erlöschen bestätigt hat.

Sollten Verträge tatsächlich z. B. aufgrund des Widerrufsrechts rückabgewickelt werden, hat dies durch die Unveränderlichkeit der Blockchain grundsätzlich keine Sonderprobleme zur Folge.[35] Die materiell-rechtliche Gültigkeit hängt nicht von den Einträgen in der Blockchain ab, sodass es ausreichend ist, z. B. durch eine Rückübertragung den ursprünglichen Zustand wiederherzustellen.[36] Besonderheiten können jedoch auftreten, wenn der besondere Wert eines NFT daher rührt, dass er entweder „frisch geminted" ist oder seine Provenienz einen besonderen Wert ausmacht. Derartige wertbildende Faktoren können auf der unveränderlichen Blockchain nicht rückgängig gemacht werden, sodass möglicherweise dem Verkäufer ein Wertersatz nach § 346 Abs. 2 oder § 357a BGB zustehen könnte. Die Ausnahmevorschrift des § 357a Abs. 3 BGB, wonach der Verbraucher im Falle des Widerrufs eines Vertrags über die Bereitstellung von nicht auf einem körperlichen Datenträger befindlichen digitalen Inhalten, keinen Wertersatz leisten muss, passt möglicherweise nicht ganz auf die Situation, in der ein digitaler Inhalt (NFT) nicht ohne Beeinträchtigung des Provenienzwerts zurückgewährt werden kann.

---

[33] *Fries*, in: Möslein/Omlor (Hrsg.), FinTech-Handbuch, § 9 S. 213 Rn. 27.
[34] Brägelmann/Kaulartz/Spindler/*Wöbbeking*, Rechtshandbuch Smart Contracts, 2019, Kap. 11 Rn. 12; allgemeiner *Wendehorst*, MüKoBGB, 8. Aufl. 2019, § 312 Rn. 72 f.
[35] *Guggenberger*, in: Leupold/Wiebe/Glossner, IT-Recht, 4. Aufl. 2021, Teil 14.2 Blockchains, Rn. 33; *Paulus/Matzke*, ZfPW 2018, 431 (460).
[36] *Paulus/Matzke*, ZfPW 2018, 431 (460).

7.3.1.4 NFT und Urheberrecht

Im Zusammenhang mit NFT-Kunst wird des Öfteren die Frage diskutiert, ob die Inhaberschaft an einem NFT tatsächlich auch die Inhaberschaft an dem Kunstwerk, zumeist in Form von Computerkunst,[37] vermittelt. Hintergrund ist, dass in der Denke des web3 immaterielle Güter genauso wie physische Güter „besessen" werden können. Klarzustellen ist jedoch, dass auch der Erwerber eines physischen Kunstwerke lediglich Eigentum an der Verkörperung des Kunstwerks besitzt und nicht auch „Eigentum" an dem in diesem verkörperten immateriellen Werk i. S. d. § 2 UrhG. Inhaber des Werks ist und bleibt der Urheber. Es stellt sich daher vielmehr die Frage, ob der Erwerber eines NFTs urheberrechtliche Nutzungsrechte gemäß § 31 UrhG an dem digitalen Kunstwerk (**artwork**) erhält.

Zunächst ist der technische Hintergrund zu betrachten.[38] Der NFT ist ein Token, also ein Datenobjekt, mit nur wenigen Kilobyte an Kapazität, die regelmäßig nicht ausreichen, um ein digitales Vervielfältigungsstück eines Kunstwerks zu speichern. Typischerweise enthält der NFT daher einen Link auf die URL-Adresse eines off-chain Speicherorts, z. B. im ebenfalls dezentralen InterPlanetary File System oder dem Permaweb Anbieter Arweave. Auch an dieser digitalen Kopie kann keine Inhaberschaft oder sogar Eigentum vermittelt werden, da sie wiederum z. B. eine JPEG- oder GIF-Datei darstellt. Da die URL-Adresse des Kunstwerks regelmäßig öffentlich zugänglich ist, besteht nichtmals eine faktische Exklusivität an dem Werk – wie auch bei der für 69 Mio. Dollar bei Christie's versteigerten NFT-Collage „Everdays: The First 5000 Days"[39]

Das Minting eines NFTs einschließlich der Vorbereitungshandlungen und der Speicherung des digitalen Kunstwerks im IFPS, kann grundsätzlich als urheberrechtlich relevante Handlung und ggf. sogar als eigenständige Nutzungsart[40] angesehen werden. Es stellt sich allerdings die Frage, ob mit dem Erwerb eines NFTs ebenso der Erwerb von urheberrechtlichen Nutzungsrechten i. S. d. § 31 UrhG an dem durch den NFT repräsentieren und digital gespeicherten Kunstwerk verbunden ist. Dies erfordert vor allem auch im Fall von NFT-Kunst, eine ausdrückliche Vereinbarung. Eine solche kann z. B. in den AGB der genutzten Verkaufsplattform, in der Verkaufsbeschreibung des NFTs oder durch eine Lizenzvereinbarung, die in die Metadaten-Datei eingebunden wird, enthalten sein.[41]

---

[37] Zu Einordnung von Computerkunst als Werk der bildenden Kunst: KG ZUM-RD 2020, 301 (304); Schricker/Loewenheim, Urheberrecht/*Loewenheim/Leistner*, 6. Aufl. 2020, § 2 Rn. 169.

[38] Ein guter Überblick findet sich bei *Kucsko/Pabst/Tipotsch/Tyrybon*, ecolex 2021, S. 495. Siehe zum Folgenden auch *Ehinger/Hugendubel*, GRUR 2023, 1074.

[39] Abrufbar unter: https://ipfsgateway.makersplace.com/ipfs/QmZ15eQX8FPjfrtdX3QYbrhZ-xJpbLpvDpsgb2p3VEH8Bqq, zuletzt abgerufen: 28.2.2025.

[40] *Ehinger/Hugendubel*, GRUR 2023, 1074.

[41] *Heine/Stang*, MMR 2021, 755 (757); *Kucsko/Pabst/Tipotsch/Tyrybon*, ecolex 2021, 495 (498); *Kaulartz/Schmid*, CB 2021, 298 (300).

Eine stillschweigende Rechteeinräumung erfolgt in der Regel nicht.[42] Zwar könnte man eine konkludente Einigung zwischen den Parteien annehmen, so etwa durch die Einbeziehung der Verkaufsplattform als Empfangsvertreterin nach § 164 Abs. 3 BGB oder unter Heranziehung von § 151 BGB.[43] Allerdings lässt sich aus dem Verhalten der Beteiligten in der Praxis meist nicht mit der erforderlichen Eindeutigkeit ableiten, dass der Verkäufer dem Käufer tatsächlich bestimmte Nutzungsrechte einräumen wollte.[44] Wenn schon beim Verkauf eines physischen Originalwerks im Zweifel davon auszugehen ist, dass dem Erwerber keine urheberrechtlichen Nutzungsrechte zustehen (§ 44 Abs. 1 UrhG), muss dies umso mehr für die Übertragung eines NFTs gelten.[45]

Auch im Hinblick auf den Vertragszweck (§ 31 Abs. 5 UrhG) ist eine automatische Rechteeinräumung nicht zwingend notwendig.[46] Die berechtigten Interessen des Käufers sind in der Regel bereits durch die gesetzlich erlaubten Nutzungen (§§ 44a ff. UrhG) ausreichend geschützt.[47] Hierbei ist jedoch wieder zu unterscheiden: Der Handel mit NFT-Kunst, d. h. insbesondere die Übertragung des NFTs von einem Verkäufer zu einem Käufer geschieht durch den Transfer des Token von der Verkäufer-Wallet zur Käufer-Wallet. Hierin ist keine urheberrechtlich relevante Nutzung des digitalen Kunstwerks zu sehen, sofern dieses an seinem Speicherort verbleibt. Die mit der Nutzung als NFT-Kunst einhergehenden typischen Nutzungshandlungen hinsichtlich des digitalen Vervielfältigungsstücks wie z. B. der Download in ein Software-Wallet zur Offline-Nutzung, der Upload in den Cloud-Speicher von Handelsplattformen wie OpenSea, oder auch die Verwendung als Profil-Avatar in Social Media Plattformen wie im Falle von CryptoPunks, sind typischerweise schon über eine konkludente Rechteeinräumung auf Grundlage der Vertragszwecktheorie[48] gestattet. Über die vorgenannten Nutzungsrechte hinausgehende oder hiervon abweichende Nutzungsrechtseinräumungen finden sich oftmals in den AGB der jeweiligen Kunstprojekte.[49] Hierbei stellen sich insbesondere Fragen zur wirksamen Einbeziehung i. S. d. § 305 Abs. 2 BGB, wenn NFTs nicht direkt vom originären Rechteinhaber, sondern über Zweitmärkte erworben werden. In der Praxis hat sich etabliert, entweder einen URL-Verweis auf die AGB oder sogar Lizenzkürzel in die NFTs aufzunehmen.

---

[42] Ablehnend auch: *Hoeren/Prinz*, CR 2021, 565 (567); *Heine/Stang*, MMR 2021, 755 (757); *Kaulartz/Schmid*, CB 2021, 298 (300); für das österreichische Recht: *Pabst/Tipotsch*, ecolex 2021, 507.
[43] Allgemein: *Kaulartz/Matzke*, NJW 2018, 3278 (3280); Maume/Maute, Kryptowerte-HdB/*Maute*, § 5 Rn. 18; *Paulus/Matzke,* ZfPW 2018, 431 (453); ablehnend: *Omlor*, ZHR 183 (2019), 294 (327).
[44] Dazu: BGH GRUR 2010, 628 (631) – *Vorschaubilder*; BGH GRUR 1971, 362 (363) – *Kandinsky II*.
[45] *Heine/Stang*, MMR 2021, 755 (757).
[46] *Guntermann*, RDi 2022, 200 (202).
[47] I.E. auch: *Fersenmair/Faßbender*, SpoPrax 2021, 358 (362 f.); *Rauer/Bibi*, ZUM 2022, 20 (27, 29).
[48] Auch: Zweckübertragungslehre/Zweckübertragungstheorie; BGH GRUR 1960, 609 (611).
[49] Bored Ape Yacht Club abrufbar unter: https://yuga.com/terms/?_gl=1%2a1uzu2si%2a_gcl_au%2aMTMxMzMzNjMxNS4xNzQwNjczNTAx; König Galerie AGB abrufbar unter: https://www.koeniggalerie.com/policies/terms-of-service; NBA Top Shot abrufbar unter: https://nbatopshot.com/terms.

7.3.2 IT-Vertragsrecht und Blockchain

7.3.2.1 Layer-Architektur der Blockchain-Industrie

Die Blockchain-Industrie mit ihren verschiedenen Blockchains, Diensten und Produkten ist in einer Mehrschichtenarchitektur (**Layer-Architektur**) aufgebaut, die darauf abzielt, Blockchain-Netzwerke effizienter, skalierbarer und nutzerfreundlicher zu gestalten und so eine Vielzahl von B2B- und B2C-Produkten zu ermöglichen.

Auf der untersten Ebene (Layer 1) befindet sich die grundlegende Blockchain-Infrastruktur mit den Konsensmechanismen. Beispiele hierfür sind Bitcoin, Ethereum, Solana oder Avalanche. Auf der nächsthöheren Ebene (Layer 2) finden sich Skalierungslösungen, die auf Layer 1 aufbauen und schnellere sowie kostengünstigere Transaktionen ermöglichen. Dazu zählen Polygon, Arbitrum oder Lightning Network. Auf der obersten Ebene (Layer 3) finden sich schlussendlich die Anwendungen, die auf Layer 2 oder Layer 1 basieren wie etwa B2C-Apps, DeFi-dApps und ähnliche Endnutzer-Anwendungen.

Endnutzer-Apps auf der höheren Anwendungsebene, die oft als Layer 3 bezeichnet wird, sind in erster Linie als Benutzeroberflächen konzipiert, um eine einfache und benutzerfreundliche Interaktion mit den darunterliegenden Layer 1- oder Layer 2 zu ermöglichen. Dazu gehören **Software Wallets** wie MetaMask, die es Nutzern ermöglichen, private Schlüssel sicher zu verwalten, Kryptowährungen zu speichern und Transaktionen zu signieren. Diese sogenannten non-custodial Wallets fungieren als Schnittstelle zur Blockchain und ermöglichen die Verwaltung digitaler Assets. Darüber hinaus entstehen auf dieser Anwendungsebene völlig neue Dienste, die ohne die zugrunde liegende Blockchain-Infrastruktur nicht existieren würden. Dazu gehören beispielsweise NFT-Marktplätze wie OpenSea. Ebenso zählt das sogenannte **Metaverse** sowie der **Web3-Gaming-Sektor** mit Blockchain-basierten Play-to-Earn-Spielen zu diesen innovativen Entwicklungen.

Die verschiedenen Layer in der Blockchain-Architektur sind nicht isoliert, sondern wirtschaftlich und technologisch eng miteinander verflochten. Unternehmen und Projekte, die auf diesen Schichten operieren, sind voneinander abhängig und interagieren auf unterschiedliche Weise. Anbieter auf Layer 1, als Anbieter der Kerninfrastruktur, verdienen durch Transaktionsgebühren (Gas Fees) für Transaktionen einzelner Token auf der jeweiligen Blockchain. Anbieter auf Layer 2 können wiederum durch Arbitragehandeln oder Skalierungsdienste ebenfalls Anteile an den Gas Fees verdienen. Anbieter auf Layer 3 richten sich meist an den Endkunden und erzeugen Nachfrage nach den Produkten und Diensten von Layer 1 und Layer 2 Produkten. Sie können Einnahmen entweder über Nutzerentgelte oder durch Anteile an Gas Fees erzielen, wenn sie Nutzer-Traffic auf tieferliegende Ebenen leiten. Die Layer-Architektur ist zudem auf die Förderung des gesamten Ökosystems ausgerichtet: Je mehr Anwendungen auf einer Layer-1-Blockchain basieren, desto attraktiver wird diese Blockchain. So profitiert z. B. Ethereum von DeFi, wohingegen Solana für NFTs geeignet ist. Erfolgreiche Blockchain-Projekte zeichnen sich daher meist dadurch aus, dass möglichst viele Layer-3-Angebote auf diese Verfügbar sind.

Eine Besonderheit ergibt sich zudem aus dem international fragmentierten regulatorischen Umfeld. Verschiedene Jurisdiktionen bieten unterschiedlich viel Spielraum für Krypto-Produkte und -Dienstleistungen. Dies kann zur Folge haben, dass beispielsweise die Ausgabe von Tokens (technische gesehen das Frontend) von einer Gesellschaft in Übersee durchgeführt wird, während die Entwicklung der Software, die das Geschäftsmodell unterstützt (das Backend), von einer Gesellschaft in Deutschland betrieben wird. Gleichzeitig könnte die Verwaltung der Konzernstruktur ihren Sitz in der Schweiz haben. Solche internationalen Verflechtungen erfordern klare Zuständigkeitsregelungen in den entsprechenden Vertragswerken.

7.3.2.2 Besonderheiten für IT-Verträge

Für die Vertragsbeziehungen zwischen den Teilnehmern der oben skizzierten Layer-Architektur haben sich eigene IT-vertragsrechtliche Besonderheiten herausgebildet, deren Systematisierung hier versucht werden soll. Zunächst ist zwischen den Vertragstypen zu unterscheiden. Häufig verwenden die Parteien ein sogenanntes **Memorandum of Understanding** oder einen **Letter of Intent**, die keinen Rechtsbindungswillen i. S. d. § 145 BGB enthalten, sodass aus diesen keine einklagbaren Rechte und Pflichten abgeleitet werden könne. Dennoch stellen diese Dokumente oft die einzige und abschließende Regelung der Zusammenarbeit dar. Deutlich konkretisierter sind individuelle **Projektverträge**, die im B2B-Bereich verbindliche Kooperationen begründen sollen. Mit zunehmender Standardisierung der Produkte und Dienste, insbesondere im B2C-Bereich, finden sich auch **Allgemeine Geschäftsbedingungen**, die die rechtlichen Rahmenbedingungen der Zusammenarbeit festlegen

Die typischen Vertragskonstellationen richten sich nach den Produkten und Dienstleistungen, die in der Blockchain-Industrie anzutreffenden sind. Im B2C-Bereich sind z. B. Software Wallets, Smart Contract Wallets, Gaming-dApps, Marktplätze und DeFi dApps zu nennen. Die Integration und Schnittstellen zwischen B2B-Anwendungen machen den Großteil der Layer 2-Infrastruktur aus und werden über Integrationsverträge, Datennutzungsverträge und Schnittstellenvereinbarungen realisiert. Hierbei sind Fragen zu klären, wie z. B. die Art und Qualität der auszutauschenden Daten, deren Verfügbarkeit und die Aktualisierungsintervalle sowie die zu vereinbarenden Service Level Vereinbarungen (SLAs). Es ist wichtig zu betonen, dass nicht alle dieser Services unmitelbar auf der Blockchain (on-chain) laufen, sondern oftmals auf zentralen Servern gehosted werden (off-chain), um die erforderliche Rechenleistung zu erlangen und gleichzeitig Kosten (Gas Fee) zu minimieren. Damit Smart Contracts auf off-chain Daten zugreifen können und damit Transaktionen dieser Daten die Vorzüge der Blockchain hinsichtlich Sicherheit, Dezentralität und Transparenz nutzen können, müssen diese zunächst on-chain verfügbar gemacht werden. Dies erfolgt durch sogenannte Data Oracles, d. h. Schnittstellen, die zwischen der Blockchain und externen Datenquellen vermitteln. So liefern z. B. DeFi-Oracles Preisfeeds für Token-Preise auf Handelsplattformen, damit ein Smart Contract bei Erreichen einer einprogrammierten Preisschwelle ein Handelstransaktion vornimmt. Ebenso liefern z. B. Business Intelligence- und IT-Security-Dienste Informationen über auffällige Token-Transaktionen, die es Smart Contracts ermöglichen, automatisiert Gegenmaßnahmen zu ergreifen.

Verallgemeinerbare Gestaltungshinweise für derartige IT-Verträge oder Nutzungsbedingungen in Form von AGB zu geben, ist schwierig. Bei der Formulierung der Verträge ist es wichtig, die Zielgruppe des jeweiligen Vertrags zu berücksichtigen. Während Projektverträge hauptsächlich nur den Parteien bekannt sind, sind B2B- und B2C-Nutzungsbedingungen öffentlich zugänglich. Diese Verträge werden also nicht nur von den Kunden, sondern auch von zuständigen Aufsichtsbehörden, Verbänden, und Wettbewerbern wahrgenommen und sollten daher mit besonderem Augenmerk auf die juristisch korrekte Darstellung des Geschäftsmodells formuliert werden, um rechtliche Konflikte zu vermeiden.

Die angebotenen Produkte und Services sollten stets so präzise wie möglich beschrieben werden, aber gleichzeitig sollte Spielraum für künftige Produktänderungen vorgesehen werden, um die Anpassung der AGB zu vermeiden. Zwar werden eine Vielzahl von Verträgen als on-demand-WebApp angeboten, sodass bei jedem neuen Login mittels Wallet Connect ein (neuer) Vert

rag zustande kommt. Bei der Verwendung von Nutzeraccounts hingegen müssen geänderte AGB gemäß § 305 Abs. 2 BGB durch Mitteilung an den Nutzer neu einbezogen werden. Dies kann im Krypto-Bereich, wo die Einrichtung von Nutzeraccounts oftmals nicht die Hinterlegung von E-Mail-Adressen erfordert, Schwierigkeiten bereiten.

Bei der Einbindung von Dritt-Diensten in das eigene Angebot steht die Haftungsvermeidung für Ausfall oder Fehlerhaftigkeit dieser Dienste im Vordergrund. Werden z. B. Preisfeeds von Handelsplätzen eingebunden, soll keine Haftung für die Fehlerhaftigkeit oder Verzögerungen der Datenübermittlung und die daraus resultierenden Nutzerentscheidungen übernommen werden. Neben einer klaren Abgrenzung von eigenen und Dritt-Diensten in den Nutzungsbedingungen ist daher wichtig, dass der Nutzer auch in der Benutzeroberfläche der Web- oder MobileApp deutlich erkennen kann, von welchem Dritt-Dienst die jeweiligen Inhalte stammen.

7.3.2.3 Open Source Software

Open Source Software (**OSS**) bezeichnet Software, deren Quellcode unter einer Lizenz veröffentlicht wird, die dessen kostenlose Nutzung durch Jedermann regelt.[50] Hinsichtlich der OSS-Lizenztypen wird zwischen permissiven und solchen mit sogenannten copyleft-Effekt unterschieden. Letzterer besagt, dass Bearbeitungen der Software für die Allgemeinheit veröffentlicht werden müssen. Kommt der Nutzer dieser Verpflichtung nicht nach, verletzt er die Lizenzbedingungen und sieht sich ggf. urheberrechtlichen Unterlassungsansprüchen ausgesetzt.[51]

---

[50] Zum Einsatz von Open Source Softwre im Zusammenhang mit Distributed Ledger Technologien, *Jacobs*, DSRITB 2017, 795.
[51] Vgl. *Grützmacher*, in: Wandtke/Bullinger, UrhG, § 69c Rn. 119; *Schöttle*, in: Marly SoftwareR-HdB, § 12 Rn. 208 ff.

Die für den Betrieb und Nutzung von öffentlichen Blockchains erforderliche Software wird fast immer als OSS veröffentlicht.[52] Die Softwareentwicklung wird meist von DAOs (siehe unten) finanziert und gefördert, die die Blockchain-Projekte initiiert haben, wie z. B. der Ethereum Foundation. Der Software-Stack, insbesondere die on-chain Komponenten wie Smart Contracts, Oracles, und Protokolle, sowie die off-chain Software wie Interfaces, rechenintensivere Backends und Speichersysteme, werden der Entwickler-Community zur freien Verwendung zu Verfügung gestellt. Die Veröffentlichung der Software als OSS verhindert übrigens nicht die Monetarisierbarkeit der darauf aufbauenden Produkte und Services. Diese ergibt sich nur eben aus anderen Quellen wie z. B. ergänzenden Service Leistungen, (exklusiven) Kooperationen, Anteiligen Gas Fees, oder der Lead-Generierung.

Für die Verwendung von OSS im Rahmen der oben skizzierten Blockchain-Industrie ist zu berücksichtigen, dass die Haftung für Rechts- und Sachmängel von OSS regelmäßig auf Vorsatz und grober Fahrlässigkeit analog §§ 521, 599 beschränkt ist. Parallel hierzu wird die neue EU-Produkthaftungsrichtlinie[53] zwar gemäß Art. 4 Nr. 1 erstmalig auch Software als Produkt erfassen, aber explizit freie und quelloffene Software, die außerhalb einer Geschäftstätigkeit entwickelt oder bereitgestellt wird, von ihrem Anwendungsbereich ausnehmen, vgl. Art. 2 Abs. 2 der Richtlinie. Für die Blockchain-Industrie wird sich hier möglicherweise die Frage stellen, ob die Entwicklung von OSS mithilfe indirekter Finanzierungsmechanismen (s.o.) zumindest mittelbar als geschäftliche Tätigkeit anzusehen wäre. Insbesondere im Hinblick auf Haftungsrisiken wegen CyberSecurity-Vorfällen sollten daher ergänzende Haftungsregelungen aufgenommen und ggf. umfassende Haftungsausschlüsse bei gleichzeitigen OSS-Audits vorgesehen werden.

7.3.3 Datenschutzrecht und Blockchain

Das Datenschutzrecht und die Blockchain-Technologie erscheinen in manchen Aspekten konträr und unvereinbar. In der Praxis müssen diese Widersprüche pragmatisch aufgelöst werden.[54]

7.3.3.1 Anwendbarkeit der DS-GVO

Der **territoriale Anwendungsbereich** der DS-GVO ergibt sich gemäß Art. 3 Abs. 1 DS-GVO, soweit die Verarbeitung von personenbezogenen Daten im Rahmen der Tätigkeit einer Niederlassung eines Verantwortlichen oder eines Auftragsverarbeiters in der Union

---

[52] Vgl. *Jacobs*, DSRITB 2017, 795 (801 ff.).
[53] Richtlinie (EU) 2024/2853 des Europäischen Parlaments und des Rates vom 27. Oktober 2024 über die Haftung für fehlerhafte Produkte und zur Aufhebung der Richtlinie 85/374/EWG des Rates.
[54] Eine umfassende Behandlung bietet European Parliamentary Research Service, Blockchain and the General Data Protection Regulation, July 2019.

erfolgt oder gemäß Art. 3 Abs. 2 lit. a DS-GVO in Fällen, in denen nicht in der EU ansässige Verantwortliche und Auftragsverarbeiter die Datenverarbeitung im Zusammenhang mit dem Angebot von Waren oder Dienstleistungen an Personen in der EU durchführen. Es werden damit auch international dezentral organisierte Unternehmen erfasst, deren Hauptsitz möglicherweise nicht in der EU ist, soweit sie ihre Produkte Personen in der EU anbieten.

In **sachlicher Hinsicht** erfasst die DS-GVO die Verarbeitung personenbezogener Daten i. S. d. Art. 4 Nr. 1 DS-GVO, d. h. solcher Informationen, die sich auf eine identifizierte oder identifizierbare natürliche Person beziehen. Der Begriff ist grundsätzlich weit zu verstehen und im Zusammenhang mit Blockchain-bezogenen Geschäftsmodellen kommen insbesondere Public Keys als personenbezogene Daten in Betracht. Zwar lässt sich anhand der Zahlenfolge eines Public Keys nicht unmittelbar die Identität der dahinterstehenden Person bestimmen. Allerdings können mit entsprechendem technischem und investigativem Aufwand sowie speziellen Analysewerkzeugen oft Verknüpfungen zu realen Identitäten hergestellt werden.[55] Folge ist, dass auch sämtliche vorgenommene Transaktionen nachvollziehbar werden.[56] Daneben können ggf. auch die Transaktionsdaten selbst als personenbezogene Daten eingestuft werden.[57]

Nur dann, wenn Daten irreversibel **anonymisiert** sind – also auch mit zusätzlichen Informationen keine Identifizierung einer natürlichen Person mehr möglich ist – fallen sie nicht in den Geltungsbereich der DS-GVO.[58] Allerdings bieten gängige Blockchain-Systeme lediglich eine Pseudonymisierung der Transaktionsdaten, keine vollständige Anonymisierung.[59]

7.3.3.2 Verantwortliche Stelle

Die Pflichten der DS-GVO treffen vorranging den datenschutzrechtlich Verantwortlichen i. S. d. Art. 4 Nr. 7 DS-GOV, d. h. die Stelle, die allein oder gemeinsam mit anderen über die Zwecke und Mittel der Verarbeitung von personenbezogenen Daten entscheidet. Die Identifikation des für die Datenverarbeitung durch die Blockchain Verantwortlichen bereitet Schwierigkeiten, da die Blockchain typischerweise dezentral und parallel auf einer Vielzahl von Nodes verarbeitet wird.[60]

---

[55] European Parliamentary Research Service, Blockchain and the General Data Protection Regulation, July 2019, S. 26.
[56] *Schrey/Thalhofer*, NJW 2017, 1431 (1433).
[57] *Finck*, EDPL 1/2018, 17 (22).
[58] *Art.-29-Datenschutzgruppe*, WP216, S. 9 ff.
[59] *Art.-29-Datenschutzgruppe*, WP216, S. 24 f.
[60] *Guggenberger*, in: Leupold/Wiebe/Glossner, IT-Recht, 4. Aufl. 2021, Teil 14.2 Blockchains, Rn. 24; Ebers/Heinze/Krügel/*Steinrötter*, Künstliche Intelligenz und Robotik, 1. Auflage 2020, § 27, Rn. 28 ff.; *Schrey/Thalhofer*, NJW 2017, 1431 (1433).

Im Ausgangspunkt lässt sich zwischen der Verantwortlichkeit bei permissioned und permissionless Blockchains unterscheiden.[61] Im Fall einer permissioned Blockchain (siehe oben) ist der Betreiber Verantwortlicher und entscheidet über die Zwecke und Mittel der Verarbeitung. Werden mehrere Nodes tätig, könnte sogar über eine gemeinsame Verantwortlichkeit gemäß Art. 26 DS-GVO nachgedacht werden. Im Fall von permissionless Blockchains hingegen entscheidet jeder Node durch die Wahl und Nutzung einer bestimmten Version der Client-Software eigenständig über die Zwecke und Mittel der Datenverarbeitung.[62] Reine Miner sollen nach Ansicht der französischen CNIL richtigerweise nicht als für die Datenverarbeitung Verantwortliche angesehen werden, da sie lediglich technische Aufgaben durchführen und nicht Daten in die Blockchain eintragen.[63] Da permissionless Blockchains in der Regel aus einer sehr großen Anzahl von Nodes bestehen, kann eine gemeinsame Verantwortlichkeit nach Art. 26 DS-GVO auf Grundlage einer bewussten Entscheidung über die gemeinschaftliche Datenverarbeitung nicht angenommen werden.[64]

Ein Folgeproblem stellt sich für Unternehmen, die auf Layer 2 und Layer 3 der Blockchain-Industrie tätig sind und auf die Verarbeitungsprozesse der Layer 1 Blockchains zurückgreifen. Für diese wäre zu klären, ob sie nicht Nodes auf Layer 1 als Auftragsverarbeiter einsetzen oder mit diesen (auch) gemeinsame Verantwortlichkeit besteht.[65] Aufgrund der unterschiedlichen Verarbeitungszwecke (Mining von Coins vs. Erbringung von Services auf Layer 2), scheint eine gemeinsame Bestimmung der Zweck und Mittel der Verarbeitung aber kaum überzeugend.

7.3.3.3 Legitimationsgrundlage der Datenverarbeitung

Nach allgemeinen Regeln des Datenschutzrechts ist auch im Blockchain-Bereich die Verarbeitung von personenbezogenen Daten nur auf Grundlage einer Einwilligung oder eines gesetzlichen Erlaubnistatbestands zulässig. Im Fall von permissioned Blockchains, wie diese z. B. in der Industrie verwendet werden, ist die datenschutzkonforme Ausgestaltung durchaus möglich.[66] Im Fall von öffentlichen Blockchains ist insbesondere die Einholung von informierten, ausdrücklichen und wirksamen Einwilligungen der Betroffenen i. S. d. Art. 6 Abs. 1 lit. a DS-GVO nahezu ausgeschlossen. Die Datenverarbeitung könnte jedoch ggf. durch den Zweck der Erfüllung eines Schuldverhältnisses nach Art. 6 Abs. 1

---

[61] Zur folgenden Darstellung *Schrey/Thalhofer*, NJW 2017, 1431 (1433); *Martini/Weinzierl*, NVwZ 2017, 1251 (1253).
[62] *Schrey/Thalhofer*, NJW 2017, 1431 (1434).
[63] CNIL, Blockchain and the GDPR – Solutions for a responsible use of the blockchain in the context of personal data (2018), S. 2.
[64] *Schrey/Thalhofer*, NJW 2017, 1431 (1434).
[65] Ohne jedoch nach den verschiedenen Strukturebenen zu unterscheiden CNIL, Blockchain and the GDPR – Solutions for a responsible use of the blockchain in the context of personal data (2018), S. 3; *Janicki/Saive*, ZD 2019, 251 (255).
[66] Ebers/Heinze/Krügel/*Steinrötter*, Künstliche Intelligenz und Robotik, 1. Auflage 2020, § 27, Rn. 37.

lit. b DS-GVO gerechtfertigt werden, soweit einzelne Transaktion für den Nutzer vorgenommen werden. Der dauerhafte Verbleib der Daten auf der Blockchain könnte so aber nicht gerechtfertigt werden.[67] Letztlich bleibt die Überlegung, dass dieserart Datenverarbeitung gerade aus der Natur der Blockchain folgt und im Rahmen der Interessenabwägung nach Art. 6 Abs. 1 lit. f DS-GVO zu berücksichtigen ist.

7.3.3.4 Durchsetzung von Betroffenenrechten

Die DS-GVO steht erkennbar in einem grundlegenden Widerspruch zur Blockchain-Technologie, wie sich im Fall der Betroffenenrechte deutlich zeigt. Insbesondere bei öffentlichen Blockchains ist es für betroffene Personen praktisch unmöglich, ihre Rechte durchzusetzen.[68] Diese scheitert oft schon daran, dass weder die Verarbeitung als solche noch die Identität des Verantwortlichen bekannt sind.[69] Ein zentraler Konflikt mit dem Datenschutzrecht zeigt sich hinsichtlich des „Recht auf Vergessenwerden". So müsste eine betroffene Person zur Durchsetzung ihres Anspruchs auf Löschung ihrer personenbezogenen Daten gemäß Art. 17 Abs. 1 DS-GVO letztlich verlangen, die gesamte Blockchain zu löschen oder mit erheblichem technischem Aufwand, z. B. durch Forking,[70] zu manipulieren. Dieses Verlangen erschiene für die Verbreitung der Blockchain-Technologie prohibitiv. Da die Betroffenenrechte des Datenschutzrechts für die Subjekte aber auch nicht disponibel sind,[71] lassen sich diese nicht mit einem Verweis auf die Natur der Blockchain vertraglich ausschließen.

7.3.4 Gesellschaftsrechtliche Aspekte

7.3.4.1 Dezentrale Autonome Organisationen

Eine Dezentrale Autonome Organisationen (**DAO**) ist eine nicht anerkannte Gesellschaftsform sui generis, die mit dem Aufkommen der Blockchain-Technologie entstanden ist.[72] Leitidee der DAOs ist, eine Organisation ohne zentrale Führung oder menschliche Hierar-

---

[67] Ebenda, Rn. 40.
[68] *Finck*, EDPL 1/2018, 17 (26 f.).
[69] *Guggenberger*, in: Leupold/Wiebe/Glossner, IT-Recht, 4. Aufl. 2021, Teil 14.2 Blockchains, Rn. 30.
[70] *Bechtolf/Vogt*, ZD 2018, 66 (70); durch Löschung der Zuordnungsdaten *Martini/Weinzierl*, NVwZ 2017, 1251 (1255).
[71] *Schrey/Thalhofer*, NJW 2017, 1431 (1435).
[72] Grundlegend: United States Securities and Exchange Commission, Report of Investigation Pursuant to Section 21(a) of the Securities Exchange Act of 1934: The DAO, Release o. 81207, 2017, abrufbar unter: https://www.sec.gov/files/litigation/investreport/34-81207.pdf. Aus deutscher Sicht: *Blunk*, in: Steege/Chibanguza (Hrsg.), Metaverse Rechtshandbuch, § 22, S. 374, Rn. 4; *Hahn*, NZG 2022, 684 ff.; *Mienert*, Dezentrale autonome Organisationen und Gesellschaftsrecht, 2022. S. 79; *Mann*, NZG 2017, 1014 ff.; *Spindler*, RDi 2021, 309 (311). Zu einer Untersuchung der Polkadot-Governance mit der Folgerung der Parallele zur Genossenschaft: *Hemmelmayer*, Polkadot Governance versus Rechtliche Konzepte für Unternehmen, Staaten und DAOs, in: Konferenzband zum Scientific Track der Blockchain Autumn School 2022, Hochschule Mittweida, 2022, Heft 2, S. 79 ff.

chien zu schaffen, die vollständig dezentralisiert und autonom auf einer Blockchain verwaltet wird. Ähnliche einer Allmende-Verwaltung für physische Güter, soll die Verwaltung digitaler Güter im Konsensverfahren ermöglicht werden. Nutzung und Abstimmung über das gemeinschaftliche Gut erfolgt mittels Governance-Token. Indem das Abstimmungsverhalten auf der Blockchain verzeichnet wird, ist dieses innerhalb einer DAO nachvollziehbar und transparent. Die Gegenstände der gemeinschaftlichen Verwaltung können unterschiedlichster Art sein, von der Verwaltung von Blockchain-Infrastrukturen (Uniswap DEX) zu virtuellen Welten (Decentraland DAO) über Web3-Gaming (Yield Guild Games) zu Social & Community Projekten.

Nach deutschem Recht werden DAOs bei entsprechendem Rechtsbindungswillen teilweise als Gesellschaf bürgerlichen Rechts i. S. d. § 705 BGB angesehen.[73] Hierfür müssen sich die Gesellschafter in dem Gesellschaftsvertrag gegenseitig verpflichtet haben, einen gemeinsamen Gesellschaftszwecks, nämlich die Errichtung und Durchführung der DAO, zu erreichen. Insbesondere im Hinblick auf die unbegrenzte Außenhaftung ergeben sich indes Konflikte aus Verkehrs- und Gesellschafterinteressen. Mischformen wie die US-amerikanische LLC[74] kennt das deutsche Gesellschaftsrecht nicht und der Gesetzgerber hat sich im Rahmen des MoPeG explizit gegen einen derartigen Gesellschaftstyp ausgesprochen.[75] Daher besteht für DAO-Gründer und Teilnehmer ein erhebliches Haftungsrisiko im Außenverhältnis, das nur durch eine klare vertragliche Gestaltung oder eine alternative Rechtsform, wie eine GmbH oder Stiftung, reduziert werden kann. Gleichzeitig wird wegen der fehlenden Anerkennung von DAOs versäumt, Gesellschaftsformen mit modernen Abstimmungs- und Governance-Methoden für den Rechtsverkehr zuzulassen.

7.3.4.2 Token als Unternehmensanteile

In Anlehnung an die Gesellschaftsform der DAOs wird zudem der Einsatz von Token und Blockchain-Technologie zum Transfer von Mitgliedschaftsrechten oder Unternehmensanteilen diskutiert.[76] Die Erwartung ist, dass durch die Tokenisierung die Fungibilität der Anteile und damit Liquidität der Gesellschaft erhöht werden könnte, da Token rund um die Uhr und global auf digitalen Börsen gehandelt werden könnten.

Die vollständige Tokenisierung von Unternehmensanteilen scheitert insbesondere an den strengen Vorgaben des Gesellschaftsrechts, sodass in der Praxis meist nur eine schuldrechtliche Konstruktion in Betracht in Betracht kommt, die gesellschafterähnliche Rechte definiert.[77] Das zentrale Problem besteht darin, dass der Inhaber eines Tokens nicht

---

[73] *Aufderheide*, WM 2022, 264 (269); *Teichmann*, ZfPW 2019, 247 (269).
[74] Zu einer Gegenüberstellung eines DAO auf Grundlage einer US-amerikanischen LLC mit der Genossenschaft: *Hemmelmayer*, Polkadot-Governance versus Rechtliche Konzepte für Unternehmen, Staaten und DAOs, in: Konferenzband zum Scientific Track der Blockchain Autumn School 2022, Hochschule Mittweida, 2022, Heft 2, S. 81.
[75] *Gofferje/Schreiner*, ZPG 2024, 168 (170).
[76] Zum Ganzen *Maume*, NZG 2021, 1189 (1193); *Möslein/Omlor/Urbach*, ZIP 2020, 2149.
[77] *Hahn/Wilkens*, ZBB 2019, 10 (11 f.); *Hanten/Sacarcelik*, RdF 2019, 124 (130); *Koch*, ZBB 2018, 359 (364 f.).

automatisch den Status eines Gesellschafters erlangt.[78] Nach § 15 Abs. 3 GmbHG erfordert die Übertragung eines Geschäftsanteils eine notarielle Abtretung, während der Token selbst frei handelbar ist, ohne dass damit der Übergang der Gesellschafterstellung erfolgt – es entsteht also ein „forderungsentkleideter Token".[79] Damit der Tokeninhaber tatsächlich als Gesellschafter gilt und somit an Abstimmungen teilnehmen sowie seine Gesellschafterrechte ausüben kann, muss sichergestellt werden, dass Token und Gesellschafterstellung faktisch untrennbar miteinander verbunden sind. Eine solche Verknüpfung hat der Gesetzgeber bereits für Blockchain-basierte Schuldverschreibungen in den §§ 24 ff. eWpG geschaffen, die als Vorbild für eine rechtssichere Tokenisierung von Unternehmensanteilen dienen könnte.[80]

7.3.5 Regulierung von Krypto-Werten

In Deutschland hatte die BaFin in ihrer langjährigen Verwaltungspraxis Kryptowährungen bereits als Rechnungseinheiten i. S. d. § 1 Abs. 11 S. 1 Nr. 7 Var. 2 KWG und damit deren Handel und Verwahrung als erlaubnispflichtige Bank- oder Finanzdienstleistung angesehen. Im Vergleich zu anderen EU-Mitgliedstaaten bestand damit schon frühzeitig Rechtssicherheit.[81] Mit der Markets in Crypto-Assets Regulation[82] (**MiCAR**), die am 29.6.2023[83] in Kraft getreten ist, wurde nun EU-weit die Regulierungslücke betreffend Kryptowerten und damit verbundenen Dienstleistungen geschlossen und ein harmonisierter Rechtsrahmen geschaffen. Die MiCAR schreibt den Anbietern von sog. Kryptowerte-Dienstleistungen[84] Erlaubnis- bzw. Anzeigepflichten sowie Compliance- und Governance Pflichten vor. Daher sollten Kryptodienstleister Compliance-Strukturen sowie ein Risikomanagement implementieren, das an die Art, den Umfang und die Vielfalt der angebotenen Kryptodienstleistungen angepasst ist, um – mitunter erhebliche – Sanktionen zu vermeiden.[85] Auch die Voraussetzungen im Rahmen der Pflicht zur Veröffentlichung eines Whitepapers sollten berücksichtigt werden.[86]

---

[78] *Maume*, NZG 2021, 1189 (1193).
[79] Vgl. *Maume*, NZG 2021, 1189 (1191).
[80] *Ebenda*.
[81] *Patz*, BKR 2021, 725 (726).
[82] Verordnung (EU) 2023/1114 des Europäischen Parlaments und des Rates v. 31.3.2023.
[83] Für bestimmte Pflichten sind abweichende Geltungszeitpunkte vorgesehen, vgl. Art. 149 MiCAR.
[84] Kurz „Kryptodienstleister" und „Kryptodienstleistungen".
[85] *Michel/Schmitt*, CCZ 2023, 261; vgl. zur Ausgestaltung von Compliance Management Systemen auch *Wiedmann/Greubel*, CCZ 2019, 88, und zu Compliance als präventive Intervention *Starystach/Hauck/Jüttner/Pohlmann*, CCZ 2022, 312.
[86] Siehe auch: ; *John*, BKR 2025, 162; *Rathke/John*, BKR 2024, 641.

Literatur

Assmann, Heinz-Dieter/Schütze, Rolf/Buck-Heeb, Petra (Hrsg.), Handbuch des Kapitalanlagerechts, 6. Aufl. 2024, München.
Bechtolf, Hans/Vogt, Niklas, Datenschutz in der Blockchain – Eine Frage der Technik, ZD 2018, 66–71.
Boehm, Franziska/Pesch, Paulina, Bitcoins: Rechtliche Herausforderungen einer virtuellen Währung – Eine erste juristische Einordung, MMR 2014, 75–79.
Böhme, Rainer/Pesch, Paulina, Technische Grundlagen und datenschutzrechtliche Fragen der Blockchain-Technologie, DuD 2017, 473–481.
Braegelmann, Tom/Kaulartz, Markus (Hrsg.), Rechtshandbuch Smart Contracts, 2019, München.
Breidenbach, Stephan/Glatz, Florian (Hrsg.), Rechtshandbuch Legal Tech, 2. Aufl. 2021, München.
Ehinger, Patrick/Hugendubel, Julia, NFT-Produkte – Verwertungsrechte und neue Nutzungsarten, GRUR 2023, 1074–1083.
Ehmann, Eugen / Selmayr, Martin (Hrsg.), Beck'sche Kurz-Kommentare, Datenschutz-Grundverordnung, Aufl., 2018, München.
Gerlach, Inger/Oser, Peter, Ausgewählte Aspekte zur handelsrechtlichen Bilanzierung von Kryptowährungen, DB 2018, 1541–1547.
Gola, Peter/Heckmann, Dirk (Hrsg.), Datenschutz-Grundverordnung, Bundesdatenschutzgesetz: DS-GVO / BDSG, 3. Aufl. 2022, München.
Grieger, Max Janos/von Poser, Til/Kremer, Kai, Die rechtswissenschaftliche Terminologie auf dem Gebiet der Distributed-Ledger-Technologie, ZfDR 2021, 394–410.
Grüneberg, Christian (Hrsg.), Bürgerliches Gesetzbuch: BGB, 84. Aufl., 2025.
Guntermann, Lisa Marleen, Non Fungible Token als Herausforderung für das Sachenrecht, RDi 2022, 200–208.
Hahn, Christopher/Wilkens, Robert, ICO vs. IPO – Prospektrechtliche Anforderungen bei Equity Token Offerings, ZBB 2019, 10–26.
Heckelmann, Martin, Zulässigkeit und Handhabung von Smart Contracts, NJW 2018, 504–510.
Heine, Robert/Stang, Felix, Weiterverkauf digitaler Werke mittels Non-Fungible-Token aus urheberrechtlicher Sicht, MMR 2021, 755–760.
Hoeren, Thomas/Prinz, Wolfgang, Das Kunstwerk im Zeitalter der technischen Reproduzierbarkeit – NFTs (Non-Fungible Tokens) in rechtlicher Hinsicht, CR 2021, 565–572.
Hoeren, Thomas/Sieber, Ulrich/Holznagel, Bernd (Hrsg.), Handbuch Multimedia-Recht, 62. EL Juni 2024, München.
Hoffer, Raul/Mirtchev, Kristina, Erfordert die Blockchain ein neues Kartellrecht?, NZKart 2019, 239–247.
Jacobs, Sven, Möglichkeiten immaterialgüterrechtlichen Schutzes von Distributed Ledger Technologien, DSRITB 2017, 795–807.
Janicki, Thomas/Saive, David, Privacy by Design in Blockchain-Netzwerken, ZD 2019, 251–256.
Kaulartz, Markus, Blockchain und Smart Contracts, CR 2017, 474–480.
Kaulartz, Markus/Heckmann, Jörn, Smart Contracts – Anwendungen der Blockchain-Technologie, CR 2016, 618–624.
Kaulartz, Markus/Matzke, Robin, Die Tokenisierung des Rechts, NJW 2018, 3278–3238.
Kaulartz, Markus/Schmid, Alexander, Rechtliche Aspekte sogenannter Non-Fungible Tokens (NFTs), CB 2021, 298–302.
Kipker, Dennis-Kenji (Hrsg.), Cybersecurity, 2. Aufl. 2023, München.
Leupold, Andreas/Wiebe, Andreas/Glossner, Silke (Hrsg.), IT-Recht, 4. Aufl. 2021, München.
Martini, Mario/Weinzierl, Quirin, Die Blockchain-Technologie und das Recht auf Vergessenwerden, NVwZ 2017, 1251–1259.

Maume, Philipp, Die Anwendung der Blockchain-Technologie im GmbH-Recht, NZG 2021, 1189–1195.
Möslein, Florian/Omlor, Sebastian (Hrsg.), FinTech-Handbuch, 3. Aufl. 2024, München.
Paulus, David/Matzke, Robin, Smart Contracts und das BGB – Viel Lärm um nichts?, ZfPW 2018, 431–465.
Rauer, Nils/Bibi, Alexander, Non-fungible Tokens – Was können sie wirklich?, ZUM 2022, 20–31.
Richter, Stefan/Schlücke, Katharina, Zur steuerbilanziellen Erfassung von Token im Betriebsvermögen, FR 2019, 407–412.
Säcker, Franz Jürgen/Rixecker, Roland/Oetker, Hartmut et al. (Hrsg.), Münchener Kommentar zum Bürgerlichen Gesetzbuch, 9. Aufl. 2022, München.
Saive, David, Haftungsprivilegierung von Blockchain-Dienstleistern gem. §§ 7 ff. TMG, CR 2018, 186–193.
Schmidt, Karsten (Hrsg.), *Gesellschaftsrecht*, 6. Aufl., 2020, Köln.
Schrey, Joachim/Thalhofer, Thomas, Rechtliche Aspekte der Blockchain, NJW 2017, 1431–1436.
Schricker, Gerhard/Loewenheim, Ulrich (Hrsg.), Urheberrecht, 6. Aufl. 2020, München.
Schulze, Reiner/Döner, Heinrich/Ebert, Ina et al. (Hrsg.), Bürgerliches Gesetzbuch – Handkommentar, 12. Aufl., 2024, Baden-Baden.
Sixt, Michael, Die handelsbilanzielle und ertragsteuerliche Behandlung von Token beim Emittenten, DStR 2020, 1871–1878.
Spindler, Gerald, Blockchaintypen und ihre gesellschaftsrechtliche Einordnung, RDi 2021, 309–317.
Steinrötter, Björn, Datenschutzrechtliche Probleme beim Einsatz der Blockchain, ZBB 2021, 373–390.
Westermann, Harm Peter/Grunewald, Barbara/Maier-Reimer, Georg (Hrsg.), Erman *BGB – Bürgerliches Gesetzbuch*, Kommentar, 17. Aufl., 2023, Köln.
Wilsch, Harald, Die Blockchain-Technologie aus der Sicht des deutschen Grundbuchrechts, DNotZ 2017, 761–787.

Vertriebsrecht, Vertriebsorganisation 8

Jürgen Ensthaler

Inhaltsverzeichnis

8.1 Eigen- und Fremdvertrieb 209
8.2 Echter/Unechter Handelsvertreter 210
8.3 Fremdvertrieb 212
8.4 Die rechtliche Einbindung der Vertriebsverträge 214
8.5 Digitale Vertragsgestaltung 244
8.6 Veräußerung technischer Produkte und produktbegleitende Dienstleistungen – 246

8.1 Eigen- und Fremdvertrieb

Waren und auch Dienstleistungen müssen zur Amortisation der für ihre Herstellung bzw. Durchführung entstandenen Kosten auf den Markt gebracht bzw. dort vertrieben werden. Der Vertrieb kann einerseits vom Hersteller der Ware bzw. vom Dienstleister selbst vorgenommen (Eigenvertrieb), andererseits – wie dies überwiegend der Fall ist – von dritter Seite durchgeführt werden (Fremdvertrieb).

Aus rechtlicher Sicht unterscheiden sich der Eigen- und der Fremdvertrieb dadurch, dass im Eigenvertrieb nur die Vertragsbeziehung zum Kunden bzw. die Art und Weise seiner Einwerbung von Bedeutung ist und im Falle des Vertriebs durch Dritte außerdem noch die vertraglichen Beziehungen zu eben diesen Dritten von Bedeutung sind. Hinzu kommt beim Fremdvertrieb, dass der Absatzmittler selbst Abnehmer der Waren sein kann oder aber, dass der Absatzmittler die Abnahme der Waren nur durch seine Tätigkeit vorbereitet.

J. Ensthaler (✉)
Fachgebiet Wirtschafts-, Unternehmens- und Technikrecht, TU Berlin, Berlin, Deutschland

© Der/die Herausgeber bzw. der/die Autor(en), exklusiv lizenziert an Springer-Verlag GmbH, DE, ein Teil von Springer Nature 2025
J. Ensthaler et al. (Hrsg.), *Technikrecht*, https://doi.org/10.1007/978-3-662-60348-2_8

Aus *betriebswirtschaftlicher* Sicht stellt sich die Frage, warum der Hersteller seine Ware nicht selbst vertreibt. Die Kosten für den Vertrieb hochwertiger Produkte, z. B. eines Pkws, sollen rund 30 % des empfohlenen Listenpreises betragen. Der Vertragshändler erhält auf diesem Gebiet eine Marge, die zwischen zwölf und 20 % liegt. Es ist also zunächst vorstellbar, dass ein Eigenvertrieb die Kosten reduziert bzw. dass die im Zusammenhang mit der Marge von den Handelshäusern gemachten Gewinne vom Hersteller selbst erzielt werden könnten.

Zunächst muss man sich die fließenden Unterschiede zwischen Eigen- und Fremdvertrieb vergegenwärtigen. Nicht alles, was aus juristischer Sicht dem Fremdvertrieb zuzurechnen ist – weil vom Herstellerunternehmen getrennte selbstständige Kaufleute vertreiben –, ist auch aus wirtschaftlicher Sicht Fremdvertrieb.

Einerseits gibt es Absatzmittler, die die Ware mit all den verbundenen Risiken selbst zu Eigentum erwerben, um sie dann an den Endkunden oder Händler weiterzugeben. Andererseits gibt es Absatzmittler, die dieses Risiko nicht tragen. Gemeint sind damit die Handelsvertreter und die Kommissionsagenten. In der Betriebswirtschaftslehre werden deshalb auch die Tätigkeiten der Handelsvertreter und der Kommissionäre dem direkten Vertrieb (Eigenvertrieb) zugerechnet.

In der Praxis verhält es sich so, dass bei einem Vertrieb über Handelsvertreter diesen Vertretern Margen eingeräumt werden, die unter denen der Vertragshändler liegen, die die Ware zu Eigentum erwerben und auf eigenes wirtschaftliches Risiko veräußern. Die Marge ist weiterhin davon abhängig, in welchem Umfang die Übernahme von Geschäftsrisiken vom Handelsvertreter verlangt wird.

8.2 Echter/Unechter Handelsvertreter

Diese Unterscheidung hat auch für die Rechtsprechung große Bedeutung, die auf dieser Grundlage zwischen sog. *echten* und *unechten* Handelsvertretern unterscheidet.

Die unechten Handelsvertreter sind Vertriebspartner, die wirtschaftliche Risiken bei der Vertragsvermittlung eingehen, während die echten Handelsvertreter nicht mit wirtschaftlichen Risiken belastet sind. Die Differenzierung hat juristisch weiterreichende Folgen, insbesondere bei der Anwendbarkeit kartellrechtlicher Vorschriften auf den unechten Handelsvertreter; dieser wird dem Vertragshändler kartellrechtlich gleichgestellt. Diese Gleichstellung hat für den Hersteller wiederum Konsequenzen hinsichtlich seiner Befehlsgewalt über den unechten Handelsvertreter. Weil dieser Absatzrisiken trägt unterfällt er – wie der Vertragshändler – den Schutz-Vorschriften des Kartellrechts, insbesondere denen der Gruppenfreistellungsverordnung (kurz: GVO).

Einem echten Handelsvertreter kann z. B. untersagt werden, Filialen zu unterhalten, bei einem unechten Handelsvertreter dies nur eingeschränkt möglich.

Hinsichtlich der wirtschaftlichen Entlohnung, der Gewinnerzielungsmöglichkeit, sind die entsprechenden Regelungen beim unechten Handelsvertreter, denen beim Vertragshändler angenähert, nahezu gleich.

Der Hersteller hat se doch relativ eng in seinen betrieblichen Ablauf eingegliederten unechten Handelsvertreter die Möglichkeit, einen Mischtyp zwischen Eigenvertrieb und Fremdvertrieb durchzuführen, wobei das Verhältnis von völligem Eingebundensein in betriebliche Abläufe, insbesondere hinsichtlich der Marketing-Maßnahmen, bis zu einer wirtschaftlichen Selbstständigkeit reichen kann, die schon der des Vertragshändlers ähnlich ist. Insbesondere die Differenzierung zwischen dem echten und dem unechten Handelsvertreter zeigt, dass man sich die Vertragsgestaltungen zwischen Hersteller und Absatzmittler genau ansehen muss, um eine Aussage darüber zu treffen, warum kein Eigenvertrieb durchgeführt wird.

Zumindest die grundsätzliche Unterscheidung zwischen echtem und unechtem Handelsvertreter ist leicht durchführbar. Der echte Handelsvertreter, wenn er auch als selbstständiger Kaufmann in Erscheinung tritt, ist in den Betrieb des sog. Prinzipals eingegliedert; er trägt im Zusammenhang mit dem Vertrieb keine Risiken bis auf die, dass er bei geringen Abschlüssen auch nur geringe Provisionen erhalten kann; er bezieht kein Gehalt, sondern Provisionen; ansonsten ist das Geschäft mit allen möglichen Komplikationen bzw. Risiken das Geschäfts des Unternehmens. Diese Abgrenzung wird sowohl von der europäischen Kommission wie auch von europäischen Gericht geteilt. In der Literatur ist in der Vergangenheit aber häufig ein Streit zwischen der europäischen Kommission und dem Gericht behauptet wurden. Der Streit geht dahin, dass die Kommission zur Begründung einer unechten Vertretung die Risiken heranzieht, die der Handelsvertreter übernehmen musste, obwohl diese zum Unternehmen gehören und das Gericht auf die Eingliederung in das jeweilige Unternehmen abstellt. Diesen Streit gibt es aber nicht; es werden für ein und dasselbe nur unterschiedliche Begriffe verwandt. Deutlich wird dies in der Entscheidung Volkswagen /VAG Leasing aus dem Jahre 1995. In der Entscheidung lehnt der EuGH unter Verweis auf die teilweisen finanziellen Risiken die Eingliederung ab.[1] Hier werden die Kriterien Eingliederung und Risikoübername zusammengeführt in dem Sinne, wer wirtschaftliche Risiken übernimmt, ist auch nicht in das Unternehmen eingegliedert. Konkret geht es dann darum, welche wirtschaftlichen Risiken als derart bedeutsam zu werten sind, dass sie die Grenze zum unechten Handelsvertreter überschreiten. In der zitierten Entscheidung ging es darum, dass die Vertriebspartner Leasingfahrzeuge nach Ablauf der Leasingzeit zu einem vorbestimmten Preis erwerben mussten; damit sind erhebliche Risiken verbunden.

In den Leitlinien zur (neuen) GVO 720/22 werden die Risikoberieche, die zum unechten Handelsvertreter führen beschrieben, wenn auch in recht abstrakter Form. Wie bisher gehört die Finanzierung von Lagerbeständen dazu, weiterhin Risiken, die marktspezifische Investitionen betreffen und – sehr weit gefasst – „andere Tätigkeiten", auf demselben sachlich relevanten Markt, die der HV auf eigenes Risiko durchzuführen hat. Allerdings sind Risikoübernahmen in nur unerheblichen Umfang ohne Bedeutung.[2] Klargestellt wird von der Kommission aber auch, dass der zwischenzeitlich erfolgte Eigen-

---

[1] Urteil vom 24.10. 1995, „Volkswagen/V.A.G. Leasing, Rs. C -266.
[2] LL Zf. 31, 32.

tumserwerb durch den Handelsvertreter dem Ausschluss des Kartellrechts nicht entgegensteht.[3] Weitergehend noch pro Handelsvertreterprivileg ist, dass es möglich ist, beim Handelsvertreter entstehende Kosten durch Pauschbeträge wieder auszugleichen, wenn diese hoch genug angesetzt und im Falle höherer Kosten angeglichen werden könne.[4] Anerkannt ist nunmehr auch eine Doppelstellung des Handelsvertreters, er kann sowohl unechter wie echter Handelsvertreter sein, soweit die Bereiche klar voneinander abgegrenzt sind.[5]

In der Betriebswirtschaftslehre zählen überhaupt nur diejenigen zu den Absatzmittlern, die die Ware auf eigenes Risiko einkaufen und dann an ihre Kunden weitergeben. Als Absatzmittler erscheinen also nur die, die selbst Eigentum an der Ware erlangen.

8.3 Fremdvertrieb

Wenn hier die Frage wiederholt wird, warum auf diese kostenträchtige Handelsstufe zurückgegriffen und nicht ein Eigenvertrieb oder zumindest ein, wie oben ausgeführt, modifizierter Eigenvertrieb vorgenommen wird, so müsste man wohl branchenspezifisch unterscheiden, um zu aussagekräftigen Ergebnissen zu gelangen.

Allgemein lässt sich zumindest folgern, dass vielen Herstellern die finanziellen Mittel fehlen, um ihre Produkte ohne Zwischenglieder direkt an die Endverbraucher zu verkaufen. Ein weiteres Argument bei zahlreichen Produkten ist, dass der Hersteller auch noch die Funktion von Zwischenhändlern übernehmen und eventuell auch noch zusätzlich die Produkte anderer Hersteller mitverkaufen müsste, um eine wirtschaftlich sinnvolle Warenverteilung zu erreichen.[6]

Hinzu kommt, dass die den Händlern zur Verfügung gestellten Margen, also die Differenz zwischen dem Händlerabgabepreis und dem empfohlenen Listenpreis, sehr häufig nicht marktgerecht ist. Der Händler kann seine Geschäfte häufig nur durch Gewährung von Rabatten abschließen; im Kfz-Handel spricht man seit einigen Jahren im Hinblick auf den dem Handel nur noch verbleibenden Teil an der Marge von sog. „Hungerrenditen". Daraus folgt, dass selbst Hersteller, die es sich leisten könnten, firmeneigene Distributionskanäle zu betreiben, dies nicht unternehmen, weil die Rendite aus der Produktionstätigkeit weitaus höher als die aus dem Handelsgeschäft ist und es insofern profitabler ist, in das eigentliche Kerngeschäft zu investieren.

Soweit einige Hersteller zumindest teilweise firmeneigene Distributionssysteme betreiben, geht es häufig darum, Erfahrungen im Management aller Stufen des Distributionssystems zu sammeln und dadurch die Leistungsfähigkeit der für den Handel regelmäßig daneben existierenden Distributionspartner (oder Franchisenehmer) einschätzen zu kön-

---

[3] LL Rn. 33 (a).
[4] LL, Rn. 35.
[5] LL, Rn. 36 ff.
[6] Kotler/Keller/Bliemel, S.850.

nen; d. h. neue Produkte und Verkaufsmethoden schnell und flexibel auszuprobieren, sowie Leistungsstandards für die Vertragshändler und auch Franchisenehmer aufzustellen.[7] Nachteile bei diesen mehrgleisigen Distributionssystemen ergeben sich aber in der Praxis daraus, dass es selten ein einvernehmliches Nebeneinander der Eigen- mit der Fremddistribution gibt. Der Hersteller ist sehr häufig geneigt, den eigenen Absatzmittlern bessere Informationen zu geben, ihnen zu helfen, preisgünstiges Fremdkapital zu erhalten und, wenn es sein muss, ihnen die Waren auch billiger abzugeben, damit diese am Markt Erfolg haben können. Es gibt zahlreiche Beispiele dafür, dass Hersteller, namentlich die, die durch Handelshäuser ihre Marke exklusiv vertreiben lassen, insolvenzgefährdeten Handelshäusern den Wareneinkauf zu weitaus besseren Konditionen ermöglichen. Dies führt natürlich zu einer Wettbewerbsverzerrung zwischen den Händlern. Zum Ausgleich der Nachteile gibt es kartellrechtliche Möglichkeiten. So hat nach der Rechtsprechung des BGH innerhalb eines Vertriebssystems die sog. Systemgerechtigkeit zu herrschen. Ohne sachlich gerechtfertigten Grund darf ein Vertriebsbinder seine Distributionspartner nicht unterschiedlich behandeln. Dies gilt dann auch für die Situation, dass er selber Handel betreibt und die von ihm betriebenen Handelshäuser begünstigt. In der Praxis sind aber diese Fälle sehr schwer aufzufinden, weil es viele Möglichkeiten gibt, die gewährten Vorteile zu verdecken.

Zum Thema Eigenvertrieb ist schließlich noch anzuführen, dass Hersteller zum Teil den Vertrieb über Handelspartner dazu nutzen, die Vertriebskosten einseitig zu Lasten dieser Handelspartner zu senken, um dann bei Insolvenz der Handelspartner diese Betriebe zu übernehmen.

Die Margensysteme sind häufig sehr ausgeklügelt und es werden die verschiedensten Zwecke damit verfolgt, wobei auch einige dieser Zwecke unlauter bzw. rechtswidrig sind. So gibt es Margensysteme, die gegen die Vertikal-GVO verstoßen. Es gibt Hersteller, die innerhalb quantitativ selektiver Vertriebssysteme ihren Vertragshändlern gewisse Boni gewähren, soweit diese an ihre bisherigen Stammkunden veräußern und nicht aus anderen Gebieten Kunden akquirieren. Dies verstößt gegen die GVO, weil innerhalb quantitativ selektiver Vertriebssysteme der intra-brand-Wettbewerb dadurch gefördert wird, dass grds. keinem Händler mehr ein exklusives Gebiet zugewiesen werden darf, sondern die Händler in der gesamten Europäischen Union bzw. im europäischen Wirtschaftsraum Kunden akquirieren und somit auch in Konkurrenz zu ihren Markenkollegen treten dürfen. Nur unter dieser Voraussetzung sind quantitativ selektive Vertriebssysteme nach den beiden einschlägigen GVOs überhaupt freigestellt. Bei solchen Vertriebssystemen wird der Wettbewerb dadurch beschränkt, dass nicht alle Händler, die mit der Ware auf den Markt treten wollen, diese Marke auch erhalten. Der Wettbewerb soll dann aber wiederum dadurch verstärkt werden, dass zumindest die vom Vertriebsbinder (Hersteller) zugelassenen Händler auch untereinander in Konkurrenz treten dürfen. Soweit die Marge auch davon abhängig gemacht wird, dass gerade nicht an Kunden verkauft wird, die in dem Gebiet eines anderen Händlers ihren Wohn- bzw. Firmensitz haben, wird gegen diese Gruppen-

---

[7] Kotler/Keller/Bliemel, S. 851.

freistellungsverordnungen und damit gegen das Kartellrecht verstoßen. Eine Ausnahme gibt es nach der Vertriebs-GVO für das Alleinvertriebssystem in dem bis zu fünf Händler Vertriebsexklusivität haben und beim Direktvertrieb (dazu unten, Abschn. 8.4.1.4).

Die von den Herstellern eingesetzten Margensysteme sind von großer Bedeutung für den Handel. Durch die Organisation der Margensysteme versucht der Vertriebsbinder seine Vertriebspolitik gegenüber dem Handel durchzusetzen. Das beginnt damit, dass bestimmte Waren, nämlich Waren, die sich leichter verkaufen lassen, mit einer geringeren Marge belegt sind als schwieriger zu verkaufende Waren. Das ist durchaus gerecht, weil hier höhere Anstrengungen seitens des Handels vorgenommen werden müssen.

Daneben wird mit dem Margensystem Modellpolitik gemacht. Es wird insbesondere versucht, gewisse Ausstattungsvarianten durch zu gewährende Sonderboni an den Kunden zu bringen.

Die Boni-Systeme sind zum Teil so undurchsichtig, dass sie nur noch „Eingeweihte" verstehen und das auch nur mit Schwierigkeiten.

Ein (anonymisiertes) Beispiel aus der Praxis: „Die [XY] AG hat das Margen- und Bonussystem für das Jahr 2011 vorgestellt. Darin wurden bisherige Bestandteile wie Volumenbonus, Wachstums- und Konjunkturbonus sowie Nevada-Bonus durch Marketing, Loyalität/Eroberung, prospektive Loyalität und Vorführwagen ersetzt. Bei dem CSS und Modellbonus wurden Anpassungen in prozentualer Höhe vorgenommen. Der CI-CD-Bonus hat in seiner heutigen Form weiterhin Bestand."

Hinter diesen selbst für Mitglieder des Vertriebssystems schwer zu enträtselnden Erklärungen verbergen sich zahlreiche Strategien des Herstellers: Belohnung für Mengenwachstum, Markteroberung, Anpassung an Konjunkturschwierigkeiten, Belohnung für verkaufsfördernde Investitionen und vieles mehr. Sie werden in das Margensystem aufgenommen und in ein kompliziertes Beziehungsgeflecht gebracht. Es gibt bei vielen Marken seit langem kein Margensystem auf der einfachen Grundlage von gleichbleibender prozentualer Beteiligung am verkauften Produkt mehr.

8.4 Die rechtliche Einbindung der Vertriebsverträge

Die für das Vertriebsrecht maßgeblichen Regelungsbereiche sind sehr zahlreich und gehören auch recht unterschiedlichen Rechtsbereichen an.

Für einen ersten Überblick kann man dahin unterscheiden, ob die jeweiligen Adressaten des Rechts Verbraucher sind oder ob es um das Rechtsverhältnis zwischen Hersteller (Vertriebsbinder) und Absatzmittler (Händler, Handelsvertreter etc.), mithin Unternehmern geht. Das Vertriebsrecht – präzise benannt müsste es Vertriebs- und Absatzmittlerrecht heißen – befasst sich also mit zwei unterschiedlichen Rechtskreisen. Behandelt werden einerseits die Erwerbsgeschäfte durch den Kunden bzw. Endverbraucher (auch die zwischen Zulieferer und Hersteller) und andererseits die Rechtsbeziehung zwischen dem Hersteller und dem Absatzmittler, der entweder im eigenen Namen oder im Namen des Herstellers vertreibt.

Tab. 8.1 Übersicht Absatzmittler

Tätigwerden …	… im eigenen Namen	… in fremdem Namen
… auf fremde Rechnung	Kommissionär	Handelsvertreter
	Kommissionsagent	Handelsmakler
… auf eigene Rechnung	Vertragshändler	
	Franchisenehmer	

Diese Unterscheidung lässt sich aber nicht absolut durchführen. Durch die jeweiligen Mitglieder der Vertriebsorganisation werden entsprechende Verträge mit den Kunden geschlossen, und zwar entweder in ihrem eigenen Namen oder im Namen des Herstellers. Auch wenn die Absatzmittler die Verträge im eigenen Namen schließen, diese also selbst Vertragspartner des Endverbrauchers werden, wirken die Verträge regelmäßig auf den Hersteller zurück, z. B. im Zusammenhang mit Gewährleistungs- und Garantieansprüchen oder im Zusammenhang mit der Produkt- bzw. Produzentenhaftung. Werden die Verträge im fremden Namen, also im Namen des Herstellers abgeschlossen, so entscheidet die konkrete Ausgestaltung der Vertragsbeziehung zwischen Hersteller und Absatzmittler (z. B. Handelsvertreter), ob und in welchem Umfang der Absatzmittler zum Abschluss berechtigt war. Eine tabellenartige Zusammenstellung der verschiedenen Arten von Absatzmittlern findet sich nachfolgend in Tab. 8.1.

Die vertriebsrechtlichen Vereinbarungen zwischen den Vertriebsbindern (Herstellern) und den Absatzmittlern (z. B. Vertragshändler) sind nicht in einem einheitlichen, geschriebenen Vertriebsrecht nachzulesen, auch nicht in zumindest wesentlichen Bereichen. Die Regelungen finden sich weit gestreut im geschriebenen Recht. Die Vorschriften für die Absatzgehilfen des HGB, also Regelungen für den *Handelsvertreter* und den *Kommissionär*, treffen für die Mehrzahl der Vertriebsverträge nicht unmittelbar zu, es kommt insoweit allenfalls eine entsprechende (analoge) Anwendung einzelner Normen in Betracht. Dies gilt namentlich für den Vertragshändler

8.4.1 Der Vertriebshändler als Absatzmittler

Es gibt keinen in ein Gesetz aufgenommenen *Vertriebshändlervertrag*. Vielmehr handelt es sich dabei um einen Vertrag eigener Art der im Rahmen der grundsätzlich bestehenden Vertragsgestaltungsfreiheit möglich ist und dem Hersteller dazu dient, ein bestimmtes Vertriebssystem aufzubauen.

8.4.1.1 Die Inhaltskontrolle

Da Vertriebshändlerverträge regelmäßig vorformulierte Verträge sind – der Vertrieb soll einheitlich verlaufen und muss durch dieselben Vertragsklauseln organisiert werden –, unterliegen sie einer Inhaltskontrolle nach den Vorschriften über Allgemeine Geschäftsbedingungen (kurz: AGB, vgl. §§ 305 ff. BGB). Es gibt zahlreiche Entscheidungen des BGH, gerade auf dem Gebiet des Kfz-Vertriebs, durch die einzelne Klauseln in den

Vertragshändlerverträgen wegen ihrer Unvereinbarkeit mit den für die Inhaltskontrolle maßgeblichen Normen, insbesondere der Generalklausel des § 307 BGB (Stichwort: „unangemessene Benachteiligung" des schwächeren Vertragspartners) für unwirksam erklärt worden sind.

Unwirksam sind z. B.[8]:

- Klauseln, welche das Bemühen des Händlers vorschreiben, bestimmte Mindestabsatzmengen zu erreichen. Dies würde sonst zu einer Begrenzung von Querlieferungen führen und somit gegen Art. 4 GVO 1400/2002 (GVO 461/2010, auch nach GVO 330/2010) verstoßen.
- Die Bestimmung von Mindestabnahmemengen unter Einbeziehung der „Vertriebspolitik" des Herstellers. Die Regelung ist unwirksam, weil die „Vertriebspolitik" ein konturloser Begriff ist.
- Die Pflicht zum Vorhalten einer Mindestanzahl von Vorführwagen.
- Die außerordentliche Kündigung wegen Nichterreichung von Absatzzielen, unabhängig davon, dass der Händler sich um die Zielerreichung bemüht hat.

Bei den für die Inhaltskontrolle maßgeblichen Wertungsmaßstäben orientiert sich die Rechtsprechung an kartellrechtlichen Vorgaben, insbesondere den Vorschriften für Gruppenfreistellungsverordnungen des europäischen Kartellrechts.

„Nach § 307 BGB sind Bestimmungen in allgemeinen Geschäftsbedingungen – und um solche handelt es sich bei den Regelungen in dem Vertriebshändlervertrag unstreitig – unwirksam, wenn sie den Vertragspartner des Verwenders entgegen den Geboten von Treu und Glauben unangemessen benachteiligen. Dies ist nach § 307 Absatz 2 Nr. 1 BGB im Zweifel anzunehmen, wenn eine Bestimmung mit wesentlichen Grundgedanken der gesetzlichen Regelung, von der abgewichen wird, nicht zu vereinbaren ist." (LG Hamburg, BeckRS 2018, 49630).

8.4.1.2 Kartellrechtliche Einschränkungen

Die bedeutsamsten kartellrechtlichen Regelungsinstrumente sind die auf der Grundlage des europäischen Kartellrechts geschaffenen Gruppenfreistellungsverordnungen (kurz: GVOs). Durch GVOs können grundsätzlich bestehende kartellrechtliche Verbote (Art. 101 Abs. 1 AEUV = ex-Art. 81 Abs. 1 EG-Vertrag) unter bestimmten, in diesen GVOs genannten Voraussetzungen aufgehoben werde

Die allgemeine Vertriebs-GVO (auch „Vertikal"-, „Dach"- oder „Schirm"-GVO genannt) wurde auch ab 2013 die einzige GVO für den Vertrieb Dies bedeutet, dass es keine Sonderbestimmungen für den wirtschaftlich sehr bedeutsamen Kfz-Vertrieb mehr gibt.

Die GVO 2022/702 Für den Vertrieb ermöglich die vertikalen Vertriebsbindungen, soweit diese quantitativ selektieren.

---

[8] Vgl. dazu BGH GRUR 2005, 62.

Unterhält der Hersteller ein sog. quantitativ selektives Vertriebssystem, dann wählt er seine Händler nicht nur nach deren fachlicher Qualifikation aus, sondern begrenzt die Zahl der Händler nach seinem Belieben. Der Hersteller lässt also nicht jeden Händler zu, der mit seinem Unternehmen den Qualifikationsanforderungen entspricht. Grundsätzlich ist diese Art der Auswahl von Vertriebshändlern durch Art. 101 Abs. 1 AEUV verboten und wird erst durch die genannte GVO erlaubt, soweit deren Voraussetzungen erfüllt werden.

Dieser quantitativ selektive Vertrieb steht im Gegensatz zum qualitativ selektiven Vertrieb. Dieser unterfällt dann nicht dem kartellrechtlichen Verbot des Art. 101 Abs. 1 AEUV, soweit die qualitativen Selektionskriterien im Hinblick auf die Waren- und Brancheneigenarten erforderlich erscheinen. Es stellt keine unzulässige Wettbewerbsbeschränkung dar, wenn z. B. der Hersteller einer bekannten Marke von seinen Vertriebspartnern verlangt, dass diese dem Markenimage entsprechende Einrichtungen vorhalten bzw. mit Personal arbeiten, deren Ausbildung den Erwartungen der Kunden dieser Marke entspricht. Der Hersteller muss dann aber auch jeden Händler in sein Vertriebssystem aufnehmen, der mit seinem Handelsunternehmen diese Anforderungen erfüllt.

„Art. 101 Abs. 1 AEUV ist dahin auszulegen, dass ein selektives Vertriebssystem für Luxuswaren, das primär der Sicherstellung des Luxusimages dieser Waren dient, mit der genannten Bestimmung vereinbar ist, sofern die Auswahl der Wiederverkäufer anhand objektiver Gesichtspunkte qualitativer Art erfolgt, die einheitlich für alle in Betracht kommenden Wiederverkäufer festgelegt und ohne Diskriminierung angewendet werden, und die festgelegten Kriterien nicht über das erforderliche Maß hinausgehen." (EuGH Rechtssache C-230/16; OLG Frankfurt a.M., GRUR 2018, 1171, 1172).

Die GVOs befreien für die quantitativ selektiven Vertriebssysteme nur dann vom Kartellverbot, soweit die Marktanteile der Vertriebsbinder (regelmäßig) nicht über 30 % liegen. Dies ist für den Kfz-Vertrieb ein relativ hoher Wert. Der größte Produzent Europas, die Volkswagen AG, erreicht ca. 22 % auf dem Pkw-Markt.

Diese Marktanteilsschwelle von 30 % war auch lange Zeit der Grund dafür, dass auf dem Gebiet der Servicebetriebe (Werkstattbetriebe) im Kfz-Bereich keine quantitative Selektion zulässig war. Der Marktanteil für den Kfz-Vertrieb wurde nach Art. 3 Abs. 1, Art. 8 Abs. 1 lit. c) der Kfz-GVO 1400/2002 bzw. 461/2010 und nach der Vertikal-GVO 330/2010, Art. 3, 7c danach bestimmt, in welchem Ausmaß der Hersteller durch die mit ihm vertraglich verbundenen Servicebetriebe die Fahrzeuge der eigenen Marke warten lässt. Bislang gilt es als sicher, dass die markengebundenen Werkstätten mehr als 30 % der jeweiligen Marke eines bestimmten Vertriebsbinders versorgen. Der BGH hat allerdings in zwei Urteilen (Parallelverfahren)[9] entschieden, dass die Marktanteilsberechnung nicht den Endkundenmarkt als Berechnungsgrundlage hat.

---

[9] BGH NJW 2011, 2730 ff. (Kartellsenat) – MAN-Vertragswerkstatt; BGH GRURPrax 2011, 227 (Kartellsenat) – Nutzfahrzeug-Servicenetz; vgl. zu den Entscheidungen auch die Besprechung von Ensthaler, NJW 2011, 2701 ff.

„Entgegen der Auffassung des BerGer. betrifft das Klagebegehren nicht den sachlichen Endkundenmarkt für die Inanspruchnahme von Instandsetzungs- und Wartungsdienstleistungen für Nutzfahrzeuge, sondern den vorgelagerten Markt, auf dem sich die Werkstätten als Nachfrager und die Hersteller von Nutzfahrzeugen und andere Unternehmen als Anbieter von Ressourcen gegenüberstehen, die zur Erbringung von Instandsetzungs- und Wartungsarbeiten eingesetzt werden." (BGH NJW 2011, 2730, Rn. 11)

Ergebnis dieser Rechtsprechung ist, dass auf dem Automobilsektor in Europa kein Hersteller die 30 %-Schwelle im Servicebereich erreicht und dann auch keine marktbeherrschende Stellung hat, die zur Aufnahme von Werkstattbetreibern in das jeweilige Servicesystem verpflichtet.

8.4.1.3 Einbeziehung handelsrechtlicher Vorschriften

In der Rechtsprechung ist anerkannt, dass einzelne Vorschriften des HGB zum Handelsvertreterrecht, §§ 84 ff. HGB, analog auf Vertriebshändlerverträge anzuwenden sind. Insbesondere sind die Vorschriften über den Abfindungsanspruch des Handelsvertreters (§ 89b HGB) auf die Vertragshändler anwendbar.

Aber auch umgekehrt sind bestimmte kartellrechtliche Vorschriften, insbesondere die des europäischen Kartellrechts mit seinen Gruppenfreistellungsverordnungen bei bestimmten Typen von Handelsvertretern (sog. unechten Handelsvertreter) zu beachten. Die Vertragsfreiheit ist beim Händlervertrag nicht unerheblich eingeschränkt.

8.4.1.4 Neue Gruppenfreistellungsverordnung „Vertikal-GVO 720/2022"

Die neue Gruppenfreistellungsverordnung „Vertikal-GVO 720/22" zur Freistellung von vertikalen Vereinbarungen vom Kartellverbot, ist am 1. Juni 2022 in Kraft getreten.

Freigestellt bleibt weiterhin das selektives Vertriebssystem. Der Hersteller hat weiterhin das Recht, quantitativ zu selektieren, d. h. er kann seine Vertriebspartner ungebunden von irgendwelchen Vorgaben frei auswählen. Die Anforderungen an die Vertriebspartner dürfen allerdings – auch weiterhin -nicht willkürlich gestellt werden; die Anforderungen müssen im Hinblick auf die Kundenerwartungen bei der jeweiligen Marke nachvollziehbar sein. Für den Automobilvertrieb hat die Kommission auch bereits Leitlinien herausgegeben in denen beispielhaft unzulässige Anforderungen benannt werden.

8.4.1.4.1 Geringfügige Änderungen bei Preisvorgaben

Wenig Änderungen gibt es bei den Preisvorgaben. Verboten bleibt die Preisvorgabe gegenüber den Vertragshändlern.

Dies gilt für die direkte Festsetzung von Preisen wie auch für mittelbar wirkende Maßnahmen. Mittelbare Maßnahmen sollen den Handel etwa veranlassen, ein bestimmtes Preisniveau einzuhalten. Solche Maßnahmen zeigen sich in Form von unterschiedlich gewährten Rabatten oder in Form von Nachteilen wie Lieferverweigerung, Lieferverzögerungen, also Druckmittel die eingesetzt werden, um bestimmte Preise zu erzwingen.

8 Vertriebsrecht, Vertriebsorganisation

Das Europäische Gericht war aber in der Vergangenheit bei der Beurteilung sehr nachgiebig. Ein Schreiben des Verkäufers an die Händler, man erwarte mehr Preisdisziplin, reichte für Sanktionen nicht aus.

Vorgaben für einen Mindestpreis bleiben weiterhin unzulässig. In Großbritannien und den USA sind *Mindestpreis*-Vorgaben kartellrechtlich erlaubt.

Eine Veränderung zu den Preisvorgaben gibt es allerdings. Das Unternehmen ist berechtigt, einen Händler einzusetzen, der den Endabnehmer zu mit diesem vereinbarten Konditionen beliefert. In diesem Fall darf der Lieferant dem Händler auch die Preise – als Teil der ausgehandelten Konditionen – vorgeben. Voraussetzung ist allerdings, dass der Endkunde darauf verzichtet, sich seinen Händler, von dem er die Produkte beziehen möchte, selbst auszuwählen. Der Endkunde ist an den vom Anbieter bestimmten Händler als Bezugsquelle gebunden.

8.4.1.4.2 Keine Lockerung des Verbots, den Online-Handel zu beschränken

Die Beschränkung des wirtschaftlich sinnvollen Gebrauchs des Internets ist nun eine Hardcore-Beschränkung und damit verboten. Damit ist insbesondere der Totalausschluss gemeint.

Einschränkungen des Portalauftritts sind zulässig, wenn diese sinnvoll und angemessen sind; etwa, um dem Erscheinungsbild der Marke gerecht zu werden.

Die Qualitätsvorgaben an den Online-Handel des Abnehmers dürfen jedoch nicht so streng sein, dass der Händler quasi dazu gezwungen wird, vom Online-Verkauf Abstand zu nehmen, etwa weil die Umsetzung dieser Vorgaben zu teuer wäre.

Dem Vertragshändler darf es nach der Verordnung aber verboten werden, die Produkte über Plattformen von Dritten zu vertreiben; damit wird die Rechtsprechung des EuGH umgesetzt. Ein selektives Vertriebssystem etwa darf den Warenabsatz z. B. über eBay verbieten.[10] Auch das soll nach Ansicht der Kommission nur eine Modalität der Internetnutzung sein.[11]

Online- Vermittlungsdienste sind nun auch „Anbieter" der Waren. Damit erscheinen Preisvorgaben des Händlers gegenüber dem Plattformbetreiber als Preisbindung der zweiten Hand und sind unzulässig.[12]

Jeder Markenhersteller hat auch weiterhin das Recht, reine Onlinehändler vom Bezug und Vertriebsrecht seiner Produkte und Dienstleistungen auszuschließen. Der Hersteller darf verlangen, dass (auch) ein stationäres Geschäft betrieben wird.

8.4.1.4.3 Dual pricing ist gestattet

Das so genannte dual pricing ist nach der Verordnung nun gestattet.

Dual pricing bedeutet, dass die Preise für den stationären und für den Internethandel unterschiedlich sein dürfen. Erforderlich ist aber, dass der Anbieter durch das dual pricing Investitionen des Händlers unterstützen möchte.

---

[10] LL, Rn. 206 ff.
[11] LL, Rn. 208.
[12] LL, Rn. 67.

8.4.1.4.4 Neuerungen beim ausschließlichen Vertrieb/Alleinvertrieb

Beim ausschließlichen Vertrieb bzw. exklusiven Vertrieb oder Alleinvertrieb – die Begriffe meinen das Gleiche – gibt es Neuerungen hinsichtlich der Anzahl der pro Gebiet eingesetzten Händler und bei der Weitergabe von Beschränkungen des aktiven Vertriebs. Es können nun bis zu fünf Händler zugelassen werden die die untereinander in Konkurrenz stehen. Nach der alten GVO war nur ein Handelsbetrieb zugelassen. Aktiver Vertrieb meint alle Verkaufsmaßnahmen, bei denen aktiv auf Kunden zugegangen wird, etwa durch E-Mai. Die Vertikal-Leitlinien enthalten hierzu ausführlichere Erläuterungen.

Unverändert ist der Grundsatz, dass so genannte passive Verkäufe in ein exklusiv zugewiesenes Gebiet oder an eine ausschließlich zugewiesene Kundengruppe zulässig bleiben. Passiv bedeutet, dass die Kunden selbst aktiv auf den gebietsfremden Händler zugehen. Eine Website oder ein Webshop gelten dabei auch als passiven Verkauf; andernfalls wäre der Internethandel wieder ausgeschlossen. Aktive Werbung umfasst jede Art der gezielten Ansprache von Kunden innerhalb der nur einzelnen Händlern zugewiesenen Gebiete oder das Ansprechen der vorbehaltenden Kundengruppe.

Die alte Vertikal-GVO gestattete es dem Hersteller, dem Abnehmer Formen des aktiven Vertriebs zu verbieten. Dieses Recht, solche aktiven Vertriebsmaßnahmen zu verbieten, wurde unter der neuen Vertikal-GVO erweitert: Der Anbieter kann von seinen Händlern verlangen, mit deren Kunden ebenfalls identische Beschränkungen des aktiven Vertriebs zu vereinbaren.

Der Sinn dieser Regelung ist aber nicht verständlich. Den privaten Kunden kann diese Regelung nicht treffen und der Re-Import durch graue Händler wohl auch nicht eingedämmt werden. Einem nicht zum Vertriebssystem gehörenden Händler das Verbot, nicht an andere graue Händler zu verkaufen, wäre eine Verlagerung der Pflichten eines Vertragshändlers auf nicht zum System gehörende Händler; dem hat der BGH im Zusammenhang mit dem Wettbewerbsrechtschon widersprochen.

Hinblick auf die grauen Händler ist von Bedeutung, dass es gegen diese nicht zum Vertriebssystem gehörenden Händler keine Sanktionen aus dem Unlauterkeitsrecht (UWG) mehr gibt. Die Ausnutzung fremden Vertragsbruchs wird nach der Rechtsprechung des BGH nicht mehr als unlautere Geschäftspraxis sanktioniert; Anspruchsgegner ist der untreue Vertragspartner

8.4.1.4.5 Parallele Vertriebsformen

Die neue Vertikal-GVO 720/2022 lässt nun ausdrücklich parallele Vertriebsformen innerhalb der EU zu. Der passive Verkauf, also insbesondere die Schaltung von Websites und der Vertrieb über das Internet, dürfen nicht verboten werden.

Verboten ist den Vertriebshändlern weiterhin der aktive und passive Verkauf an nicht zum Vertriebssystem gehörende Händler. Dies gilt für den Alleinvertrieb wie für den selektiven Vertrieb; dadurch wird der Kernbereich dieser Vertriebsformen geschützt.

8.4.1.4.6 Änderungen beim dualen Vertrieb

Beim dualen oder zweigleisigen Vertrieb vertreibt der Hersteller seine Produkte durch selbstständige Händler aber auch durch eigenen Vertrieb. Der Hersteller tritt in Wettbewerb zu seinen Händlern.

Dies kann zu einem kartellrechtlich unerwünschten Austausch von Informationen führen. Die Vertikal-GVO gestattet den dualen Vertrieb auch nur, wenn die folgenden Voraussetzungen erfüllt sind:

- Der Abnehmer ist selbst nicht zugleich Anbieter von solchen Produkten, die mit denen des Anbieters konkurrieren.
- Der Informationsaustausch darf nur solche Daten umfassen, die für die Durchführung des Händlervertrags und die effiziente Vermarktung der Produkte unbedingt erforderlich sind.

Mit „Erforderliche Informationen" sind Informationen im Zusammenhang mit der Belieferung gemeint, Z. B. Informationen zu Kundenkäufen und Kundenpräferenzen, Verkaufspreise des Händlers und Berichte zu Marketingmaßnahmen.

8.4.1.5 Regelungen für den Kfz-Servicebereich

Wie oben bereits ausgeführt gibt es für den Kraftfahrzeugvertrieb keine eigenständige GVO mehr. Nach wie vor ist aber der Kfz-Servicebereich, der Werkstättenbereich in eine GVO eingebunden.

Dadurch gibt es kartellrechtliche Beschränkungen im Hinblick auf die Markenwerkstätten. Die Werkstätten brauchen Ersatzteile nicht über den Hersteller zu beziehen (Ausnahmen: vom Hersteller bezahlte Kulanz- und Garantieleistungen/ Gewährleistungsarbeiten). Den Werkstätten kann durch den Servicevertrag nicht vom Hersteller verboten werden, Ersatzeile auch dann als Originalersatzteile zu verwenden, wenn sie nicht über den Hersteller bezogen wurden, soweit sie von demselben Lieferanten stammen bzw. unter gleichen Produktionsbedingungen hergestellt wurden oder sonst gleichwertig sind. Schließlich wird durch das europäische Kartellrecht sichergestellt, dass die sog. freien Werkstätten alle technischen Informationen über die vertriebenen Fahrzeuge erhalten, die für deren Reparatur- und Wartungsarbeiten erforderlich

Die den Markenwerkstätten vom Herstellerunternehmen regelmäßig sehr umfangreich auferlegten Standards müssen für den Betrieb der Werkstatt aber erforderlich sein. Dieser Erforderlichkeitsmaßstab geht mit der Auslegung des allgemeinen europäischen Kartellrechts konform, dass „in der Natur der Sache" liegende Wettbewerbsbeschränkungen nicht unter das Kartellverbot des Art. 101 Abs. 1 AEUV fallen.[13] Dies bedeutet, dass die von den Herstellern abverlangten Standards nach den allgemeinen Auslegungskriterien hinsicht-

---

[13] Anders die Regelung für qualitative Systeme in der Vertikal-GVO 330/2010, dort gibt es den Erforderlichkeitsmaßstab nicht (siehe Art. 1d). Erst wenn die 30%-Schwelle überschritten ist, gilt der Erforderlichkeitsmaßstab wieder über Art. 101 Abs. 1 AEUV.

lich des Erforderlichkeitsmaßstabs überprüft werden.[14] Es kommt darauf an, dass die abverlangten Standards dazu „geeignet" sind ein vom Kartellrecht bzw. einer GVO gedecktes Ziel zu erreichen. Es ist also der vom Kartellrecht vorgegebene Rahmen zu beachten. Werkstätten brauchen z. B. keinen Handel mit Fertigprodukten (Pkw) zu betreiben; die entsprechende GVO nennt als Tätigkeitsbereiche die Instandsetzung, die Wartung und den Verkauf von Ersatzteilen. Weiterhin beinhaltet das Erforderlichkeitskriterium ein Übermaßverbot. Grundsätzlich wären danach alle vom Hersteller/Vertriebsbinder abverlangten Standards dahin zu überprüfen, ob nicht geringer aufwendige Mittel zu gleichen oder nahezu gleichen Ergebnissen führen würden.

Allerdings ist zu berücksichtigen, dass dem Systembinder auch das Recht zustehen muss, über den Bereich der allgemeinen Fachhandelsbindungen hinaus Qualitätsziele zu definieren. Es sind demnach nicht nur Standards erlaubt, die sich aus der Natur der Sache ergeben, sondern auch Standards, die sich an den Eigenarten (insbesondere Markenimage) des Produkts orientieren. Dieses Recht ist aber wiederum zu begrenzen, weil andernfalls der Erforderlichkeitsmaßstab leicht ausgehöhlt würde und letztlich sich die Situation einstellen könnte, dass die nur erlaubte qualitative Selektion doch zu einer quantitativen Selektion führt. Eine wohl zutreffende Auslegung des so verstandenen Maßstabs geht dahin, über die allgemeinen Fachhandelsbindungen hinausgehende am Markenimage orientierte Standards zu erlauben, diese aber im Hinblick auf die aus Verbrauchersicht erwartete Qualität der Werkstatt zu begrenzen.[15]

Daneben sind weitere kartellrechtliche Beschränkungen im Hinblick auf die Werkstätten zu verzeichnen: Die Werkstätten brauchen Ersatzteile nicht über den Hersteller zu beziehen (Ausnahmen: vom Hersteller bezahlte Kulanz- und Garantieleistungen/Gewährleistungsarbeiten). Den Werkstätten kann durch den Servicevertrag nicht vom Hersteller verboten werden, Ersatzeile auch dann als Originalersatzteile zu verwenden, wenn sie nicht über den Hersteller bezogen wurden, soweit sie von demselben Lieferanten stammen bzw. unter gleichen Produktionsbedingungen hergestellt wurden oder sonst gleichwertig sind. Schließlich wird durch das europäische Kartellrecht sichergestellt, dass die sog. freien Werkstätten alle technischen Informationen über die vertriebenen Fahrzeuge erhalten, die für deren Reparatur- und Wartungsarbeiten erforderlich sind.

8.4.2 er Handelsvertretervertrag

Das prägende Element eines Vertriebsvertrages im Sinne der §§ 84 ff. HGB ist, dass dieser sich „als vertriebsvertragliche Kooperationsform verstehen lässt, die von einem Unternehmer auf höherer Stufe (Absatzzentrale) mit einem auf nachgeordneter Stufe platzierten Unternehmer (Absatzmittler) praktiziert wird, um der absatzwirtschaftlichen Zusammen-

---

[14] Vgl. Art. 1 Abs. 1 lit. h) der bis 2013 verlängerten GVO 1400/2002; Leitlinien der Kommis- sion, Commission Regulation (EC) No. 1400/2002 vom 31.07.2002.
[15] Ensthaler/Gesmann-Nuissl, BB 2005, 1749, 1750 ff.

arbeit beim Vertrieb von Waren (…) eine langfristige vertragliche Grundlage zu geben."[16] Handelsvertreterverträge sind folglich als Subordinationsverträge zu verstehen, bei denen der Absatzmittler seine Interessen im Zweifel denen des sog. Absatzherrn unterordnet, um zumindest mittelbar (durch Provisionen) daran zu profitieren.[17]

> „Art. 101 Abs. 3 in Verbindung mit Art. 1 Abs. 1 Buchst. a der Verordnung (EU) Nr. 330/2010 der Kommission vom 20.4.2010 über die Anwendung von Art. 101 Abs. 3 des Vertrags über die Arbeitsweise der Europäischen Union auf Gruppen von vertikalen Vereinbarungen und abgestimmten Verhaltensweisen ist dahin auszulegen, dass eine Handels- partnerschaftsvereinbarung, die zwischen zwei Unternehmen geschlossen worden ist, die auf unterschiedlichen, einander nicht vor- oder nachgelagerten Produktmärkten tätig sind, nicht unter die Gruppen der „vertikalen Vereinbarungen" und „Handelsvertreterverträge" fällt, wenn diese Vereinbarung darin besteht, die Entwicklung des Absatzes der Produkte dieser beiden Unternehmen durch ein System der Förderung und gegenseitiger Rabatte zu begünstigen, wobei jedes dieser Unternehmen einen Teil der mit der Durchführung dieser Partnerschaft verbundenen Kosten trägt." (EuGH, ZVertriebsR 2024, 93)

8.4.2.1 Der Begriff des Handelsvertreters

Bei dem Begriff „Handelsvertreter" handelt es sich nicht um eine geschützte Berufsbezeichnung, vielmehr wurde in § 84 Abs. 1 HGB vom Gesetzgeber nur definiert, wer Handelsvertreter im Rechtssinne ist.[18] Die folgenden Merkmale kennzeichnen den Rechtsbegriff:

- Selbstständiger Gewerbetreibender, § 84 Abs. 1 S. 2 HGB:
- Maßgebend ist hierbei die persönliche, nicht die wirtschaftliche Selbstständigkeit. Entscheidend ist die Möglichkeit zu eigenständiger Bestimmung, das Gesamtbild der vertraglichen Ausgestaltung sowie der tatsächlichen Handhabung.[19]
- Vermittlung oder Abschluss von Geschäften für einen anderen Unternehmer: Der Handelsvertreter handelt im fremden Namen und auf fremde Rechnung. Der Absatzmittler wird also nicht selbst Vertragspartei des Kunden, sondern handelt ausdrücklich für den Geschäftsherrn, sodass die wirtschaftlichen Folgen des Geschäfts auch nicht den Handelsvertreter, sondern den Geschäftsherrn treffen.[20] Bei seiner Arbeit handelt es sich also um eine bloße Vermittlungstätigkeit. Der Handelsvertreter trägt nicht die wirtschaftlichen Risiken in Bezug auf die übertragenen Vermittlungstätigkeiten, sondern nur die allgemeinen kaufmännischen Risiken, wie sie jede selbstständige geschäftliche Tätigkeit nach sich zieht.[21]

---

[16] OLG Hamburg GWR 2009, 273.
[17] OLG Hamburg GWR 2009, 273.
[18] Hopt, in: Hopt, HGB, § 84 Rn. 6; Prasse, in: Giesler, § 2 Rn 5.
[19] Roth/Kindler, in: Koller/Kindler/Drüen, HGB, § 84 Rn. 3.
[20] Hombacher, JURA 2007, 690, 690.
[21] OGH Wien GRUR Int. 2010, 885, 888.

- Ständige Betrauung:
- Als entscheidendes Kriterium muss der Handelsvertreter gemäß § 84 Abs. 1 HGB von seinem Geschäftsherrn mit der ständigen Vermittlung oder dem ständigen Abschluss von Geschäften betraut sein. Der Handelsvertreter muss also in das Vertriebssystem des Unternehmers eingebunden sein. Die Betrauung bedeutet neben der *allgemeinen Tätigkeitspflicht*, dass der Unternehmer dem Handelsvertreter die Wahrnehmung seiner Interessen anvertraut. Die *allgemeine Interessenwahrnehmungspflicht* des Handelsvertreters für den Unternehmer ist damit zwingende Voraussetzung für die Annahme eines Handelsvertretervertrages.[22] Der Vertrag muss also eine regelmäßige Tätigkeit sowie eine unbestimmte Zahl von Geschäften zum Gegenstand haben.[23] Dieses Merkmal ist konstitutiv.

8.4.2.2 Die Pflichten des Handelsvertreters

Der Handelsvertreter hat sich gemäß § 86 Abs. 1 HGB um die Geschäftsvermittlung zu bemühen. Bemühen bedeutet dabei, die Verpflichtung, aktiv tätig zu werden, also etwa den Markt zu beobachten, neue Absatzmöglichkeiten zu erschließen und Kundenbeziehungen zu etablieren und zu erschließen.[24] Die Vermittlungstätigkeit hat stets unter Wahrung der Interessen des Unternehmers zu geschehen. Daraus folgt auch das Wettbewerbsverbot während der Dauer des Handelsvertretervertrages. Der Handelsvertreter darf dem Unternehmer, für den er tätig ist, keine Konkurrenz in dem ihm zur Betreuung übertragenen Bereich machen, wenn er dadurch die Interessen des Unternehmers erheblich beeinträchtigt.[25]

Zudem muss der Handelsvertreter gemäß § 86 Abs. 2 HGB dem Unternehmer die „erforderlichen Nachrichten" geben, insbesondere über seine Tätigkeit und deren Erfolge unverzüglich Bericht erstatten. Was unter den Begriff „erforderliche Nachrichten" fällt, bestimmt sich unter Abwägung der Interessen des Handelsvertreters danach, was das objektive Interesse des Unternehmers nach Besonderheit und Dringlichkeit erfordert.

Des Weiteren gelten bestimmte Treuepflichten. Der Handelsvertreter unterliegt dem Weisungsrecht seines Geschäftsherrn. Dieses Recht beschränkt sich auf Weisungen bezüglich des zu vermittelnden Produktes, um nicht in den Selbstständigenstatus des Handelsvertreters einzugreifen. Darüber hinaus muss der Handelsvertreter die ihm zur Verfügung gestellten Gegenstände pfleglich behandeln und gemäß § 90 HGB Stillschweigen über Geschäftsgeheimnisse bewahren.[26]

8.4.2.3 Die Rechte des Handelsvertreters

Das wichtigste Recht des Handelsvertreters ist der Anspruch auf Provision. Gemäß § 87 Abs. 1 HGB bezieht sich dieser Anspruch auf alle Geschäfte, die während des Vertragsver-

---

[22] OLG Hamburg GRUR 2006, 788, 789.
[23] Hombacher, JURA 2007, 690, 690.
[24] Hombacher, JURA 2007, 690, 691.
[25] Roth/Kindler, in: Koller/Kindler/Drüen, HGB, § 86 Rn. 6.
[26] Hombacher, JURA 2007, 690, 691.

hältnisses zwischen dem Geschäftsherrn und dem Kunden abgeschlossen wurden und auf seine Tätigkeit zurückzuführen sind. Neben dem Provisionsanspruch hat der Handelsvertreter einen Anspruch auf angemessene Unterstützung durch seinen Geschäftsherrn, insbesondere dass dieser ihm die erforderlichen Unterlagen und Informationen zur Verfügung stellt (§ 86a HGB).

Nach Beendigung des Vertrages steht dem Handelsvertreter ein vertraglich nicht abdingbarer Ausgleichsanspruch zu, § 89b HGB. Sinn dieses Anspruchs ist es, dem Handelsvertreter einen Ausgleich dafür zu verschaffen, dass der Geschäftsherr auch nach Ende der Zusammenarbeit von den Kundenbeziehungen profitiert, die sein Handelsvertreter im Rahmen seiner Tätigkeit geknüpft hat.[27]

8.4.2.4 Der Handelsvertreter in der Wirtschaftspraxis

Auch wenn der klassische Handelsvertreter durch moderne Vertriebsformen wie das Franchising teilweise verdrängt wurde, so bleibt er dennoch im sog. Businessto-Business-Bereich die vorherrschende Art der Absatzmittlung.[28] Der Handelsvertreter bleibt auch weiterhin ein wichtiges Bindeglied zwischen verschiedenen Marktstufen.[29]

Auf die Unterscheidung zwischen echten und unechten Handelsvertretern, wird hier noch einmal hingewiesen. Nicht selten wird der gesetzlich bestimmte Pflichtenbereich um weitere, die wirtschaftlichen Risiken erhöhende, Pflichten erweitert. Der Handelsvertreter wird dann zum unechten Vertreter mit der Folge, dass nun auch die für den Vertragshändler vorgesehenen kartellrechtlichen Vorschriften einschlägig sind.[30]

Eine weitere Unterscheidung ist die zwischen dem Hauptvertreter (auch Bezirksvertreter o. ä. genannt) und Untervertretern. Hinsichtlich der Untervertretung ist noch zwischen echten und unechten Untervertretern zu differenzieren.[31]

Schließlich gibt es noch den Handelsvertreter im Nebenberuf (§ 92b HGB), der nach der gesetzlichen Regelung insbes. keine Ausgleichsansprüche (§ 89b HGB) gegen den Unternehmer hat.[32]

8.4.3 Der Kommissionär als Absatzmittler

Der Kommissionär verkauft oder kauft Waren oder Wertpapiere im eigenen Namen auf die Rechnung eines anderen, des Kommittenten (§ 383 HGB). Anders als der Handelsvertreter handelt der Kommissionär demnach nicht im Namen eines anderen Unternehmens, sondern im eigenen Namen; anders als der Vertragshändler handelt der Kommissionär nicht

---

[27] Hombacher, JURA 2007, 690, 691.
[28] Prasse, in: Giesler, § 2 Rn. 4.
[29] Prasse, in: Giesler, § 2 Rn. 4.
[30] Siehe dazu bereits die Ausführungen zum Vertragshändler unter 4.2.1.2.
[31] Dazu Genzow, in: Ensthaler, HGB, § 84 Rn. 24 ff.
[32] Genzow, in: Ensthaler, HGB, § 92b Rn. 5 ff.

auf eigene, sondern auf fremde Rechnung. Kennzeichen des Kommissionsgeschäftes ist demnach sein Geschäftsbesorgungscharakter, der in der Übernahme eines fremden Geschäfts im eigenen Namen zum Ausdruck kommt. In der Praxis kommt das Kommissionsgeschäft insbesondere im Effektenhandel zur Ausführung, also beim Kauf oder Verkauf von Wertpapieren für andere.[33] Kommissionsgeschäfte werden weiterhin häufig im Versteigerungsgewerbe, im Kunst- und Antiquitätenhandel abgeschlossen. Das Besondere am Kommissionsgeschäft ist, dass Vertragspartner des Dritten nur der Kommissionär ist und nicht der eigentlich am Geschäft Interessierte, der Kommittent.[34]

Die Rechte des Kommittenten bestimmen sich nach § 384 HGB. Der Kommissionär hat ordentlich auszuführen und die Weisungen des Kommittenten zu beachten. Wesentlich ist, dass an den Kommittenten herauszugeben ist, was der Kommissionär durch die Geschäftsbesorgung erlangt hat.

Weiterhin sind die Rechte des Kommittenten durch § 392 HGB bestimmt. Danach kann der Kommittent Forderungen erst nach Abtretung durch den Kommissionär geltend machen. Allerdings gelten die Forderungen – auch wenn sie noch nicht abgetreten sind – im Verhältnis zwischen dem Kommissionär und dem Kommittenten sowie den Gläubigern des Kommissionärs als Forderungen des Kommittenten. Dies hat für den Kommittenten den Vorteil, dass er bei Insolvenz des Kommissionärs aussondern kann (§ 47 InsO) bzw. sich durch Drittwiderspruchsklage nach § 771 ZPO gegen den Zugriff von Gläubigern des Kommissionärs auf die Forderung wehren kann.

Dies gilt allerdings nur bis zur Erfüllung der Forderung durch den Dritten an den Kommissionär, sodass für den Kommittenten die bei Ausführung des Geschäfts aufgrund der Vereinbarungen eintretenden Eigentumssituationen von Bedeutung sind. So kommt es bei der Einkaufskommission (Kommissionär erwirbt für den Kommittenten) regelmäßig zu einem Durchgangserwerb des Kommissionärs, der die Rechte dann weiter übertragen muss, bevor der Kommittent Eigentümer wird. Möglich ist aber auch ein unmittelbarer Erwerb des Kommittenten, entweder aufgrund ausdrücklicher Vereinbarung oder dadurch, dass die verdeckte Stellvertretung – der Kommissionär handelt für den Kommittenten ohne dies zu erklären – rechtliche Bedeutung hat; dies gilt nach den Grundsätzen des Geschäfts für den, den es angeht. Dies wird z. B. im Kunsthandel Bedeutung haben, weil hier auch dem Verkäufer zumeist bewusst ist, dass der Käufer (Kommissionär) für einen Dritten (Kommittenten) auftritt. Erforderlich ist im Hinblick auf den Eigentumserwerb aber immer das Vorliegen von entsprechenden Anhaltspunkten.

8.4.4 Franchisesysteme

Wie bereits in der Einführung erwähnt, befasst sich das Vertriebsrecht nicht nur mit Waren, sondern auch mit Dienstleistungen. Auch reine Dienstleistungen, also nicht nur solche, die

---

[33] Achilles, in: Ensthaler, § 383 Rn. 2; Gesmann-Nuissl, in: Ensthaler, HGB, nach § 406 Rn. 635.
[34] BGH NJW 1965, 249, 250.

der Warenlieferung angehängt sind, z. B. Wartungsarbeiten an dem verkauften Produkt, werden vielfach durch vertriebsvertragliche Absatzorganisationen durchgeführt. Bekannt sind bereits von früher her die Versicherungs- und Bausparkassenvertreter, die im Gesetz schon vor fast 50 Jahren eine Sonderregelung durch § 92 HGB erhalten haben.

In heutiger Zeit ist allgemein zu unterscheiden zwischen einer reinen Absatzorganisation, die die Dienstleistungen für den Dienstleister vermittelt und der Situation eines Vertikalgefüges mit einer Art von Zentrale, deren Aufgabe darin besteht, die Standards für die einzelnen Dienstleistungen zu schaffen und deren Einhaltung zu überwachen. Dies ist wegen der zunehmenden Standardisierung der Dienstleistungen und der damit verbundenen Möglichkeit, zahlreiche konkret angeleitete und angewiesene Dienstleistungseinzelbetriebe die Dienstleistungen einheitlich erbringen zu lassen, zunehmend möglich.

Denkbar wäre dann, dass diese Dienstleister die Dienstleistungen bei dem Kunden für die zentrale Stelle gegen gewisse Provisionsleistungen durchführen oder aber, dass die Dienstleister die Dienstleistung beim Kunden als Vertragspartner dieses Kunden erfüllen und an die Zentralstelle ihrerseits für die von dort erbrachten Leistungen bezahlen.

8.4.4.1 Wirtschaftliche Bedeutung des Franchising

Franchising ist mit einem durchschnittlichen Umsatzwachstum von 15 % pro Jahr die wohl am schnellsten wachsende und interessanteste Distributionssystementwicklung der letzten Jahre überhaupt. Die in dem deutschen Franchise-Verband (DFV) angeschlossenen Betriebe haben im Jahre 2005 einen Gesamtumsatz von rund 32 Mrd. Euro erwirtschaftet. Obwohl die Grundidee des Franchisings schon lange existiert, gibt es immer neue Franchising-Formen.

In der Betriebswirtschaftslehre wird im Wesentlichen zwischen vier Erscheinungsformen unterschieden:

a) Das herstellergeführte Großhandelsfranchising. Diese Art des Franchisings findet man u. a. in der Erfrischungsgetränkeindustrie. Coca Cola z. B. arbeitet auf verschiedenen Absatzmärkten mit Abfüllbetrieben (Großhändlern) als Franchisenehmern zusammen, die das Sirupkonzentrat von Coca Cola kaufen, es mit Wasser und Kohlensäure versetzen, in Flaschen abfüllen und das Getränk dann an die Einzelhändler im jeweiligen Marktgebiet verkaufen, abgefüllt in den typischen, von Coca Cola vorgegebenen Flaschenformen und beschriftet mit der Marke.
b) Das Servicefranchising. Ein Dienstleitungsunternehmen organisiert hier als Franchisegeber ein Franchisesystem, um sein Dienstleistungsangebot möglichst effizient an den Abnehmer zu bringen. Beispiele hierfür sind die Autovermieter Avis, die Fast-Food-Unternehmen McDonalds und Burger King und auch der Tür- und Küchenrenovierungsspezialist Portas.
c) Das herstellergeführte Einzelhandelsfranchising. Hier wird ein bestimmtes Produkt vom Verkäufer und Franchisegeber an unabhängige Händler gegeben, die sich bereit-

erklärt haben, unter ganz bestimmten Verkaufsbedingungen zu veräußern und dabei bestimmte Serviceleistungen nach den Vorgaben des Franchisegebers zu erfüllen (Kotler/Keller/Bliemel, S. 882).

d) Hinzu kommt das Produktionsfranchising. Die Vereinbarungen gehen hier dahin, dass der Franchisenehmer nach den Vorgaben des Franchisegebers Produkte herstellt oder an ihrer Herstellung beteiligt ist. Der Franchisegeber erteilt hierzu die erforderlichen Lizenzen für Markenrechte, Patente etc. Da es bei diesem Typus immer darum geht, dass der Franchisenehmer die ganz oder teilweise hergestellte Ware vertreibt, handelt es sich auch immer um eine Art des Handelsfranchising, zumeist des Großhandelsfranchising.

8.4.4.2 Die Grundstruktur des Franchise[35]

Eine Franchiseorganisation ist in jedem Fall eine durch Vertrag geregelte Zusammenarbeit zwischen einem Franchisegeber (Hersteller, Großhändler oder Regieunternehmen mit Dienstleistungscharakter) und deren Franchisenehmern, die als selbstständige Unternehmen das Recht erwerben, unter eigener Verantwortung und unter einem eigenen Management einen oder mehrere Betriebe im Franchisesystem zu betreiben.

Diese Franchiseorganisationen werden in der Regel um ein besonderes Produkt und/oder um eine besondere Geschäftsmethode herum aufgebaut. Zu dieser Organisation gehört regelmäßig ein vom Franchisegeber entwickelter Firmenname und weitere immaterielle Geschäftswerte wie Patente, Urheberrechte, Know-how, Markenrechte, weiterhin die Pläne für die Ausstattung der Geschäftsräume, der Aufbau von Buchungssystemen, die Schulungen des Personals, die Planung und Durchführung von Werbemaßnahmen usw. – um es mit einem Schlagwort auszudrücken: Es geht um die „Multiplikation einer Geschäftsidee".

Die Vergütung des Franchisegebers durch den Franchisenehmer kann sich aus unterschiedlichen Elementen zusammensetzen: Aus einer Einstandsgebühr, einer Beteiligung am Bruttoumsatz, Miet- und Pachtgebühren für die vom Franchisegeber zur Verfügung gestellten Ausrüstungen und Einrichtungen, Gewinnbeteiligungen und Lizenzgebühren.

8.4.4.3 Einschränkungen der Gestaltungsfreiheit

Die Begrenzung der Privatautonomie, also die Einschränkung der Gestaltungsmöglichkeiten, geschieht hier durch zwei Rechtsgebiete:

Durch kartellrechtliche Regelungen und durch die Inhaltskontrolle im Zusammenhang mit der regelmäßig erfolgten Verwendung allgemeiner Geschäftsbedingungen i.S.v. § 305 BGB sowie nach den Regeln über die Sittenwidrigkeit.

---

[35] „Franchising" ist begrifflich über die französische Sprache ins Englische bzw. Amerikanische übernommen worden und bedeutet privilegiert bzw. durch eine Konzession im Vorteil zu sein.

8.4.4.3.1 Die Vertikal-GVO

Bis 2000 gab es im Wettbewerbsrecht eine GVO für Franchising.[36] Diese GVO wurde nicht verlängert, sodass seit dem Jahre 2000 die „allgemeine" Vertriebs-GVO („Vertikal"-GVO) auch für den Vertrieb über Franchise-Verträge anzuwenden ist.[37]

Der EuGH hat allerdings schon in seiner Entscheidung aus dem Jahre 1986, mit der sog. Pronuptia-Entscheidung,[38] klargestellt, dass es für die Franchise-Verträge im Grunde kaum einer Freistellung vom Kartellverbot bedarf. In den Verträgen würden sich überwiegend wirtschaftlich sinnvolle Abreden finden. Darunter versteht der EuGH Abreden, die fest mit einer bzw. dieser Vertriebsform verbunden sind, wie Schutz des Know-how, Wettbewerbsverbote, Bezugsverpflichtungen zur Sicherstellung der Qualität, Regelungen zum Auftreten unter einheitlichem Erscheinungsbild, Abtretungsverbote bezüglich der Rechte aus dem Franchise-Vertrag, Sortimentsbeschränkungen, Gestaltung der Werbung. Hierbei handelt es sich demnach um Bindungen, die der Geschäftsmethode immanent sind und nicht als künstliche Wettbewerbsbeschränkungen erscheinen, also demnach auch nicht unter das Kartellverbot des Art. 101 AEUV fallen, von dem sie erst befreit werden müssten, z. B. durch eine GVO (oder heute auch durch eine – überprüfbare – Selbstfreistellung).

Nicht durch die Erhaltung der Funktionsfähigkeit dieser Vertriebsart kartellrechtlich gerechtfertigt sind nach dem EuGH Marktaufteilungsvereinbarungen zwischen den einzelnen Franchisenehmern, also Gebietsschutzklauseln, Preisbestimmungen sowie das Verbot von Querlieferungen.

Wie jede GVO enthält auch die Vertikal-GVO sog. Kernbeschränkungen.[39] Unter die Kernbeschränkungen fällt das Verbot der Preisbindung (Art. 4). Der Franchisenehmer ist hinsichtlich der Bestimmung der Preisuntergrenze frei; die Bestimmung von Obergrenzen ist zulässig. Preisempfehlungen sind zulässig, aber sehr häufig rechtlich problematisch.

> „BGH (NJW-RR 2003, 1170 ff.; Kartellsenat): Es darf keine Werbung des Franchisegebers für Preise erfolgen ohne einen Hinweis auf die Unverbindlichkeit für die Franchisebetriebe.
> BGH (BGHZ 140, 342 ff.; Kartellsenat): Eine unzulässige Umgehung des Preisbindungsverbotes liegt vor, wenn wirtschaftlich das erreicht wird, was rechtlich verboten ist. Der wirtschaftliche Druck auf den Nehmer ist gleich bedeutend mit einer rechtlichen Verpflichtung."

Der Aufbau selektiver Vertriebssysteme ist durch die Vertikal-GVO freigestellt. Es ist demnach für den Aufbau von Franchisesystemen erlaubt, dass ein Hersteller (oder Anbieter von Dienstleistungen) hinsichtlich seiner Vertriebspartner auch quantitativ selektiert, also auch die ausschließt, die seine Anforderungen grundsätzlich erfüllen. Verboten ist es aber, den Aufgenommenen Beschränkungen hinsichtlich ihrer Möglichkeiten, an End-

---

[36] GVO 4087/88 EG.
[37] zur Zeit: GVO 702/2022.
[38] EuGH NJW 1986, 1415, 1415.
[39] Zur Bedeutung dieser Kernbeschränkungen siehe die Ausführungen zum Vertragshändler.

kunden zu verkaufen aufzuerlegen (keinerlei aktive oder passive Verkaufsbeschränkungen bei Endkunden, also auch keine Vorbehalte zugunsten von Eigenverkäufen des Gebers). Für die Praxis relevante Einschränkungen ergeben sich aber gemäß Art. 4b Vertikal-GVO aus der Berechtigung des Franchisegebers, dem Nehmer die Einrichtung von Filialen zu verbieten (auch „mobile Filialen").

Darüber hinaus ist eine Marktaufteilung zwischen einzelnen Franchisenehmern zumindest nicht innerhalb eines Franchisesystems möglich, bei denen die Franchisenehmer direkt an Endkunden vertreiben – was regelmäßig der Fall ist.

Das sog. exklusive Vertriebssystem ist von der Vertikal-GVO zugelassen und auch dort geregelt. Die Zuweisung von einzelnen Marktgebieten an Händler ist unter der Voraussetzung erlaubt, dass diesen Händlern (Anbietern) wiederum erlaubt wird, an nicht zum Franchisesystem gehörende Händler (Anbieter) zu leisten, was in selektiven Vertriebssystemen verboten werden kann. Das exklusive Vertriebssystem passt nur auf Franchisesysteme, bei denen nicht oder nicht nur an Endverbraucher abgegeben wird. Soweit man mit selbstständigen Händlern geführte Vertriebssysteme, z. B. Vertragshändler des Automobilhandels (wegen der durch die Verträge geschaffenen Regelungsdichte) zu den Franchiseverträgen rechnet, ist diese Konstellation möglich. Nach der Kfz- wie auch der Vertikal-GVO ist es möglich, dass den einzelnen Händlern Marktgebiete exklusiv zugewiesen werden. Im „Gegenzug" muss dann diesen Händlern auch erlaubt werden, an nicht zum jeweiligen Vertriebssystem gehörende (graue) Händler zu liefern.

In der Vertikal-GVO ist weiterhin geregelt, dass „nur" bis zu 80 % der Waren (z. B. „Hamburger") von Franchisegeber bezogen werden müssen. Dies bezieht sich auf alle Lieferungen an den Nehmer, sodass hinsichtlich einzelner Produkte auch eine 100 %ige Abnahme verlangt werden kann.

Auch das Verbot von Querlieferungen zwischen den Franchisenehmern ist in die Vertikal-GVO aufgenommen worden.

8.4.4.3.2 Die Inhaltskontrolle von AGB

Auf die Franchiseverträge sind die Vorschriften des BGB zur Inhaltskontrolle der AGB anwendbar. Zu unterscheiden ist grundsätzlich zwischen der Situation, dass der Franchisenehmer schon bei Vertragsabschluss Kaufmann i. S. d. HGB war und der Situation, dass dieser erst bei Aufnahme der entsprechenden Tätigkeit Kaufmann wurde.

Auch wenn der Franchisenehmer schon bei Vertragsschluss Kaufmann war, ist die Inhaltskontrolle nach dem BGB möglich. Zur Anwendung kommt dann zumindest § 307 BGB (Unwirksamkeit von Bestimmungen die dem Vertragspartner entgegen „den Geboten von Treu und Glauben unangemessen benachteiligen"). Die weiteren Verbotsnormen der Inhaltskontrolle kommen nur unmittelbar bei Nehmern in Betracht, die bei Vertragsabschluss noch nicht Kaufleute waren. Die in diesen Regelungen zum Ausdruck gebrachten Wertungen sind aber auch für den kaufmännischen Bereich vielfach anwendbar. Man spricht insofern von der Ausstrahlungswirkung dieser weiteren Regelungen für die in jedem Fall anzuwendende Norm des § 307 BGB.

Die Überprüfung der AGB führt meistens zu Wertungen, die den kartellrechtlichen entsprechen. Franchisesysteme werden unter Berücksichtigung der Voraussetzungen ihrer Funktionalität bewertet und regelmäßig für nicht unangemessen im Verhältnis zum Franchisenehmer angesehen. In seiner McDonalds-Entscheidung[40] hat der BGH ausgeführt, wegen des kaufmännischen Ziels, weltweit bestimmte Speisen von gleich bleibender Qualität preisgünstig anzubieten, sei ein „umfassendes System von Richtlinien" nicht zu beanstanden. Dies schließt Vorgaben ein, die ein straffes Management und rigide Organisationsführung enthalten und die den Franchisenehmer in seiner wirtschaftlichen Selbstständigkeit einschränken. Dies alles entspricht der Natur des konkreten Franchisevertrages.

Beschränkungen gibt es auch hinsichtlich der Bindungsdauer. Wichtig ist die Differenzierung zwischen dem vom Franchise-Rahmenvertrag abzugrenzenden Lieferungs- bzw. Dienstleistungsvertrag. Hinsichtlich des Rahmenvertrages ist eine Bindungsdauer bis 10 Jahre anerkannt. In der Literatur werden aber z. T. auch bereits 10 Jahre Laufzeit ohne ordentliche Kündigungsmöglichkeit für den Franchisenehmer im Hinblick auf Art. 12 GG für unangemessen gehalten.[41]

„Unwirksam ist eine lange Bindungsdauer aber, wenn sie mit kurzen Kündigungsfristen des Franchisegebers einhergeht, z. B. im Falle eines Zahlungsverzugs des Franchisenehmers. Unwirksam war die Verbindung einer Laufzeit von 10 Jahren mit 10- tägiger Kündigungsfrist bei Zahlungsverzug des Franchisenehmers[42] (Verstoß gegen § 307 Abs. 1 und Abs. 2 BGB). Soweit Bindungsfristen hinsichtlich Lieferung und konkreter Dienstleistungen festgelegt sind, beträgt die Höchstlaufzeit zwei Jahre" (§§ 309 Nr. 9 BGB, 307 Abs. 1 und Abs. 2 BGB).

Die Rechtsprechung hat im Rahmen der Inhaltskontrolle (§ 307 BGB) auch auf Rückzahlung der vom Franchisenehmer geleisteten Eintrittsgebühren im Falle vorzeitiger Kündigung erkannt: Ein genereller Ausschluss der Rückzahlung im Falle vorzeitiger Kündigung ist unwirksam, § 307 Abs. 1 und Abs. 2 BGB.[43]

„Ebenso wie bei der kartellrechtlichen Überprüfung hat auch bei der Inhaltskontrolle der Erforderlichkeitsmaßstab Bedeutung. Der Maßstab wird hinsichtlich der dem Franchisenehmer abverlangten Ausstattungen für die Geschäftslokale angewandt, nämlich hinsichtlich der Frage, ob die Ausstattungsgegenstände unbedingt beim Franchisegeber oder seinen Vertragspartnern gekauft werden müssen und hinsichtlich der Beteiligung an den Kosten der Werbemaßnahmen usw."

8.4.4.3.3 Die Sittenwidrigkeitskontrolle nach § 138 BGB

Weiterhin unterliegt der Franchisevertrag der Sittenwidrigkeitskontrolle (§ 138 Abs. 1 BGB): Auch hier erfolgt seitens der Rechtsprechung regelmäßig eine eher restriktive Aus-

---

[40] BGH NJW 1985, 1894, 1895.
[41] Adams/Witte, DStR 1998, 251, 253.
[42] KG BB 1998, 607, 608.
[43] Prüfungsmaßstab: Hat ein angemessener Wert der Einstandsgebühr entgegengestanden?

legung. Ein auffälliges und sittenwidriges Missverhältnis von Leistung und Gegenleistung kann sich daraus ergeben, dass der Betriebsinhaber „für mindestens 10 Jahre nicht mit einem Gewinn rechnen" kann. Regelmäßig sittenwidrig sind Franchiseverträge, mit denen ein Multi-Level-Marketing-System (Schneeballsystem) begründet werden soll. Hier kommt es nicht auf die Weiterveräußerung von Waren an den Endabnehmer an, sondern auf die progressive Anwerbung neuer Franchisenehmer und eine Abnahme der Vertragswaren durch diese Vertriebsmittler.[44]

Bei der Sittenwidrigkeitsprüfung stellt die Rechtsprechung auch auf die wirtschaftliche Abhängigkeit ab. Indizien für eine sittenwidrige Knebelung sind die ständige Erteilung von Einzelanweisungen im Hinblick auf Finanzierung und Investitionsentscheidungen sowie die jederzeitige Kontrolle der Geschäftsbücher und einzelner Geschäftsvorgänge.[45]

8.4.4.4 Mangelhafte Franchisesysteme

Der Franchisevertrag hat nicht nur, und auch nicht notwendigerweise, die Lieferung einzelner Sachen oder konkret benannter Dienstleistungen zum Gegenstand. Ihm liegt aber regelmäßig ein bestimmtes Konzept und ein damit verbundenes Know-how zugrunde. Konzept und Know-how können bereits mangelhaft sein. Die Feststellung dieses Mangels ist allerdings oft schwierig.

Eine Definition für ein mangelhaftes System findet sich in der Literatur bei Canaris.[46] Schon das System ist danach mangelhaft, wenn die technische Nutzbarkeit nicht gegeben ist und damit verbunden ein fortwährender Gewinn auch bei Vorliegen idealer Marktumstände nicht erreichbar ist. Die Umschreibung ist sehr abstrakt gefasst. Zur Konkretisierung müssen die durch das System konkret benannten oder zu erwartenden Leistungen als „Soll-Beschaffenheit" den tatsächlichen Gegebenheiten als „Ist-Beschaffenheit" gegenübergestellt werden.[47] Das dem System zugrunde liegende Know-how muss dem Franchisenehmer einen Wettbewerbsvorteil gegenüber nicht zum System gehörenden Unternehmen gewähren.[48]

Hinsichtlich der einzelnen Leistungen hat die ganz regelmäßig dem Nehmer lizenzierte Marke des Gebers eine besondere, zumeist die Grundlage des Vertrages betreffende Bedeutung. Dies ist zumindest dann der Fall, wenn die Marke eine derart große Sogwirkung hat, dass allein deshalb die Zugehörigkeit zum jeweiligen System wirtschaftlich lohnend ist. In diesem Fall ist der Bestand der Marke und auch die Pflege der Marke (insbesondere das Vorgehen gegen Schutzrechtsverletzungen) Leistungsverpflichtung des Franchisegebers, deren Nicht- oder Schlechterfüllung (regelmäßig erst nach erfolgter Abmahnung,

---

[44] OLG München, OLGZ 1985, 444, 450; Martinek/Semler/Habermeier/Flohr, S.101, 1055 f.
[45] Martinek/Semler/Habermeier/Flohr, S. 496.
[46] Canaris, § 18 Rn. 54.
[47] In der Praxis geht es darum, die Vorteile des gelieferten Know-hows mit der Situation zu vergleichen, dass keine Zugehörigkeit zum Franchisesystem besteht; dazu Canaris, § 18 Rn 54.
[48] Martinek, in: Moderne Vertragstypen – Band II, S. 216.

§ 314 BGB) zur Kündigung berechtigt und ihn bei schuldhaftem Verhalten zum Schadensersatz verpflichtet.

8.4.4.5 Schadensersatzansprüche
Gegenstand der Rechtsprechung waren auch Schadensersatzforderungen der Franchisenehmer gegen den Franchisegeber wegen geschäftsschädigender Werbemaßnahmen.

> „Ein Beispiel dafür ist die Benetton-Schockwerbung aus den 1990er-Jahren. Es ging um die Abbildung ölverschmutzter Wasservögel, die Abbildung eines sterbenden Aidspatienten und die Abbildung von Kindern in Transportcontainern. Der BGH hat diese Werbekampagnen als unlauter i. S. d. UWG angesehen (vgl. etwa zum Fall der ölverschmutzten Ente BGH NJW 1995, 2488 ff.). Dieser Ansatz wurde vom Bundesverfassungsgericht beanstandet und die Urteile des BGH deshalb aufgehoben" (BVerfG NJW 2001, 594 ff.).

> „Der BGH war mit den Fällen der Schockwerbung ein zweites Mal befasst, als es darum ging, über Schadensersatzansprüche wegen Rückgangs der Umsätze bei den Franchisenehmern im Zusammenhang mit diesen Werbemaßnahmen zu entscheiden. Schadensersatzansprüche der Franchisenehmer wegen Verkaufsrückgängen wurden abgelehnt. Der BGH hat sich aber dafür ausgesprochen, dass eine Werbekampagne abzubrechen ist, wenn sich negative Reaktionen seitens der Verbraucher offenbaren. Als Voraussetzung dafür hat er die ausdrückliche Aufforderung mehrerer Franchisenehmer mit dem Nachweis von erheblichen Umsatzrückgängen angesehen, wobei er einen Zeitraum für die Einstellung von zwei Monaten zwischen Beschwerde und Einstellung für ausreichend erachtet hat" (BGH BB 1997, 1860, 1861).

Schließlich bestehen auch vorvertragliche Pflichten zur Aufklärung unerfahrener potenzieller Franchisenehmer, die gleichfalls schadensersatzbewehrt sind.

8.4.5 Moderne Vertriebsmethoden

8.4.5.1 Leasing
Der Leasingvertrag ist seit Beginn der 1970er–Jahre als ein atypischer Mietvertrag, für die Finanzierung zahlreicher Wirtschaftsgüter gebräuchlich. Am bekanntesten ist der Leasingvertrag wohl im Bereich des Kfz-Leasings geworden. Der Pkw ist das teuerste Konsumgut im privaten Bereich. Früher wurde dieses kostenträchtige Gut häufig über einen mit dem Kaufvertrag verbundenen Darlehensvertrag vorgenommen; heute dominiert auf diesem Gebiet der Leasingvertrag.

Im privaten Bereich erstaunt dies, weil das Leasen die teuerste Art der Finanzierung eines Konsumgutes ist. Man muss sich nur vor Augen halten, welche einzelnen Posten in der Leasingrate regelmäßig enthalten sind: Die Finanzierungskosten, also der zumindest banktübliche Zins, die Verwaltungskosten, die Beiträge zur Gewinnerzielung der Leasinggesellschaft, weiterhin selbstverständlich auch die Kosten zur Deckung des wirtschaftlichen Wertes der Abnutzung des jeweiligen Leasinggutes; darüber hinaus sind in der

Leasingrate die Kosten für die Risiken enthalten, die im Zusammenhang mit der Kalkulation des Restwertes des Leasinggutes nach Ablauf der Leasingzeit verbunden sind. Hinzu kommt, dass der Leasingnehmer, zumindest beim Finanzierungsleasing, die Gefahr des zufälligen Untergangs bzw. der zufälligen Verschlechterung des Leasinggutes zu tragen hat.

Der Leasingnehmer muss also die eventuell erforderlich werdenden Reparaturen am Leasinggut durchführen lassen und für den Fall der Reparaturbedürftigkeit die Leasingraten weiterzahlen. Am Ende der Leasingzeit ist er verpflichtet, ein insofern repariertes Leasinggut zurückzugeben oder aber einen entsprechenden Ausgleich zu zahlen. Regelmäßig findet sich in den Leasingverträgen auch die Klausel, dass Reparaturen nur bei den vom jeweiligen Hersteller autorisierten Fachwerkstätten durchgeführt werden dürfen. Dies hat zur Folge, dass der Leasingnehmer für den Fall einer Reparaturdurchführung bei einer freien Werkstatt zumindest dafür beweispflichtig ist, dass die Reparatur mit gleicher Qualität durchgeführt wurde, wie dies von einer Fachwerkstatt erwartet werden kann.

Die Rechtsprechung hat diese für den Leasingnehmer recht bedeutsamen Nachteile dadurch ausgeglichen, dass ein kurzfristiges Kündigungsrecht nicht für den Fall vertraglich ausgeschlossen werden kann, dass das Fahrzeug gestohlen wird,[49] dass die Sache untergegangen ist[50] oder dass die Leasingsache erheblich beschädigt wurde.[51] Dies bedeutet, dass der Leasingvertrag in den benannten Fällen mit der Folge gekündigt werden kann, dass der Leasingnehmer nicht mehr die bis zum Ende der regulären Laufzeit anfallenden Leasingraten schuldet, sondern dass es nun ausschließlich um die Frage geht, welchen Wert das Leasinggut im Falle des Unterganges oder der erheblichen Beschädigung vor diesem Ereignis hatte bzw. welchen Wert der Leasingnehmer auszugleichen hat. Der Leasingnehmer braucht dagegen nicht mehr die bis zum Ablauf der Leasingzeit fällig werdenden Leasingraten zu zahlen, ebenso wenig die Verwaltungskosten und den Kapitalzins. Durch diese Rechtsprechung wird verhindert, dass der Leasingnehmer bei vorzeitiger Kündigung – trotz des außerordentlichen Wertverlustes des Leasinggutes (im Falle der Beschädigung oder sogar des völligen Untergangs) – alle bis zum regulären Ablaufzeitpunkt des Leasingvertrages anfallenden Leasingraten zahlen muss.

8.4.5.1.1 Financial Leasing

Der Leasingvertrag steht – zumindest beim *Financial Leasing* – außerhalb der Zivilrechtsdogmatik, die das BGB prägt. Bei einem Leasingvertrag handelt es sich, wie eingangs gesagt, um eine Art des Mietvertrages. Ein Mietvertrag lässt sich jedoch nicht begründbar dahin modifizieren, dass der Vermieter das Risiko des zufälligen Untergangs bzw. das Risiko der zufälligen Verschlechterung auf den Mieter überträgt. Nach den Wertungen des BGB und der zugrunde liegenden Schuldrechtsdogmatik hat der Vermieter als Eigentümer der Mietsache dieses Risiko zu tragen. Insofern ist der Leasingvertrag als eine außerhalb

---

[49] BGH NJW 1998, 2284, 2285.
[50] BGH NJW 1996, 1888, 1889.
[51] BGH NJW 1987, 377.

der Rechtsdogmatik stehende, gesellschaftlich akzeptierte Vertragsgestaltung zu qualifizieren.

Das Besondere am Leasingvertrag, zumindest in seiner am häufigsten anzutreffenden Art, dem Financial Leasing, ist, dass der Leasingnehmer die Preisgefahr im Hinblick auf die Leasingraten und auch die Sachgefahr hinsichtlich des Leasinggutes zu tragen hat. Verschlechterung oder Vernichtung der Sache gehen zu Lasten des Leasingnehmers, selbst wenn er dies nicht zu vertreten hat, ihn also kein Verschulden (§ 276 BGB) trifft (sog. Sachgefahr). Er bleibt grundsätzlich zur Zahlung der Leasingraten verpflichtet, auch wenn das Leasinggut untergegangen ist (sog. Preisgefahr).

Allerdings soll – zumindest bei kaufähnlicher Ausgestaltung (also für den Fall des Financial Leasings) – ein Verstoß gegen § 307 BGB vorliegen, wenn dem Leasingnehmer im Falle des Untergangs oder der wesentlichen Verschlechterung nicht wahlweise ein kurzfristiges Kündigungsrecht oder ein gleichwertiges Lösungsrecht eingeräumt wird[52] bzw. wenn der Leasingnehmer bei einem Verlust der Sache zur sofortigen Zahlung aller ausstehenden Leasingraten verpflichtet sein soll.[53] Dieses kurzfristige Kündigungsrecht soll dem Leasingnehmer bei einem Totalschaden des Leasinggutes, bei dessen Diebstahl oder bei einer ganz erheblichen Beschädigung zustehen.[54] Damit entgeht der Leasingnehmer freilich nur der für ihn dann nutzlos gewordenen Finanzierung des Leasinggutes, nicht aber der Verpflichtung, das Leasinggut unbeschädigt zurückzugeben, §§ 546, 546a BGB finden Anwendung. Den durch den Untergang bzw. die Verschlechterung des Leasinggutes beim Leasinggeber entstandenen Schaden hat der Leasingnehmer unabhängig davon, ob er diesen Untergang bzw. die Verschlechterung zu vertreten hat (§ 276 BGB), auszugleichen.

Hinsichtlich der Schadensberechnung gibt es mittlerweile eine recht umfassende Rechtsprechung. Der jeweilige Schaden muss konkret berechnet werden.[55] Dabei ist der Verwertungserlös des Leasinggegenstandes vom Schadensersatzanspruch abzuziehen. Der Leasinggeber muss sich immer um eine bestmögliche Verwertung bemühen.

Gesichert ist durch die Rechtsprechung auch, dass der Leasinggeber wegen § 307 BGB insbesondere nicht die Weiterzahlung der Raten und – nach erfolgter Kündigung – nicht die Rückgabe der Sache verlangen kann.[56] Damit ist eine Verfallklausel für die restlichen künftigen Leasingraten bei fristloser Kündigung z. B. wegen Zahlungsverzugs verbunden mit der Rücknahme des Leasinggegenstandes unangemessen (Unwirksam nach § 307 BGB[57] und auch nach § 308 Nr. 7a BGB).[58]

---

[52] BGH NJW 1998, 3270, 3270; BGH NJW 2004, 1041, 1042.
[53] BGH NJW 1988, 198, 200.
[54] BGH NJW 1996, 1888, 1889; BGH NJW 1987, 377, 377.
[55] BGH NJW 1985, 2253, 2253.
[56] BGH NJW 1978, 1432, 1434 (zur Vorgängervorschrift des § 9 AGBG).
[57] BGH NJW 1982, 870, 871 (zur Vorgängervorschrift des § 9 AGBG).
[58] BGH NJW 1982, 1747, 1748 (zur Vorgängervorschrift des § 10 Nr. 7a AGBG).

8.4.5.1.2 Operating Leasing

Vom Finanzierungsleasing ist das Operating Leasing abzugrenzen. Im Unterschied zum Finanzierungsleasing soll hier die vollständige Amortisation durch das mehrfache Überlassen des Leasinggegenstandes an verschiedene Leasingnehmer erreicht werden.[59] So ist die Vertragsdauer hierbei unbestimmt bzw. die Grundmietzeit kurz bemessen; die Kündigung ist erleichtert oder jederzeit möglich.[60] Für das Operating Leasing gilt, dass es regelmäßig allein nach Mietvertragsrecht zu beurteilen ist. Den Leasinggeber trifft hier regelmäßig die gesetzliche Gewährleistung nach den Vorschriften des Mietrechts (§§ 536 ff. BGB). Ein Übergang der Sach- und Preisgefahr durch Regelung in AGB, wie beim Finanzierungsleasing, wird hier von der Rechtsprechung wegen § 307 BGB nicht anerkannt.

Diese Verträge werden in heutiger Zeit von der rechtswissenschaftlichen Literatur zumeist als „normale" Mietverträge des BGB angesehen. Das ist zutreffend und wird auch nicht dadurch relativiert, dass diese Überlassungsverträge auf relativ kurze Zeit (im Verhältnis zum Finanzierungsleasing) und häufig mit zahlreichen Nebenleistungen seitens des Leasinggebers verbunden sind. Häufig wird die Wartung vom Geber durchgeführt und es werden Versicherungsleistungen oder Beratungsleistungen für einen möglichst funktionalen Einsatz der Leasingsache angeboten.[61] Dies belässt den Kernbereich der Verträge aber im Mietrecht, weil die Abkehr vom Mietvertragsrecht in der oben beschriebenen Übertragung der Sach- und Preisgefahr liegt, wie dies beim Finanzierungsleasing der Fall ist. Beim Operating Leasing wäre dies nicht mit § 307 BGB vereinbar.

8.4.5.1.3 Weitere Einteilungen

Unter dem *Hersteller- oder auch Händlerleasing* ist die Situation angesprochen, dass der Lieferant des Leasinggegenstandes, also der Hersteller oder ein Händler selbst, auch der Leasinggeber ist. Hier fehlt es an dem für den Leasingvertrag typischen Dreiecksverhältnis. (Hersteller oder Händler, Leasingbank bzw. Leasinggeber und Leasingnehmer bzw. Kunde)

Von einem sog. *Null Leasing* ist die Rede, wenn der Leasingnehmer die Sache für einen bestimmten Zeitraum gegen periodisch fällig werdende Raten ohne Zins zum Gebrauch überlassen erhält und dann nach Ablauf des Vertrages den Leasinggegenstand für einen von vornherein ausgehandelten Preis zum Eigentumserwerb angeboten bekommt.

Schließlich ist von *sale-and-lease-back Leasing* die Rede, wenn der Eigentümer das Leasinggut an den Leasingnehmer übereignet, um es dann von ihm zu leasen.[62]

---

[59] BGH NJW 1998, 1637, 1639.
[60] BGH NJW 1998, 1637, 1639.
[61] Eine Art des Operating Leasing ist das Revolving-Leasing. Hierbei erhält der Nehmer das Recht während der Leasingzeit technisch überholte Gegenstände gegen neue Modelle einzutauschen.
[62] Vgl. dazu insbesondere bei Haftung im Hinblick auf Mängel v. Westphalen, BB 1991, 149, 150.

8.4.5.1.4 Die Anfechtung des Leasingvertrages

Der Leasingnehmer kann ein Interesse daran haben, den Leasingvertrag wegen einer arglistigen Täuschung durch den Lieferanten (Verkäufer) direkt gegenüber dem Leasinggeber anzufechten. Dies ist jedoch nur möglich, sofern der Lieferant nicht Dritter i.S.v. § 123 Abs. 2 BGB ist. Dritter ist nach § 123 Abs. 2 BGB nur derjenige, der am Geschäft völlig unbeteiligt ist. Kein Dritter ist, wer auf Seiten des Erklärungsempfängers steht und maßgeblich am Zustandekommen des Vertrages mitgewirkt hat. Der Lieferant ist somit nicht Dritter i.S.v. § 123 Abs. 2 BGB, wenn er mit Wissen und Wollen des Leasinggebers selbst den Leasingvertrag ausgehandelt hat.[63] In diesem Fall ist er Erfüllungsgehilfe des Leasinggebers, sodass die Anfechtung wegen arglistiger Täuschung auch gegen den Leasinggeber gerichtet werden kann.

Der Lieferant ist insbesondere dann Erfüllungsgehilfe des Leasinggebers (§ 278 BGB), wenn er mit Wissen und Wollen des Leasinggebers mit dem Leasingnehmer die Vorverhandlungen über den Leasingvertrag geführt hat. Angesprochen ist hier also die häufig anzutreffende Situation (gerade im Kfz-Leasing), dass der Hersteller oder (regelmäßig) Händler Verhandlungen über das Leasinggut mit dem späteren Leasingnehmer führt und diesen dahin berät, ob der Fahrzeugpreis über einen Darlehensvertrag finanziert werden soll oder aber ob das Fahrzeug durch eine Leasinggesellschaft an den Erwerber überführt werden soll. In diesen Fällen ist der Händler selbstverständlich nicht unbeteiligter Dritter, sondern im Hinblick auf den etwaig abgeschlossenen Leasingvertrag Erfüllungsgehilfe des Leasinggebers, dessen arglistige Täuschung sich dieser zurechnen lassen muss.

> „Dabei hängt die Zurechnung der Pflichtverletzung nicht von einer ständigen Geschäftsverbindung von Lieferant/Verkäufer und Leasinggeber ab, sondern von der Tatsache, dass sich der Leasinggeber zum Abschluss des Leasingvertrags der Hilfe des Verkäufers/Lieferanten bedient (Senat, NJW 1985, 2258; NJW-RR 1988, 241). Ob die Umstände des Einzelfalls in ihrer Gesamtheit die Wertung zulassen, dass die auch den Leasingvertrag betreffenden Vorgespräche anlässlich der Kaufvertragsverhandlungen mit Wissen und Willen des Leasinggebers erfolgten, unterliegt der tatrichterlichen Würdigung im jeweiligen Einzelfall. So kann zum Beispiel die Überlassung von Leasingvertragsformularen und der für die Bemessung der Leasingraten notwendigen Daten und Unterlagen sowie die widerspruchslose Entgegennahme des ausgefüllten und von dem Verkäufer/Lieferanten übersandten Leasingantrags den Schluss rechtfertigen, dass der Lieferant/Verkäufer die vorbereitenden Gespräche und Verhandlungen über den Abschluss eines Leasingvertrags mit Wissen und Willen des Leasinggebers führt" (Senat, NJW 1985, 2258). (BGH NJW 2011, 2877, 2878).

8.4.5.1.5 Mängelhaftung

Der Leasinggeber stellt dem Leasingnehmer eigentumsähnlich das Leasinggut zur Nutzung zur Verfügung. Dies hat für die Mängelhaftung (Gewährleistungsrechte) Bedeutung.

Eine Mängelhaftung kann nur durch den Vertrag ausgeschlossen werden, wenn die Rechte aus den §§ 433 Abs. 1 S. 2, 434 ff. (oder §§ 633 ff.) BGB an den Leasingnehmer

---

[63] BGH NJW 1989, 287, 288.

abgetreten werden.[64] Geht diese Abtretung ins Leere, weil im Vertrag zwischen Leasinggeber und Verkäufer ein wirksamer Gewährleistungsausschluss vereinbart wurde, so ist der Ausschluss der mietrechtlichen Gewährleistung gegenüber einem Leasingnehmer, der Verbraucher ist, unwirksam.[65]

„Enthält ein Software-Leasingvertrag in den AGB eine Klausel, dass die Leasinggeberin für Sach- und Rechtsmängel des Objekts einschließlich der Tauglichkeit zu dem vom Leasingnehmer vorgesehenen Gebrauch ausschließlich in der Weise Gewähr bietet, dass sie Ansprüche und Rechte jeder Art, die ihr gegen den Lieferanten oder sonstige Dritte zustehen, an den Leasingnehmer uneingeschränkt, unbedingt und vorbehaltlos abtritt und danach weitergehende Ansprüche ausgeschlossen sind, handelt es sich dabei um eine leasingtypische Abtretungskonstruktion. Die Abtretung der kaufrechtlichen Gewährleistungsansprüche der Leasinggeberin gegen den Lieferanten an den Leasingnehmer ist rechtlich nicht zu beanstanden, wenn den Interessen des Leasingnehmers ausreichend Rechnung getragen worden ist." (OLG Koblenz, MMR 2015, 512).

Im Verhältnis zum gewerblich tätigen Leasingnehmer kann hier aber nichts anderes gelten. Der Unterschied zum Verbraucher besteht nur darin, dass dem Verbraucher gegenüber die Gewährleistung nicht ausgeschlossen werden kann und der Gewährleistungsausschluss durch den gewerblich tätigen Hersteller/Händler oder Leasinggeber keine Bedeutung für den Verbraucher haben darf. Soweit aber dem gewerblich tätigen Leasingnehmer die Rechte abgetreten worden sind, obwohl sie zwischen Hersteller/Händler und Leasinggeber ausgeschlossen wurden, haftet der Leasinggeber für diese Gewährleistungsrechte.

Der Technikbezug beim Vertriebsrecht ist in heutiger Zeit beträchtlich. Häufig und immer noch zunehmend werden Waren und Dienstleistungen über das Internet abgesetzt.

8.4.5.2 Der Vertrieb über das Internet und das Telemediengesetz

Der Internetvertrieb wird in der neuen GVO umfangreich behandelt; auch das Telemediengesetz (TMG) hat für diese Vertriebsart Bedeutung. Das TMG hat in erster Linie für den sog. Plattformbetreiber Bedeutung, der seine Plattform für Dritte zur Verfügung stellt, die dort ihre Waren zum Verkauf anbieten. Diese Plattform ist ein virtueller Marktplatz, der auch einer Marktordnung unterliegen muss. Das TMG regelt nun, unter welchen Voraussetzungen der Plattformbetreiber für rechtswidrige Daten im Hinblick auf die angebotenen Waren verantwortlich ist; geregelt ist demnach die Verantwortung für fremde Daten im Netz.

Nach wohl mittlerweile herrschender Interpretation von § 10 TMG ist der Plattformbetreiber, soweit er keine positive Kenntnis von rechtsverletzenden Angeboten Dritter hat bzw. keine Kenntnis von Umständen hat, die auf Rechtsverletzungen schließen lassen,

---

[64] St. Rspr., vgl. BGH NJW 1985, 1535.
[65] BGH NJW 2006, 1066, 1068.

weder strafrechtlich noch deliktsrechtlich verantwortlich.[66] Nach der Regelung des § 7 Abs. 2 TMG, der die EG-Richtlinie 2000/31 über Verträge im elektronischen Geschäftsverkehr umsetzt, bezieht sich diese Haftungsprivilegierung aber nicht auf allgemeine Bestimmungen, zu denen auch die Störerhaftung gehört.[67] Unbestritten ist dann auch, dass der Provider, auf dessen Plattform z. B. Plagiate angeboten werden, grundsätzlich als Störer haftbar gemacht werden kann. Dies bedeutet, dass er zur Löschung der entsprechenden Daten (nicht zum Schadensersatz) verpflichtet werden kann und damit verbunden, dass er die von ihm unterhaltene Plattform nach rechtswidrigen Angeboten zu untersuchen hat.[68]

Die zuletzt genannte Anforderung, die Untersuchung der Plattform nach rechtswidrigen Angaben, steht in einem Widerspruch zu § 7 Abs. 2 TMG nach dem der Betreiber gerade nicht zu einer ständigen Überprüfung verpflichtet sein soll. In seiner Entscheidung aus 2004[69] hat der BGH dahin entschieden, dass die Störerhaftung (auf Entfernung der rechtswidrigen Angebote und Untersuchung auf weitere Rechtsverletzungen der gegenständlichen Art) erst bei Kenntnis vom Störfall bzw. von Umständen die auf eine Rechtsverletzung schließen lassen beginnt.[70] Hinsichtlich der dann beginnenden Untersuchungsverpflichtung bezogen auf weitere, dem ersten Störfall ähnliche Rechtsgutverletzungen, berücksichtigt die Rechtsprechung Zumutbarkeitskriterien. Der Betreiber ist danach nicht verpflichtet, die ihm übermittelten Daten zu überwachen oder „aktiv nach Umständen zu forschen, die auf eine rechtswidrige Tätigkeit hinweisen", soweit das von ihm verfolgte Geschäftsmodell dadurch gefährdet wird.[71] Dieses Privileg soll den Plattformbetreiber aber nicht davon freistellen, die im Rahmen eines „vernünftigen Ermessens" angezeigte Überprüfung der übermittelten Daten vorzunehmen, soweit ihm dies ohne Gefährdung des Geschäftsmodels möglich und zumutbar ist. Konkret bedeutet dies, dass vorhandene elektronische Prüfsysteme auch einzusetzen sind, aber eine manuelle Überprüfung regelmäßig nur im Zusammenhang mit der Überprüfung der „Treffer" der elektronisch durchgeführten Überwachung zu erfolgen braucht.[72] Der BGH kommt zu diesem Ergebnis auf der Grundlage einer Abwägung. Das an sich rechtmäßige Geschäftsmodell, z. B. die Warenverkäufe über eine Internetplattform, dürfe nicht durch (überzogene) Prüfpflichten gefährdet werden; die Überprüfungspflicht darf demnach nicht den Rahmen des Zumutbaren überschreiten. In der Entscheidung „Kinderhochsitz" aus 2010 trennt der BGH hinsichtlich der Untersuchungspflicht zwischen einerseits „allgemeinen Verpflichtungen" zur Überwachung und andererseits Untersuchungspflichten, die nach „vernünftigen Ermessen" unter Beachtung innerstaatlich durch Rechtsvorschriften auferlegter „Sorgfaltspflichten" zur

---

[66] BGH GRUR 2011, 152, 154 – Kinderhochsitz.
[67] Grundlegend zur Störerhaftung und zur mittelbaren Schutzrechtsverletzung Leistner, GRUR, Beilage zu Heft 1/2010.
[68] BGH GRUR 2011, 152, 154.
[69] BGH GRUR 2004, 860 – Internetversteigerung I.
[70] BGH GRUR 2004, 860, 863.
[71] BGH GRUR 2011, 152, 155.
[72] BGH GRUR 2011, 152, 155; Verweis auf BGH GRUR 2008, 702 – Internetversteigerung III.

Tab. 8.2 §§ 7 und 10 TMG

§ 10 TMG Haftungsprivilegien für strafrechtliche Verfolgung und Schadenersatz	Grundsätzlich: eingeschränkte Schadenersatzansprüche/Strafverfolgung aufgrund fremder Informationen im Netz. Anders: Unterlassungsansprüche werden von der Privilegierung nach der BGH-Rechtsprechung nicht erfasst und haben auch keine Sperrwirkung durch §7 TMG
§7 Abs. 1 TMG	keine Pflicht zur aktiven Untersuchung der Plattform
§7 Abs. 2 Satz 2 TMG	Nach dem BGH bleiben die Pflichten aus allgemeinen Vorschriften – Deliktsrecht, Unterlassungsdelikte, Störerhaftung – bestehen. Demnach: Unterlassungsdelikte werden durch Verkehrspflichten konkretisiert/eingegrenzt. Bei der Störerhaftung bzw. Deliktsrechtlichen Haftung wird die Zumutbarkeit einer Überprüfung berücksichtigt, wobei die Überprüfungspflicht nicht zur Aufgabe des an sich zulässigen Geschäftsmodells führen darf

Aufdeckung rechtswidriger Tätigkeiten erforderlich sind.[73] Der Unterschied zwischen beiden Kategorien verläuft nach den Erläuterungen des BGH aber nicht auf der Grundlage von mehr oder minder konkret bestehenden Gefahrensituationen, sondern danach, was dem Plattformbetreiber unter Berücksichtigung der Durchführung des von ihm vollzogenen Geschäftsmodells möglich ist bzw. ohne Gefährdung dieses Modells möglich ist.[74]

Vom BGH wird weiterhin die Rechtsansicht vertreten, dass die Unterlassungsdelikte von den privilegierenden Vorschriften des TMG nicht erfasst werden.[75]

Der BGH sieht in § 10 TMG auch keine Sperrwirkung gegenüber den Unterlassungsdelikten, soweit sie sich auf die Verletzung von Immaterialgüterrechten beziehen. So hat er in der Entscheidung Kinderhochsitz zwar die Täterschaft bzw. Mittäterschaft durch Unterlassen schon mangels Vorsatz, die Beihilfe durch Unterlassen aber erst auf der Ebene der Zumutbarkeit ausgeschlossen, d. h., die Beihilfe durch Unterlassen würde erst im Zusammenhang mit der Frage, was dem Plattformbetreiber an Untersuchungshandlungen zumutbar erscheint, ausgeschlossen.[76] Insofern gelten dieselben Ausführungen wie im Falle der Störerhaftung. Zumutbar ist trotz § 7 Abs. 2 TMG der Einsatz einer (tauglichen) Kontrollsoftware; unzumutbar ist regelmäßig die manuelle Überprüfung.[77] Die nachfolgende Tab. 8.2 stellt das komplexe Zusammenspiel zwischen §§ 7 und 10 TMG noch einmal grafisch dar.

---

[73] BGH GRUR 2011, 152, 155.\
[74] BGH GRUR 2011, 152, 155; Verweis auf BGH GRUR 2004, 860 – Internetversteigerung I und BGH GRUR 2007, 708 – Internetversteigerung II.
[75] BGH GRUR 2011, 152, 153.
[76] BGH GRUR 2011, 152, 154.
[77] Siehe zu den Ausnahmen die Entscheidung BGH ZUM 2007, 846, 853.

Tab. 8.3 Rechtspraxis des BGH zur sog. Providerhaftung

BGH – Internetversteigerung I (BGH GRUR 2004, 860)
Grundsätzlich besteht keine Überprüfungspflicht, solange es nicht zu einer bekannt gewordenen Rechtsverletzung gekommen ist.
BGH – Kinderhochsitz: (BGH GRUR 2011, 152)
Nach einer Rechtsverletzung und Kenntniserlangung besteht grundsätzlich eine Überprüfungspflicht, die durch Zumutbarkeitserwägungen eingeschränkt wird.

Im Hinblick auf das UWG hat der BGH wiederholt entschieden, dass eine Störerhaftung in den dem Verhaltensunrecht zuzuordnenden Fällen nicht in Betracht kommt. Es sei dem Plattformbetreiber nicht zuzumuten, komplizierte Rechtsfragen im Hinblick auf eine mögliche Verwirklichung eines UWG Verbotstatbestandes zu lösen[78]; die Entwicklung der Rechtspraxis ist in der nachfolgenden Tab. 8.3 illustriert.

Einen unmittelbaren Technikbezug gibt es bei den Fernabsatzgeschäften, insbesondere bei dem sog. E-Commerce. In den §§ 312 ff. BGB sind „Besondere Vertriebsformen" geregelt. Man unterscheidet Haustürgeschäfte, Fernabsatzgeschäfte und Verträge im elektronischen Rechtsverkehr, wobei die Haustürgeschäfte für die mit diesem Werk 8erfolgte Zielsetzung außer Betracht bleiben können.

8.4.5.3 Fernabsatzgeschäfte und elektronischer Geschäftsverkehr

Der Fernabsatzvertrag muss nach den gesetzlichen Vorgaben (§ 312b BGB) unter ausschließlicher Verwendung von Fernkommunikationsmitteln zwischen einem Unternehmer und einem Verbraucher (§§ 13, 14 BGB) zustande kommen, d. h., ohne gleichzeitige körperliche Anwesenheit der Vertragsparteien. Hierbei kommt es nicht auf die Kausalität der besonderen Vertriebsmethode, sondern auf deren ausschließliche Verwendung für den Vertragsschluss an.[79] Daher greift der fernabsatzrechtliche Schutz etwa dann nicht ein, wenn zwar die Willenserklärung im Wege der Fernkommunikation abgegeben worden ist, aber während der Vertragsanbahnung ein persönlicher Kontakt stattgefunden hat.[80] Das Fernabsatzrecht findet weiterhin dann keine Anwendung, wenn der entsprechende Vertrag nicht im Rahmen „eines für den Fernabsatz organisierten Vertriebs- oder Dienstleistungssystems" erfolgt ist (§ 312b BGB). Dadurch wollte der Gesetzgeber sicherstellen, dass nicht allein die Benutzung von Fernkommunikationsmitteln die Schutzwirkungen der Fernabsatzregelungen auslösen kann. Dem Fernabsatzrecht unterliegen nur solche Vertragsabschlüsse, die innerhalb eines vom Unternehmen entsprechend organisierten Systems zustande gekommen sind. Der Anbieter, der seine Waren regelmäßig in seinem Geschäftslokal (Warenlager) und nur gelegentlich über telefonische Bestellungen vertreibt,

---

[78] BGH GRUR 2011, 152, 156.
[79] Grigoleit, NJW 2002, 1151, 1151.
[80] Teilweise strittig, ob Mindestanforderungen an die Qualität des persönlichen Kontakts zu stellen sind. Konnte der Verbraucher auf Grund des persönlichen Kontakts vertragswesentliche Informationen erhalten? Kriterium aber nicht rechtssicher; zudem RegE, BT-Drs. 14/2658, S.30 auch ohne Einschränkungen zum persönlichen Kontakt.

wird nicht erfasst. Die Existenz eines organisierten Vertriebssystems verlangt, dass der Unternehmer mit personeller und sachlicher Ausstattung innerhalb seines Betriebs die organisatorischen Voraussetzungen geschaffen hat, die notwendig sind, um regelmäßig im Fernabsatz zu tätigende Geschäfte zu bewältigen.

„Strittig ist die Situation, dass ein Gewerbetreibender zwar auch – regelmäßig und organisiert – über Internet und Telefon verkauft, aber die Waren auf seinem Betriebsgelände abgeholt werden müssen. In solch einer Situation wäre es im Hinblick auf die gesetzlichen Regelungen für die nicht im Fernabsatz durchgeführten Verkäufe perplex, hier den Verbraucher zu privilegieren, der zwar per Telefon etc. kauft, aber beim Händler die Ware abholt bzw. übereignet bekommt. Der Fernabsatzkunde könnte „vor Ort" die Ware entgegennehmen und zwei Wochen ausprobieren und die Ware dann ohne Angabe von Gründen zurückgeben, während der nicht durch einen Fernabsatz, sondern vor Ort den Vertrag abschließende Kunde nur unter den Voraussetzungen des Gewährleistungsrechts zurückgeben könnte.

Als Ausprägung des unionsrechtlich vorgeprägten Verbraucherschutzrechts ist das Recht der modernen Vertriebsformen weiterhin im Fluss: Am 10.10.2011 hat der Europäische Rat eine Verbraucherrechterichtlinie angenommen, die von den EU-Mitgliedstaaten binnen zwei Jahren in nationales Recht umzusetzen ist. Inhaltlich verfolgt die Richtlinie eine Vollharmonisierung der Informationspflichten und der Widerrufsrechte (vgl. dazu sogleich unter (2) und (3)), womit eine weitere Vereinfachung des grenzüberschreitenden Warenhandels innerhalb der EU bezweckt wird."

8.4.5.3.1 Verträge im elektronischen Geschäftsverkehr (e-Commerce)

Hier muss der Vertrag unter Einsatz eines elektronischen Mediums zustande kommen. Es muss sich also um eine Willenserklärung des Kunden via Internet oder Onlinedienst handeln, d. h. der Kunde kommuniziert bei Abgabe seiner Erklärung mit einem vom Unternehmer bereitgestellten Programm.[81]

Ein gemäß § 312g BGB im elektronischen Geschäftsverkehr geschlossener Vertrag ist regelmäßig auch ein Fernabsatzgeschäft, da das elektronische Medium ein Fernkommunikationsmittel ist. Im Verhältnis zwischen Unternehmern und Verbrauchern ist der elektronische Geschäftsverkehr also ein „besonderer Fernabsatz", für den in § 312g Abs. 3 S. 1 BGB ausdrücklich klargestellt wird, dass auch die allgemeinen Vorschriften über Fernabsatzgeschäfte gelten.[82] Ausnahmen bleiben die in § 312b Abs. 3 BGB genannten Vertragsarten und ein persönlicher Kontakt bei Vertragsanbahnung.[83]

8.4.5.3.2 Informationspflichten

Die Informationspflichten für den Fernabsatz ergeben sich aus Art. 246, §§ 1,2 EGBGB[84] und sind dort explizit aufgelistet. Für den E-Commerce formulieren § 312g Abs. 1 BGB

---

[81] Grigoleit, NJW 2002, 1151, 1152.
[82] Grigoleit, NJW 2002, 1151, 1152 (zum § 312e BGB a.F.).
[83] Grigoleit, NJW 2002, 1151, 1152 f.
[84] Die vormaligen §§ 1–3 der BGB-InfoVO wurden zwischenzeitlich aufgehoben und durch Art. 246, §§ 1–3 EGBGB ersetzt.

8 Vertriebsrecht, Vertriebsorganisation

und Art. 246, § 3 EGBGB weitergehende Informationspflichten und stellen bestimmte Anforderungen an die Gestaltung des elektronischen Programms durch den Unternehmer.

Insbesondere müssen die Informationen dem Verbraucher in einer dem eingesetzten Fernkommunikationsmittel entsprechenden Weise klar und verständlich unter Angabe des geschäftlichen Zwecks zur Verfügung gestellt werden, sodass der Verbraucher in die Lage versetzt wird, die angebotene Leistung zu beurteilen und seine Entscheidung in Kenntnis aller Umstände zu treffen.

8.4.5.3.3 Widerrufs- und Rückgaberecht

§ 312d BGB knüpft an die allgemeinen Vorschriften über das Widerrufs- und Rückgaberecht an und bestimmt, dass dem Verbraucher ein Widerrufsrecht nach § 355 BGB zusteht oder ihm bei Verträgen über die Lieferung von Waren alternativ ein Rückgaberecht nach § 356 BGB eingeräumt werden kann.[85]

„Der Lauf der Widerrufsfrist von zwei Wochen beginnt nur, wenn drei Voraussetzungen[86] erfüllt sind: (1) Der Unternehmer muss dem Verbraucher alle Informationen zur Verfügung gestellt haben, die dem Verbraucher nach Art. 246, §§ 1–3 EGBGB zu erteilen sind. (2) Bei Verträgen über die Lieferung von Waren beginnt die Widerrufsfrist erst mit dem Tag des Eingangs der Ware beim Empfänger. (3) Zudem muss der Unternehmer gemäß gem. Art. 246, § 1 Abs. 1 Nr. 10 EGBGB dem Verbraucher in Textform eine Widerrufsbelehrung erteilen."

Widerrufs- bzw. Rückgaberecht sind also sowohl Gegenstand der Widerrufsbelehrung gemäß § 355 Abs. 2 BGB als auch der Informationspflichten, Art. 246, § 1 Abs. 1 Nr. 10 EGBGB. Soweit verschiedene Vorschriften eine Mitteilung desselben Umstands verlangen, wird allen Vorschriften im Grundsatz durch einmalige Information Rechnung getragen.[87] Die Angabe muss allerdings aus formaler bzw. zeitlicher Sicht den strengsten bzw. frühesten eingreifenden Anforderungen genügen.[88] Des Weiteren sind die Ausschlusstatbestände des § 312d Abs. 4 BGB zu beachten.

8.4.5.3.4 Die Rücknahme benutzter Ware

Im Fernabsatz ist das – in der Regel mit wirtschaftlichen Nachteilen verbundene – Rücknahmerisiko grundsätzlich dem Unternehmer zugewiesen. Der Widerruf ist also nicht wegen erheblicher Verschlechterung der Ware ausgeschlossen. Schließlich soll das Widerrufsrecht gerade den Nachteil ausgleichen, der sich für den Verbraucher aus der fehlenden Möglichkeit ergibt, das Produkt vor Abschluss des Vertrages unmittelbar zu sehen und zu prüfen.

---

[85] Insoweit sei auf die Regelungen der §§ 355 ff. BGB verwiesen; im Folgenden wird ausschließlich auf die ergänzende Vorschrift des § 312d BGB abgestellt.

[86] Grüneberg, in: Grüneberg, BGB, § 312d Rn. 4.

[87] BT-Drs. 14/7052 S. 208 zu Art. 245 Nr. 2 EGBGB; Grüneberg, in: Palandt, BGB, § 312d Rn. 5.

[88] Grigoleit, NJW 2002, 1151, 1157.

Generell darf der Unternehmer also keinen Wertersatz für die Nutzung der Ware verlangen, wenn der Verbraucher sein Widerrufsrecht fristgemäß ausübt. Schließlich würden die Wirksamkeit und die Effektivität des Rechts auf Widerruf beeinträchtigt, wenn dem Verbraucher auferlegt würde, allein deshalb Wertersatz zu zahlen, weil er die durch Vertragsabschluss im Fernabsatz gekaufte Ware geprüft und ausprobiert hat. Das Widerrufsrecht hat gerade zum Ziel, dem Verbraucher diese Möglichkeit einzuräumen. Deren Wahrnehmung kann nicht zur Folge haben, dass er dieses Recht nur gegen Zahlung eines Wertersatzes ausüben kann.[89] Dies steht jedoch nicht einer Verpflichtung des Verbrauchers entgegen, für die Benutzung der Ware Wertersatz zu leisten, wenn er sie auf eine mit den Grundsätzen des bürgerlichen Rechts, wie denen von Treu und Glauben oder der ungerechtfertigten Bereicherung, unvereinbaren Art und Weise benutzt hat, sofern die Zielsetzung der Verbraucherschutz-Richtlinie 97/7/EG und insbesondere die Wirksamkeit und die Effektivität des Rechts auf Widerruf nicht beeinträchtigt werden.[90] Es ist Sache der nationalen Gerichte, einen Rechtsstreit auf diesem Gebiet im Licht dieser Grundsätze unter gebührender Berücksichtigung all seiner Besonderheiten zu entscheiden, insbesondere entsprechend der Natur der fraglichen Ware und der Länge des Zeitraums, nach dessen Ablauf der Verbraucher – aufgrund der Nichteinhaltung der dem Verkäufer obliegenden Informationspflicht – sein Widerrufsrecht ausgeübt hat; so die EuGH-Rechtsprechung zur Frage nach einer Wertersatzverpflichtung des Verbrauchers.[91]

8.5 Digitale Vertragsgestaltung

Die Begründung vertraglicher Beziehungen durch miteinander korrespondierende Algorithmen/Programme ist eine Komponente von Industrie 4.0

Die 4.0 Komponenten sollen dabei die Rolle des Auftraggebers und des Auftragnehmers annehmen. Eine Maschine kann sicher keine Willenserklärung abgeben. Eine Maschine kann aber eine vom Menschen gewollte Erklärung übermitteln. Eine Maschine kann dabei wie ein menschlicher Bote verstanden werden. Auch der (im Gesetz benannte Bote) gibt keine eigene Willenserklärung ab, sondern übermittelt nur einen fremden Willen. Wobei die Erklärung dann auch gegenüber dem Menschen wirkt, von dem sie ausgegangen ist.

Die Besonderheit des automatisierten Systems soll darin liegen, dass es sich von den starren hierarchischen Strukturen abgrenzt, dass keine zentrale Kontrolle über die Aufgabenausführung existiert und die Verbindungen zwischen den 4.0 Komponenten nicht vom zentralen Element des Systems vorgegeben sind. Die Komponenten können je nach Aufgabe selbstständig in Verbindung mit anderen 4.0 Komponenten treten.

---

[89] EuGH BB 2009, 2164, 2165.
[90] BGH WPR 2010, 396, 400.
[91] EuGH BB 2009, 2164.

Aus juristischer Sicht ist damit gemeint, dass Programme (Algorithmen) Anweisungen enthalten, die die Situation eines ausschreibenden Unternehmens, eines Anbieters und eines Annehmers (des Angebots) ausfüllen können.

Die gerade oben genannten positiven Besonderheiten wären dann aus jur. Sicht:

a) Das System ist nicht hierarchischen Strukturen orientiert, sondern an vorgegebener Sachautorität – das ist rechtlich positiv;
b) Die Verbindungen der Systeme werden nicht von einem zentralen Element vorgegeben – je nach Aufgabe verbinden sich die Komponenten selbstständig; dies bedeutet aus jur. Sicht, dass allein vorgegebene Sachkriterien für die Verbindung taugen; auch dies ist rechtlich als positiv zu bewerten.

Die beschriebenen Aufgaben und deren positive Wirkung sind sicher technisch machbar. Es ist nur darauf zu achten, dass das Verfahren nicht darunter leidet, dass wesentliche rechtliche Anforderungen unberücksichtigt bleiben. Darin liegt wohl gegenwärtig das mit digital erfolgten Vertragsabschlüssen zusammenhängende Problem

a) Zuvörderst ist darauf hinzuweisen, dass im gewerblichen Bereich- gerade im industriellen Bereich- abgeschlossene Verträge mit einer sehr großen Anzahl von sog. **Allgemeinen Geschäftsbedingungen** versehen sind.
b) In diesen Verträgen werden keinesfalls nur die Hauptmerkmale des Leistungsaustausches (Spezifikation der Ware, Bestimmung des Kaufpreises) geregelt, sondern zahlreiche für die Leistungsabwicklung bedeutsame Vereinbarungen getroffen. Z. B. Verzugsregelungen, Vereinbarungen für den Fall von Leistungshindernissen, Ausgestaltung der Gewährleistung, Rügeobliegenheiten etc.); dabei verhält es sich nahezu immer so, dass jedes Unternehmen, also Anbieter und Annehmer über eigene AGB´s verfügt die in vielen Bereichen mit denen des potenziellen Vertragspartners nicht kongruent sind.

In vielen Fällen taucht das Problem nicht auf. Z. B. wenn zwischen den Vertragspartnern sog. Rahmenverträge geschlossen wurden; der wohl bekannteste Vertragstyp dieser Art ist der Qualitätssicherungsvertrag (vormals just in time–Vertrag). Dieser Vertrag enthält in jedem Fall Rahmenbedingungen wie sie oben genannt wurden.

Soweit berücksichtigt wird, dass es zwischen Anbieter und Annehmer, also zwischen den sich austauschenden 4.0 Komponenten, unterschiedliche Allgemeine Geschäftsbedingungen gibt, ist ein Konflikt zu lösen, nämlich, dass trotz Übereinstimmung bei den Hauptleistungen (Ware gegen Geld) der Vertrag wegen der Divergenz bei einer Nebenbestimmung scheitert.

Für Ausschreibungsverfahren die auch Anbieter einbeziehen wollen, deren AGB´s konträr zu den eigenen sind, kommt nur ein interaktives Verfahren in Betracht.

Dieses Verfahren entspricht den realen (traditionell so geführten) Vertragsverhandlungen und kann verhindern, dass wegen nur geringer Divergenzen bei den Nebenbestimmungen und trotz voller Übereinstimmung bei den Hauptpflichten der Vertragsschluss scheitert.

Danach können eingehende Angebote auf der Grundlage bestimmter Abgleiche zwischen eigenen und fremden Nebenbestimmungen eingeordnet werden. Soweit der akzeptierte Teil von Bedeutung (Indiz für eine vollständige Einigung ist) ist, kann unter Erklärung dieser Tatsache all das benannt werden, was noch für einen Vertragsschluss erforderlich ist, also welche AGB´s (Nebenbestimmungen) nicht akzeptiert werden und die gewollten AGB´s werden benannt.

Dieser Interaktionsprozess kann beliebig verlängert werden. Es wird z. B. vom zuerst Anbietenden nur ein Teil der vom ursprünglich Auffordernden genannten AGB´s anerkannt und er verlangt seinerseits Anerkennung der übrigen von ihm gewollten AGB´s; dann liegt wieder ein neues Angebot vor, auf das der zuerst Auffordernde,

die Annahme erklären oder aber nun endgültig ablehnen oder wiederum ein neues Angebot abgeben kann usw.

Geklärt ist bei diesen interaktiven Ausschreibungsverhandlungen allerdings nicht, zu welchen Reaktionen die Algorithmen in der Lage sind bzw., sein sollen: was können diese verstehen und wie können sie reagieren?

Denkbar wäre, dass die ausschreibende, Angebote einholende Stelle ein Raster der Aufgabenbeschreibung beifügt in dem die zahlreichen Nebenbestimmungen (Verzug, Unmöglichkeit, Lieferkosten, Regress usw.) vorgedacht und benannt werden und zwar mit denkbaren, in der Brache üblichen Modifikationen und der Adressat der Aufforderung angewiesen wird, die zuvörderst benannten AGB´s zu akzeptieren oder eine der Modifikationen zu wählen. Auf dieser Grundlage kann das Programm des Ausschreibenden die Modifikationen lesen und bei entsprechender Programmierung reagieren, durch Ablehnung oder ein neues Angebot oder auch Zustimmung

8.6 Veräußerung technischer Produkte und produktbegleitende Dienstleistungen –

Hochkomplexe Industrieanlagen, insbesondere aus dem Bereich der Herstellungstechnologien, sind vielfach dienstleistungsintensiv. Dabei handelt es sich nicht nur um Wartungsarbeiten. Häufig bedarf es der Konfiguration von Softwarein Hardwarekomponenten, Anweisungen für die Inbetriebnahme, der Außerbetriebsetzung, Veränderungen der technischen Wirkweisen, besondere Arten der Einrichtung von Maschinenelementen für unterschiedliche Produktionen etc. Für die Durchführung solcher Dienstleistungen ist regelmäßig ein Spezialwissen im Hinblick auf die Vermeidung von Beschädigungen an der Anlage und von Produktionsausfällen erforderlich. Folge daraus ist, dass der Hersteller und Auftragnehmer der Anlagen dem Auftraggeber Informationen geben muss.[92]

---

[92] Zur Einführung in die Probleme im Zusammenhang mit produktbegleitenden Dienstleistungen, siehe Pfaff/Osterrieth, GRUR Int. 2004, 913 ff.

8.6.1 Die Informationspflicht

Es besteht für den Auftragnehmer bei derart dienstleistungsintensiven Anlagen zumindest die Pflicht, auf die Risiken nicht ordnungsgemäß durchgeführter Dienstleistungen hinzuweisen. Diese Pflicht ist eine Nebenpflicht zum Vertrag, unabhängig davon, ob diese Verpflichtung in das Vertragswerk einbezogen wurde oder nicht. Die Verletzung einer entsprechenden Pflicht kann zu Schadensersatzansprüchen führen; die Schadensersatzansprüche umfassen dabei regelmäßig auch die sog. Mangelfolgeschäden. Es besteht demnach eine Informationspflicht über die Risiken nicht sachgerechter Dienstleistungen.

Hinsichtlich der Tiefe der Information ist danach zu differenzieren, ob nach der vertraglichen Vereinbarung die Dienstleistung vom Auftragnehmer durchgeführt werden soll oder nicht. Soweit vertraglich vereinbart ist, dass die Dienstleistungsarbeiten, z. B. Wartungsarbeiten, vom Auftragnehmer selbst durchgeführt werden sollen, braucht über die Gefahren der Durchführung von Dienstleistungen durch Dritte, nicht autorisierte Firmen, nicht voll umfänglich informiert werden. Die Informationspflicht reduziert sich dann noch weiter, soweit im Hinblick auf Gefahrensituationen auch Geschäftsgeheimnisse offenbart werden müssten.

Ein pauschaler Hinweis auf mögliche Gefahren reicht allerdings nicht aus. Erforderlich ist, dass die Dienstleistungen, deren Durchführung durch nicht autorisierte Dritte zu Schäden führen kann, zumindest nachvollziehbar erklärt und in dem Zusammenhang jeweils ein Warnhinweis ausgesprochen wird, mit was für Risiken eine solche Fremddurchführung behaftet ist.

Eine entsprechende Vereinbarung lässt sich regelmäßig sehr leicht formulieren. Soweit der Auftragnehmer die Dienstleistungen selbst durchführen soll, werden sie auch in einem Pflichtenheft beschrieben sein. Dann lassen sich auch die Dienstleistungen noch separieren, deren Durchführung durch Dritte gefährlich ist und mit einem entsprechenden Warnhinweis versehen.

Für den Fall, dass der Auftragnehmer die Dienstleistungen selber durchführen soll, reicht eine solche Beschreibung aus. Der Auftragnehmer kann grundsätzlich mit der Vertragstreue des Bestellers rechnen und dann auch damit rechnen, dass die Dienstleistungen ohnehin von seinem Unternehmen selbst, also seinen fachkundigen Leuten durchgeführt werden.

Zu berücksichtigen ist aber auch, dass es aus zeitlichen Gründen einmal zu Hilfsmaßnahmen fremder Dienstleistungsunternehmen kommen kann, oder aber dass bei längerer Vertragsdauer sich andere Üblichkeiten als vereinbart „einschleichen" können.

Man kann die Verpflichtung hier mit der Warnfunktion aus der Produzenten- bzw. Produkthaftung vergleichen. Auch dort muss der Unternehmer hinsichtlich der Warnhinweise an den Kunden damit rechnen, dass es zu Fehlgebräuchen kommen kann und entsprechende Sicherungsmaßnahmen treffen bzw. Warnungen auszusprechen.

Soweit der Auftragnehmer für Dienstleistungen nicht verpflichtet werden soll, also im Vertrage die Durchführung von Wartungsarbeiten und anderen Dienstleistungsarbeiten ausgeschlossen ist, kann ihn eine weitaus umfangreichere Informationspflicht hinsichtlich nicht sachgerecht durchgeführter Wartungsarbeiten etc. treffen. Auch hier kann ein Beispiel aus der Produkt- bzw. Produzentenhaftung die Richtung weisen. Betriebsanleitungen für technische Produkte, insbesondere sicherheitsrelevante Produkte wie Autos, sind in den letzten Jahren zunehmend informativer geworden. Sie sind umfangreicher und vor allen Dingen für den Kunden ansprechender gestaltet worden. Dies liegt daran, dass die Rechtsprechung von den Unternehmen verlangt, ihre Kunden umfangreich über die sachgerechte Bedienung und die Folgen von Fehlgebräuchen zu informieren. Selbstverständlich ist daran zu denken, dass es sich insofern zumeist um private Kunden, also Laien handelt. Der Besteller einer Maschinenanlage wird Fachkenntnisse haben. Man kann hier voraussetzen, dass er über allgemeine Gefahren informiert ist, aber eben nicht über die speziellen Gefahrensituationen einer bestimmten Anlage.

Es gehört deshalb zur Vertragspflicht des Auftragnehmers, den Besteller über die Besonderheiten der entsprechenden Anlage zu informieren. Er muss darüber informiert werden, welche besonderen Bedienungskenntnisse erforderlich sind, welche Gefahren im Zusammenhang mit Fehlgebräuchen stehen, ob Menschen oder Sachen gefährdet sind, das mögliche Ausmaß des Schadens etc. Die Hinweise auf die möglicherweise eintretenden Störfälle bei unsachgemäßem/r Gebrauch bzw. Wartung gehören zu den Vertragspflichten des Auftragnehmers. Bei einem Verstoß gegen diese Vertragspflichten (sog. positive Vertragsverletzung) reicht der mögliche Schadensersatzanspruch bis in die Mangelfolgeschäden hinein; damit ist gemeint, dass nicht nur Instandsetzungsarbeiten an der beschädigten Maschine drohen, sondern eine grundsätzliche Ersatzpflicht für die Folgeschäden besteht, die sich durch den Fehlgebrauch einstellen. Selbstverständlich ist im Schadensfalle jeweils im Einzelfall zu prüfen, ob den Auftraggeber nicht auch ein Mitverschulden trifft.

8.6.2 Informationspflichten im Bereich Schutzrechte/ Betriebsgeheimnisse

Soweit Maschinenteile patentrechtlich geschützt sind oder Softwareelemente dem urheberrechtlichen Schutz unterfallen, bzw. andere gewerbliche Schutzrechte in Betracht kommen, besteht hierbei auch kein Spannungsverhältnis zwischen der Mitteilung von Betriebsgeheimnissen und Warnpflichten. Der zuvörderst in Betracht kommende patentrechtliche Schutz hat zur Folge, dass die Anmeldung veröffentlicht, also jedermann bekannt gemacht werden wird. Der Unternehmer verrät also hier keine Betriebsgeheimnisse, wenn er dort aufklären muss, wo er erfinderisch tätig war.

Anders ist die Situation, wenn es Maschinen- oder Softwareelemente[93] gibt, die nicht patentrechtlich bzw. urheberrechtlich geschützt sind, aber von dem Unternehmen als Betriebsgeheimnis gewahrt werden und die bei normaler Benutzung der Maschine sich auch

---

[93] Zum patentrechtlichen und urheberrechtlichen Softwareschutz vgl. Ensthaler, Gewerblicher Rechtsschutz und Urheberrecht, S. 123 ff. und S. 8 ff., 59 ff.

nicht ohne weiteres offenbaren. Hier kann es zu einem Spannungsverhältnis zwischen der Wahrung von Betriebsgeheimnissen und der Hinweisverpflichtung zur Vermeidung von Haftung kommen.

Insofern ist darauf hinzuweisen: In solch einer Situation muss dem Unternehmen daran gelegen sein, die entsprechenden Wartungsarbeiten selbst durchzuführen. Sollte die Verhandlungssituation aber die sein, dass nur geliefert aber nicht gewartet werden soll, bzw. auch nicht andere Dienstleistungen an dem Produkt durchgeführt werden sollen, so muss das Unternehmen zunächst abwägen, ob der Auftrag dann noch im Hinblick auf die Offenbarung der Betriebsgeheimnisse wirtschaftlich von Interesse ist.

Ein Kompromiss könnte darin liegen, den Besteller zur Geheimhaltung zu verpflichten. Dies muss aber ausdrücklich geschehen und darf auch nicht nur allgemein, vage ausgedrückt werden. Betriebsgeheimnisse werden regelmäßig durch die Wettbewerbsordnungen (in Deutschland: dem UWG) geschützt. Eine Voraussetzung ist, dass es sich tatsächlich um ein Betriebsgeheimnis handelt, und dass die Beteiligten bemüht sind, das Geheimnis zu wahren. So wird z. B. von den Gerichten in China regelmäßig der Nachweis verlangt, dass wirklich ein Betriebsgeheimnis vorgelegen hat. Insofern sind Unterlagen beizubringen, aus denen sich ergibt, welche Personen regelmäßig Zugang zu den Informationen hatten, dass diese Personen in die Geheimhaltungsverpflichtung genommen wurden und welche Sicherheitsmaßnahmen das Unternehmen noch durchführt. Weiterhin muss zwischen den Parteien genau geregelt werden, wie in der konkreten Vertragsbeziehung zwischen Auftraggeber und Auftragnehmer das Betriebsgeheimnis gewahrt werden soll. Auch hier reicht eine bloße Umschreibung, der Auftraggeber werde das Betriebsgeheimnis wahren, nicht aus. Aus dem Vertragswerk muss sich ergeben, dass die Wahrung des Betriebsgeheimnisses nach den konkreten Vereinbarungen der Parteien auch möglich ist. Soweit der Besteller (Auftraggeber) durch eigene Leute wartet, ist dies noch relativ leicht möglich. Er hat dann im Vertrag zu versichern, dass er nur von vertrauenswürdigen und auch entsprechend ermahnten Mitarbeitern diese Wartungsarbeiten durchführen lässt.

Soweit der Besteller selber wiederum Fremdfirmen beauftragen muss, um diese Wartungen und Dienstleistungen durchzuführen, wird es schwierig. Auch hier kann natürlich verlangt werden, dass der Besteller sich verpflichtet, nur Firmen zu beauftragen, die eine Geheimhaltungsverpflichtung unterzeichnet und dazu noch erklärt haben, dass sie ihre Mitarbeiter noch einmal ermahnt und auf die zivil- und strafrechtlichen Folgen einer Verletzung von Betriebsgeheimnissen aufmerksam gemacht haben. Es wird sich aber in solchen Fällen schwer nachweisen lassen, durch wen ein Betriebsgeheimnis dann schließlich offenbart und das Wissen in den „Umlauf" gekommen ist.

8.6.3 Obliegenheitsverletzungen bei Gewährleistungspflichten

Häufig verhält es sich gerade bei Auslandslieferungen im Anlagenbau so, dass Wartungs- und Instandsetzungsarbeiten, Konfigurationsarbeiten vertragswidrig vom Besteller (Auftraggeber) durchgeführt werden. Soweit diese Arbeiten misslingen, steht die Frage nach dem Schicksal von vertraglich bzw. gesetzlich dem Auftragnehmer auferlegten Gewährleistungspflichten an.

Wenn der Besteller vertragswidrig Wartungs-, Instandsetzungsarbeiten etc. selbst, bzw. durch andere durchführen lässt, so kann er auch seiner Gewährleistungsansprüche verlustig werden. Bei der Frage nach dem Inhalt und dem möglichen Verlust von Gewährleistungsansprüchen wird der Werkvertrag zugrunde gelegt; es wird davon ausgegangen, dass aufgrund einer konkreten Bestellung eine Maschinenanlage für den Besteller hergestellt wird und dass es sich insofern nicht um die Leistung vertretbarer Elemente handelt. Es wird also davon ausgegangen, dass eine bestimmte, zumindest in nicht unwesentlichen Bauteilen, auch für den Besteller erstellte Maschine ausgeliefert werden soll. Die Ausführungen werden dann noch um kaufrechtliche Beurteilungen ergänzt werden.

Zunächst zur Situation des Werkvertrages: Die Beurteilung erfolgt nach deutschem Recht. Das deutsche Werkvertragsrecht, so wie es in novellierter Form vorliegt, entspricht internationalen Standards.

Bei mangelhafter Werkleistung hat der Besteller (Auftraggeber) die Rechte aus § 634 BGB. In § 634 Nr. 2 BGB ist das Recht zur Selbstbeseitigung beschrieben, und zwar mit dem damit verbundenen Anspruch auf Ersatzleistung für die entsprechenden Aufwendungen. Das Recht zur Selbstvornahme ist aber von einer entsprechenden Fristsetzung gegenüber dem Auftraggeber abhängig. Das Recht zur Selbstvornahme, bzw. zur Beauftragung eines dritten Unternehmers steht somit dem Auftraggeber nur dann zu, wenn der Auftragnehmer nicht innerhalb der gesetzten Frist tätig wird. Diese Frist hat auch im Hinblick auf die Beseitigung des Mangels angemessen zu sein.

Zur ersten Rechtsfolge: Wenn der Besteller ohne diese Fristsetzung, bzw. ohne Aufforderung an den Auftragnehmer und Gewährleistungsverpflichteten selbst tätig wird, bzw. Dritte in seinem Auftrag arbeiten lässt, so verliert der Auftraggeber seinen Gewährleistungsanspruch. Es entspricht dabei herrschender Rechtsprechung, dass er für seine Aufwendungen auch keine Ansprüche aus anderen Rechtsgründen gegen den Auftragnehmer hat; insbesondere stehen dem Auftraggeber keine Bereicherungsansprüche zu (weil ja der Auftragnehmer nun die Gewährleistungsarbeiten nicht mehr auszuführen braucht) und es steht ihm auch kein Ersatz aus Geschäftsführung ohne Auftrag zu. Der Auftraggeber kann auch seinen Arbeitsaufwand zur Beseitigung des Mangels nicht mit einem eventuell noch offen stehenden Vergütungsanspruch verrechnen. Die Regelung ist insofern klar gefasst: Besteht ein Mangel, der den Auftragnehmer zur Gewährleistung verpflichtet, und wird der Auftragnehmer nicht aufgefordert, diesen Mangel innerhalb einer bestimmten (angemessenen) Frist zu beseitigen, sondern wird der Auftraggeber vielmehr selbst tätig, so verliert er seinen insofern grundsätzlich bestehenden Gewährleistungsanspruch. Es gibt auch keinen Ausgleich für den beim Auftraggeber entstandenen Aufwand.

Zur zweiten Rechtsfolge: Von großer Bedeutung ist die Frage in dem Zusammenhang, dass der Auftraggeber durch schlecht durchgeführte Wartungsleistungen, Pflegeleistungen, durch eine unsachgemäße Benutzung der Maschine oder eventuell durch unfachmännische Reparaturarbeiten Schäden verursacht, bzw. im Falle einer Gewährleistungssituation (es liegt ein vom Hersteller noch zu vertretender Mangel vor) vorhandene Schäden noch vergrößert.

Grundsätzlich ist der Besteller Eigentümer der Anlage geworden und kann mit seinen eigenen Sachen nach Belieben umgehen. Die Frage ist, ob er Gewährleistungsansprüche verliert. Es ist insofern zu differenzieren: Soweit durch die fehlerhaften Wartungs-, Pflegeleistungen bzw. Reparaturversuche ein bereits bei Auslieferung vorhandener, bzw. dem Auftragnehmer zuzurechnender Schaden noch intensiviert wird, so hat der Auftraggeber die nach wie vor noch vom Auftragnehmer durchzuführenden Arbeiten anteilig zu entlohnen. Analog der Regeln über das Mitverschulden ist auch der Auftraggeber, entsprechend seiner Beteiligung an der Fehlerentstehung, zu den Kosten heranzuziehen.

Hierbei kann weiterhin schon die Frage auftreten, ob noch eine Fehlerbeseitigung, dieses vom Auftraggeber intensivierten Fehlers, dem Auftragnehmer überhaupt noch zumutbar ist. Dies kann nur durch eine fachbezogene Wertungsfrage entschieden werden. Da der Auftragnehmer seinen Mehraufwand vom Auftraggeber verlangen kann, wird regelmäßig auch bei einem höheren Aufwand die Zumutbarkeit zur Mängelbeseitigung bestehen. Gründe, die Arbeit nicht mehr durchführen zu müssen, können darin liegen, dass der Auftragnehmer auf eine für ihn fremde Situation stößt, dass aufgrund der vorhergehenden Reparatur- bzw. Wartungsversuche des Auftraggeber eine Reparatursituation entstanden ist, auf die das Unternehmen des Auftragnehmers nicht vorbereitet ist. Dann entfallen die Gewährleistungsverpflichtungen.

Zudem kommt es häufig vor, dass durch fehlerhafte Wartungsarbeiten, bzw. andere Arbeiten an der Anlage Fehler erst entstehen. Für diese Fehler bestehen selbstverständlich keine Gewährleistungspflichten, schon deshalb nicht, weil sie zum Zeitpunkt des Gefahrübergangs, des Zeitpunkts der Abnahme der Anlage, noch nicht vorhanden waren.

Weiterhin wird sich häufig die Situation einstellen, dass durch fehlerhafte Wartungsarbeiten ein zur Gewährleistung verpflichtender Mangel zwar nicht behoben, das entsprechende Teil aber derart zerstört wird, dass es nicht mehr reparabel ist. Damit ist die Situation gemeint, dass durch einen unsachgemäßen Reparaturversuch ein Schaden angerichtet wird, der über den ursprünglichen Mangel noch hinausgeht und zwar derart, dass der ursprüngliche Mangel im neu Entstehenden aufgeht. In diesem Fall besteht schon deshalb keine Nachbesserungsverpflichtung des Auftragnehmers, weil der entsprechende Mangel im großen Schaden untergegangen ist, insofern liegt Unmöglichkeit der Ausführung der Leistung vor.

Damit stellt sich die Frage, ob wegen dieser Unmöglichkeit zumindest eine Minderung verlangt werden kann. Dies könnte deshalb bejaht werden, weil bei Auslieferung der entsprechenden Anlage ja die Gewährleistungssituation bereits „angelegt", der Fehler latent vorhanden war und insofern eine Minderung des Werklohnes interessengerecht wäre.

Eine Minderung kommt zumindest nach deutschem Recht aber nicht in Betracht, da eine solche (wie der Rücktritt vom Vertrag) grundsätzlich voraussetzen, dass dem Auftragnehmer zuvor die Möglichkeit der Mangelbeseitigung eingeräumt wurde. Soweit der Mangel aber nicht mehr beseitigungsfähig ist, weil er durch einen seitens der Auftraggeber verursachten Mangel nicht mehr reparabel ist, kann auch kein Anspruch auf Minderung bzw. Rücktritt entstehen. Ein solcher Anspruch ist nämlich der Möglichkeit der Fehlerbeseitigung nachgeordnet. Auch in diesem Fall gibt es keinen Wertausgleich für seitens des Auftragnehmers ersparte Aufwendungen.

8.6.4 Anwendbarkeit des UN-Kaufrechtsübereinkommens

Die bedeutsamste internationale Regelung auf dem Gebiet des Warenverkehrs ist das UN-Kaufrecht (CISG).[94] Das UN-Kaufrecht findet Anwendung, wenn die Parteien eines Kaufvertrages ihre Niederlassung in verschiedenen Staaten haben und zwar unabhängig davon, ob das UN-Kaufrecht vereinbart wurde. Das UNKaufrecht gilt, soweit es sachlich anwendbar ist, immer dann, wenn es nicht ausdrücklich ausgeschlossen ist. Voraussetzung ist zum einen, dass die Staaten der Vertragsparteien sich diesem internationalen Abkommen angeschlossen haben. China und Deutschland sind z. B. Vertragsparteien des UN-Kaufrechtsübereinkommens. Zum anderen ist das internationale Vertragswerk nicht nur auf den Kaufvertrag beschränkt, sondern über Art. 3 findet das UNKaufrecht auch Anwendung bei „Verträgen über herzustellende Waren oder Dienstleistungen". Art. 3 Abs. 1 des UN-Kaufrechts bestimmt, dass den Kaufverträgen Verträge über die Lieferung herzustellender oder zu erzeugender Ware gleichgestellt sind (Es sei denn, dass der Besteller einen wesentlichen Teil der für die Herstellung oder Erzeugung notwendigen Stoffe selbst zur Verfügung stellt).

Zu beachten ist in diesem Zusammenhang allerdings Art. 3 Abs. 2 des UNKaufrechtsübereinkommens. Hier wird bestimmt, dass das Übereinkommen nicht auf Verträge anzuwenden ist, bei denen der „überwiegende Teil der Pflichten der Partei, welche die Ware liefert, in der Ausführung von Arbeiten oder anderen Dienstleistungen besteht".

Allein Serviceverträge bzw. Wartungsverträge werden also nicht vom UNKaufrecht umfasst. In der Standardkommentierung[95] heißt es insofern: „Dass Verträge, bei denen z. B. die Planungs-, Projektierungs-, Montage-, Wartungs-, Betriebs-, Betreuungs- und/oder Lizenzierungsleistungen wertmäßig ein solches Eigengewicht haben, dass sie ihrer wirtschaftlichen oder technologischen Bedeutung nach die für die bloße stoffliche Herstellung beizusteuernden Anteile überwiegen und damit bei wertender Betrachtung gegenüber den kaufvertragstypischen Pflichten das eigentliche Leistungsschwergewicht bilden" vom UN-Kaufrecht nicht erfasst werden. Wenn also die genannten Dienstleistungen mehr im Vordergrund stehen, die anlagentechnischen Komponenten überwiegen, ist dieses internationale Vertragsabkommen nicht anwendbar.

In der genannten Kommentierung heißt es im Hinblick auf die konkrete Wertbestimmung, dass die Frage, was im Einzelfall überwiegt, der Anlagenbau oder die unterstützende Dienstleistung, anhand der im Vertrag festgelegten Maßstäbe, „ansonsten nur

---

[94] Grundlegend zum UN-Kaufrechtsübereinkommen, Achilles, Kommentar zum UNKaufrechtsabkommen.
[95] Achilles, Kommentar zum UN-Kaufrechtsabkommen, Art. 3 Rn 4.

nach den verkehrsüblichen Bewertungsmaßstäben erfolgen kann, und zwar ausgedrückt in Geld". Dies heißt, dass bei einem Austauschvertrag (Ware/Dienstleistung/Werkleistung gegen Geld) die Wertbestimmung der einzelnen Leistung maßgeblich ist. Überwiegt der Bau der technischen (softwaretechnischen) Komponenten, so ist das UN-Kaufrecht anwendbar; davon ist wohl regelmäßig auszugehen. Hinsichtlich der Gewährleistungsverpflichtungen bei Vorliegen von Sachmängeln regelt das UN-Kaufrecht dies in den Art. 46 ff.

Das UN-Kaufrecht enthält keine Vorschriften für die Situation, dass der Mangel durch unsachgemäße Eigenarbeiten seitens des Auftraggebers vergrößert oder sogar irreparabel wird. Das UN-Kaufrecht enthält aber Lösungsmöglichkeiten.

Aus Art. 50 des UN-Kaufrechts folgt, dass auch im Falle einer fehlerhaften Warenlieferung bzw. Werkleistung das Minderungsrecht gegenüber der Nachbesserung nachrangig ist. Mehr noch: In der Standardkommentierung zu Art. 50 UNKaufrecht wird davon ausgegangen, dass das Minderungsrecht „ein für alle Mal verloren" geht, wenn der Käufer ein zulässiges (d. h. zumutbares) Nachbesserungsangebot zurückweist.[96]

Der Zurückweisung steht es logischerweise gleich, dass der Auftragnehmer die Nachbesserungsmöglichkeit durch sein Verhalten, durch die schlechte Eigenarbeit, unmöglich macht, bzw. (wenn der Mangel überhaupt noch behebbar ist) ganz wesentlich verteuert. Dies bedeutet, dass dem Auftraggeber kein Minderungsrecht zusteht, wenn der Auftragnehmer (Hersteller) den Mangel nicht mehr aus den genannten Gründen beseitigen kann.

Im Ergebnis gilt dann auch für den Anwendungsbereich des UN-Kaufrechts, dass der Auftraggeber, der eigenmächtig und unsachgemäß Wartungsarbeiten durchführt und dadurch einen etwaig vorhandenen Mangel wesentlich intensiviert oder die Gerätschaft derart zerstört, dass der Mangel nicht mehr behebbar ist, seine Gewährleistungsansprüche verliert, also auch nicht im Hinblick auf einen etwa vorhandenen Mangel mindern kann.

8.6.5 Gewährleistungsausschluss

Klarzustellen ist noch, dass allein der Umstand einer vertragswidrigen Wartungsarbeit noch nicht zum Gewährleistungsausschluss führt. Es muss sich so verhalten, dass – kausal – durch diese Wartungs- und Pflegearbeiten etc. des Auftraggebers der Mangel noch intensiviert wird, bzw. aufgrund größerer eintretender Schäden nicht mehr behebbar ist. Um es an einem Beispiel zu illustrieren: Wenn der Auftraggeber versucht, eine schon bei Übergabe vorhandene und schadhafte Welle zu richten und dabei die Welle so zerstört, dass die Reparatur nur noch mit ganz erheblich größerem Aufwand, bzw. gar nicht mehr durchführbar ist, so ist der Auftragnehmer für diesen Mangel, so wie er vorher sicher auch bestanden hat, nicht mehr verantwortlich; er braucht nicht mehr nachzubessern, bzw. braucht sich den Werklohnanspruch nicht mindern zu lassen, auch nicht um den Wert des Schadens, der vor den schlechten Reparaturversuchen des Auftraggebers bestand.

---

[96] Achilles, Kommentar zum UN-Kaufrechtsabkommen, Art. 50 Rn 3.

Qualitätssicherungsvereinbarungen 9

Jürgen Ensthaler

Inhaltsverzeichnis

9.1 Regelungsinhalte und rechtliche Einordnung der QS-Vereinbarungen 255
Literatur 270

9.1 Regelungsinhalte und rechtliche Einordnung der QS-Vereinbarungen

QS-Vereinbarungen weisen in heutiger Zeit aufgrund von branchen- bzw. produktspezifischen Besonderheiten eine hohe Variationsvielfalt auf. Trotzdem lassen sich im Hinblick auf Erscheinungsform und Inhalt Gemeinsamkeiten feststellen. QS-Vereinbarungen sind Verträge, die der Hersteller mit seinen Zulieferunternehmen abschließt. Sie bilden die rechtliche Grundlage, auf der der arbeitsteilige Produktionsprozess vollzogen wird. Diese Rahmenverträge bestehen unabhängig von den einzelnen kauf- oder werklieferungsvertraglichen Bestellaufträgen (bzw. Lieferabrufen bei Just-in-time-Lieferbeziehungen;).[1] Die besonders enge arbeitsteilige Beziehung und das sich daraus ergebende gesteigerte Vertrauens- bzw. Abhängigkeitsverhältnis der Vertragsparteien macht es erforderlich, in den QS-Vereinbarungen über den einzelnen punktuellen Austauschvertrag hinaus Rege-

---

[1] Martinek 1991, S. 296.

J. Ensthaler (✉)
Fachgebiet Wirtschafts-, Unternehmens- und Technikrecht, TU Berlin, Berlin, Deutschland

© Der/die Herausgeber bzw. der/die Autor(en), exklusiv lizenziert an
Springer-Verlag GmbH, DE, ein Teil von Springer Nature 2025
J. Ensthaler et al. (Hrsg.), *Technikrecht*, https://doi.org/10.1007/978-3-662-60348-2_9

lungen hinsichtlich aller Kooperationsphasen zu treffen,[2] wodurch QS-Vereinbarungen nicht mehr eindeutig einem Vertragstyp zugeordnet werden können. Vielmehr sind in ihnen Elemente mehrerer Vertragstypen vereint (sogenannte typenvermischte Verträge). So können QS-Vereinbarungen sowohl werk-, dienst- oder gesellschaftsvertragliche Elemente oder Elemente einer Geschäftsbesorgung beinhalten. QS-Vereinbarungen werden regelmäßig auf zwei Arten in Geltung gesetzt: Die meisten Vereinbarungen sind äußerlich selbstständige Klauselwerke, die mit Einverständnis des Partners in die Transaktionsbeziehung eingeführt werden. Die Alternative besteht darin, dass die QS-Vereinbarungen in die Bestell- und Einkaufsbedingungen der einzelnen Firmen als Unterabschnitte eingearbeitet werden.[3] In den ganz überwiegenden Fällen handelt es sich bei den QS-Vereinbarungen um Allgemeine Geschäftsbedingungen i. S. d. § 305 BGB, denn der Hersteller beabsichtigt, die von ihm vorformulierten Vertragstexte, die nicht zwischen den Vertragsparteien ausgehandelt werden, auf eine Vielzahl seiner Zulieferer anzuwenden. (Ein Aushandeln würde erst dann vorliegen, wenn der Endhersteller die vorformulierten QS-Vereinbarungen dem Zulieferer zur Disposition stellt. „Aushandeln" bedeutet dabei mehr als Verhandeln. Anstatt einer bloßen Besprechung der Vertragsklauseln müsste eine gründliche Erörterung vorliegen. Ein Indiz hierfür wären tatsächliche Abänderungen des vorformulierten Vertragstextes.)

In QS-Vereinbarungen legen die Parteien in erster Linie technisch-organisatorische Maßnahmen bzw. Verhaltensregeln fest. Es werden die für die Erreichung der definierten Qualitätsstandards erforderlichen Arbeitsschritte beschrieben und als Teil der Leistungsverpflichtung des Teileherstellers ausgewiesen. Daneben finden sich Regelungen über die Verteilung der Risiken auf die einzelnen beteiligten Unternehmen für den Fall der Gewährleistung und der Produkthaftung. Im Wesentlichen lassen sich hieraus vier Funktionen der QS-Vereinbarungen herausstellen: Zum einen geht es darum, mithilfe von QS-Vereinbarungen die Voraussetzungen für sichere Fertigungsprozesse beim Zulieferer zu schaffen. Neben dieser Präventionsfunktion kommt der QS-Vereinbarung eine Rationalisierungsfunktion zu, da sie eine optimale Kosten-Nutzen-Verteilung und Abstimmung der einzelnen Qualitätssicherungsmaßnahmen im gesamten Produktionsprozess gewährleisten soll, die Mehrfachprüfungen überflüssig macht. Weiterhin haben QS-Vereinbarungen eine Perpetuierungsfunktion, da sie dazu beitragen, die generelle Qualitätsfähigkeit des Zulieferers zu fördern, damit eine jederzeit kurzfristig aktivierbare Bezugsquelle aufgebaut und gleichzeitig eine dauerhafte Versorgungsbeziehung geschaffen wird. Schließlich werden durch QS-Vereinbarungen Verantwortungsbereiche und Haftungsrisiken von Zulieferer und Endhersteller festgelegt und begrenzt. QS-Vereinbarungen haben demnach auch eine Haftungsverteilungsfunktion. QS-Vereinbarungen lassen sich hinsichtlich ihrer Inhalte in produktbezogene, organisatorische und nicht zuletzt rechtliche Aspekte unterteilen.

---

[2] Martinek 1991, S. 296.
[3] Quittnat BB 1989, S. 571 f.; Martinek 1991, S. 133.

9.1.1 Qualitätssicherungsvereinbarungen und Wareneingangskontrolle

9.1.1.1 Untersuchungs- und Rügeobliegenheit nach § 377 HGB

Qualitätssicherungsvereinbarungen enthalten regelmäßig Just-in-time-Vereinbarungen. Just-in-time-Vereinbarungen befassen sich u. a. mit dem Problem, dass der Abnehmer bei Übergabe der Ware an ihn grundsätzlich zur unverzüglichen Untersuchung der Ware nach Mängeln verpflichtet ist und im Falle der Mängelfeststellung diese rügen muss, wenn er sich seine Gewährleistungsansprüche erhalten will. Die Untersuchungs- und Rügepflicht nach § 377 HGB ist keine Rechtspflicht des Abnehmers, sie ist Obliegenheit. Der Unterschied liegt darin, dass der Abnehmer nicht zur Untersuchung und Rüge verpflichtet ist, im Falle des Unterlassens aber eigene Interessen verletzt, denn er verliert Gewährleistungsansprüche, die sich auf die Fehler beziehen, die bei ordnungsgemäßer Untersuchung hätten festgestellt werden können. Der Grund liegt darin, dass bei beiderseitigen Handelsgeschäften das Interesse des Lieferanten an einer endgültigen Abwicklung des Vertrages für schützenswert erachtet wird; nach kurzer Frist soll der Lieferant sicher sein können, dass seine Leistung vertragsgerecht war und er nicht mehr mit Gewährleistungsansprüchen rechnen muss. Dem Abnehmer wird zugemutet, die Ware einer Eingangskontrolle zu unterziehen und für den Fall, dass Mängel festgestellt werden, unverzüglich zu rügen. Mängel, die bei der Lieferung einer einfachen, groben[4] Überprüfung festgestellt werden, müssen innerhalb einer sehr kurzen Frist (ein bis zwei Tage) gerügt werden.[5] Zeigen sich dann während der Untersuchungsfrist Mängel, kann die Wochenfrist abgewartet werden, sie ist dem Verkäufer zumutbar.[6] Hinzuzurechnen sind ein bis zwei Tage für die Rüge selbst. Es brauchen also, außerhalb einer ersten, grobsichtigen Überprüfung (es ist keine zerstörende Prüfung verlangt), nicht alle Mängel sofort nach ihrer Entdeckung gerügt zu werden. Innerhalb der Wochenfrist kann „das Gesamtergebnis der Untersuchung abgewartet werden".[7] Die sogenannten verdeckten Mängel sind Fehler, die bei einer ordnungsgemäßen Untersuchung nicht in Erscheinung getreten sind oder, was dem gleichbedeutend ist, für den Fall, dass solch eine Untersuchung gar nicht stattgefunden hat, bei einer solchen Untersuchung nicht in Erscheinung getreten wären. Ein Mangel ist danach auch dann verdeckt, wenn gar keine Stichproben entnommen wurden, aber bei der Entnahme von Stichproben mit an Sicherheit grenzender Wahrscheinlichkeit der Mangel nicht entdeckt worden wäre.[8] Die Frist, die ab Entdeckung des Mangels läuft, beträgt dann

---

[4] „grobsinnlichen" – so die Bezeichnung für die erste Eingangsüberprüfung von Grunewald NJW 1995, S. 1777, 1779.
[5] RG RGZ S. 62, 256, 258; RGZ S. 106, 359, 361; OLG München NJW 1955, S. 1560; Leyens, in: Hopt, HGB, § 377 Rn. 35; Staub/Brüggemann 4. Aufl., § 377 Rn. 98.
[6] Vgl. Leyens, in: Hopt, HGB, § 377 Rn. 23, 36.
[7] Leyens, in: Hopt, HGB, § 377 Rn. 36: Das Gesamtergebnis der Untersuchung könne abgewartet werden.
[8] dazu ausführlich Grunewald NJW 1995, 1777, 1780.

wieder ein bis zwei Tage.[9] Jeder entdeckte Mangel muss dann unverzüglich für sich gerügt werden.[10] Ein Problem kann sich daraus ergeben, dass der Käufer einzelne der gelieferten Stücke für die Untersuchung auswählt und die anderen Teile bereits zur Weiterverarbeitung in die Produktion gegeben werden. Ein Verlust der Rügemöglichkeit ist mit der Weiterverarbeitung nicht verbunden.[11] Ergeben die Stichproben Mängel, so kann der Käufer/Besteller, soweit er insofern ordnungsgemäß gerügt hat, nicht nur die Gewährleistungsansprüche hinsichtlich dieser noch nicht eingebauten, sondern auch hinsichtlich der bereits im Produktionsprozess befindlichen Teile geltend machen. Etwas anderes könnte nur gelten, wenn der Verkäufer davon ausgehen darf, dass während der Untersuchung die als Stichproben verwandten Stücke dem Produktionsprozess ferngehalten und irgendwo gelagert werden. Mangels einer hierauf gerichteten vertraglichen Abrede kann der Verkäufer nicht davon ausgehen. Das Gesetz verlangt die Untersuchung im Rahmen eines ordnungsgemäßen Geschäftsganges. Kostenintensive Zwischenlagerungen sind vom Käufer nicht verlangt. Weiterhin ist zu berücksichtigen, dass der Verkäufer auch bei verdeckten Mängeln, die erst lange Zeit nach Anlieferung entdeckt werden, mit Schadensersatzansprüchen wegen des Ausgleichs von Folgeschäden rechnen muss.

Die Regelung des § 377 HGB ist dispositiv. Die Vertragsparteien können demnach Vereinbarungen treffen, die bis zum völligen Ausschluss der Untersuchungs- und Rügeobliegenheit reichen.[12] Privatautonome Gestaltungen finden aber durch die §§ 305 ff. BGB ihre Beschränkung. Qualitätssicherungsvereinbarungen und darin regelmäßig enthaltene Just-in-time-Klauseln werden in Form von AGBs vereinbart.[13]

9.1.1.2 Ausschluss der Untersuchungs- und Rügeobliegenheit

Der Verzicht auf die Wareneingangskontrolle oder auch nur die Reduzierung der Kontrollmaßnahmen erhöht das Risiko beim Lieferanten; das ist regelmäßig auch dann noch der Fall, wenn es vorgeschaltete substitutive Maßnahmen gibt, namentlich wenn beim Lieferanten eine Ausgangskontrolle geführt wird. Das ist schon deshalb so, weil jede Kontrolle einmal versagen kann; wer dann im Falle des Versagens eines Kontrollsystems haften muss, lebt im Risiko. Die Wertung des Gesetzgebers geht dahin, dem Abnehmer das Risiko unzureichender oder sonst wie fehlgeschlagener Kontrollen aufzubürden. Der BGH hat in seiner Entscheidung vom 19. 6. 1991 den formularmäßigen Ausschluss der Rügeobliegenheit für unwirksam erklärt.[14] Die Entscheidung steht jedoch nicht im Zusammen-

---

[9] BGH NJW-RR 1986, 52, 53 = LM § 9 (Ba) AGBG Nr. 10: Ein Tag nach Klärung des Mangels reicht aus.
[10] OLG München NJW 1986, 1111.
[11] Vgl. BGHZ 107, 331 = NJW 1889, 2532; so auch Grunewald NJW 1995, 1777, 1780; a. A., vielleicht aber auch nur auf die Umstände des Einzelfalles abstellend Staub/Brüggemann 4. Aufl., § 377 Rz. 160, 202.
[12] hierzu auch Schmidt, D. NJW 1991, 144, 148.
[13] dazu Steckler BB 1993, 1225, 1227.
[14] BGH NJW 1991, 2633, 2634.

9 Qualitätssicherungsvereinbarungen

hang mit QS-Vereinbarungen, welche dem Lieferanten ja nicht nur Risiken aufbürden, sondern ihm wegen der zahlreichen technischen und organisatorischen Vorgaben auch Risiken nehmen können. In der Literatur taucht deshalb immer wieder das Argument auf, dass Rügeverzichtsklauseln im Rahmen von QS-Vereinbarungen zulässig sein müssten, weil diese Organisationsformen sich aufgrund ihrer betriebswirtschaftlichen Vorteilhaftigkeit für beide Seiten durchgesetzt hätten. Es sei daher auch Aufgabe des Handelsrechts, solche Entwicklungen zu fördern, jedenfalls aber nicht zu blockieren.[15] Für die Abbedingung des § 377 HGB bestehe wegen der „betriebs- und volkswirtschaftlich erwünschten Rationalisierungsvorteile der ... Integration des Zulieferers in den Produktionsprozess" ein unabweisbares Bedürfnis.[16] Die Argumente für die Möglichkeit der Abbedingung reichen von der betriebswirtschaftlichen Notwendigkeit über die volkswirtschaftliche Vernünftigkeit bis hin zur Wertung, durch solch eine Abbedingung werde die Position des Zulieferers „nicht wesentlich", sondern „nur dadurch" verschlechtert, „dass er selbst die Verantwortung für die ordnungsgemäße Durchführung der Qualitätskontrolle trägt".[17] Den Ansichten muss entgegengehalten werden, dass es den Parteien unbenommen ist, anders zu organisieren. Zutreffend erklärt insofern Grunewald: „Zur Debatte steht einzig und allein, wer das Risiko von Mängeln, die trotz aller Qualitätssicherungen nicht vermieden worden sind, zu tragen hat".[18] Mit anderen Worten: Es ist dem Abnehmer unbenommen, seiner beim Zulieferer installierten Kontrollorganisation zu vertrauen, es soll ihm z. B. aber nicht erlaubt sein, neben der Verlagerung der Eingangskontrolle auf die Ausgangskontrolle auch das Haftungsrisiko auf den Zulieferer zu verlagern. Hinweise auf betriebswirtschaftliche und auch technische Veränderungen reichen demnach als Argumente für die Möglichkeit der Abdingbarkeit von § 377 HGB nicht aus.[19]

Auch das Argument, die der Rüge vorausgehende Untersuchung könne durch vereinbarte Qualitätssicherungsmaßnahmen (Warenausgangskontrolle) überflüssig gemacht werden, steht noch nicht außerhalb der Wertung des Gesetzgebers. Wenn dem Abnehmer die Fehlerwahrscheinlichkeit so gering erscheint, dass selbst die Überprüfung der Ware auf offen zutage liegende Mängel unrentabel scheint, so mag er die Überprüfung unterlassen. Warum dann im Falle eines sich trotzdem einschleichenden Fehlers kein Rechtsverlust für den Abnehmer eintreten soll, ist damit nicht erklärt. Es ist eher schlüssig die Ansicht zu vertreten, dass bei einem Versagen eines vom Abnehmer initiierten Kontrollsystems, welches diesen von der Wareneingangskontrolle befreien soll, auch der Abnehmer die Rechtsverluste hinzunehmen hat. Die Qualitätssicherungsmaßnahmen können das Risiko mindern; dort, wo es noch besteht, soll es doch bei dem bleiben, dem es nach der Wertung des Gesetzgebers obliegt zu kontrollieren. Das Gesetz verlangt nicht die Untersuchung der Ware, weder dort, wo sie mangels QS-Vereinbarung angezeigt ist, noch dort, wo

---

[15] Lehmann BB 1990, 1849, 1852; Canaris 2006.
[16] Martinek 1991, S. 336.
[17] Martinek 1991, S. 341.
[18] Grunewald, NJW 1995, 1777, 1782.
[19] Leyens, in: Hopt, HGB, § 377 Rn. 59.

sie wegen der Qualität eines solchen Systems vielleicht schon nahezu überflüssig erscheint. Es bestimmt, dass der Abnehmer, wie funktional auch immer seine präventiven Maßnahmen waren, zur Vermeidung von Rechtsverlusten erkennbare Fehler zu rügen hat. Alle Maßnahmen des Endherstellers, die darauf abzielen, eine Warenausgangskontrolle überflüssig zu machen, könnten nach der Wertung des § 377 HGB nichts daran ändern, dass er Rechtsverluste hinzunehmen hat, wenn sie versagen.[20] In seiner Entscheidung vom 17. 9. 2002 stellt der BGH die Bedeutung von § 377 Abs. 1 HGB für den Lieferanten heraus: „Weder ein bestehender Handelsbrauch bzw. eine Branchenüblichkeit noch die Zusicherung einer Eigenschaft durch den Lieferanten kann von jeder Untersuchungspflicht entbinden."[21] Die Interessen des Lieferanten an schneller Mängelrüge besonders hervorhebend heißt es weiter in der Entscheidung: „Ist eine sachlich gebotene und zumutbare Art der Untersuchung nicht branchenüblich, so verdient eine solche Übung keinen Schutz".[22] Wenn selbst der Handelsbrauch insoweit keinen Schutz verdient, kann auch eine vom Besteller vorformulierte, die Überprüfungsobliegenheit ausschließende Vertragsklausel mit § 307 BGB nicht vereinbar sein. Allgemeine Geschäftsbedingungen können, wenn sie sich durchsetzen, Handelsbräuche begründen. Man kann nur schlecht dahin argumentieren, dass einem von § 377 Abs. 1 HGB abweichenden Handelsbrauch der Schutz zu versagen ist, aber dessen Vorstufe, die entsprechenden Allgemeine Geschäftsbedingungen, keinen gegen den Gerechtigkeitsgehalt von § 307 Abs. 1 HGB verstoßenden Inhalt haben.

9.1.1.3 Wareneingangskontrolle und veränderte Gewährleistungssituation

Eine andere Betrachtungsweise wird von der Frage ausgehen, was passiert, wenn im Falle einer vereinbarten Warenausgangskontrolle beim Zulieferer Organisationsfehler entstehen und das Kontrollsystem deshalb versagt. Haftungsrechtlich könnte dieses Versäumnis als Pflichtverletzung i.S. des § 280 BGB eingeordnet werden und die Haftung wäre vom Verschuldensnachweis abhängig.[23] Damit wäre der Zulieferer gegenüber dem Abnehmer privilegiert, der schon bei Obliegenheitsverletzung seine Gewährleistungsansprüche verliert. Der Vergleich macht deutlich, dass selbst eine für den Zulieferer geschaffene Organisationsverpflichtung nicht die dem Assembler obliegende „Rügepflicht" ersetzen kann; die Haftung des Endherstellers bzw. Assemblers ist rigider. Anders gewendet, der Endhersteller kann innerhalb des Rahmens des gesetzlichen Haftungssystems dem Zulieferer nicht die Risiken aufbürden, die ihn im Rahmen des § 377 HGB treffen. Anders verhält es sich dann, wenn die Qualitätssicherungsvereinbarungen hinsichtlich der technischen und betriebswirtschaftlichen Spezifikationen bzw. Anforderungen eine solche

---

[20] so auch Grunewald NJW 1995, 1777, 1782 ff.
[21] BGH X ZR 248/00, BGHReport 2003, 285 ff.
[22] unter Verweis auf BGH NJW 1976, 625.
[23] Vgl. auch Teichler BB 1991, 428, 430, zum alten Schuldrecht.

Dichte erreicht haben, dass der Zulieferer insgesamt oder bei doch bedeutsamen Produktionsabläufen als verlängerter Arm des Endherstellers erscheint.

Für diesen Fall muss zunächst der Frage nachgegangen werden, ob sich nicht der schuldrechtliche Fehlerbegriff relativiert; weniger das fehlerhafte Produkt, sondern die Einhaltung vorgegebener Verfahren, vorbestimmter Organisationen und die Benutzung bestimmter Techniken muss nach dem Willen beider Parteien Bedeutung haben. Das wäre auch interessengerecht, weil es für den Zulieferer schlecht einsehbar wäre, dass ein zwar „fehlerhaftes", aber nach vorgegebenen Anweisungen produziertes Gut Gewährleistungsansprüche auslösen könnte. Andererseits wäre es für den Endhersteller nicht tragbar, dem Zulieferer auferlegte technische und organisatorische Pflichten außerhalb von (verschuldensunabhängigen) Gewährleistungsansprüchen ansiedeln zu müssen. Wenn es sich so verhält, dass Zulieferer und Endhersteller haftungsrechtlich auf der gleichen Ebene sind, dass also das Rügeversäumnis des einen wegen der damit im Zusammenhang stehenden Pflichtwidrigkeit des anderen bereits dessen Haftung auslöst, läuft der Normzweck des § 377 HGB z. T. leer. Die Bedeutung der Rügepflicht, ihre Schutzfunktion für den Verkäufer, relativiert sich in dem Maße, wie die Fehlervermeidungsmaßnahmen Teil der geschuldeten Leistung des Zulieferers sind.

9.1.2 Fixgeschäftsklauseln und Verzugsschadensersatzklauseln

Wenn der Zulieferer den vom Hersteller bestimmten Lieferungszeitpunkt nicht einhält, drohen Produktionsverzögerungen, die eventuell zum völligen Stillstand des gesamten Fertigungsprozesses führen können. Der Hersteller muss deshalb auf die unbedingte Einhaltung des beim jeweiligen Teileabruf festgesetzten Lieferzeitpunktes für die einzelnen Sendungen bestehen, d. h. er muss darauf bestehen, dass die bei den einzelnen Abrufen vorgeschriebenen Liefertermine „fix" gelten. Solche Regelungen sind dem positiven Recht bekannt, sie sind in den §§ 323 Abs. 2 S. 2 BGB, 376 HGB im Grundsatz geregelt. Bei Just-in-time-Lieferungen ist allerdings zwischen absoluten und relativen Fixgeschäften zu unterscheiden. Von einem absoluten Fixgeschäft ist die Rede, wenn die Leistung ihrem Inhalt nach nur zu oder bis zu einem fest bestimmten Zeitpunkt erbracht werden kann und sich ein späterer Erfüllungsversuch inhaltlich als etwas anderes als die geschuldete Leistung darstellt. Das absolute Fixgeschäft wird über die §§ 275, 280 ff., 326 BGB geregelt, gehört demnach zur Fallgruppe „Unmöglichkeit" des Leistungsstörungsrechts. Eine Auslegung der Fixgeschäftsklauseln in Just-in-time-Verträgen muss wohl für den Regelfall ergeben, dass die Parteien kein absolutes Fixgeschäft mit der Anwendung des Unmöglichkeitsrechts wollten, sondern nur ein relatives Fixgeschäft mit den daraus resultierenden verzugsrechtlichen Konsequenzen.[24] Der Hersteller, der keine eigene Lagerhaltung betreibt, ist zur Weiterführung seiner Produktion regelmäßig auch auf die verspätete Liefe-

---

[24] Vgl. zu dieser Unterteilung auch Merz 1992, S. 146 ff..

rung angewiesen. Dem Besteller/Abnehmer kommt es bei der üblichen relativen Fixgeschäftsklausel auf eine Besserstellung seiner Rechtsposition als Gläubiger der Lieferung gegenüber den allgemeinen Voraussetzungen des Schuldnerverzuges nach den §§ 286, 323 BGB an. Er sucht auch regelmäßig eine günstigere Ausgestaltung der allgemeinen Verzugsfolgen der §§ 280 ff., 323 BGB. Die Vereinbarung eines Fixgeschäfts mit den Wirkungen der §§ 323 Abs. 2 S. 2 BGB, 376 HGB in formularvertraglicher Form ist ausweislich der gesetzlichen Wertung in § 309 Nr. 4 BGB, die auf die Generalklausel des § 307 BGB ausstrahlt, auch unter Kaufleuten keineswegs unbedenklich, es sei denn, der Gläubiger kann ein schutzwürdiges Interesse an einer zeitgenauen Lieferung geltend machen.[25] Bei einem Just-in-time-Vertrag wird man ihm aber dieses Interesse grundsätzlich zubilligen müssen, denn das wirtschaftliche Grundkonzept lebt ja vom Fixcharakter der Liefertermine. Zulieferer und Hersteller müssen i. d. R. hohe Investitionen erbringen, um eine exakte mengen- und zeitgerechte Belieferung zu ermöglichen. Wird ein solcher Vertrag individuell ausgehandelt, so ist er angesichts seiner wirtschaftlichen Zielrichtung und der praktischen Gegebenheiten als Fixgeschäft auszulegen, mag auch der ausdrückliche Zusatz „fix" fehlen. Wird dann die exakte Lieferverpflichtung des Zulieferers in den Hersteller-AGB festgelegt, so erhält der Zulieferer genau den Vertragsinhalt, den er im Rahmen von Vertragsverhandlungen erwarten dürfte. Entsprechende Klauseln sind vor diesem Hintergrund durchaus sachlich gerechtfertigt, werden vom Lieferanten erwartet und können vom Rechtsanwender so wenig wie vom Rechtsverkehr als eine „unangemessene" Benachteiligung des Zulieferers betrachtet werden; zulässig ist z.B auch die Klausel:[26] „Der Verkäufer akzeptiert bis 30 Tage vor dem bestätigten Liefertermin Terminverschiebungen ohne Kosten für den Abnehmer".[27] Eine unangemessene Benachteiligung kann nur dann erwogen werden, wenn die Bedingungen zur Zeitgenauigkeit denjenigen Grad erheblich überschreiten, der nach den technologischen und organisatorischen Vorkehrungen erforderlich ist. Nach § 376 HGB besteht unter der weiteren Voraussetzung des Verzugs ein Schadensersatzanspruch. Der Anspruch entsteht nur im Fall des Untergangs des Primäranspruchs; § 376 HGB gewährt Schadensersatz „statt der Erfüllung".

Bei Inanspruchnahme der (verspätet erbrachten) Leistung besteht ein Schadensersatzanspruch nach den allgemeinen Vorschriften (§§ 286, 280 I BGB). Hinsichtlich der Schadensersatzansprüche „statt der Leistung" gibt es auch zwischen bürgerlichrechtlichen Ansprüchen und denen aus § 376 HGB keinen Unterschied. Beim bürgerlichrechtlichen relativen Fixgeschäft soll im Zusammenhang mit „Just-in-time-Vereinbarungen" § 281 II 2. Alt. BGB erfüllt sein.[28]

---

[25] Vgl. BGHZ 110, 88 = NJW 1990, 2065 = DB 1990, 578, 579; Nagel DB 1991, 319, 321, jeweils zum alten Schuldrecht.

[26] Nagel DB 1991, 319, 322; a. A.v. Westphalen VDI-Berichte 740, S. 173 ff., 180.

[27] Popp 1992, S. 203.

[28] Vgl. Reg. Begr. BT-Drs. 14/6040, S. 140; dazu ausführlich Herresthal ZIP 2006, 883, 884 f.

9.1.3 Veränderung der Gewährleistungssituation

Wegen der Vielzahl der technischen Spezifikationen, der Pflicht, ein bestimmtes oder bestimmte Qualitätsmanagementsysteme/Qualitätssicherungssysteme zu unterhalten, wird der für die Gewährleistung maßgebliche Fehlerbegriff ganz wesentlich unter Einbeziehung dieser Vorgaben zu ermitteln sein.[29] In erster Linie wird es darauf ankommen, ob eine bei dem Produkt festgestellte Abweichung der Ist-Beschaffenheit von der Soll-Beschaffenheit in Zusammenhang mit dem Qualitätssicherungssystem steht. Es muss festgestellt werden, ob das abverlangte System den Fehler hervorbrachte oder ob der Fehler sich einstellte, weil den Anforderungen des Systems nicht genügt wurde, oder aber, ob zwischen Fehler und Qualitätssicherungssystem keine Kausalität besteht (so wird auch in der Literatur gefordert, dass ein Ausschluss der Untersuchungs- und Rügepflicht auch innerhalb von AGB vereinbart werden kann, wenn z. B. eine laufende oder periodische Überwachung der Fertigungs- und Qualitätssicherungsprozesse in der „Vorstufe" stattfindet).[30]

9.1.3.1 Abschied vom klassischen Gewährleistungssystem?

Die Festlegung bestimmter, vom Zulieferer zu erbringender Qualitätssicherungsmaßnahmen bedingt eine teilweise Ablösung der klassischen Gewährleistung, weil der Abnehmer durch sein Verlangen, bestimmte Qualitätssicherungsmaßnahmen durchzuführen, auch zu erkennen gibt, dass er nunmehr das Auftreten fehlerhafter Teile selbst nicht mehr für möglich hält. Der Zulieferer müsste im Rahmen der Reichweite der Sicherungsvereinbarung nicht mehr für die Qualität des Produkts einstehen, sondern allein für die Einhaltung der Vorgaben des Sicherungssystems. Er bräuchte für einen Mangel der Ware nicht zu haften, soweit ihm der Nachweis der Installierung und Anwendung eines den vertraglichen Anforderungen entsprechenden Qualitätssicherungssystems gelingt. In der Literatur ist dieses Problem von Merz behandelt worden.[31] Nach Merz handelt es sich hier um zwei unterschiedliche und eigenständige wirtschaftliche Leistungen: Herstellung des Gutes einerseits und industrielle Dienstleistung „Qualitätssicherung" andererseits, die, wenn auch organisatorisch eng verzahnt, inhaltlich streng zu unterscheiden sind. Wesentlich ist dann die Frage nach der Unterscheidbarkeit. Je mehr Spezifikationen für die Produktion und die Beschaffenheit des Gutes durch die Qualitätssicherungsvereinbarung vorgegeben bzw. verbindlich gemacht werden, desto weniger lässt sich haftungsrechtlich zwischen Herstellungsprozess und Herstellungserfolg unterscheiden. Die zur Abklärung haftungsrechtlicher Fragen vorgeschlagene Aufteilung in zwei selbstständige Leistungen müsste im Ergebnis zu dem Kuriosum führen, dass Gewährleistungsansprüche wegen fehlerhafter Produkte durch schuldrechtliche Ansprüche des Zulieferers gegen den Hersteller wegen der Verpflichtung zur Durchführung fehlerhafter Qualitätssicherungssysteme kompensiert würden. Fertigungsprozess und Fertigungsergebnis stellen haftungsrechtlich

---

[29] Vgl. Merz 1997, § 44 Rz. S. 24 ff.
[30] Vgl. Quittnat BB 1989, S. 572; Merz 1992, S. 293; Steinmann BB 1993, S. 877.
[31] Merz 1992, S. 229 f.

eine Einheit dar. Für die Frage nach der Fehlerhaftigkeit eines Produkts muss dann auch das Qualitätssicherungssystem selbst Bedeutung haben. Das Qualitätssicherungssystem in seinen Auswirkungen auf die Produktbeschaffenheit hat dann auch Bedeutung für die Definition des Fehlers. Im Prinzip hat zu gelten: Das, was das Sicherungssystem bedingt, hat der Zulieferer nicht zu vertreten.

9.1.3.2 Einzelne Klauselbeispiele

Qualitätssicherungsvereinbarungen enthalten häufig folgende Formulierungen: „Eigene Qualitätsprüfungen des Bestellers sowie Freigabe und Zustimmung, nach bestimmter Qualitätssicherungsvorschrift zu verfahren, entlasten den Auftragnehmer nicht von seiner Gewährleistungspflicht und Verantwortung für die Fehlerfreiheit seiner Leistungen"; häufig findet sich auch pauschal der Zulieferer trägt „volle Verantwortung für die Qualität seiner Erzeugnisse".[32] Derartige Klauseln sind perplex, sie sind in sich widersprüchlich. Soweit es aufgrund der Formulierung im Einzelfall noch möglich ist, sind sie dahin auszulegen, dass der Zulieferer gewährleistungsverpflichtet bleibt bzw. die „Verantwortung für die Qualität seiner Erzeugnisse" allein trägt, soweit es um die ordentliche Installierung, Überwachung des Qualitätssicherungssystems und darum geht, Planungen bzw. Verrichtungen außerhalb der Wirkweise des Qualitätssicherungssystems durchzuführen.

9.1.3.3 Probleme der anhand eines Musters getroffenen Qualitätssicherungsvereinbarung

Aus schuldrechtsdogmatischer Sicht bereitet es zumindest im Grundlegenden wenig Schwierigkeiten, eine Beziehung zwischen Qualitätssicherungsvereinbarung und der Gewährleistungssituation herzustellen. Das liegt daran, dass die Parteivereinbarungen, die die Art und Weise der Produktherstellung spezifizieren, nicht isoliert vom Ergebnis der Produktion beurteilt werden können. Komplizierter werden die Dinge, wenn der Vertrag zwischen Lieferanten und Hersteller auf der Grundlage einer „Bemusterung" der zu fertigenden Erzeugnisse abgeschlossen wird. Insbesondere Großhersteller schließen ihre Verträge mit Zulieferern auf der Grundlage eines oder mehrerer sogenannte Erstmuster. Diese zeichnen sich dadurch aus, dass sie im Idealfall mit den für die Serienfertigung vorgesehenen Einrichtungen und auch Verfahren unter den zugehörigen Randbedingungen gefertigt sind.[33] Klärungsbedürftig ist hier insbesondere die Reichweite der Festlegung der Leistungsmerkmale mittels einer Bezugnahme auf solch ein Erstmuster. Es stellt sich die Frage, ob das Erstmuster ausschließlich und abschließend zur Ermittlung des Inhalts der vom Lieferanten geschuldeten Leistung herangezogen werden kann oder ob noch zusätzlich weitere Erkenntnisquellen maßgeblich sein können.

Die erste sich stellende Frage ist dann die nach dem tatsächlichen Verlauf, d. h. worin liegen die Gründe einer Abweichung später gelieferter Produkte vom Erstmuster. Ein Grund wird darin liegen, dass das Erstmuster vielfach nur „unvollkommen" unter Serien-

---

[32] Beispiele bei Popp 1992, S. 162 ff.
[33] Merz 1992, S. 99 ff.

produktionsbedingungen hergestellt wurde. Es kommt in der Praxis häufig vor, dass der Lieferant vor Abschluss des Vertrages nicht über die erforderlichen Spezialwerkzeuge für die Serienproduktion verfügt und das Erstmuster eine Improvisation späterer Fertigungsprozesse darstellt. Es kann sich herausstellen, dass die dem Lieferanten zugebilligten Toleranzen selbst auf der Grundlage des zum Vertragsinhalt gewordenen Qualitätssicherungssystems bei Serienproduktion nicht einzuhalten sind. Schließlich kann es so sein, dass die Spezifikationsvorgaben bzw. Begleitabreden zu den realisierten Mustermerkmalen Widersprüchlichkeiten aufweisen. Als eine Lösungsmöglichkeit böte sich die komplette Substitution der vorausgegangenen Spezifikationen und Begleitabreden durch die tatsächlichen Eigenschaften des freigegebenen Musters an. Das erscheint für die Situation, dass das Muster und die durch die Qualitätssicherungsvereinbarung vorgeschriebene Verfahrensweise nicht in Einklang zu bringen sind, nicht interessengerecht.[34] Ohne deutlichen Anhaltspunkt gibt es keinen Grund für die Annahme, dass mit der Freigabeerteilung die Spezifikationsvorgaben bzw. Begleitabreden gegenstandslos sein sollen. Der denkbare Konflikt zwischen dem einerseits durch das Erstmuster klar definierten Leistungsgegenstand und andererseits vereinbarten Vorgaben für den Produktionsablauf, die Abweichungen von dem Erstmuster bedingen, wird sich schuldrechtlich nur über einen Katalog von Nebenpflichten erledigen lassen. Im Grundsatz wird das freigegebene, den Vertragsabschluss begleitende Muster die geschuldete Leistung näher bestimmen; dies aber unter der Einschränkung aus § 242 BGB, dass das Risiko, dass Muster und nach Vorgaben produzierte Waren nicht identisch sind, von dem zu tragen ist, der sich widersprüchlich verhalten hat. Das wird regelmäßig der Abnehmer und Verwender der entsprechenden AGB sein.

9.1.4 Verteilung des Produkthaftungsrisikos

9.1.4.1 Außenverhältnis

Die Verlagerung von Risiken aus der Produkthaftung vom Hersteller auf den Zulieferer ist in zweierlei Art und Weise denkbar. Der Hersteller kann durch eine entsprechende Vereinbarung mit dem Zulieferer versuchen, diesem bereits im Außenverhältnis, regelmäßig im Verhältnis zum Endabnehmer, das Haftungsrisiko aufzubürden;[35] weiterhin wird er bemüht sein, durch eine umfassende Regressvereinbarung den Zulieferer im Innenverhältnis für den Fall seiner Inanspruchnahme haftbar zu machen. Bei Anwendung des Produkthaftungsgesetzes kommt der Vereinbarung über die Haftungsverlagerung im Außenverhältnis geringe Bedeutung zu. Das 1990 in Kraft getretene Produkthaftungsgesetz schließt wegen seiner Grundkonzeption als Gefährdungshaftung eine auch nach außen wirkende Haftungsreduzierung aus. Außerhalb des eng begrenzten Ausnahmekataloges des § 1

---

[34] eine ausführliche Diskussion über die Bedeutung des Erstmusters im Falle abweichender Spezifikationsvorgaben findet sich bei Merz 1992, S. 109 ff..
[35] durch Übertragung von Verkehrssicherungspflichten, dazu Merz 1997, § 44 Rz. 53 ff.

Abs. 2 und Abs. 3 ProdHG wäre die Delegation wirkungslos. Eine „schlichte" Modifizierung des Kreises der Ersatzpflichtigen scheitert schon an § 14 ProdHG. Die Bedeutung von Qualitätssicherungssystemen für die Reduzierung des Haftungsrisikos nach dem ProdHG ist durch diese Feststellungen nicht berührt, weil es dabei zuvörderst um die Frage geht, wie Haftungsrisiken überhaupt reduziert werden können. Der haftungsbegründende Tatbestand des § 3 ProdHG, das „fehlerhafte Produkt", wird in den wohl überwiegenden Fällen nur durch eine Definition von Verhaltensgeboten spezifiziert werden können, also letztlich durch die Verkehrssicherungspflichten, die auch für die Begründung der Produzentenhaftung nach den §§ 823 ff. BGB von Bedeutung sind. Aus diesem Grund ist eine auf Arbeitsverfahren bezogene Qualitätsvereinbarung für die Entlastung von Hersteller und Zulieferer selbstverständlich von Bedeutung.

9.1.4.2 Haftungsausgleich im Innenverhältnis

Für den Haftungsausgleich im Innenverhältnis kommt es nach § 5 S. 2 ProdHG auf den Anteil und das Maß der Schadensverursachung an. Gegen eine vertragliche, durch Qualitätssicherungsvereinbarung geregelte Regresslösung bestehen dabei keine Bedenken.[36] Im Innenverhältnis können die Qualitätssicherungsvereinbarungen die Ausgleichsregelungen der §§ 426 BGB, 5 S. 2 ProdHG ersetzen. Ob und inwieweit vorformulierte Regressvereinbarungen gegen die §§ 305 ff. BGB verstoßen, insbesondere an § 307 BGB scheitern, ist anhand aller die Risikosituation regelnder Klauseln zu prüfen; insbesondere ist zu beachten, dass risikoverlagernde Klauseln durch andere, risikomindernde, kompensiert werden können und dann innerhalb der dem Verwender zustehenden Gestaltungsfreiheit liegen.[37] Insofern kann auf die Ausführungen zur Gewährleistungssituation verwiesen werden.

Hier wie dort ist es möglich, Risikoerhöhungen durch sie kompensierende eigene Verpflichtungen auszugleichen, wie dies bei der Freistellung von der Rügepflicht verbunden mit der Vereinbarung eines Qualitätssicherungssystems der Fall sein kann. Wegen der Haftungsdogmatik des ProdHG, Haftung ohne Verschulden, ist es bedenkenlos, den Innenregress nach dem Verursachungsprinzip auszugestalten. In diesem Zusammenhang hat dann die Aufgabenverteilung zwischen den an der Herstellung beteiligten Produzenten große Bedeutung. Auf das vom Zulieferer bezogene Produkt konzentriert, bedeutet dies, der Fehler und seine schädigende Wirkung beim Dritten bestimmt die Haftung des Zulieferers.

Soweit es bei dieser Haftungssituation nicht bleiben soll, sind wegen der Inhaltskontrolle nach § 307 BGB die jeweils einschlägigen gesetzlichen Haftungsmaßstäbe zu ermitteln. Hat der Verwender Verkehrssicherungspflichten delegiert, die über den durch

---

[36] Kreifels ZIP 1990, 489, 495: „Auch das neue Produkthaftungsrecht lässt intern wirkende Regelungen zwischen den Unternehmen der einzelnen Fertigungsstufen zu. Die amtliche Begründung zu § 14 ProdHG wie auch zu § 3 ProdHG bestätigt dies ausdrücklich", BT-Drs. 11/2447 v. 9. 6. 1988; vergleiche auch Nagel DB 1991, 319, 325.

[37] BGH NJW 1992, 1628, 1630.

das ProdHG für den Zulieferer bestimmten maßgeblichen Haftungsbereich hinausgehen, so führt grundsätzlich auch nur eine schuldhafte Pflichtverletzung zur Innenhaftung. Gleiches muss für den Fall gelten, dass dem Hersteller eigene „Folgekosten" (Schäden) durch die mangelhafte Zulieferung entstehen, z. B. Prozesskosten, Rückrufaktionen, Nachbesserungen usw. Auch hier ist danach zu differenzieren, ob der Lieferant bei direkter Inanspruchnahme durch den Dritten bzw. nach der gesetzlichen Gewährleistungssituation verschuldensunabhängig oder verschuldensabhängig haften würde.[38] Es wurde bereits darauf hingewiesen, dass Qualitätssicherungsvereinbarungen nicht nur Austauschelemente enthalten, sondern auch gesellschafts- und dienstrechtliche Komponenten. Diese Komponenten sind nach Ansicht einiger Stimmen in der Literatur häufig derart dominant, dass sie die kaufrechtlichen Aspekte überwiegen und von einem „Kauf" nicht mehr die Rede sein kann.[39] Nach der von Merz vertretenen Ansicht handelt es sich schon bei der Verpflichtung des Zulieferers, nach dem vereinbarten Qualitätssicherungssystem zu fabrizieren, um eine „selbstständige industrielle Dienstleistung", die von der dann eigenständigen Verpflichtung zur Herstellung eines mangelfreien Gutes zu trennen ist. Diese Ansicht verhilft u. a. zu einer AGB-konformen Haftungsvereinbarung, nach der der Zulieferer für zahlreiche Risikobereiche die Verantwortung oder Mitverantwortung zu tragen hat, und zwar auch unabhängig davon, in welchem Umfange fehlerhafte Produktionen die Haftung vermitteln.[40] Die Folge dieser Ansicht wäre die „Umwandlung" von Sekundäransprüchen in Primäransprüche. Rückrufaktionen etwa oder die Verpflichtung, die Prozesskosten des Herstellers unter bestimmten Voraussetzungen zu tragen, die Verpflichtung, Kosten der Benachrichtigung der Verbraucher zu übernehmen,[41] wären als Primäransprüche und somit verschuldensunabhängig durchsetzbar. Mit der Inhaltkontrolle ist das nicht vereinbar, weil die gesetzlichen Gewährleistungsvorschriften für die Lieferung bzw. den Verkauf von Produkten durch die Einbeziehung dienst- oder auch gesellschaftsrechtlicher Momente verdrängt würden. Selbstverständlich ist bei dieser Argumentation die Erklärung dafür erforderlich, warum es die gesetzlichen Gewährleistungsvorschriften des Kauf- oder auch Werklieferungsrechts sein müssen, die hier das für die Anwendung des § 307 BGB maßgebliche Haftungssystem bestimmen. Gesellschaftliche Elemente sind wie dargelegt in den Qualitätssicherungsvereinbarungen „produktionsbezogen" bzw. „organisationsbezogen" und nicht in dem Sinne vorhanden, dass die Tauschbeziehung zwischen den Vertragspartnern aufgehoben wird. Das Zusammenarbeiten von Lieferanten und Herstellern, der Organisationsverbund, endet beim Austausch der Leistungen. Die Parteien wollen insofern „Gegner" bleiben. Bedeutsam muss dann sein, wie das Austauschgeschäft durch

---

[38] Vgl. Popp 1992, S. 169.
[39] Vgl. Lehmann BB 1990, 1849, 1852 f.; Steinmann BB 1993, 873, 876; krit. v. Westphalen CR 1993, 65, 66.
[40] Pflichtenbereiche wären hier: Produktbeobachtungspflicht, Rückrufaktionen, Beteiligung bzw. Übernahme der Prozesskosten im Falle der Inanspruchnahme des Herstellers usw.; abl. v. Westphalen CR 1993, S. 65, 66.
[41] weitere Beispiele bei Popp 1992, S. 162 ff.

das vorangegangene Zusammenarbeiten beeinflusst wird. Die Einflussnahme kann zur Änderung der Soll-Beschaffenheit der zu produzierenden Ware führen und damit auf die Feststellung eines Fehlers Einfluss nehmen. Sie kann aber nicht einen Haftungsverbund herbeiführen, wie er zwischen Gesellschaftern besteht; es fehlt letztlich am gemeinsamen Zweck (§ 705 BGB).

9.1.5 Lieferantenbeurteilung

9.1.5.1 Notwendigkeit

Allgemein obliegt es dem Endhersteller, im Hinblick auf die Anforderungen an das Endprodukt geeignete Zulieferer auszuwählen. Der Endhersteller muss sich daher einen Überblick verschaffen, ob das Zulieferunternehmen genügend Sachkunde und geeignete Produktions- und Kontrollanlagen besitzt, um für das Endprodukt taugliche Produkte mangelfrei herstellen zu können.[42] Der Umfang der Lieferantenbeurteilung richtet sich u. a. nach der Bedeutung des Zulieferteils für das Gesamtprodukt. Je größer die Bedeutung des Zulieferprodukts für die Gefährlichkeit einer Ware ist, desto höher sind die Anforderungen, die an die Lieferantenbeurteilung gestellt werden. Sind keine besonderen Gefahren (insbesondere keine Personenschäden) durch das Zulieferteil zu erwarten, so dürfte es i. d. R. ausreichend sein, dass sich der Lieferant in der Branche als geeignet ausgewiesen hat. Anderenfalls muss der Endhersteller zusätzlich Referenzen einholen oder das Unternehmen vor Ort auf seine Eignung überprüfen.[43] Zum anderen wird der Umfang der Lieferantenbeurteilung durch die Art der Lieferbeziehung bestimmt, d. h. es kommt darauf an, ob eine horizontale oder vertikale Arbeitsteilung vorliegt (horizontale Arbeitsteilung entspricht der sogenannten Auftragsfertigung. Der Endhersteller vergibt hierbei bestimmte Arbeitsgänge oder Produktionsphasen an andere Unternehmen. Im Gegensatz hierzu werden bei vertikaler Arbeitsteilung Zulieferprodukte vom Endhersteller gekauft, da er sie weder besitzt noch selbst fertigen kann. Konstruktion und Fabrikation der Zulieferprodukte liegen bei vertikaler Arbeitsteilung in der Hand des Zulieferers)[44] bzw. inwieweit durch die QS-Vereinbarungen Verkehrssicherungspflichten auf den Zulieferer übertragen werden sollen. Werden dem Lieferer im Rahmen der QS-Vereinbarung Verkehrssicherungspflichten übertragen (etwa Konstruktionspflichten), so muss sich der Endhersteller davon überzeugen, dass der Zulieferer dieser auftragsbezogenen Pflichtenübernahme auch gerecht werden kann. Es reicht hierbei nicht aus, sich auf Zusicherungen des Lieferanten zu verlassen, vielmehr muss der Endhersteller sich selbst vor Ort einen Überblick verschaffen.[45]

---

[42] Vgl. Foerste 2012, S. 413; Kullmann Abschnitt 3250, S. 6 f.
[43] Vgl. Foerste 2012, S. 413; Kullmann Abschnitt 3250, S. 6 f.
[44] Vgl. hierzu Foerste 2012, S. 409 f. und Kullmann Abschnitt 3250, S. 2 f.
[45] Vgl. Kullmann Abschnitt 3250, S. 12 f.

9.1.5.2 Vorgehensweise

Da der Umfang der Lieferantenbeurteilung von der Gefährlichkeit des Zulieferprodukts für das Gesamtprodukt abhängt, lässt sich keine allgemeingültige Vorgehensweise beschreiben. Nachfolgend werden daher Verfahrensweisen wiedergegeben, die sich in der Praxis bewährt haben.[46] Zu einer Lieferantenbeurteilung gehört die geeignete Lieferantenauswahl sowie Lieferantenüberwachung bzw. Auditierung des Lieferanten. Die Beurteilung eines Lieferanten ist demnach nicht nur bei Erstlieferanten nötig, vielmehr muss der Endhersteller kontinuierlich die Wahrung der gesetzten Qualitätsanforderungen auch bei langfristigen Lieferbeziehungen überprüfen.[47] Die Lieferantenbeurteilung dient neben der Erfassung der Leistungsfähigkeit des Zulieferers auch der Förderung und Entwicklung der Geschäftsbeziehungen. Die Lieferantenauswahl macht eine Marktforschung notwendig, durch die alle potenziellen Anbieter ermittelt werden. Darauf aufbauend muss eine wertanalytische Betrachtung dieser potenziellen Zulieferer vorgenommen werden. Es gilt dabei für den Endhersteller, Zulieferer zu finden, die seinen Anforderungen an Qualität, Kosten und Liefertermine gerecht werden. Dabei kann es leicht zu Zielkonflikten kommen, die einer individuellen Abwägung bedürfen.[48] Für die Lieferantenbewertung bietet es sich an, einen Zielekatalog aufzustellen, der z. B. Angaben zu folgenden Bereichen enthalten könnte:

Zum einen muss aus der Lieferanteneinschätzung die Eignung der Produkteigenschaften zur Erfüllung des Auftrags hervorgehen. Anzeichen hierfür sind die Qualitätsmerkmale, die Zweckmäßigkeit und Funktionstüchtigkeit der Zulieferteile sowie die Verträglichkeit mit anderen Produktteilen des Assemblers. Weiterhin muss der Zulieferer zuverlässig sein, d. h. er muss sich durch eine hohe Termin- und Mengentreue sowie eine gleichbleibende Qualität seiner Zulieferteile auszeichnen. Daneben bieten die Zahlungsbedingungen ein weiteres Beurteilungskriterium. Lange Zahlungszeiten, günstige Preise sowie das Kulanzverhalten im Reklamationsfall oder die Möglichkeit von Gegengeschäften heben Zulieferer positiv ab. Ferner sollten Aspekte wie die Flexibilität des Zulieferers bei kurzfristigen Änderungen, die Ausstattung des Lieferanten oder dessen Deckungsschutz der Haftpflichtversicherung Berücksichtigung finden. Die Leistungsfähigkeit der potenziellen Zulieferer ist an den so aufgestellten Zielen zu messen. Es bieten sich für die Auswertung insbesondere drei verschiedene Verfahren an. Es sind dies das Checklistenverfahren, die Produktbewertungsmethode und das Geldwertverfahren.[49]

---

[46] siehe z. B. das vom VDA empfohlene Beurteilungsverfahren von Zulieferern, (VDA 1975, VDA 2004).

[47] Vgl. Hollmann QZ 1988, 499, 500.

[48] Vgl. Pfeifer 2015, S. 472.

[49] Vgl. Pfeifer 2015, S. 470 ff.

Literatur

Achilles, Wilhelm-Albrecht Kommentar zum UN-Kaufrechtsübereinkommen, 2000, Luchterhand. (zitiert: Achilles, Kommentar zum UNKaufrechtsübereinkommen).

Adams, Norbert/Witte, Jürgen: Rechtsprobleme der Vertragsbeendigung von Franchise-Verträgen, in: DStR 1998, 251-256.

Canaris, Claus-Wilhelm: Handelsrecht, 24. Aufl. 2006, C.H. Beck.

Ensthaler, Jürgen (Hrsg.): Kommentar zum HGB, 7. Aufl. 2007, Luchterhand (zitiert: Bearbeiter, in: Ensthaler, HGB).

Ensthaler, Jürgen/Funk, Michael/Stopper, Martin: Handbuch des Automobilvertriebsrechts, 2003, C.H. Beck (zitiert: Ensthaler/Funk/Stopper).

Ensthaler, Jürgen/Gesmann-Nuissl, Dagmar: Entwicklung des Kfz-Vertriebsrechts unter der GVO 1400/2002, in: BB 2005, 1749–1758.

Ensthaler, Jürgen/Strübbe, Kai/Bock, Leonie: Zertifizierung und Akkreditierung technischer Produkte, 2007, Springer (zitiert: Ensthaler/Strübbe/Bock).

Ensthaler, Jürgen: Gewerblicher Rechtsschutz und Urheberrecht, 3. Aufl. 2009, Springer (zitiert: Ensthaler, Gewerblicher Rechtsschutz und Urheberrecht).

Ensthaler, Jürgen: Haftungsrechtliche Bedeutung von Qualitätssicherungsvereinbarungen, in: NJW 1994, 817-823.

Ensthaler, Jürgen: Marktabgrenzung bei Kfz-Servicesystemen – keine marktbeherrschende Stellung des Kfz-Herstellers?, in: NJW 2011, 2701-2704.

Flohr, Eckhard: Franchise-Vertrag, 4. Aufl. 2010, C.H. Beck (zitiert: Flohr, Franchise-Vertrag).

Franz, Birgit: Qualitätssicherungsvereinbarung und Produkthaftung, 1995, Nomos. Giesler, Jan Patrick (Hrsg.): Praxishandbuch Vertriebsrecht, 2005, Deutscher Anwaltverlag (zitiert: Bearbeiter, in: Giesler).

Giesler, Jan Patrick/ Nauschütt, Jürgen: Franchiserecht, 2. Aufl. 2007, Luchterhand (zitiert: Giesler/Nauschütt, Franchiserecht).

Grigoleit, Hans Christoph: Besondere Vertriebsformen im BGB, in: NJW 2002, 1151–1158.

Grüneberg, Christian: Beck'sche Kurzkommentare Bürgerliches Gesetzbuch, 84. Aufl. 2025, C.H. Beck (zitiert: Bearbeiter, in: Grüneberg, BGB).

Grunewald, Barbara: Just-in-time-Geschäfte – Qualitätssicherungsvereinbarungen und Rügelast, in: NJW 1995, 1777–1784.

Heide, Nils: Patent- und Know-how-Lizenzen in internationalen Anlagenprojekten, in: GRUR Int. 2004, 913–918.

Herresthal, Carsten: Der Anwendungsbereich der Regelungen über den Fixhandelskauf (§ 376 HGB) unter Berücksichtigung des reformierten Schuldrechts, in: ZIP 2006, 883–890.

Hollmann, H.H., Qualitätssicherungsvereinbarungen: Rückblick auf einen Rückblick, QZ 1988.

Hombacher, Lars: Der Vertrieb über selbständige Absatzmittler – Handelsvertreter, Vertragshändler, Franchisenehmer & Co., in: JURA 2007, 690–695.

Hopt, Klaus (Hrsg.): Beck'sche Kurz-Kommentare HGB, 44. Aufl. 2025, C.H.Beck (zitiert: Bearbeiter, in: Hopt, HGB).

KAN-Bericht 30 (Ensthaler, Edelhäuser, Schaub), 2003, Kommission Arbeitsschutz und Normung, Akkreditierung von Prüf- und Zertifizierungsstellen.

Koller, Ingo/Kindler, Peter/Drüen, Klaus-Dieter/Huber, Stefan/Stelmaszczyk, Peter/Bach, Nina: Handelsgesetzbuch Kommentar, 10. Aufl. 2023, C.H. Beck (zitiert: Bearbeiter, in: Koller/Kindler/Drüen, HGB).

Kotler, Philip/Keller, Kevin/Bliemel, Friedhelm: Marketing-Management, 12. Aufl. 2007, Pearson Studium.

Kreifels, Thomas: Qualitätssicherungsvereinbarungen – Einfluß und Auswirkungen auf die Gewährleistung und Produkthaftung von Hersteller und Zulieferer, in: ZIP 1990, 489–496.
Lehmann, Michael: Just in time – Handels- und AGB-rechtliche Probleme, in: BB 1990, 1849–1853.
Leistner, Matthias: Störerhaftung und mittelbare Schutzrechtsverletzung, Beilage zu GRUR Heft 1/2010, 1–32.
Martinek, Michael/Semler, Franz-Jörg/Habermeier, Stefan/Flohr, Eckhard (Hrsg.): Handbuch des Vertriebsrechts, 3. Aufl. 2010, C.H. Beck.
Martinek, Michael: JuS Schriftenreihe, Moderne Vertragstypen - Band III, 1993, C.H.Beck (zitiert: Martinek, in: Moderne Vertragstypen – Band III).
Martinek, Michael: JuS Schriftenreihe, Moderne Vertragstypen - Band II, 1993, C.H.Beck (zitiert: Martinek, in: Moderne Vertragstypen – Band II).
Martinek, Michael: Zulieferverträge und Qualitätssicherung, 1991, Verlag Kommunikationsforum (zitiert: Martinek, in: Zulieferverträge und Qualitätssicherung).
Merz, Axel: Qualitätssicherungsvereinbarungen, 1992, Otto Schmidt. (zitiert: Merz, in: Qualitätssicherungsvereinbarungen).
Nagel, Bernhard: Schuldrechtliche Probleme bei Just-in-Time-Lieferbeziehungen, DB 1991, 319–327.
Pfaff, Dieter/Osterrieth, Christian: Lizenzverträge, 3. Aufl. 2010, C.H. Beck. Pfeifer, Tilo: Qualitätsmanagement, 3. Aufl. 2001, Hanser.
Popp, Klaus: Die Qualitätssicherungsvereinbarung, 1992, Hanser.
Quittnat, Joachim: Qualitätssicherungsvereinbarung und Produkthaftung, in: BB 1989, 571–575.
Schmidt, Detlef: Qualitätssicherungsvereinbarungen und ihr rechtlicher Rahmen, in: NJW 1991, 144-152.
Schmidt, Karsten (Hrsg.): Münchener Kommentar zum Handelsgesetzbuch – Band 3, 2. Aufl. 2007, C.H.Beck/Vahlen. (zitiert: Bearbeiter, in: Münchener Kommentar zum HGB).
Schmidt, Karsten: Handelsrecht, 5. Aufl. 1999, Heymanns.
Staub, Hermann/Canaris, Claus-Wilhelm/Schilling, Wolfgang/Ulmer, Peter (Hrsg.): Handelsgesetzbuch Großkommentar – Band 4, 4. Auflage 2004 De Gruyter/Berlin.
Steckler, Brunhilde: Das Produkthaftungsrisiko im Rahmen von Just-in-time-Lieferbeziehungen, in: BB 1993, 1225–1231.
Steinmann, Christina: Abdingbarkeit der Wareneingangskontrolle in Qualitätssicherungsvereinbarungen, in: BB 1993, 873–879.
Teichler, Maximilian: Qualitätssicherung und Qualitätssicherungsvereinbarungen, in: BB 1991, 428–432.
Westphalen, Friedrich Graf von (Hrsg.): Produkthaftungshandbuch – Band 1, 1997, C.H. Beck (zitiert: Bearbeiter, in: Produkthaftungshandbuch – Band 1).
Westphalen, Friedrich Graf von: Die Haftung des Leasinggebers beim „sale-andlease-back", in: BB 1991, 149–153.
Westphalen, Friedrich Graf von: Qualitätssicherungsvereinbarungen, in: CR 1993, 65–73.

DATA ACT

10

Duygu Üge

Inhaltsverzeichnis

10.1	Regelungsgegenstand und Anwendungsbereich	275
10.2	Sachlicher Anwendungsbereich	275
10.3	Pflichten des Dateninhabers	277
10.4	Zugangs- und Nutzungsanspruch des Nutzers (Art. 4 DA)	278
10.5	Recht auf Weitergabe der Daten (Art. 5 DA)	279
10.6	Vertragsrechtliche Vorgaben, Art. 8 ff. DA	279
10.7	FRAND-Bedingungen (Art. 8 Abs. 1 DA)	280
10.8	Verbot missbräuchlicher Klauseln (Art. 8 Abs. 2 DA)	280
10.9	Recht auf angemessene Gegenleistung (Art. 9 Abs. 1 DA)	280
10.10	Zusammenfassung	281
Literatur		282

Der Einsatz moderner Technologien wie Künstliche Intelligenz und Internet der Dinge führt zu einer **signifikanten Zunahme der erzeugten Datenmengen**, die ein erhebliches **Innovations- und Optimierungspotenzial** mit sich bringen. Das **Informationspotenzial** der erzeugten Datenmassen ist groß – in allen Bereichen können sie wertvolle Erkenntnisse liefern, aus denen entscheidende **Wettbewerbsvorteile** resultieren können.

Innovation und Wachstum sind auch zentrale Zielsetzungen, die die **Europäische Kommission** seit ihrer im Jahr 2020 veröffentlichten **Europäischen Datenstrategie** ver-

---

D. Üge (✉)
Osborne Clarke, Berlin, Deutschland
E-Mail: duygu.uege@osborneclarke.com

folgt.[1] Der Wert der europäischen Datenwirtschaft wird von der Europäischen Kommission für das Jahr 2025 auf 829 Mrd. € geschätzt – ein deutlicher Anstieg gegenüber dem Jahr 2018, in dem er noch 301 Mrd. € betrug.[2]

Vor diesem Hintergrund wurde zunehmend eine Debatte darüber geführt, wem die generierten Daten überhaupt rechtlich zugewiesen sind.[3] De lege lata ist ein **sog. Dateneigentum** nur schwer begründbar.[4] Mangels Ausschließlichkeitsrechte an Daten ist es daher der **faktische Zugang** zu Daten, der darüber entscheidet, wer aus ihnen wirtschaftlichen Nutzen ziehen kann. Zugang zu diesen Datenmassen haben jedoch meist nur die Hersteller vernetzter Geräte. Diese entscheiden darüber, ob und auf welche Daten zugegriffen werden kann.[5] Wird einem Dritten Zugang zu den Daten gewährt, geschieht dies regelmäßig durch den Abschluss sog. **Datenzugangs- und Datennutzungsverträge**. Aufgrund ihrer meist schwachen Verhandlungsposition haben Zugangspetenten dabei nur begrenzten Einfluss auf die vertragliche Ausgestaltung.

Da Hersteller mögliche **Wettbewerbsnachteile** befürchten, wird der Zugang gegenüber Nutzern und anderen Zugangspetenten nur sehr restriktiv gewährt. Mit der Zugangsgewährung ist die einst faktische Alleinposition meist verloren – fehlende Rechte an Daten verschärfen die **Unsicherheiten** vieler Hersteller in Bezug auf Rechte und Pflichten bezüglich Daten nur zusätzlich.[6] Durch den exklusiven Zugang zu den generierten Daten sind es daher regelmäßig nur die Hersteller, die den Nutzern ergänzende **Anschlussdienste** – etwa im Bereich Reparatur und Wartung – anbieten können. Drittanbietern bleibt der Zugang zu den Daten für die Umsetzung ihrer datengetriebenen Geschäftsmodelle in der Regel verwehrt, was zu einer **Ungleichverteilung und zu Hindernissen bei der Datenweitergabe** zwischen den beteiligten Akteuren führt.[7]

Zur Ausschöpfung des **wirtschaftlichen Wertpotenzials** von Daten hat die Kommission in der Vergangenheit daher verschiedene Rechtsakte erlassen, die die branchenübergreifenden Zugang und Nutzung von Daten gewährleisten sollen.[8] Eine zentrale Rolle nimmt dabei der **Data Act** (kurz: DA) ein, der am **12. September 2025** in Kraft treten soll.

---

[1] Europäische Kommission, Mitteilung der Kommission an das Europäische Parlament, den Rat, den Europäischen Wirtschafts- und Sozialausschuss und den Ausschuss der Regionen, Eine europäische Datenstrategie, COM (2020) 66 final, 19.02.2020, abrufbar unter: https://eur-lex.europa.eu/legal-content/DE/TXT/PDF/?uri=CELEX:52020DC0066.

[2] https://commission.europa.eu/strategy-and-policy/priorities-2019-2024/europe-fit-digital-age/european-data-strategy_de.

[3] Siehe zur Debatte *Ensthaler*, NJW 2016, 3473; *Ensthaler/Üge*, BB 2022, 2051; *Zech*, GRUR 2015, 1151; *Zech*, CR 2015, 137; *Fezer*, MMR 2017, 3; *Hoeren*, MMR 2013, 486; *Grützmacher*, CR 2016, 485; *Wiebe*, GRUR-Int. 2016, 877.

[4] Siehe hierzu auch *Determann*, ZD 2018, 503, 505; *Zech*, CR 2015, 137, 140 ff.; *Peschel/Rockstroh*, MMR 2014, 571, 572.

[5] *Heinzke*, BB 2023, 201, 202.

[6] Erwägungsgrund 2 DA.

[7] Erwägungsgrund 1 DA.

[8] Zu nennen sind hier neben dem Data Act (DA), der Data Governance Act (DGA), der Digital Market Act (DMA), die Plattform-to-Business-Verordnung (P2B-VO), der Digital Service Act (DSA) sowie die Richtlinie über digitale Inhalte.

Das **Ziel des Data Acts** ist es, durch die **bessere Verfügbarkeit** einen echten **Binnenmarkt für Daten** zu schaffen.[9] Nutzern smarter Geräte soll zeitnah Zugang zu den Daten gewährt werden, die bei der Nutzung des vernetzten Produkts oder verbundenen Dienstes generiert werden.[10] Auch öffentliche Stellen sollen in Fällen der **außergewöhnlichen Notwendigkeit** der Nutzung von Daten Zugangsansprüche gegenüber Dateninhabern geltend machen können (vgl. Art. 1 Abs. 1c; Art. 14 ff. DA).

10.1 Regelungsgegenstand und Anwendungsbereich

Der Data Act enthält branchenübergreifende und damit **horizontale Regelungen** über die Ausgestaltung des Datenzugangs und damit zur Frage, wer unter welchen Bedingungen und auf welcher Grundlage berechtigt ist, Daten zu nutzen.[11] Ungeachtet der unionsweiten Harmonisierung bleibt die Möglichkeit, **sektorspezifische europäische oder nationale Vorschriften** zu erlassen, die auf die besonderen Bedürfnisse der jeweiligen Branchen ausgerichtet sind.[12]

10.2 Sachlicher Anwendungsbereich

Der **sachliche Anwendungsbereich** des Data Acts bezieht sich auf die Bereitstellung von Produktdaten und verbundenen Dienstdaten für den Nutzer des verbundenen Produktes oder verbundenen Dienstes. **Personenbezogene und nicht-personenbezogene Daten** fallen gleichermaßen in den Anwendungsbereich des Data Acts (Art. 1 Abs. 2 DA).

Unter „**Daten**" versteht der Data Act dabei **jede digitale Darstellung** von Handlungen, Tatsachen oder Informationen sowie jede Zusammenstellung solcher Handlungen, Tatsachen oder Informationen auch in Form von Ton-, Bild- oder audiovisuellem Material (vgl. Art. 2 Nr. 1 DA).

Nicht erfasst sind dagegen **abgeleitete oder gefolgerte Informationen**.[13] In Abgrenzung zu Daten handelt es sich nach dem semiotischen Begriffsverständnis bei Informationen um Zeichen, die auf der semantischen Ebene (irgend-)eine inhaltliche Bedeutung beinhalten. Dagegen handelt es sich bei Daten um syntaktische Zeichen – auch definiert als maschinenlesbar codierte Information.[14]

---

[9] Erwägungsgrund 119 DA.
[10] Erwägungsgrund 5 DA.
[11] Erwägungsgrund 4 DA.
[12] *Kaesling*, GRUR 2024, 821; *Podszun/Pfeifer*, GRUR 2022, 953, 961; Erwägungsgrund 25 DA.
[13] Erwägungsgrund 15 DA.
[14] *Zech*, GRUR 2015, 1151, 1153.

„**Vernetzte Produkte**" sind dagegen Gegenstände, die Daten über ihre Nutzung oder Umgebung erheben und diese Daten über einen elektronischen Kommunikationsdienst, eine physische Verbindung oder geräteinternen Zugang übermitteln, wobei Produkte ausgenommen sind, deren Hauptfunktion die Speicherung, Verarbeitung oder Übertragung von Daten ist (vgl. Art. 2 Nr. 5 DA). Erfasst sind hier typischerweise smarte Geräte und Maschinen (sog. **Internet of Things**), die insbesondere im Kontext von **Industrie 4.0** zum Einsatz kommen.

Auch Daten, die durch die Nutzung von „**verbundenen Diensten**" erhoben und übermittelt werden, sind von der Verordnung erfasst. Darunter fallen u. a. digitale Dienste, die mit dem Produkt derart verbunden sind, dass das vernetzte Produkt ohne ihn eine oder mehrere Funktionen nicht ausführen könnte (vgl. Art. 2 Nr. 6 DA).

1. Persönlicher und räumlicher Anwendungsbereich

Der **persönliche Anwendungsbereich** der Verordnung wird in Art. 1 Abs. 3 DA bestimmt. Die Verordnung erfasst **Hersteller vernetzter Produkte** und **Anbieter verbundener Dienste**, die in der Union ihre Produkte und Dienste bereitstellen, unabhängig vom Ort ihrer Niederlassung (vgl. Art. 1 Abs. 3a DA) sowie **Nutzer vernetzter Produkte oder verbundener Dienste i**n der Union (vgl. Art. 1 Abs. 3b DA). Erfasst sind außerdem **Dateninhaber**, die Datenempfängern in der Europäischen Union Daten bereitstellen (vgl. Art.1 Abs. 3c DA) sowie **Datenempfänger** in der Union, denen Daten bereitgestellt werden (vgl. Art. 1 Abs. 3d DA). Auch **öffentliche Stellen** (vgl. Art. 1 Abs. 3e DA) sowie **Anbieter von Datenverarbeitungsdiensten** sind vom Anwendungsbereich der Verordnung erfasst (vgl. Art. 1 Abs. 3f DA).

Da die Verordnung einen **nutzerzentrierten Ansatz** verfolgt, ist die Einordnung als „Nutzer" entscheidend für die Entstehung vorgesehenen Zugangs- und Nutzungsansprüche. Nach Art. 2 Nr. 13 DA sind „**Nutzer**" natürliche oder juristische Personen, die Eigentümer des vernetzten Produkts oder befristete Rechte durch einen Miet- oder Leasingvertrag an dem vernetzten Produkt haben oder die verbundene Dienste in Anspruch nehmen.[15]

Da Hersteller vernetzter Produkte nicht zwingend auch Inhaber der generierten Daten sein müssen, adressiert die Verordnung die sog. Dateninhaber. „**Dateninhaber**" sind natürliche oder juristische Personen, die die „technisch-faktische Kontrolle"[16] über die Daten haben und nach dem Data Act, nach geltendem Unionsrecht oder nach nationalen Rechtsvorschriften zur Umsetzung von Unionsrecht berechtigt oder verpflichtet sind, die Daten zu nutzen und bereitzustellen (vgl. Art. 2 Nr. 13).

„**Datenempfänger**" sind nach Art. 2 Nr. 14 DA natürliche oder juristische Personen, die zu Zwecken innerhalb ihrer gewerblichen, geschäftlichen, handwerklichen oder beruflichen Tätigkeit handeln, ohne Nutzer eines vernetzten Produktes oder verbundenen

---

[15] Erwägungsgrund 8 DA.
[16] *Specht-Riemenschneider*, MMR 2022, 809, 813; *Heinzke/Herbers/Kraus,* BB 2024, 649, 650.

Dienstes zu sein, und dem vom Dateninhaber Daten bereitgestellt werden, einschließlich eines Dritten, dem der Dateninhaber auf Verlangen des Nutzers oder im Einklang mit einer rechtlichen Verpflichtung aus anderem Unionsrecht oder aus nationalen Rechtsvorschriften, die im Einklang mit Unionsrecht erlassen wurden, Daten bereitstellt werden.

10.3 Pflichten des Dateninhabers

Für die Gewährleistung der besseren Datenverfügbarkeit werden dem Dateninhaber verschiedene Pflichten auferlegt, die mit Inkrafttreten des Data Acts zwingend zu beachten sind. Art. 3 Abs. 1 DA normiert, dass vernetzte Produkte und verbundene Dienste so **konzipiert und hergestellt** werden sollen, dass die durch die **Nutzung des Produkts generierten Daten** standardmäßig, einfach, sicher, unentgeltlich in einem umfassenden, strukturierten, gängigen und maschinenlesbaren Format – soweit relevant und technisch durchführbar – **direkt zugänglich** sind (**Data Accessability by Design**). Die Zugangsgewährung soll direkt über ein Datenspeicher auf dem Gerät oder über den Server des Herstellers oder eines Cloud-Dienstanbieters sowie über kabelgebundene oder drahtlose lokale Funknetze ermöglicht werden.[17] Ist die direkte Zugangsgewährung nicht möglich, soll der Dateninhaber die Daten auf **Verlangen des Nutzers** zur Verfügung stellen (vgl. Art. 4 Abs. 1 DA).

Zu den weiteren Pflichten gehört die **Bereitstellung von Informationen zu den generierten Produktdaten.** Diese müssen vor Abschluss des Kauf-, Miet- oder Leasingvertrages für ein vernetztes Produkt durch Verkäufer, Vermieter oder Leasinggeber oder Anbieter verbundener Dienste gegenüber dem Nutzer bereitstellen werden (vgl. Art. 3 Abs. 2, 3 DA). Handelt es sich bei dem Verkäufer, Vermieter oder Leasinggeber um den Hersteller des vernetzten Produkts, treffen diesen die **Informationspflichten** gleichermaßen. Zu den Informationspflichten gehört unter anderem die Angabe, ob das vernetzte Produkt in der Lage ist, Daten kontinuierlich und in Echtzeit zu generieren (vgl. Art. 3 Abs. 2b DA) oder wie der Nutzer auf die Daten zugreifen, sie abrufen oder löschen kann (vgl. Art. 3 Abs. 2d DA).

Der Dateninhaber soll die Daten auch selbst nicht mehr ohne Weiteres nutzen können. Auch für **nicht-personenbezogene Daten** muss der Dateninhaber für die Nutzung der Daten nun die Zustimmung des Nutzers einholen. Die Nutzung soll künftig nur auf Grundlage eines **Datenlizenzvertrages** zulässig sein, die der Dateninhaber mit dem Nutzer schließen muss (vgl. Art. 4 Abs. 13 DA). Dies führt zu dem widersprüchlichen Ergebnis, dass die Nutzung nicht-personenbezogener Daten **strengeren Regeln** unterliegt als die Verarbeitung von personenbezogenen Daten.[18] Während die Verarbeitung personenbezogener Daten neben dem Erlaubnistatbestand der Einwilligung noch andere Rechtfertigungsgründe kennt (vgl. Art. 6 DS-GVO), ist die Nutzung nicht-personenbezogener

---

[17] Erwägungsgrund 22 DA.
[18] *Bomhard/Merkle*, RDi 2022, 168, 174.; siehe hierzu auch *Kerber*, GRUR Int. 2023, 120, 131; *Specht-Riemenschneider*, MMR 2022, 809, 816; *Hennemann/Steinrötter*, NJW 2022, 1481, 1483.

Daten unter dem Data Act nur auf Grundlage eines mit dem Nutzer geschlossenen Datenlizenzvertrages möglich. Es ist daher zu erwarten, dass die scheinbare Besserstellung des Nutzers durch **sog. Total-Buy-Out-Klauseln** ausgehebelt wird, die die Nutzung des vernetzten Produktes von der Erteilung einer Zustimmung zur Nutzung der Daten abhängig machen können.[19]

10.4 Zugangs- und Nutzungsanspruch des Nutzers (Art. 4 DA)

Zur Gewährleistung der **besseren Datenzugänglichkeit** gewährt der Data Act dem Nutzer einen **gesetzlichen Anspruch auf Zugang zu den Daten**[20], die durch die Nutzung des vernetzten Produkts oder verbundenen Dienstes generiert wurden. Damit sollen nunmehr auch Nutzer an der Wertschöpfung der von ihnen erzeugten Daten teilhaben.

Sind die Daten **nicht direkt zugänglich** (vgl. Art. 3 Abs. 1 DA), muss der Dateninhaber die Daten dem Nutzer „unverzüglich, einfach, sicher, unentgeltlich, in einem umfassenden, gängigen und maschinenlesbaren Format – und fall relevant und technisch durchführbar – in der gleichen Qualität wie für den Dateninhaber kontinuierlich und in Echtzeit" bereitstellen (vgl. Art. 4 Abs. 1 DA). Bei dem Dateninhaber muss es sich dabei nicht zwingend um den Vertragspartner des Nutzers handeln.[21] Entscheidend ist insoweit Bestimmung in Art. 2 Nr. 13 DA und damit die faktische Kontrolle der Daten sowie auf die rechtliche Berechtigung und Verpflichtung des Dateninhabers, die Daten bereitzustellen.

Beinhalten die Daten **Geschäftsgeheimnisse**, kann der Dateninhaber vom Nutzer vor der Offenlegung der Daten die **Einrichtung von technischen und organisatorischen Maßnahmen** zum Schutz der Geschäftsgeheimnisse verlangen (vgl. Art. 4 Abs. 6 DA). Wird keine Einigung über die erforderlichen Maßnahmen erzielt oder werden die vereinbarten Maßnahmen vom Nutzer nicht umgesetzt oder die Vertraulichkeit der Geschäftsgeheimnisse verletzt, kann der Dateninhaber die Weitergabe der Daten verweigern oder aussetzen (vgl. Art. 4 Abs. 7 S. 1 DA).

Dieses **Aussetzungs- und Verweigerungsrecht** unterliegt jedoch strengen Regeln: Der Dateninhaber muss seine Entscheidung ordnungsgemäß begründen und dem Nutzer unverzüglich mitteilen (vgl. Art. 4 Abs. 7 S. 2 DA). Ganz verweigern kann der Dateninhaber den Zugang, wenn er nachweisen kann, dass trotz der getroffenen Schutzmaßnahmen die Offenlegung der Geschäftsgeheimnisse er mit hoher Wahrscheinlichkeit einen **schweren wirtschaftlichen Schaden** erleiden wird (vgl. Art. 4 Abs. 8 DA).

Eine weitere Einschränkung bildet das in Art. 4 Abs. 10 DA geregelte **Wettbewerbsverbot**. Dem Nutzer ist es nicht gestattet, die von dem Dateninhaber erlangten Daten zur Entwicklung eines vernetzten Produktes zu nutzen, das mit dem vernetzten Produkt, von

---

[19] *Bomhard/Merkle*, RDi 2022, 168, 174; *Specht-Riemenschneider*, ZRP 2022, 137, 139 f.
[20] *Hennemann/Steinrötter*, NJW 20214, 1, 3; *Antoine*, CR 2021, 1, 5; a. A. *Schmidt-Kessel*, MMR 2024, 75, 78 f.
[21] *Wunner*, ZUM 2024, 424, 430.

dem die Daten stammen, im Wettbewerb steht. Auch darf er die Daten mit dieser Absicht nicht an Dritte weitergeben oder nutzen, um Einblicke in die wirtschaftliche Lage, Vermögenswerte und Produktionsmethoden des Herstellers oder gegebenenfalls des Dateninhabers zu erlangen. Damit sollen Anreize von Herstellern aufrechterhalten werden, in innovative Produkte zu investieren.[22]

10.5 Recht auf Weitergabe der Daten (Art. 5 DA)

Der Dateninhaber ist **auf Verlangen des Nutzers** auch verpflichtet, **einem Dritten** die durch die Nutzung des vernetzten Produkts oder verbundenen Dienstes verfügbaren Daten zur Verfügung zu stellen (vgl. Art. 5 Abs. 1 DA). Der Nutzer kann dieses Recht unentgeltlich geltend machen, d. h. den Dateninhaber ohne Zahlung einer Gebühr dazu auffordern, einem bestimmten Dritten die Daten zur Verfügung zu stellen. Der von dem Nutzer benannte Dritte stellt dabei ein Unterfall des Datenempfängers i. S. d. Art. 2 Nr. 14 DA dar.[23]

Hintergrund der Regelung ist die **Förderung von Anschlussdienstleistern**, die durch die faktische Alleinkontrolle der Dateninhaber bislang nur eingeschränkt Folgedienste anbieten konnten. Durch das Recht des Nutzers auf Weitergabe der Daten an Dritte ihrer Wahl sollen Folgemärkte gefördert und die Entwicklung neuer innovativer Produkte und Dienste ermöglicht werden.[24]

10.6 Vertragsrechtliche Vorgaben, Art. 8 ff. DA

In den Art. 8 ff. DA werden **verbindliche Vorgaben** für die Bereitstellung von Daten zwischen Dateninhaber und Datenempfänger geregelt. Das Ziel der Vorschriften ist es, **vertragliche Ungleichgewichte** zu verhindern,[25] die aus der faktischen Alleinkontrolle der Daten durch Dateninhaber resultieren.

Der **Grundsatz der Privatautonomie** soll nach wie vor gelten – den Vertragsparteien soll es freistehen, in ihren Verträgen im Rahmen der allgemeinen Zugangsvorschriften für die Bereitstellung von Daten die genauen Bedingungen für die Bereitstellung auszuhandeln.[26] Vor Inkrafttreten des Data Acts wird die Europäische Kommission unverbindliche **Mustervertragsklauseln** für den Datenzugang und für die Datennutzung bereitstellen, um die Parteien bei der Ausarbeitung und Aushandlung der Verträge zu den verbindlichen Vorgaben zu unterstützen (vgl. Art. 41 DA).

---

[22] Erwägungsgrund 32 DA.
[23] *Kaesling*, GRUR 2024, 821, 824.
[24] vgl. Erwägungsgrund 30 DA.
[25] vgl. Erwägungsgrund 5 DA.
[26] vgl. Erwägungsgrund 5 DA; Erwägungsgrund 43, 59 DA.

10.7 FRAND-Bedingungen (Art. 8 Abs. 1 DA)

Die Bedingungen, unter denen Dateninhaber Datenempfängern Daten bereitstellen müssen, sind in Art. 8 DA geregelt. Die Vorschrift beinhaltet verbindliche Vorgaben hinsichtlich der **Ausgestaltung des Datenzugangs** gegenüber Datenempfängern.

Ist der Dateninhaber im Rahmen von Geschäftsbeziehungen zwischen Unternehmen verpflichtet, einem Dritten, dem sog. Datenempfänger, Zugang zu den vom Nutzer generierten Daten gewähren (vgl. Art. 5 DA), muss die **Bereitstellung der Daten zu fairen, angemessenen und nicht-diskriminierenden Bedingungen** und in **transparenter Weise** erfolgen (vgl. Art. 8 Abs. 1 DA). Damit werden die aus dem Bereich der standardessenziellen Patente bekannten **FRAND-Bedingungen** auch im Bereich des Datenrechts als zentrales Grundprinzip für die Ausgestaltung von Verträgen erklärt.[27]

10.8 Verbot missbräuchlicher Klauseln (Art. 8 Abs. 2 DA)

Zu beachten sind ferner die Vorgaben des Art. 8 Abs. 2 DA, wonach eine Vertragsklausel in Bezug auf den Datenzugang und die Datennutzung oder die Haftung und Rechtsbehelfe bei Verletzung oder Beendigung datenbezogener Pflichten nicht bindend ist, wenn sie eine **missbräuchliche Vertragsklausel im Sinne des Art. 13 DA** darstellt oder wenn sie zum Nachteil des Nutzers die Ausübung der Rechte des Nutzers ausschließt, davon abweicht oder deren Wirkung abändert. Der Vertrag zwischen Dateninhaber und Datenempfänger unterliegt damit der **Klauselkontrolle** des Art. 13 DA, die dann Anwendung findet, wenn die Klausel von einem Unternehmen dem anderen **einseitig auferlegt** wird.[28]

10.9 Recht auf angemessene Gegenleistung (Art. 9 Abs. 1 DA)

Um auch für Dateninhaber einen Anreiz für die Bereitstellung der Daten zu schaffen, sollen Dateninhaber vom Datenempfänger nach Art. 9 Abs. 1 DA eine **diskriminierungsfreie und angemessene Gegenleistung** verlangen können.[29] Diese Gegenleistung soll jedoch nicht als Bezahlung verstanden werden.[30]

Vielmehr soll die Gegenleistung als **Ausgleich der Kosten** verstanden werden, die mit der Bereitstellung der Daten verbunden sind, worunter beispielsweise Kosten für die Weitergabe, elektronische Verbreitung und Speicherung der Daten zählen sollen.[31] Nicht

---

[27] *Louven*, MMR 2024, 82, 84.
[28] *Wiebe*, GRUR 2023, 1569, 1574.
[29] vgl. Erwägungsgrund 46 DA.
[30] vgl. Erwägungsgrund 46 DA.
[31] vgl. Erwägungsgrund 47 DA.

anwendbar ist die Vorschrift jedenfalls auf Konstellationen, in denen die Bereitstellung der Daten freiwillig erfolgt.[32]

Wann die Gegenleistung diskriminierungsfrei und angemessen ist, wird in der Verordnung nicht weiter definiert. In Art. 9 Abs. 2 DA sind **Kriterien** normiert, die bei der **Einigung auf eine Gegenleistung** vom Dateninhaber und Datenempfänger zu berücksichtigen sind. Berücksichtigungsfähig sind demnach Kosten des Dateninhabers, die für die Bereitstellung der Daten, einschließlich insbesondere der notwendigen Kosten für die Formatierung der Daten, die Verbreitung auf elektronischem Wege und die Speicherung, angefallen sind (vgl. Art. 9 Abs. 2a DA) sowie gegebenenfalls Investitionen in die Erhebung und Generierung von Daten (vgl. Art. 9 Abs. 2b DA). Die Kriterien in Art. 9 Abs. 2 DA sind **nicht abschließend** zu verstehen („insbesondere"). Es können bei der Bestimmung der Gegenleistung daher auch andere technische Kosten oder Investitionen des Dateninhabers berücksichtigt werden. Nicht berücksichtigungsfähig sind dagegen **Kosten der Datensammlung oder -produktion**.[33] Der Ausgleich soll nur solche Kosten umfassen, die mit der Bereitstellung der Daten verbunden sind.[34]

Möglich ist außerdem die **Vereinbarung einer Marge**, dessen Bestimmung durch Faktoren erfolgt, die in Zusammenhang mit den zur Verfügung gestellten Daten stehen.[35] Solche Faktoren bilden beispielsweise Menge, Format oder Art der Daten. In diesem Zusammenhang können dann auch die Kosten für die Erhebung der Daten berücksichtigt werden.[36] Nicht bestimmt ist jedoch die Ober- bzw. Untergrenze einer solchen Marge. Sind **kleine und mittlere Unternehmen** (sog. KMU) Datenempfänger soll die Gegenleistung für die Bereitstellung der Daten die mit der Bereitstellung direkt verbundenen Kosten nicht übersteigen (vgl. Art. 9 Abs. 4 DA). Eine Marge darf gegenüber KMU und gemeinnützigen Forschungseinrichtungen dagegen nicht erhoben werden.[37]

10.10 Zusammenfassung

Zusammengefasst enthält der Data Act zentrale Vorschriften, die den Umgang mit Daten maßgeblich prägen werden. Zwar begründet die Verordnung kein Ausschließlichkeitsrecht an Daten, sie gewährt jedoch Nutzern vernetzter Produkte und verbundener Dienste Zugangs- und Nutzungsrechte, die ihnen eine Partizipation am wirtschaftlichen Wert der Daten ermöglichen sollen. Durch das Recht auf Weitergabe der Daten an Dritte werden Folgemärkte gefördert und die Inanspruchnahme von (günstigeren) Anschlussdiensten erleichtert.

---

[32] *Specht-Riemenschneider*, MMR 2022, 809, 820.
[33] Erwägungsgrund 47 DA.
[34] Erwägungsgrund 47 DA.
[35] Erwägungsgrund 47 DA.
[36] Erwägungsgrund 47 DA.
[37] Erwägungsgrund 47 DA.

Auch die vertragsrechtlichen Vorgaben – insbesondere die Einführung der FRAND-Bedingungen sollen den Zugang von Daten fördern und damit die Ungleichverteilung von Daten beseitigen. Wie die Erfahrungen im Bereich der standardessenziellen Patente zeigen, steht auch hier die Praxis vor der Herausforderung, zu bestimmen, wann die Bedingungen den FRAND-Vorgaben genügen.

Ob die neuen Regelungen tatsächlich ausreichen werden, um die volle Wertschöpfung aus Daten zu gewährleisten und einen funktionierenden Binnenmarkt für Daten zu etablieren, bleibt abzuwarten.

Literatur

Antoine, Lucie, Datenzugang im Spannungsfeld zwischen DSGVO, Geschäftsgeheimnisschutz und Datenbankherstellerrecht, CR 2024, 73

Bomhard, Davif/Merkle, Marieke, Der Entwurf eines EU Data Acts – Neue Spielregeln für die Data Economy, RDi 2022, 168.

Czychowski, Christian, Plädoyer für eine rechtliche Qualifikation von nicht-personenbezogenen Daten, GRUR 2024, 905.

Determann, Lothar, Gegen Eigentumsrechte an Daten – Warum Gedanken und andere Informationen frei sind und es bleiben sollten, ZD 2018, 503.

Europäische Kommission, Mitteilung der Kommission an das Europäische Parlament, den Rat, den Europäischen Wirtschafts- und Sozialausschuss und den Ausschuss der Regionen, Eine europäische Datenstrategie, COM (2020) 66 final, 19.02.2020, abrufbar unter: https://eur-lex.europa.eu/legal-content/DE/TXT/PDF/?uri=CELEX:52020DC0066.

Enthaler, Jürgen, Industrie 4.0 und die Berechtigung an Daten, NJW 2016, 3473.

Enthaler, Jürgen/Üge, Duygu, Wem gehören die durch die Nutzung von Maschinen generierten Daten?, BB 2022, 2051.

Fezer, Herbert, Dateneigentum – Theorie des immaterialgüterrechtlichen Eigentums an verhaltensgenerierten Personendaten der Nutzer als Datenproduzenten, MMR 2017, 3.

Grützmacher, Malte, Dateneigentum – ein Flickenteppich, CR 2016, 485.

Heinzke, Philippe, Data Act: Auf dem Weg zur europäischen Datenwirtschaft, BB 2023, 201.

Heinzke, Philippe/Herbers, Björn/Kraus, Michael, Datenzugangsansprüche nach dem Data Act, BB 2024, 649.

Hennemann, Moritz/Steinrötter, Björn, Data Act – Fundament des neuen EU-Datenwirtschaftsrechts?, NJW 2022, 1481.

Hoeren, Thomas, Dateneigentum – Versuch einer Anwendung von § 303a StGB im Zivilrecht, MMR 2013, 486.

Kaesling, Katharina, B2B- und B2C-Datenzugang nach dem Data Act – Datengetriebene Innovation zwischen Datenmaximierung und Datensparsamkeit, GRUR 2024, 821

Kerber, Wolfgang, Governance of IoT Data: Why the EU Data Act Will not Fulfill Its Objectives, GRUR Int. 2023, 120.

Louven, Sebastian, Vorschriften im Data Act zur Ausgestaltung und Kompensation von Datenbereitstellungspflichten – Erste Einordnungen der zentralen Vorschriften in Art. 8 und 9 DA, MMR 2024, 82.

Peschel, Christopher/Rockstroh, Sebastian, Big Data in der Industrie – Chancen und Risiken neuer datenbasierter Dienste, MMR 2014, 571.

Podszun, Rupprecht/Pfeifer, Clemens, Datenzugang nach dem EU Data Act: Der Entwurf der Europäischen Kommission, GRUR 2022, 953.
Schmidt-Kessel, Martin, Heraus- und Weitergabe von IoT-Gerätedaten – Analyse des Vertragsnetzes unter dem Data Act, MMR 2024, 75.
Specht-Riemenschneider, Louisa, Der Entwurf des Data Act – Eine Analyse der vorgesehenen Datenzugangsansprüche im Verhältnis B2B, B2C und B2G, MMR 2022, 809.
Specht-Riemenschneider, Louisa, Data Act – Auf dem (Holz-)Weg zu mehr Dateninnovation?, ZRP 2022, 137.
Wiebe, Andreas, Protection of industrial data – a new property right for the digital economy?, GRUR Int. 2016, 877
Wiebe, Andreas, Der Data Act – Innovation oder Illusion?, GRUR 2023, 1569.
Wunner, Katharina, Zugang ist gut, Kontrolle ist besser!, ZUM 2024, 424.
Zech, Herbert, „Industrie 4.0" – Rechtsrahmen für eine Datenwirtschaft im digitalen Binnenmarkt, GRUR 2015, 1151.
Zech, Herbert, Daten als Wirtschaftsgut – Überlegungen zu einem „Recht des Datenerzeugers", CR 2015, 137.

Lieferkettensorgfaltspflichtengesetzgesetz

Jürgen Ensthaler

Inhaltsverzeichnis

11.1	„Unmittelbare" und „mittelbare" Zulieferbetriebe	286
11.2	Die Anforderungen an die Unternehmen	287
11.3	Kontrolle und Sanktionsmechanismen	287
11.4	Kritik am Gesetz und Initiativen zu abschaffung	287
11.5	Weitere Unterschiede zwischen EU-Lieferketten-RL und LkSG:	289
11.6	Sorgfaltspflichten der EU-Lieferketten-RL	291
11.7	Beschwerdeverfahren:	291
11.8	Wirksamkeitskontrollen, Überwachung	291
11.9	Kommunikation, Berichtspflicht	292
11.10	Alternative Regelungen	292
11.11	Regelungen durch Normen und vergleichbare Regelwerke	294

Das deutsche Lieferkettensorgfaltspflichtengesetz ist zum 01.01.2023 in Kraft getreten: Gesetz über die unternehmerischen Sorgfaltspflichten zur Vermeidung von Menschenrechtsverletzungen in Lieferketten – Lieferkettensorgfaltspflichtengesetz (LKSG).

Das Gesetz soll Menschenrechtsverletzungen und zugehörige Umweltrisiken entlang der Lieferkette vermeiden helfen und „die Rechte der von Unternehmensaktivitäten betroffenen Menschen in den Lieferketten" stärken.

Die Unternehmen werden verpflichtet, zu prüfen, inwieweit ihre Geschäftätigkeit zu Menschenrechtsverletzungen führen kann. Die sogenannten Sorgfaltspflichten der be-

---

J. Ensthaler (✉)
Fachgebiet Wirtschafts-, Unternehmens- und Technikrecht, TU Berlin, Berlin, Deutschland

© Der/die Herausgeber bzw. der/die Autor(en), exklusiv lizenziert an
Springer-Verlag GmbH, DE, ein Teil von Springer Nature 2025
J. Ensthaler et al. (Hrsg.), *Technikrecht*, https://doi.org/10.1007/978-3-662-60348-2_11

troffenen Unternehmen erstrecken sich dabei auf ihre gesamte Lieferkette – angefangen vom Rohstoff bis hin zum fertigen Verkaufsprodukt.

Das deutsche Lieferkettengesetz gilt seit 2023 zunächst für Unternehmen mit mehr als 3000 Mitarbeiterinnen und Mitarbeitern. Ab 2024 ist es auch für Firmen mit mehr als 1000 Mitarbeiterinnen und Mitarbeitern wirksam. Ins Ausland entsandte Mitarbeiter sowie Leiharbeiter, die mindestens sechs Monate im Betrieb beschäftigt sind, werden dabei mit angerechnet.

Das Bundesamt für Wirtschaft und Ausfuhrkontrolle (BAFA) hat im Oktober 2024 mitgeteilt, dass die Frist für die Einreichung von Berichten gemäß § 10 Absatz 2 LkSG erneut verlängert wird. **LkSG-pflichtige Unternehmen können nun Berichte bis zum 31. Dezember 2025 (statt bis zum 31. Dezember 2024) beim BAFA einreichen.**

Das BAFA wird erstmalig zum Stichtag 01.Januar 2026 das Vorliegen der Berichte nach dem LkSG sowie deren Veröffentlichung prüfen. Auch wenn die Übermittlung eines Berichts an das BAFA und dessen Veröffentlichung nach dem LkSG bereits vor diesem Zeitpunkt fällig war, wird das BAFA die Überschreitung der Frist nicht sanktionieren, sofern der Bericht spätestens zum 31. Dezember 2025 beim BAFA vorliegt. Die Erfüllung der übrigen Sorgfaltspflichten gemäß der §§ 4 bis 10 Absatz 1 LkSG sowie deren Kontrolle und Sanktionierung durch das BAFA, für welche auch Angaben aus einem Bericht Anlass geben können, werden von dieser Stichtagsregelung nicht berührt.

11.1 „Unmittelbare" und „mittelbare" Zulieferbetriebe

Die vom Lieferkettengesetz betroffenen Unternehmen müssen Maßnahmen ergreifen, um Verstößen gegen grundlegende Menschenrechtsstandards vorzubeugen und einen Beschwerdemechanismus für Betroffene einführen.

Die Anforderungen sind nach dem Einflussvermögen der Unternehmen abgestuft. Es wird zwischen „unmittelbaren" und „mittelbaren" Zulieferbetrieben unterschieden. Im eigenen Unternehmen und bei den unmittelbaren Zulieferbetrieben müssen die betroffenen Unternehmen die Achtung der Menschenrechte sicherstellen, zum Beispiel das Verbot von Zwangs- und Kinderarbeit und die Einhaltung international anerkannter Sozialstandards, wie den ILO-Kernarbeitsnormen. Bei Verstößen müssen sie umgehend Abhilfemaßnahmen ergreifen.

Bei mittelbaren Lieferanten gilt die Sorgfaltspflicht lediglich anlassbezogen. Hier müssen Unternehmen nur nachforschen und aktiv werden, wenn sie von Menschenrechtsverletzungen erfahren.

11.2 Die Anforderungen an die Unternehmen

1. Einrichtung eines Risikomanagements
2. Verabschiedung einer Grundsatzerklärung zur Achtung von Menschenrechten
3. Implementierung von Präventionsmaßnahmen und das Ergreifen von Abhilfemaßnahmen
4. Einrichtung eines Beschwerdeverfahrens
5. Dokumentation und Berichterstattung

11.3 Kontrolle und Sanktionsmechanismen

Das Bundesamt für Wirtschaft und Ausfuhrkontrolle (BAFA) wird die Einhaltung des Gesetzes kontrollieren und bei Verstößen sanktionieren.

11.4 Kritik am Gesetz und Initiativen zu abschaffung

Im Dezember 2024 gab es dann nach heftiger Kritik aus der Wirtschaft die bereits 2. Initiative zur Aufhebung des Lieferkettengesetzes von Unions- und auch FDP-Fraktion. Die erste Initiative gab es bereits im Sommer 2024 die sich dann noch weiter verschärfte:

Beim Unternehmertag des Bundesverband Großhandel, Außenhandel, Dienstleistungen (BGA) Anfang Oktober hatte Wirtschaftsminister Robert Habeck darüber hinaus mit Blick auf die Berichtspflichten gefordert, „die Kettensäge anzuwerfen und das ganze Ding wegzubolzen." Bundeskanzler Olaf Scholz wiederum versprach am 22. Oktober beim Arbeitgebertag, dass das Lieferkettengesetz „wegkomme". Ein kurz vor dem Bruch der Ampelkoalition öffentlich gewordenes Konzeptpapier von Ex-Finanzminister Christian Lindner fordert unter anderem, dass neue Gesetzesvorhaben, worunter er das Lieferkettengesetz zählt, entweder ganz entfallen oder, wo dies nicht möglich ist, so ausgestaltet sein sollten, dass Bürokratie und Regulierung durch das Vorhaben sinken und keinesfalls steigen.

Im Dez.2024 wurden die Entwürfe zur Aufhebung des Gesetzes in den federführenden Ausschuss für Arbeit und soziales zur weiteren Beratung überwiesen. Beim ersten Antrag wollte die Union erreichen, dass von der ersten Lesung gleich in die zweite Lesung gestartet werden; dies hatte aber keinen Erfolg.

Ein wohl bedeutsamer Grund für die beabsichtigte Aufhebung waren die Planungen der EU zu einer ensprechenden Richtlinie, mit noch weiteren Pflichtenbereichen. Es sei der deutschen Wirtschaft nicht zuzumuten, die Anforderungen des deutschen Gesetzes zu erfüllen und sich zugleich auf die weiteren Anforderungen nach einer europäischen Richtlinie vorzubereiten.

Die EU plante bereits ab 2022 eine Richtlinie auf dem Gebiet des Lieferkettenschutzes. Die Entwicklung verlief recht kontrovers. Es gab keine Einigung zwischen Kommission, Parlament und Ministerrat, insbesondere Deutschland enthielt sich bei einer Verabschiedung der Stimme.

Im Februar 2024 sollte dann die finale Abstimmung zur EU-Lieferketten-Richtlinie im Rat der EU-Mitgliedsstaaten erfolgen. Aufgrund des Widerstandes der FDP in der deutschen Regierungskoalition kündigte Deutschland eine Stimmenthaltung für diese Abstimmung an. Da auch andere EU-Staaten kritisch zu dem vorliegenden Entwurf der EU-Lieferketten-Richtlinie stehen, drohte das Risiko, dass die erforderliche Mehrheit nicht erreicht worden wäre. Deshalb wurde die Abstimmung durch die belgische Ratspräsidentschaft kurzfristig verschoben.

Auf Vermittlung der belgischen Ratspräsidentschaft wurde ein Kompromiss entwickelt und der bisherige Entwurf in einigen Bereichen abgeschwächt. Nach langem Ringen unterstützte eine ausreichende Mehrheit der EU-Staaten eine abgeschwächte europäische Lieferketten-Richtlinie zum Schutz der Menschenrechte. Die ständigen Vertreter der Mitgliedsländer nahmen die entsprechende Richtlinie mit qualifizierter Mehrheit am 14.3.2024 an. Deutschland enthielt sich wie angekündigt auf Drängen der FDP und wurde überstimmt; die Richtlinie wurde auch vom europäischen Parlament verabschiedet.

Die EU-Mitgliedstaaten sollten danach die Richtlinie innerhalb von 2 Jahren in nationales Recht umsetzen. Dies dürfte in Deutschland voraussichtlich durch eine Anpassung des LkSG erfolgen.

Die weitere Umsetzung der EU-Lieferketten-RL (CS3D) war ursprünglich wie folgt vorgesehen:

Mai/Juni 2024:	EU-Lieferketten-RL (CS3D) tritt 20 Tage nach ihrer Veröffentlichung in Kraft
Mai/Juni 2026: (2 Jahre nach Inkrafttreten)	EU-Staaten müssen die CS3D in nationales Recht umsetzen, in Deutschland durch Anpassung des LkSG
2027 (3 Jahre nach Inkrafttreten)	EU-Lieferketten-RL (CS3D) anzuwenden für Unternehmen mit • Mehr als 5000 Mitarbeitern • Mehr als 1,5 Mrd. EUR Umsatz
2028 (4 Jahre nach Inkrafttreten)	EU-Lieferketten-RL (CS3D) anzuwenden für Unternehmen mit • Mehr als 3000 Mitarbeitern • Mehr als 900 Mio. EUR Umsatz
2029 (5 Jahre nach Inkrafttreten)	EU-Lieferketten-RL (CS3D) anzuwenden für Unternehmen mit • Mehr als 1000 Mitarbeitern • Mehr als 450 Mio. EUR Umsatz

Nach der nicht nachlassenden Kritik aus der Wirtschaft zahlreicher Mitgliedstaaten, insbesondere aus Deutschland, will die EU-Kommission nun de Umsetzung der Lieferkettenrichtlinie verschieben und das Vorhaben erneut abändern.

Die ersten Umsetzungsfristen sollen um ein Jahr auf 2028 verschoben werden. Außerdem sind abgeschwächte Maßnahmen als Reaktion auf die Kritik geplant. Die Unternehmen sollen nun, entsprechend der Planung, nicht mehr in ihrer gesamten Lieferkette die Einhaltung von Menschenrechten und Umweltstandards sicherstellen müssen, sondern nur noch bei ihren direkten Zulieferern.

Der Nachweis soll nach den Vorschlägen nicht mehr jährlich, sondern nur noch alle fünf Jahre geführt werden. Die zivilrechtliche Haftung bei Verstößen soll eingeschränkt werden; der Kreis der verpflichteten Unternehmen soll geringer werden. Die Änderungen brauchen bei den EU-Staaten und im Parlament die erforderliche Mehrheit, die aber zu erwarten ist.

Die Einschränkungen der Anforderungen entspricht dem politischen Willen der EU, die Bürokratie abzubauen und die Richtlinie in ihrer gegenwärtigen Fassung ist ein bürokratisches Schwergewicht.

Die Richtlinie in ihrer gegenwärtigen Fassung weist an mehreren Stellen deutlich strengere Regelungen auf im Vergleich zum deutschen Lieferkettensorgfaltspflichtengesetz.

Hierbei sind insbesondere strengere Regelungen in folgenden Bereichen enthalten:

- Ausdehnung der Sorgfaltspflichten auch auf die gesamte Wertschöpfungskette,
- Einführung eines neuen zivilrechtlichen Haftungstatbestand für die Verletzung von Sorgfaltspflichten und
- Erweiterung der Liste der Schutzgüter.

11.5 Weitere Unterschiede zwischen EU-Lieferketten-RL und LkSG:

11.5.1 Rechtsformen der verpflichteten Unternehmen

Während das deutsche LkSG einen rechtsformneutralen Unternehmensbegriff verwendet, wird die EU-Lieferketten-RL nur für bestimmte Gesellschaftsformen gelten (1):

Das EU-Lieferkettengesetz gilt für folgende Gesellschaftsformen bzw. regulierte Finanzunternehmen, abhängig auch davon, ob die Gesellschaft nach den Rechtsvorschriften eines Mitgliedstaates oder eines Drittstaates gegründet wurde.

Folgende Gesellschaftsformen nach deutschem Recht sollen umfasst werden:

- Aktiengesellschaften,
- Kommanditgesellschaften auf Aktien und
- Gesellschaften mit beschränkter Haftung.

Darüber hinaus sollen auch erfasst werden:

- regulierte Finanzunternehmen und
- Versicherungsunternehmen.

11.5.2 Unternehmensgröße

Das LkSG greift für alle Unternehmen mit mehr als 3000 bzw. 1000 Arbeitnehmern in Deutschland, unabhängig vom jeweiligen Umsatz.

Die EU-Lieferketten-RL gilt zunächst nur für Unternehmen mit mehr als 5000 Mitarbeiter, senkt dann die Unternehmensgröße in weiteren Schritten ab (siehe Tabelle).

Das deutsche LkSG richtet sich zunächst an den „unmittelbaren Zulieferer", mittelbare Zulieferer sind nur einzubeziehen, wenn konkrete Kenntnisse darüber vorliegen, dass durch den mittelbaren Zulieferer die Pflichten des LkSG verletzt werden.

Die gegenwärtig Richtlinie geht hier deutlich über die Regelungen des deutschen LkSG hinaus und verwendet den Begriff „Aktivitätskette".

Die **Aktivitätskette** umfasst zum einen Tätigkeiten der **vorgelagerten Geschäftspartner** eines Unternehmens im Zusammenhang mit der Herstellung von Waren oder der Erbringung von Dienstleistungen durch das Unternehmen, einschließlich der Planung, der Gewinnung, der Beschaffung, der Herstellung, des Transports, der Lagerung und der Lieferung von Rohstoffen, Produkten oder Teilen der Produkte sowie der Entwicklung des Produkts oder der Dienstleistung. **Somit werden auch die mittelbaren Lieferanten von der Regelung erfasst.**

Zum anderen gehören zur Aktivitätskette die Tätigkeiten der **nachgelagerten Geschäftspartner** eines Unternehmens im Zusammenhang mit dem Vertrieb, der Beförderung, der Lagerung und der Entsorgung des Produkts, wenn die Geschäftspartner diese Tätigkeiten direkt oder indirekt für das Unternehmen oder im Namen des Unternehmens durchführen. Damit soll auch die Produktvermarktungskette entsprechend erfasst werden.

Tätigkeiten der vor- und nachgelagerten Geschäftsbeziehungen des Unternehmens.

Die Sorgfaltspflichten der Richtlinie beziehen sich somit insbesondere auf

- die eigene Geschäftstätigkeit,
- Tochtergesellschaften,
- direkte Lieferanten,
- indirekte Lieferanten
- die Nutzung und
- Entsorgung des Produktes.

Die zu schützenden menschenrechtlichen und umweltrechtliche Rechtsbereiche sind in den Anlagen des Entwurfs der EU-Lieferketten-RL konkret dargestellt. Auch in diesem Bereich geht der Entwurf der EU-Lieferketten-RL über die Regelungen des deutschen LkSG an einigen Stellen hinaus.

11.6 Sorgfaltspflichten der EU-Lieferketten-RL

Die Sorgfaltspflichten der EU-Lieferketten-RL umfassen 6 Schritte, die in den OECD-Leitlinien für die Sorgfaltspflicht bei verantwortungsvollem Geschäftsgebaren festgelegt sind und die Sorgfaltsmaßnahmen für Unternehmen zur Ermittlung und Bewältigung negativer Auswirkungen auf die Menschenrechte und die Umwelt beinhalten.

1. Integration der Sorgfaltspflichten in die Unternehmenspolitik und die Managementsysteme.
2. Identifizierung und Bewertung nachteiliger Menschenrechts- und Umweltauswirkungen.
3. Verhinderung, Beendigung oder Minimierung tatsächlicher und potenzieller nachteiliger Menschenrechts- und Umweltauswirkungen.
4. Bewertung der Wirksamkeit der Maßnahmen.
5. Kommunikation.
6. Bereitstellung von Abhilfemaßnahmen.

11.7 Beschwerdeverfahren:

Die EU-Richtlinie sieht (wie auch das LkSG) die Einrichtung eines Beschwerdeverfahrens vor, das allerdings die gesamte Wertschöpfungskette umfassen muss. Zugang müssen alle Personen der gesamten Wertschöpfungskette haben, die von einer Verletzung betroffen sein können. Darüber hinaus sollen auch Gewerkschaften und andere Arbeitnehmervertreter das Beschwerdeverfahren nutzen können, die Personen vertreten, welche in der betreffenden Wertschöpfungskette arbeiten sowie zivilgesellschaftliche Organisationen, die in den mit der betreffenden Wertschöpfungskette verbundenen Bereichen tätig sind.

Der Beschwerdeführer soll einerseits das Recht haben, dass aufgrund der Beschwerde angemessene Folgemaßnahmen des Unternehmens getroffen werden sowie andererseits ein Recht haben, sich mit Vertretern des Unternehmens zu treffen, um schwerwiegende nachteilige Auswirkungen zu besprechen.

11.8 Wirksamkeitskontrollen, Überwachung

Unternehmen sind nach der EU-Richtlinie zur Kontrolle der Wirksamkeit ihrer Nachhaltigkeitspolitik und den dazugehörigen Maßnahmen verpflichtet. Die Wirksamkeit der Maßnahmen innerhalb der Wertschöpfungskette müssen sowohl jährlich als auch anlassbezogen mittels geeigneter Indikatoren bewertet werden. Anhand der Ergebnisse dieser Bewertung sind die Sorgfaltspflichten zu aktualisieren.

Um sicherzustellen, dass solche Bewertungen auf dem neuesten Stand sind, sind sie mindestens alle 12 Monate durchzuführen bzw. anlassbezogen, wenn es hinreichende Gründe für die Annahme gibt, dass erhebliche neue Risiken nachteiliger Auswirkungen aufgetreten sein könnten.

11.9 Kommunikation, Berichtspflicht

Die Öffentlichkeit muss über die Wahrnehmung der Sorgfaltspflicht unterrichtet werden. Insbesondere gehört dazu ein jährlich zu veröffentlichender Bericht des Unternehmens.

Die Richtlinie sieht umsatzbezogene Geldbußen vor, wobei die Höhe der Sanktion sowie die zuständige nationale Behörde noch von den Mitgliedstaaten konkreter zu regeln sein wird. Eine Kooperation mit den Behörden sowie die eigene Aufarbeitung von nachteiligen Auswirkungen soll bei etwaige Sanktionen entsprechend berücksichtigt werden.

Während das deutsche LkSG keinen neuen zivilrechtlichen Haftungstatbestand, für die Verletzung von Sorgfaltspflichten, eingeführt hat, sieht die EU-Richtlinie eine zivilrechtliche Haftung für Verstöße gegen die Sorgfaltspflicht zur Verhinderung potenzieller bzw. Beendigung tatsächlicher nachteiliger Auswirkungen ausdrücklich vor. Die Haftung wird nicht auf eigene Verstöße beschränkt, sondern ist auch bei Verstößen von Tochtergesellschaften sowie bei Zulieferern denkbar.

11.10 Alternative Regelungen

Ansätze für ein dem Produktsicherheitsrecht gleiches Rechtssystem gab es in einem Antrag der Fraktion Bündnis 90/Die Grünen. Dieser Antrag war systematisch zutreffend, in wesentlichen Teilen aber unvollständig und deshalb nicht durchführbar.

2019 gab es den Antrag der Fraktion Bündnis 90/Die Grünen im Bundestag für eine Gesetzesinitiative mit dem Zweck die „Rechtssicherheit in internationalen Lieferketten stärken – Haftung für Prüfunternehmen festschreiben". Dem Antrag lag der Sachverhalt zugrunde, dass es im Zusammenhang mit globalen Lieferketten zu Menschenrechtsverletzungen und Umweltzerstörung kommt, wesentlich bedingt durch „miserable" Arbeits- und Produktionsbedingungen.

Dabei wurde das bisherige Konformitätsbewertungsverfahren bzw. die Tätigkeiten der Zertifizierer – Konformitätsbewertungsstellen – scharf kritisiert.

Ausländische Zertifizierer und auch deutsche würden die Produktions- und Arbeitsbedingungen nicht hinreichend untersuchen, bestehende Mängel würden nicht erfasst werden. Gefordert wurde deshalb, dass die „Prüfunternehmen" die Zertifizierung auf Umweltschäden und menschenunwürdige Arbeitsbedingungen auszuweiten haben und es sollten gesetzliche Haftungsansprüche für die Geschädigten gegen die Zertifizierer geschaffen werden.

Der Antrag hatte keinen Erfolg bzw. war unvereinbar mit der insoweit entgegenstehenden Rechtsprechung von EuGH und BGH.

Der EuGH hat in mehreren Entscheidungen, auch auf ein Vorabentscheidungsersuchen des Bundesgerichtshofs dahingehend geurteilt, dass die Haftung im Zusammenhang mit der Verletzung von Schutzgesetzen nur dann gegeben sein kann, wenn sie äquivalent ist. Durch diese Rechtsprechung scheidet auch eine Haftungserweiterung aus, die dem Zertifizierer eine umfängliche Verantwortung für das jeweilige Produkt auferlegt.

Um es anhand einer jüngeren Entscheidung des Europäischen Gerichtshofs zu verdeutlichen: In der Entscheidung Yonemoto hat der Gerichtshof festgestellt, dass nationale Rechtsvorschriften, die der Zertifizierungsstelle eine Art von pauschaler Haftung auferlegen, nicht akzeptabel sind, dass solche Rechtsvorschriften dagegen aber eine Haftung auferlegen können, die sich auf die in den Rechtsvorschriften präzise geregelten Verpflichtungen der Stelle beschränken. Nach den Entscheidungen ist verlangt, dass die Haftung im Zusammenhang mit einer Pflichtverletzung aus dem Prüfungsauftrag stehen muss. Der Zertifizierer ist danach nicht für umfassend sichere Produkte bzw. regelkonforme Produktionsprozesse verantwortlich, sondern seine Verantwortung muss im Zusammenhang, mit dem ihm gesetzlich oder vertraglich abverlangten Prüfpflichten stehen.

Diese Feststellung ist nur eine Bestätigung dafür, dass Haftung eine Pflichtverletzung zur Voraussetzung hat. Der europäische Gerichtshof und gleichlautend der deutsche Bundesgerichtshof begründen eine Haftung der Zertifizierungsstelle deshalb ausdrücklich nur im Rahmen einer „äquivalenten" Inanspruchnahme; die Zertifizierungsstelle trägt Verantwortung im Rahmen ihres Prüfauftrages; die Stelle ist nicht generell für fehlerhaft Produkte bzw. Produktionsprozesse verantwortlich. Der Pflichtbereich, also der Verantwortungsbereich, kann sich dabei aus dem mit dem Hersteller geschlossenen Vertrag oder aus Rechtsvorschriften ergeben.

Die Begrenzung der Haftung auf den (eigenen) Pflichtenbereich wird von der Rechtsprechung des Bundesgerichtshofs auch im Rahmen, der die Haftung begründenden Kausalität überprüft. Auf dieser Grundlage begrenzt der BGH die Haftung der Stelle auf den durch ein Gesetz auferlegten oder durch einen Vertrag begründeten Pflichtenbereich.

Eine Haftung außerhalb eines gesetzlich bestimmten oder vertraglich vereinbarten Pflichtenbereich ist nicht möglich. Nach deutschem Recht würde eine derartige Haftung schon verfassungswidrig sein, da rechtsgrundlos in das Eigentum (Vermögen) eines Unternehmens eingegriffen würde. Rechtsgrundlos wäre die Haftung deshalb, weil es keinen korrespondierenden Pflichtenbereich gibt. Die Frage ist dann, ob solch ein Pflichtenbereich durch gesetzliche Regelung geschaffen werden könnte.

Solch eine Regelung müsste das gesamte System des global approach (das System von Akkreditierung und Zertifizierung für den europäischen Binnenmarkt) umfassen. Konformitätsbewertungsstellen könnten zumindest im gesetzlich geregelten Bereich nur noch dann akkreditiert bzw. notifiziert werden, wenn die Stellen entsprechende Qualitätsnachweise erbringen könnten. Neben der Fähigkeit Produkte zu überprüfen, müsste dann jeweils die Fähigkeit zur Überprüfung der Lieferketten im Hinblick auf die Umweltverträglichkeit und die Arbeitsbedingungen aller am Endprodukt beteiligten Unternehmen, insbes. in den Drittstaaten ansässige, nachgewiesen werden.

Die deutsche Akkreditierungsstelle, zum Beispiel, wäre für eine entsprechende Akkreditierung nicht gerüstet.

Das bedeutet dann auch, dass es zuverlässige Nachweise über die Erfüllung des neuen Pflichtenbereichs der Unternehmen nicht gibt, solange das System von Akkreditierung und Zertifizierung nicht „angepasst" wurde.

Ein dem System des Produktsicherheitsrechts vergleichbares System, zumindest für den Umweltschutz, gibt aber bereits. In erster Linie zu nennen sind das europäische Umweltschutzmanagementsystem EMAS und die Norm ISO 14001 und es gibt auch Vorbilder für freiwillige Umweltschutzmahnahmen deutscher Unternehmen und im britischen Recht.

11.11 Regelungen durch Normen und vergleichbare Regelwerke

In Deutschland wurde bereits ein Bündnis für nachhaltige Textilien geschaffen. Dieses Bündnis von Textilunternehmen will helfen, eine nachhaltige Produktion über die gesamte Lieferkette zu schaffen. Es werden konkrete Vorgaben für die Mitglieder formuliert, um das Ziel einer sozial- umweltverträglichen Produktion zu unterstützen. Verschiedene Arbeitsgruppen haben bzw. bearbeiten dafür Vorgaben die in den Geschäftsbedingungen zu verankern sind, wodurch auch Anforderungen an die Lieferanten gestellt werden; u. a. wurde eine Chemikalienverbotsliste (MRSL) erarbeitet.

Gegen das Bündnis, dem Zusammenschluss von Unternehmen der Chemiebranche, wurden kartellrechtliche Bedenken erhoben, die sich aber als haltlos erwiesen haben.

Das Bündnis ist sicher eine Unternehmensvereinigung und unterfällt damit dem Kartellrecht. Die Europäische Kommission hat aber nicht -wirtschaftliche Gemeinwohlinteressen im Rahmen von Art. 101 AEUV mehrfach berücksichtigt. Mehr noch: Die Kommission hat insbesondere Belange des Umweltschutzes dabei berücksichtigt. Die Kommission hat im Fall „CECED" in einer dem Umweltschutz zugehörigen Entscheidung ausdrücklich darauf hingewiesen, dass die in der Entscheidung gegenständliche Vereinbarung wegen des gesamtgesellschaftlichen Interesses an einer sauberen Umwelt und einer sparsamen Nutzung der natürlichen Ressourcen auch dann kartellrechtlich freigestellt werden kann, wenn das Freistellungskriterium, Beteiligung der Verbraucher am Gewinn, nicht vorliegen würde. Die Rechtsprechung des EuGH steht dem nicht entgegen.

Ein effektives Umweltschutzsystem wurde in Großbritannien bereits in 2007 eingeführt. Die zunächst freiwillige und vier Jahre nach Einführung verpflichtende Renewable Transport Fuels Obligation (RTFO) hat die Etablierung von Technologien mit geringen THG Emissionen zum Gegenstand; u. a. für den gesamten Straßenverkehr.

Von gegenständlich größerer Bedeutung ist das europäische Umweltmanagementsystem EMAS.

Die europäische Kommission hatte ursprünglich geplant, das von ihr initiierte Umweltschutzmanagementsystem EMAS nach einer auf freiwillige Teilnahme ausgerichteten Anlaufphase zur Pflicht zu machen; dafür war ein Zeitraum von zwei Jahren geplant. Nachdem die Übernahme durch viele Unternehmen festgestellt werden konnte, blieb die Teilnahme freiwillig.

Heute gibt es mehrere solcher Umweltmanagementsysteme (z. B. die Normenreihe DIN/ISO 14000 ff.) und gerade Zulieferunternehmen aus umweltsensiblen Produktionsbereichen können einer Teilnahme kaum ausweichen, die Hersteller drängen auf Teilnahme.

Das europäische Umweltmanagementsystem bietet sich zur Ablösung des Lieferkettengesetzes geradezu an.

EMAS wurde weltweit ausgedehnt. Seit der EMAS III-Verordnung können sich auch außereuropäische Standorte registrieren lassen, also teilnehmen.

EMAS beruht ähnlich dem global approach (innerhalb des Produktsicherheitsrecht) auch auf einem Überprüfungssystem.

EMAS sieht eine externe Validierung durch einen fachlich ausgewiesenen und entsprechend überprüften Umweltgutachter vor. Die Zulassung und Beaufsichtigung der Umweltgutachter wurde der eigens zu diesem Zweck gegründete Akkreditierungs- und Zulassungsgesellschaft für Umweltgutachter (DAU) übertragen. Außerdem gibt es den Umweltgutachterausschuss, der neben anderen Aufsaben auch die Richtlinien für die Zulassung der Umweltgutachter bearbeitet; beaufsichtigt wird durch das Bundesumweltministerium. Wie beim Produktsicherheitsrecht für den geregelten Bereich hat der Staat selbst keine operativen Aufgaben mehr, es ist ein self executing System.

Es würde sicher mit wenig Aufwand verbunden sein, in das Umweltmanagementsystem, britischer Normung folgend, ILO – Anforderungen einzubeziehen.

Auch die von der International Organisztion of Standardization (ISO) geschaffene Normenreihe 14000 ff enthält Anforderungen und Prozesse zum Umweltschutz. Es verhält sich zudem so, dass sich beide Systeme immer mehr aneinander anlehnen. EMAS III macht auch selbst keine Angaben zu einzelnen Managementaufgaben, sondern verweist insofern auf ISO 14001. Trotzdem gibt es zahlreiche Unterschiede, EMAS stellt mehr

„qualitative" Anforderungen an die Unternehmen und ein wesentlicher Unterschied liegt darin, dass die Zertifizierung bei der ISO-Normenreihe freiwillig ist. EMAS verlangt die Validierung. Auch die freiwillige Zertifizierung ist nur dann von vergleichbarem Wert, wenn diese durch akkreditierte Zertifizierer erfolgt. Das Umweltmanagementsystem gehört nicht zum sog. gesetzlich geregelten Bereich, sodass durchaus auch eine nicht akkreditierte Stelle die Konformität bestätigen könnte.

Umweltmanagement und Recht

Dagmar Gesmann-Nuissl

Inhaltsverzeichnis

12.1	Betriebliches Umweltmanagement	300
12.2	Juristische Betrachtung des Umweltmanagements	326
12.3	Beispiel „umweltorientierte Organisation"	348
Literatur		351

Der Umweltschutz – insbesondere der betriebliche Umweltschutz – ist in Zeiten der globalen Umweltverschmutzung, des anthropogenen Klimawandels, des rapiden Arten- und Habitatverlustes, der galoppierenden Flächen- und Ressourceninanspruchnahme[1] und dem Verlangen nach umfassender Lebensqualität und dauerhafter Sicherheit eine dringend wahrzunehmende Verpflichtung gegenüber allen nachfolgenden Generationen. Er erfordert, um effektiv zu sein, das Einbinden verschiedener gesellschaftlicher Akteure. Dies ist zum einen der Staat, der traditionell durch Planungsinstrumente sowie Instrumente der direkten und indirekten Verhaltenssteuerung (Ge- und Verbote, Gestattungen, Konzessionen sowie Anreizsysteme und Haftungsinstrumente) einen Umweltmindestschutz sicher-

---

[1] Calliess, ZUR 2021, 323, 330; Franzius, ZUR 2021, 131, 131; Reese, ZUR 2010, 339, 341; Reimer/Tölle, ZUR 2013, 589, 589 ff.

D. Gesmann-Nuissl (✉)
Technische Universität Chemnitz, Chemnitz, Deutschland
E-Mail: dagmar.gesmann@wiwi.tu-chemnitz.de

stellt und damit seiner Gewährleistungsverantwortung[2] nachkommt. Es sind aber auch die Staatsbürger und die Organisationen/Unternehmen, die aktiv zum Umweltschutz beitragen müssen. Letzteres zumindest ist die Zielsetzung der „neuen Umweltpolitik", die sich seit Ende der 80er-Jahre – sowohl national als auch international – von einer nur nachträglichen, staatlichen Einschreitementalität („end-of-the-pipe") distanziert und stattdessen durch Deregulierung und Vereinfachung von Umweltgesetzgebung bei gleichzeitiger Übertragung von Verantwortlichkeit auf Private und Unternehmen speziell diese Akteure zu proaktivem und selbstgesteuertem Handeln in Umweltangelegenheiten animieren möchte. Heute spielen vor allem die zusätzlichen Konzepte der nachhaltigen Entwicklung (Sustainable Development; Global Compact),[3] der Circular Economy, des European Green Deals und der Corporate Social Responsibility (CSR) eine zentrale Rolle. Diese Ansätze zielen darauf ab, ökologische, soziale und wirtschaftliche Verantwortung ganzheitlich zu integrieren und somit langfristige Umweltziele neben Ressourceneffizienz und sozialer Gerechtigkeit mit einzubinden.

Aus der Sicht der Unternehmen verstärkt sich seit Jahren der Anspruch, der an sie aus umweltpotischer Sicht gestellt wird. Die Unternehmen werden nicht nur als Adressaten umweltschützender Gesetze direkt angesprochen und zu deren Einhaltung verpflichtet, sondern sie sind außerdem angehalten betriebliche Organisationsstrukturen zu schaffen, um entsprechend der neuen Zielsetzung selbsttätig die entstehenden (Umwelt-)Probleme frühzeitig zu erkennen und geeignete Lösungsmöglichkeiten anzubieten oder gesetzte Umweltqualitätsziele zu erreichen.

Dabei sind jedoch im deutschen Umweltrecht – anders als es der Anspruch an die Unternehmen zunächst vermuten ließe – gesetzliche Regelungen, die zum Schutz der Umwelt *direkt* in die Betriebsorganisation eines Unternehmens eingreifen und entsprechende Systeme verpflichtend vorschreiben, bislang nur in sehr geringem Umfang vorgesehen (z. B. bei der gesetzlichen Verpflichtung einen Umweltschutzbeauftragten zu installieren[4]; s. u. 12.1.4). Allerdings setzt das materielle Umweltrecht an diversen Stellen eine eingerichtete umweltschutzsichernde Betriebsorganisation voraus (z. B. §§ 52b BImSchG,

---

[2] Als Gewährleistungsverantwortung bezeichnet man die Verpflichtung des Staates auch bei der Privatisierung ursprünglicher Staatsaufgaben ein gewisses Maß an Schutz zu übernehmen (die Schutzverpflichtung folgt aus Art. 1 i. V. m. Art. 2 Abs. 2 GG) und wenigstens die Kontrolle der ordnungsgemäßen Aufgabenerfüllung durch die Privaten aufrecht zu erhalten. Der Staat gibt dabei den Anspruch auf die alleinige Gemeinwohlverwirklichung auf, garantiert aber, dass diese im Zusammenwirken mit anderen, privaten Akteuren (z. B. den Unternehmen, DIN etc.) erreicht werden kann; vgl. u. a. Bachmann 2006. S. 72 m. w. N.

[3] United Nations, https://sdgs.un.org/goals.

[4] Betriebsbeauftragte für Umweltschutz sind gesetzlich vorgesehen in §§ 64–66 WHG als Gewässerschutzbeauftragter, in §§ 59 u. 60 KrWG als Betriebsbeauftragter für Abfall, in §§ 53–58 BImSchG als Immissionsschutzbeauftragter, in §§ 58a-d BImSchG als Störfallbeauftragter und in §§ 43–46 StrSchV als Strahlenschutzbeauftragter bzw. Strahlenschutzverantwortlicher.

58 KrWG, Mitwirkungspflichten bei Sachverhaltsermittlungen)[5] oder koppelt deren Vorhandensein an Vollzugserleichterungen (z. B. betreffend betrieblicher Berichtspflichten: §§ 58e BImSchG, 61 KrWG, 24 WHG) und gewährt bei Vorhalten solcher Systeme durchaus auch Haftungsprivilege (etwa eine Exkulpationsmöglichkeit im Rahmen der Umwelthaftung) sowie sonstige Vorteile (z. B. verbesserte Absatzchancen und erhöhte Marktakzeptanz durch das Nutzen von erteilten Zeichen und Zertifikaten; Begünstigung bei öffentlichen Ausschreibungen) – setzt also bewusst *indirekt* ökonomische Anreize für die Unternehmen, solche umweltschützenden Betriebsorganisationen, z. B. in Form von Umweltmanagementsystemen, auch freiwillig sowie eigeninitiativ zu schaffen und in den Unternehmen zu installieren.

In ähnlicher Weise agiert der europäische Gesetzgeber, nach dessen Rechtsverständnis ein kooperativer Umweltschutz – also das Zusammenspiel zwischen privaten Akteuren (wie Unternehmen) und dem Staat (bzw. seiner Behörden) – zur Erreichung eines „hohen (Umwelt-)Schutzniveaus" (Art. 191 Abs. 2 AEUV) ohnehin selbstverständlich ist. Auch durch ihn werden keine direkten Eingriffe in die Betriebsorganisation angeordnet. Allerdings wird europäisches (Umwelt-)Recht geschaffen, dessen Anforderungen sich nur erfüllen lassen, sofern die Unternehmen über eine umweltschützende Betriebsorganisation verfügen, die ihnen die erforderlichen umweltbezogenen Informationen zur Verfügung stellen oder zumindest dafür sorgen, dass Unternehmensabläufe risikosteuernd begleitet werden (vgl. beispielhaft die umfassenden Kennzeichnungs-, Informations- und Registrierungspflichten, die sich für die Hersteller chemischer Stoffe und Substanzen aus der REACH-Verordnung[6] ergeben oder die Verpflichtung, bestimmte Umweltqualitätsziele zu erreichen, wie etwa in der Wasserrahmenrichtlinie[7] oder der Luftqualitätsrichtlinie[8] angeordnet).

Wie sich diese betrieblichen Umweltmanagementsysteme (sowohl die vom Staat auferlegten, d. h. die gesetzlich angeordneten sowie die eigeninitiativ und freiwillig geschaffenen) entwickelt haben, wie sie heute ausgestaltet sind und welche Bedeutung sie in unserem Rechtssystem einnehmen, soll Gegenstand der nachfolgenden Ausführungen sein.

---

[5] Z.B. Emissionserklärungen, Messpflichten, Dokumentationspflichten etc.
[6] Verordnung (EG) Nr. 1907/2006 des Europäischen Parlaments und des Rates zur Registrierung, Bewertung, Zulassung und Beschränkung chemischer Stoffe (REACH) i.d.F. der Verordnung (EU) 2023/2055, ABl. EU L 238/67 v. 27.9.2023.
[7] Richtlinie 2000/60/EG des Europäischen Parlaments und des Rates vom 23. Oktober 2000 zur Schaffung eines Ordnungsrahmens für Maßnahmen der Gemeinschaft im Bereich der Wasserpolitik, zuletzt konsolidiert und überprüft am 20. November 2014, ABl. L 327 vom 22. Dezember 2000.
[8] Richtlinie 2008/50/EG des Europäischen Parlaments und des Rates vom 21. Mai 2008 über Luftqualität und saubere Luft für Europa, zuletzt geändert durch die Richtlinie (EU) 2015/1480 der Europäischen Kommission vom 28. August 2015, ABl. L 226 vom 29. August 2015.

12.1 Betriebliches Umweltmanagement

12.1.1 Begriff

Unter einem „betrieblichen Umweltmanagement" subsumiert man heute ganz allgemein den Teilbereich des Managements einer Organisation bzw. eines Unternehmens, der eine möglichst geringe unternehmensinduzierte Umweltbelastung durch eine geeignete und wirtschaftlich vertretbare Gestaltung von Produkten und Prozessen zu erreichen versucht.[9] Das betriebliche Umweltmanagement ist dabei Mittel zum Zweck. Es ist ein auf Dauer angelegtes Instrument, welches die Organisation bzw. das Unternehmen in die Lage versetzt, den von ihm selbst angestrebten oder den abgeforderten Umfang an Umweltleistung zu erreichen, fortlaufend und systematisch zu kontrollieren und am Ende weiterzuentwickeln[10] (kontinuierlicher Verbesserungsprozess) sowie dafür Sorge zu tragen, dass dabei die Rechtskonformität jederzeit gewährleistet ist.

Dabei beschränkt sich das betriebliche Umweltmanagement in der heutigen Zeit nicht mehr nur auf den rein betrieblich-technischen Umweltschutz *nach innen* (z. B. durch eine Anordnung zur Erneuerung und Installation von Filter- und Kläranlagen), sondern es bezieht ebenso ökonomische und soziale Rückwirkungen auf das Unternehmen *von außen nach innen* sowie strategisch-organisatorische Dimensionen *von innen nach außen* mit ein.[11] Es verfolgt also – im Gegensatz zu früheren Formen – einen ganzheitlichen – u. U. und je nach Zielsetzung auch nachhaltigen,[12] stakeholderorientierten[13] – Steuerungsansatz.

12.1.2 Entstehung

Seine Ursprünge fand das betriebliche Umweltmanagement in den USA. Hier führten im Laufe der 70er-Jahre die ersten Großunternehmen – wie General Motors, Allied Signal oder die Olin Corporation[14] – als Reaktion auf eine sich verschärfende Umweltgesetzgebung und einer neuen Bewertungsgrundlage der amerikanischen Börsenaufsicht sog. Umwelt-Audits durch. Diese, zunächst nur rein umweltbezogenen *„punktuellen"* Be-

---

[9] Klimova 2007, S. 6; Kramer 2010, S. 362.
[10] So die Definition der DIN ISO 14001:2015.
[11] Fischer 2001, S. 66; Theuer, in: Ewert et al., 1998, Teil B Rn. 77 ff.
[12] Siehe dazu unten 11.1.3.5.
[13] Als Stakeholder oder Anspruchsgruppen bezeichnet man Personen, Personengruppen oder Institutionen, die im Erreichen ihrer eigenen Ziele vom Betrieb/Unternehmen abhängen und von denen anderseits der Betrieb/das Unternehmen abhängig ist; es besteht also eine starke, nahezu unauflösliche Wechselbeziehung (vgl. zum Begriff auch DIN 10006:2020-10).
[14] Baumast 1999, S. 33 ff.

triebsprüfungen,[15] waren nahezu ausschließlich darauf ausgerichtet, zu ermitteln, ob innerhalb der Unternehmen die einschlägigen Umweltvorschriften beachtet und alle gesetzlich abgeforderten technischen Maßnahmen umgesetzt wurden (sog. environmental compliance audits).[16]

Mitte der 80er-Jahre folgten dann auch in Europa erste nationale Ansätze zur Förderung der Einrichtung solcher betriebsinterner Umweltüberwachungssysteme. Zunächst erließ Frankreich im Jahr 1976 das „Gesetz über genehmigungsbedürftige Einrichtungen",[17] nach welchem von den Unternehmen seitens der Behörden sog. Selbstprüfungsverfahren für Luft- und Wasseremissionen sowie Untersuchungen über die Abfallwirtschaft abgefordert werden konnten.[18] Wenige Jahre später – im Jahr 1989 – veröffentlichten auch die Niederlande ein Aktions- und Maßnahmenprogramm zur Unterstützung von betriebsinternen Überwachungssystemen,[19] verbunden mit der Zielsetzung, Unternehmen zur Einhaltung bestehender Umweltgesetze zu bewegen.

Während Frankreich und die Niederlande Umweltüberwachungssysteme staatlicherseits anregten, ohne sich allerdings mit deren Ausgestaltung als dauerhaftem Steuerungsinstrument weiter zu befassen, setzte man sich in Großbritannien schon frühzeitig auch mit den Verfahrensweisen zur Ausgestaltung von dauerhaft im Unternehmen zu installierenden Umweltmanagementsystemen auseinander, wobei treibende Kraft dort die Normungsgremien waren. Folglich war es dann auch die British Standard Institution (BSI) die im März 1992 den weltweit ersten Standard für die Ausgestaltung eines solches Managementsystems entwickelte – den sog. BS 7750[20] – und dadurch erstmals das reine Sammeln von umweltrelevanten Informationen in Form von Umwelt-Audits mit dem innerbetrieblichen Analysieren, Planen, Kontrollieren und Steuern des umweltrelevanten Verhaltens einer Organisation bzw. eines Unternehmens zusammenführte.

Angeregt durch diese Entwicklung und befördert von politischen Umweltkonferenzen und -programmen[21] nahm man sich sowohl international als auch auf europäischer Ebene jetzt der Entwicklung von Umweltmanagementsystemen an.

---

[15] Im Vordergrund stand das Sammeln von Informationen zu umweltrelevanten Sachverhalten, vgl. Fontana, in: Landmann/Rohmer, Umweltrecht, Band I, Kap. 12 UAG, Rn. 2 ff.

[16] Waskow 1996, S. 1 ff.; Scherer, NVwZ 1993, 11, 12; Cahill 2017, S. 1 ff.

[17] Lechelt, in: Ewert et al. 1998, Teil A Rn. 70.

[18] Lechelt, in: Ewert et al. 1998, Teil A Rn. 70.

[19] Leifer 2007, S. 90 f.

[20] Der BS 7750:1992 wurde im März 1997 zurückgezogen, seine Inhalte sind allerdings in die Norm BS EN 14001 eingeflossen. Vgl. auch Fontana, in: Landmann/Rohmer, Kap. 12 UAG; Leifer 2007, S. 90 ff.

[21] Zu nennen sind hier insbesondere die AGENDA 21 Kap. 30 der United Nations Conference on Enivironment and Development (UNCED) und die Umwelt-Aktionsprogramme der Europäischen Union, u. a. das 4. Aktionsprogramm 1987–1992, ABl. C 328 v. 7.12.1987, S. 1 und das 5. Aktionsprogramm 1993–1998, ABl. C 138 v. 17.5.1993, S. 5, welche als grundlegend für die „neue, kooperative Umweltpolitik" gelten.

International gründete sich im Jahr 1991 unter Schirmherrschaft der International Organization of Standardization (ISO) die Strategic Advisory Group on Environment (SAGE) mit dem Ziel, die weltweit vorherrschenden Umweltmanagement-Praktiken auf ihre Vereinheitlichungspotenziale hin zu untersuchen und entsprechende Standardisierungsvorschläge zu erarbeiten.[22] Auf Empfehlung der SAGE wurde 1993 das Technical Committee 207 (TC 207) eingerichtet, welches nach Vorbild der Normenreihe ISO 9000 ff. (Qualitätsmanagement) die Normenreihe ISO 14000 ff. (Umweltmanagement) zur freiwilligen Teilnahme am Umweltmanagementsystem entwickelte und im Jahr 1996 veröffentlichte. Unter anderem wurden in dieser privatwirtschaftlichen, zertifizierungsfähigen Normenreihe eine einheitliche Vorgehensweise und Struktur für Umweltmanagementsysteme sowie für deren Auditierung (ISO 14001 i.V.m. ISO 14010 – 14012)[23] festgelegt.[24]

Nahezu zeitgleich verabschiedete auf europäischer Ebene der Umweltministerrat der Europäischen Gemeinschaft am 29. Juni 1993 mit der EG-Öko-Audit-Verordnung (EMAS I),[25] die erste *rechtliche* Vorgabe, welche – in ähnlicher Weise wie der BS 7750 – für gewerbliche Unternehmen ein innerbetriebliches Umweltmanagementsystem vorsah und dieses mit internen, aber auch mit externen (sowie kontrollierenden) Umwelt-Audits zu einem eigenständigen System kombinierte.[26] Die Europäische Gemeinschaft verfuhr dabei von Anfang an zweigleisig. Sie hielt die Einrichtung eines Umweltmanagementsystems (das Steuern und Auditieren des umweltrelevanten Verhaltens) für ebenso wichtig, wie das Sammeln und Bewerten umweltrelevanter Informationen durch Umwelt- und Compliance-Audits.[27] Die Beteiligung an diesem europaweit geltenden neuartigen „System staatlich *und* öffentlich überwachter Selbstkontrolle" stand dabei von Anfang an unter dem Postulat der Freiwilligkeit und wurde – quasi zur Belohnung und als Anreiz für eine Teilnahme – mit einem standortspezifischen „Gütezeichen" (Logo) prämiert.[28]

---

[22] Schwaderlapp 1999, S. 88.

[23] Nunmehr durch ISO 19011:2018 ersetzt.

[24] Vgl. dazu unten 11.1.3.1.

[25] Verordnung (EWG) Nr. 1836/93 über die freiwillige Beteiligung gewerblicher Unternehmen an einem Gemeinschaftssystem für das Umweltmanagement und die Umweltbetriebsprüfung, ABl. L 168/1 v. 10.7.1993 – als Verordnung hatte dieser europäische Gesetzesakt sofortige, weil nicht von einem Umsetzungsakt abhängige, Gültigkeit in jedem Mitgliedstaat. Die später eingeführte Bezeichnung EMAS I folgt aus der englischen Sprachfassung der Verordnung „Eco-Management and Audit Scheme" (= EMAS).

[26] Scherer, NVwZ 1993, 11, 13 spricht von einem „umfassenden System öffentlich kontrollierter, betrieblicher Selbstkontrolle".

[27] Fontana, in: Landmann/Rohmer, Kap. 12 UAG.

[28] Zur Entstehung der EG-Öko-Audit-Verordnung: Ensthaler/Füssler/Nuissl/Funk, Umweltauditgesetz und EG-Öko-Audit-Verordnung, 1996, S. 35 ff.; Waskow, Betriebliches Umweltmanagement, 1994, S. 3 ff.

Beide Instrumente haben sich in der Vergangenheit weiterentwickelt und angenähert (vgl. dazu nachfolgendes Abschn. 12.1.3), ohne dass sich allerdings deren grundsätzliche Strukturen verändert hätten – die ISO 14001 wurde im Jahr 2004 sowie im Jahr 2015 überarbeitet und durch das Amd 1:2024[29] um Aspekte des Klimaschutzes erweitert, während die EMAS mehrfach aktualisiert wurde: zunächst im Jahr 2001[30] und erneut im Jahr 2010[31] und darüber hinaus, um die Anforderungen an Transparenz, Umweltleistung und Stakeholder-Beteiligung zu verbessern.[32]

Aktuell spielt die Umsetzung der UN-Agenda 2030 für nachhaltige Entwicklung[33] eine zentrale Rolle, indem sie die Ziele der nachhaltigen Entwicklung (SGBDs) als Grundlage für umfassende Umweltinitiativen in der EU etablierte, die Ressourceneffizient, Klimaschutz und soziale Verantwortung miteinander verknüpfen.

Während man auf internationaler und europäischer Ebene den Organisationen/Unternehmen somit die Wahl ließ, ob sie ein umweltschutzsicherndes Managementsystem unterhalten wollten oder nicht, griff der Gesetzgeber in Deutschland über das (Umwelt-)Verwaltungsrecht direkter in die Managementebene des Unternehmens ein und verpflichtete dieselben mittels Gesetzes dazu, einen „Betriebsbeauftragten für den Umweltschutz"[34] zu installieren (= „staatlicher Organisationszwang"). Insoweit gibt es in Deutschland[35] neben den „eigenen", weil freiwillig installierten umweltschutzsichernden betrieblichen Organisationsmaßnahmen außerdem die „vom Staat auferlegten bzw. erzwungenen"[36] (vgl. dazu Abschn. 12.1.4).

---

[29] https://www.iso.org/standard/88209.html.

[30] Verordnung (EG) Nr. 761/2001 v. 19.3.2001, ABl. L 114/1 v. 24.4.2001.

[31] Verordnung (EG) Nr. 1221/2009 v. 25.11.2009 über die freiwillige Teilnahme von Organisationen an einem Gemeinschaftssystem für Umweltmanagement und Umweltbetriebsprüfung und zur Aufhebung der Verordnung (EG) Nr. 761/2001, sowie der Beschlüsse der Kommission 2001/681 EG und 2006/193 EG, ABl. L 342/1 v. 22.12.2009.

[32] Verordnung (EU) 2017/1505 der Kommission vom 28. August 2017 zur Änderung der Anhänge I, II und III der Verordnung (EG) Nr. 1221/2009 über die freiwillige Teilnahme von Organisationen an einem Gemeinschaftssystem für Umweltmanagement und Umweltbetriebsprüfung (EMAS), in: ABl. L 222 vom 29.8.2017, S. 1–11.

[33] https://www.bmz.de/de/agenda-2030.

[34] Z.B. Immissionsschutzbeauftragte (§§ 53–58 BImSchG), Störfallbeauftragte (§§ 58 a – d BImSchG), Gewässerschutzbeauftragte (§§ 64–66 WHG), Abfallbeauftragte (§§ 59, 60 KrwG), Beauftragte für biologische Sicherheit (§ 29 GenTSV), Strahlenschutzbeauftragte (§§ 43-46 StrlSchV), Gefahrgutbeauftragte (§ 8 Abs. 2 ChemVerbotsV).

[35] Ähnlich im Übrigen auch in anderen Ländern wie beispielsweise Frankreich (*„Loi sur les installations classées pour la protection de l'environnement"*), Schweden (*„Miljöbalken"*) oder den USA („Clean Air Act" oder „Clean Water Act").

[36] Enthaler/Funk/Gesmann-Nuissl/Selz, Umweltauditgesetz und EMAS-Verordnung, 2002, S. 35; Feldhaus, Umweltschutzsichernde Betriebsorganisation, NVwZ 1991, S. 927 (927 f.).

12.1.3 Systematik der freiwilligen Umweltmanagementsysteme am Beispiel von DIN EN ISO 14001 und EMAS III

12.1.3.1 DIN EN ISO 14001

Die von der International Organization of Standardization (ISO) entwickelte Normenreihe ISO 14000 ff. (s. die nachfolgende Abbildung) umfasst weltweit gültige, prozess-/organisations- und produktorientierte Normen, die einen unmittelbaren Bezug zum Umweltschutz aufweisen. Die Normenfamilie ISO 14000 ff. ist in Tab. 12.1 zusammengestellt. Sie ist bis bis heute ein zentraler Umweltstandard vor allem in mittestandischen Unternehmen.

Die wichtigste Norm aus dieser Reihe ist zweifelsohne die ISO 14001 ($\cong$ DIN EN ISO 14001), die eine einheitliche Vorgehensweise für den *Aufbau und die Struktur eines Umweltmanagementsystems* (UMS) festlegt.

Sie richtet sich an Organisationen,[37] die als „Gesellschaft, Körperschaft, Betrieb, Unternehmen, Behörde oder Institution oder Teil oder Kombination davon, eingetragen oder nicht, öffentlich oder privat, mit eigener Funktion oder eigener Verwaltung" (Nr. 3.16 ISO 14001) definiert werden, und berechtigt sie zur Teilnahme.

Tab. 12.1 Die Normenfamilie ISO 14000 ff

Themenfeld	Normen	PDCA-Zyklus
Terminologie/Begriffe	ISO 14050:2020	„Plan"
Umweltmanagementsysteme	ISO 14001:2015, ISO 14004:2016, ISO/TR 14061:1998	„Plan"
Umweltaspekte in der Produktentwicklung	ISO 14062:2002	„Plan"
Ökobilanzierung	ISO 14040–ISO 14044:2020, ISO/TR 14047:2003, ISO 14048:2002	„Do"
Umweltaudit	ISO 19011:2018 (ersetzt ISO 14010, ISO 14011, ISO 14012), ISO 14015	„Check"
Umweltleistungsbewertung	ISO 14031:2013, ISO/TR 14032	„Check"
Umweltkommunikation	ISO 14063:2006	„Act"
Umweltkennzeichnung/-deklaration	ISO 14020–14025 (Typ I, II, III)	„Act"
Treibhausgasemissionen	ISO 14064-1:2018, ISO 14064-2:2019, ISO 14064-3:2019, ISO 14065:2020	"Check"
Kreislaufwirtschaft und Ökodesign	ISO 14006:2020, ISO 14009 (in Entwicklung)	„Check"
Monetäre Umweltbewertung	ISO 14008:2019	"Do"
Phasenweise Einführung	ISO 14005:2019	„Plan"
Umweltkostenbewertung	ISO 14007 (in Entwicklung)	"Do"

---

[37] Inzwischen haben ca. 300.000 Organisationen in 170 Ländern ein UMS nach ISO 14001 implementiert, vgl. https://www.oecd-ilibrary.org/environment/the-number-of-iso-14001-certifications-rose-significantly-over-the-last-decade_37ab2ba4-en (abgerufen am 13.12.2024).

Abb. 12.1 Modell des Umweltmanagementsystems nach ISO 14001

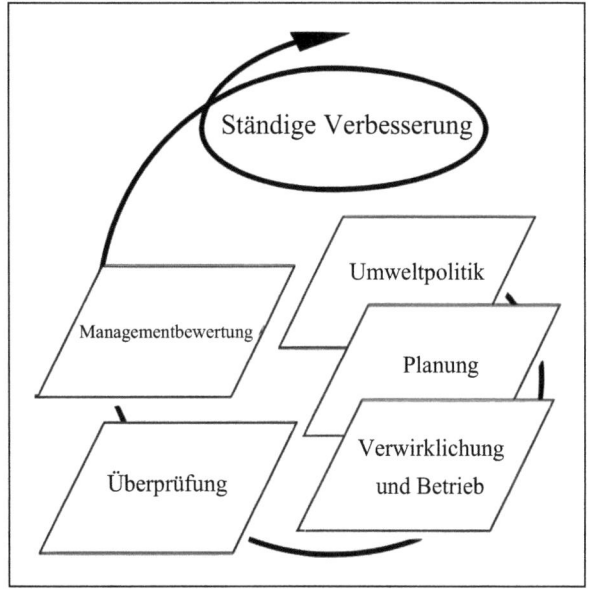

Das Kernstück der ISO 14001 sind die Vorgaben für das Umweltmanagementsystem in Abschnitt 4. Hiernach besteht das System aus *fünf Elementen* – der Umweltpolitik (Nr. 4.2 ISO 14001), der Planung (Nr. 4.3 ISO 14001), der Implementierung und Durchführung (Nr. 4.4 ISO 14001), der Überwachung und Kontrollmaßnahmen (Nr. 4.5 ISO 14001) sowie der Bewertung des Gesamtzyklus durch die oberste Leitung (Nr. 4.6 ISO 14001). Die sachliche Struktur folgt dabei der Managementregel „plan-do-check-act" (sog. Deming- bzw. PDCA-Zyklus),[38] der in Abb. 12.1 visualisiert ist:

Ausgangspunkt für die Implementierung eines funktionsfähigen Umweltmanagementsystems nach ISO 14001 ist die *Festlegung der Umweltpolitik*, mit welcher die oberste Leitung einer Organisation zunächst den Rahmen für ihre umweltbezogenen Ziele (Gesamt- und Einzelziele) absteckt. Dabei darf die öffentlich zugängliche Erklärung[39] nicht völlig abstrakt sein, sondern muss den räumlichen Anwendungsbereich ebenso erkennen lassen wie die Angemessenheit der Umweltpolitik hinsichtlich Art, Umfang und Umweltauswirkungen der unternehmerischen Tätigkeiten, Produkte oder Dienstleistungen; sie enthält daher – neben eigenen Zielsetzungen, die sich aus Selbstverpflichtungen, Leitbildern etc. ergeben können – Aussagen zur kontinuierlichen Verbesserung und Verhütung von Umweltbelastungen, d. h. zur Umweltleistung sowie zur Einhaltung der für die Organisation relevanten Umweltgesetze und -vorschriften (s. Nr. 4.2 i. V. m. Anh. A.2 ISO 14001).

---

[38] Feldhaus, UPR 1998, 41; Masing 2021, S. 148.
[39] Waskow 1996, S. 89, spricht insofern von dem „Glaubensbekenntnis" der obersten Leitung zum Umweltschutz.

In einer zweiten Phase folgt die *Planung („plan")*. Sie fordert vom obersten Führungsgremium, Verfahren einzuführen und aufrechtzuerhalten, die dafür Sorge tragen, die Umweltaspekte sowie die gesetzlichen und anderen Anforderungen bezogen auf Produkte, Tätigkeiten und Dienstleistungen der Organisation zu ermitteln (Informationssammlung) und diese sodann in eine Art Prioritäten- bzw. Dringlichkeitsraster einzubringen. Auf der Grundlage dieses Rasters werden anschließend für jede Funktion und Ebene innerhalb der Organisationsstruktur konkrete, möglichst messbare Zielsetzungen festgelegt sowie Umweltprogramme zur Zielerreichung ausgearbeitet. In ihnen sind die verantwortlichen Personenkreise, die zur Verfügung stehenden Mittel und der zur Verfügung stehende Zeitrahmen auszuweisen (s. Nr. 4.3 i. V. m. Anh. A.3 ISO 14001).

Die dritte Phase des Umweltmanagements – *Verwirklichung und Betrieb („do")* – bezieht sich sodann auf die operative Ebene, d. h. auf die Sicherstellung der betriebsinternen Abläufe. Dabei wird besonderer Wert auf die Organisationsstruktur und die Festlegung von innerbetrieblichen Verantwortlichkeiten (z. B. das Benennen von Beauftragten) gelegt. Ferner sind Mitarbeiterschulungen durchzuführen sowie eine betriebsinterne Kommunikation, die Dokumentation und Dokumentenlenkung, die Ablauflenkung und die Notfallvorsorge dauerhaft zu etablieren (s. Nr. 4.4 i. V. m. Anh. A.4 ISO 14001).

Inwieweit die gesetzten Ziele (also das eigene Umweltprogramm zur Erreichung der avisierten Umweltleistung sowie die Einhaltung der maßgeblichen Umweltvorschriften) tatsächlich erreicht werden, ist im Rahmen der *Überprüfung* (vierte Phase *„check"*) fortlaufend zu ermitteln. Hierfür ist ein System der Überwachung einzurichten, zu welchem Messungen, Aufzeichnungen und interne Auditierungen des Umweltmanagementsystems, als ein systematischer, unabhängiger und dokumentierter Prozess zur Erlangung von Prüfnachweisen und deren objektiver Auswertung, gehören (s. Nr. 4.5 i. V. m. A.5 ISO 14001).

Die oberste Leitung bewertet schließlich – in einer periodisch wiederkehrenden fünften Phase – dem sog. „management review" (*Managementbewertung, „check"*) – die Brauchbarkeit, Angemessenheit und Effektivität der umgesetzten Regelungen. Dabei ist auf eine sorgfältige Dokumentation der Ergebnisse sowie der sich daraus ableitenden Schlussfolgerungen und anzuordnenden Veränderungsmaßnahmen zu achten (s. Nr. 4.6 i. V. m. A.6 ISO 14001). Der Zyklus beginnt mit der Festlegung der künftigen Umweltpolitik (= neue Zielsetzungen) von vorne.

Die Zertifizierung, d. h. die unabhängige Bestätigung der Übereinstimmung des eingeführten Umweltmanagementsystems mit der ISO 14001 erfolgt grundsätzlich auf freiwilliger Basis (siehe dazu Einführung zur ISO 14001).

Die Zertifizierung übernehmen die von der DAkkS[40] benannten und zugelassenen Prüfstellen (sog. Konformitätsbewertungsstellen). Dabei handelt es sich, im Gegensatz zu den bei EMAS vorherrschenden Einzelgutachtern, zumeist um privatrechtliche Zertifizierungs-

---

[40] Die DAkkS ist eine privatrechtlich geführte GmbH, welche die Akkreditierung (Zulassung) von Konformitätsbewertungsstellen gemäß der VO (EG) Nr. 765/2008 v. 9.7.2008 (zuletzt geändert durch die VO (EU) 2019/1020) als hoheitliche Aufgabe wahrnimmt und der Fachaufsicht der Bundesministerien untersteht – ihre Befugnis ergibt sich aus dem AkkreditierungsstellenG v. 31.7.2009, BGBl. I S-2625, zuletzt geändert durch Artikel 272 der elften Zuständigkeitsanpassungsverordnung vom 19.06.2020, BGBl. I S. 1328.

gesellschaften (z. B. TÜV, DEKRA), die zugleich auch in anderen Bereichen anerkannt sind, z. B. bei der Zertifizierung nach ISO 9001 (QM-Systeme). Sie müssen, um zugelassen zu werden, den fachlichen, organisatorischen und sonstigen Anforderungen der ISO/IEC 17021-1:2015[41] und 17024[42] genügen.

Zum genauen Prüfablauf einer Zertifizierung des betrieblichen Umweltmanagements liefert die Norm ISO 14001 selbst keine Hinweise. Unterstützung bietet die Norm ISO 19011[43] für die Durchführung von Audits und ISO/IEC 17021-1 für die Zertifizierung. ISO 19011 beschreibt die Zertifizierung des Umweltmanagementsystems als *reine Systemprüfung*, die durch externe zugelassene Gutachter erfolgt und mit der Übergabe des Zertifikats beendet ist.[44] Das Zertifikat bestätigt Dritten gegenüber lediglich die Konformität des betrieblichen Managementsystems mit der Norm ISO 14001. Eine Verwendung zu Werbezwecke ist daher auch nicht gestattet, weil gerade nicht die Verbesserung der prozess- oder produktbezogenen Umweltleistung bestätigt wird.

Der Zeitraum zwischen den Zertifizierungen richtet sich grundsätzlich nach der Gültigkeit der erteilten Zertifikate, wobei die Gültigkeitsdauer maximal drei Jahre[45] beträgt. Innerhalb dieser Geltungsdauer muss eine Neuzertifizierung vorgenommen werden.[46]

12.1.3.2 EMAS III

Die EMAS III-Verordnung (VO (EG) Nr. 1221/2009 des Europäischen Parlamentes und des Rates vom 25.11.2009), welche seit dem 11. Januar 2010 in Kraft ist, wurde durch die VO (EU) Nr. 517/2013,[47] VO (EU) 2017/1505,[48] VO (EU) 2018/2026[49] und VO (EU) 2023/1199[50] weiterentwickelt. Diese Anpassung harmonisiert die Anhänge der EMAS III-Verordnung stärker mit den Anforderungen der ISO 14001:2015 und soll die Akzeptanz des Systems fördern. Die wesentlichen Umweltmanagement- und Audit-Abläufe der Vorgängerverordnungen bleiben dabei erhalten. Auch in der Weiterentwicklung zielt EMAS III weiterhin darauf ab, ein „Referenzsystem"[51] für das Umweltmanagement zu avancie-

---

[41] ISO 17021 „Konformitätsbewertung – Allgemeine Anforderungen an Stellen, die Managementsysteme auditieren und zertifizieren".

[42] ISO 17024 „Konformitätsbewertung – Allgemeine Anforderungen an Stellen die Personen zertifizieren".

[43] Die ISO 19011 „Leitfaden für Audits von QM- und UM-Systeme", die insoweit die vormals bestehenden Normen ISO 14011 (Auditverfahren) und 14012 (Anforderungen an die fachliche Qualifikation von Umwelt-Auditoren) ersetzte.

[44] Vgl. dazu auch Wohlfahrt, BB 1996, 1679, 1680.

[45] Vor der Überarbeitung der ISO 14001 im Jahre 2015 lag die Gültigkeitsdauer bei fünf Jahren.

[46] Engel 2010, S. 44; Garbe/Hesprich, GWR 2024, 377; Makowicz/Maciuca, WPg 2020, 73.

[47] Verordnung (EU) Nr. 517/2013, Amtsblatt der Europäischen Union, ABL L 158, 10.06.2013.

[48] Verordnung (EU) Nr. 2017/1505, Amtsblatt der Europäischen Union, ABL L 228, 06.09.2017.

[49] Verordnung (EU) Nr. 2018/2026, Amtsblatt der Europäischen Union, ABL L 328, 14.12.2018.

[50] Verordnung (EU) Nr. 2023/1199, Amtsblatt der Europäischen Union, ABL L 272, 30.10.2023.

[51] Falke, ZUR 2010, 214.

ren. Hierfür haben die europäischen Gesetzgeber den weltweiten Zugang zum EMAS-System ermöglicht. Somit können sich auch außereuropäische Organisationen/Standorte registrieren lassen. Ferner wurden „Kernindikatoren" zu sog. Schlüsselbereichen wie Energie- und Materialeffizienz, Wasserverbrauch und Abfallmanagement geschaffen, welche ausgewiesen in der Umwelterklärung noch besser zur Vergleichbarkeit der jeweiligen Umweltleistungen beitragen. Es wurde die Sammelregistrierung ermöglicht, eine Verlängerung des Validierungszyklus für KMU gestattet, das EMAS-Logo vereinfacht und die Europäische Kommission angehalten, den Bekanntheitsgrad von EMAS zu vergrößern. Gleichzeitig bleibt EMAS ein anspruchsvolles System, das über die reine Konformitätsbewertung hinausgeht und auf kontinuierliche Verbesserung abzielt.

Obwohl EMAS mit der ISO 14001 in Konkurrenz steht, gilt es nach wie vor als umfassenderes System, das auch Aspekte wie die Einhaltung rechtlicher Anforderungen und eine erweiterte Stakeholder-Orientierung berücksichtigt. Initiativen der Europäischen Kommission, wie der Bezug von EMAS zum European Green Deal und nationalen Klimaschutzplänen, sollen den Bekanntheitsgrad und die Attraktivität weiter steigern.

Am System der EMAS III-Verordnung kann jede Organisation[52] freiwillig teilnehmen, die ihre betriebliche Umweltleistung kontinuierlich verbessern möchte (Art. 1 Abs. 2). Als kleinste registrierungsfähige Einheit ist dabei der „Standort"[53] festgelegt, wobei der Geltungsbereich der Verordnung seit EMAS III nicht mehr beschränkt ist, vielmehr die Teilnahme am Gemeinschaftssystem für das Umweltmanagement und die Umweltbetriebsprüfung nun auch Organisationen außerhalb der Gemeinschaft freisteht (Art. 1 Abs. 1).

Der Ablauf des Gemeinschaftssystems gestaltet sich wie in der nachfolgenden Abb. 12.2 illustriert:[54]

Bei einer erstmaligen Teilnahme am EMAS-System ist es erforderlich, dass die Organisation nach der *Festlegung ihrer betrieblichen Umweltpolitik (Umweltzielsetzung, die auch qualitative Inhalte haben darf)* eine *Umweltprüfung* durchführt, d. h. eine umfassende Untersuchung der Umweltaspekte, der Umweltauswirkungen und der Umweltleistungen im Zusammenhang mit den Tätigkeiten, Produkten oder Dienstleistungen einer Organisation (sog. Bestandsaufnahme). Bei dieser Bestandsaufnahme sind neben den umweltbezogenen und -relevanten Daten (z. B. Menge an Gefahrstoffen, Abwässern, Rückständen, etc.) alle einschlägigen Rechtsvorschriften sowie die bereits angewandten Techniken und Verfahren des Umweltmanagements zu ermitteln. Diese Anforderungen

---

[52] Organisation i.S. der EMAS III-Verordnung ist eine „Gesellschaft, Körperschaft, Betrieb, Unternehmen, Behörde oder Einrichtung bzw. Teil oder Kombination hiervon, innerhalb oder außerhalb der Gemeinschaft, mit oder ohne Rechtspersönlichkeit, öffentlich oder privat, mit eigenen Funktionen und eigener Verwaltung (Art. 2 Nr. 21).

[53] Standort i.S. der EMAS III-Verordnung ist ein bestimmter geografischer Ort, der der Kontrolle einer Organisation untersteht und an dem Tätigkeiten ausgeführt, Produkte hergestellt und Dienstleistungen erbracht werden (Art. 2 Nr. 22).

[54] Vgl. ausführlich – auch zu den jeweiligen Abläufen – und mit zahlreichen Beispielen das Werk von Ensthaler et al. 2002, 51 ff. sowie bei Ensthaler et al. 1996, S. 298 ff.

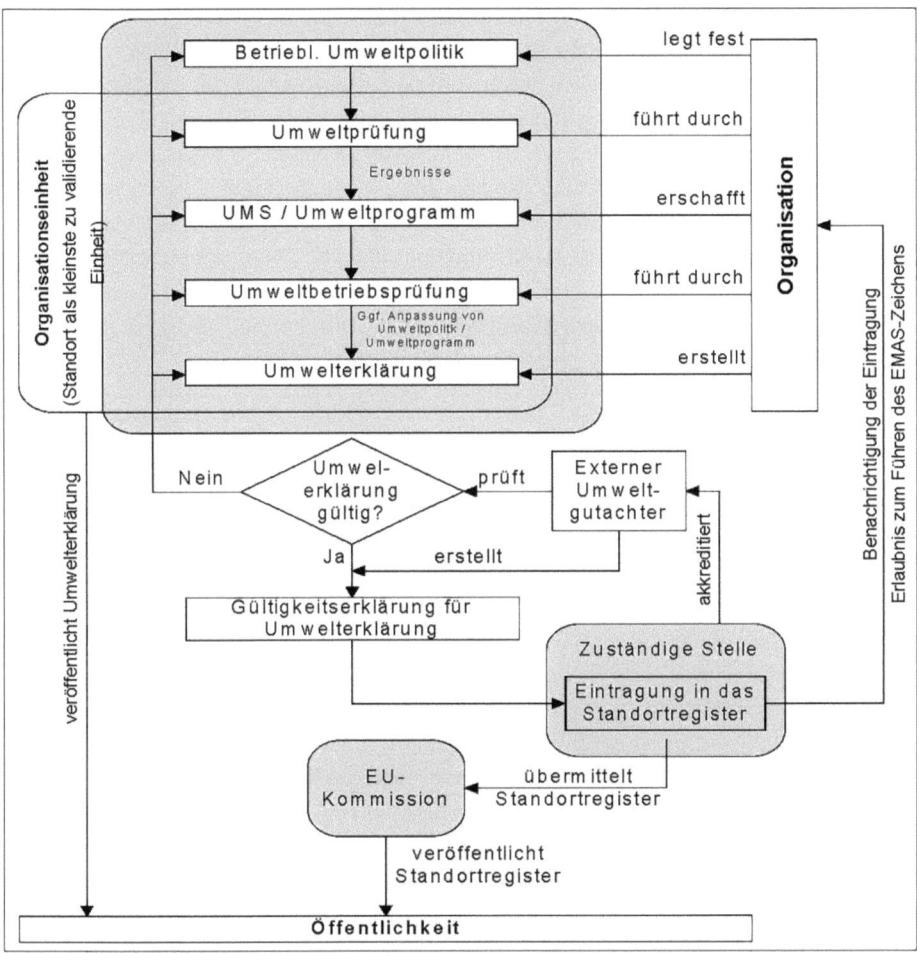

Abb. 12.2 Ablauf des Gemeinschaftssystems nach der EMAS-Verordnung (Abbildung angelehnt an Ensthaler et al. 2002, 59)

sind in Anhang I der EMAS-Verordnung festgelegt, der durch die Verordnung (EU) 2017/1505 aktualisiert wurde. Neuere Aspekte, wie die Berücksichtigung des Lebenszyklusansatzes und ein stärker systematisierter Bewertungsprozess für Umweltaspekte, wurden integriert, um die Vergleichbarkeit und Transparenz weiter zu erhöhen.

Ausgehend von dieser umfassenden Ist-Analyse lässt sich ein standortbezogenes *Umweltprogramm* aufstellen, das die innerbetrieblichen Verantwortlichkeiten sowie die freizugebenden Mittel und Zeitfenster zur Zielerreichung festlegt. Ferner entscheidet die Organisation über den Aufbau eines noch nicht existierenden oder über die Beibehaltung und ggf. Änderung eines bestehenden *Umweltmanagementsystems*. Grundlage dieses Systems ist die ISO 14001 ergänzt um einige wesentliche verpflichtende Zusatzanforderungen (vgl. Anhang II), namentlich die Einhaltung aller einschlägigen Umweltvorschriften („legal compliance"

B.2.1), eine quantifizierbare und messbare produktlebenszyklusbezogene Verbesserung der Umweltleistungen in stofflicher und energetischer Hinsicht (B.3.), eine aktive Mitarbeiterbeteiligung in allen Phasen des Gemeinschaftssystems (B.4.) sowie das ausdrückliche Bekenntnis zur aktiven externen Kommunikation und Transparenz (B.5.).

Im Anschluss an die Einrichtung des Umweltmanagementsystems folgt die sog. *Umweltbetriebsprüfung* – das „Herzstück" des Systems, das eigentliche Audit. Es wird von internen und/oder externen Betriebsprüfern nach einem festgelegten Prüfprogramm durchgeführt (vgl. Anhang III). Ziel dieser Prüfung ist es, die Funktionsfähigkeit des implementierten Managementsystems zu überprüfen (u. a. mittels Interviews und Begehungen) und anschließend zu bewerten. Hierbei stehen die Kompatibilität mit der Umweltpolitik und dem -programm sowie die Einhaltung der einschlägigen Umweltvorschriften im Fokus.

Die Ergebnisse des internen Audits werden – und hier liegt ein weiterer ganz wesentlicher Unterschied zur ISO 14001 – in Form einer *Umwelterklärung* an die Öffentlichkeit kommuniziert (vgl. Anhang IV). Sie enthält in knapper und verständlicher Form eine Beschreibung der Organisation, der Umweltpolitik und -zielsetzungen, des Umweltmanagementsystems sowie der tatsächlichen Umweltleistungen der Organisation (!).[55] Dabei erfolgen die Angaben zur Umweltleistung in den Schlüsselbereichen (Kernindikatoren[56]) in Form standardisierter Kennzahlen und nach einheitlichen Bezugsgrößen, um der Öffentlichkeit den Vergleich über mehrere Jahre hinweg sowie zwischen verschiedenen Organisationen zu ermöglichen. Die Umwelterklärung ist jährlich zu aktualisieren und öffentlich verfügbar zu machen.

Um die Glaubwürdigkeit der Umweltbetriebsprüfung (die auch vollständig intern erfolgen könnte) sowie der -erklärung zu erhöhen, sieht das EMAS-System zusätzlich eine externe *Validierung durch einen Umweltgutachter* vor (vgl. Anhang VII). Er kontrolliert, ob die Organisation eine interne Umweltbetriebsprüfung und eine Prüfung der Einhaltung der geltenden Umweltvorschriften vorgenommen hat, den Nachweis für die dauerhafte Einhaltung der Rechtsvorschriften und für eine Verbesserung der Umweltleistung erbringt sowie eine aktualisierte Umwelterklärung erstellt hat,[57] also ob die Organisation die Anforderungen aus der EMAS III-Verordnung erfüllt und umsetzt.

Nach erfolgreicher Überprüfung wird die für gültig erklärte Umwelterklärung schließlich bei den „zuständigen Stellen" (in Deutschland sind dies die Industrie- und Handelskammern sowie Handwerkskammern) – für maximal drei Jahre – in ein Verzeichnis eingetragen. Jeweils zum Jahresende wird dieses Verzeichnis an die Europäische Union übermittelt, die ihrerseits die eingetragenen Standorte im Amtsblatt der Europäischen Union veröffentlicht.

---

[55] Zu den allgemeinen Anforderungen und dem Inhalt von Umwelterklärungen mit zahlreichen anschaulichen Beispielen, siehe: Sammlung EMAS-Umwelterklärungen: https://www.emas.de/fileadmin/user_upload/4-daten-stat/emas-umweltklaerungen-alle.pdf (abgerufen am 13.12.2024).

[56] Die Kernindikatoren für die Umweltberichterstattung lauten: Energieeffizienz, Materialeffizienz, Wasser, Abfall, Biologische Vielfalt, Emissionen (vgl. Anhang IV C).

[57] DAU, Information für Umweltgutachter https://www.dau-bonn-gmbh.de/dauList.htm?cid=203 (abgerufen am 13.12.2024).

Abb. 12.3 Das EMAS-Logo

Mit der Eintragung ins Verzeichnis wird die Organisation berechtigt, das EMAS-Zeichen zu führen (vgl. Anhang V der Verordnung sowie sogleich als Abb. 12.3), welches unter Einhaltung der geltenden Anforderungen – insbesondere Verweis auf die zuletzt vorgelegte oder aktualisierte Umwelterklärung der Organisation – auch für Werbezwecke einsetzen darf. Es kann in 23 Sprachen verwendet werden; in Deutsch lautet der Wortlaut: „Geprüftes Umweltmanagement".

Ein wesentliches Element des EMAS-Systems – welches ebenfalls den „qualitativen Mehrwert" gegenüber der ISO 14001 unterstreicht – ist neben der öffentlich zu machenden Umwelterklärung das ausgefeilte Validierungssystem. Ein zuverlässiger, fachkundiger, unabhängiger[58] *staatlich zugelassener* Umweltgutachter überprüft, ob das bei der Organisation eingerichtete System mit der EMAS konform ist (s.o.). Die Validierung erfolgt gemäß den Anforderungen der EMAS III-Verordnung und dem Umweltauditgesetz (UAG).

Die Zulassung und Beaufsichtigung von Umweltgutachtern (zumeist sind dies Einzelgutachter) wurde in Deutschland an die Deutsche Akkreditierungs- und Zulassungsgesellschaft für Umweltgutachter mbH (DAU)[59] delegiert, die eigens zu diesem Zweck gegründet und mit diesen Aufgaben beliehen wurde. Sie verantwortet die Einhaltung der Art. 20 ff. EMAS III iVm dem UAG sowie der UAG-Fachkunderichtlinie bei der Zulassung von Umweltgutachtern, beaufsichtigt dieselben und unterhält eine Datenbank die alle zu-

---

[58] Die Anforderungen an die Zuverlässigkeit, Unabhängigkeit und Fachkunde des Umweltgutachters ergeben sich aus Art. 20 ff. EMAS III-Verordnung, dem Umweltauditgesetz (UAG), der UAG-Fachkunderichtlinie (UAG-FkR) i. V. m. der UAG-Zertifizierungsrichtlinie.

[59] Die DAU hat ihren Sitz in Bonn; zahlreiche Informationen zur Arbeitsweise finden sich unter: http://www.dau-bonn-gmbh.de/ (abgerufen am 13.12.2024).

gelassenen Gutachter, mit deren Adresse, Zulassungsnummer sowie deren Bereichszulassung (NACE-Code) ausweist.

Ergänzend zur DAU wurde ein pluralistisch zusammengesetzter Ausschuss, der sog. Umweltgutachterausschuss (UGA)[60] eingerichtet. Seine Aufgabe besteht darin, der DAU die Richtlinien für die Zulassung der Umweltgutachter sowie die Ermessensleitlinien für die Aufsicht über dieselben an die Hand zu geben (§ 21 UAG) und das Bundesumweltministerium in allen Zulassungs- und Aufsichtsfragen zu beraten.[61] Zudem wird eine umfassende Datenbank geführt, in der alle zugelassenen Umweltgutachter mit ihren Adressen, Zulassungsnummern und Tätigkeitsbereichen (NACE-Codes) erfasst sind. Das genaue Zusammenspiel zwischen der DAU und dem UGA ist im Umweltauditgesetz (UAG)[62] sowie den ergänzenden Rechtsverordnungen und Richtlinien geregelt, in Abb. 12.4 ist das Zulassungssystem nochmals (in vereinfachter Form) grafisch zusammengefasst.

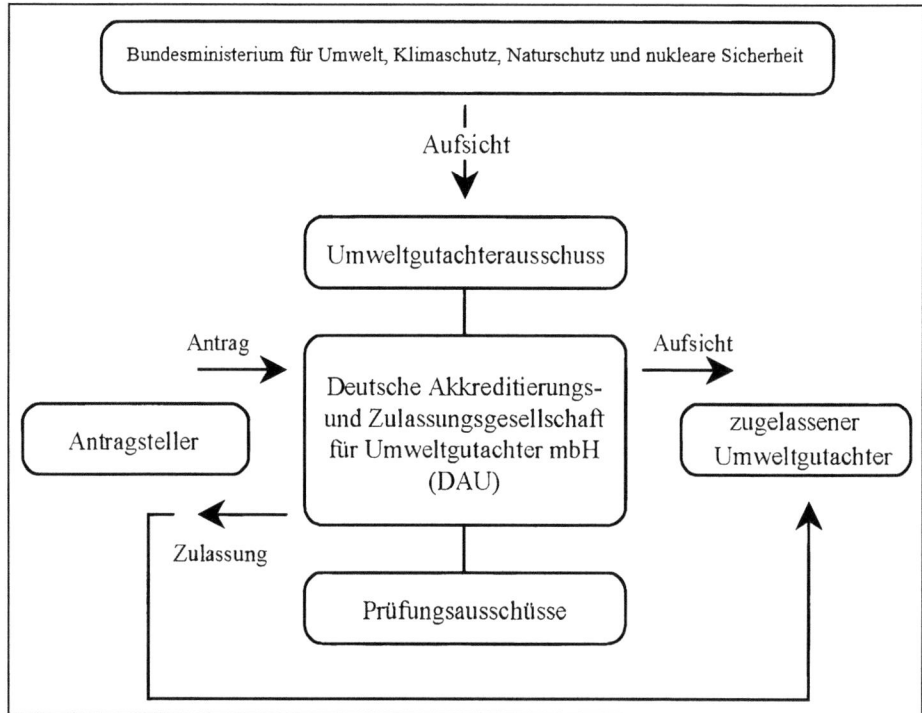

Abb. 12.4 Vereinfachte Abbildung des Zulassungssystems in Deutschland

---

[60] http://www.uga.de/ (abgerufen am 17.2.2011).
[61] Koplin/Müller, in: Baumast/Pape (Hrsg.), S. 55; Ensthaler/Gesmann-Nuissl/Funk/Selz 2001, S. 155.
[62] Gesetz zur Ausführung der Verordnung (EG) Nr. 1221/2009 des Europäischen Parlaments und des Rates über die freiwillige Teilnahme von Organisationen an einem Gemeinschaftssystem für Umweltmanagement und Umweltbetriebsprüfung sowie zur Aufhebung der Verordnung (EG) Nr. 761/2001, der Beschlüsse der Kommission 2001/681/EG und 2006/193/EG, zuletzt geändert durch Artikel 17 des Gesetzes vom 10. August 2021 (BGBl. I S. 3436).

12.1.3.3 Vergleichende Tabelle ISO 14001 und EMAS III

Vergleicht man die beiden Managementsysteme ISO 14001 und EMAS III miteinander, so ist feststellbar, dass sie sich immer mehr annähern.[63] Neben der weitgehend gleichen Zielsetzung der kontinuierlichen Verminderung der betrieblichen Umweltwirkungen (bei ISO 14001 über das Umweltmanagementsystem, bei EMAS III über die Umweltleistung) sowie der generellen Verpflichtung zur Einhaltung aller umweltbezogenen rechtlichen Rahmenbedingungen, sind auch die Instrumente und Abläufe zur Zielerreichung nahezu gleich geformt. So macht EMAS z. B. keine eigenen Vorgaben zum Umweltmanagementsystem mehr, sondern verweist in die ISO 14001 – schließt, vereinfacht formuliert, die Anforderungen nach ISO 14001 in sich ein.[64] Dennoch bleiben Unterschiede, die insbesondere durch zusätzliche „qualitative" Anforderungen an die Unternehmen seitens der EMAS zum Ausdruck kommen,[65] was letztlich auch dazu führt, dass zahlreiche Unternehmen stufenweise vorgehen, indem sie sich zunächst nach ISO 14001 zertifizieren lassen und danach erst entscheiden, ob sie auf dieser Grundlage an dem Gemeinschaftssystem EMAS teilnehmen oder nicht.[66]

Die wesentlichen Gemeinsamkeiten und Unterschiede zwischen ISO 14001 und EMAS III sind in der nachfolgenden Tab. 12.2[67] nochmals zusammengefasst.

12.1.3.4 „Niederschwelligere" Umweltmanagementansätze

Neben den dargestellten formellen Standards (ISO 14001 und EMAS), die auf eine ständige Verbesserung des gesamten Umweltmanagementsystems ausgerichtet sind, haben sich in den letzten Jahren auch sog. „niederschwellige" Umweltmanagementansätze entwickelt, die sich häufig nur auf eine bestimmte Branche beziehen und/oder nur einzelne Maßnahmen zur Verbesserung der Umweltleistung in den Blick nehmen (vgl. „Eco-Lighthouse" in Norwegen, „Green-Network" in Dänemark, „EcoCamping", „Grüne Gockel", „hotel energy check", „Bioland" in Deutschland, etc.).[68] Diese Systeme stellen regelmäßig weit geringere Anforderungen an die Unternehmen (hinsichtlich der Dokumentation, Auditierung etc.), als dies beim Einstieg in die ISO 14001 und EMAS der Fall wäre. Die Umsetzung der abgeforderten (Einzel-)Maßnahmen steht daher bereits qualitativ nicht mit den oben dargestellten Umweltmanagementsystemen gleich, weshalb sie auch nicht in gleicher Weise zertifiziert bzw. validiert werden können. Hierbei spielen auch digitale Lösungen zunehmend eine Rolle, wie beispielsweise cloudbasierte Umweltmanagement-Plattformen und Audit-Tools, die Dokumentation und Überprüfung vereinfachen und kostengünstiger gestalten.

---

[63] Steger 2000, S. 29; von Ahsen 2006, S. 28.
[64] Meyer, in: Moosmayer/Lösler (Hrsg.) 2024, § 28 Rn. 49.
[65] von Ahsen 2006, S. 28.
[66] Engel 2010, S. 196.
[67] Tabelle in Anlehnung an UGA, Systematisches Umweltmanagement – mit EMAS Mehrwert schaffen, S. 6 ff.
[68] Braun/Kahlenborn, Der Umweltbeauftragte, 3/2004; Koplin/Müller, in: Baumast/Pape, S. 55.

Tab. 12.2 Unterschiede/Gemeinsamkeiten zwischen ISO 14001 und EMAS III

	ISO 14001	EMAS III
Grundlage	Internationale Norm DIN EN ISO 14001:2015	Europäische Verordnung (EG) Nr. 1221/2009 in der durch die VO (EU) Nr. 517/2013, VO (EU) 2017/1505, VO (EU) 2018/2026 und VO (EU) 2023/1199 aktualisierten Fassung
Status	privatwirtschaftlicher Standard ohne Rechtscharakter	rechtliche Grundlage in Form einer Verordnung mit der Umsetzung für Deutschland durch das Umweltauditgesetz (UAG)
Räumlicher Anwendungsbereich	weltweit	weltweit
Inhalt	Umweltmanagementsystem (UMS) mit interner und externer Überprüfung	Gesamtpaket aus Umweltmanagementsystem mit interner und externer Überprüfung, Registrierung in öffentlich zugängliche nationale und internationale Register und Bereitstellung der Umwelterklärung
Ausrichtung und Ziel	verfahrens-/systemorientiert Ziel ist die kontinuierliche Verbesserung des UMS	ergebnis/umweltleistungsorientiert Ziel ist die kontinuierliche Verbesserungen der Umweltleistung von Organisationen durch das UMS, unter aktiver Beteiligung der Arbeitnehmer und im Dialog mit der Öffentlichkeit EMAS ist eingebunden in den Aktionsplan für Nachhaltigkeit in Produktion und Verbrauch und für eine nachhaltige Industriepolitik der EU
Teilnahme	freiwillig	freiwillig, aber mit strengen Anforderungen an die gesetzliche Konformität
Anforderungen	UMS einführen, dokumentieren, verwirklichen, aufrechterhalten und ständig verbessern	zusätzlich zu den Anforderungen der ISO 14001 fordert EMAS:
	Umweltpolitik Planung inkl. bedeutende Umweltaspekte bestimmen, geltende rechtliche Verpflichtungen ermitteln und zugänglich haben, Aufstellung von Zielen und dem Programm Verwirklichung und Betrieb des UMS sicherstellen, Qualifizierung von verantwortlichen Personen, interne Kommunikation Überprüfung (einschließlich interner Audits) Managementbewertung Dokumentation der Umweltsystemziele und -ergebnisse	Umweltprüfung: erstmalige umfassende Untersuchung des Ist-Zustandes im Zusammenhang mit den Tätigkeiten, Produkten und Dienstleistungen Nachweis der Einhaltung geltender Rechtsvorschriften und Genehmigungen kontinuierliche Verbesserung der Umweltleistung Mitarbeiterbeteiligung durch Einbeziehung in den Prozess der kontinuierlichen Verbesserung und Information der Beschäftigten externe Kommunikation mit der Öffentlichkeit, Stakeholdern, interessierten Kreisen, Kunden usw. regelmäßige Bereitstellung von Umweltinformationen (Umwelterklärung) validiert durch externe Gutachter

(Fortsetzung)

Tab. 12.2 (Fortsetzung)

	ISO 14001	EMAS III
Betrachtungsebenen	organisationsbezogen	organisations- und standortbezogen bedeutende Umweltauswirkungen und -leistung werden stand-ortbezogen dargestellt
Wesentlicher Prüfungsinhalt	Regeln für die Zertifizierung enthält der Text der ISO 14001 nicht, dafür werden zusätzliche Zertifizierungs- und Auditierungsnormen herangezogen (z. B. ISO 19011) durch Einsichtnahme in die Dokumente und Besuch auf dem Gelände wird überprüft, ob das UMS der Organisation mit den Anforderungen der ISO 14001 übereinstimmt	im Rahmen der Begutachtung wird durch Einsichtnahme in die Dokumente und Besuch auf dem Gelände überprüft, ob die Umweltprüfung, die Umweltpolitik, das UMS, die interne Umweltbetriebsprüfung sowie deren Umsetzungen den Anforderungen der EMAS-Verordnung entsprechen zusätzlich werden im Rahmen der Validierung die Informationen und Daten der Umwelterklärung für gültig erklärt (zuverlässig, glaubhaft und korrekt)
Prüfer	Zertifizierungsorganisationen werden durch die DAkkS akkreditiert (Deutsche Akkreditierungsstelle) der staatlich beliehenen nationalen Stelle für das gesamte Akkreditierungswesen	EMAS-Umweltgutachter und – Umweltgutachterorganisationen werden durch die DAU (Deutsche Akkreditierungs- und Zulassungsgesellschaft für Umweltgutachter mbH), einer speziellen staatlich beliehene Stelle, zugelassen und beaufsichtigt
Einbezug von Umweltbehörden	nicht vorgesehen	vor der Registrierung werden die Umweltbehörden von der Registrierungsstelle an der Validierung beteiligt
Zertifikat/ Gültigkeitserklärung	Zertifikat: ausgestellt durch die private Zertifizierungsorganisation, bescheinigt die Erfüllung der Anforderungen der ISO 14001	Gültigkeitserklärung: der EMAS-Umweltgutachter stellt eine unterzeichnete Erklärung zu den Begutachtungs- und Validierungstätigkeiten aus, mit der bestätigt wird, dass die Organisation alle Anforderungen der EMAS-Verordnung erfüllt
Urkunde/Registrierung	kein Registereintrag	Registerstellen (Industrie- und Handelskammern, Handwerkskammern) tragen die Organisation unter vorheriger Einbeziehung der Umweltbehörde in die öffentlich zugänglichen nationalen und internationalen Register ein und stellen eine Registrierungsurkunde aus. jede Organisation bekommt eine individuelle Register-nummer

(Fortsetzung)

Tab. 12.2 (Fortsetzung)

	ISO 14001	EMAS III
Externe Kommunikation/ Berichterstattung	Berichterstattung und externe Kommunikation ist nicht vorgegeben nur die Umweltpolitik muss der Öffentlichkeit zugänglich sein Organisation entscheidet selbst, ob sie darüber hinaus extern kommunizieren will Öffentlichkeit kann keine Informationen verlangen kein einheitliches Logo	alle drei Jahre erstellt die Organisation eine Umwelterklärung, die jährlich aktualisiert und durch den EMAS-Umweltgutachter validiert wird kleine Betriebe können diese Intervalle auf vier bzw. drei Jahre verlängern. Kommunikation mit der Öffentlichkeit und anderen interessierten Kreisen, einschließlich lokalen Behörden und Kunden ein attraktives Kommunikations- und Marketinginstrument stellt das einheitliche EMAS-Logo dar
Einhaltung von Rechtsvorschriften	geltende rechtliche Verpflichtungen müssen berücksichtigt werden	Nachweis wird gefordert, dass und wie für die Einhaltung der Rechtsvorschriften gesorgt wird
Einbezug der Beschäftigten	Einbeziehung der Beschäftigten, von deren Tätigkeiten bedeutende Umweltauswirkungen ausgehen können, in Form von Schulungen und Sicherstellen des Bewusstseins über das UMS die für das UMS verantwortlichen Personen sind mit notwendigen Informationen zu versorgen	über die Normanforderungen (Fähigkeiten, Schulung, Bewusstsein) hinaus aktive Einbeziehung und Information aller Mitarbeiterinnen und Mitarbeiter Beschäftigte müssen in den Prozess der kontinuierlichen Verbesserung einbezogen werden Mitarbeitervertreter (z. B. Gewerkschaften) sind auf Antrag ebenfalls einzubeziehen Informationsrückfluss von der Leitung an die Mitarbeiter
Außendarstellung	Zeichen der Zertifizierungsstelle Präsentation des Zertifikats	Veröffentlichung und Präsentation der Umwelterklärung, geprüfter Umweltinformationen und der Registrierungsurkunde Verwendung des EMAS-Logos mit individueller Registernummer für Marketing- und Kommunikationszwecke, z. B. Internetseiten, Briefbögen, E-Mail-Signaturen, Schilder, Werbung, Printmedien etc. Eintrag in die öffentlich zugänglichen nationalen und internationalen Register
Erleichterungen für KMU und Behörden	keine Sonderregelungen für kleine Organisationen oder Behörden keine Möglichkeit auf jährliche Überwachungsaudits zu verzichten Zertifizierer haben festgelegte Zeittabellen, die sie je nach Größe des Betriebs für die Zertifizierung kalkulieren müssen Fördermöglichkeiten von Bund und Ländern	Verlängerung des Überprüfungsintervalls von drei auf bis zu vier Jahre möglich jährlich zu aktualisierende Umwelterklärung muss nur alle zwei Jahre validiert werden bei der Begutachtung durch den EMAS-Umweltgutachter werden die besonderen Merkmale bei Kommunikation, Arbeitsaufteilung, Ausbildung und Dokumentation berücksichtigt keine Mindestzeiten, die der Gutachter für die Begutachtung ansetzen muss Fördermöglichkeiten von Bund und Ländern

(Fortsetzung)

Tab. 12.2 (Fortsetzung)

	ISO 14001	EMAS III
Direkte rechtliche Erleichterungen	keine	EMAS-PrivilegVO schafft Erleichterungen in Bezug auf die Anzeige- und Mitteilungspflichten zur Betriebsorganisation nach § 52b BImSchG, die Bestellung und die Pflichten des Umweltbeauftragten sowie bei Messungen und sicherheitstechnischen Prüfungen

Verordnung (EU) Nr. 517/2013, Amtsblatt der Europäischen Union, ABL L 158, 10.06.2013
Verordnung (EU) Nr. 2017/1505, Amtsblatt der Europäischen Union, ABL L 228, 06.09.2017
Verordnung (EU) Nr. 2018/2026, Amtsblatt der Europäischen Union, ABL L 328, 14.12.2018
Verordnung (EU) Nr. 2023/1199, Amtsblatt der Europäischen Union, ABL L 272, 30.10.2023

Allerdings haben die Anbieter dieser „kleinen Lösungen" zumeist eigene Registrierungsformen geschaffen und sorgen so dafür, dass die teilnehmenden Unternehmen eine Form der Auszeichnung erhalten oder ein besonderes Label führen dürfen. Für die sich beteiligenden Unternehmen stellen diese Systeme damit oftmals eine kostengünstigere Variante einer umweltbezogenen Selbstdarstellung/-erklärung (namentlich zur Unterstützung und Markierung des eigenen Leistungsangebots) dar, die in erster Linie aus Imagegründen (sie suggerieren Kompetenz und Glaubwürdigkeit) begehrt wird. Hierbei sind oft Kooperationen mit regionalen Handelskammern und branchenspezifischen Verbänden entscheidend, die nicht nur Zertifizierungen erleichtern, sondern auch Zugang zu Best Practices und finanziellen Förderprogrammen bieten, etwa durch nationale Programme oder EU-Initiativen.

Der juristische Wert solcher prozessbezogenen Öko-Labels (z. B. deren Einsatz, um eine behördlich angeordnete Nachweisverpflichtung zu erfüllen) hängt ganz maßgeblich von der Transparenz der bestätigten Inhalte sowie der Reputation der sie vergebenden Institutionen ab.[69] Dabei steigen die Glaubwürdigkeit und der juristische Wert des Signets mit der Fachkompetenz und Unabhängigkeit der sie ausstellenden Institution.

„Bsp.: Sofern ein Unternehmensverbund eine Eigenmarke („ECO-XY") kreiert, welche die Umweltkonformität der betriebsinternen Prozesse und Abläufe bescheinigt, darf ein solches Instrument zwar den Kunden beeindrucken, taugt aber nicht zu einem Haftungsausschluss bzw. als Exkulpationsnachweis nach § 6 Abs. 2 des Umwelthaftungsgesetzes (kurz: UmweltHG). Anderes gilt jedoch, wenn die Standorte des Verbundes z. B. nach EMAS registriert wurden oder es sich um ein Nachweis-Label einer anerkannten wissenschaftlich-technischen Institution (wie z. B. dem TÜV) handeln würde."[70]

---

[69] Vgl. dazu auch aktuelle Entscheidungen, zum Wettbewerbsrecht z. B. BGH, Urt. v. 27.6.2024, Az. I ZR 98/23 – „klimaneutral", m.Anm. Gesmann-Nuissl InTeR 2024, S. 120 ff.

[70] Als Beispiel mag hier der BSCI-Standard – ein Verhaltenskodex von Einzelhandelsunternehmen für faire und ökologische Produktionsbedingungen gelten, der zwar nicht zertifiziert werden kann, dessen praktische Umsetzung allerdings vom TÜV Süd überprüft und durch ein Nachweis-Signet bestätigt wird.

Trotz dieser vorsichtig mitschwingenden Kritik[71] bedeuten diese einfachen Managementansätze in jedem Fall begrüßenswerte erste Schritte zur Etablierung eines betrieblichen Umweltmanagementsystems, denn mit dem stärkeren Umweltbewusstsein in den Unternehmen und der Umsetzung von Einzelmaßnahmen wächst regelmäßig auch der Wunsch nach einem vollständigen zertifizierten Umweltmanagementsystem.[72]

12.1.3.5 Nachhaltiges Umweltmanagement oder umweltorientiertes Nachhaltigkeitsmanagement

Umweltmanagementsysteme stehen zumeist nicht alleine, sondern werden in den Unternehmen von Qualitätsmanagementsystemen (ISO 9001), Energiemanagementsysteme (ISO 50001[73]), Systemen zum Arbeits- und Gesundheitsschutz (ISO 45001),[74] IT-Sicherheitsmanagementsystemen (ISO/IEC 27001:2022) und weiteren Einzelsystemen begleitet. Idealerweise sind diese Einzelsysteme in einem Integrierten Management System (IMS) zusammengeführt und durch ein übergreifendes Risikomanagementsystem (ISO 31000/ONR 49000)[75] mit- und untereinander verbunden, um Zielkonflikte, Ineffizienzen, Doppelbelastungen etc. zu vermeiden und Synergieeffekte sinnvoll zu nutzen (Abb. 12.5).[76]

Zu einer *„nachhaltigen"* Organisation – diese Eigenschaft wird aktuell, wo bereits Finanzierungszusagen der Banken von dem Nachweis der „nachhaltigen Produktion" oder „nachhaltiger Produkte" abhängen, immer wichtiger[77] – kann das Unternehmen werden, sofern es sich in seinem Leitbild zum Konzept der Nachhaltigkeit[78] bekennt und dabei neben den ökonomischen und ökologischen Interessen insbesondere soziale Belange i.S. der

---

[71] Die Kritik bezieht sich dabei vor allem auf die z. T. undifferenzierte Zunahme von Öko-Labels – nicht nur prozess-, sondern auch produktbezogen (vgl. dazu unten bei 6.1.6 „Typ II – Deklarationen") – die dazu führt, dass das Hauptziel der Kennzeichnung, namentlich den Abbau von Informationsasymmetrien zu fördern, konterkariert wird, weil die Labels eben ob ihrer Vielfalt keine schnelle Orientierung für den Verbraucher mehr zulassen. In diesem Sinne auch: Kupp, in: Baumast/Pape, S. 233; Appleton 1997, S. 23.

[72] Dies zumindest ist das Ergebnis einer Studie von Kahlenborn/Freier aus dem Jahr 2005 im Auftrag des Bundesumweltministeriums, vgl. http://www.ums-fuer-kmu.de (abgerufen am 17.2.2011).

[73] Das Energiemanagementsystem DIN EN ISO 500001 lässt sich als Ergänzung bzw. Erweiterung eines Umweltmanagementsystems begreifen.

[74] Ehemals OHSAS 18001.

[75] Die ISO 31000 löst als erste international gültige Norm zum Risikomanagement das im Rahmen des Sarbanes-Oxly-Act umgesetzte COSO-Regelwerk ab. Dazu wurden national geltende Normen, insbesondere die österreichische ON-R 49000 sowie die AS/NZS 4360 des australisch-neuseeländischen Normungsverbandes berücksichtigt und eingearbeitet. Entstanden ist ein allgemein und generisch formulierter Leitfaden, der nicht als Zertifizierungsnorm vorgesehen ist.

[76] Vgl. dazu Reuter, Ganzheitliche Integration themenspezifischer Managementsysteme – Entwicklung eines Modells zur Gestaltung und Bewertung integrierter Managementsysteme, 2003.

[77] Siehe zuletzt Schlemminger, in: FAZ v. 4.3.2011, S. 39; Reese, ZUR 2010, 339, 345.

[78] „Einem langfristig ausgerichteten, ganzheitlichen Optimierungsansatz, der zu einer gesellschaftlichen Entwicklung führen sollte, die … den Bedürfnissen der heutigen Generation entspricht, ohne die Möglichkeiten künftiger Generationen zu gefährden", vgl. v. Hauff, in: ders. (Hrsg.), S. 46.

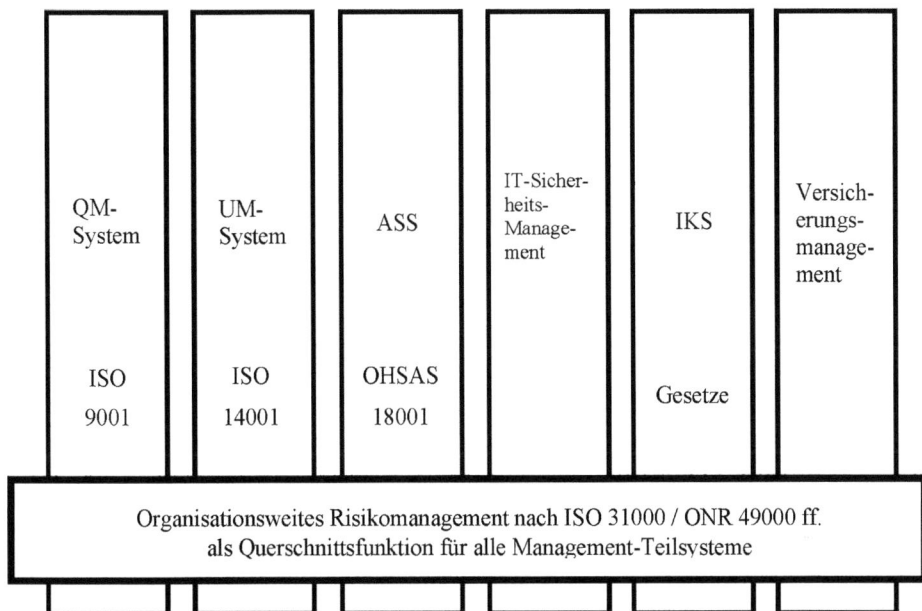

Abb. 12.5 Verbund von Managementsystemen nach ISO 31000/ONR 49000

„Social Responsibility" („gesellschaftliche Verantwortung", Stakeholderanforderungen) in die bestehenden (Management-/Umweltmanagement-) Strukturen integriert.

Die Vorgaben hierfür ergeben sich seit Anfang des Jahres 2011 (in der Aktualisierung seit 2021) aus der ISO 26000. Diese Norm wurde zwar als ein nicht *zertifizierungsfähiger Leitfaden* (Empfehlung) eingeführt,[79] hat jedoch einen hohen praktischen Einfluss auf Unternehmen. Es liegt *faktisch* ein Management-System-Standard vor, denn es steht zu erwarten, dass die Unternehmen, die sich den Prinzipien (z. T. mit Anforderungscharakter) aus der ISO 26000 unterwerfen (z. B. die sog. Global Player), die Umsetzung eines solchen Systems bzw. die Übernahme der Prinzipien auch von ihren Lieferanten und Händler fordern, d. h. dieselben bilateral dazu verpflichten werden (z. B. in Form von Allgemeinen Geschäftsbedingungen, QS-Vereinbarungen); es hat eine „Diffusion der ISO 26000 durch die Lieferkette"[80] stattgefunden. Diese Entwicklung wird durch die zunehmende Einführung zertifizierbarer sozialer Standards, **wie beispielsweise** CSR-Initiativen, Global Reporting Initiative (GRI) und spezifische soziale Berichterstattungssysteme, ergänzt. Einige Nationalstaaten haben bereits eigene zertifizierbare Lösungen etabliert oder planen diese, um die sozialen Anforderungen entlang der gesamten Lieferkette sicherzustellen. In Europa hat man hierfür den Weg des EU-Lieferkettengesetzes (CSDDD) gewählt (vgl. Kap. 11).

---

[79] ISO 26000 „ist weder für Zertifizierungszwecke noch für die gesetzliche oder vertragliche Anwendung vorgesehen oder geeignet." (Nr. 1 DIN ISO 26000:2021).

[80] Castka und Balzarova 2008, S. 281ff.

Für den hier interessierenden Umweltmanagementbereich bedeutet diese Entwicklung, dass künftig schon bei der Festlegung der Umweltpolitik, aber auch bei deren Umsetzung z. B. die Aspekte einer nachhaltigen Produktgestaltung (Langlebigkeit, Gebrauchsnutzen, Recyclingfähigkeit und Minimierung des ökologischen Fußabdrucks, etc.) sowie die Verantwortung der Organisation durch die gesamte Lieferkette (z. B. Vermeidung von Kinderarbeit auch bei Zulieferern und Händlern) und über den gesamten Lebenszyklus hinzutreten müssten, damit überhaupt von einem „nachhaltigen Umweltmanagement" gesprochen werden kann. Ferner wären die Umweltindikatoren/-kennzahlen (s.o. EMAS III) um sog. „weiche Kennzahlen" – Nachhaltigkeitsindikatoren – zu erweitern (z. B. Reputation, Mitarbeiterzufriedenheit, aber auch Barrierefreiheit, Verhinderung von Kinderarbeit, Erhalt der Artenvielfalt etc.), deren Erfüllungsgrad turnusgemäß zu ermitteln wäre, um darüber anschließend öffentlich Bericht zu erstatten.[81]

12.1.4 Systematik der gesetzlich abverlangten Betriebsorganisation – der Betriebsbeauftragte für den Umweltschutz

Neben den beschriebenen „freiwilligen" Managementsystemen wirkt der Gesetzgeber in Deutschland außerdem durch das (Umwelt-)Verwaltungsrecht auf die innerbetriebliche Organisationsstruktur der Unternehmen ein, indem er für besonders umweltrelevante Anlagen die Installation von sog. „Umweltbeauftragten"[82] abfordert (vgl. nachfolgende Tab. 12.3).

Trotz der damit verbundenen gesetzlichen Verankerung der Binnenorganisation von Unternehmen und dem augenscheinlich „verordneten Teilnahmezwang" soll über die Beauftragten *keine staatliche Ausforschung* betrieben werden, sondern aus der Sicht des Gesetzgebers stellen die Beauftragten – ganz im Sinne der marktwirtschaftlichen Prinzipien der Selbstbestimmung und Eigenüberwachung – lediglich das „Umweltgewissen" des Unternehmens dar und fungieren gerade nicht als der „verlängerte Arm" der Überwachungsbehörde.[83] Umweltbeauftrage stehen weder in einem Beleihungs-, noch in einem Auftragsverhältnis zum Staat, sie sind ausschließlich Beauftragte ihres Betriebes, sodass dem Unternehmen/der Organisation immer auch ein selbstregulativer Spielraum für die betriebliche Überprüfung der gesetzlichen Vorschriften verbleibt. In diesem Sinne ist auch allen Arten von Umweltbeauftragten gemein, dass sie eine umwelteffektive Betriebsorganisation aus dem Unternehmen heraus, also *von innen heraus* garantieren sol-

---

[81] Hierbei kann auf Vorarbeiten der Global Reporting Initiative (GRI) zurückgegriffen werden, die bereits ein Indikatorenset mit 49 Kern- und 30 Zusatzindikatoren zur Nachhaltigkeitsberichterstattung entwickelt hat; vgl. GRI, Leitfaden zur Nachhaltigkeitsberichterstattung, 2006.

[82] Der Begriff „Umweltbeauftragter" wird hier als Sammelbegriff verwendet; die tatsächliche Bezeichnung (s. Tab. 12.3) findet sich in den einschlägigen Gesetzen.

[83] Engel 2010, S. 197. Ein weitergehender Eingriff in die Binnenorganisation der Unternehmen würde sich auch aus Art. 14 GG verbieten.

12 Umweltmanagement und Recht

Tab. 12.3 Überblick über die Bestellungspflicht für Umweltbeauftragte. (Abbildung in Anlehnung an Bauer, Umweltwirtschaftsforum 1/1999, S. 10 und Baumast und Pape 2022, S. 74)

Umweltbeauftragte	Bestellungspflicht	Rechtsgrundlage
Immissionsschutzbeauftragter	bei bestimmten genehmigungspflichtigen Anlagen gemäß Anhang I der 5. BImSchV	§ 53 BImSchG
Abfallbeauftragter	bei genehmigungsbedürftigen Anlagen nach § 4 BImSchG bei Anlagen, in denen regelmäßig besonders überwachungsbedürftige Abfälle anfallen bei ortsfesten Sortier-, Verwertungs- und Abfallbeseitigungsanlagen Hersteller und Händler, die Abfälle zurück nehmen bei einem zur Abfall-Rücknahme Verpflichteten	§§ 59, 60 KrWG
Gewässerschutzbeauftragter	bei Abwassereinleitung über 750 m³ pro Tag oder Lagerung wassergefährdender Stoffe	§§ 64, 65 WHG
Störfallbeauftragter	bei Betriebsbereichen nach § 1 I der 12. BImSchV	§§ 58 a – d BImSchG
Beauftragter für biologische Sicherheit	bei gentechnischen Arbeiten und Freisetzungen	§§ 6 IV GenTG, 29–32 GenT-SicherheitsV
Strahlenschutzbeauftragter/ Strahlenschutzverantwortlicher	beim Umgang mit gefährdenden Strahlungen	§§ 69 ff. StrlSchG
Gefahrstoffbeauftragte	bei zu erwartenden Gefährdungen im Umgang mit Gefahrstoffen	§ 6 Abs. 2 ChemVerbotsG, Nr. 1.4 (3) des Anh. I GefStoffV

In Tab. 12.3 sind nur die wichtigsten Umweltbeauftragten aufgeführt, es gibt weitere Beauftragte in unserem Rechtssystem

len,[84] wobei sich aber durchaus ihre konkreten Aufgaben und Kompetenzen je nach Aufgabengebiet unterscheiden können.[85] Die rechtliche Ausgestaltung des Beauftragtenwesens ist hingegen in allen Bereichen nahezu gleich, weshalb es sich sehr gut am Beispiel des Immissionsschutzbeauftragten darstellen, und ohne weiteres auf die anderen o.g. Bereiche übertragen lässt.

Beim Betrieb besonders umweltrelevanter Anlagen i.S. des Anhang I der 5. BImSchV sind nach §§ 53 Abs. 1, 55 Abs. 1 BImSchG ein oder mehrere Umweltbeauftragte schriftlich zu bestellen. Die Auswahl obliegt der freien Organisationsentscheidung des Unternehmens,[86] allerdings ist die genaue Anzahl der zu bestellenden Personen so zu wählen,

---

[84] Versteyl, in: Versteyl/Mann/Schomerus, KrWG, 2919, § 59 Rn. 1.

[85] Kloepfer 2016, § 5 Rn. 423.

[86] Während nach dem BImSchG und dem KrWG grds. nur Betriebsangehörige bestellt werden dürfen, ist die Aufgabenwahrnehmung nach dem WHG bspw. auch einem externen Dienstleister gestattet.

dass jederzeit eine ordnungsgemäße Aufgabenerfüllung gewährleistet bleibt; dabei kann ein Beauftragter durchaus auch für mehrere Anlagen verantwortlich sein (§ 4 der 5. BImSchV sog. „Konzernbeauftragter"). Eine Befreiung von der gesetzlich angeordneten Bestellungspflicht ist möglich (§ 6 der 5. BImSchV), ebenso aber auch eine Einzelfallanordnung bei nicht gelisteten Anlagen und besonderer Notwendigkeit (§ 53 Abs. 2 BImSchG).

Ein Umweltbeauftragter muss – um seine Aufgaben souverän ausführen zu können – über die erforderliche Fachkunde verfügen und zuverlässig sein (§ 55 Abs. 2 BImSchG). Dies setzt nach § 7 der 5. BImSchV ein abgeschlossenes Hochschulstudium in relevanten Fachbereichen (z. B. Biologie, Chemie oder Ingenieurswesen), eine mindestens zweijährige Berufserfahrung sowie die Festigung und Erweiterung des Wissensstandes durch regelmäßige Fortbildung und Teilnahme an Lehrgängen voraus. Ferner müssen seine persönlichen Eigenschaften, sein Verhalten und seine Fähigkeiten dazu geeignet sein, die ihm obliegenden Funktionen (s. u.) tatsächlich wahrnehmen zu können.[87] Dies ist z. B. nicht mehr der Fall, wenn der Beauftragte wegen der Verletzung umweltrechtlicher Vorschriften mit Geldbuße oder Strafe belegt wurde (§ 10 Abs. 2 BImSchV).

Die Funktion eines Umweltbeauftragten besteht – abstrakt betrachtet – einerseits darin, innerhalb des Betriebes über die Einhaltung der Umweltgesetze zu wachen (§ 54 Abs. 1 Nr. 3 BImSchG), andererseits aber auch ganz allgemein darin, den Umweltschutz als integrierendes Unternehmensziel in die Firmenpolitik hineinzutragen und die umweltgerechte Entwicklung und Erforschung neuer Verfahrensweisen und Produkte zu fördern (§ 54 Abs. 1 Nr. 1 und 2 BImSchG).[88] Die einzelnen Funktionen (= Aufgaben) lassen sich dabei weiter wie folgt konkretisieren:

- Initiativ- und Vorsorgefunktion: Der Umweltbeauftragte wirkt auf die Entwicklung und Einführung umweltfreundlicher Verfahren, Prozesse und Produkte sowie auf umweltbezogene Investitionsentscheidungen hin; hierfür ist ihm ein direktes Vortragsrecht eingeräumt (§§ 54 Abs. 1 S. 1, 56, 57 BImSchG).
- Beratungs-, Überwachungs- und Kontrollfunktion: Der Umweltbeauftrage begleitet die betriebsinternen Abläufe, kontrolliert sie (z. B. durch Messungen, Befragungen) und sorgt für die Einhaltung der umweltbezogenen Rechtsvorschriften und behördlichen Anordnungen (§ 54 Abs. 1 BImSchG).
- Informations-, Aufklärungs- und Schulungsfunktion: Der Beauftragte sammelt und verdichtet die umweltrelevanten Informationen, führen eine SWOT- bzw. GAP-Analyse durch und bereitet die Ergebnisse für die jeweiligen Unternehmensbereiche, deren Mitarbeiter oder die Behörde in geeigneter Weise auf (z. B. Umwelt-Reporting und Schulungen, vgl. § 54 Abs. 1 BImSchG).

---

[87] Rathje 2009, S. 76.
[88] Kloepfer 2016, § 5 Rn. 423.

- Berichtsfunktion: Der Umweltbeauftrage ist verpflichtet, der Unternehmensleitung in regelmäßigen Abständen – zumeist jährlich – über die getroffenen und geplanten Maßnahmen Bericht zu erstatten (§ 54 Abs. 2 BImSchG).
- Vertretungsfunktion: Der Umweltbeauftragte vertritt das Unternehmen gegenüber den Umweltbehörden, in einschlägigen Umweltgremien sowie in sonstigen umweltrelevanten Einrichtungen, sofern er von der Unternehmensleitung hierzu legitimiert wurde.

Angesichts dieser vielfältigen Funktionen, die ein Umweltbeauftragter im Unternehmen wahrzunehmen hat, wird nachvollziehbar, dass er zumeist eine Stabstelle innerhalb des Unternehmens begleitet, die unmittelbar der Unternehmensleitung zugeordnet ist. Damit der Umweltbeauftragte trotz dieser starken betrieblichen Integration auch in der Erfüllung seiner Aufgaben wirkungsvoll, d. h. dem Umwelt- und damit auch Allgemeinschutz verpflichtet bleibt, hat der Gesetzgeber dafür Sorge getragen, dass er nicht behindert oder benachteiligt wird (§ 58 Abs. 1 BImSchG) und außerdem einem besonderen Kündigungsschutz unterliegt (§ 58 Abs. 2 BImSchG). Hierdurch kann die Effektivität und Objektivität innerhalb des Unternehmens (als „Umweltgewissen") hinreichend gesichert werden.

12.1.5 Exkurs: Produktbezogene Umweltzeichen

Produktbezogene Umweltkennzeichen und -deklarationen gelten einerseits als Werkzeuge, andererseits stellen sie das Ergebnis eines funktionierenden Umweltmanagements nach außen dar – sie liefern Informationen über Produkte, ganze Produktsysteme (lifecycle) oder Dienstleistungen im Hinblick auf deren Umwelteigenschaften und/oder -leistungen. Insofern können sie – sofern zertifiziert (z. B. Typ I - und Typ III -Deklarationen, s. u.) – dazu beitragen den Erfüllungsgrad von gesetzlichen Anforderungen (z. B. Energieeffizienzanforderungen nach dem Energieverbrauchskennzeichengesetz auf Basis der Verordnung (EU) 2017/1369) zu belegen (s.a. Abschn. 6.2.2). Außerdem lässt sich durch ihren Einsatz die Nachfrage nach ökologischen Produkten und/oder Dienstleistungen steigern. Letzteres wird insbesondere durch den sog. *„Top-Runner"-Ansatz* bewirkt, der das beste am Markt befindliche Produkt zum Standard erhebt und Produkte, die diesen Standard innerhalb einer bestimmten Frist nicht erreichen, vom Markt ausschließt.[89]

Ein *verpflichtendes* produktbezogenes Umweltzeichen ist das allgemein bekannt Energieverbrauchskennzeichen, das durch die Verordnung (EU) 2017/1369 neu skaliert

---

[89] Vgl. dazu z. B. die Ökodesign-Richtlinie (RL 2009/125/EG v. 21.10.2009, in: ABl. EG L 295, S. 10) die bestimmten Anforderungen an die umweltgerechte Gestaltung energieverbrauchsrelevanter Produkte stellt (z. B. Lichtquellen 2019/2020/EU; externe Netzteile 2019/1782/EU; Haushaltswaschmaschinen 2019/2023/EU) und damit ineffiziente Geräte faktisch vom Markt ausschließt.

wurde. Es kennzeichnet den zulässigen Energieverbrauch für bestimmte Produktgruppen (z. B. Kühlschränke, Waschmaschinen, Fensterverglasungen etc.) und erleichtert den Verbrauchern die Wahl zwischen verschiedenen Produktkategoorien nach Energieeffizienzgesichtspunkten. Die Energieverbrauchskennzeichnung („A"-„G"-Kennzeichnung) ist bereits 1992 durch eine EU-Rahmenrichtlinie[90] eingeführt worden, die in Deutschland durch das Energieverbrauchskennzeichnungsgesetz (EnVKG) und durch die Energieverbrauchskennzeichnungsverordnung (EnVKV) eine Umsetzung erfuhr. Seit dem Jahr 2021 gibt es zur transparenteren Kennzeichnung das sog. EU-Energielabel, dessen Übernahme auf alle Produkte bis 2030 vollzogen sein soll. Über das EU-Energielabel erhalten die Verbraucher*innen mittels verständlicher Piktogrammen weitere aussagekräftige Informationen über den Energieverbrauch und die Eigenschaften von neuen Geräten wie zum Beispiel Fassungsvolumen, Lautstärke oder Wasserverbrauch erhalten. Über einen QR-Code können sie zudem die EPREL-Produktdatenbank ansteuern und weitere Informationen (z. B. zu den zugrunde liegenden Berechnungsverfahren; Parameter der Produktdatenblätter) beiziehen.

Eine Vielzahl weiterer verpflichtender EU-weit gültiger Umweltkennzeichnungen richtet sich gezielt an spezifische Produktgruppen und Umweltaspekte. Dazu gehört die Chemikalienkennzeichnung gemäß der REACH- und CLP-Verordnung, die verpflichtend für Produkte mit chemischen Substanzen ist und Verbraucher über Umwelt- sowie Gesundheitsrisiken informiert. Ein weiteres Beispiel ist das EU-Reifenlabel gemäß der Verordnung (EU) 2020/740, das seit 2021 verpflichtend ist und Angaben zu Kraftstoffeffizienz, Nasshaftung und externen Rollgeräuschen von Fahrzeugreifen enthält. Ebenso ist die Kennzeichnung bestimmter Einwegplastikprodukte gemäß der Richtlinie (EU) 2019/904 erforderlich, um Verbraucher über die Umweltbelastung durch unsachgemäße Entsorgung aufzuklären. Darüber hinaus umfasst die EU-Politik Ansätze wie das EU-Ecolabel (s. u.), das grundsätzlich freiwillig ist, in spezifischen öffentlichen Beschaffungsregelungen jedoch als Voraussetzung herangezogen werden kann. Im Bereich Lebensmittelkennzeichnung sind Schritte zu mehr Nachhaltigkeit vorgesehen, insbesondere durch die neue Richtlinie (EU) 2024/825, die Transparenz bei Nachhaltigkeitsaussagen fördern soll.

Neben den verpflichtenden Kennzeichen gibt es zudem eine Reihe *freiwilliger* Umweltzeichen, die Auskunft zu konkreten Umwelteigenschaften und/oder -leistungen geben können. Sie sind im Gegensatz zu den niederschwelligen Managementansätzen (s.o. 12.1.3.4) normiert; die Normenreihe ISO 14020 ff. klassifiziert dabei drei Typen zur Produktkennzeichnung:

---

[90] Rahmenrichtlinie 92/75/EWG zur Energieverbrauchskennzeichnung vom 22.9.1992, neu gefasst durch: Richtlinie 2010/30/EU vom 19.5.2010 über die Angabe des Verbrauchs an Energie und anderen Ressourcen durch energieverbrauchsrelevante Produkte mittels einheitlicher Etiketten und Produktinformationen (ABl. L 153 vom 18.6.2010, S. 1), zuletzt ersetzt durch die Verordnung (EU) 2017/1369 vom 4.7.2017 zur Festlegung eines Rahmens für die Energieverbrauchskennzeichnung (ABl. L 198 vom 28.7.2017, S. 1).

- *Type I: Zertifizierte Ökolabel*: Zertifizierte Ökolabel (Type I) sind öffentliche Umweltkennzeichen, die innerhalb einer Produktkategorie für Produkte mit einer besseren Umweltleistung bei konstanter Qualität vergeben werden. Die Vergabe von Ökolabel basiert auf einer produktgruppen-spezifischen Kriterienliste, die vom Inhaber des Labels (ein Verband, eine unabhängige oder staatliche Institution) und interessierten Kreisen erstellt, und deren Einhaltung von einer unabhängigen dritten Stelle (Umweltzeichenvergabestelle, z. B. RAL) zertifiziert wird. Mit Erfüllung der produktgruppenspezifischen Anforderungen, erhält der Hersteller vom Label-Inhaber die Berechtigung das Ökolabel zu führen (vgl. ISO 14024). Bekannte Beispiele sind die Öko-Label „Blauer Engel" und „nature plus", ebenso die Euro-Blume.[91]
- *Type II: Selbstdeklarationen*: Dieser Typus der Umweltkennzeichnung (Typ II) wird meist von Herstellern oder vom Handel entwickelt, um nur einzelne Umweltaspekte der Produkte und Dienstleistungen besonders hervorzuheben (ISO 14021).[92] Die Norm spricht deshalb selbst von „umweltbezogenen Anbietererklärungen". Anders als bei den Umweltkennzeichnungen nach Typ I und Typ III findet keine Zertifizierung durch externe Dritte statt. Insbesondere in den vergangenen Jahren war vermehrt die Werbung mit „Klimaneutralität" Gegenstand gerichtlicher Entscheidungen.[93] Um die Glaubwürdigkeit gegenüber Kunden und Verbrauchern trotzdem zu sichern, müssen die Informationen zumindest verifizierbar, genau und relevant sein. Die bloße Unterstützung von Klimaschutzprojekten reicht nicht aus; die spezifischen Maßnahmen müssen transparent und öffentlich zugänglich sein. Wenngleich Type II-Deklarationen also eine kostengünstige Alternative zu Type-I-Zertifizierungen darstellen, erfordern sie dennoch eine glaubwürdige Darstellung der Umweltleistung, um sowohl gesetzlichen Anforderungen als auch Verbraucheransprüchen gerecht zu werden.
- *Type III: Produktdeklarationen (EPD)*: Produktdeklarationen (kurz EPD, Environmental Product Declarations) sind Produktlabels, die auf quantifizierbaren Mess- und Maß-

---

[91] Mit der Euro-Blume (Verordnung (EG) Nr. 66/2010 über das EU-Umweltzeichen vom 25. November 2010, zuletzt geändert durch die Verordnung (EU) 2017/1941 der Europäischen Kommission vom 24. Oktober 2017 (ABl. EU L 275/2017) können in allen EU-Mitgliedsstaaten sowie den assoziierten Nachbarstaaten Produkte ausgezeichnet werden, die bezogen auf die gesamte Lebensdauer geringere Umweltauswirkungen haben als der Marktdurchschnitt ohne dass dabei die Sicherheit der Produkte beeinträchtigt oder die Eignung für den vorgesehenen Gebrauch verringert wird. Das EU-Umweltzeichen besitzt derzeit europaweite Gültigkeit in 24 Produktkategorien, die Vergabekriterien, die der European Union Ecolabeling Board (EUEB) festgelegt hat, sind in der Verordnung normiert.

[92] Zu den wettbewerbsrechtlich relevanten Konsequenzen s. u. Abschn. 12.2.1.3

[93] Zuletzt BGH, Urt. v. 27.6.2024 – I ZR 98/23 – klimaneutral, m. Anm Gesmann-Nuissl InTeR 2024, 120 ff.; LG Kleve, Urt. v. 22.6. 2022 – 8 O 44/21, GRUR-RS 2022, 16689 – Klimaneutrale Fruchtgummis; OLG Düsseldorf, Urt. v. 6.7.2023 – 20 U 152/22, GRUR-RS 2023, 16069 – schmeckt auch unserem Klima; OLG Schleswig, Urt. v. 30.6.2022 – 6 U 46/21, GRUR 2022, 1451 – Klimaneutrale Müllbeutel II; OLG Frankfurt a.M., Urt. v. 10.11.2022 – 6 U 104/22, InTeR 2023, 30 ff. – Klimaneutral; OLG Düsseldorf, Urt. v. 6.7.2023 – 20 U 72/22, GRUR-RS 2023, 16524 – Klimaneutrale Marmelade; LG Hamburg, Urt. v. 9.8.024 – 315 O 9/24, ESG 2024, 274 – dekarbonisierter Kreuzfahrtbetrieb.

zahlen einer Ökobilanz oder einem Carbon Footprint[94] beruhen und deshalb jederzeit einen wertfreien Vergleich mit anderen Type-III-Label-Produkten ermöglichen. Die ISO 14025 beschreibt die Anforderungen an eine solche Produktdeklaration, die zumeist Umweltkennzahlen zum Rohstoffverbrauch, zur Abfallträchtigkeit oder zu den Treibhausgasemissionen über den gesamten Lebenszyklus eines Produktes enthält sowie dazu ergänzende Erläuterungen vornimmt (z. B. zu den Klimaeffekten). Die Produktdeklarationen können, müssen aber nicht durch unabhängige Dritten zertifiziert werden und lassen sich – wegen der darin enthaltenen objektiven Umweltkennzahlen – sehr gut mit Umweltmanagementsystemen, die eine Ökobilanzierung erfordern (ISO 14001 oder EMAS III), kombinieren. Beispiele für EPDs bilden die CO2-Labels, das Label „Energy Star", das Label des IBU oder das Produktinformationssystem „PRODIS" der Gemeinschaft umweltfreundlicher Teppichboden. Solche Deklarationen sind zunehmend Teil des Umweltrechts, insbesondere durch die EU-Bauproduktenverordnung, die seit 2011 in Kraft ist und mehrfach aktualisiert wurde.[95] Hierbei wird festgelegt, dass bei der Bewertung der Umweltverträglichkeit und Ressourcenschonung von Bauprodukten EPD-Daten als entscheidende Referenz herangezogen werden müssen.

12.2 Juristische Betrachtung des Umweltmanagements

Der juristische Wert von Umweltmanagementsystemen ist ambivalent.[96] Gelten sie im nationalen Recht zumeist nur als Selbststeuerungsmechanismen, deren (z. T. freiwillige) Etablierung in die Unternehmensabläufe zu Handlungs- und Vollzugserleichterungen führen oder das Risiko zivil- und strafrechtlicher Inanspruchnahme verringern (s. Abschn. 12.2.1), stellen sie sich bezogen auf das europäische Umweltrecht in zahlreichen Regelungsbereichen bereits als unverzichtbare Voraussetzung dar, um die dort gestellten Anforderungen überhaupt erfüllen zu können (vgl. dazu später unter 12.2.2).

Dies hängt ganz maßgeblich mit den unterschiedlichen Leitbildern der beiden Rechtssysteme zusammen. Während im nationalen Recht das *ordnungsrechtliche Konzept der*

---

[94] Der „Product Carbon Footprint" (PCF) bezeichnet die Menge der Treibhausgasemissionen entlang des gesamten Lebenszyklus eines Produkts in einer definierten Anwendung und bezogen auf eine definierte Nutzeinheit.

[95] Verordnung (EU) Nr. 305/2011 des Europäischen Parlaments und des Rates vom 9. März 2011 zur Festlegung harmonisierter Bedingungen für die Vermarktung von Bauprodukten und zur Aufhebung der Richtlinie 89/106/EWG des Rates, zuletzt geändert durch Delegierte Verordnung (EU) 2024/2769.

[96] Der wirtschaftliche Wert ist hingegen nachgewiesen: So steht einem durchschnittlichen Kostenaufwand zur Etablierung eines Systems von ca. 60.000 € eine sofortige Ersparnis von ca. 70.000 € gegenüber – vgl. SRU BT-Drs. 14/8792, Tz. 111 ff. Ferner können Kostensenkungspotenziale dauerhaft ermittelt werden, ebenso lassen sich günstigere Bank- und Versicherungskonditionen erzielen und schließlich verbessern sich durch erteilte Logos die Absatzchancen: Kloepfer 2016, § 5 Rn. 448; Engel, S. 110 ff.

12 Umweltmanagement und Recht

Gefahrenabwehr auch weiterhin die zentrale Bedeutung einnimmt (etwa im Anlagen-, Abwasser- oder Bodenschutzrecht) und durch das Vorsorgeprinzip (z. B. durch die Beschreibung von sog. Grundpflichten) sowie den kooperativen Instrumenten der Betriebsorganisation/Eigenüberwachung (u. a. Umweltbeauftragte, Auskunfts- und Mitteilungspflichten, Umweltmanagementsysteme) eine „nur" sinnvolle Ergänzung erfährt, unterscheidet das europäische Umweltrecht konzeptionell nicht zwischen Gefahrenabwehr und Vorsorge, nimmt gerade keine Stufung vor, sondern setzt von Anfang an verbindliche *Umweltqualitätsziele*, welche von den Verpflichteten – etwa den Unternehmen – zu erreichen *und* nachzuweisen sind.[97] Insoweit bekommen Umweltmanagementsysteme auf europäischer Ebene einen völlig anderen Charakter. Sie sind nicht mehr nur betriebswirtschaftlich motivierte reflexive Instrumente,[98] die auf Unternehmensebene mit der Analyse von Betriebsabläufen dazu beitragen, Energie und Geld zu sparen oder für geringfügige Handlungs- und Vollzugserleichterungen zu sorgen, sondern sie sind jetzt unverzichtbar, um die abverlangte europäische Umweltqualität nachzuweisen, die sich u. a. in konkreten Messgrößen, Stoffeigenschaften und/oder eigenständigen Risikobewertungen (s. EPDs) niederschlägt; u. U. sogar obligatorisch darzulegen ist, um den Ausschluss vom Markt zu vermeiden („no data no market").

„Als Beispiel mag etwa die Eigenverantwortung unter REACH gelten, die zwar in einem Kernbereich für Hochrisikostoffe weiter an den ordnungsrechtlichen Instrumentarien der Ge- und Verbote in Gestalt von gemeinschaftsweiten Stoffbeschränkungen festhält, aber für die große Masse der Chemikalien (vgl. Art. 2 REACH-VO) nur noch auf die „modernen" Steuerungsinstrumente der eigenverantwortlichen Risikoermittlung und Risikobewertung sowie auf einen darauf aufbauenden Akteur übergreifenden Risikominderungsprozess setzt.[99] Risikoermittlung und -bewertung der Chemikalienflüsse über die gesamte Lieferkette sowie die herstellerseitige Kommunikation gegenüber den vor- und nachgeschalteten Akteuren (Stoffsicherheitsberichte und -beurteilungen, Art. 34 REACH-VO) und gegenüber der Registrierungsstelle (Europäische Agentur)[100] kann lückenlos und nachhaltig (s. auch die Aufbewahrungspflichten nach Art. 36 REACH-VO) nur mittels eines (Chemikalien-)Managementsystems erreicht werden. Die Europäische Agentur nimmt ihrerseits nurmehr eine formale (keine materiell-rechtliche!) Registrierungskontrolle der von den Unternehmen selbst formulierten Unterlagen vor. Das Managementsystem (als kontinuierlicher und verlässlicher Informationslieferant) wird somit zur Grundvoraussetzung bei Erfüllung der neuen Pflichtenlage und ebenso für die weitere Teilhabe am Marktgeschehen (Art. 5 REACH-VO); darauf wird an späterer Stelle unter 6.2.2 nochmals einzugehen sein."

---

[97] Reese, ZUR 2010, 339, 342.
[98] Kloepfer, § 5 Rn. 418.
[99] Führ/Lahl 2005, abrufbar unter http://www.bmu.de/files/chemikalien/downloads/application/pdf/-reach_eigenverantwortung.pdf.
[100] Die Agentur zur Registrierung chemischer Stoffe in Helsinki (EChA) ist eine unabhängige, mit Rechtsfähigkeit ausgestattete europäische Verwaltungseinrichtung, die von den nationalen Stellen als Vollzugshelfer – „System amtlicher Kontrollen und anderer im Einzelfall zweckdienlichen Tätigkeiten" (Art. 125 REACH-VO) – unterstützt wird.

12.2.1 Umweltmanagement und nationales Umweltrecht

Im Rahmen des „klassischen", nationalen Umweltrechts erlangen die Umweltmanagementsysteme sowohl im Verwaltungsrecht (s. dazu unter. 12.2.1.1) als auch im Zivil- (s. dazu unter 12.2.1.2) und Strafrecht (s. dazu unter 12.2.1.4) Bedeutung.

Sie schaffen – wie vom Gesetzgeber beabsichtigt – neben der erhöhten Bereitschaft zur Rechtsbefolgung, Handlungs- und Vollzugserleichterungen und haben Auswirkungen auch dort, wo es in zivil- und strafrechtlicher Hinsicht um den Nachweis einer umweltgerechten Betriebsorganisation geht.

12.2.1.1 Umweltverwaltungsrecht

Umweltmanagementsysteme können zu *Handlungserleichterungen* führen, sofern im Umweltverwaltungsrecht – zur Unterstützung staatlicher Kontrolle und behördlicher Überwachung – Eigenüberwachungspflichten (z. B. Messverpflichtungen: §§ 7 Abs. 1 Nr. 3, 26, 28 BImSchG; Einstufungspflichten: § 3a ChemG) oder Aufzeichnungs-, Offenbarungs- und Mitwirkungspflichten (z. B. Anzeige-, Melde- und Mitteilungspflichten: §§ 15, 31, 52b BImSchG, §§ 40, 58 KrWG, §§ 16d ff. ChemG; Erklärungspflichten: § 27 BImSchG; Datenerfassungs-, Dokumentations- und Nachweispflichten: § 14 UmweltstatistikG, § 2 UmweltinformationsG, §§ 49, 50 KrWG, 31 BImSchG, §§ 7 ff. StörfallVO, § 6 Abs. 12 GefStoffVO)[101] vorgesehen sind. Denn bezogen auf diese verwaltungsrechtlichen Anforderungen, die zumeist auf eine Weiterleitung umweltrelevanter Daten und Informationen zielt, die in Menge und Komplexität stetig zunimmt, lassen sich durchaus Synergieeffekte zu den Informationen herstellen, die das Umweltmanagementsystem z. B. im Rahmen seiner Ökobilanzierung, seiner Umweltbetriebsprüfung bzw. seiner Umweltdatenerfassung zu Tage bringt oder zu den Nachweisen, die im Rahmen der systemimmanenten Dokumentenlenkung ohnehin erstellt werden. Sofern diese Informationen, Erklärungen, Mitteilungen aus den Umweltmanagementsystemen mit den abgeforderten überwachungsrechtlichen Instrumenten vergleichbar sind, also eine *funktionale Äquivalenz* besteht, lassen sie sich zweifelsohne auch ordnungsrechtlich – namentlich im Rahmen der Behördenkontrolle – nutzbar machen.[102] In welcher Weise dies konkret geschehen kann, liegt dabei im Ermessen der damit befassten Behörden und wurde in den meisten Bundesländern durch Verwaltungsanweisungen näher ausgestaltet.[103]

In Deutschland gibt es verschiedene gesetzliche Regelungen und Verordnungen auf Landesebene, die EMAS-Organisationen (Organisationen, die das Umweltmanagement-

---

[101] Weitere solcher Handlungserleichterungen finden sich in einer Studie des Umweltgutachterausschusses: UGA, EMAS in Rechts- und Verwaltungsvorschriften, Stand: Jan. 2024, https://www.emas.de/pub/emas-in-rechts-und-verwaltungsvorschriften (abgerufen am 16.12.2024).

[102] Ensthaler et al. 2002, S. 33 ff.

[103] Mehrseitige tabellarische Übersicht bei Meß sowie UGA, EMAS in Rechts- und Verwaltungsvorschriften, Stand: Stand: Jan. 2024, https://www.emas.de/pub/emas-in-rechts-und-verwaltungsvorschriften (abgerufen am 16.12.2024).

system gemäß der EMAS-Verordnung eingeführt haben) spezifische Vorteile und Erleichterungen bieten. Diese Vorteile sind meist in Bereichen wie Gebührenreduktionen, Verwaltungserleichterungen, Eigenkontrollen und Fördermöglichkeiten zu finden.

- In Baden-Württemberg gibt es beispielsweise die Gebührenverordnung des Umweltministeriums (GebVO UM, 2023), die EMAS-Organisationen bis zu 30% Gebührenermäßigungen gewährt. Das Landes-Kreislaufwirtschaftsgesetz (LKreiWiG, 2023) ermöglicht zudem überwachungsrechtliche Erleichterungen für EMAS-Organisationen. Auch das Wassergesetz (2023) enthält Regelungen, die EMAS-Organisationen in bestimmten Branchen, wie der Gewinnung von Steinen und Erden, Gebührenreduzierungen ermöglichen.
- In Bayern profitieren EMAS-Organisationen von der Gebührenverordnung zum Kostengesetz (KVz, 2023), die bis zu 30% bis 50% Gebührenermäßigungen in immissionsschutzrechtlichen Verfahren und Entsorgungsnachweisen vorsieht. Darüber hinaus bietet das Umwelt- und Klimapakt-Projekt Unterstützung und Anforderungen im öffentlichen Auftragswesen.
- Berlin bietet EMAS-Unternehmen durch das Berliner Wassergesetz (BWG, 2019) und die Förderrichtlinie BENE (2023) Verwaltungserleichterungen sowie Fördermöglichkeiten für die Einführung eines Umweltmanagementsystems.
- In Brandenburg gibt es durch die Gebührenordnung des Ministeriums für Umwelt und Verbraucherschutz (GebOMUGV, 2022) eine 20%ige Gebührenreduzierung bei Genehmigungen. Das Brandenburgische Wassergesetz (2017) ermöglicht zudem spezielle Verwaltungserleichterungen für EMAS-Anträge.
- In Hessen erhalten EMAS-Organisationen Vorteile gemäß der Verwaltungskostenordnung (VwKostO-MUKLV, 2022) und der Verwaltungsvorschrift zur Indirekteinleiterverordnung (IndirekteinleiterVwV, 2023), inklusive Gebührenermäßigungen bei Genehmigungs- und Überwachungsverfahren.
- Mecklenburg-Vorpommern sieht Gebührenreduzierungen von bis zu 30% für EMAS-Organisationen vor, etwa in der Kostenverordnung für Wasserwirtschaft oder in der Selbstüberwachungsverordnung (SÜVO, 2016).
- Auch in anderen Bundesländern wie Niedersachsen, Nordrhein-Westfalen, Sachsen und Sachsen-Anhalt bestehen vielfältige EMAS-spezifische Vorteile. Dazu gehören Gebührenermäßigungen, Verwaltungsvereinfachungen, Förderung der Einführung von EMAS, sowie Unterstützung bei der Selbstüberwachung und Umweltprüfung gemäß verschiedenen landesspezifischen Gesetzen und Verordnungen.[104]

Eine tatsächliche *Vollzugserleichterung* erfährt das Unternehmen allerdings erst, wenn es nicht nur zu einer faktischen, sondern auch zu einer tatsächlichen Aufgabe (Substitu-

---

[104] Mehrseitige tabellarische Übersicht bei Meß sowie UGA, EMAS in Rechts- und Verwaltungsvorschriften, Stand: Januar 2024, https://www.emas.de/pub/emas-in-rechts-und-verwaltungsvorschriften (abgerufen am 12.12.2024).

tion) von staatlicher Kontrolle kommt, wenn also die Tatsache, dass ein Umweltmanagement vorgehalten wird, zur *gesetzlich angeordneten Privilegierung* des Unternehmens führt – es kein Nebeneinander von Eigen- und Behördenkontrolle mehr gibt, sondern die Eigenkontrolle die behördliche Kontrolle vollständig ersetzt.

Eine solche ordnungsrechtliche Privilegierung ist in Ausführung des Art. 10 Abs. 2 EMAS II[105] in den Bestimmungen der §§ 58e BImSchG, 61 KrWG und 24 WHG mittels Verordnungsermächtigungen angelegt, die ihrerseits eine weitere Konkretisierung durch die EMAS-Privilegierungs-Verordnung (EMASPrivilegV)[106] sowie durch landesrechtliche Regelungen[107] erfahren haben.

Ziel der EMAS-PrivilegV ist es, den Unternehmen/Organisationen, die sich am Gemeinschaftssystem beteiligen (das sind ausschließlich die nach EMAS registrierten Anlagen, nicht die nach ISO 14000 zertifizierten!), bundeseinheitlich bestimmte genehmigungs-, verfahrens- und überwachungsrechtliche Erleichterungen zu gewähren. Nach § 2 EMAS-PrivilegV werden Anzeige- und Mitteilungspflichten zur Betriebsorganisation nach §§ 52b BImSchG und 58 KrWG alleine durch die Bereitstellung des Bescheides zur Standort- oder Organisationseintragung erfüllt. Gemäß § 3 Abs. 1 EMAS-PrivilegV kann bei einer EMAS-Anlage auf die Anordnung der Bestellung eines oder mehrerer Betriebsbeauftragten nach § 53 Abs. 2 BImSchG (Betriebsbeauftragter für Immissionsschutz) oder nach § 59 Abs. 2 KrWG (Betriebsbeauftragter für Abfall) verzichtet werden. Dies gilt analog für die behördliche Anordnung nach § 58a Abs. 2 BImSchG (Störfallbeauftragter). § 3 Abs. 2 EMAS-PrivilegV ermöglicht ferner den Verzicht auf die jährlichen Berichte nach §§ 54 Abs. 2, 58 b Abs. 2 BImSchG und nach § 55 Abs. 2 KrWG. Außerdem können die Anzeigepflichten nach §§ 55 Abs. 1, 58 c Abs. 1 BImSchG und § 60 Abs. 3 KrWG seitens des Betreibers dadurch erfüllt werden, dass der Beauftragte die im Rahmen des Umweltaudits erstellten Unterlagen der zuständigen Behörde zuleitet. Die §§ 4–9 EMAS-PrivilegV enthalten schließlich Erleichterungen bei Emissionsermittlungen, wiederkehrenden Messungen, Funktionsprüfungen, sicherheitstechnischen Prüfungen sowie hinsichtlich der Berichts- und Unterrichtungsverpflichtung gegenüber der Öffentlichkeit (§§ 26 ff. BImSchG i.V.m. mit den einschlägigen BImSch-

---

[105] Art. 10 Abs. 2 der Verordnung (EG) Nr. 761/2001 v. 19.3.2001, ABl. L 114/1 v. 24.4.2001 (EMAS II) gab den Mitgliedstaaten auf, zu prüfen „… wie der EMAS-Eintragung … bei Durchführung und Durchsetzung der Umweltvorschriften Rechnung getragen werden kann, damit doppelter Arbeitsaufwand sowohl für die Organisation als auch für die … Behörden [= Eigen- und Behördenkontrolle] vermieden werden kann."

[106] Verordnung über immissionsschutz- und abfallrechtliche Überwachungserleichterungen für nach der Verordnung (EG) Nr. 761/2001 registrierte Standorte und Organisationen (EMAS-Privilegierungs-Verordnung – EMASPrivilegV), ergangen als Art. 1 der Verordnung zum Erlass und zur Änderung immissionsschutzrechtlicher und abfallrechtlicher Verordnungen v. 24.6.2002, BGBl. I S. 2247.

[107] Die landesrechtlichen Privilegierungen, die seither geschaffen wurden, können im Rahmen der Abhandlung nicht dargestellt werden – einen sehr guten Überblick in tabellarischer Form gewährt: *UGA*, EMAS in Rechts- und Verwaltungsvorschriften, Stand: Stand: Jan. 2024, https://www.emas.de/pub/emas-in-rechts-und-verwaltungsvorschriften (abgerufen am 16.12.2024).

VOen). Alle diese Erleichterungen (Privilegierungen i.S. von Substitutionen) stehen jedoch im behördlichen Ermessen und werden nur eingeräumt, sofern die Einhaltung der umweltrechtlichen Vorschriften zuvor im Rahmen einer „legal compliance" (bei EMAS ist das fest vorgesehen!) stattgefunden hat – die Privilegierung betrifft außerdem lediglich den Verwaltungs*vollzug* – ersetzt/substituiert also die Behördenkontrolle – und lässt dabei die bestehenden ordnungsrechtlichen Verpflichtungen unberührt.[108]

12.2.1.2 Umweltprivatrecht

Im Rahmen des nationalen Umweltprivatrechts spielen Umweltmanagementsysteme insbesondere im Bereich der (Umwelt-)Haftung,[109] also bei einer privatrechtlichen Inanspruchnahme der Unternehmen durch Geschädigte oder Beeinträchtigte, eine Rolle. Hier tragen sie einerseits dazu bei, den Begriff der „betrieblichen Organisationspflicht" und damit den status quo der umweltspezifischen Verkehrspflichten mit auszugestalten. Sie definieren also, was vom Unternehmer/Anlagenbetreiber erwartet werden kann, d. h. an welchen Vorgaben er organisatorisch zu messen ist und wirken insofern anforderungssteigernd und haftungsverschärfend. Andererseits ermöglichen sie aber auch verfahrensrechtliche Vorteile, namentlich dort, wo vom Unternehmen/Anlagenbetreiber der „bestimmungsgemäße Normalbetrieb" bzw. die „Einhaltung der Betreiber- und Organisationspflichten" nachzuweisen ist. Hier können Managementsysteme haftungsentlastend wirken. Diese doch unterschiedliche Wirkweise der Managementsysteme innerhalb des privaten Umwelthaftungsrechts soll nachfolgend dargestellt werden.

Die privatrechtlichen Ansprüche, mit welchen die Unternehmen bzw. die Betreiber aufgrund von Umwelteinwirkungen konfrontiert werden können, lauten regelmäßig auf Schadensersatz aus den Tatbeständen der deliktsrechtlichen Verschuldenshaftung (§§ 823 ff. BGB) sowie der anlagenbezogenen Gefährdungshaftung (§§ 1 ff. UmweltHG) oder auf Beseitigung und/oder Entschädigung aus der Aufopferungshaftung (§§ 906 BGB, 14 BImschG).[110] Da die Wirkweise der Umweltmanagementsysteme im Rahmen dieser Schadensersatz- und Entschädigungsansprüche nahezu gleich ist, werden die Ausführungen hier auf Schadensersatzansprüche aus der deliktsrechtlichen Verschuldungshaftung beschränkt.[111]

---

[108] Knopp, NVwZ 2001, S. 1098, 1099 f.

[109] Dem Begriff „Haftung" liegt hier ein weites Begriffsverständnis zugrunde, das Umweltnachbarrecht wird explizit eingeschlossen – vgl. hierzu bereits Ensthaler et al. 2002, S. 22 ff., Ensthaler et al. 1997, S. 237 ff.

[110] Unberücksichtigt bleibt in diesem Zusammenhang die RL 2004/35/EG des Europäischen Parlaments und des Rates vom 21.4.2004 über Umwelthaftung zur Vermeidung und Sanierung von Umweltschäden (ABl EG Nr L 143 S. 56) sowie das Umweltschadensgesetz als Umsetzungsgesetz (BGBl. 2007 I S. 666), da sie gerade keine Haftungstatbestände im „klassischen" Sinne erfassen, sondern (öffentlich-rechtliche) Kostenerstattungspflichten für Restitutions- und Rekultivierungsmaßnahmen der öffentlichen Hand i.S. einer ordnungsrechtlichen Störerhaftung vorsehen.

[111] Die Grundlagen aller anderen privatrechtlichen Ansprüche sind in Ensthaler et al. 1997 S. 237 ff. nachgezeichnet. Ebenso u. a. bei Dombert, in: Ewer/Lechelt/Theuer (Hrsg.), 1998, Kap. L Rn. 7 ff.; sowie bei Kloepfer 2016, § 6.

Eine Inanspruchnahme aus der *deliktsrechtlichen Grundnorm des § 823 Abs. 1 BGB* setzt voraus, dass ein rechtwidriges und schuldhaftes (vorsätzlich oder fahrlässiges) Verhalten des Unternehmens (d. h. des Betriebsinhabers/Betreibers oder seiner Verrichtungsgehilfen) eine Schädigung der in § 823 Abs. 1 BGB benannten Rechtsgüter Dritter (u. a. Leben, Körper, Gesundheit, Eigentum) herbeigeführt hat.

Das tatbestandsmäßige Verhalten kann dabei in einem aktiven Tun liegen (z. B. dem Einleiten einer giftigen Substanz in ein Gewässer) oder aber in einem pflichtwidrigen Unterlassen (z. B. dem Austritt giftiger Substanzen, weil der Werkmeister die abendliche Routinekontrolle nicht vornimmt). Gerade dieses pflichtwidrige Unterlassen ist im Umweltprivatrecht von besonderer Bedeutung; Umweltschäden oder Schäden wegen Umwelteinwirkungen treten sehr häufig deshalb ein, weil jemand die „im Verkehr gebotene Sorgfalt" (§ 276 Abs. 1 S. 2 BGB) nicht einhält, die eigentlich gebotene Handlung unterlässt. Was aber genau die „im Verkehr gebotene Sorgfalt/Handlung" ist, was also der Betreiber zu veranlassen hat, damit von seiner Anlage bzw. dem Anlagenbetrieb (der Gefahrenquelle, für die er die Verantwortung trägt) keine Gefahren/Schädigungen für Dritte ausgehen – welche Sicherheitsanforderungen er also zu erfüllen hat (sog. umweltspezifische Verkehrs- bzw. Verkehrssicherungspflicht),[112] ist im Rahmen des Privatrechts nicht näher ausgestaltet. Vielmehr richten sich Inhalt und Umfang dieser umweltspezifischen Verkehrspflicht nach einem *objektiven* Sorgfaltsmaßstab („Was kann man in verständiger Weise aus Sicht der betroffenen Verkehrskreise vom Betreiber bzw. der Anlage erwarten?"),[113] der sich im Wege einer Gesamtschau aus öffentlich-rechtlichen Rechtsvorschriften (z. B. den immissionsrechtlichen Grundpflichten nach §§ 5, 22 BImSchG i.V.m. den untergesetzlichen Regelungen und behördlichen Anordnungen; § 6 Abs. 3 UmweltHG; Unfallverhütungsvorschriften; TAs), Standards (z. B. Stand von Wissenschaft und Technik), technischen Regeln privater Normungsorganisationen und -verbände (DIN, VDE etc.) ableiten lässt[114] und seine Grenze in der (auch wirtschaftlichen) Zumutbarkeit findet.[115]

---

[112] *Wagner*, in: MüKo, BGB, § 823 Rn. 232 ff.; vgl. zum Grundgedanken der Verkehrssicherungsflichten (im Kontext der juristischen Produktverantwortung) bereits die Ausführungen in Kap. 2 des vorliegenden Werks unter 2.2.1.2.

[113] Im Rahmen des Umweltprivatrechts kommt es ebenso wie Produkthaftungsrecht zu einer allmählichen Ersetzung der subjektiv-individuellen Fahrlässigkeit durch einen objektiv-typisierenden Fahrlässigkeitsmaßstab, der dann in den umweltspezifischen Verkehrspflichten seinen Ausdruck findet; vgl. dazu auch Kloepfer 2016, § 6 Rn. 154.

[114] Grds. besteht zwar eine Eigenständigkeit der privatrechtlichen deliktischen Sorgfaltspflichten gegenüber öffentlich-rechtlichen Bestimmungen, da das Privatrecht eine eigenständige Funktion erfüllt. Allerdings können die öffentlich-rechtlichen Vorgaben, technische Regeln etc. für die Gerichte eine wichtige Orientierungshilfe bei der Ermittlung der verkehrserforderlichen Sorgfalt geben, weil sie insoweit eine Art Mindeststandard setzen – s. BGHZ 92, 143, 151 f.; BGHZ 114, S. 273, 275 f.; BGH NJW-RR 2002, 525, 526; VersR 2004, 657, 658.

[115] Wagner, in: MüKo, BGB, § 823 Rn. 258; Versen, S. 142 ff, 185 ff.

Neben Emissionsbeobachtungspflichten,[116] Nachforschungspflichten[117] oder der Verpflichtung zur umweltgerechten Abfallbeseitigung,[118] die allesamt als Ausprägung dieser umweltspezifischen Verkehrspflicht gelten, gehört nach ständiger Rechtsprechung auch die allgemeine Verpflichtung dazu, dafür Sorge zu tragen, dass die innerbetrieblichen Abläufe so organisiert werden, dass Schädigungen Dritter in gebotenem Umfang vermieden werden.[119] Hierfür hat das Unternehmen/der Betreiber nicht nur die Arbeitsabläufe im Unternehmen zu planen, zu kontrollieren und zu beaufsichtigen (Aufbau- und Ablauforganisation), sondern auch die nachgeordneten Mitarbeiter sorgfältig auszuwählen (§ 831 Abs. 1 BGB), sie in dem gebotenem Umfang zu instruieren sowie die sorgfältige Ausführung der übertragenen Tätigkeiten zu überwachen (Aufsichtsorganisation). Dem Unternehmen/Betreiber soll insoweit die Verpflichtung zur Risikoanalyse, zur Risikobewertung, zur Errichtung eines Kontrollsystems sowie zur Implementierung eines Kommunikations- und Informationssystems zufallen,[120] wobei die Art und Ausgestaltung der Ablauf- und Aufsichtsorganisation[121] (sog. betriebliche Organisationspflicht) an den Gegebenheiten des Einzelfalls auszurichten ist.[122] Ganz allgemein soll dabei gelten, dass die Anforderungen steigen, je unübersichtlicher (größer) das Unternehmen/die Organisation ist, und je größer die Gefahren sind, die von dem Unternehmen/der Organisation ausgehen.[123]

„Bei der erforderlich werdenden Konkretisierung dieser „betrieblichen Organisationspflicht" („was darf denn konkret erwartet werden"), erlangen nun die Umweltmanagementsysteme (ISO 14001, EMAS III) Bedeutung. Denn sie beschreiben als Regelwerke sachverständiger Gremien (sowohl in den Normungsausschüssen als auch im Rahmen der europäischen Gesetzgebung) das organisatorisch Machbare und stellen nach zumeist langen Normungs- und Gesetzgebungsprozessen ein Ergebnis zur Verfügung, auf das sich die Sachverständigen unter Beachtung aller relevanten Aspekte haben einigen können. Insofern sind die Anforderungen, welche in ISO 14001 oder EMAS III hinsichtlich der Betriebsorganisation abverlangt werden und die obendrein auf die Belange von KMU Rücksicht nehmen (ihre Anforderungen variieren proportional zur Betriebsgröße), als ein in jedem Fall *einzuhaltender Mindeststandard* einzustufen, auf den sich die besonnenen und gewissenhaft agierenden Angehörige der betroffenen Verkehrskreise im Wege der gesellschaftlichen Regelbildung verständigt haben. Diese „Regelanforderungen"[124] bilden sonach das (Mindest-)Maß der im Ver-

---

[116] BGHZ 92, 143, 151; BGH ZIP 1997, 1706, 1708 f.
[117] VG Kassel, AbfallR 2003, 43.
[118] BGH VersR 1976, 62 – Industrieabfälle.
[119] BGHZ 4, 1, 2 f.; RGZ 89, 136, 137 f.
[120] Dombert, in: Ewer/Lechelt/Theuer (Hrsg.), 1998, Kap. L Rn. 31.
[121] „Ablauf- und Aufsichtsorganisation" ist die „räumlich-zeitliche Strukturierung der für die betriebliche Aufgabenerfüllung notwendigen Arbeitsprozesse" sowie die organisatorische Festlegung der Aufsicht darüber, Bea und Göbel 2018,, S. 343.
[122] Reuter, DB 1993, 1605 ff.; wohl auch Dombert, in: Ewer/Lechelt/Theuer (Hrsg.), 2018, Kap. L Rn. 52.
[123] BGH VersR 1978, 538, 540.
[124] Feldhaus, NVwZ 1991, 927, 932.

kehr erforderlichen Sorgfalt (§ 276 Abs. 1 S. 2 BGB), zumindest soweit es um die Ausgestaltung der betrieblichen Ablauf- und Aufsichtsorganisation geht. Wenn etwa in Anh. II B 4 – B 5 EMAS III und in ähnlicher Weise in Anh. A 4.1 – 4.3 ISO 14001 Anforderungen an die Betriebsorganisation im Hinblick auf Mitarbeiterführung, Schulung und Kommunikation formuliert werden, so bestimmen sie die Sorgfaltsanforderungen im Rahmen des § 823 Abs. 1 BGB betreffend des zu installierenden Kommunikationssystems. Ähnliches gilt hinsichtlich der Vorgaben zur standortbezogenen Risikoanalyse nach Anh. II B 1/B2 EMAS III und Anh. 5.2 ISO 14001. Auch die niederschwelligen Managementsysteme können hier beachtenswerte Aussagen treffen, sofern diese durch die Fachkompetenz und Glaubwürdigkeit der begutachtenden Institution gesichert sind (s. Abschn. 12.1.3.4).Bsp.: Kommt es während des Anlagebetriebs zu einem atypischen Betriebsablauf der zu Gesundheitsschäden Dritter führt, so wird sich auch die Frage stellen, ob der Anlagenbetreiber seine betrieblichen Organisationspflichten erfüllt hat. Hält der Betreiber eine Ablauf- und Aufsichtsorganisation vor, die den Vorgaben der ISO 14001 oder EMAS III entspricht, wird man dieses unterstellen können. Bleiben hingegen seine Bemühungen hinter diesen Vorgaben zurück, wird man zunächst einmal eine Verkehrspflichtverletzung des Betreibers annehmen dürfen, weil die nach dem heutigen Kenntnisstand als unverzichtbar geltenden organisatorischen Maßnahmen nicht eingerichtet wurden, er insoweit sorgfaltswidrig i.S. des § 276 Abs. 1 S. 2 BGB agierte."

Sofern ein Verstoß gegen die vorbenannten umweltspezifischen Verkehrspflichten vorliegt, ein *fehlerhaftes Betreiben der Anlage* feststeht, wird – wie aufgezeigt – nicht nur die Rechtswidrigkeit indiziert, sondern auch das erforderliche Verschulden vermutet; die Missachtung der vorgenannten Verkehrspflichten begründet in der Regel schon den notwendigen Fahrlässigkeitsvorwurf.[125] Insofern reicht am Ende häufig schon die Kausalität zwischen einer umweltspezifischen Verkehrspflichtverletzung und dem Schadenseintritt aus, um eine Inanspruchnahme auf Schadensersatz aus § 823 Abs. 1 BGB materiellrechtlich zu begründen.

Allerdings muss nach traditionellen prozessrechtlichen Grundsätzen der Geschädigte – also derjenige, der den Anspruch aus § 823 BGB geltend macht – alle anspruchsbegründenden Voraussetzungen darlegen und beweisen. Während diese zivilprozessrechtliche Maxime hinsichtlich des Schadenseintritts zumeist keine Probleme bereitet, der Nachweis ohne weiteres erbracht werden kann, wird der Geschädigte bezüglich des Vorliegens der umweltspezifischen Pflichtverletzung und der Kausalität regelmäßig Schwierigkeiten haben, die sich auch nicht über Erfahrungsregeln (§ 286 ZPO „freie Beweiswürdigung") oder den sog. Anscheinsbeweis lösen lassen.[126] Daher finden sich in der Rechtsprechung ernstzunehmende Ansätze,[127] die dieses Problem mittels Beweiserleichterungen bis hin zur (partiellen) Umkehr der Beweislast lösen wollen, d. h. der Geschädigte behauptet nurmehr das Vorliegen der Voraussetzungen (z. B. der Verkehrspflichtverletzung), sie werden dann zunächst unterstellt, und das Unternehmen/der Betreiber muss anschließend den Entlastungsbeweis führen.

---

[125] BGH VersR 1987, 102.

[126] Hager/Rehbinder, in: Landmann/Rohmer, UmweltHG, § 6 Rn. 4 ff.

[127] BGHZ 92, 143, 151 – Kupolofen; BGH NJW 1994, 1880 f. – Ölkontamination.

12 Umweltmanagement und Recht

Diese Vorgehensweise entspricht auch dem Leitbild des UmweltHG, nach welchem der Inhaber einer Anlage, welche eine erhöhte Gefahr für die Umwelt darstellt,[128] bei auftretenden Schäden während des Anlagenbetriebes ohne jegliches Verschulden und ohne Rücksicht darauf, ob es sich um einen Störfall oder den Normalbetrieb der Anlage handelt, auf Schadensersatz haftet (sog. Gefährdungshaftung nach §§ 1, 3 UmweltHG). Dabei kann diese zunächst gesetzlich angeordnete Kausalitätsvermutung (§ 6 Abs. 1 UmweltHG) – im Prinzip wie nach den Rechtssprechungsregeln (s.o.) – nur erschüttert werden, wenn der Betreiber *positiv* nachweist, dass die Schädigung im Rahmen des bestimmungsgemäßen Betriebs erfolgte und er die besonderen Betriebspflichten eingehalten hat, d. h. im Rahmen aller Genehmigungen gehandelt und die im Verkehr erforderliche Sorgfalt beachtet hat (die Anlage störfallfrei und nicht fehlerhaft betrieben wurde, § 6 Abs. 2 UmweltHG).

„Bsp. (an das vorherige anknüpfend): Kann der Geschädigte eine Verkehrspflichtverletzung, die Stoffkausalität oder die Ursache-Wirkungsbeziehung nicht nachweisen, obschon eine gegenüber den Festsetzungen der TA-Luft messbare Überschreitung der Immissions- und Emissionswerte festellbar ist (atypischer Betriebsablauf), können für den Geschädigten Beweiserleichterungen greifen (§§ 823, 831 BGB), es kann sich die Beweislast zu seinen Gunsten umkehren (§§ 823, 831 BGB: vom „Anspruchsteller-Vollbeweis" zur „am Betroffenen-Schutz orientierten Beweislast")[129] oder es kann die Verpflichtung zur Widerlegung der Kausalitätsvermutung gesetzlich angeordnet sein (§ 6 UmweltHG). Zunächst würde nach allen Alternativen die Verkehrspflichtverletzung, die Stoffkausalität oder die Ursache-Wirkungsbeziehung unterstellt und anschließend hätte der Unternehmer/Anlagenbetreiber dann nachzuweisen, dass er – trotz der festgestellten erhöhten Werte – im Rahmen des genehmigten, bestimmungsgemäßen Betriebs agierte und die gebotene Sorgfalt beachtete."

In solchen Fallkonstellationen können Umweltmanagementsysteme u. U. also haftungsentlastend wirken, da der Betreiber jetzt jederzeit auf die Managementsysteme (ISO 14001, EMAS III, z. T. auch auf niederschwellige Umweltmanagementsysteme) zurückgreifen und über die dort verfügbaren Informationen[130] den bestimmungsgemäßen, störungsfreien (= fehlerfreien) Betrieb dokumentieren kann. Auch Auskunftsansprüche, die sich nun gegen ihn richten können (vgl. nur § 8 UmweltHG), ließen sich mittels der

---

[128] Die Anlagen sind enumerativ in Anh. I des Umwelthaftungsgesetzes (UmweltHG) aufgelistet und entsprechen weitgehend den genehmigungsbedürftigen Anlagen nach dem BImSchG.

[129] Dombert, in: Ewer/Lechelt/Theuer (Hrsg.), 2018, Kap. L Rn. 56.

[130] Daten und Dokumentation der Umweltmanagement-Organisation, erfolgt in den meisten Betrieben über ein *Umweltmanagement-Handbuch*. Im Umweltmanagement-Handbuch finden sich regelmäßig: Aussagen zur Unternehmenspolitik und den Umweltzielen, Management- und Verfahrensanweisungen (Aufbau- und Ablauforganisation sowie Zuständigkeiten und Befugnisse) sowie konkrete umweltrelevante Arbeits-, Verfahrens- oder Prüfanweisungen für bestimmte Funktionsbereiche und Arbeitsplätze. Beispiel bzw. Muster: https://www.emas.de/fileadmin/user_upload/1-emas/praxisbeispiel-thw_neuhausen.pdf oder https://tub.tuev-media.de/xhtml/document.jsf?docId=docs/tub_0000003470.html (abgerufen am 16.12.2024).

Dokumentation aus den Managementsystemen (Managementhandbücher mit Angaben zu Stoffflüssen, Verbräuchen, Emissionen etc. sowie der Umwelt- bzw. Teilnahmeerklärung) befriedigen. Sofern der Betreiber nach EMAS III validiert ist, kann er überdies den wichtigen Nachweis erbringen, dass die Einhaltung aller geltenden Umweltvorschriften am Standort gesichert war und ist. Alle diese zertifizierten/validierten Angaben werden zunächst einmal ausreichen, um die Vermutungswirkungen im Rahmen der §§ 823 Abs. 1, 831 Abs. 1 BGB und des § 6 Abs. 1 UmweltHG außer Kraft zu setzen und damit die Haftung vorübergehend auszusetzen oder ganz abzuwenden.[131]

Exkurs: Nur ergänzend sei an dieser Stelle erwähnt, dass die Inhaber von Anlagen, die vom Gesetzgeber in Anhang II des UmweltHG benannt wurden, grds. zur Deckungsvorsorge verpflichtet sind (§ 19 UmweltHG). Unabhängig davon, welche Form der betrieblichen Umwelthaftpflichtversicherung (UHV) vom Betreiber gewählt wird – die Umwelthaftpflicht-Basisversicherung, die der allgemeinen Betriebshaftpflicht zuzuordnen ist, oder das individuelle Umwelt-Haftpflicht-Modell, welches sich im Bausteinsystem aus einzelnen Deckungsbausteine zusammen setzt[132] – werden die Versicherungsgesellschaften Eintrittskriterien festlegen, bevor sie eine Sicherungszusage erteilen. Diese Eintrittskriterien sind aus Sicht der Versicherungsunternehmen erforderlich, um das eigene Risiko der Inanspruchnahme abschätzen zu können; je höher die qualitativen Vorbedingungen sind, desto geringer ist der Eintritt des Versicherungsfalls.

Zu diesen Eintrittskriterien gehört nun, dass die zu versichernde Betriebe stets die Regelkonformität zusichern müssen und darüber hinaus über eine Betriebsorganisation verfügen sollten, die entstehende Risiken erkennen, analysieren und beseitigen kann. Dabei minimieren diese abgeforderten Mechanismen der Selbstkontrolle – die allesamt in den Umweltmanagementsysteme verfahrenstechnisch angelegt sind (ISO 14001/EMAS III), allerdings durch die Normrevision 2015 einen stärkeren Fokus auf das Risikomanagement und den Lebenszyklusansatz erfahren haben – für die Versicherungsgesellschaften nicht nur das Risiko der Inanspruchnahme, sondern lassen sich auch für die dem Vertragsschluss vorausgehende Risikoanalyse bzw. der Beurteilung des Drittschadenspotenzials nutzbar machen und sorgen dabei für eine effizientere kostengünstigere Abwicklung. Sollten die Versicherer beim Anlagenbetreiber hier allerdings organisatorische Defizite ausmachen, schlägt sich dies wegen des dann verstärkten Risikos der Inanspruchnahme und dem Verlust von betriebswirtschaftlichen Synergieeffekten entweder in der Prämienbemessung nieder oder stellt sich gar als „deal-breaker" dar.

---

[131] Der „Ball würde prozessrechtlich zurückgespielt", d. h. der Geschädigte müsste nun darlegen und beweisen.

[132] Schanz, in: Veith/Gräfe (Hrsg.), 2023, Rn. 530 ff., 545 ff.

12.2.1.3 Exkurs: Produktbezogene Umweltzeichen und deren wettbewerbsrechtliche Relevanz[133]

Unternehmen müssen grds. sicherstellen, dass Angaben zu Umweltmanagementsystemen und Zertifizierungen wahr, eindeutig und nicht irreführend sind.[134] Besonders bei produktbezogenen Umweltkennzeichen, spielt hier das Gesetz des Unlauteren Wettbewerbs (UWG) eine zentrale Rolle, welches täuschende und irreführende Angaben der Unternehmen gegenüber Verbrauchern sanktioniert.[135]

In den letzten Jahren trat nun die lauterkeitsrechtliche Relevanz von umweltbezogenen Kennzeichen zu Tage und beschäftigte die Gerichte unter dem Stichwort des „Greenwashing". Zuletzt ging es dabei zumeist um Aussagen wie "klimaneutral", „CO_2-neutral", „klimafreundlich", welche die Unternehmen im Rahmen ihrer Werbung exzessiv einsetzten, um sich gegenüber Wettbewerbsteilnehmer abzuheben und Verbraucher für sich zu gewinnen.

Allerdings gelten für Umweltkennzeichen in der Werbung strenge Anforderungen bezüglich der Richtigkeit, Eindeutigkeit, Klarheit und Transparenz. Der BGH hat in seinem Urteil vom 27.6.2024[136] betont, dass strenge Anforderungen an die Richtigkeit und Klarheit solcher Angaben erforderlich sind, um die Transparenz dieser Angaben sicherzustellen und die reflektierte Verbraucherentscheidungen zu schützen.

„Im Rechtsstreit „Katjes"[137] entschied der BGH auf Klage einer Wettbewerbszentrale in dritter Instanz, dass die Werbung mit dem Begriff „klimaneutral" ohne klare Erläuterung der dahinterstehenden Maßnahmen irreführend sei (§ 5 Abs. 1 UWG). Der Begriff könne unterschiedlich interpretiert werden. Es könne als Reduktion von Treibhausgasen interpretiert werden oder der Aussage könnten Kompensationsmaßnahmen zugrunde liegen. Welchen Weg das Unternehmen wähle, sei für die Kaufentscheidung des Verbrauchers durchaus relevant. Sie würden ihre Kaufentscheidung davon abhängig machen, ob eine CO_2-Reduktion im Produktionsprozess stattgefunden habe oder ob lediglich eine Kompensation erfolgt sei. Insofern sei eine präzise Darstellung des „Wie" erforderlich. Diese Erläuterung müsse schließlich direkt in der Werbung erfolgen, da es für den Verbraucher unzumutbar sei, sich weitere Informationen über externe Quellen beizuziehen."

---

[133] vgl. zu den folgenden Ausführungen insbesondere die Anm. von Gesmann-Nuissl zu BGH, Urt. v. 27.6.2024 – I ZR 98/23 – klimaneutral, InTeR 2024, 120 ff.; sowie OLG Frankfurt a.M., Urt. v. 10.11.2022 – 6 U 104/22, InTeR 2023, 30 ff.

[134] BGH, Urt. v. 27.6.2024 – I ZR 98/23 – klimaneutral, m. Anm Gesmann-Nuissl InTeR 2024, 120 ff.

[135] BGH, Urt. v. 27.6.2024 – I ZR 98/23 – klimaneutral, m. Anm Gesmann-Nuissl InTeR 2024, 120 ff.; LG Kleve, Urt. v. 22.6. 2022 – 8 O 44/21, GRUR-RS 2022, 16689 – Klimaneutrale Fruchtgummis; OLG Düsseldorf, Urt. v. 6.7.2023 – 20 U 152/22, GRUR-RS 2023, 16069 – schmeckt auch unserem Klima; OLG Schleswig, Urt. v. 30.6.2022 – 6 U 46/21, GRUR 2022, 1451 – Klimaneutrale Müllbeutel II; OLG Frankfurt a.M., Urt. v. 10.11.2022 – 6 U 104/22, m. Anm. Gesmann-Nuissl InTeR 2023, 30 ff. – Klimaneutral; OLG Düsseldorf, Urt. v. 6.7.2023 – 20 U 72/22, GRUR-RS 2023, 16524 – Klimaneutrale Marmelade; LG Hamburg, Urt. v. 9.8.024 – 315 O 9/24, ESG 2024, 274 – dekarbonisierter Kreuzfahrtbetrieb.

[136] BGH, Urt. v. 27.6.2024 – I ZR 98/23 – klimaneutral, m. Anm Gesmann-Nuissl InTeR 2024, 120 ff.

[137] BGH, Urt. v. 27.6.2024 – I ZR 98/23 – klimaneutral, m. Anm Gesmann-Nuissl InTeR 2024, 120 ff.

Die Verwendung des Begriffs „klimaneutral" und anderer Bezeichnungen in der Werbung ist daher an strenge Vorgaben geknüpft. Unternehmen, die ihre Produkte als klimaneutral bewerben, müssen detailliert angeben, ob die Klimaneutralität durch tatsächliche Einsparungen oder lediglich durch Kompensationsmaßnahmen erreicht wird. Diese Information muss zudem direkt am beworbenen Produkt oder auf der Verpackung sichtbar gemacht werden, wodurch frühere Regelungen, die etwa einen Verweis auf erläuternde Webseiten mittels QR-Codes erlaubten,[138] obsolet geworden sind.

Diese Entwicklung in der Rechtsprechung wird teilweise als überzogen kritisiert, da sie verkennt, dass Verbraucher heutzutage durchaus gewohnt sind, zusätzliche Informationen digital einzuholen (vgl. dazu etwa das EU-Energielabel, welches mittels QR-Code auf die EPREL-Produktdatenbank verweist; s.o. unter 12.1.5) – ein Vorgehen, das zudem weit detailliertere Erläuterungen ermöglicht, als dies jemals auf einer Verpackung oder am Produkt selbst möglich wäre.[139] Auf der Verpackung der Produkte werden solche zusätzlichen Informationen wohl kaum aufbringbar sein, da auch die zu wählende Schriftgröße die Lesbarkeit für den Verbraucher nicht erschweren darf;[140] weitere Beipackzettel scheinen auch eher lebensfremd.[141]

Der BGH orientiert sich in seiner Begründung im Wesentlichen an der Rechtsprechung zu mehrdeutigen gesundheitsbezogenen Aussagen, die hohe Anforderungen an Richtigkeit, Klarheit und Transparenz stellen. Diese Maßstäbe überträgt er auf umweltbezogene Werbung und argumentiert, dass die Irreführungsgefahr hier ähnlich groß sei, wodurch ein vergleichbares Aufklärungsbedürfnis beim Verbraucher entstehe. Ob diese Gleichsetzung allerdings angemessen ist, kann bezweifelt werden, da Gesundheitsrisiken unmittelbare und direkte Gefahren für Leib und Leben darstellen, also eine akute und direkte Information erfordern, während Umweltaspekte/-probleme doch primär langfristiger Natur sind, weshalb die Informationserlangung jedenfalls nicht eilig ist.[142] Zudem geht mit derartigen Informationen auf dem Produkt selbst, ohne dass solche Erläuterungen durch Vereinfachungen unterstützt werden (z. B. durch Piktogramme etc.) wohl eine Informationsüberflutung des Verbrauchers einher, die ebenfalls lauterkeitsrechtlich bedenklich sein kann (§§ 5, 5a UWG).

Insgesamt wird der Verbraucherschutz durch die zuletzt erfolgte Rechtsprechung ausgeweitet, was jedoch – wie dargelegt – nicht unumstritten ist. Der Verweis auf digitale

---

[138] OLG Frankfurt a.M., Urt. v. 10.11.2022 – 6 U 104/22, m. Anm. Gesmann-Nuissl InTeR 2023, 30 ff. – Klimaneutral; OLG Düsseldorf, Urt. v. 6.7.2023 – 20 U 72/22, GRUR-RS 2023, 16524 – Klimaneutrale Marmelade; LG Oldenburg, Urt. v. 16.12.2021 – 15 O 1468/21 – GRUR-RS 2021, 46159.

[139] vgl. insbesondere Anm. Gesmann-Nuissl zu BGH, Urt. v. 27.6.2024 – I ZR 98/23 – klimaneutral, InTeR 2024, 120 ff.

[140] Büscher, GRUR 2024, 349, 359; Anm. Gesmann-Nuissl zu BGH, Urt. v. 27.6.2024 – I ZR 98/23 – klimaneutral, InTeR 2024, 120 ff.

[141] *Rehart/Ruhl/Isele*, in: Fritzsche/Münker/Stollwerck, BeckOK UWG, 24. Ed. 2024, § 5 Rn. 405f.

[142] Büscher, GRUR 2024, 349, 359.

Informationsquellen, etwa über QR-Codes, würde jedenfalls eine detailliertere und damit deutlich verbraucherfreundlichere Darstellung der unternehmensseitig gewählten Maßnahmen erlauben.

Trotzdem müssen Unternehmen mit den strengeren Vorgaben umgehen, denn auch nach der Richtlinie (EU) 2024/825[143] zur Stärkung der Verbraucher für den ökologischen Wandel durch besseren Schutz gegen unlautere Praktiken und durch bessere Information (sog. EmpCo-Richtlinie) wird das Werben mit Umweltbegriffen wie „klimaneutral" oder ganz allgemein mit nicht unmittelbar nachweisbaren Umweltaussagen (z. B. „umweltfreundlich", „grün", „klimafreundlich"[144]) erheblich eingeschränkt.[145] Allerdings bleibt in Ansehung anderer Kennzeichnungsbestimmungen (z. B. EU-Energielabel) auch abzuwarten, ob diese Regelungen tatsächlich in dieser Schärfe – und wie es der BGH einfordert – durchgesetzt werden können.

12.2.1.4 Umweltstrafrecht

Im Umweltstrafrecht wirken Umweltmanagementsystemen positiv, weil sich mit ihnen ein Verantwortungsgefüge nachweisen lässt, welches ggf. eine Fehlleitung strafrechtlicher Verantwortlichkeit (etwa aus dem Grundsatz der „strafrechtlichen Generalverantwortung der Unternehmensleitung") verhindern kann. Ferner können sie – ähnlich wie im Umweltprivatrecht – dazu beitragen, eine zunächst vermutete Kausalität, die auch für die Zurechnung strafrechtlicher Verantwortlichkeit eine notwendige Voraussetzung ist, zu widerlegen.

Unter den Begriff „Umweltstrafrecht" subsumiert man gemeinhin die Straftatbestände, die sich im 29. Abschnitt des StGB (§§ 324–330d StGB) befinden und die relativ unsystematisch die vorsätzliche und fahrlässige Beeinträchtigung von Umweltmedien (§§ 324, 324a, 325, 326 Abs. 1 Nr. 4, 329 StGB), die Verletzung betriebsbezogener Pflichten (§§ 325a, 326, 327 StGB) sowie den Umgang mit gefährlichen Stoffen (§§ 328, 330a StGB) unter Strafe stellen. Ferner hat der Gesetzgeber in einzelnen Fachgesetzen weitere Strafvorschriften implementiert, die als sogenanntes Nebenstrafrecht (§§ 59 – 62 LuftVG, §§ 27–27d ChemG und §§ 71–73 BNatSchG) denselben Regeln folgen.

Bei einer Strafverfolgung auf dem Gebiet des Umweltrechts sind prinzipiell zwei Grundsätze von besonderem Interesse, namentlich die „strenge Verwaltungsakzessorietät" – d. h., dass nicht bestraft werden kann, was verwaltungsrechtlich gestattet ist (das Strafrecht folgt insoweit den öffentlich-rechtlichen Vorgaben, nimmt eine nur „dienende"

---

[143] Richtlinie (EU) 2024/825 des Europäischen Parlaments und des Rates vom 28. Februar 2024 zur Änderung der Richtlinien 2005/29/EG und 2011/83/EU hinsichtlich der Stärkung der Verbraucher für den ökologischen Wandel durch besseren Schutz gegen unlautere Praktiken und durch bessere Informationen.
[144] Erwgr. 9 und 12 EmpCo-RL.
[145] Vgl. dazu insbesondere den Anhang der RL (EU) 2024/825.

Rolle ein)¹⁴⁶ – und die „höchstpersönliche Verantwortlichkeit", die besagt, dass nach deutschem Strafrecht nur natürliche Personen straffähig sind, es eine strafrechtliche Verantwortung von juristischen Personen oder Personenvereinigungen – also eines „Unternehmens" als solches – nicht gibt.

Die im deutschen Umweltstrafrecht angelegte Grundannahme, dass nur natürliche Personen schuldfähig und damit strafrechtlich verantwortlich sein können (nulla poena sine culpa) wird derzeit in Frage gestellt. Nach einer Richtlinie der Europäischen Union über den strafrechtlichen Schutz der Umwelt (2008/99/EG¹⁴⁷), die bis zum 26.12.2010 umzusetzen war, sollen europaweit die Sanktionen um sog. „Kriminalstrafen" auch gegen juristische Personen (und Personenvereinigungen) erweitert werden (Art. 3 RL 2008/99/EG). Art. 6 RL 2008/99/EG verpflichtet die Mitgliedstaaten sicherzustellen, dass (auch) juristische Personen und Personenvereinigung für Umweltstraftaten verantwortlich gemacht werden können, wenn eine solche Straftat zu ihren Gunsten von einer vertretungs-, entscheidungs- oder kontrollberechtigten Person in leitender Stellung begangen wurde. Es handelt sich sonach um eine Form eines Zurechnungsmodells, wie es in Deutschland bereits aus dem Ordnungswidrigkeitenrecht (§ 130 OWiG) oder dem Privatrecht (§ 31 BGB) bekannt ist. Die Umsetzung der Richtlinie in deutsches Recht ist mittlerweile erfolgt. Mit dem „Gesetz zur Stärkung der Integrität in der Wirtschaft" (Verbandssanktionengesetz), das in der Entwurfsphase teils heftig kritisiert wurde,¹⁴⁸ hat der Gesetzgeber jedoch keine explizite Strafbarkeit von Unternehmen eingeführt. Stattdessen bleibt die strafrechtliche Verantwortlichkeit von juristischen Personen auch weiterhin ausgeschlossen. Der Fokus liegt vielmehr auf erweiterten Ordnungswidrigkeitssanktionen und der Förderung unternehmensinterner Compliance-Systeme.

Angesichts dieser (bislang) fehlenden strafrechtlichen Verantwortlichkeit von Unternehmen könnten betreiberbezogene Sonderstraftatbestände (z. B. § 327, § 327 a StGB „beim Betrieb") leerlaufen, sofern der Anlagenbetreiber eine (strafunfähige) juristische Person oder Personenvereinigung wäre. Diese Lücke schließt § 14 StGB, der eine umfassende Organ- und Vertreterverantwortlichkeit anstelle des Unternehmens normiert. Als im Unternehmen verantwortlich Handelnde – und damit als potenzielle Straftäter – kommen nach § 14 Abs. 1 Nr. 1 und 2 StGB das vertretungsberechtigte Organ einer juristischen Person (Geschäftsführer, Vorstand) bzw. ein Mitglied desselben, sowie die vertretungsberechtigten Gesellschafter einer Personengesellschaft in Betracht (= Unternehmensleitung). Daneben können aber auch diejenigen strafrechtlich zur Verantwortung gezogen werden, die vom Betriebsinhaber beauftragt wurden den Betrieb ganz oder zum Teil zu leiten (§ 14 Abs. 2 Nr. 1 StGB) oder in eigener Verantwortung (selbsttätig!) Auf-

---

¹⁴⁶ Dies führt – negativ gewendet – dazu, dass Umweltbelastungen, die auf Summations-, Kumulations- oder synergetischen Effekten von legalen, dh durch Genehmigungen und Auflagen gedeckten Handlungen beruhen, strafrechtlich nicht mehr zu erfassen sind; Heger, in: Lackner/Kühl/Heger, StGB, 2023, §§ 324 ff., Vorbem. Rn. 5.

¹⁴⁷ Richtlinie 2008/99/EG über den strafrechtlichen Schutz der Umwelt v. 19.11.2008, in: ABl. L 328 vom 6.12.2008, S. 28.

¹⁴⁸ Vgl. NJW-Spezial 2011, S. 122, welche insoweit auf Stellungnahmen des Richterbunds und des DAV verweist: Richterbund-Stellungnahme Nr. 48/2010 und DAV-Stellungnahme Nr. 71/2010.

gaben wahrzunehmen, die eigentlich dem Betriebsinhaber obliegen (§ 14 Abs. 2 Nr. 2 BGB) – wie etwa Organisations- und Betriebspflichten.

Nach dieser weiten Zurechnungsnorm des § 14 StGB kommen als potenzielle Straftäter für eine aus dem Unternehmen generierte, umweltbezogene Sonderstraftat daher die Mitglieder der Unternehmensleitung, die Ressortverantwortlichen, die Werksleiter sowie die Betriebsbeauftragten[149] in Frage (d. h. die Unternehmensleitung sowie die mittlere Führungsebene). Lediglich die Mitarbeiter der untergeordneten Hierarchieebenen (operative Ebene) scheiden als taugliche Täter von umweltbezogenen Sonderstraftaten aus, da sie ihre Aufgaben nicht selbsttätig wahrnehmen, sondern regelmäßig streng weisungsgebunden agieren.

Hinsichtlich der potenziellen Täterkreise von Umweltstraftaten ist daher zwischen der Verwirklichung eines Allgemeindelikts und eines Sonderdelikts zu unterscheiden: Während bei aktiver Verwirklichung eines umweltbezogenen Allgemeindelikts (z. B. §§ 324, 324 a StGB „wer") grds. alle im Unternehmen Handelnden (vom Mitarbeiter bis zum Vorstandsvorsitzenden) nach den allgemeinen Regeln von Täterschaft und Teilnahme als Täter in Betracht zu ziehen sind, kann bei einem Sonderdelikt (z. B. § 327, 327 a StGB „beim Betrieb") überhaupt nur das mittlere Management und die Unternehmensleitung strafrechtlich verantwortlich sein.

Die strafrechtliche Verantwortlichkeit steht bei Letzteren außer Frage, wenn sie die deliktische Ausführungshandlung selbst vorsätzlich oder fahrlässig vorgenommen haben oder die Ausführungshandlung durch einen Mitarbeiter direkt angeordnet haben; beides ist in der Praxis eher untypisch.

Allerdings kann eine weitere Form der Tathandlung hinzutreten: Bei Personen mit herausgehobener Umwelt- und Unternehmensverantwortung kann sich die strafrechtliche Verantwortlichkeit auch aus dem Umstand ergeben, dass ihnen im Rahmen der Organisation des Unternehmens die Verpflichtung zur Überwachung bestimmter Gefahrenquellen bzw. der Organisation als Ganzes gesetzlich anvertraut (z. B. § 76 Abs. 1 AktG; §§ 35 Abs. 1, 43 Abs. 1 GmbHG) oder vertraglich übertragen worden ist. Sofern dann ein Verhalten für die Herbeiführung eines deliktischen Erfolges ursächlich geworden ist, das im Unternehmen seinen Ursprung hat, trifft die Unternehmensleitung und mittlere Hierarchieebene u. U. ein Unterlassungsvorwurf (§§ 324 ff., 13 StGB), da sie die ihnen obliegenden Sorgfaltspflichten – namentlich das Unternehmen so zu organisieren, dass solche Schadenseintritte unterbleiben – nicht beachtet, und damit den Schadenseintritt fahrlässig verursacht oder sogar billigend in Kauf genommen haben.[150]

---

[149] Zur weiteren Differenzierung zwischen den sog. „Nur-Betriebsbeauftragten" und „Auch-Betriebsbeauftragte" s. Vierhaus, NStZ 1991, 466; Kloepfer, § 7 Rn. 27 ff.

[150] Hinsichtlich der Sorgfaltsanforderungen kann auf die Ausführungen unter 6.2.1.2 verwiesen werden, wobei Sonderwissen und -können den allgemeinen Fahrlässigkeitsmaßstab zusätzlich verschärfen kann. Werden etwa im Umweltmanagement (ISO 14001 / EMAS III) bestimmte Gefahrenpotenziale erkannt, erhöht dies wiederum die Anforderungen an die zu ergreifenden Maßnahmen; s.a. Strate/Wohlers, in: Ewer/Lechelt/Theuer (Hrsg.), Kap. M Rn. 65 f.

Gerade im Rahmen einer arbeitsteiligen Organisation von Unternehmen wird dieser Unterlassungsvorwurf besonders relevant, zumal es in hierarischen Unternehmensstrukturen regelmäßig zur Übertragung von Zuständigkeits- und Aufgabenbereichen nach unten kommt. Dies ist auch gestattet; Aufgaben können (müssen sogar) im Rahmen der Unternehmenshierarchie nach unten oder auf dezentrale Stellen delegiert werden, um den Anforderungen im Markt („lean", „Flexibilität" etc.) zu genügen. Allerdings bleibt die delegierende Stelle dann dafür verantwortlich, dass die beauftragte Person ihre Aufgabe(n) auch sachgerecht erfüllt.[151] Eine strafrechtliche Verantwortlichkeit der delegierenden Stelle kann sich daher bei einer Umweltbeeinträchtigung nach den §§ 324 ff. StGB auch aus einem Organisations-, Auswahl-, Aufsichts- oder Anweisungsverschulden ergeben, und zwar unabhängig davon, ob die untergeordneten Mitarbeiter am Ende strafrechtlich verantwortlich sind oder nicht. Letzteres wird – insbesondere weil die Ermittlung des tatsächlich Verantwortlichen ob der Vielfalt der potenziellen Täter innerhalb der Organisation sowie der häufig mangelnden Transparenz schwierig ist – am Ende zumindest gegenüber der Unternehmensleitung immer wieder angenommen (Grundsatz der Generalverantwortung eines Überwachungsgaranten).[152] Die Unternehmensleitung trägt im Zweifel die „Letztverantwortung", insbesondere wenn das Ressort „Umwelt" nicht besetzt ist.[153]

Um sich aus dieser „Straf-Falle" zu befreien, müssten die Delegierenden (am Ende die Unternehmensleitung und die Personen mit herausgehobener Umweltverantwortung) nachweisen können, dass sie der Verschuldensvorwurf zu Unrecht trifft, sie vielmehr „befreiend" delegiert haben und dabei ihren Organisations-, Auswahl-, Aufsichts- und Anweisungspflichten gewissenhaft nachgekommen sind. Nur dann dürfen sie schuldbefreiend darauf vertrauen, dass die ihnen nachgelagerten Ebenen ihre Aufgaben auch ordnungsgemäß ausführen – zumindest solange es keinen begründeten Anlass zu Zweifeln gibt.[154]

Um diesen Nachweis führen zu können ist die Einrichtung eines effektiven, systembildenden Umwelt-Controllings unabdingbar. Nur so können die Überwachungsgaranten ihre strafrechtliche Verantwortlichkeit innerhalb der hierarchischen/dezentralen Unternehmensstrukturen nachzeichnen und sich ggf. selbst entlasten. Ein solches Umwelt-Controlling – das angesichts des stetigen Wandels im Umweltschutzbereich dynamisch sein muss – ist in den Umweltmanagementsystemen ISO 14001 und EMAS III verfahrenstechnisch eingeschlossen: Nach ISO 14001:2015 (Kapitel 5.3 i.V.m. Kapitel 7.5) werden unter der Rubrik „Verwirklichung und Betrieb" die Verantwortungsstrukturen für die unternehmerischen Einzelbereiche (Aufgaben, Verantwortlichkeiten und Befugnisse) genau festgelegt, bei EMAS III (Anh. II B) erfolgt die inhaltlich entspreche Festlegung im Rahmen des Umweltprogramms. Ferner werden nach beiden Systemen Maßnahmen zur

---

[151] BGH NJW 1990, 2560, 2565 – Lederspray.

[152] KG NuR 2001, 176, 179; offengelassen: BGH NJW 1990, 2560, 2565 – Lederspray; Kassebohm/Malorny, BB 1994, 1361 ff.; Scheidler, GewArch 2008, 195 ff.

[153] KG NuR 2001, 176 (179).

[154] BGH NJW 1990, 2560 (2565) – Lederspray.

Organisation und Aufsicht abgefordert und deren Einhaltung fortwährend kontrolliert (Anh. II B 4 – B 5 EMAS III/Kap. 9.1 ISO 14001 sowie Anh. II B 1/B2 EMAS III/Kap. 10 ISO 14001). Insoweit kann einerseits eine klare Zuordnung von Tätigkeitsbereichen und Verantwortlichkeit und anderseits deren Organisation und Kontrolle über das Umweltmanagement-Handbuch[155] nachgewiesen werden, sodass eine Fehlleitung oder flächendeckende Zuschreibung strafrechtlicher Verantwortlichkeit an die Unternehmensleitung bzw. Personen mit herausgehobener Umweltverantwortung verhindert werden kann.

12.2.2 Umweltmanagement und europäisches Umweltrecht

Wie bereits ausgeführt (vgl. einleitend zu 12.2), folgt das europäische Umweltrecht seit Mitte der 90iger Jahre einem „neuen Ansatz". In den europäischen Rechtssetzungsakten werden immer öfter ganz konkrete „*Umweltqualitätsziele*" – stoff- und/oder prozessbezogen – vorgegeben, welche von den Unternehmen zu erreichen sind. Dabei drücken sich die zu erreichenden Umweltqualitätsziele in Stoffmengen, -eigenschaften und -flüsse aus, die in dezidierten Mengen- und Messgrößen (z. B. t/a, kg, cm^3, CO^2-Ausstöße etc.) anzugeben sind. Über das Erreichen dieser Zielgrößen hat das Unternehmen – u. U. dann selbsttätig und neuerdings auch ohne eine vorgeschaltete behördliche Kontrolle (wie etwa bei REACH) – zu informieren.

> „Nach REACH dürfen nur noch chemische Stoffe in Verkehr gebracht werden, zu denen ein ausreichender Datensatz zu den spezifischen Stoffeigenschaften vorliegt. Von REACH werden alle chemischen Stoffe (Alt- sowie Neustoffe) erfasst, die mindestens in einer Menge von 1 Tonne pro Jahr (1/a) in der EU produziert oder in die EU importiert werden (Art. 6 und 7 REACH-VO) und für die keine Ausnahmeregelung gilt. Sie sind mittels eines Registrierungsdossiers, welches Daten zu den Stoffeigenschaften, deren Verwendung sowie Aussagen zur Stoffsicherheit, möglichen Risikopotentiale sowie zum Umgang mit ihnen entlang der Wertschöpfungskette und im gesamten Lebenszyklus enthält (Art. 10 ff. REACH-VO), innerhalb einer gesetzlich vorgesehenen Frist bei der Europäischen Chemikalienagentur (EChA) in Helsinki zu registrieren. Zur Vereinheitlichung dieses Vorgangs hat die EU ein Datenformat (IUCLID 6) zur Verfügung gestellt, das eine gleichförmige Datenerhebung und -erfassung ermöglicht sowie die Einbindung in die unternehmensspezifische IT- und Management-Systeme (!) zulässt. Mit der Registrierung sind alle Hersteller, Importeure und Stoffdatenbesitzer Teilnehmer eines SIEFs (Substance Information Exchange Forums), in welchem – um Mehrfachregistrierungen zu vermeiden („one substance, one registration") – ein offener Austausch über die Stoffdaten, Studien etc. (Art. 26 ff., 29 REACH-VO) erfolgt und ein stetiger Aktualisierungsprozess seitens der Teilnehmer stattfinden soll (Art. 22 REACH-VO). Erfolgt dagegen eine Registrierung nicht binnen der vorgegebenen Fristen, so droht – ungeachtet einer Vorregistrierung – die Verbannung des Stoffes vom Markt (Art. 5 REACH-VO). Neben dieser Registrierungspflicht und der Teilnahme am System besteht ferner eine Informationspflicht gegenüber den Akteuren in der Lieferkette über sog. Sicherheitsdatenblätter (Art. 31 ff.

---

[155] S. dazu bereits oben Fn. 832

REACH-VO), die ebenfalls konkrete, genau festgelegte Angaben zu Stoffeigenschaften, Sicherheit, Handhabung, Umgang u.v.m. enthalten müssen. Diese können von den nachgeschalteten Akteuren und bei besonders besorgniserregenden Stoffen auch von den Verbrauchern angefordert werden und sind dann binnen 45 Tage zur Verfügung zu stellen (Art. 31 Abs. 1, Art. 32 REACH-VO)."

Je engmaschiger nun den Unternehmen diese Umweltqualitätsziele vorgegeben werden – nicht nur in REACH, sondern auch in der Wasserrahmenrichtlinie, der Luftqualitätsrichtlinie oder der Richtlinie über das System für den Handel mit Treibhausgasemissionszertifikaten in der Gemeinschaft, desto wichtiger werden betriebsinterne Mechanismen zur Stoffstromerfassung, -analyse und -steuerung (sog. Stoffstrom- oder Life-Cycle-Management), um am Ende überhaupt den Nachweis hinsichtlich der Konformität mit den rechtlichen Vorgaben/Zielgrößen führen zu können oder, wie nunmehr bei REACH, sich über die Datenweitergabe die weitere Marktpräsens zu erhalten (Art. 5 REACH-VO: „ohne Daten kein Markt").

Hierfür müssen nun keine völlig neuen Systeme geschaffen werden, sondern die Umweltmanagementsysteme (ISO 14001/EMAS III) mit ihren *betrieblichen Umweltinformationssystemen*,[156] die ohnehin im Rahmen der Ökobilanzierung (ISO 14041; in EMAS III integriert) und/oder der Umweltleistungsbewertung (ISO 14043; in EMAS III integriert) eingesetzt werden, können hierfür die notwendige Datengrundlage zur Verfügung stellen, die dann, entsprechend flexibel und angepasst auf die Art und Weise der gewünschten Informationsbereitstellung, die Erfüllung auch der „neuen" Umweltpflichten ohne weiteres sicherstellen können. Man kann aber auch einen Schritt weiter gehen und feststellen, dass die Einhaltung der Umweltqualitätsziele in jedem Fall die Etablierung solcher betrieblichen Umweltinformationssysteme *alternativlos* erfordert, da der Unternehmer andernfalls, bei der Vielzahl und Menge der produkt- und prozessbezogenen Stoffflüsse innerhalb eines Betriebes, gar nicht in der Lage wäre, den Informationspflichten (termingerecht) nachzukommen. Der Aufbau eines Excel-gestützen Informationssystems ist nachfolgend als Abb. 12.6 skizziert.

Zwar müssen nach dem Dargestellten die Umweltmanagementsysteme und ihre Instrumentarien dazu beitragen, die nach der europäischen Gesetzgebung notwendigen Umweltinformationen rechtzeitig an die entsprechenden Zielgruppen zu leiten (z. B. Registrierungsstelle, Abnehmer, etc.), sie bleiben jedoch bislang machtlos hinsichtlich der Probleme, die sich aufgrund des neuen und gesetzlich angeordneten *Zusammenspiels von Umwelt und Markt* ergeben können. Die REACH-VO fordert ja nicht nur die Bereitstellung der Informationen gegenüber den unabhängigen Registrierungsstellen, sondern auch die eigenverantwortliche (behördlicherseits nicht kontrollierte) Weitergabe von umweltbezogenen In-

---

[156] Ein betriebliches Umweltinformationssystem ist ein Werkzeug – zumeist softwaregestützt – zur Verbesserung einer fach- und bereichsübergreifenden Versorgung des betrieblichen Umweltmanagements mit Informationen. Rautenstrauch, Betriebliche Umweltinformationssysteme – Grundlagen, Konzepte und Systeme, 1999, S. 11.

12 Umweltmanagement und Recht

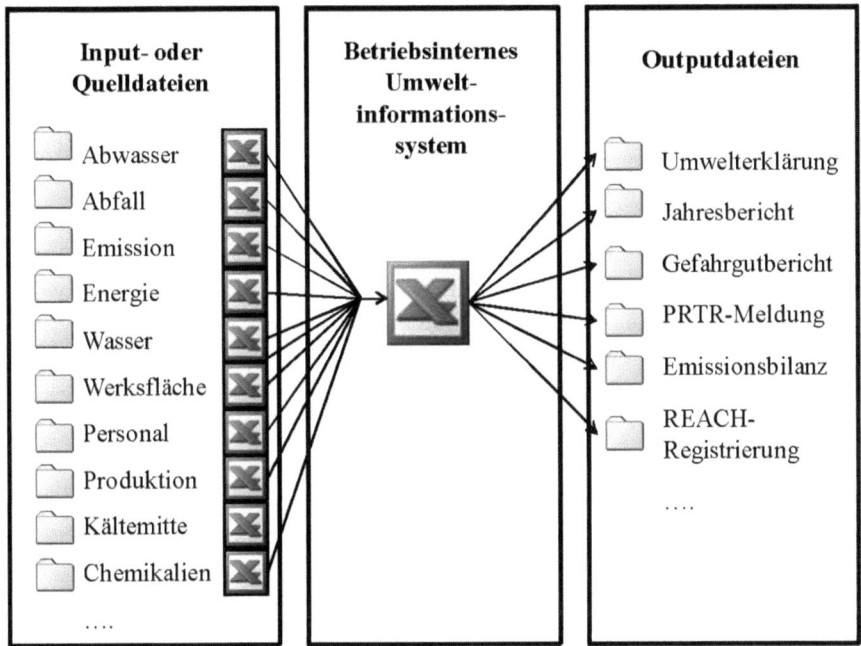

Abb. 12.6 Excel-gestütztes Umweltinformationssystem

formationen an vor- und nachgeschaltete Marktteilnehmer (Dialog in der Lieferkette) – und zwar verpflichtend (!). Aus dieser „neuen" Datentransparenz ggü. Marktteilnehmern erwachsen natürlich auch neuartige rechtliche Probleme, die an dieser Stelle jedoch nur angedeutet, nicht vertieft werden können:[157]

- Lieferverträge: Haftung bei späterer Marktunfähigkeit oder Nicht- bzw. fehlerhafter Information.
- Die Übergangsfristen in REACH sowie die Verpflichtung zur Informationsweitergabe unter Nutzung des Sicherheitsdatenblattes bergen für Vertragspartner besondere Risiken, die vertraglich abzufedern sind: So ergeben sich beispielsweise Probleme, wenn eine Auslieferung chemischer Stoffe oder einschlägiger Erzeugnisse noch vor Ablauf der Übergangszeit für die verpflichtende Registrierung erfolgt (also z. T. bis 2013/2018, Stoff/Erzeugnis ist noch marktfähig) und die Stoffe/Erzeugnisse später, nachdem bereits ausgeliefert wurde, ihre Marktgängigkeit verlieren, weil z. B. wegen unzureichender Datenlage keine Registrierung vorgenommen wird (Art. 5 REACH-VO). Ein Sachmangel (§ 434 BGB) liegt bei Auslieferung (Stoff/Erzeugnis waren marktgän-

---

[157] An dieser Stelle kann nur ein Auszug der rechtlichen Problembereiche dargestellt werden, weitergehend Schulze-Rickmann 2010, S. 50 ff., 134 ff.; Grupp, BB 2010, 1103, 1106 ff.; Winterle/Gündling, in: Fluck/Fischer/von Hahn (Hrsg.), 2008, Nr. 55, Rn. 100 ff.

gig) nicht vor – eine Herstellergarantie des Veräußerers (§§ 443, 305 BGB) wohl auch nicht, sodass Regressansprüche des Erwerbers gegenüber dem Veräußerer nicht in Betracht kommen, obschon er den Stoff nicht mehr verwenden oder veräußern darf, weil er seine Marktgängigkeit mangels Registrierung verloren hat. Für diese möglichen Konstellationen (die u. U. auch Drittschäden bei Weiterverkauf einschließen) müssen die Vertragspartner in den Lieferverträgen ausgleichende Regeln finden.
- Ebenso ist zu regeln, welcher Art die Informationsverpflichtung unter Aushändigung des Sicherheitsdatenblattes ist, eine Haupt- oder vertragswesentliche Pflicht (§ 241 Abs. 1 BGB), oder nur eine sonstige Pflicht i.S. des § 241 Abs. 2 BGB. Denn danach bestimmen sich die Rechtsfolgen, die bei einer Nicht- bzw. Fehlinformation in Betracht kommen, etwa bei der Frage, ob die Einrede des nicht erfüllten Vertrags i.S. des § 320 BGB erhoben und der Kaufpreis bei Nichtaushändigen des Datenblattes zurück behalten werden kann.[158]
- Gemeinsame Nutzung von Daten: Weitergabe von Geschäfts- und Betriebsgeheimnisse; Abschluss von Vertraulichkeitserklärungen („non-disclosure-agreements"); gesellschaftsrechtliche Haftungsfreistellung; Urheberrechte.
- Im Rahmen der Foren (SIEFs) soll zwischen den Registranten ein Informationsaustausch stattfinden (Art. 27 und 30 REACH-VO). Dies ist erwünscht, um Doppelregistrierungen zu vermeiden und einer Kumulation von (zeit-)aufwendigen und kostenträchtigen Versuchsreihen oder Studien vorzubeugen; vorhandene Daten sollen von allen Registranten genutzt werden können. Bei Wirbeltierstudien und -versuchsergebnisse besteht sogar eine Verpflichtung zur Preisgabe, sofern sie nachgefragt werden – andernfalls droht sogar die Registrierungssperre (Art. 30 Nr. 3 REACH-VO). Dass bei solchen Studien und Versuchsergebnissen u. U. auch Betriebs- und Geschäftsgeheimnisse preisgegeben werden, liegt auf der Hand. Daher müssen die am Datenaustausch Beteiligten eine strafbewehrte Vertraulichkeitsverpflichtung des/der Einsehenden fest vorsehen. Ferner müssen die im Unternehmen Handelnden, die die Daten freigeben, von dem grundsätzlichen bestehenden Herausgabeverbot von Geschäfts- und Betriebsgeheimnissen (§ 93 Abs. 1 S. 3 AktG, § 43 Abs. 1 GmbHG, Treupflicht) nach gesellschaftsrechtlichen Regeln befreit werden, um nicht gegenüber ihrer Organisation selbst haftbar zu werden. Schließlich müssen bestehende Urheberrechte, die Dritte an den Studien/Versuchsreihen haben, entsprechende Berücksichtigung finden, wenn diese jetzt „öffentlich bekannt" gegeben werden.
- Bildung von Konsortien: Absprachen und kartellrechtliche Konsequenzen
- In den SIEFs werden durch freie vertragliche Zusammenschlüsse zum Zweck des Datenaustausches (s. Art. 27, 30 REACH-VO) gesellschaftsrechtliche Verbindungen mit z. T. mehr als hundert Registranten eingegangen, es werden Konsortien gebildet. Damit sind die Registranten auch angehalten ihr Zusammenwirken näher auszu-

---

[158] Grupp, BB 2010, S. 1103, 1106 f.

gestalten, u. a. Regelungen zur Organisation, Zugang, Haftung, Verschwiegenheit, Kostentragung, Rechtswahl, Gerichtsstand etc. zu treffen. Da außerdem innerhalb der SIEFs unmittelbare Wettbewerber miteinander kommunizieren und Daten austauschen, ist es häufig nur eine „schmale Gradwanderung bei der Frage, welcher Informationsaustausch unter kartellrechtlichen Gesichtspunkten im Rahmen der Konsortienbildung und -durchführung noch zulässig ist oder nicht"[159] (Art. 101 ff. AEUV, §§ 1 ff. GWB).[160] Zwar will die REACH-VO Informationen zu Marktverhalten, Produktionskapazitäten, Marktanteile etc. aus dem Informationsaustausch heraushalten (Art. 25 Abs. 2 REACH-VO), allerdings ist bislang nicht erwiesen, ob dies zu 100 % möglich sein wird.

- Kostentragung und -regelungen
- Nach Art. 30 Nr. 1 und Nr. 2 REACH-VO soll beim Daten- und Informationstausch eine Kostenverteilung erfolgen. Es soll vermieden werden, dass Registranten von Vorleistungen anderer (Studien/Versuchen) materiell profitieren ohne dafür eine Gegenleistung erbracht zu haben; „parasitäres Verhalten" ist nach REACH unerwünscht. Daher müssen die Eigentümer der Studien/Versuchsreihen den Aufwand belegen und die Teilnehmer sollen sich „nach Kräften bemühen" (!) eine gerechte, transparente und nicht diskriminierende Kostenteilung in der SIEF herzustellen. Ist eine Einigung nicht möglich, werden die Kosten nach Köpfen verteilt. Problematisch bleibt an dieser Stelle – und daher vertraglich zu regeln, inwieweit es dem Eigentümer der Studie gestattet sein soll, dieselbe auch Dritten (etwa einem REACH-Anmeldewilligen), d. h. Nicht-SIEF-Beteiligten entgeltlich zur Verfügung stellen und inwieweit erzielte Entgelte dann an die (zuvor bereits zahlenden) Registranten weiter zu leiten sind. Zum anderen sind die Foren nicht abgeschlossen, d. h. es könnten später weitere Registranten beitreten. Auch diese Situation erfordert klärende vertragliche Regeln.

Auf diese Problembereiche müssen die Umweltmanagementsysteme künftig eingehen, um ihre positive Wirkung auch weiter zu behalten. Sie müssen die erkennbaren Probleme aufnehmen und entsprechende Lösungsvorschläge für die im Unternehmen Handelnde vorhalten. Die Systeme sehen dafür bereits einen entsprechenden „Anker" vor; sowohl in ISO 14001 („Rechtliche Verpflichtungen und andere Anforderungen"), als auch in EMAS III („Einhaltung von Rechtsvorschriften") ist die Rechtskonformitätsprüfung angelegt, die nurmehr auf die neu entstehenden (aufgrund der europäischen Rechtsetzung jetzt auch marktbezogenen) Fragestellungen Bezug nehmen müssten. Die Umweltmanagement-Handbücher sind an den genannten Stellen entsprechend fortzuschreiben.

---

[159] Grupp, BB 2010, 1103, 1108.
[160] S.a. ECHA, Leitfaden zur gemeinsamen Nutzung von Daten, S. 88 ff., https://echa.europa.eu/documents/10162/2324906/guidance_on_data_sharing_de.pdf (abgerufen am 16.12.2024).

12.3 Beispiel „umweltorientierte Organisation"

Wie im Rahmen der Ausführungen erkennbar wurde, sind zwei Aspekte bei der Nutzung von Umweltmanagementsystemen zur Steuerung von Rechtsrisiken von besonderer Bedeutung: Erstens das systematische Erfassen von Mess- und Mengendaten sowie von Stoffflüssen innerhalb der Organisation, um das Erreichen von gesetzten Umweltqualitätszielen nachzuweisen und zweitens der Nachweis einer umweltorientierten betrieblichen Organisation, um sich von privat- oder strafrechtlichen Schuldvorwürfen befreien zu können. Letzteres soll nachfolgend noch etwas konkreter betrachtet werden.

Die Besonderheiten bei der *Organisation des Umweltmanagements* ergeben sich vor allem aus dem funktionsübergreifenden Charakter des betrieblichen Umweltschutzes. Dieser übernimmt im Unternehmen nicht nur eine Teilfunktion (wie etwa die Beschaffung oder die Produktion), sondern er muss – wie deutlich wurde – in allen Funktionsbereichen und Hierarchieebenen berücksichtigt werden, um seine Wirkung entfalten zu können (sog. Querschnittsfunktion).

Ferner wird das Umweltmanagement zumeist in bereits bestehende Organisationsstrukturen nachträglich eingefügt. Zum Zwecke dieser Integration kann sowohl der sog. Top-down-Ansatz (ausgehend von einer Verankerung in der Führungsebene) als auch der Bottum-up-Ansatz (ausgehend von der Eigeninitiative und den umweltverbessernden Vorschlägen der Mitarbeiter) gewählt werden. In der Praxis ist es zumeist eine Mischung aus beidem, d. h. dort, wo es um die Entscheidung zu grundsätzlichen Fragen, die Festlegung der Umweltpolitik oder die Koordination großer betrieblicher Teilbereiche geht, wird die Unternehmensleitung die Verantwortung für die Ausgestaltung übernehmen und dort, wo die kontinuierliche Verbesserung der Umweltqualität oder die Weitergabe von Informationen von der besonderen Fachkenntnis einzelner Mitarbeiter abhängt, werden diese die umweltbezogenen Aufgaben wahrnehmen, wie die nachfolgende Abb. 12.7 illustriert.

Die Realisierung der Umweltaufgaben bedarf einer *geeigneten Organisationsstruktur*, die zunächst eine Eingliederung des Unternehmens in Teileinheiten vorsehen sollte (vgl. nachfolgende Abb. 12.8), um diese Organisationseinheiten anschließend mit ihren Aufgaben und Kompetenzen zu betrauen (Aufbauorganisation).

Nach dieser zunächst abstrakten Aufgabenverteilung folgt anschließend die *raumzeitliche Strukturierung* der *für Aufgabenerfüllung* notwendigen Arbeitsprozesse in Form von konkreten Arbeitsanweisungen, Stellenbeschreibungen, Qualifikations- und Schulungsprogramme *bezogen auf bestimmte festgelegte Personenkreise* (s. nachfolgende Tab. 12.4),[161] wobei die Umsetzung der Vorgaben im Rahmen von internen Audits dauerhaft zu überwachen sind (Ablauforganisation).

---

[161] Aber auch motivierende Instrumente, wie Umweltvorschlagswesen, Prämien, Veröffentlichung von Umweltverbesserungen, etc. können die Aufgabenerfüllung grundsätzlich unterstützen und sind dazu geeignet den Nachweis einer geordneten, gut strukturierten Ablauforganisation zu erbringen.

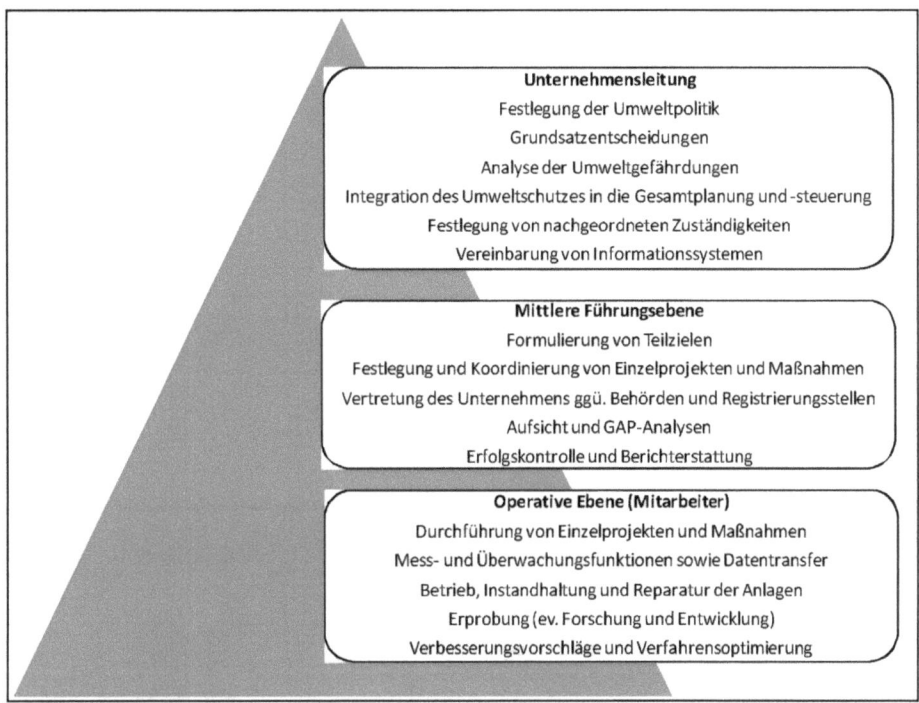

Abb. 12.7 Umweltbezogene Aufgaben in den Organisationsebenen (Dyckhoff, S. 70 f.; Rathje, in: Baumast/Pape (Hrsg.), S. 67; Ensthaler et al. 2001, S. 111)

Schließlich sind die Auf- und Ablauforganisation (Organigramme, Arbeitsanweisungen, Stellenbeschreibungen – auch Notfallpläne) nachvollziehbar und systematisch zusammenzufassen (*Dokumentation*). Damit wird sichergestellt, dass den im Unternehmen Tätigen übersichtliche Handlungsanweisungen zur Verfügung stehen, die ihnen eine gewisse Sicherheit bei ihren Arbeiten geben. Andererseits – und hier von besonderem Interesse – kann die Dokumentation auch als Basis zur Kommunikation mit externen Anspruchsgruppen herangezogen werden – z. B. im Rahmen von § 52b BImSchG oder als Entlastung von einem Schuldvorwurf (§§ 823 ff. BGB; §§ 1, 3, 6 UmweltHG; §§ 324 ff. StGB).

Die Dokumentation der Umweltmanagement-Organisation wird zumeist im Umweltmanagement-Handbuch festgehalten, das häufig der Einteilung in die drei Betriebsebenen folgt (s.o.):[162]

---

[162] Wörtlich nach Rathje, Die Organisation des betrieblichen Umweltmanagements, in: Baumast/Pape (Hrsg.), Betriebliches Umweltmanagement, 2009, S. 77.

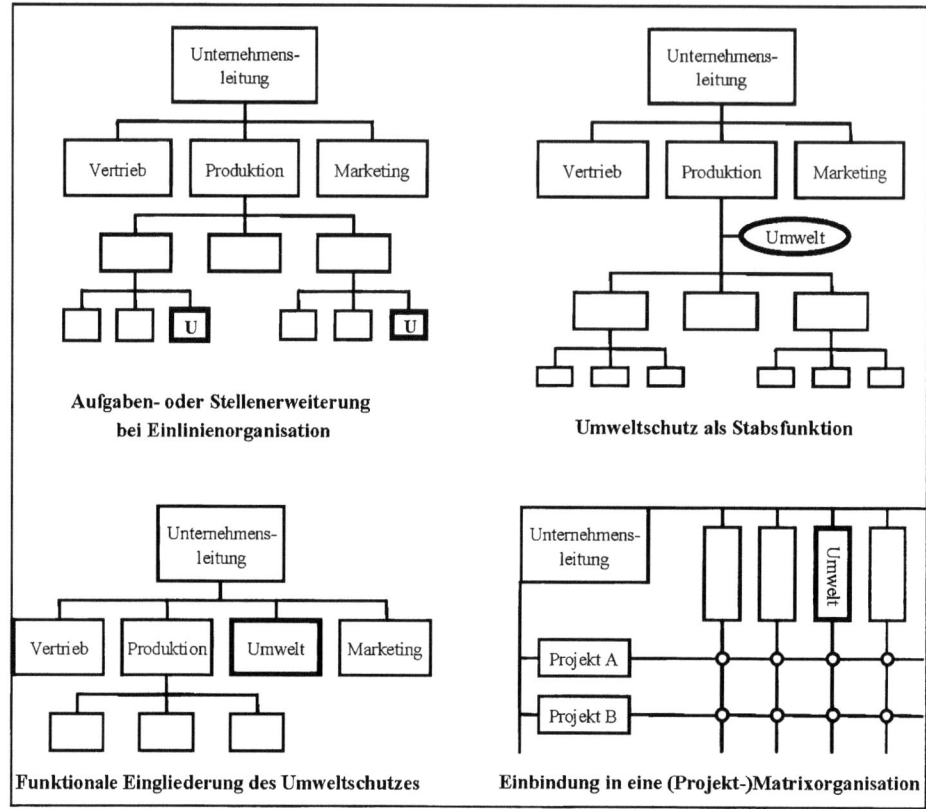

Abb. 12.8 Einbindungsformen des Umweltschutzes in die Organisationsstruktur (Ensthaler et al. 2001, S.112)

- Ebene 1: Dokumentation der Unternehmenspolitik und der Umweltziele: hier werden aktuelle Umweltziele und –programme dargestellt, die in der jeweiligen Bearbeitungsperiode ergänzt werden.
- Ebene 2: Management- und Verfahrensanweisungen: Die Auf- und Ablauforganisation des Umweltmanagements werden festgehalten sowie Kompetenzen und Zuständigkeiten im Umweltschutz dargelegt.
- Ebene 3: Umsetzung: Konkrete umweltrelevante Arbeits-, Verfahrens- oder Prüfanweisungen für ganz konkrete Funktionsbereiche und Arbeitsplätze werden systematisch zusammengefasst.

Eine derart geplante und umgesetzte Betriebsorganisation erfüllt sodann die Anforderungen, die die Rechtsprechung als „betriebliche Organisationspflicht" umschreibt und die zuvor unter 12.2.1.2 bis 12.2.1.4 behandelt wurden.

Tab. 12.4 „Grobe" umweltbezogene Ablauforganisation

Organisationsbereich	Ist-Situation ermitteln/neue Aufgaben definieren	Verantwortlicher
Allgemeine Organisation	Angaben über bereits bestehende Systeme	Unternehmensleitung oder Umweltbeauftragter
Umweltpolitik	Vorhanden oder nicht, ggf. Festlegung	Unternehmensleitung
Umweltbereiche: Wasser Abfall Lärm Energie Chemikalien ….	Angaben über bestehende Verfahrensabläufe, Erteilen von Handlungsanweisungen; Erfassen von Daten, etc.	mittlere Führungsebene operative Ebene
Festlegung von Verantwortlichkeiten	Aufgabenwahrnehmung, ggf. Neudefinition	Unternehmensleitung mittlere Führungsebene Umweltbeauftragter
Schulung	umweltrelevante Aus- und Weiterbildung vorhanden oder nicht, ggf. initiieren	Unternehmensleitung mittlere Führungsbene
Information- und Datenerfassung	Aufgabenwahrnehmung	operative Ebene
Kontrolle Informations- und Datenerfassung	Aufgabenwahrnehmung	mittlere Führungseben Umweltbeauftragter
Dokumentation	Umweltmanagement-Handbuch oder Umweltdokumentation	mittlere Führungsebene Umweltbeauftragter

Literatur

Appleton, Arthur: Environmental Labeling Programmes: International Trade Law Implications, 1997, Verlag.
Bachmann, Gregor: Private Ordnung: Grundlagen ziviler Regelsetzung, 2006, Mohr Siebeck.
Bauer, Jakob: Berufliche Praxis des Umweltschutzbeauftragten, in: Umweltwirtschaftsforum, 7. Jg. Heft 1, S. 10–13.
Baumast, Anke/Pape, Jonas: Betriebliches Nachhaltigkeitsmanagement, 2. Auflage, 2022, utb.
Baumast Annett: Die Entstehungsgeschichte des Umwelt-Audit, in: Doktoranden-Netzwerk Öko-Audit e.V. (Hrsg.), Umweltmanagementsysteme zwischen Anspruch und Wirklichkeit: Eine interdisziplinäre Auseinandersetzung mit der EG-Öko-Audit-Verordnung und der DIN ISO EN 14001:1996, 1999, Ulmer, S. 33–59. Bea, Franz X./Göbel Elisabeth: Organisation – Theorie und Gestaltung, 5. Aufl. 2018, UTB.
Bea, Franz/Göbel, Dieter: Organisation. Theorie und Gestaltung, 5. Auflage, 2018, utb.
Bohnen, Hilger: Umweltmanagementsysteme im Vergleich, in: BB 1996, S. 1679–1681.
Braun, Sabine/Kahlenborn, Walter: Niederschwellige Umweltmanagmentsysteme, in: Der Umweltbeauftragte, 3/2004, S. 9.
Büscher, Wolfgang: Aktueller Stand der Rechtsprechung zur umweltbezogenen Werbung, GRUR 2024, 349–360.
Cahill, Lawrence B.: Environmental Health and Safety Audits, 2nd Edition, 2017, Bernan Press Verlag.

Calliess, Christian: Klimapolitik und Grundrechtsschutz, ZUR 2021, 323–332.
Castka, Pavel/Balzarova, Michaela A.: ISO 26000 and supply chains On the diffusion of the social responsibility standard, in: International Journal of Production Economics, 2008, S. 274–286.
Dyckhoff, Harald: Umweltmanagement Zehn Lektionen in umweltorientierter Unternehmensführung, 2000, Springer.
ECHA, Leitfaden zur gemeinsamen Nutzung von Daten, abrufbar unter http://www.reach-clp-helpdesk.de/reach/de/Verordnung/Leitlinien/RIP.html.
Engel, Gernot R.: Analyse und Kritik der Umweltmanagementsysteme, 2010, Peter Lang.
Ensthaler, Jürgen/Füssler Andreas/Nuissl, Dagmar: Juristische Aspekte des Qualitätsmanagements, 1997, Springer.
Ensthaler, Jürgen/Funk Michael/Gesmann-Nuissl,Dagmar/Selz,Alexander: Umweltauditgesetz und EMAS-Verordnung, 2002, Erich Schmidt.
Ensthaler, Jürgen/Füssler, Andreas/Nuissl, Dagmar/Funk, Michael: Umweltauditgesetz und EG-Öko-Audit-Verordnung, 1996, Erich Schmidt.
Ensthaler et al.; Umweltauditgesetz/EMAS-Verordnung, Schmidt, 2002, 3-503-06613-6
Ewert, Wolfgang/Lechelt, Rainer/Theuer, Andreas: Handbuch Umweltaudit, 1998, C.H. Beck (zitiert: Bearbeiter, in: Ewert/Lechelt/Theuer).
Falke, Josef: Neue Entwicklungen im Europäischen Umweltrecht, in: ZUR 2010, 214–217.
Feldhaus, Gerhard: Umweltschutzsichernde Betriebsorganisation, in: NVwZ 1991, 927–935.
Feldhaus, Gerhard: Wettbewerb zwischen EMAS und ISO 14001, in: UPR 1998, 41–44.
Fischer, Hartmut: Reststoff-Controlling, 2001, Springer.
Fluck, Jürgen/Fischer, Kristian/von Hahn, Anja: REACH + Stoffrecht, Losebl.-Kommentar, 2008, Lexxion. (zitiert: Bearbeiter, in: Fluck/Fischer/von Hahn (Hrsg.))
Franzius, Claudio, Ziele des Klimaschutzrechts, ZUR 2021, 131–140.
Führ, Martin/Lahl, Uwe: Eigen-Verantwortung als Regulierungskonzept – am Beispiel des Entscheidungsprozesses zu REACH, 2005.
Global Reporting Initiative: Leitfaden zur Nachhaltigkeitsberichterstattung, 2006.
Grupp, Thomas M.: REACH in der Unternehmensverantwortung, in: BB 2010, 1103–1111. Kahlenborn, Walter/Freier, Ines: UMS für KMU, 2005, abrufbar unter http://www.ums-fuer-kmu.de.
Kassebohm, Kristian/Malorny, Christian: Die strafrechtliche Verantwortung des Managements, in: BB 1994, S. 1361–1371.
Klimova, Elena, Erfolgreiches Umweltmanagement, 2007, wvb.
Kloepfer, Michael, Umweltrecht, 4. Aufl. 2016, C.H. Beck.
Knopp, Lothar: EMAS II – Überleben durch „Deregulierung" und „Substitution", in: NVwZ 2001, S. 1098–1102.
Koplin J. / Müller M., Nachhaltigkeit in Unternehmen, in: Baumast/Pape (Hrsg.), Betriebliches Umweltmanagement, 4. Aufl. 2009, S. 165 ff.
Kramer, Mathias: Integratives Umweltmanagement, 2010, Gabler.
Kunig, Philip/Paetow, Stefan/Versteyl, Ludgar-Anselm: Kreislaufwirtschafts- und Abfallgesetz (KrWG), 4. Aufl. 2019, C.H. Beck (zitiert: Bearbeiter, in: Kunig/ Paetow/Versteyl).
Kupp M., Öko-Labeling, in: Baumast/Pape (Hrsg.), Betriebliches Umweltmanagement, 4. Aufl. 2009, S. 207 ff.
Lackner, Karl/Kühl, Kristian/Heger, Martin: Strafgesetzbuch, Kommentar, 30. Aufl. 2023, C.H. Beck.
von Landmann, Robert/Rohmer, Gustav: Umweltrecht, 104. EL Juni 2024, C.H. Beck.
Leifer, Christoph: Das europäische Umweltmanagementsystem EMAS als Element gesellschaftlicher Selbstregulierung, 2007, Mohr Siebeck.
Masing, Walter: Handbuch Qualitätsmanagement, 7. Aufl. 2021.
Meß, Ralph: Rechtliche und verwaltungstechnische Erleichterungen für EMAS- und ISO 14000-Betriebe, in: TÜV-Umweltmanagement-Berater, 39. Aktualisierung, Nr. 11151.

Moosmayer, Klaus/Lösler, Thomas (Hrsg.), Corporate Compliance – Handbuch der Haftungsvermeidung in Unternehmen, 4. Aufl. 2024, C. H. Beck.

Rautenstrauch, Claus: Betriebliche Umweltinformationssysteme Grundlagen, Konzepte und Systeme, 1999, Springer Verlag.

Rathje, Britta: Die Organisation des betrieblichen Umweltmanagements, in: Baumast/Pape (Hrsg.), Betriebliches Umweltmanagement, 4. Aufl. 2009, S. 65 ff.

Reese, Moritz: Leitbilder des Umweltrechts, in: ZUR 2010, S. 339–346.

Reimer, Franz/Tölle, Susanne: Ressourceneffizienz als Problembegriff, ZUR 2013, 589–589.

Reuter, Alexander: Ganzheitliche Integration themenspezifischer Managementsysteme – Entwicklung eines Modells zur Gestaltung und Bewertung integrierter Managementsysteme, 2003, Hampp Mering.

Reuter, Alexander: Umwelthaftung, strikte Organisation und kreative Unordnung, in: DB 1993, 1605–1609.

Scheidler, Alfred: Umweltrechtliche Verantwortung im Betrieb, in: GewArch2008, S. 195–199.

Scherer, Joachim: Umwelt-Audits: Instrumente zur Durchsetzung des Umweltrechts im europäischen Binnenmarkt, Neue Zeitschrift für Verwaltungsrecht (NVwZ) 1993, S. 11 ff.

Schlemminger, Horst: Green Building – von der Modeentscheidung zum Trend, in: FAZ v. 4.3.2011.

Schulze-Rickmann, Sibylle: Das Recht auf Zugang zu Informationen und auf ihre Verwertung nach der europäischen REACH-Verordnung, 2010, Nomos.

Schwaderlapp, Rolf: Umweltmanagementsysteme in der Praxis: qualitative empirische Untersuchung über die organisatorischen Implikationen des Öko-Audits, 1999, Oldenbourg.

Steger, Ulrich: Umweltmanagementsysteme – Fortschritt oder heiße Luft?, 2000, Buchverlag FAZ 2000.

Umweltgutachterausschuss (UGA): EMAS in Rechts- und Verwaltungsvorschriften, Stand: Dezember 2010.

von Ahsen, Anette: Integriertes Qualitäts- und Umweltmanagement: mehrdimensionale Modellierung und Umsetzung in der deutschen Automobilindustrie, 2006, Gabler.

von Hauff, Volker (Hrsg.): Unsere gemeinsame Zukunft Der Brundtland-Bericht der Weltkommission für Umwelt und Entwicklung, 1987.

Veith, Jürgen/Gräfe, Jürgen (Hrsg.): Versicherungsprozess, 5. Aufl. 2023. C.H. Beck (zitiert: Bearbeiter, in: Veith/Gräfe).

Versen, Hartmut (Hrsg.): Zivilrechtliche Haftung für Umweltschäden, 1998, Decker.

Verstyl/Mann/Schomerus, Kreislaufwirtschaftsgesetz – KrWG: Kommentar, 4. Aufl. 2019, C.H.Beck.

Vierhaus, Hans-Peter: Die neue Gefahrgutbeauftragtenverordnung aus der Sicht des Straf-, Ordnungswidrigkeiten- und Umweltverwaltungsrechts, in: NStZ 1991, 466–469.

Wagner, Gerhard, in: Münchener Kommentar zum Bürgerlichen Gesetzbuch, 9. Aufl. 2024, C.H. Beck.

Waskow, Siegfried: Betriebliches Umweltmanagement: Anforderungen nach Audit-VO der EG und dem Umweltauditgesetz, 1996, C. F. Müller.

Wohlfahrt Werner: Der Weg zum Umweltmanagementsystem, 1999, Beuth.

Stichwortverzeichnis

A
Absatzmittler 209–212, 214, 215, 222, 223, 225
actio libera in causa 172, 178, 179, 182
AEUV 18, 22, 104, 111, 112, 153, 182, 216, 217, 221, 229, 294, 299, 347
Akkreditierung 76
Algorithmenhandel 168–170
Allgemeine Geschäftsbedingung (AGB) 128, 134, 170, 194, 196, 197, 199, 200, 215, 230, 231, 236, 238, 245, 246, 262, 263, 265, 267
Analogieverbot 177, 181
Anonymisierung 202
Äquivalenzinteresse 29, 54
Arbeitsplatz 50, 158, 165
Audit
  Umweltbetriebsprüfung 302, 307, 310, 313
Aufsichtshaftung 173, 174
Ausnahmetatbestand 153
Ausreißer 41
Austauschvertrag
  Projektvertrag 253, 255

B
Baumusterprüfung 83
Befundsicherungspflicht 41, 42
Belastungstest 159
Beobachtungspflicht
  Händler; Hersteller 46
Betriebsbeauftragter 298, 330
Betriebsgeheimnis
  Informationspflicht 248, 249
Betroffenenrechte 204

Bewertungsverfahren
  Konformitätsbewertung 81
Big Data 151
Bildungsbereich 159
Block 189, 190
Blockchain 187–195, 197–206
Büro für Künstliche Intelligenz 163, 165

C
Compliance
  Begriff 47, 131, 206, 302, 340
Computerprogramm 120–125, 140, 192, 193
Copyleft 131, 132, 136
Cybersecurity als Teil der Produktsicherheit 68

D
Data Act 2, 130, 192, 274–278, 281
Daten 2, 8, 71, 125, 129, 130, 139, 140, 147, 148, 150–153, 158, 160, 161, 166, 167, 174, 182, 189, 193, 199, 201–204, 221, 237–239, 274–282, 308, 315, 326, 328, 335, 343, 344, 346, 347, 351
Daten-„Bias" 161
Dateneigentum 274
Datenempfänger 276, 279–281
Datenhoheit 2
Dateninhaber 276–281
Datenschutzrecht 188, 201, 204
Datenschutzrichtlinie 158
Datentransparenz
  REACH-Verordnung 345

Decentralized Finance 187
DeepSeek 149
Deliktsrecht 31, 65, 103, 171, 176, 240
Dezentralität 188, 192, 199
Dienstleistung
    Informationspflicht 10, 16, 53, 68, 78, 100, 127, 166, 167, 191, 193–195, 198, 201, 202, 206, 209, 219, 226, 227, 229, 231, 232, 238, 246, 247, 249, 252, 287, 290, 292, 305, 306, 308, 314, 323, 325
DIN ISO 14001 300
Diskriminierung 161, 217
Distributionssystem 212
Dokumentation 19, 25–27, 40, 86, 87, 156, 161, 163, 164, 287, 306, 313, 314, 316, 335, 336, 349–351
    Technische 25
Drittland 154

E
E-Commerce 192, 194, 241, 242
Eigen- und Fremdvertrieb
    Unterschiede 209, 210
Eigentum, geistiges 109, 120
Eigentumsverletzung 54–56
Eigenvertrieb 209–213
Eingangskontrolle 257, 259
Einstufung 122, 159
Einwilligung
    Datenschutz 203, 277
Eisenbahnsystem 155
EMAS 294, 295, 302–304, 306–311, 313–317, 320, 326, 328–330, 333, 335, 336, 341, 342, 344, 347
    III 295, 304, 307, 308, 310, 311, 313, 314, 320, 326, 333, 335, 336, 341, 342, 344, 347
EMAS-III-Verordnung 295, 307, 308, 310, 311
EMAS-System 307, 308, 310
EMAS-Zeichen 310
Emotionserkennung 158, 159
Entlastungsbeweis
    Produzentenhaftung nach §823 Abs. 1 BGB 7, 41, 334
ePerson 176, 177
Erkennung von Emotionen 158
Erkennungssoftware 151
Erkennungssystem 150

Ethereum 188, 190, 198, 200, 201
Europäische Menschenrechtskonvention (EMRK) 178
Exkulpationsmöglichkeit 299

F
Fabrikationspflicht 40
Fahren, autonomes 155
Fehlgebrauch 38, 43, 44, 52, 248
Fernabsatz 241–244
Fernabsatzgeschäft 242
Fernabsatzvertrag 241
Financial Leasing 234, 235
Finanzierungsleasing 234, 236
Fixgeschäft 261, 262
Fixgeschäftsklausel 262
Franchiseorganisation 228
Franchisesystem 227, 228, 230, 232
Franchisevertrag 231, 232
Franchising 225, 227–229
Franchising-Form 227
FRAND-Bedingung 113, 280, 282
Fremdvertrieb 209–212

G
Gebrauchsmuster 120
Gefahr
    Begriff 12, 17, 18, 23, 25, 34, 37, 42, 44, 47, 49, 62, 82, 86, 87, 103, 174–176, 180, 234, 335
Gefahrabwendung
    Maßnahmen 42, 48
Gefährdungsdelikt 178, 180
Gefährdungshaftung 34, 173–176, 178, 181, 265, 331, 335
Gefahrenpotenzial 157, 341
Gegenleistung 232, 280, 281, 347
Gehrungsstufe 148
Generative Artificial Intelligence Services 153, 154
GenTG 175, 321
Gesamtschuld
    Produkthaftung mehrer 65
Gesamtsystem
    Managementsysteme 15, 37
Geschäftsgeheimnis 125, 128
Geschäftsmethode 228, 229
Gesellschaftsvertrag

Projektvertrag 205
Gesichtserkennung 148, 158, 165
Gesundheitsmanagement 148
Gewährleistung 263
Gewährleistungspflicht
    Dienstleistungen 250, 251
Gewährleistungssystem 263
Gewährleistungsverantwortung 298
Greenwashing 337
Grundrechtsschutz 157
Gruppenfreistellungsverordnung (GVO) 140, 161, 210, 211, 213, 216, 217, 218, 220–222, 229, 230, 238, 277

H
Haftung 2, 4, 5, 7, 15, 20, 28, 31–35, 57–60, 64, 65, 67, 69, 70, 88–91, 137, 140, 143, 155, 167, 172–174, 177, 181, 200, 201, 236, 240, 249, 260, 261, 266, 267, 280, 289, 292, 293, 331, 336, 345, 347
Haftungsausschluss 35, 58–60, 71, 317
Haftungsrisiko 205, 259, 265
Haftungsverlagerung
    Außenverhältnis 265
Haftungsvermeidung 15, 23, 26, 42, 62, 76, 200
Haftungsvermeidungsstrategie 59
Halterhaftung 174
Handelsvertreter 210, 211, 214, 215, 218, 223–225
Hashwert 189, 190
Hersteller als Haftungsadressat 56
Herstellereigenschaft nach ProdHaftG 56, 57, 137, 143
Herstellerpflicht 25, 42, 49, 62, 65
Hochrisiko-KI-System 159, 161

I
Immissionsschutzbeauftragter 298, 321
Importeur 58
Inbetriebnahme 69, 71, 87, 159, 162, 246
Information 6, 100, 126, 157, 158, 165, 166, 243, 247, 275, 310, 314, 316, 338, 339, 343, 345, 351
Informationsaustausch 51, 221, 346, 347
Informationspflicht 157, 244, 247, 343
Innenregress 266

Instruktion 42–46
Instruktionspflicht 42
Integritätsinteresse 30, 55
Interaktivität 151
Internationaler Pakt über bürgerliche und politische Rechte (ICCPR) 178
Internet of Things 110, 171, 276
Inverkehrbringen 32, 46, 52, 59–62, 69, 71, 81, 160, 162
ISO
    9000 76, 302
    9001 3, 76, 307, 318
    14000 295, 302, 304, 330
    14001 294, 295, 302–311, 313–315, 326, 333, 335, 336, 341, 342, 344, 347
    14020 304, 324
    26000 319

K
Kaufvertrag 30, 169, 233, 252
    Mängelgewährleistung 29
Kausalverlauf 180
KI-Anbieter 136, 156, 160, 162
KI-Haftungsnorm 167
KI-System 68, 151, 160, 163
KI-Verordnung 150, 152, 155, 156, 158, 161, 167, 177
Kleine und mittlere Unternehmen (KMU) 156, 281, 308, 316, 333
Know-how 120, 125, 228, 229, 232
Know-how-Schutz 120, 125
Kommissionär 215, 225, 226
Kommittent 226
Komplexität 70, 104, 136, 151, 328
Konformitätsbewertung 75, 76, 78, 82, 87, 156, 160, 164, 307, 308
Konformitätsbewertungsverfahren 292
Konsensmechanismus 190
Konstruktionspflicht 37
Konzept 11, 14, 15, 49, 78, 82, 109, 110, 150, 177, 232, 318, 326
Kreditwürdigkeit 159
Kryptowert 193, 196, 206
Künstliche Intelligenz (KI) 133, 147, 161, 167, 168, 171, 173, 176, 178, 179, 193, 202, 203, 273
Kursverlauf 148

L

Leasingvertrag 233–238, 276
Lebenszyklus 160, 161, 320, 326, 343
Letter of Intent 199
Lieferant 56, 66, 137, 143, 169, 219, 236, 237, 257, 265, 267, 268
Lieferantenauswahl 269
Lieferantenbeurteilung 268, 269
Lizenz 57, 123, 129, 131, 132, 136, 200
Lügendetektor 159

M

Machine Learning 160
Managementsystem 303, 327
Mangelfolgeschaden 29
Mangelfolgeschäden 29
Mängelgewährleistungsrecht 14, 29
Marke 56, 58, 127, 213, 217, 218, 227, 232
Markenrecht 125
Markenrecht 120, 125, 126
Markets in Crypto-Assets Regulation 206
Marktanteilsschwelle 217
Markttrend 148
Marktüberwachung 14, 78
Memorandum of Understanding 199
Menschenrechte 178, 286, 288, 291
Metaverse 198, 204
Migration 154, 159
Mining 123, 135, 161, 189, 190, 203
Minting 196
Modell 133, 139, 152, 155, 157, 163, 164, 172, 236
Modul 78, 82, 83, 86

N

Nachhaltigkeit 314, 318, 324
New Approach 78, 80
New Legislative Framework 78
Nodes 189, 190, 202, 203
Norm 2, 4, 13, 21–25, 33, 37, 60, 75, 78–80, 87, 95, 96, 98, 100, 102, 104, 106, 108, 110, 111, 155, 165, 167, 215, 216, 294, 304, 307, 318
   technische 21, 23, 95, 103, 106
Normung 4, 21, 26, 76, 97–100, 109, 295
Normungsorganisation
   europäische 98, 106
   staatlich anerkannte 97

Nutzer vernetzter Produkte 276
Nutzerverantwortung 168, 169, 174
Nutzung 2, 5, 6, 37, 38, 108, 113, 120, 123, 124, 126, 128–131, 133–136, 149, 154, 161, 173, 179, 181, 182, 197, 200, 202, 204, 237, 244, 274–279, 290, 294, 345–348

O

OECD 151, 291
Öko-Label 325
ONR 49000 318, 319
Open Source 120, 122, 130–134, 136, 200
Open Source Software 130–133, 200
Operating Leasing 236
Opferprognose 159
Organisation, dezentrale autonome 204
Organisationspflicht 32, 49, 50, 65, 331, 333, 350
   allgemeine 49
Organisationsstruktur 306, 320, 348, 350

P

Patent 108, 113, 122, 124–126, 141
   standardessenzielles 107
Patentrecht 113, 120, 122–126, 128, 130, 138, 139, 141
PDCA-Zyklus 304, 305
Personalauswahl 148
Persönlichkeitsrecht 152
Pflicht
   zur fehlerfreien Fabrikation 39
   zur fehlerfreien Konstruktion 36
Pflichtendelegation 65
Pflichtenheft 247
Plattformbetreiber 238–241
Private Key 191
Produkt 1, 2, 4, 6, 7, 12–14, 17–19, 21, 23, 24, 32, 34–46, 48, 49, 51–53, 55, 56, 58, 59, 61–64, 67, 68, 71, 77, 81–83, 85, 87–90, 101, 107, 126, 131, 137, 138, 142–144, 155, 159, 175, 201, 214, 215, 227, 228, 243, 248, 249, 261, 263, 266, 276–278, 293, 323, 338
   vernetztes 275
Produktbeobachtung 51
Produktbeobachtungspflicht 36, 46, 48, 49, 267

Produktentwicklung 20, 32, 38, 148, 304
Produktfehler 11, 35, 41, 51, 58, 59, 61, 69
Produkthaftpflichtversicherung 66
Produkthaftung 3–5, 11, 17, 20, 21, 23, 24, 30, 31, 34, 35, 43, 45, 46, 51, 53, 54, 56, 59–63, 67, 70, 71, 137, 143, 174, 175, 247, 256, 265
   Grenzen 59
   Rechtsfolgen 63
   Technikbezug 18
Produkthaftungsgesetz (ProdHaftG) 19, 20, 23, 29, 34–36, 51–53, 56–66, 71, 175
Produkthaftungsrecht, zukünftiges 67
Produkthaftungsrichtlinie 16, 56, 68–70, 175, 201
Produkthaftungsrisiko 265
Produktion 1, 9, 10, 12, 16, 40, 47, 50, 56, 57, 65, 81–84, 136, 148, 258, 261, 263, 264, 294, 314, 318, 348
Produktionskette 148
Produktionsmanagement 9, 10
Produktionsorganisation 10, 11
Produktionsplanung 10
Produktkennzeichnung 324
Produktmissbrauch 52, 62
Produktrückruf 48
Produktsicherheit 10, 11, 13–18, 21, 22, 25, 39, 42, 45, 51, 61, 68, 77
Produktsicherheitsgesetz (ProdSG) 75–77
Produktsicherheitsrecht
   öffentliches Recht 2, 4, 15, 16, 22, 42, 46, 49, 68, 76, 77, 86, 292, 295
   Rechtsquelle 13
Produktverantwortung 11
   juristische 10
   Präzisierung des Konzepts 11, 12, 16–20, 26, 28–30, 39, 68, 332
   privatrechtlich 28
   Konzept 15
Produktverfallsdaten 148
Produzentenhaftung 5
   deliktische 32, 33
Projekt 7, 329
Proof of Stake 190
Proof of Work 190
Pseudonymisierung 202
Public Key 191

Q
Qualitätsmanagement 2, 3, 47, 50, 148, 302
Qualitätssicherung
   Produkt 84
   Produktion 84
Qualitätssicherungsvereinbarung 2, 4, 40, 66, 257, 258, 260, 264, 266, 267

R
REACH-Verordnung 299
Recht auf Vergessenwerden 204
Rechtspflege 159
Rechtsschutz 120–124, 126, 127, 130, 248
Regelsetzung
   technisches Sicherheitsrecht 22
Regress zwischen Haftungsverantwortlichen 66
Regulierung 5, 11, 16, 175, 192, 206, 287, 292
Reporting
   Compliance 319, 320, 322
Reverse Engineering 121, 127, 128
Risiko
   Begriff 21, 42, 77, 93, 136, 164, 165, 210–212, 234, 258, 259, 265, 288, 326, 336
Risikoanalyse 77, 78, 88, 333, 334, 336
Risikobeurteilung 40
Risikobewertung 77, 88, 327, 333
Risikosteuerung 148
Robotik 171, 176, 202, 203
Rückrufmanagement 16, 49
Rügeobliegenheit 257, 258

S
Sachmangel 29, 345
Sachverständige 27, 28
   technische 27
Sanktion gegen Datenschutzrecht 2, 4, 14, 156, 162, 177, 206, 292, 340
Schadensverteilung 66
Schutz geistigen Eigentums 164
Schutzgesetz
   § 823 Abs. 2 BGB 33, 34
Schutzniveau 152
Schutzrechtsbeeinträchtigung 157
Schwellenwert 190
Selbstbestimmung 63, 177, 320
Sicherheit, öffentliche 160

Sicherheitsbauteil 155
Sicherheitserwartung 20, 45, 51
Simulation 148
Smart Contract 191, 193, 194, 199
Software 120, 133, 141
    als Produkt 68
Software 1, 6, 7, 53, 67, 87, 88, 119–122,
    124–127, 129–136, 138–140, 143,
    144, 149, 150, 166, 197–201,
    203, 238
Souveränität 154
Standardisierung, faktische 101, 106
Standards 19, 22, 25, 26, 76, 95, 96, 98,
    100–102, 104–113, 221, 222, 227,
    250, 313, 319, 332
Standortvorteil 152, 182
Start-Ups 156
Steuerungsvorgang, autonomer 155
Störer 239
Störerhaftung 140, 239–241, 331
Straftat 179, 340
Strafverfolgung 154, 158, 159, 240, 339
Suchfunktion, numerische 149
Sukzessivlieferungsvertrag 169
System der Konformitätsbewertung 4, 10, 17,
    28, 44, 49, 61, 75, 76, 78, 82, 84, 85,
    92, 99, 105, 151, 160, 162–164, 166,
    168, 175, 196, 223, 231, 232, 245,
    263, 294, 295, 302, 305, 306, 308,
    311, 318, 319, 327, 343, 344

T
Technikrecht 1, 147, 152–155, 162, 167, 182
Technischer Sachverstand 27
TMG
    Internetvertrieb 238–240
Token 187, 189, 191, 193, 194,
    196–199, 204–206
Transaktion 170, 192, 193, 203

U
Überwachung 12, 39, 49, 50, 66, 81, 152, 165,
    239, 263, 264, 291, 305, 306, 328, 341
Umweltbeauftragter 320, 322, 323, 351
Umwelt-Controlling 342
Umweltgutachter 295, 310–312, 315, 316
Umweltgutachterausschuss 295, 312

Umwelthaftung 299, 331
UmweltHG 175, 317, 331, 332, 334–336, 349
Umweltinformationssystem 344, 345
Umweltmanagement 300, 302, 303, 307, 308,
    311–313, 318, 319, 320, 328, 330,
    335, 341, 343, 347–349, 351
Umweltmanagement, betriebliches
    Entstehung 300, 302, 349
Umweltmanagement-Handbuch 335, 343,
    349, 351
Umweltmanagementsystem
    Bedeutung im Recht 295, 296, 302, 305,
    313, 314, 318, 328
Umweltprivatrecht 331, 332, 339
Umweltrecht 2, 16, 298, 301, 326–328, 343
Umweltstrafrecht 339, 340
Umweltverwaltungsrecht 328
Umweltzeichen, freiwilliges 323–325, 337
UN-Kaufrecht 252, 253
Urheberrecht 120–124, 127, 129, 139, 141,
    142, 164, 195, 196, 248

V
Verhaltensanalyse 159
Verjährung
    Produkthaftung 46, 60, 61
Verkehrssicherungspflicht 172
    herstellerspezifische 35
Verkehrssicherungspflicht 5, 6, 41, 103,
    172–174, 332
Verkehrssicherungspflichten 5
Verordnung (EU) 2023/988
    EU-Produktsicherheitsverordnung 13
Verschuldensprinzip 177
Vertikal-GVO 213, 217, 218, 220, 221,
    229, 230
Vertragsabschluss 230, 244, 265
Vertragsgestaltung
    Projektmanagement 170, 235, 244
Vertragsrecht 22, 28, 29, 53, 89, 169, 171, 197
Vertrauensbruch 152
Vertrieb
    Margensysteme 36, 47, 69, 81, 129, 131,
    136, 166, 195, 209–211, 213,
    215–217, 220, 221, 223, 229,
    238, 290
Vertriebs-GVO 214, 216, 229
Vertriebshändler 58, 215

Vertriebsorganisation
  Vertriebsvertrag 215
Vertriebsrecht
  Regelungsbereiche 214, 215, 219, 226, 238
Vertriebssystem, quantitativ selektives 215, 217–219, 224, 230
Verwendungszweck, allgemeiner 152
Verzugsschaden 261
Vorhersehbarkeit 172, 173, 176, 180, 182
Vorwerfbarkeit 177

W
Wallet 189, 191, 197, 200
Wareneingangskontrolle 257, 260
Warenverkehrsfreiheit 2, 4, 76, 77, 182
Weißbuch zur KI 150
Weitergabe der Daten 278, 281
Weltanschauung 158
Werbemaßnahmen
  Franchisesystem 62, 228, 231, 233

Werkvertrag
  Abgrenzung zum Kaufvertrag 250
Werkzeug, undoloses 179
Wettbewerbsschutz 156, 157
Wettbewerbsverbot 224, 278
Wiederkehrschuldverhältnis 169, 170
Willensfreiheit 171, 177
Wirkungs-Prinzip 154
Wissen
  Bedeutung 20, 59, 104, 127, 140, 237, 249

Z
Zertifizierung 76
  Umweltmanagementsystem 2, 4, 76, 80–82, 86, 89–92, 166, 292, 294, 296, 306, 307, 315, 316, 325
Zivilluftfahrt 155
Zugang zu Informationen durch Gesetze 249
Zurechnung von Wissen 32, 172, 181, 237, 339

MIX
Papier aus verantwortungsvollen Quellen
Paper from responsible sources
FSC® C105338

If you have any concerns about our products,
you can contact us on
ProductSafety@springernature.com

In case Publisher is established outside the EU,
the EU authorized representative is:
Springer Nature Customer Service Center GmbH
Europaplatz 3, 69115 Heidelberg, Germany

Printed by Libri Plureos GmbH
in Hamburg, Germany